Basisbuch Organische Chemie

Carsten Schmuck

Basisbuch Organische Chemie

PEARSON

Higher Education
München • Harlow • Amsterdam • Madrid • Boston
San Francisco • Don Mills • Mexico City • Sydney
a part of Pearson plc worldwide

Bibliografische Information der Deutschen Bibliothek

Die Deutsche Bibliothek verzeichnet diese Publikation in der Deutschen Nationalbibliografie; detaillierte bibliografische Daten sind im Internet über http://dnb.dnb.de abrufbar.

10 9 8 7 6 5 4

18 17 16

ISBN 978-3-86894-061-9

Programmleitung: Kathrin Mönch, kmoench@pearson.de
Korrektorat: Manuela Kupfer, Marburg
Covergestaltung und Titelbild: Thomas Arlt, tarlt@adesso21.net/Carsten Schmuck
Herstellung: Martha Kürzl-Harrison
Satz: PTP-Berlin Protago-TEX-Production GmbH, Germany (www.ptp-berlin.de)
Druck und Weiterverarbeitung: CPI books GmbH, Leck

Printed in Germany

Inhaltsübersicht

ÜBERBLICK

Inhaltsverzeichnis

Vorwort

Vielen Studierenden bereitet gerade das Erlernen der Organischen Chemie große Mühen. Millionen von Verbindungen, Hunderte von Namensreaktionen und Reaktionsmechanismen, bei denen sich Schritt an Schritt reiht, bis man am Ende kaum noch weiß, was das Produkt mit dem Edukt zu tun hat. Kein Wunder, dass gerade Studienanfänger dabei schnell den Überblick verlieren. Wie soll man das alles behalten? Am besten versucht man es erst gar nicht. Denn das reine Auswendiglernen hilft beim Erlernen der Organischen Chemie nicht wirklich weiter, was viele Studierende häufig frustriert feststellen müssen. Dafür gibt es einfach viel zu viele Reaktionen und Verbindungen. Viel wichtiger ist es, die Gemeinsamkeiten all dieser scheinbar so unterschiedlichen Reaktionen zu erkennen. Nur wenn man diesen Schritt schafft, vom reinen Auswendiglernen hin zum Verständnis der grundlegenden Konzepte, die das Reaktionsverhalten von chemischen Verbindungen bestimmen, wird man die Organische Chemie wirklich erfolgreich erlernen. Leider fällt gerade dieser Schritt vielen Studierenden schwer, wie ich immer wieder in meinen Vorlesungen und in Prüfungen feststellen muss. Natürlich muss man auch in der Organischen Chemie bestimmte Dinge und Fakten schlicht und ergreifend auswendig lernen. Bei der Nomenklatur und insbesondere bei den Trivialnamen gibt es nicht viel zu verstehen, die muss man einfach wie Vokabeln pauken. Aber wenn ich einmal verstanden habe, wie und warum eine Aldolkondensation so abläuft, wie sie es tut, dann habe ich auch verstanden, was z. B. bei einer Mannich-, Claisen-, Dieckmann- oder Thorpe-Ziegler-Reaktion passiert, auch wenn diese Reaktionen auf den ersten Blick völlig unterschiedlich aussehen. Und wenn ich einmal den elektronenschiebenden Effekt einer Alkoxygruppe verstanden habe, dann weiß ich sowohl warum Phenol ein besonders reaktiver Aromat ist als auch warum ein Carbonsäureester weniger reaktiv ist als ein Keton. Gerade diese Gemeinsamkeiten zwischen auf den ersten Blick völlig unterschiedlichen Reaktionen und Stoffklassen gilt es zu erkennen und zu verstehen.

Aber braucht es dafür ein neues Lehrbuch? Es gibt doch bereits viele, wirklich gute Lehrbücher für Organische Chemie. Zum einen gibt es die großen Klassiker, die in der Regel auf mehr als tausend Seiten die Organische Chemie in ihrer ganzen Breite ausführlich darstellen. Mit diesen Büchern haben viele Studierende aber meiner Erfahrung nach gerade am Anfang Probleme, das Wichtige vom weniger Wichtigen zu unterscheiden. Es besteht die Gefahr, dass man zwar viele Details lernt, aber das große Ganze und die Zusammenhänge trotzdem nicht erkennt. Zum anderen gibt es viele kleine Büchlein und Kompaktdarstellungen, die aber häufig eher für die Nebenfachausbildung Chemie gedacht sind und daher nicht die nötige Tiefe im Verständnis vermitteln. Mit diesen Büchern alleine wird man ebenfalls nicht weit kommen. Ich will daher mit dem vorliegenden Buch versuchen, diese Lücke zu schließen. Ich wollte ein Buch schreiben, das die Grundzüge der Organischen Chemie kompakt beschreibt und dabei insbesondere die grundlegenden Konzepte und die Gemeinsamkeiten zwischen all den so vermeintlich unterschiedlichen Reaktionen in den Vordergrund stellt. Das Buch soll dabei helfen, die Organische Chemie nicht nur zu lernen, sondern besser zu verstehen. Ob mir das gelungen ist, müssen Sie nach der Lektüre des Buches selbst entscheiden.

Die Themenauswahl orientiert sich an dem, was heutzutage üblicherweise im Rahmen der Grundausbildung im Bachelorstudium gelehrt wird. Natürlich erhebt das Buch keinen Anspruch auf Vollständigkeit. Aber das muss es auch nicht, denn die hier diskutierten Reaktionen reichen aus meiner Sicht aus, um alle wichtigen und grundlegenden Prinzipien der Organischen Chemie, die zwischendurch auch immer wieder zu Merksätzen und Daumenregeln zusammengefasst sind, zu diskutieren. Hat man diese Gemeinsamkeiten einmal an den hier vorgestellten Beispielen verstanden, kann man sie auch auf andere, neue Reaktionen anwenden, die nicht explizit in diesem Buch beschrieben werden. Da ich der Überzeugung bin, dass man Dinge, die man sieht, leichter versteht und behält als Dinge, die man nur liest, enthält das Buch viele Abbildungen. So arbeite ich z. B. gerne mit elektrostatischen Oberflächenpotenzialen und Orbitaldarstellungen, die meiner Meinung nach viele Sachverhalte, z. B. zum relativen Reaktionsverhalten einzelner Verbindungen, anschaulicher wiedergeben können als lange textliche Erklärungen und Zahlen. Der ein oder andere Leser mag das Buch daher vielleicht zu bunt finden, aber aus meiner Lehrerfahrung heraus bringt eine Kombination aus Text und anschaulichen Abbildungen die besten Lernergebnisse. Viele Sachverhalte im Buch erkläre ich mithilfe mehrerer Modellvorstellungen, z. B. einmal auf der Basis einer Molekülorbitalbetrachtung und einmal auf der Basis von Resonanzstrukturen. Das ist bewusst so gewollt, denn es gibt in der Regel nicht nur die eine wahre Erklärung. Es gibt meistens mehrere Erklärungsansätze, die die tatsächlichen experimentellen Sachverhalte mal mehr oder weniger gut oder anschaulich beschreiben. Und letztendlich muss jeder/jede Studierende selbst entscheiden, welche Erklärung für ihn/sie selbst logischer oder anschaulicher ist. Was natürlich zwangsläufig bei einem Buch dieses Umfangs zu kurz kommen muss, ist die Stoffchemie, d. h. die Beschreibung der Eigenschaften einzelner ausgewählter Verbindungen. Dafür gibt es aber bereits gute und umfassende Lehrbücher. Ich habe mich daher bewusst darauf beschränkt, die Stoffchemie nur exemplarisch anzusprechen. Denn bei aller Knappheit der Darstellung sollte man zumindest eine gewisse Ahnung davon bekommen, welche Eigenschaften bestimmte Stoffklassen haben und wo bestimmte Verbindungen in unserem Alltag eine Rolle spielen.

Selbstverständlich wäre dieses Buch ohne die tatkräftige Mitwirkung und Unterstützung vieler anderer Personen niemals Realität geworden. Zu allererst möchte ich daher Herrn Dr. Dietrich, damaliger Lektor des Pearson Verlags, danken, der die Idee zu diesem Buchprojekt hatte. Auch bei allen anderen Mitarbeiterinnen und Mitarbeitern des Pearson Verlags, die an der Entstehung dieses Buches mitgewirkt haben, bedanke ich mich für die gute Zusammenarbeit. Stellvertretend für alle sei hier nur Frau Kathrin Mönch genannt, die die Fertigstellung des Buchs betreut hat. Mein ganz besonderer Dank gilt Frau Prof. Dr. Tanja Schirmeister (Universität Mainz) und Herrn Dr. Alfons Ledermann (Universität Würzburg), die beide viele wertvolle Verbesserungsvorschläge und Anregungen hatten und damit maßgeblich zum konzeptionellen Aufbau des Buchs beigetragen haben. Das Manuskript in Gänze oder in Teilen Korrektur gelesen haben zudem Herr Dr. Hans-Gert Korth, Herr Martin Ehlers und Herr Prof. Dr. Georg Jansen (alle Universität Duisburg-Essen), denen ich dafür herzlich danke. Trotz aller Sorgfalt wird das Buch noch Fehler enthalten. Wenn Sie beim Durcharbeiten welche finden, dann teilen Sie mir das bitte mit, damit wir diese Fehler korrigieren können. Auch über alle anderen Rückmeldungen zu Ihren Erfahrungen mit dem Buch freue ich mich selbstverständlich. Und jetzt viel Spaß beim Lernen und hoffentlich Verstehen der Organischen Chemie!

Prof. Dr. Carsten Schmuck Essen

Chemische Bindung in organischen Verbindungen

1

ÜBERBLICK

Lernziele

Nachdem Sie dieses Kapitel zur chemischen Bindung in organischen Verbindungen durchgearbeitet haben, sollten Sie verstanden haben,

- warum Kohlenstoff eine so zentrale Rolle in der Chemie einnimmt, dass seine Verbindungen die Grundlage des größten Teilgebiets der Chemie, der Organischen Chemie, bilden,
- warum Kohlenstoff in seinen stabilen Verbindungen immer vier kovalente Bindungen zu anderen Atomen ausbildet,
- wie kovalente Bindungen durch Überlappung von Atomorbitalen entstehen,
- wie man die chemischen Bindungen in organischen Verbindungen anschaulich mit dem Modell der Hybridisierung beschreiben kann,
- warum zur Beschreibung von Einfach-, Doppel- und Dreifachbindungen verschiedene Hybridisierungsmodelle (sp^3, sp^2 und sp) verwendet werden,
- wie die unterschiedliche Wechselwirkung von s-, p- und Hybridorbitalen zu σ- und π-Bindungen führt und was diese voneinander unterscheidet,
- warum um eine Einfachbindung nahezu frei gedreht werden kann, um eine Doppelbindung hingegen nicht,
- wie die Delokalisierung von π-Elektronen in konjugierten Verbindungen deren Struktur und Eigenschaften beeinflusst und
- was Resonanzformeln bedeuten und wie man mit ihnen richtig umgeht.

1.1 Was ist Organische Chemie?

Organische Chemie = Chemie der Kohlenstoffverbindungen

Von den ca. 120 chemischen Elementen im Periodensystem kommt dem Kohlenstoff eine besondere Bedeutung zu, da er mehr chemische Verbindungen bildet als alle anderen chemischen Elementen zusammen. Von den heutzutage ca. 22 Millionen bekannten chemischen Verbindungen leiten sich mehr als 20 Millionen allein vom Kohlenstoff ab. Viele dieser **Kohlenstoffverbindungen** finden sich in der belebten Natur und übernehmen in Pflanzen, Tieren oder Menschen wichtige biologische Funktionen. Aus historischen Gründen nennt man daher die Chemie der Kohlenstoffverbindungen **Organische Chemie**. Im Gegensatz dazu beschäftigte sich die **Anorganische Chemie** historisch mit chemischen Verbindungen, die in Gesteinen und Erzen (unbelebter Materie) vorkommen. Die Organische Chemie unterscheidet sich aber nicht prinzipiell von der Anorganischen Chemie, sie folgt den gleichen Prinzipien und Gesetzmäßigkeiten. Nur die Anzahl und Vielfalt organischer Verbindungen ist sehr viel größer. Allerdings sind mehr als 99,5 % des auf der Erde vorkommenden Kohlenstoffs in Form von Carbonaten (vor allem $CaCO_3$ und $MgCO_3$) und CO_2 gebunden, die ebenso wie CO, CS_2 oder HCN traditionell nicht zu den organischen Verbindungen gezählt werden. Die über 20 Millionen bekannten organischen Verbindungen machen also weniger als 0,5 % der vorhandenen Kohlenstoffmenge unseres Planeten aus.

Bis hinein ins 19. Jahrhundert dachte man, die Organische Chemie unterscheide sich fundamental von der Anorganischen Chemie. Nur lebende Zellen sollten in der Lage sein, organische Verbindungen herzustellen, da dazu eine besondere Lebenskraft (*vis vitalis*) nötig sei. Infolge von Experimenten wie der 1828 von Friedrich Wöhler durchgeführten **Harnstoffsynthese** setzte sich dann aber zunehmend die Erkenntnis durch, dass eine solche geheimnisvolle Lebenskraft für die Organische Chemie nicht notwendig ist. Wöhler konnte zeigen, dass beim einfachen Erhitzen von Ammoniumcyanat, NH_4OCN (einem typisch anorganischen Salz) Harnstoff entsteht (eine typische organische Substanz), die – wie der Name anzeigt –

Friedrich Wöhler (1800–1882)

aus Urin isoliert werden kann. Der Körper nutzt Harnstoff, um giftige Abbauprodukte des Eiweißstoffwechsels auszuscheiden. Dieser und ähnliche Versuche zeigten: Organische Verbindungen lassen sich genauso im Reagenzglas darstellen wie anorganische Verbindungen.

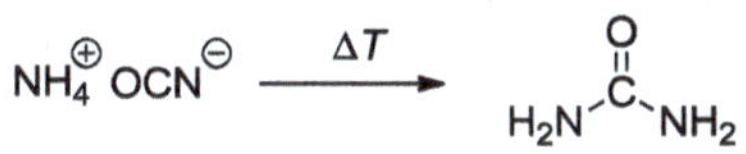

Harnstoffsynthese

Ammoniumcyanat — Harnstoff
anorganisches Salz — organische Verbindung

Das Besondere am Kohlenstoff 1.2

Wieso gibt es gerade vom Kohlenstoff so viele chemische Verbindungen? Nur **Kohlenstoff ist als einziges Element im Periodensystem in der Lage, chemisch stabile Bindungen nicht nur mit anderen Elementen, sondern auch in großer Zahl mit sich selbst auszubilden**. In Verbindungen wie dem Polyethylen (PE, ▶ Kapitel 7.9.2) sind z. B. Tausende von C-Atomen miteinander zu einer langen Kette verbunden. Wie wir aus Erfahrung wissen, ist Polyethylen eine sehr stabile Verbindung. Daraus hergestellte Plastikflaschen oder Plastiktüten verrotten nur sehr langsam und bleiben über Jahre hinweg erhalten. Auch durch Säuren oder Laugen wird Polyethylen nicht angegriffen. Wieso sind Verbindungen des Kohlenstoffs im Vergleich zu denen anderer Elemente so besonders stabil und reaktionsträge?

- Kohlenstoff kann als Element der 4. Hauptgruppe vier kovalente Bindungen ausbilden und erreicht damit Edelgaskonfiguration.

Elemente der 1. bis 3. Hauptgruppe weisen dafür zu wenige Elektronen auf. Sie bilden entweder ionische Verbindungen (z. B. im Kochsalz NaCl, einem Salzkristall aufgebaut aus Na^+ und Cl^-) oder Elektronenmangelverbindungen, die dann aber wie die Lewis-Säure Aluminiumtrichorid $AlCl_3$ mit formal nur sechs Valenzelektronen am Aluminium chemisch sehr reaktiv sind.

- Kohlenstoff besitzt in organischen Verbindungen keine freien Elektronenpaare und kann somit in großer Zahl stabile Bindungen mit sich selbst bilden.

Bindungen zwischen Elementen der 5. bis 7. Hauptgruppe, die ebenfalls durch die Ausbildung kovalenter Bindungen Edelgaskonfiguration erreichen können, werden durch die Abstoßung der vorhandenen freien Elektronenpaare benachbarter Atome geschwächt. Verbindungen wie Hydrazin N_2H_4 oder Wasserstoffperoxid H_2O_2 mit nur einer N–N- oder O–O-Bindung sind bereits wenig stabil und zerfallen leicht (Hydrazin wurde z. B. im Gemisch mit Salpetersäure als Raketentreibstoff im Spaceshuttle genutzt). Freie Elektronenpaare bieten zudem Angriffsmöglichkeiten für Elektrophile, was zu einer größeren chemischen Reaktivität führt (▶ Kapitel 5.2). C–C-Bindungen sind wegen des Fehlens von freien Elektronenpaaren am Kohlenstoff hingegen sehr viel stabiler.

$H_3C–CH_3$	380
$H_2\ddot{N}–\ddot{N}H_2$	280
$H\ddot{O}–\ddot{O}H$	200
:F–F:	155

Stärke verschiedener Element-Element-Bindungen (in kJ/mol)

- Kohlenstoff weist eine mittlere Elektronegativität von 2,5 und einen Kovalenzradius von nur 77 pm (pm = Pikometer = 10^{-12} m) auf, sodass von ihm ausgehende Bindungen in der Regel kurz und nur wenig polar sind.

Elektronegativität (EN) = Maß für die Stärke, mit der ein Atom Elektronen in einer kovalenten Bindung zu sich hin zieht

Vom Silicium (dem nächsthöheren Homologen im Periodensystem) ausgehende Bindungen sind sehr viel länger und stärker polarisiert. Sie sind chemisch leichter angreifbar und damit reaktiver. Da zudem die Si-O-Bindung sehr viel stärker als eine Si–Si- oder Si–H-Bindung ist, wird jede siliciumhaltige Verbindung in Gegenwart von Sauerstoff sehr leicht zu SiO_2 (Quarz) oxidiert. Silane wie SiH_4 oder Si_2H_6 sind an Luft selbstentzündlich. Zwar ist auch die Oxidation jeder kohlenstoffhaltigen Verbindung durch Sauerstoff zu CO_2 thermodynamisch günstig, aber wegen der stabilen und wenig polaren Bindungen, die Kohlenstoff insbesondere mit Wasserstoff ausbildet, ist diese Oxidation unter Normalbedingungen ein extrem langsamer Prozess. Man spricht von einer kinetisch gehemmten Reaktion (▶ Kapitel 4.3.1). Methan CH_4 oder Ethan C_2H_6 verbrennen erst nach Zufuhr von Energie (z. B. Streichholz, elektrischer Funke). Erfreulicherweise ist das so, andernfalls gäbe es keine organische Materie und damit kein Leben, wie wir es kennen.

O=C=O

CO_2

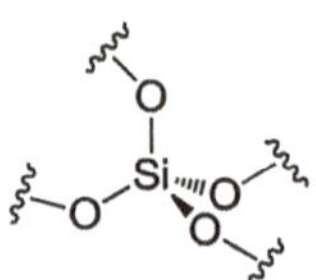

SiO_2

- Kohlenstoff kann als Element der 2. Periode Mehrfachbindungen bilden.

Wegen der kurzen Bindungsabstände kann Kohlenstoff insbesondere zu sich selbst und zu anderen Elementen der 2. Periode, z. B. Stickstoff oder Sauerstoff, auch Doppel- oder Dreifachbindungen ausbilden (▶ Kapitel 1.3), wodurch sich die Vielfalt möglicher organischer Verbindungen weiter erhöht. Solche Mehrfachbindungen sind bei Elementen höherer Perioden wie Silicium aufgrund des größeren Atomradius und der daraus resultierenden längeren Bindungen weniger stabil. Diese Elemente bevorzugen Einfachbindungen (**Doppelbindungsregel**). Daher ist CO_2 ein kleines gasförmiges Molekül mit zwei C=O-Doppelbindungen, während das analoge Siliciumdioxid SiO_2 ein ausgedehnter Festkörper aus vernetzten SiO_4-Tetraedern ist, in dem jedes Siliciumatom vier Si–O-Einfachbindungen ausbildet.

Grundlagen der chemischen Bindung in organischen Verbindungen 1.3

In stabilen Verbindungen bildet Kohlenstoff immer vier kovalente Bindungen aus.

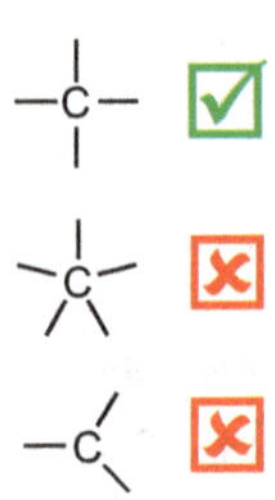

Die einzigen Elemente, die in der Natur atomar vorkommen, sind die Edelgase (8. Hauptgruppe), bei denen die Valenzschale mit acht Elektronen besetzt ist (Ausnahme Helium: zwei Außenelektronen). Diese Elektronenkonfiguration ist besonders stabil. Alle anderen Elemente versuchen daher, durch das Ausbilden von chemischen Bindungen ebenfalls **Edelgaskonfiguration** (ns^2 np^6 bzw. $1s^2$ für die 1. Periode) zu erreichen (Edelgasregel oder **Oktettregel**). Die Anzahl der Valenzelektronen bestimmt dabei den bevorzugten Bindungstyp eines Elements (Ionenbindung, metallische Bindung oder kovalente Atombindung). Für den Kohlenstoff (Elektronenkonfiguration $1s^2$ $2s^2$ $2p^2$) als typisches Nichtmetall mit vier Außenelektronen gilt:

- **Kohlenstoff bildet in seinen *stabilen* Verbindungen immer (!) vier kovalente Atombindungen aus** und erreicht so die Konfiguration des Edelgases Neon ($1s^2$ $2s^2$ $2p^6$).
- Kohlenstoffverbindungen mit **weniger als vier Bindungen sind instabil** und treten nur als meist hoch reaktive Zwischenstufen bei chemischen Reaktionen auf (z. B. Radikale $R_3C\bullet$, Carbokationen R_3C^+, Carbanionen R_3C^- oder Carbene R_2C).
- Beim Kohlenstoff gilt wie bei allen Elementen der 2. Periode die Oktettregel streng: Kohlenstoff kann ebenso wie Sauerstoff oder Stickstoff **niemals mehr als acht Außenelektronen** (vier Bindungen) haben! Stabile Kohlenstoffverbindungen mit fünf oder mehr Atombindungen gibt es nicht! Dafür müssten mehr als acht Elektronen auf der zweiten Schale untergebracht werden, die aber nur vier Orbitale (2s, $2p_x$, $2p_y$ und $2p_z$) und somit Platz für maximal acht Elektronen enthält.

Die Tatsache, dass Kohlenstoff vierwertig ist und somit in stabilen Verbindungen immer vier Atombindungen ausbildet, ist sicherlich mit das Wichtigste, was man zu den Bindungsverhältnissen organischer Verbindungen verstanden haben muss! Leider werden gerade hierbei von Anfängern sehr viele Fehler gemacht.

Exkurs 1.1: Das quantenchemische Atommodell

Die chemische Bindung in organischen Verbindungen kann nur auf der Basis des quantenchemischen Atommodells verstanden werden, dessen wichtigste Grundzüge nachfolgend zusammengefasst sind.

- Atome bestehen aus einem sehr kleinen **Atomkern** (d ≈ 10^{-15} m), der die Protonen und Neutronen und damit nahezu die gesamte Masse des Atoms enthält, sowie einer etwa 100.000-fach größeren **Atomhülle** (d ≈ 10^{-10} m), in der sich die Elektronen befinden.
- Die Elektronen weisen sowohl Wellen- als auch Teilcheneigenschaften auf (**Welle-Teilchen-Dualismus**).
- In der Atomhülle bilden sich **stehende Elektronenwellen** aus, die mathematisch durch eine Wellenfunktion Ψ beschrieben werden.
- Die vom H-Atom abgeleiteten Einelektronenwellenfunktionen, die sich aus der Lösung der **Schrödinger-Gleichung** ergeben, nennt man **Orbitale**. Sind diese an einem Atom lokalisiert, spricht man von **Atomorbitalen** (AO).
- Für Elektronen in Atomen und Molekülen lassen sich keine exakten Bahnen, sondern nur Bereiche mit einer bestimmten **Aufenthaltswahrscheinlichkeit** angeben. Diese ist proportional zum Quadrat der Wellenfunktion Ψ^2.
- Um Orbitale graphis ch dazustellen, gibt man meistens den Bereich an, in dem die Aufenthaltswahrscheinlichkeit eines Elektrons in diesem Orbital einen bestimmten Wert umfasst (z. B. 95 %). Zusätzlich gibt man noch das Vorzeichen der Wellenfunktion (die **Phase**) an (z. B. durch Plus oder Minus bzw. eine unterschiedliche Farbe).

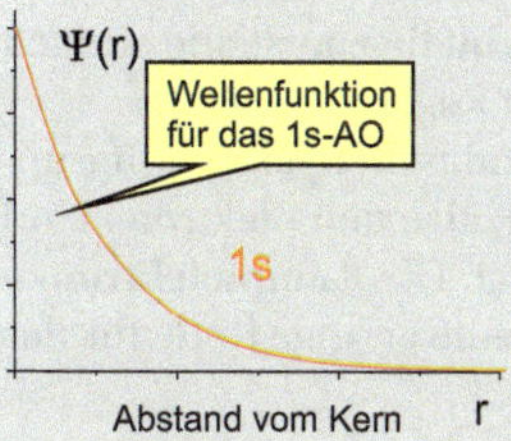

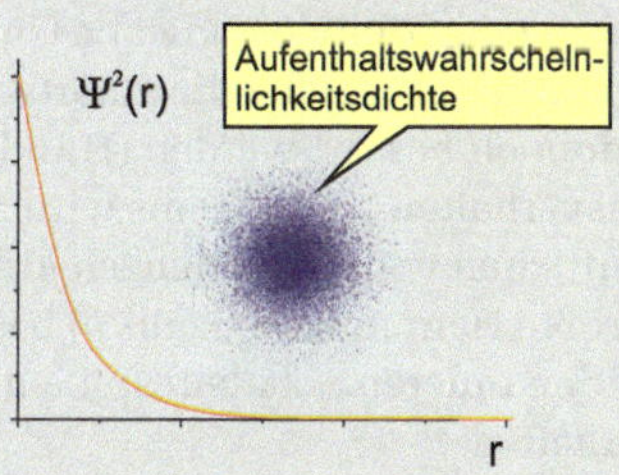

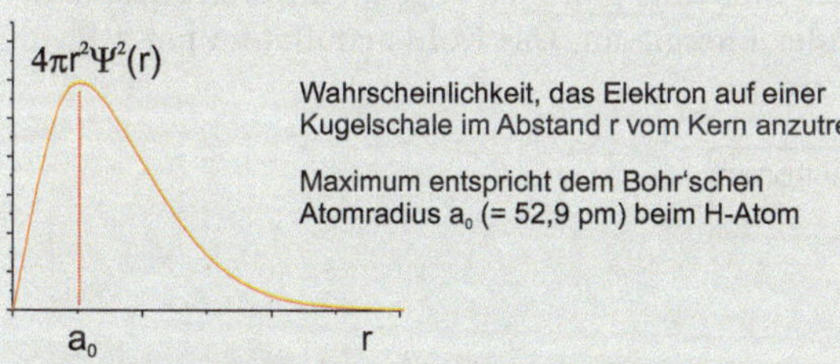

- Die Klassifizierung der Orbitale erfolgt durch drei **Quantenzahlen**:
  - Die **Hauptquantenzahl** n mit n = 1, 2, 3... kennzeichnet das grundlegende Energieniveau („*Schale*") und damit vereinfacht gesprochen in etwa den **Abstand der Elektronen vom Atomkern**.
  - Die **Nebenquantenzahl** ℓ mit $\ell = 0$ bis $(n-1)$ für $n > 1$ beschreibt die **Form und Gestalt** des Orbitals. Orbitale mit $\ell = 0$ sind kugelsymmetrisch (s-Orbital), solche mit $\ell = 1$ hingegen hantelförmig (p-Orbital).

– Die **Magnetquantenzahl *m*** mit $m = -\ell$ bis $+\ell$ für $\ell > 1$ gibt die **räumliche Orientierung** des Orbitals an.

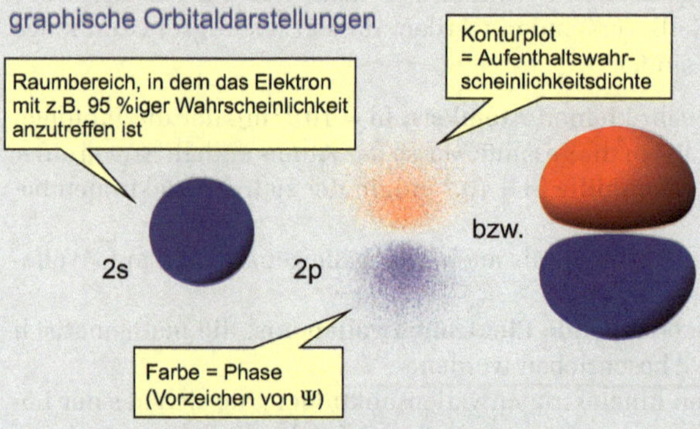

- Jedes Orbital kann mit zwei Elektronen besetzt werden, die sich in ihrem **Spin** (Eigendrehimpuls: eine besondere quantenmechanische Eigenschaft des Elektrons) unterscheiden: Spinquantenzahl *s* mit $s = -½$ oder $+½$.
- Keine zwei Elektronen in einem Atom oder Molekül dürfen in allen vier Quantenzahlen übereinstimmen (**Pauli-Prinzip**).
- Die einzelnen Orbitale werden entsprechend ihres zunehmenden Energiegehalts (Hauptquantenzahl *n* und Nebenquantenzahl ℓ) „von unten nach oben" mit Elektronen besetzt.
- Bei energiegleichen (entarteten) Orbitalen (gleiche Quantenzahlen *n* und ℓ, aber verschiedene Magnetquantenzahl *m*) werden die entarteten Orbitale zuerst alle einfach besetzt, bevor Orbitale doppelt besetzt werden (**Hund'sche Regel**).
- Das chemische Reaktionsverhalten eines Atoms wird zumindest bei den Hauptgruppenelementen im Wesentlichen von den **Valenzelektronen**, also den Elektronen auf der äußersten Schale (größte Hauptquantenzahl *n*) bestimmt. Die **Rumpfelektronen** (also die Elektronen auf den inneren Schalen) spielen nur eine geringe Rolle für das chemische Reaktionsverhalten.
- Die Elektronenkonfiguration eines Elements gibt man abgekürzt durch Angabe der besetzten Orbitale in aufsteigender Energie an. Das Kohlenstoffatom hat z. B. die Elektronenkonfiguration $1s^2\ 2s^2\ 2p^2$.

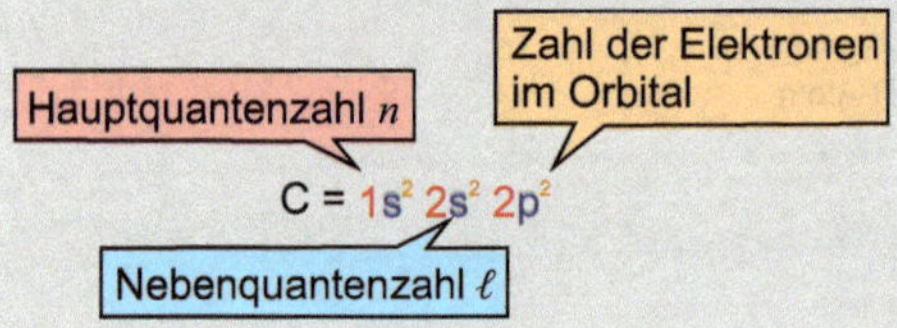

Stabile organische Verbindungen sind aus kovalenten Atombindungen aufgebaut. Dieser Bindungstyp lässt sich nur mithilfe der **Quantenmechanik** verstehen (▶ Exkurs 1.1). Ein oft verwendetes Näherungsmodell ist die Molekülorbitaltheorie (**MO-Theorie**), bei der man die Bindungsbildung durch die Überlappung von Atomorbitalen beschreibt (quantenchemisch als Linearkombination von Atomorbitalen bezeichnet, englisch *linear combination of atomic orbitals*, LCAO). Die Grundzüge der **LCAO-Methode** lassen sich wie folgt zusammenfassen:

- Die Annäherung zweier Atome führt zur Überlappung der jeweiligen Atomorbitale (= AO).
- Durch diese Überlappung bilden sich neue, über die beteiligten Atome verteilte **Molekülorbitale** (= MO). Dabei können aber nur AO miteinander überlappen, die sich in ihren Symmetrieeigenschaften entsprechen und von ähnlicher Energie sind.
- Man erhält immer genau so viele neue MO, wie AO miteinander wechselwirken.
- Beim häufigsten Fall der Wechselwirkung von zwei AO ist eines der beiden neuen MO energetisch günstiger (bindend) und eines ungünstiger (antibindend) als die ursprünglichen AO (▶ Abbildung 1.1). Das antibindende MO wird dabei relativ zu den AO stärker destabilisiert, als das bindende MO stabilisiert wird.

Anzahl der neu gebildeten MO = Anzahl der AO, die miteinander wechselwirken

- Die Stabilität und räumliche Gestalt der resultierenden MO hängt davon ab, welche AO (s, p, d, f) auf welche Art und Weise miteinander überlappen und wie die relative Energie der wechselwirkenden AO ist.
- Die resultierenden MO werden entsprechend zunehmender Energie („von unten nach oben“) mit den zur Verfügung stehenden Elektronen besetzt.
- Jedes MO kann maximal zwei Elektronen mit entgegengesetztem Spin aufnehmen. Energiegleiche (entartete) MO werden (wie bei Atomen) zuerst einfach besetzt, bevor Elektronen gepaart werden.
- Sind mehr Elektronen in bindenden als in antibindenden MO untergebracht, resultiert ein stabiles Molekül. Die **Bindungsordnung** ergibt sich aus dem Überschuss an bindenden gegenüber antibindenden Elektronen geteilt durch zwei.

Im Bild der MO-Theorie kommt z. B. die Atombindung im einfachsten Molekül, dem Wasserstoffmolekül H_2, durch Wechselwirkung der beiden 1s-AO der beiden H-Atome zustande (▶ Abbildung 1.1). Dabei entsteht ein energetisch günstigeres, bindendes σ-MO und ein ungünstigeres, anbindendes σ*-MO. Mit dem Zusatz * werden allgemein antibindende Orbitale gekennzeichnet. Wegen der Elektron-Elektron-Abstoßung ist das bindende MO weniger bindend, als das antibindende antibindend ist. Die Aufspaltung im MO-Diagramm (▶ Exkurs 1.2) ist also nicht symmetrisch, sondern das antibindende MO wird stärker destabilisiert

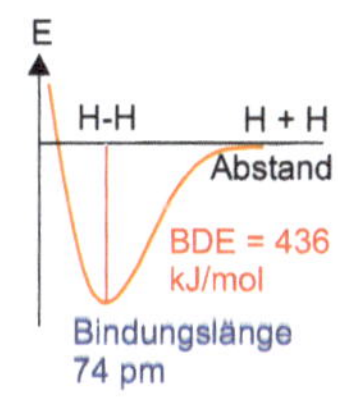

Potenzialkurve des H_2-Moleküls

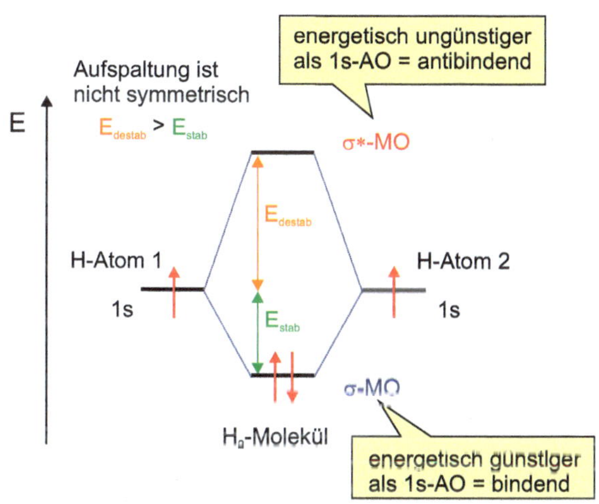

Abbildung 1.1: Qualitatives MO-Schema zur Ausbildung einer kovalenten Atombindung am Beispiel des H_2-Moleküls. Durch Wechselwirkung der beiden 1s-AO zweier H-Atome entsteht ein energetisch günstigeres, bindendes σ-MO und ein ungünstigeres, anbindendes σ*-MO. Das bindende σ-MO ist mit zwei Elektronen besetzt. Das H_2-Molekül ist damit stabiler als die beiden getrennten H-Atome.

als das bindende stabilisiert wird ($E_{stab} < E_{destab}$). Das bindende σ-MO wird mit zwei Elektronen mit entgegengesetztem Spin besetzt (jedes H-Atom steuert ein Elektron zur Bindung bei). Im MO-Diagramm werden die beiden Elektronen an den isolierten H-Atomen meistens mit parallelem Spin eingezeichnet, sodass formal bei der Bindungsbildung eine Spinumkehr eintritt. Hiervon sollte man sich nicht verwirren lassen, da die beiden Elektronen zuvor unendlich weit voneinander entfernt waren und somit ihr relativer Spin vor der Bindungsbildung irrelevant ist. Das H_2-Molekül ist um 436 kJ/mol stabiler als die beiden getrennten H-Atome. Diese Energie, die bei der Bildung einer Atombindung aus den getrennten Atomen frei wird, bezeichnet man als **Bindungsdissoziationsenergie BDE**. Die **Bindungsordnung** beträgt 1 (berechnet nach: Anzahl Elektronen in bindenden MO minus Anzahl Elektronen in antibindenden MO dividiert durch zwei, also (2 – 0)/2 = 1). Eine genaue quantenchemische Betrachtung zeigt, dass die Elektronen im bindenden σ-MO eine geringere kinetische Energie haben als zuvor in den 1s-AO der H-Atome. Diese **Verringerung der kinetischen Energie ist letztendlich der Grund für die Stabilität der Atombindung**. Die häufig zu lesende, rein elektrostatische Argumentation, dass die Atombindung auf einer Verringerung der potenziellen Energie der Elektronen im Feld der beiden Atomkerne beruht, ist falsch.

Wie sehen die neu gebildeten MO aus? Im Gegensatz zu den AO, aus denen sie gebildet werden, erstrecken sie sich über beide Atome (▶ Abbildung 1.2). Das bindende σ-MO weist eine erhöhte Elektronendichte zwischen den beiden Atomkernen auf, das antibindende σ*-MO hat hingegen eine **Knotenebene** zwischen den beiden Atomkernen. Im LCAO-Modell wird das bindende σ-MO durch Addition (phasengleiche Überlappung) und das antibindende σ*-MO durch Subtraktion (Überlappung mit unterschiedlichen Phasen) der beiden AO gebildet. Graphisch veranschaulicht man dies häufig durch unterschiedliche Farben der AO.

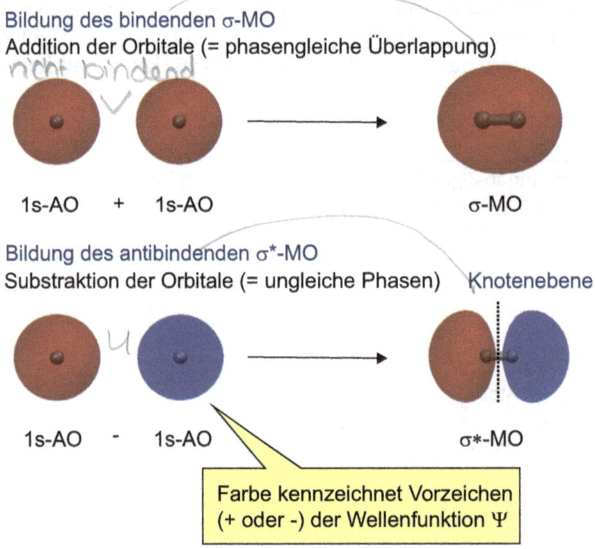

Abbildung 1.2: **Bildung des bindenden und des antibindenden MO aus der Überlappung der beteiligten Atomorbitale (LCAO-Ansatz).** Das bindende σ-MO weist eine erhöhte Elektronendichte zwischen den beiden Atomkernen auf, das antibindende σ*-MO hat dort eine Knotenebene (Elektronendichte gleich null.) Die Farbe symbolisiert das jeweilige Vorzeichen (+ oder –) der Wellenfunktion Ψ.

Die chemische Bindung im Methan 1.4

Die einfachste stabile organische Verbindung ist das **Methan CH_4**, in dem vier Wasserstoffe über Einfachbindungen an ein C-Atom gebunden sind. Das Methanmolekül hat die **Struktur eines symmetrischen Tetraeders**: Die vier C–H-Bindungen sind mit 110 pm Bindungslänge alle gleich lang und die Bindungswinkel betragen alle 109,5° (Tetraederwinkel). Wie kann man die Bindungen im Methan quantenchemisch beschreiben? Im Wesentlichen werden dafür zwei theoretische Ansätze verwendet, ein Molekülorbitalmodell (MO-Modell) mit delokalisierten Bindungen und ein Bindungsmodell mit lokalisierten Hybridorbitalen.

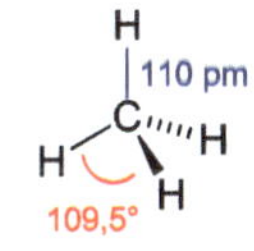

Methan CH_4

1.4.1 Beschreibung des Methans mit delokalisierten Molekülorbitalen

Im Modell der **Molekülorbitaltheorie** entstehen kovalente Atombindungen durch die Überlappung von Atomorbitalen (▸ Abbildung 1.1). Dabei werden neue, über die beteiligten Atome verteilte Molekülorbitale gebildet, die verglichen mit der Energie der AO, aus denen sie entstehen, **bindend** (energetisch günstiger), **nichtbindend** (gleiche Energie) oder **antibindend** (energetisch ungünstiger) sein können. Es spielt in diesem Modell zur Konstruktion der MO keine Rolle, ob die ursprünglichen AO mit Elektronen besetzt sind oder nicht. Entscheidend ist nur, dass die AO nicht beliebig miteinander wechselwirken können, sondern dabei insbesondere die Symmetrieeigenschaften der AO eine große Rolle spielen. Am Ende werden die resultierenden MO ihrer energetischen Reihenfolge nach sukzessive mit den vorhandenen Elektronen besetzt (egal, woher diese ursprünglich stammten). Wenn insgesamt mehr Elektronen in bindenden als in antibindenden Molekülorbitalen untergebracht sind, ist das Molekül stabil. Betrachten wir nur die für die Chemie wichtige Valenzschale, so stehen beim Methan zur Bindungsbildung die vier 1s-AO der vier H-Atome sowie das 2s- und die drei 2p-Orbitale des C-Atoms zur Verfügung. Durch Überlappung dieser acht AO entstehen insgesamt acht neue Orbitale, vier bindende und vier antibindende MO (▸ Abbildung 1.4). Da in Summe acht Elektronen vorhanden sind, werden gerade alle bindenden MO doppelt besetzt und alle antibindenden MO bleiben leer. Methan ist also eine stabile Verbindung.

Exkurs 1.2: Wie interpretiert man ein MO-Diagramm?

Häufig stellt man die Bildung einer kovalenten Bindung, die sich im Rahmen der MO-Theorie durch die Überlappung von Atomorbitalen zu neuen Molekülorbitalen ergibt, graphisch in MO-Diagrammen dar (▸ Abbildung 1.3). Diese enthalten eine Menge von Informationen und erscheinen daher auf den ersten Blick vielleicht etwas verwirrend. Bei der Interpretation eines MO-Diagramms sollte man daher die nachfolgenden Punkte im Hinterkopf haben.

- Links und rechts befinden sich die ursprünglichen Atomorbitale (AO) der beiden Atome, zwischen denen eine Bindung gebildet wird.
- In der Mitte „entstehen" die neuen Molekülorbitale (MO).
- Die Energie der Orbitale nimmt von unten nach oben zu (auch wenn nicht immer explizit eine Energieachse eingezeichnet ist).
- Die absolute Energie der Orbitale spielt in der Regel keine Rolle, entscheidend ist vielmehr ihre *relative* energetische Lage zueinander.
- Die Elektronen werden als Pfeile eingezeichnet. Der relative Spin wird durch eine unterschiedliche Pfeilrichtung („nach oben" bzw. „nach unten") angegeben.

- Zusätzlich zur energetischen Aufspaltung der Orbitale werden häufig graphische Darstellungen der AO und MO eingezeichnet.
- Die Molekülorbitale werden entweder als „echte" Orbitale gezeichnet, so wie sie sich aus quantenchemischen Rechnungen ergeben, oder aber es wird eine vereinfachte, idealisierte Darstellung verwendet, die eher darauf abzielt anzugeben, wie das entsprechende MO aus den AO entstanden ist (▸ Abbildung 1.2). Diese Darstellung ist vor allem bei komplexeren, delokalisierten MO (▸ Abbildung 1.18) häufig übersichtlicher als die Darstellung der berechneten MO. Allerdings wird die Größe der einzelnen Orbitallappen dabei nicht immer zwingend korrekt wiedergegeben.
- Die verschiedenen Phasen (Vorzeichen) der Wellenfunktion in den verschiedenen Bereichen eines Orbitals (Lappen) werden meistens durch verschiedene Farben symbolisiert.

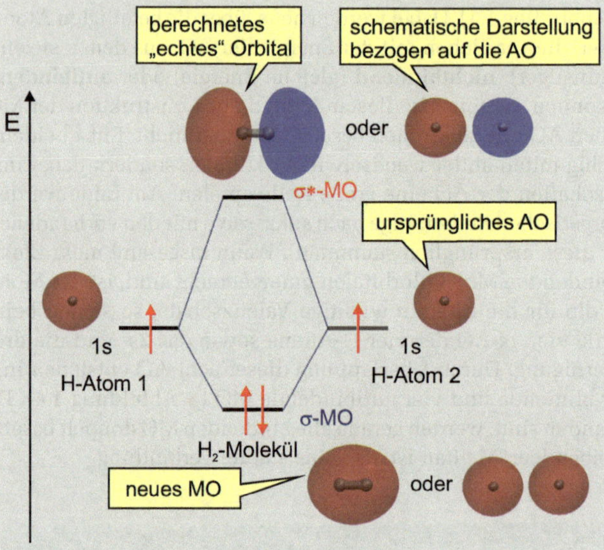

Abbildung 1.3: MO-Diagramm der Atombindung im H_2-Molekül mit graphischer Darstellung der jeweiligen AO und MO. Letztere sind einmal als quantenchemisch berechnete Orbitale gezeigt und einmal als schematische Darstellungen, die die Herkunft der MO aus den miteinander wechselwirkenden AO betonen. Die Form und Größe der einzelnen Orbitallappen sind dabei gegenüber den berechneten Orbitalen stark vereinfacht und idealisiert dargestellt.

Allerdings sind diese bindenden MO für die meisten Chemiker wenig anschaulich, da es sich um **delokalisierte Orbitale** handelt, die sich über das gesamte Molekül erstrecken (▸ Abbildung 1.5). Es gibt kein MO, das sich unmittelbar einer einzelnen, lokalisierten C–H-Bindung zuordnen lässt. Alle MO tragen gemeinsam zur Bindung aller vier H-Atome an das zentrale C-Atom bei.

Als Chemiker sind wir es aber gewohnt, wo immer möglich in **lokalisierten Bindungen** zu denken. Wir zeichnen Lewis-Formeln, in denen jeder Strich einer lokalisierten Bindung zwischen zwei Atomen entspricht, und bei Reaktionen reden wir davon, dass eine bestimmte Bindung gebrochen oder neu gebildet wird. Man verwendet daher meistens ein anderes

Modell, die Hybridisierung. Damit lässt sich der Aufbau organischer Verbindungen mit lokalisierten Hybridorbitalen beschreiben, die direkt einer bestimmten Bindung zwischen zwei Atomen entsprechen.

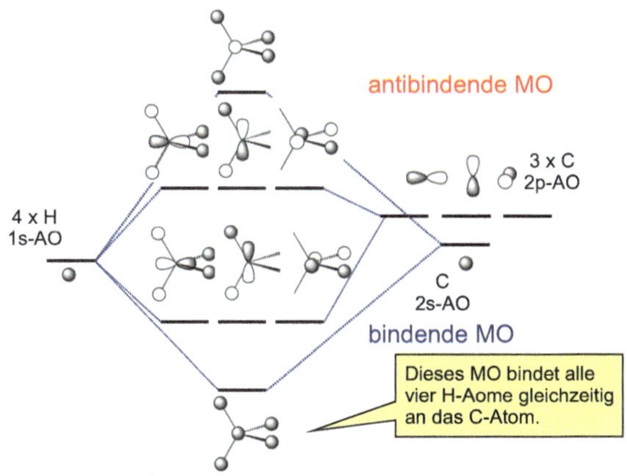

Abbildung 1.4: Beschreibung der Bindungsverhältnisse im Methan mit delokalisierten Molekülorbitalen. Durch Überlappung der 1s-AO der vier H-Atome mit dem 2s-AO und den drei 2p-AO des C Atoms entstehen insgesamt acht neue delokalisierte Molekülorbitale. Die vier bindenden MO werden mit den acht zur Verfügung stehenden Elektronen besetzt. Methan ist eine stabile Verbindung.

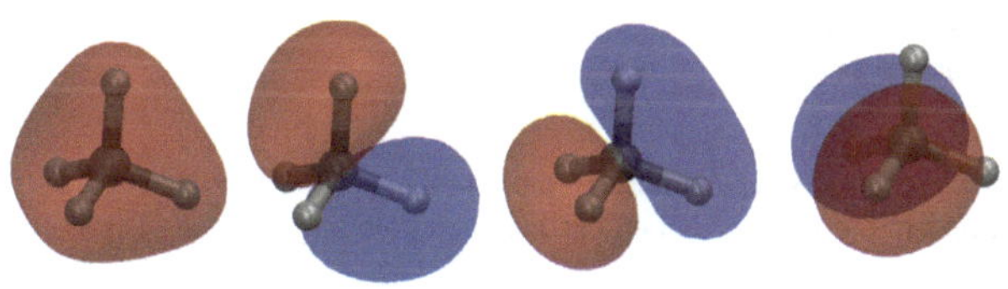

Abbildung 1.5: Die vier besetzten bindenden MO des Methans, wie sie sich aus quantenchemischen Rechnungen ergeben. MO 1 (links) ist das energetisch am tiefsten liegende, die anderen drei MO sind energiegleich (entartet), liegen aber etwas höher als MO 1.

1.4.2 Beschreibung des Methans mit lokalisierten Hybridorbitalen

Um das Methan im Modell der **Hybridisierung** zu beschreiben, „mischt" man vor der eigentlichen Bindungsbildung die energetisch unterschiedlichen, aber dicht beieinander liegenden 2s- und 2p-Atomorbitale des Kohlenstoffs und erzeugt daraus vier äquivalente und energiegleiche (entartete) **sp^3-Hybridatomorbitale** (▶ Abbildung 1.6). Die Bezeichnung sp^3 gibt an, aus welchen Orbitalen die Hybridorbitale durch Mischen entstanden sind ($sp^3 = 1 \cdot s + 3 \cdot p$). Dieses „Mischen" ist eine mathematische Operation, bei der man die Wellenfunktionen der beteiligten Orbitale addiert oder subtrahiert und so neue Wellenfunktionen erhält. Die Gesamtenergie der Orbitale ändert sich dabei nicht. Die Hybridorbitale liegen energetisch zwischen den s- und p-Orbitalen, aus denen sie gebildet werden, und zwar so, dass die Ge-

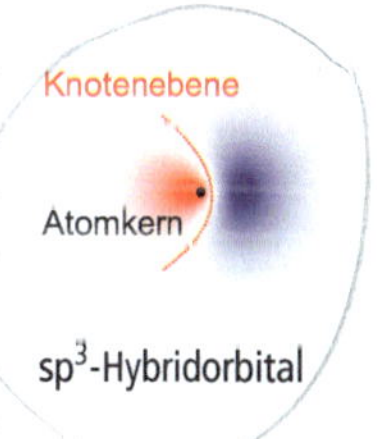

samtenergie aller Elektronen unverändert bleibt. Jedes der vier sp³-Hybridorbitale hat einen großen und kleinen Orbitallappen, wobei man in Formeln und MO-Bildern häufig zur besseren Übersicht nur die großen Lappen zeichnet. Die Knotenebene verläuft nicht genau durch den Kern (wie bei den p-Orbitalen), sondern ist etwas zum großen Lappen hin verschoben. Die großen Lappen der vier Orbitale zeigen in die Ecken eines gleichseitigen Tetraeders.

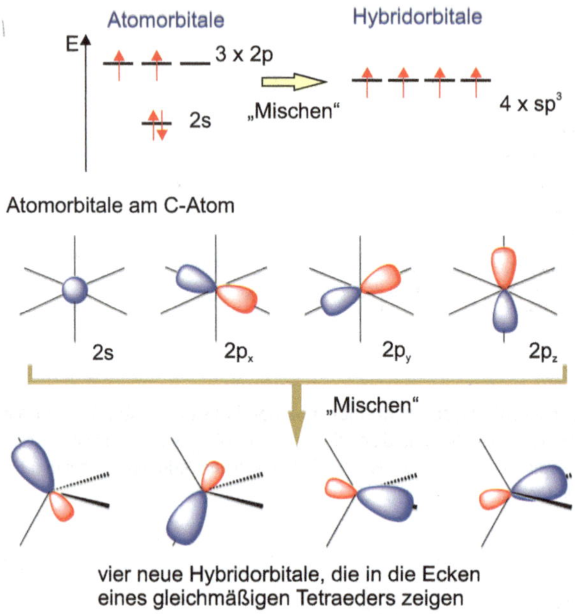

Abbildung 1.6: **Bildung von sp³-Hybridorbitalen.** Das 2s-AO und die drei 2p-AO am C-Atom werden gemischt, um vier äquivalente sp³-Hybridorbitale zu bilden. Die großen Lappen der Hybridorbitale zeigen zu den Ecken eines Tetraeders.

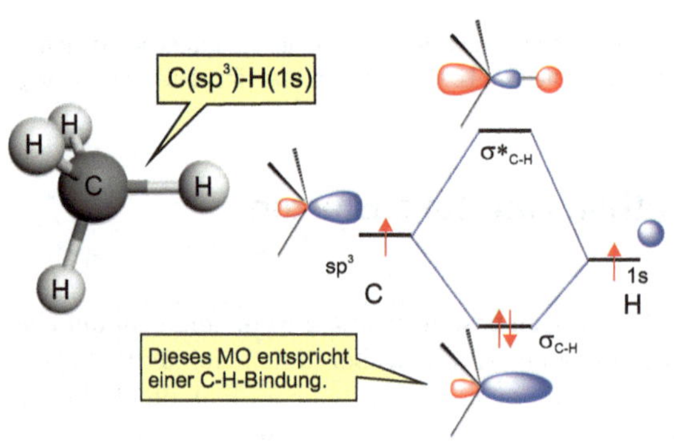

Abbildung 1.7: **Bildung einer C–H-Bindung im Methan.** Ein sp³-Hybridorbital am C-Atom überlappt mit dem 1s-AO des H-Atoms. Das bindende σ-MO ist doppelt besetzt; es bildet sich eine lokalisierte C–H-Bindung.

Beim Kohlenstoff mit seinen vier Valenzelektronen ist jedes Hybridorbital einfach besetzt und kann für die Bildung einer C–H-Bindung genutzt werden. Man betrachtet also die Bildung jeder C–H-Bindung einzeln. Die C–H-Bindung bildet sich durch die Überlappung jeweils des großen Lappens eines sp^3-Hybridorbitals mit dem 1s-Orbital eines H-Atoms. Bei der Überlappung mit dem kleinen Lappen des sp^3-Hybridorbitals wäre die Wechselwirkung der Orbitale sehr viel schlechter. Die C–H-Bindung ist somit „gerichtet"; sie ist in Richtung des großen Orbitallappens orientiert. Im MO-Bild erhält man ähnlich wie beim H_2-Molekül aus der Überlappung der beiden Orbitale, sp^3 am C-Atom und 1s am H-Atom, ein bindendes und ein antibindendes MO, die man als σ- bzw. σ*-MO bezeichnet. Das bindende σ-MO ist doppelt besetzt und entspricht anschaulich genau dieser C–H-Bindung (▶ Abbildung 1.7).

1.4.3 Vergleich der beiden Bindungsmodelle

Welche Beschreibung ist nun richtig, das MO-Bild mit delokalisierten Bindungen, die sich über das gesamte Methanmolekül erstrecken, oder das Modell der Hybridisierung, mit lokalisierten C–H-Bindungen? Dies ist eigentlich die falsche Frage, da es sich in beiden Fällen um Modelle mit bestimmten Näherungen handelt, die die Realität (das Methan mit seinen vier C–H-Bindungen, die in die Ecken eines gleichseitigen Tetraeders zeigen) mehr oder weniger gut oder anschaulich beschreiben. Daher sollte man das jeweilige Modell nicht als richtig oder falsch bezeichnen, sondern höchstens als besser geeignet oder weniger gut geeignet bzw. als anschaulicher oder weniger anschaulich. Und die Antwort hängt davon ab, was man betrachtet bzw. beschreiben will. Eigenschaften, die im Wesentlichen von *einzelnen Bindungen* abhängen, lassen sich recht gut mit dem Modell der Hybridisierung beschreiben, auch wenn dabei nachträglich die Gesamtelektronendichte des Methans (und nur die ist eine physikalisch reelle Größe) auf die vier C–H-Bindungen verteilt wird. Eigenschaften, die von der Elektronenstruktur des *gesamten Moleküls* abhängen, werden hingegen durch die Hybridisierung weniger gut beschrieben.

Ein Beispiel dafür ist das **Photoelektronenspektrum** des Methans, das zwei verschiedene Ionisierungsenergien für die vier C–H-Bindungen zeigt (▶ Abbildung 1.8). Gemessen wird dabei, vereinfacht gesprochen, die Energie, die benötigt wird, um ein Elektron aus einem Bindungsorbital herauszulösen. Unterschiedliche Banden bedeuten also Orbitale mit unterschiedlicher Energie. Das Auftreten von zwei Signalen im Intensitätsverhältnis 1:3 steht im Widerspruch zum Modell der Hybridisierung, das für alle vier bindenden MO die gleiche Energie vorhersagt (▶ Abbildung 1.6). Das MO-Modell mit delokalisierten Bindungen sagt hingegen im Einklang mit dem Experiment zwei verschiedene Orbitalenergien voraus (MO 1 und die etwas höher liegenden drei entarteten Orbitale MO 2 bis MO 4; ▶ Abbildung 1.4). Offensichtlich lässt sich der Ionisationsvorgang nicht mit lokalisierten Hybridorbitalen angemessen beschreiben, denn es wird nicht ein Elektron aus einer bestimmten CH-Bindung entfernt, sondern aus dem gesamten Molekül, wobei sich die Energien *aller* MO verändern.

Für die Beschreibung der meisten organischen Moleküle und Reaktionen ist aber die Betrachtung lokalisierter Bindungen im Modell der Hybridisierung ausreichend und auch sinnvoll, weil diese Beschreibung oft anschaulicher und einfacher nachzuvollziehen ist. Man sollte sich aber bewusst sein, dass es nur ein Modell von mehreren ist. Die manchmal zu lesenden Begründungen, die Hybridisierung erfolge deswegen, weil so stärker gerichtete und damit stabilere Bindungen gebildet werden könnten, ist falsch. Die Gesamtbindungsenergie ist in beiden Modellen identisch. Der einzige Grund, warum wir das Konzept der Hybridisierung verwenden, ist seine größere Anschaulichkeit gegenüber der Verwendung delokalisierter Molekülorbitale.

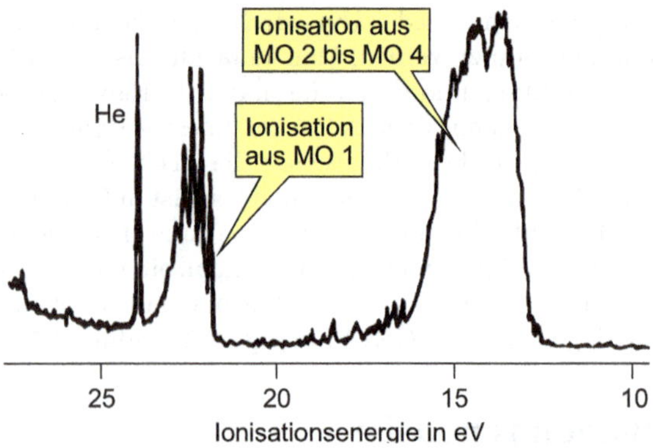

Abbildung 1.8: Photoelektronenspektrum des Methans. Das Spektrum zeigt Banden bei zwei verschiedenen Ionisierungsenergien. Die linke Bande entspricht der Entfernung eines Elektrons aus dem MO 1, die rechte Bande aus den energetisch höher liegenden drei entarteten MO 2 bis MO 4.

Bindungstypen in organischen Verbindungen 1.5

1.5.1 Einfachbindungen: sp^3-Hybridorbitale

sp^3-Hybridorbitale bilden den Einfachbindungen.

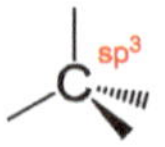

Im Modell der Hybridisierung ist grundsätzlich jedes **gesättigte C-Atom** (Atom, von dem nur Einfachbindungen ausgehen) sp^3-hybridisiert. So entsteht z. B. die C–C-Bindung im Ethan C_2H_6 durch Überlappung jeweils eines sp^3-Hybridorbitals an jedem der beiden beteiligten

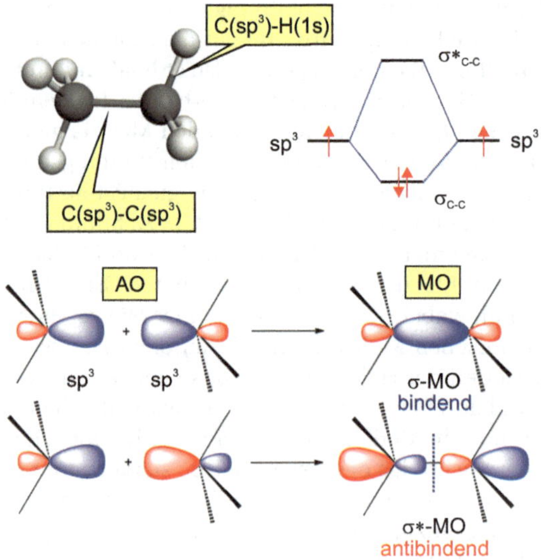

Abbildung 1.9: C–C-σ-Bindung im Ethan. Die Bindung entsteht durch Überlappung je eines sp^3-Hybridorbitals an jedem der beiden C-Atome. Mit den verbleibenden drei Hybridorbitalen an jedem C-Atom werden die C–H-Bindungen gebildet.

C-Atome (▶ Abbildung 1.9). Im MO-Bild erhält man durch die Wechselwirkung der beiden sp^3-Hybridorbitale ein energetisch günstigeres, bindendes σ-MO und ein antibindendes σ*-MO. Das bindende σ-MO ist mit zwei Elektronen mit antiparallelem Spin doppelt besetzt; das antibindende σ*-MO bleibt leer. Wie man anhand der Gestalt des bindenden σ-MO sieht, konzentriert sich bei dieser Bindung die Elektronendichte rotationssymmetrisch entlang der Kern-Kern-Verbindungsachse (▶ Kapitel 1.6). Eine solche Bindung nennt man eine **σ-Bindung**.

Auf die gleiche Weise lassen sich auch drei, vier, fünf oder noch mehr C-Atome miteinander zu langen Ketten oder auch Ringen verknüpfen. Diese analog aufgebauten Verbindungen, in denen alle C-Atome sp^3-hybridisiert sind und die nur aus C–C- und C–H-Einfachbindungen bestehen, bilden die Stoffklasse der **Alkane**, der gesättigten Kohlenwasserstoffe (▶ Kapitel 2.2).

Neben Einfachbindungen kann der Kohlenstoff auch Doppel- und Dreifachbindungen ausbilden. Für deren Beschreibung verwendet man im Modell der Hybridisierung jeweils unterschiedliche Hybridorbitale, die sich dadurch unterscheiden, wie viele der drei 2p-Orbitale man mit dem 2s-Orbital mischt.

1.5.2 Doppelbindungen: sp^2-Hybridorbitale

Zur Beschreibung von **C=C-Doppelbindungen** verwendet man **sp^2-Hybridorbitale**. Diese entstehen durch das Mischen des 2s- mit nur zwei der drei 2p-Orbitale (▶ Abbildung 1.10). Die drei neuen sp^2-Hybridorbitale liegen in einer Ebene und zeigen in die Ecken eines gleichseitigen Dreieckes (Winkel 120°). Ihre Form ähnelt den sp^3-Hybridorbitalen. Jedes sp^2-Hybridorbital hat wiederum einen großen und einen kleinen Lappen. An jedem C-Atom verbleibt zudem noch ein 2p-Orbital, das man üblicherweise als **$2p_z$-Orbital** bezeichnet. Dieses steht senkrecht auf der Ebene, die aus den drei sp^2-Hybridorbitalen gebildet wird.

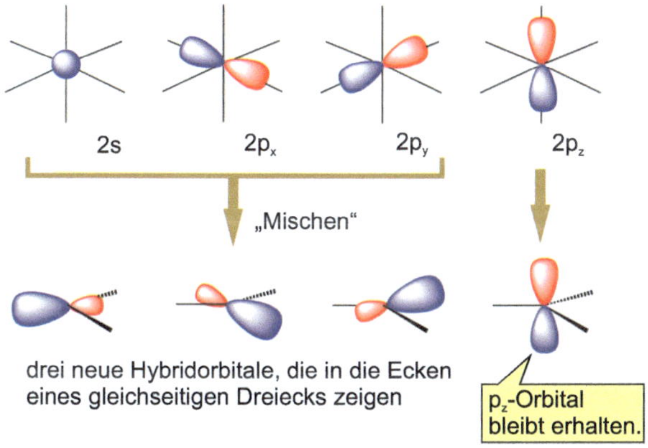

zeichnen

Abbildung 1.10: Bildung von sp^2-Hybridorbitalen. Ein s- und zwei p-Orbitale können hybridisieren und drei äquivalente sp^2-Hybridorbitale bilden, deren große Lappen in die Ecken eines gleichseitigen Dreiecks zeigen. Das nicht zur Hybridisierung genutzte p-Orbital (üblicherweise als p_z-Orbital bezeichnet) bleibt unverändert erhalten.

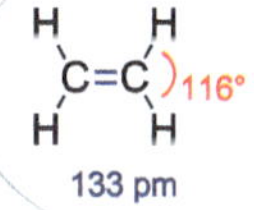

Ethen

Der einfachste Vertreter der **Alkene**, also der Kohlenwasserstoffe mit einer C=C-Doppelbindung, ist Ethen C_2H_4. Die C=C-Doppelbindung bildet sich zum einen durch Überlappung von zwei sp^2-Hybridorbitalen, wobei analog wie beim Ethan eine σ-Bindung zwischen den beiden C-Atomen gebildet wird (▶ Abbildung 1.11). Zusätzlich überlappen seitlich die beiden parallel angeordneten $2p_z$-Orbitale an jedem C-Atom. Aus dieser Orbitalwechselwirkung resultiert wiederum die Bildung eines bindenden und eines antibindenden Molekülorbitals. Das bindende MO ist doppelt besetzt. Die Elektronendichte in diesem MO konzentriert sich nicht wie bei der σ-Bindung entlang, sondern oberhalb und unterhalb der C–C-Bindungsachse. Einen solchen Bindungstyp nennt man **π-Bindung** und die beteiligten Orbitale π-MO. Die C=C-Doppelbindung besteht somit aus einer σ-Bindung und einer π-Bindung. Sie ist insgesamt stabiler als die C–C-Einfachbindung (620 kJ/mol gegenüber 350 kJ/mol im Falle des Ethens). Allerdings ist sie nicht doppelt so stabil, da die π-Bindung wegen der schlechteren Wechselwirkung der p-Orbitale schwächer ist als eine σ-Bindung (270 kJ/mol im Vergleich zu 350 kJ/mol). Mit den verbleibenden zwei sp^2-Hybridorbitalen an jedem C-Atom werden dann zwei Einfachbindungen zu anderen Bindungspartnern ausgebildet. Im Fall des Ethens werden so die vier Wasserstoffatome durch sp^2-1s-Einfachbindungen gebunden.

Eine Doppelbindung besteht aus einer σ- und einer π-Bindung.

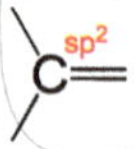

Bei der Betrachtung des MO-Diagramms der C=C-Doppelbindung (▶ Abbildung 1.11) fallen mehrere Punkte auf:

- Die p_z-Orbitale liegen energetisch höher als die sp^2-Hybridorbitale. Allgemein gilt: **Je gößer der s-Anteil eines Orbitals ist, desto geringer ist seine Energie.**
- Zwischen den p_z- und den sp^2-Hybridorbitalen kann aus Symmetriegründen keine Wechselwirkung stattfinden. Die Hybridorbitale liegen genau in der Knotenebene des p_z-Orbitals.
- Die Aufspaltung (also die Energiedifferenz zwischen bindendem und antibindendem MO) ist bei den p-Orbitalen, die eine π-Bindung bilden, kleiner als bei den Hybridorbitalen oder allgemein bei σ-Orbitalen (also Orbitalen, deren Überlappung zur Ausbildung einer σ-Bindung führt). Allgemein gilt: **Die Orbitalaufspaltung ist umso größer, je besser die Überlappung der Orbitale ist**. Die seitliche Überlappung der beiden p-Orbitale führt zu einer schlechteren Wechselwirkung als die direkte Überlappung zweier σ-Orbitale. Deswegen ist auch die π-Bindung der C=C-Doppelbindung schwächer als die σ-Bindung.

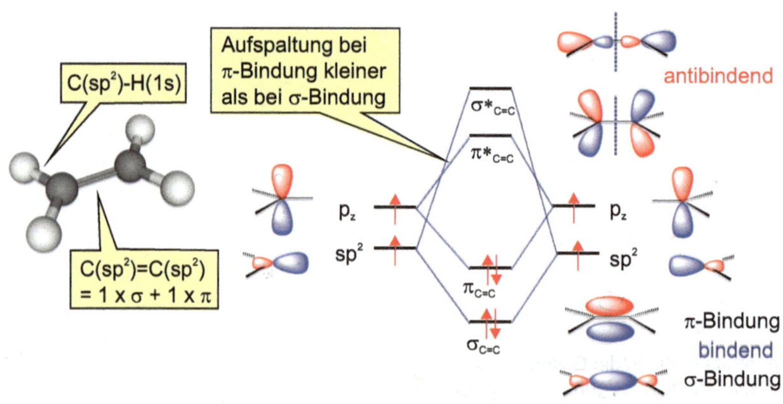

Abbildung 1.11: MO-Diagramm einer C=C-Doppelbindung am Beispiel des Ethens. Die C=C-Doppelbindung besteht aus einer σ- und einer π-Bindung. Die σ-Bindung entsteht aus zwei sp^2-Hybridorbitalen, während die π-Bindung durch die seitliche Überlappung der verbleibenden p_z-Orbitale gebildet wird. Die C–H-Bindungen bilden sich durch die Überlappung der verbliebenen sp^2-Hybridorbitale mit den 1s-Orbitalen der H-Atome.

Definition: σ- und π-Bindungen

Je nachdem, welche Atomorbitale überlappen, ergeben sich Molekülorbitale mit unterschiedlichen Eigenschaften.

- Ist die Elektronendichte im MO wie bei der Atombindung im H_2-Molekül entlang der Kern-Kern-Verbindungsachse konzentriert, liegt eine **σ-Bindung** vor.
- Ist die Elektronendichte dagegen wie bei der Doppelbindung im Ethen oberhalb und unterhalb der Kern-Kern-Verbindungsachse konzentriert, spricht man von einer **π-Bindung**.

Eine π-Bindung entsteht z.B. wie beim Ethen durch die seitliche Überlappung von zwei 2p-Orbitalen. Die beiden p-Orbitale stehen dabei senkrecht auf der Bindungsachse (▸ Abbildung 1.12). Liegen p-Orbitale hingegen auf der Bindungsachse und zeigen aufeinander zu, so entsteht eine σ-Bindung. Ebenso entsteht eine σ-Bindung, wenn zwei s-AO miteinander wechselwirken (wie im H_2-Molekül) oder ein s-AO mit einem Hybridorbital oder einem auf der Bindungsachse liegendem p-Orbital wechselwirkt.

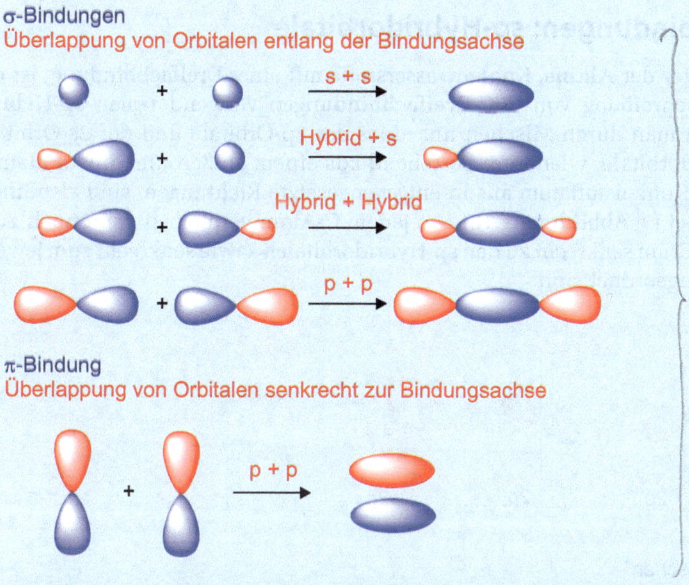

Abbildung 1.12: **Beispiele für σ- und π-Bindungen.** Je nach Anordnung der miteinander wechselwirkenden Orbitale relativ zur Bindungsachse entstehen σ-Bindungen (Wechselwirkung entlang der Bindungsachse) oder π-Bindungen (Wechselwirkung senkrecht zur Bindungsachse). Gezeigt sind jeweils nur die bindenden Orbitale (Addition der AO). Es entsteht jeweils auch immer noch ein antibindendes MO (Subtraktion der AO).

Passt hingegen die Symmetrie der Orbitale nicht zueinander, kann keine Bindung entstehen. Die Wechselwirkung von s-AO mit einem p-Orbital, das senkrecht auf der Bindungsachse steht, liefert dagegen keine stabile Bindung, da sich die Bereiche von positiver (gleiche Phase) und negativer (ungleiche Phase) Überlappung gerade kompensieren. In Summe resultiert keine bindende Orbitalwechselwirkung. Auch die Bildung antibindender Orbitale ist ein Beispiel für eine „nicht passende" Wechselwirkung von Orbitalen, die ebenfalls zu keiner Bindung führt.

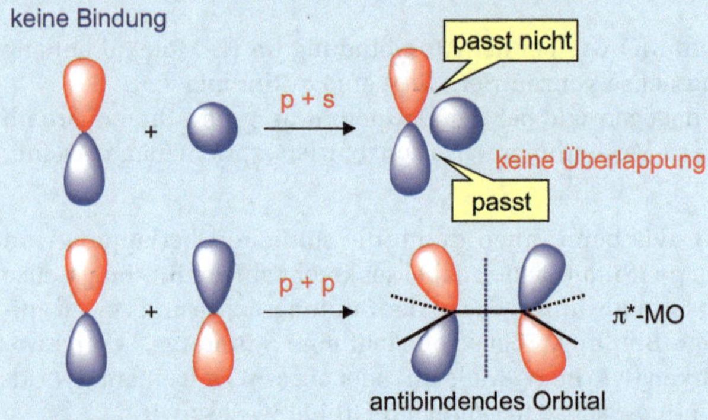

1.5.3 Dreifachbindungen: sp-Hybridorbitale

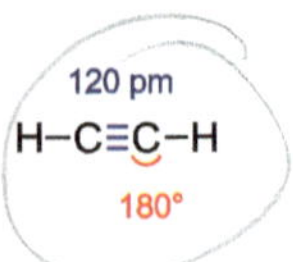

Ethin

Der einfachste Vertreter der **Alkine**, Kohlenwasserstoffe mit einer Dreifachbindung, ist das Ethin C_2H_2. Zur Beschreibung von **C≡C-Dreifachbindungen** verwendet man **sp-Hybridorbitale**. Diese erhält man durch Mischen nur eines der 2p-Orbitale und des 2s-Orbitals. Die beiden sp-Hybridorbitale, wiederum bestehend aus einem großen und einem kleinen Lappen, zeigen vom Kohlenstoffatom aus in entgegengesetzte Richtungen, sind also linear zueinander angeordnet (▸ Abbildung 1.13). An jedem C-Atom verbleiben dann noch zwei 2p-Orbitale, die wiederum senkrecht zu den sp-Hybridorbitalen sowie senkrecht zum jeweils anderen 2p-Orbital angeordnet sind.

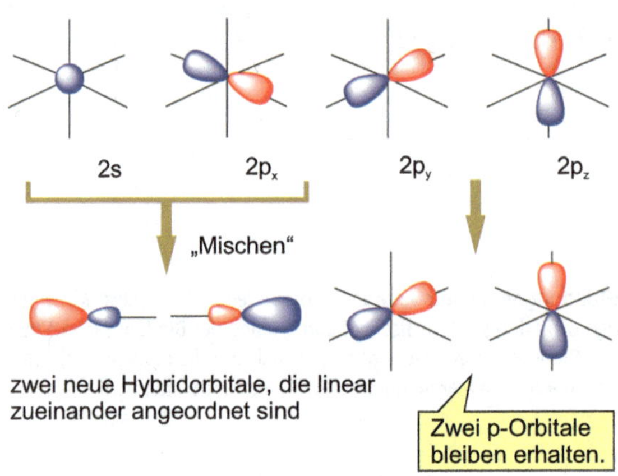

Abbildung 1.13: **Bildung von sp-Hybridorbitalen.** Ein s- und ein p-Orbital können hybridisieren und zwei äquivalente sp-Hybridorbitale bilden, deren große Lappen in entgegengesetzte Richtungen zeigen. Die nicht zur Hybridisierung genutzten beiden p-Orbitale bleiben unverändert erhalten.

Eine Dreifachbindung erhält man durch Überlappung von jeweils einem sp-Hybridorbital an jedem C-Atom unter Bildung einer σ-Bindung (▸ Abbildung 1.14). Ferner überlappen wie bei der Doppelbindung jeweils die sich seitlich gegenüberliegenden p-Orbitale an jedem C-Atom. Man erhält so zwei entartete (energiegleiche) bindende und zwei antibindende π-MO. Die beiden bindenden π-MO sind doppelt besetzt und bilden die beiden senkrecht aufeinander stehenden π-Bindungen der Dreifachbindung. Mit einer Bindungsenergie von 840 kJ/mol ist die C≡C-Dreifachbindung deutlich stabiler als eine Doppelbindung. An jedem C-Atom verbleibt ein einfach besetztes sp-Hybridorbital, das eine Einfachbindung zu einem weiteren Bindungspartner ausbildet. Im Ethin werden so die zwei Wasserstoffatome durch sp-s-Einfachbindungen gebunden.

Eine Dreifachbindung besteht aus einer σ- und zwei π-Bindungen.

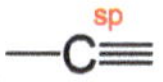

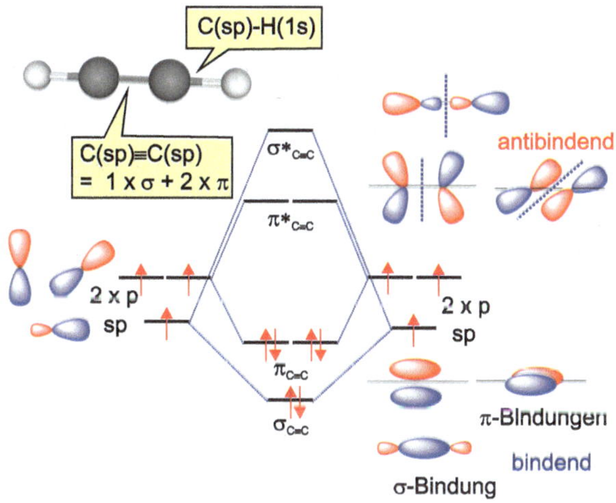

Abbildung 1.14: MO-Diagramm einer C≡C-Dreifachbindung am Beispiel des Ethins. Die C≡C-Dreifachbindung besteht aus einer σ- und zwei π-Bindungen. Die σ-Bindung entsteht aus zwei sp-Hybridorbitalen, während die beiden π-Bindungen jeweils durch die seitliche Überlappung zweier sich gegenüberstehender p-Orbitale gebildet werden. Die C–H-Bindungen bilden sich durch die Überlappung der beiden verbliebenen sp-Hybridorbitale mit den 1s-Orbitalen der H-Atome.

1.5.4 Kumulierte Doppelbindungen

Wir finden sp-hybridisierte C-Atome allerdings nicht nur bei Dreifachbindungen, sondern auch bei den **Allenen**. So nennt man Kohlenwasserstoffe, bei denen zwei C=C-Doppelbindungen von einem gemeinsamen sp-hybridisierten C-Atom ausgehen (sogenannte **kumulierte Doppelbindungen**). Der einfachste Vertreter ist Propadien C_3H_4. Da die beiden p-Orbitale am zentralen C-Atom senkrecht aufeinander stehen, sind auch die beiden π-Bindungen senkrecht zueinander angeordnet. Damit sind die beiden endständigen CH_2-Gruppen um 90° gegeneinander verdreht (▸ Abbildung 1.15). Allene mit zwei unterschiedlichen Resten an jedem der beiden endständigen C-Atome sind daher chiral (axiale Chiralität; ▸ Kapitel 3.3.1). Die beiden C=C-Bindungslängen entsprechen mit 133 pm der Länge einer Doppelbindung im Ethen.

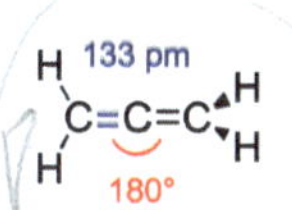

Propadien (Allen)

Allene: Kohlenwasserstoffe mit kumulierte Doppelbindunge

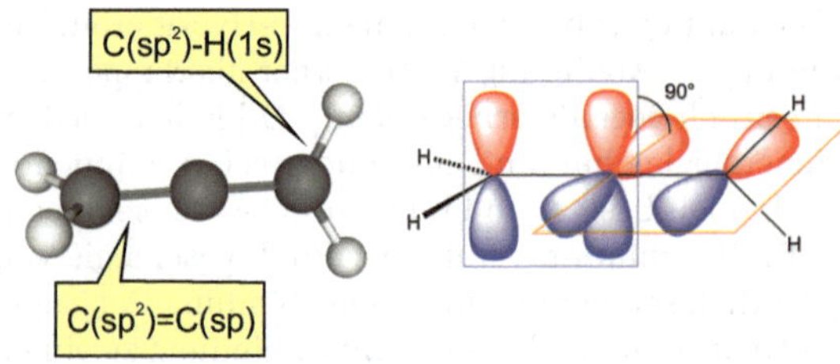

Abbildung 1.15: **Struktur des Allens (Propadiens).** Bei kumulierten Doppelbindungen ist das mittlere C-Atom sp-hybridisiert, die beiden benachbarten C-Atome sind sp^2-hybridisiert. Dadurch ergibt sich eine nicht planare Struktur, die beiden endständigen Methylengruppen sind um 90° gegeneinander verdreht.

1.5.5 Zusammenfassung der Hybridisierungstypen

Jeder Bindungstyp ist somit mit einer bestimmten Hybridisierung und damit auch mit einer bestimmten bevorzugten Bindungsgeometrie verknüpft (▶ Tabelle 1.1), die sich aus der gegenseitigen räumlichen Anordnung der Hybridorbitale ergibt. Man findet daher in unterschiedlichen Molekülen für jeden Bindungstyp ähnliche, typische Werte von Bindungslängen und Bindungswinkeln. Auch die Bindungsstärke ist jeweils ähnlich.

Hybridisierung	Bindungstyp	Bindungsgeometrie	Beispiel
sp^3	gesättigtes C-Atom mit vier Einfachbindungen 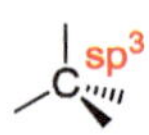	tetragonal (109,5°)	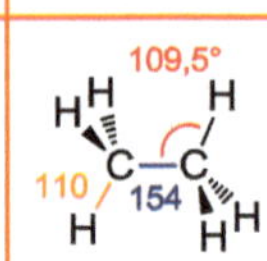
sp^2	C-Atom mit einer Doppelbindung 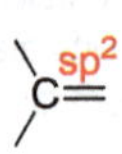	trigonal-planar (120°)	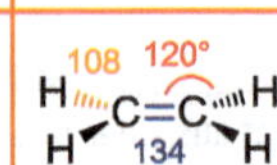
sp	C-Atom mit einer Dreifachbindung 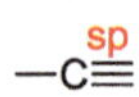	linear (180°)	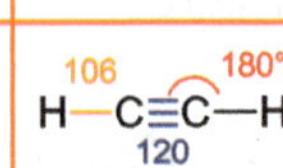
sp	C-Atom mit kumulierten Doppelbindungen 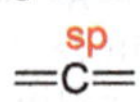	linear (180°)	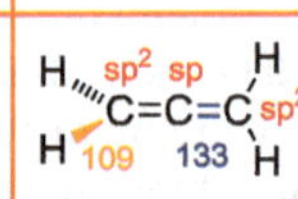

Tabelle 1.1: **Übersicht über Hybridisierung und Struktur von C-Atomen.** Bindungslängen sind in pm (= 10^{-12} m) angegeben.

1.5.6 Heteroatome und Hybridisierung

Das Modell der Hybridisierung kann man auch für andere Elemente der zweiten Periode verwenden, insbesondere für die in der Organischen Chemie sehr wichtigen Bindungspartner Sauerstoff und Stickstoff. Diese Heteroatome sind dann ebenfalls sp^3- (Einfachbindung), sp^2- (Doppelbindung) oder sp-hybridisiert (Dreifachbindung) (▶ Tabelle 1.2). Der einzige Unterschied zum Kohlenstoff liegt darin, dass nicht alle Hybridorbitale an den Heteroatomen für Bindungen genutzt werden, da bereits einige doppelt besetzt sind (**freie Elektronenpaare**). Für Elemente ab der 3. Periode wie Schwefel oder Brom verwendet man hingegen meistens die p-Orbitale zur Bindungsbildung. Die s- und p-Orbitale sind bei diesen Elementen energetisch so weit voneinander entfernt, dass das für die Bildung von Hybridorbitalen notwendige „Mischen" nur in sehr geringem Maße möglich ist. Ab der 3. Periode bilden die Atome auch keine Doppelbindungen mehr aus, sondern nur noch Einfachbindungen (Doppelbindungsregel, ▶ Kapitel 1.2).

Heteroatom = alle Atome außer C und H (z. B. O, N, P, S, Halogen)

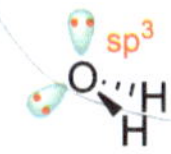

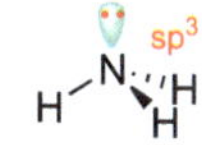

Strukturelement	Hybridisierung	Geometrie der beiden Bindungspartner (jeweils bezogen auf die Gesamtzahl an Bindungen und freien Elektronenpaaren an jedem Atom)	Beispiel
C–C, C–O, C–N, C–X (X = Halogen) C–H	sp^3-sp^3 sp^3-p sp^3-s	tetraedrisch – tetraedrisch tetraedrisch – punktförmig	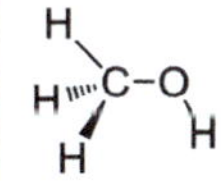 Methanol
C=C, C=O, C=N	sp^2-sp^2	trigonal-planar – trigonal-planar	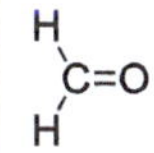 Formaldehyd
C≡C, C≡N	sp-sp	linear – linear	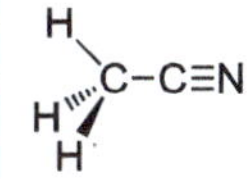 Acetonitril
=C=C, =C=O, =C=N	sp-sp^2	linear – trigonal-planar	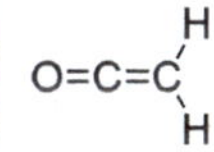 Keten

Tabelle 1.2: **Hybridisierungen häufiger Strukturelemente in organischen Verbindungen.**

Rotation um Bindungen 1.6

Um eine **Einfachbindung** besteht eine (nahezu) **freie Drehbarkeit**, da sich die Elektronenverteilung entlang der Kern-Kern-Verbindungsachse bei der Drehung nicht verändert (▶ Abbildung 1.16). Lediglich durch die Abstoßung der sich gegenüberstehenden C–H-Bindungen ergibt sich eine geringfügige Energiebarriere, die z. B. beim Ethan 12 kJ/mol beträgt (▶ Kapitel 3.1.1). Diese Barriere ist aber so gering, dass die Rotation bei Raumtemperatur sehr schnell ist (im Bereich von Picosekunden) und man daher in den meisten Fällen praktisch

Um eine σ-Bindung besteht nahezu freie Drehbarkeit.

von einer freien Drehbarkeit ausgehen kann. Ausnahmen sind z. B. C–C-Einfachbindungen in bestimmten Biphenylderivaten, z. B. 1,1'-Bi-2-naphthol (BINOL), bei denen die Rotation aus sterischen Gründen gehindert ist und damit die Energiebarriere so hoch ist, dass sie bei Raumtemperatur nicht überwunden werden kann (> 80–100 kJ/mol). Bei solchen Verbindungen kann es daher zum Auftreten von Atropisomeren kommen, einer speziellen Form der Enantiomerie (▶ Kapitel 3.3.1).

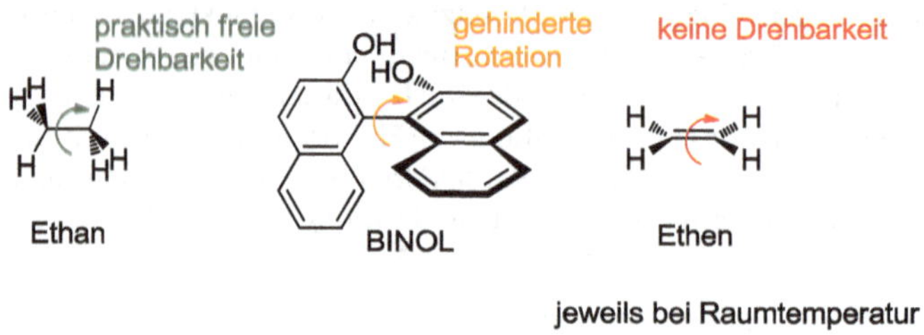

Um eine π-Bindung besteht keine freie Drehbarkeit.

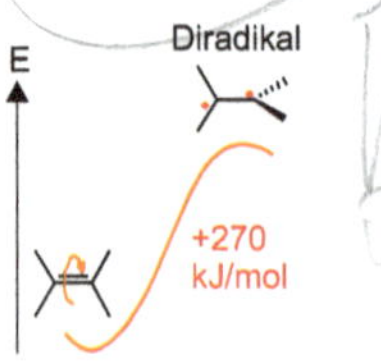

Drehung um eine π-Bindung

Um eine **Doppelbindung** besteht hingegen grundsätzlich bei Raumtemperatur **keine freie Drehbarkeit**. Verdreht man die Molekülhälften gegeneinander, bleibt zwar die Überlappung der rotationsymmetrischen σ-Bindung erhalten, aber die π-Bindung wird gebrochen. Die seitliche Überlappung der p_z-Orbitale ist nur maximal, wenn die beiden p_z-Orbitale parallel zueinander angeordnet sind. Stehen sie im 90°-Winkel senkrecht zueinander (***orthogonal***), ist keine bindende Wechselwirkung möglich, da jedes p-Orbital genau in der Knotenebene des anderen liegt (▶ Abbildung 1.16). Die beiden p-Orbitale überlappen zwar immer noch, aber sowohl mit gleicher als auch mit entgegengesetzter Phase. Die Gesamtüberlappung aufsummiert über alle Bereiche ist gleich null. Beim Ethen erfordert das „Aufbrechen" der π-Bindung 270 kJ/mol; ein Energiebetrag der so hoch ist, dass bei Raumtemperatur keine Rotation um die C=C-Doppelbindung stattfindet (geschätzte Halbwertszeit etwa 10^{25} Jahre). Erst bei erhöhter Temperatur von einigen Hundert Grad Celsius, kann diese Energiebarriere

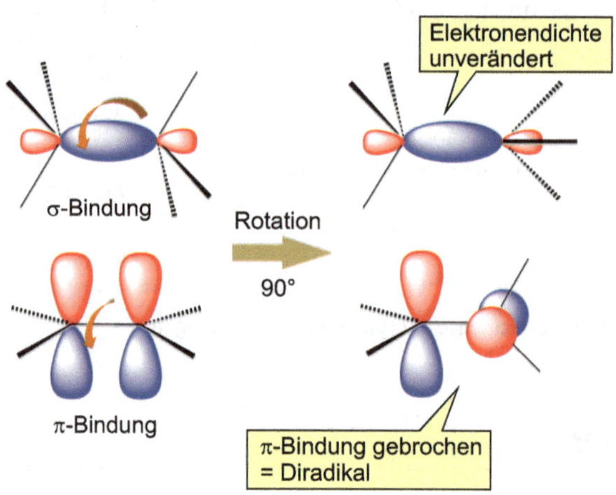

Abbildung 1.16: Rotation um Einfach- und Doppelbindung. Eine σ-Bindung ist rotationssymmetrisch um die Kern-Kern-Verbindungsachse. Die Elektronendichte der Bindung ändert sich daher bei einer Rotation nicht. Es besteht (nahezu) freie Drehbarkeit. Bei der Rotation um eine π-Bindung ändert sich die seitliche Überlappung der beiden p-Orbitale. Nach einer Drehung um 90° ist die π-Bindung komplett gebrochen. Der Energieaufwand dafür ist so groß (270 kJ/mol beim Ethen), dass eine Drehung um eine Doppelbindung bei Raumtemperatur nicht möglich ist.

überwunden werden und eine Rotation stattfinden. Die gehinderte Rotation um eine C=C-Doppelbindung bei Raumtemperatur ist auch der Grund für das Auftreten von ***E*/*Z*-Diastereomeren** bei Alkenen (▸ Kapitel 3.2).

Da die Atome einer **Dreifachbindung** aufgrund der sp-Hybridisierung linear angeordnet sind, ist es nicht sinnvoll, etwas wie eine Drehbarkeit um eine Dreifachbindung zu diskutieren.

Konjugierte π-Systeme: Delokalisierte Elektronen 1.7

Bisher haben wir ausschließlich Verbindungen betrachtet, die sich sehr gut im Modell der Hybridisierung mit lokalisierten Bindungen beschreiben lassen, bei denen also immer genau zwei Atome durch ein bindendes Elektronenpaar miteinander verbunden sind (▸ Kapitel 1.4.3). Es gibt allerdings Moleküle, bei denen sich die Bindungen und damit die Eigenschaften des Moleküls mit lokalisierten Atombindungen nicht korrekt beschreiben lassen. Dies ist immer dann der Fall, wenn zwei oder mehr π-Systeme direkt benachbart, also nur durch eine Einfachbindung voneinander getrennt sind. Die π-Systeme beeinflussen sich dann gegenseitig; man spricht von **Konjugation** (auch **Mesomerie** oder **Resonanz** genannt). Die Begriffe „Resonanz", „Konjugation" und „Mesomerie" werden in der Regel synonym verwendet. Wie wir gleich sehen werden, kommt es durch die Wechselwirkung der π-Systeme *über die formale Einfachbindung hinweg* zu einer **Delokalisierung der π-Elektronen**. Von einer Delokalisierung spricht man immer dann, wenn Elektronen gleichzeitig über mehr als zwei Atome verteilt sind. Dadurch verändern sich Struktur und Reaktivität des Moleküls in ganz erheblichem Maße relativ zu vergleichbaren Verbindungen ohne konjugierte π-Systeme. Besonders auffällig ist dies beim Benzen und anderen aromatischen Kohlenwasserstoffen (▸ Kapitel 8). Aber auch reaktive Intermediate wie Radikale, Carbokationen oder Carbanionen können durch Konjugation mit Doppel- und Dreifachbindungen oder freien Elektronenpaaren an Heteroatomen wie O oder N in erheblichem Maße stabilisiert werden. Die Ausbildung von konjugierten π-Systemen mit delokalisierten Elektronen bestimmt daher häufig auch den Ablauf chemischer Reaktionen. Wir werden darauf später bei vielen Gelegenheiten zurückkommen.

Das Erkennen, wann Konjugation auftritt und das Verständnis, wie dies die Struktur und die Reaktivität eines Teilchens beeinflussen, sind für das Erlernen der organischen Chemie von großer Wichtigkeit und erfordern ein gewisses Maß an Übung. Erfahrungsgemäß haben viele Studierende anfangs große Schwierigkeiten mit dem Konzept der Resonanz. Es ist daher sehr wichtig, sich mit den besonderen Eigenschaften von delokalisierten π-Elektronensystemen und deren Beschreibung mithilfe von Resonanzformeln oder delokalisierten Molekülorbitalen vertraut zu machen.

1.7.1 Konjugierte Diene: 1,3-Butadien

1,3-Butadien

Eines der einfachsten Teilchen mit einem konjugierten π-System ist das 1,3-Butadien, bei dem zwei C=C-Doppelbindungen über eine (formale) C(sp^2)–C(sp^2)-Einfachbindung miteinander verknüpft sind (▸ Abbildung 1.17). Wir werden in Zukunft für die Darstellung von Molekülen verstärkt die sogenannte Strichschreibweise und nicht mehr die ausführliche Darstellung verwenden (▸ Exkurs 1.3). Konjugierte Diene weisen im Vergleich zu Dienen mit isolierten Doppelbindungen einige **Besonderheiten in Bezug auf Struktur, Stabilität und Reaktivität** auf:

π-Systeme bestimmen häufig auch den Ablauf chemischer Reaktionen

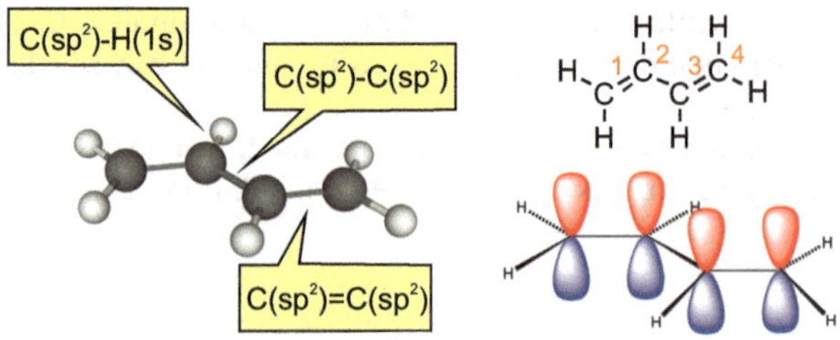

Abbildung 1.17: **Struktur des 1,3-Butadiens.** Jedes der vier C-Atome ist sp^2-hybridisiert. Die beiden Doppelbindungen sind konjugiert, also nur über eine formale $C(sp^2)$–$C(sp^2)$-Einfachbindung voneinander getrennt. Dadurch kommt es zu einer Wechselwirkung der beiden π-Bindungen (Konjugation, Resonanz oder Mesomerie genannt), die die Eigenschaften des Diens stark beeinflusst.

- Die gesamte Dieneinheit ist planar. Die stabilste Form ist die sogenannte *s-trans*-Anordnung, die *s-cis*-Form ist aufgrund ungünstiger Wechselwirkungen zwischen den nach innen zeigenden H-Atomen an C1 und C4 etwa 12 kJ/mol instabiler.
- Die Rotation um die zentrale C2–C3-Bindung ist im Vergleich zu einer klassischen Einfachbindung erschwert. Die Rotationsbarriere beträgt im Butadien ca. 30 kJ/mol im Vergleich zu nur 12 kJ/mol beim Ethan (▶ Kapitel 1.6).

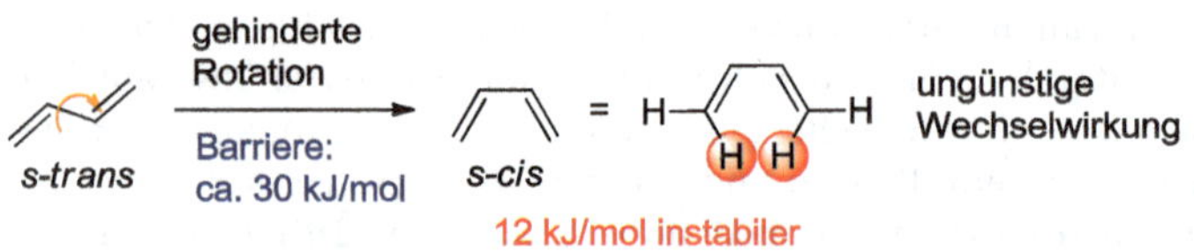

- Die C2–C3-Bindung ist mit 135 pm deutlich kürzer als eine Einfachbindung im Butan (154 pm) und fast genauso kurz wie die Doppelbindung im Ethen (133 pm). Dafür sind die Doppelbindungen zwischen C1 und C2 bzw. C3 und C4 mit 134 pm etwas länger, als man es für eine Doppelbindung erwartet.

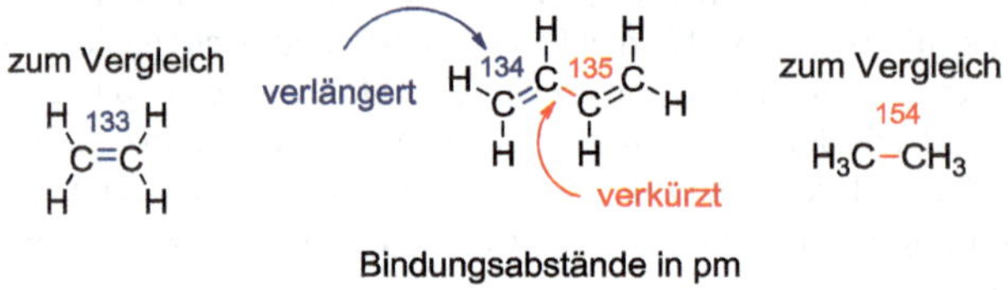

- 1,3-Diene sind thermodynamisch um etwa 14 kJ/mol stabiler als Verbindungen mit zwei isolierten, also nicht konjugierten Doppelbindungen.

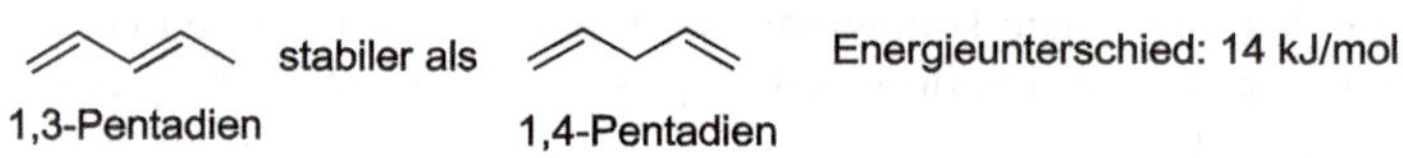

- 1,3-Diene sind bei elektrophilen Additionsreaktionen reaktiver als isolierte Doppelbindungen und ergeben andere Produkte (1,4-Addition, ▶ Kapitel 7.5.6).

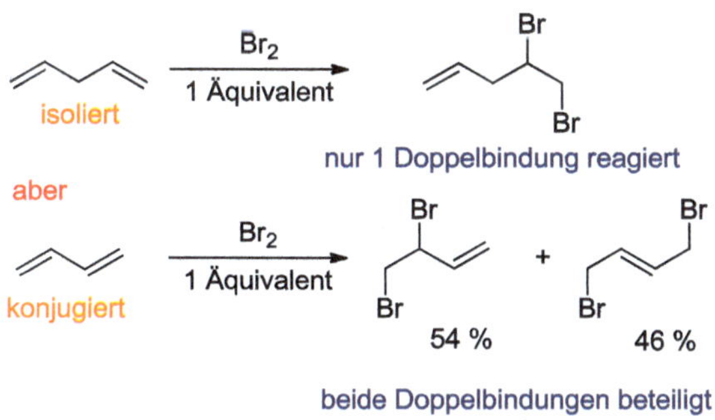

Diese besonderen Eigenschaften konjugierter Diene ergeben sich aus der Wechselwirkung der beiden π-Systeme. Wir haben die Entstehung der Doppelbindung im Ethen dadurch erklärt, dass die parallel angeordneten p_z-Orbitale an den beiden C-Atomen seitlich überlappen und dadurch ein bindendes und ein antibindendes π-MO gebildet werden (▶ Kapitel 1.5.2). Beim Butadien sind alle vier C-Atome sp^2-hybridisiert, sodass insgesamt vier p_z-Orbitale parallel zueinander angeordnet sind (▶ Abbildung 1.17). Es kommt dann nicht nur zu einer seitlichen Überlappung der p_z-Orbitale an C1 und C2 bzw. C3 und C4, was den zwei π-Bindungen in der Lewis-Formel des Butadiens entspricht. Auch die beiden p_z-Orbitale an C2 und C3 überlappen miteinander. Entsteht dadurch zwischen C2 und C3 eine zusätzliche π-Bindung? Im Prinzip schon, aber diese ist schwächer als beim Ethen. Man spricht von einer **partiellen Doppelbindung**. Denn anders als beim Ethen überlappt jedes der p_z-Orbitale nicht nur mit einem anderen, sondern *gleichzeitig mit zwei benachbarten p_z-Orbitalen* (das p_z-Orbital an C2 z. B. mit den beiden benachbarten p_z-Orbitalen an C1 und C3). Insgesamt

Exkurs 1.3: Strichschreibweise von organischen Molekülen

Organische Moleküle werden schnell so groß und kompliziert, dass die ausführliche Schreibweise mit Angabe aller Atome (**Lewis-Formeln**), wie es in der anorganischen und allgemeinen Chemie üblich ist, schnell unübersichtlich wird. Es gibt daher verschiedene vereinfachte graphische Darstellungen für organische Verbindungen, die man sehr gut beherrschen sollte. Die wichtigste Vereinfachung ist sicherlich das Weglassen der Atomsymbole in den Lewis-Formeln. Diese **Skelettformeln** (auch Strichformeln genannt) sind so zu „lesen", dass sich an jeder Ecke und an jedem Ende eines Bindungsstrichs ein C-Atom befindet. Jedes C-Atom ist zudem immer (!) vierbindig (▶ Kapitel 1.2) und die fehlenden Bindungen bis vier, die nicht explizit eingezeichnet sind, sind automatisch C–H-Bindungen. Doppel- und Dreifachbindungen werden durch zwei oder drei Striche zwischen zwei Atomen angegeben.

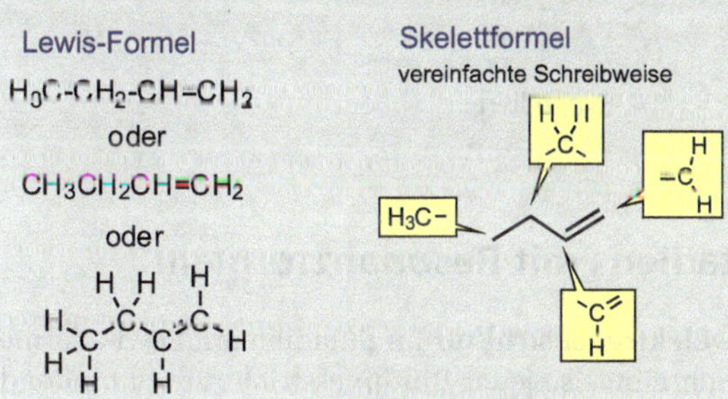

sind die vier π-Elektronen also über alle vier sp^2-hybridisierten C-Atome verteilt. Diese **delokalisierte Elektronenstruktur** ist für die oben erwähnten besonderen Eigenschaften der konjugierten Diene verantwortlich. Durch die Verteilung der π-Elektronen über mehr als zwei Atome (wie sonst bei einer Doppelbindung) wird das Molekül im Vergleich zu einem isolierten Dien thermodynamisch stabiler (im Mittel vergrößert sich der Abstand der sich gegenseitig abstoßenden Elektronen). Die paarweise seitliche Überlappung aller vier p_z-Orbitale und damit die Delokalisierung der Elektronen können aber nur dann stattfinden, wenn alle vier C-Atome in einer Ebene liegen. Daraus erklären sich die planare Struktur und die erhöhte Rotationsbarriere um die C2–C3-Bindung (bei der Rotation wird die Konjugation der p-Orbitale unterbrochen). Da für das delokalisierte Elektronensystem insgesamt aber nur genauso viele Bindungselektronen wie für zwei einzelne π-Bindungen zur Verfügung stehen, ist die partielle Doppelbindung zwischen C2 und C3 zwar stabiler und kürzer als eine klassische Einfachbindung, aber nicht so stabil und nicht so kurz wie eine Doppelbindung im Ethen. Gleichzeitig werden die π-Bindungen zwischen C1 und C2 bzw. C3 und C4 etwas geschwächt, da von dort Elektronen abgezogen werden. Daraus erklären sich die veränderten Bindungsabstände.

Definition: Anordnung von Doppelbindungen

Zwei C=C-Doppelbindungen können auf drei verschiedene Arten miteinander verknüpft sein, je nachdem, ob sie durch mindestens zwei, eine oder keine Einfachbindung verbunden sind. Man spricht von isolierten, konjugierten oder kumulierten.

- **Isoliert**: Die beiden Doppelbindungen sind wie im 1,4-Pentadien über mindestens zwei Einfachbindungen miteinander verknüpft. Das heißt, es befindet sich mindestens ein sp^3-hybridisiertes C-Atom dazwischen. Die beiden Doppelbindungen sind unabhängig voneinander, ihre Eigenschaften entsprechen jeweils der Doppelbindung im Ethen.
- **Konjugiert**: Die beiden Doppelbindungen sind wie im Butadien direkt durch eine formale $C(sp^2)–C(sp^2)$-Einfachbindung miteinander verbunden. Aufgrund der Resonanzwechselwirkung zwischen den beiden π-Bindungen kommt es zu einer Delokalisierung der π-Elektronen. Konjugierte Doppelbindungen weisen daher deutlich andere Eigenschaften auf als isolierte Doppelbindungen. Die Dieneinheit ist planar.
- **Kumuliert**: Die beiden Doppelbindungen gehen unmittelbar von einem gemeinsamen sp-hybridisierten C-Atom aus. Die beiden π-Bindungen stehen senkrecht aufeinander und beeinflussen sich in ihren Eigenschaften in erster Näherung nicht. Es findet keine Resonanzwechselwirkung zwischen den beiden π-Bindungen statt. Die Allen-Einheit ist nicht planar: Die endständigen Methylengruppen sind um 90° gegeneinander verdreht.

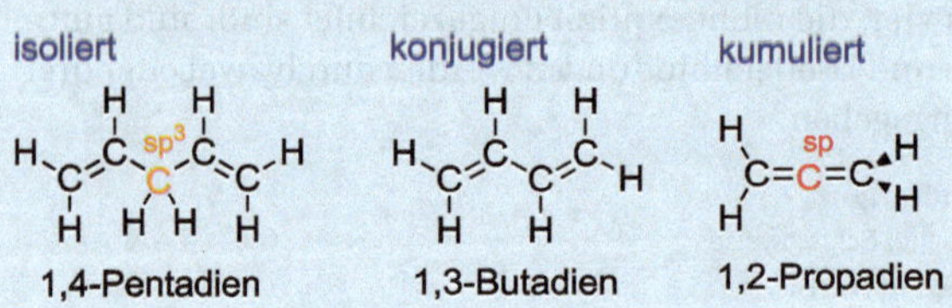

1.7.2 Beschreibung des Butadiens mit Resonanzformeln

Leider können wir diese **delokalisierte Elektronenstruktur** im Butadien mit Lewis-Formeln nicht korrekt darstellen, da in dieser Schreibweise jeder Bindungsstrich für ein bindendes Elektronenpaar steht, das genau zwei Atome miteinander verknüpft. Die Tatsache, dass die vier π-Elektronen über alle vier C-Atome gleichzeitig verteilt sind, kann man nur durch die gleichzeitige Angabe mehrerer Lewis-Formeln ausdrücken. Diese **Resonanzformeln** (auch mesomere Grenzformeln oder Resonanzstrukturen genannt) markieren die mit Lewis-Formeln beschreibbaren Grenzen, zwischen denen die wirkliche delokalisierte Elektronenstruktur des Moleküls liegt. **Resonanzformeln kommt keine reale physikalische Existenz zu. Es sind hypothetische Strukturen, mit denen man näherungsweise die real existierende, tatsächliche Elektronenstruktur eines Moleküls beschreibt.** Zu den verschiedenen Resonanzformeln kommt man durch das Verschieben der π-Elektronen (▸ Exkurs 1.4). Die Lage der Atome (Konstitution) ist dagegen in allen Resonanzformeln immer identisch. Die verschiedenen Resonanzformeln verbindet man durch einen Pfeil mit einer Doppelspitze (**Resonanzpfeil**). Das Aufstellen und den Umgang mit Resonanzformeln sollte man sehr gut üben. Für das Butadien lassen sich z. B. die folgenden Resonanzformeln aufstellen.

A B C D

Resonanzformel A ist die klassische und vertraute Schreibweise, die drei Formeln B, C und D sehen auf den ersten Blick sicherlich etwas merkwürdig ist. B ist ein Diradikal und C und D jeweils ein Zwitterion. Solche Resonanzformeln entsprechen sehr viel instabileren Elektronenverteilungen im Vergleich zur „stabileren Resonanzformel“ A. Die tatsächliche Elektronenverteilung im Butadien ähnelt daher weitgehend der Resonanzformel A, aber eben nicht vollständig. Denn erst durch die Betrachtung der zusätzlichen Resonanzformeln B, C und D, die im Gegensatz zur Resonanzformel A jeweils eine Doppelbindung zwischen C2 und C3 aufweisen, wird der partielle Doppelbindungscharakter der C2–C3-Bindung verständlich. Anders formuliert, der formalen Einfachbindung zwischen C2 und C3 in Resonanzformel A wird durch die Resonanzformeln B, C und D etwas Doppelbindung „beigemischt“. Gleichzeitig zeigen diese Resonanzstrukturen, dass die π-Bindungen zwischen C1 und C2 sowie zwischen C3 und C4 gegenüber einer klassischen Doppelbindung etwas geschwächt werden (nur Einfachbindungen in B, C und D: „Beimischung“ von Einfachbindung).

Exkurs 1.4: Der richtige Umgang mit Resonanzformeln

Im Zusammenhang mit delokalisierten Elektronensystemen und Resonanz sind die folgenden Punkte wichtig.

- Resonanz tritt immer dann auf, wenn mehr als zwei sp^2- oder sp-hybridisierte Atome mit **parallel angeordneten p-Orbitalen** direkt benachbart sind. Durch die seitliche Überlappung von mindestens drei p-Orbitalen bilden sich delokalisierte π-Elektronensysteme.
- Die Elektronendelokalisierung hat entscheidenden Einfluss auf die chemischen und physikalischen Eigenschaften des Moleküls.
- Die tatsächliche, delokalisierte π-Elektronenstruktur kann dann näherungsweise durch mehrere, hypothetische Resonanzformeln mit lokalisierten Bindungen wiedergegeben werden. Die reale Struktur entspricht einer Mischung der Resonanzformeln.
- Die einzelnen Resonanzformeln werden durch einen Resonanzpfeil ↔ miteinander verbunden (nicht zu verwechseln mit einem Gleichgewichtspfeil ⇌).
- Einzelne Resonanzformeln erhält man, indem man die π-Elektronen verschiebt (man spricht auch vom „Umklappen“ der π-Elektronen). Die Anordnung der Atome (Konstitution) ist immer die gleiche. Es werden beim Übergang von einer Resonanzformel zu einer anderen also nur Elektronen, aber niemals Atome verschoben.

Resonanzformeln des 1,3-Pentadiens

weniger stabil | stabiler | weniger stabil

keine Resonanzformeln des 1,3-Pentadiens (aber gleiche Summenformel)

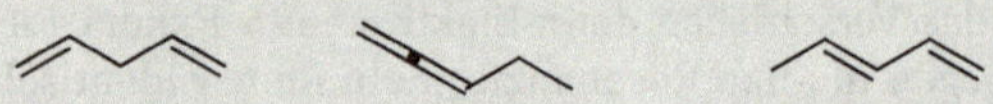

1,4-Pentadien | 1,2-Pentadien | gleiches Molekül nur anders gezeichnet

völlig andere Moleküle
= Strukturisomere

- Jede Resonanzformel muss einer korrekten Lewis-Formel entsprechen und darf z. B. nicht mehr als acht Valenzelektronen am C-Atom aufweisen (▸ Kapitel 1.2).
- Lassen sich unterschiedliche, nicht äquivalente Resonanzformeln aufstellen, ähnelt die tatsächliche Elektronenstruktur eher den stabileren Elektronenverteilungen. Die einzelnen Resonanzformeln tragen entsprechend ihrer relativen Energie zur tatsächlichen Elektronenstruktur des Moleküls bei.
- Je größer die Anzahl sinnvoller Resonanzformeln ist, desto stabiler ist das tatsächliche Molekül, das durch diese Resonanzformeln beschrieben wird.

Man darf auf keinen Fall die Resonanz oder Mesomerie mit einem thermodynamischen Gleichgewicht verwechseln. Bei diesem stehen zwei unterschiedliche Moleküle mit verschiedenen Strukturen (z. B. verschiedenen Atomverknüpfungen, Bindungslängen, Bindungswinkel etc.) durch eine chemische Reaktion miteinander im Gleichgewicht. Im Unterschied zu diesen real existierenden Teilchen symbolisieren Resonanzformeln nicht existierende, hypothetische Zustände, mit denen man die real existierende, tatsächliche delokalisierte Elektronenstruktur eines Moleküls näherungsweise beschreibt.

1.7.3 MO-Beschreibung des Butadiens

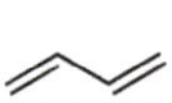

1,3-Butadien

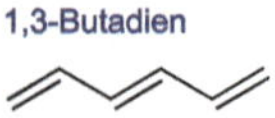

1,3,5-Hexatrien

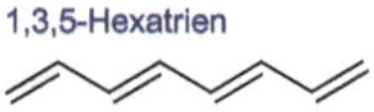

1,3,5,7-Octatetraen

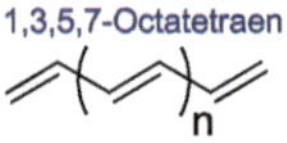

allgemeine Formel für ein konjugiertes Polyen

Man kann die delokalisierte Elektronenstruktur des Butadiens nicht nur mit Resonanzformeln, sondern auch im Rahmen der MO-Theorie beschreiben. Ausgehend von den vier p_z-Orbitalen an den vier C-Atomen (also dem Satz von AO, die für die Bindungsbildung genutzt werden) erhält man durch Linearkombination vier neue MO, die sich über alle vier beteiligten C-Atome erstrecken. Es handelt sich also um **delokalisierte MO**, ähnlich denen, die wir bei unserer ersten quantenchemischen Beschreibung des Methans kennengelernt haben (▸ Abbildung 1.5). Wir wollen an dieser Stelle nicht näher erläutern, wie diese vier MO durch Linearkombination („Addition und Subtraktion") aus den vier p_z-Orbitalen gebildet werden. Um dies genau zu verstehen, ist ein tiefer gehendes Verständnis der Quantenchemie und insbesondere von Symmetrieeigenschaften notwendig. Hilfreich sind aber folgende Merkregeln, um sich zumindest das Aussehen und die relative energetische Abfolge der π-MO im Butadien zu merken. Diese Regeln gelten übrigens nicht nur für das Butadien, sondern allgemein für alle **konjugierten Polyene.**

- Man erhält immer so viele π-MO, wie p_z-AO (also sp^2-hybridisierte C-Atome) im konjugierten Polyen vorhanden sind.

- Die Hälfte dieser π MO liegt energetisch tiefer als die ursprünglichen p-AO (bindend), die andere Hälfte ist energetisch ungünstiger (antibindend).
- Das energetisch am tiefsten liegende MO ist immer das, in dem alle p_z-Orbitale phasengleich addiert werden. Dieses MO hat keine Knotenebene.
- Mit zunehmendem Energiegehalt kommt bei jedem MO jeweils eine Knotenebene hinzu. Im Butadien hat also das π-MO 1 keine Knotenebene, das π-MO 2 eine, das π-MO 3 zwei und das π-MO 4 drei Knotenebenen. Das bedeutet im Umkehrschluss: *Ein Orbital ist energetisch umso ungünstiger, je mehr Knotenebenen es enthält.*
- Die Knotenebenen sind in den MO symmetrisch angeordnet. Eine Knotenebene im π-MO 2 des Butadiens befindet sich daher genau in der Mitte zwischen C2 und C3, während sich die zwei Knotenebenen im π-MO 3 aus Symmetriegründen damit zwischen C1 und C2 sowie zwischen C3 und C4 befinden müssen.

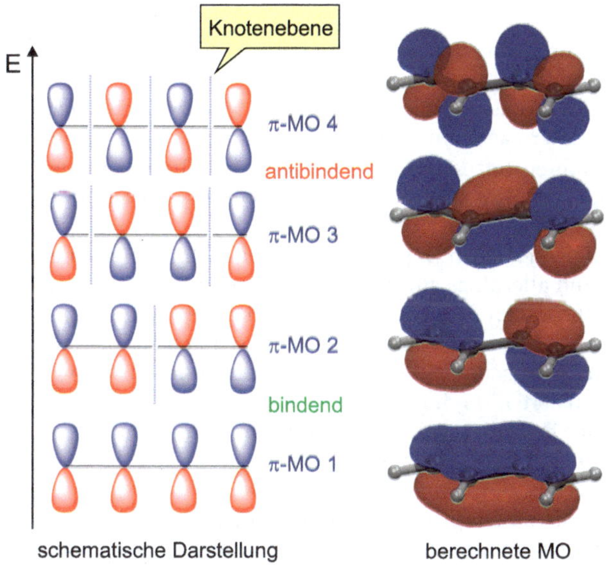

Abbildung 1.18: Orbitaldarstellung des konjugierten π-Systems des Butadiens. Die schematische Darstellung der MO (links) verdeutlicht ihren Bezug zum ursprünglichen Satz der AO, aus denen die MO durch Linearkombination entstanden sind. Die quantenchemisch berechneten MO (rechts) sind realistischer, aber auf den ersten Blick auch etwas weniger anschaulich.

Da für die π-Bindungen im Butadien insgesamt vier Elektronen zur Verfügung stehen, sind die beiden energetisch günstigeren π-MO 1 und 2 jeweils doppelt besetzt, die beiden π-MO 3 und 4 sind unbesetzt. Es ergibt sich somit eine Bindungsordnung im π-System von zwei, entsprechend zwei Doppelbindungen. Beide besetzten Orbitale erstrecken sich aber über alle vier C-Atome. Butadien hat also keine zwei lokalisierten Doppelbindungen, sondern ein delokalisiertes π-System mit vier Elektronen. Dies erkennt man daran, dass das π-MO 1 zusätzlich eine bindende Wechselwirkung zwischen C2 und C3 aufweist. Da diese π-Wechselwirkung allerdings nur im π-MO 1 und nicht im π-MO 2 vorhanden ist, ist die π-Bindung zwischen C2 und C3 schwächer als die zwischen C1 und C2 bzw. C3 und C4, die jeweils in beiden MO durch π-Wechselwirkung verbunden sind.

Wir können also die besonderen Eigenschaften des Butadiens mit seinem delokalisierten π-Elektronensystem mit zwei verschiedenen Bindungsmodellen erklären; entweder der Betrachtung von Resonanzformeln (sogenanntes Valenzbindungsmodell, VB-Modell) oder von Molekülorbitalen (MO-Modell). Auch hier gilt, was bereits bei der Einführung des Modells der Hybridisierung gesagt wurde (▶ Kapitel 1.4.3). Beide Modelle sind völlig äquivalent in ihren Schlussfolgerungen und damit gleich gut oder gleich schlecht geeignet, die Realität zu beschreiben. Welches Modell man vorzieht, mag davon abhängen, was man anschaulicher findet. Grundsätzlich sollte man aber den Umgang mit beiden(!) Modellen beherrschen, da wir im weiteren Verlauf unterschiedliche Sachverhalte mit dem einen oder dem anderen Modell erklären werden, abhängig davon, welches jeweils anschaulicher ist.

ZUSAMMENFASSUNG

Im diesem Kapitel haben wir Folgendes über den Aufbau und die Bindungsverhältnisse in organischen Verbindungen gelernt:

- Kohlenstoff ist das einzige Element, das in großer Zahl stabile Atombindungen nicht nur mit anderen Elementen, sondern auch mit sich selbst ausbilden kann. In seinen stabilen Verbindungen bildet Kohlenstoff dabei immer vier kovalente Bindungen aus, die aufgrund der mittleren Elektronegativität des C-Atoms und dem Fehlen freier Elektronenpaare am C-Atom sehr stabil sind.
- Kohlenstoff kann sowohl Einfach- als auch Doppel- sowie Dreifachbindungen ausbilden. Mehrfachbindungen sind allerdings auf Bindungspartner aus der 2. Periode (also C, N, O) beschränkt. Für die Beschreibung der unterschiedlichen Bindungstypen verwendet man das Modell der Hybridisierung, bei dem man zuerst durch Mischen aus den Atomorbitalen des C-Atoms unterschiedliche Arten von Hybridorbitalen erzeugt, die dann zur Bildung von lokalisierten Bindungen verwendet werden. C-Atome mit vier Einfachbindungen sind sp^3-hybridisiert. Doppelbindungen werden durch sp^2- und Dreifachbindungen sowie kumulierte Doppelbindungen durch sp-Hybridorbitale beschrieben.
- Mit jedem Hybridisierungstyp ist eine bestimmte Bindungsgeometrie verbunden: sp^3-hybridisierte C-Atome weisen eine tetraedrische Bindungsumgebung auf, sp^2-hybridisierte eine trigonal-planare und sp-hybridisierte eine lineare.
- Mehrfachbindungen bestehen aus σ- und π-Bindungen, wobei eine π-Bindung durch seitliche Überlappung von zwei p-Orbitalen gebildet wird. Daher sind π-Bindungen in der Regel schwächer als σ-Bindungen. Während um σ-Bindungen bei Raumtemperatur frei gedreht werden kann, ist dies bei π-Bindungen nicht möglich, da dabei die seitliche Überlappung der p-Orbitale aufgehoben wird.
- Konjugierte π-Bindungen beeinflussen sich gegenseitig durch Resonanz. Man erhält Verbindungen mit delokalisierten π-Elektronensystemen, deren Strukturen man nur durch mehrere Resonanzformeln näherungsweise wiedergeben kann. Ihre Eigenschaften unterscheiden sich von Verbindungen mit lokalisierten Bindungen.

ZUSAMMENFASSUNG

Funktionelle Gruppen und Stoffklassen

2

ÜBERBLICK

Lernziele

Nachdem Sie dieses Kapitel zu funktionellen Gruppen und Stoffklassen durchgearbeitet haben, sollten Sie verstanden haben,

- warum man alle organischen Verbindungen als Derivate der einfachen Kohlenwasserstoffe auffassen kann,
- warum sich organische Verbindungen nach ihrem strukturellen Aufbau in unterschiedliche homologe Reihen einteilen lassen, in denen alle Verbindungen sehr ähnliche physikalische und chemische Eigenschaften aufweisen,
- wie das Auftreten von linearen und verzweigten Kohlenwasserstoffen zu Konstitutionsisomeren führt,
- wie insbesondere polare Substituenten die physikalischen und chemischen Eigenschaften einer organischen Verbindung beeinflussen,
- welche unterschiedlichen zwischenmolekularen Kräfte zwischen Molekülen wirken können und wie davon z. B. Schmelz- und Siedetemperatur sowie die Löslichkeit und Mischbarkeit von Stoffen abhängen,
- wie man organische Verbindungen anhand von funktionellen Gruppen in unterschiedliche Stoffklassen einteilt,
- wie man Ähnlichkeiten zwischen verschiedenen Stoffklassen erkennt und
- wie man organische Verbindungen mit der IUPAC-Nomenklatur systematisch benennt.

Im ersten Kapitel haben wir gelernt, dass Kohlenstoff aufgrund seiner besonderen Elektronenkonfiguration in der Lage ist, Millionen von Verbindungen zu bilden (▸ Kapitel 1.2). Gerade diese Vielzahl an Verbindungen lässt Studierende häufig verzweifeln, wenn sie beginnen, sich mit Organischer Chemie zu beschäftigen. Wie soll man sich die Eigenschaften und das Reaktionsverhalten von Millionen organischer Verbindungen merken oder gar auswendig lernen? Am besten überhaupt nicht! Reines Auswendiglernen hilft zum Verständnis der Organischen Chemie nicht weiter. Dafür gibt es schlicht zu viele Verbindungen. Erfreulicherweise haben organische Verbindungen mit ähnlicher Zusammensetzung und ähnlichem strukturellen Aufbau auch ähnliche chemische Eigenschaften. Das Verständnis der Organischen Chemie beginnt daher damit, strukturelle Ähnlichkeiten zwischen Verbindungen zu erkennen und daraus deren Reaktivität abzuleiten.

Kohlenwasserstoffe: Grundbausteine aller organischen Verbindungen 2.1

Organische Verbindung = Kohlenstoffgerüst + Substituenten

Die einfachsten organischen Verbindungen sind die **Kohlenwasserstoffe** wie Methan, Ethen oder Butadien, deren Aufbau und Struktur wir in Kapitel 1 kennengelernt haben. Es sind Verbindungen, die nur aus C und H bestehen und die keine Heteroatome enthalten. Die Kohlenstoffatome können untereinander nicht nur zu Ketten (*acyclische Verbindungen*), sondern auch zu Ringen verbunden sein (*cyclische Verbindungen*, ▸ Kapitel 3.5). Alle anderen organischen Verbindungen kann man letztendlich als **Derivate** (Abkömmlinge) der Kohlenwasserstoffe betrachten, bei denen jeweils ein oder mehrere Wasserstoffatome durch ein anderes Atom oder eine andere Atomgruppe ersetzt wurden. Ethanol C_2H_5OH, der normale Trinkalkohol, leitet sich z. B. vom Ethan C_2H_6 dadurch ab, dass man ein H-Atom durch eine Hydroxylgruppe –OH ersetzt (▸ Abbildung 2.1). Ethanol ist also ein Ethanderivat, ein substituiertes Ethan. Die OH-Gruppe bezeichnet man als **Substituent** (von lateinisch *sub-*

stituere – ersetzen). Das Kohlenstoffgerüst, an das der Substituent gebunden ist, bezeichnet man allgemein als **Alkylrest** (abgekürzt mit R, abgeleitet vom Begriff „Radikal", ▶ Kapitel 4). Die chemischen und physikalischen Eigenschaften einer Verbindung werden in ganz erheblichem Maß durch die Substituenten bestimmt, die an das Kohlenstoffgerüst angeknüpft sind (▶ Kapitel 2.4, ▶ Exkurs 2.1).

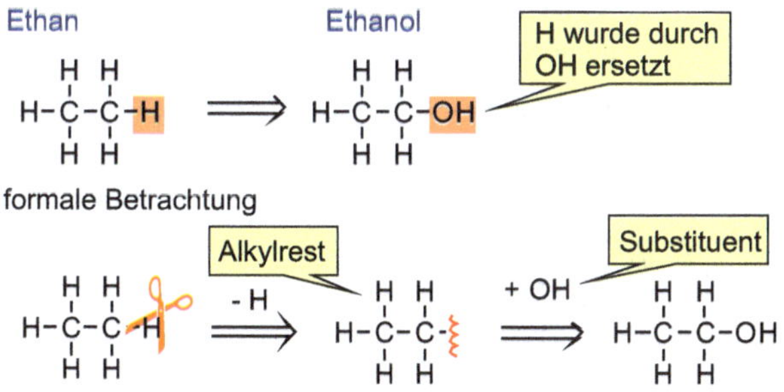

Abbildung 2.1: **Ethanol ist ein substituiertes Ethan.** Spaltet man vom Ethan ein H-Atom ab, kommt man zum Ethylrest, an den dann eine OH-Gruppe als Substituent angeknüpft wird.

Kohlenwasserstoffe (allgemeine Summenformel C_xH_y), die somit das Grundgerüst *aller* organischen Verbindungen darstellen, werden in zwei Gruppen unterteilt (▶ Abbildung 2.3):

- **aliphatische Kohlenwasserstoffe**: Alkane, Alkene, Alkine und Cycloalkane etc.
- und **aromatische Kohlenwasserstoffe**: Benzen (alter Name: Benzol) und Verwandte

Kohlenwasserstoffe sind Verbindungen, die nur C und H enthalten.

Exkurs 2.1: Verschiedene Moleküldarstellungen

Wir haben in Kapitel 1 bereits die vereinfachte Strichschreibweise für organische Verbindungen kennengelernt und genutzt (▶ Exkurs 1.3). Für ein genaueres Verständnis von Struktur und Reaktivität ist es allerdings in der Regel zusätzlich nötig, die dreidimensionale Struktur der Moleküle in der Formel wiederzugeben. Dafür werden häufig **Keilstrichformeln** verwendet (▶ Abbildung 2.2), bei denen man je nach räumlicher Orientierung einer Bindung *relativ zur Papierebene* unterschiedliche Typen von Linien verwendet:

- durchgezogene Linie = Bindung in der Papierebene
- keilförmige oder fette Linie = Bindung zeigt nach vorne aus der Papierebene heraus
- gestrichelte oder gepunktete Linie = Bindung zeigt nach hinten hinter die Papierebene
- geschlängelte Linie = keine Angabe, Bindung kann entweder vor oder hinter der Papierebene sein

Noch anschaulicher sind dreidimensionale **Kugel-Stab-Modelle** sowie berechnete Moleküldarstellungen, mit denen man z. B. die tatsächliche Größe und Raumerfüllung der Moleküle (**CPK-Modell**, benannt nach den drei Chemikern R. B. Corey, L. Pauling und W. Koltun, die diese Darstellungsweise entwickelt haben) oder ihre für die chemische Reaktivität wichtige Ladungsverteilung (elektrostatisches Oberflächenpotenzial, **ESP-Darstellung**, von englisch *electrostatic surface potential*) visualisieren kann.

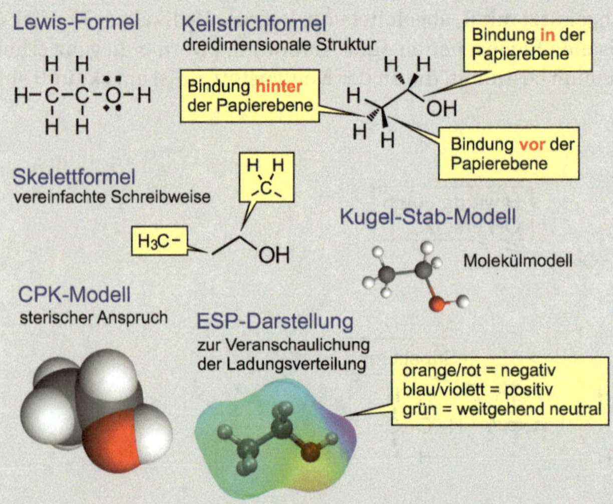

Abbildung 2.2: **Verschiedene Formel- und Moleküldarstellungen am Beispiel des Ethanols.** Jede Darstellung stellt andere Aspekte des Moleküls in den Vordergrund. Lewis-Formeln und die vereinfachten Strichformeln geben lediglich die Konstitution, also die Verknüpfungsreihenfolge der Atome an. Keilstrichformeln enthalten zusätzlich Informationen über die dreidimensionale Struktur, die noch realistischer durch Kugel-Stab- oder CPK-Modelle wiedergegeben wird. ESP-Darstellungen dienen vorwiegend zur Veranschaulichung der chemischen Reaktivität.

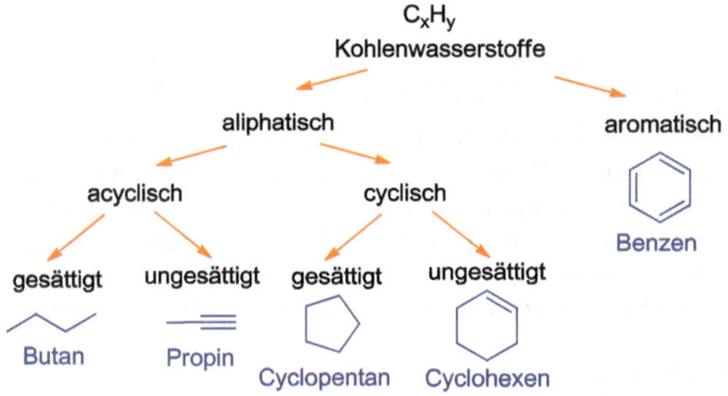

Abbildung 2.3: **Stammbaum der Kohlenwasserstoffe mit Beispielen.** Man unterscheidet zwischen aliphatischen und aromatischen Verbindungen. Aliphatische Kohlenwasserstoffe können zudem acyclisch oder cyclisch sowie gesättigt (nur Einfachbindungen) oder ungesättigt (enthalten Mehrfachbindungen) sein.

Die aromatischen Kohlenwasserstoffe weisen aufgrund der besonderen, cyclisch delokalisierten Elektronenstruktur andere Eigenschaften auf, die sich grundlegend von denen der aliphatischen Kohlenwasserstoffe unterscheiden (▶ Kapitel 8). Diese Einteilung erfolgt daher per Definition nach dem Ausschlussprinzip: *aliphatisch sind alle Kohlenwasserstoffe, die nicht aromatisch sind*. Das heißt, zu den aliphatischen Kohlenwasserstoffe (aus dem griechischen *aleiphar* = fettig; bezieht sich auf den lipophilen Charakter der Verbindungen) gehören sowohl acyclische als auch cyclische Verbindungen, sowohl gesättigte als auch ungesättigte. **Gesättigte Verbindungen** (z. B. Ethan, Butan, Cyclohexan) sind solche, die ausschließlich C–C- und C–H-Einfachbindungen enthalten. Sie gehen daher keine Additionsreaktionen, z. B. mit Wasserstoff H_2, ein. **Ungesättigte Verbindungen** (z. B. Ethin, Buten) enthalten hingegen Doppel- oder Dreifachbindungen, an die Wasserstoff addiert werden kann (▶ Kapitel 7.8). Durch eine solche Additionsreaktion werden die ungesättigten in gesättigte Verbindungen umgewandelt.

Die homologe Reihe der linearen Alkane 2.2

Methan CH_4, Ethan C_2H_6, Propan C_3H_8 oder Butan C_4H_{10} bis hin zum Polyethylen (eine Kunststoffsorte) sind völlig analog aufgebaute Verbindungen. Es sind Kohlenwasserstoffe, in denen alle C-Atome sp^3-hybridisiert sind und die nur C–C- und C–H-Einfachbindungen enthalten (▶ Kapitel 1.3.4). Die C-Atome sind alle zu einer einzigen zickzackförmigen Kette aus aufeinanderfolgenden CH_2-Gruppen (**Methylengruppe**) verbunden. An den beiden Kettenenden ist jeweils ein weiteres H-Atom gebunden. Die Kettenenden bestehen also aus CH_3-Gruppen (**Methylgruppen**) (▶ Abbildung 2.4). Alle Verbindungen haben damit die gleiche allgemeine Summenformel C_nH_{2n+2}. Solch eine systematische Reihe von analog aufgebauten chemischen Verbindungen, die sich jeweils nur durch ein bestimmtes Strukturelement (hier eine CH_2-Gruppe) unterscheiden, nennt man eine **homologe Reihe** (▶ Tabelle 2.1); in diesem Fall die homologe Reihe der **linearen Alkane**. Die Namen aller Alkane enden auf die Endsilbe *-an*. Die Namen der niederen Alkane bis zum Butan muss man auswendig lernen, ab dem Pentan leiten sich die Namen von den griechischen Zahlwörtern für die je-

Alkane:
- gesättigte Kohlenwasserstoffe
- Name endet auf *-an*
- allgemeine Summenformel C_nH_{2n+2}

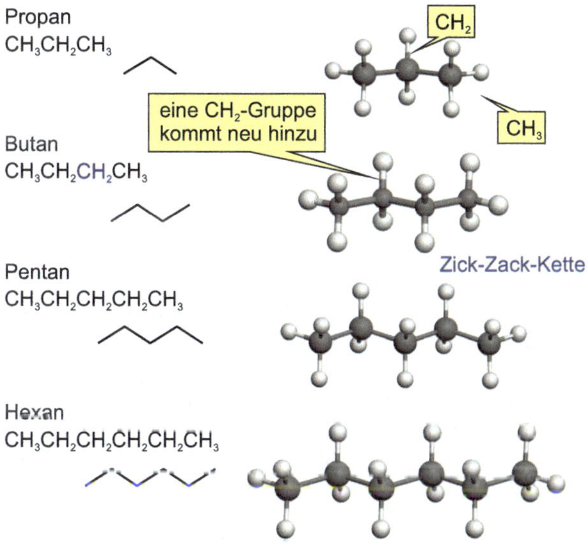

Abbildung 2.4: Homologe Reihe der linearen Alkane. Lineare Alkane sind Zick-Zack-Ketten aus miteinander verbundenen CH_2-Gruppen. An den Kettenenden ist jeweils noch ein H-Atom gebunden, so dass dort Methylgruppen (CH_3) vorliegen. Mit zunehmender Kettenlänge kommt bei jedem Alkan jeweils eine Methylengruppe (CH_2) hinzu.

Alkan		Alkylrest	
Name	Summenformel	Name	Summenformel
Methan	CH_4	Methyl- (Me-)	$-CH_3$
Ethan	C_2H_6	Ethyl- (Et-)	$-C_2H_5$
Propan	C_3H_8	Propyl- (Pr-)	$-C_3H_7$
Butan	C_4H_{10}	Butyl- (Bu-)	$-C_4H_9$
Pentan	C_5H_{12}	Pentyl-	$-C_5H_{11}$
Hexan	C_6H_{14}	Hexyl-	$-C_6H_{13}$
Heptan	C_7H_{16}	Heptyl-	$-C_7H_{15}$
Octan	C_8H_{18}	Octyl-	$-C_8H_{17}$
Nonan	C_9H_{20}	Nonyl-	$-C_9H_{19}$
Decan	$C_{10}H_{22}$	Decyl-	$-C_{10}H_{21}$
Undecan	$C_{11}H_{24}$	Undecyl-	$-C_{11}H_{23}$
Dodecan	$C_{12}H_{26}$	Dodecyl-	$-C_{12}H_{25}$
Tridecan	$C_{13}H_{28}$	Tridecyl-	$-C_{13}H_{27}$
Tetradecan	$C_{14}H_{30}$	Tetradecyl-	$-C_{14}H_{29}$
Pentadecan	$C_{15}H_{32}$	Pentadecyl-	$-C_{15}H_{31}$
...	...	...	...
Eicosan	$C_{20}H_{42}$	Eicosyl-	$-C_{20}H_{41}$
...	...	...	...
allgemein	C_nH_{2n+2}	Alkyl-	–R

Tabelle 2.1: **Homologe Reihe der Alkane.**

weilige Anzahl der C-Atome ab (z. B. *hexa* = sechs). Die Namen der entsprechenden **Alkylreste** (abgekürzt mit –R) erhält man, indem man die Endsilbe *-an* durch *-yl* ersetzt. Aus dem Methan CH_4 entsteht so der Methylrest $-CH_3$ (abgekürzt mit Me-) aus dem Ethan der Ethylrest $-C_2H_5$ (abgekürzt mit Et-) und so weiter.

Der chemische Aufbau bestimmt die Eigenschaften einer Verbindung.

Auch wenn es sich um Hunderttausende einzelner Verbindungen handelt, haben alle Alkane aufgrund ihres analogen Aufbaus die gleichen chemischen Eigenschaften. Da sie nur aus unreaktiven C–H- und C–C-Einfachbindungen (▶ Kapitel 1.2) bestehen, sind Alkane sehr reaktionsträge Verbindungen, die nur wenige Reaktionen eingehen, z. B. Verbrennung (Oxidation) oder Radikalreaktionen (▶ Kapitel 4). Hat man also einmal die chemischen Reaktionen eines Alkans, z. B. des Methans, verstanden, kennt man auch das prinzipielle Reaktionsverhalten des Butans oder des Hexans und allgemein aller anderen Alkane. Auch die physikalischen Eigenschaften der Alkane sind sehr ähnlich (▶ Kapitel 4.2.1). Es handelt sich um unpolare, fettähnliche Substanzen, die sich nur wenig in Wasser lösen und kaum mit Wasser mischbar sind.

Verzweigte Kohlenwasserstoffe 2.3

2.3.1 Konstitutionsisomere Alkane: Strukturisomerie

Für Methan, Ethan und Propan existiert nur jeweils eine Möglichkeit, wie man die verschiedenen Atome miteinander verknüpfen kann. Beim Butan C_4H_{10} gibt es hingegen zwei Verknüpfungsmöglichkeiten: eine lineare Kette aus vier C-Atomen (Butan) oder eine verzweigte Kette, bei der das vierte C-Atom am mittleren C-Atom einer Dreierkette sitzt (Isobutan). Butan und Isobutan haben zwar die gleiche Summenformel C_4H_{10}, aber es handelt sich um verschiedene Verbindungen, die z. B. unterschiedliche Schmelz- und Siedetemperaturen haben (▸ Abbildung 2.5). Allgemein spricht man in solchen Fällen von **Isomerie**. Davon leitet sich auch der Name Isobutan ab, der angibt, dass es sich um ein „isomeres Butan" handelt. Unterscheiden sich Moleküle wie in diesem Fall durch die Verknüpfungsreihenfolge (**Konnektivität** oder **Konstitution**) der Atome, spricht man von **Strukturisomerie** oder auch **Konstitutionsisomerie**. Es gibt auch andere Arten der Isomerie, z. B. die Stereoisomerie, bei der sich die Moleküle nur im dreidimensionalen räumlichen Aufbau unterscheiden (▸ Kapitel 3.3).

Isomere = unterschiedliche chemische Verbindungen mit identischer Summenformel

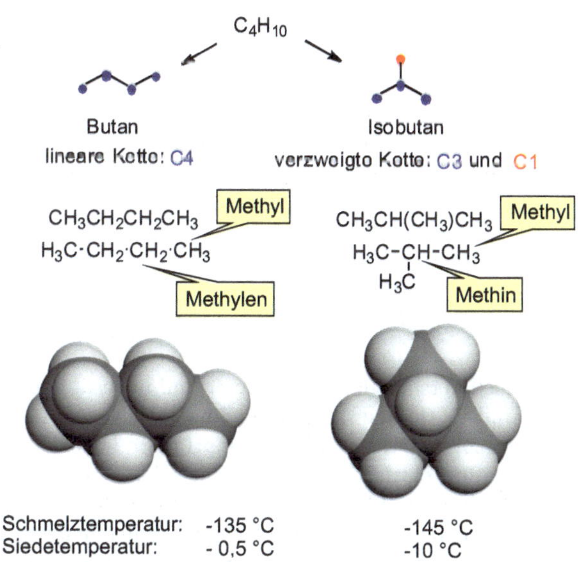

Abbildung 2.5: Konstitutionsisomere Butane. Vom Butan gibt es zwei Konstitutionsisomere, das lineare Butan und das verzweigte Isobutan. Aufgrund seiner eher kugelförmigen Gestalt hat Isobutan eine geringere Oberfläche als Butan und daher niedrigere Schmelz- und Siedetemperaturen.

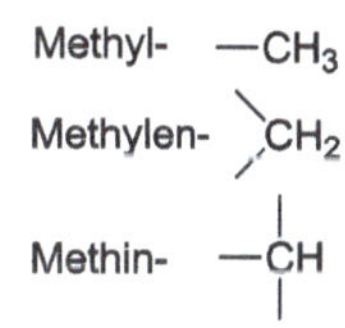

Bei den Alkanen nimmt die Anzahl der Strukturisomere mit der Anzahl an C-Atomen zu. Vom Butan (C_4H_{10}) gibt es zwei (▸ Abbildung 2.5), vom Pentan (C_5H_{12}) drei, vom Hexan (C_6H_{14}) fünf, vom Heptan (C_7H_{16}) neun und vom Octan (C_8H_{18}) bereits 18 Strukturisomere. Vom Decan ($C_{10}H_{22}$) existieren 75 und vom Eicosan ($C_{20}H_{42}$) bereits mehr als 300.000 Strukturisomere (diese sind aber nicht alle auch tatsächlich isoliert oder chemisch synthetisiert worden). Die enorme Zahl an Konstitutionsisomeren ist ein weiterer Grund für die außerordentliche Vielzahl an organischen Verbindungen.

C_4H_{10}	2
C_5H_{12}	3
C_6H_{14}	5
C_7H_{16}	9
C_8H_{18}	18
C_9H_{20}	35
$C_{10}H_{22}$	75
$C_{15}H_{32}$	4347
$C_{20}H_{42}$	366319
$C_{30}H_{62}$	$>4 \cdot 10^9$

Anzahl möglicher Konstitutionsisomere

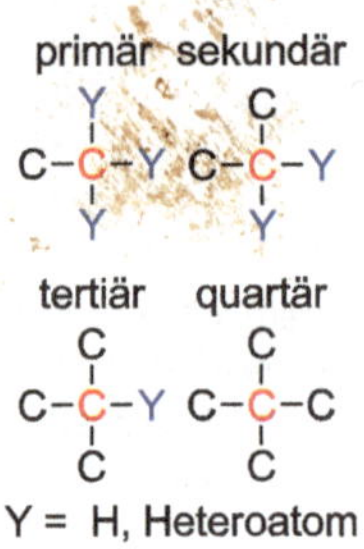

Im Butan und Isobutan (▶ Abbildung 2.5) weisen die einzelnen C-Atome also eine unterschiedliche **Konnektivität** (Verknüpfungsreihenfolge) auf. Butan besteht aus zwei Methylgruppen (CH_3) und zwei Methylengruppen (CH_2), Isobutan hingegen aus drei Methylgruppen (CH_3) und einer Methingruppe (CH). Allgemein verwendet man für die Angabe der Konnektivität die Bezeichnungen **primär**, **sekundär**, **tertiär** oder **quartär**, je nachdem, wie viele weitere C-Atome an das betrachtete C-Atom gebunden sind. Ein C-Atom, das mit einem weiteren C-Atom verbunden ist, nennt man allgemein ein primäres C-Atom und die daran gebundenen Substituenten Y, z. B. H-Atome, entsprechend primäre H-Atome. Bei zwei C-Atomen, die an das betrachtete C-Atom gebunden sind, spricht man von sekundär, bei drei von tertiär und bei einem C-Atom, an das vier weitere C-Atome gebunden sind, von einem quartären C-Atom. Diese Bezeichnungsweise ist nachfolgend am Beispiel des Isooctans (systematischer Name 2,2,4-Trimethylpentan, ▶ Kapitel 2.6) noch einmal erläutert. Isooctan dient übrigens zur Definition der Octanzahl des Benzins (▶ Exkurs 2.2).

2,2,4-Trimethylpentan
(Isooctan)

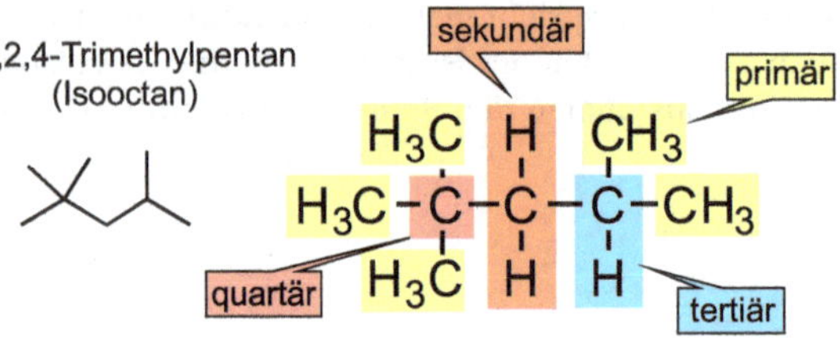

Auch von vielen anderen organischen Verbindungen, z. B. Alkenen (allgemeine Summenformel C_nH_{2n}), gibt es Konstitutionsisomere. Vom Alken mit der Summenformel C_4H_8 existieren drei Konstitutionsisomere. Zwei leiten sich vom Butan (→ 1-Buten und 2-Buten) und eines vom verzweigten Isobutan (→ Isobuten) ab.

Exkurs 2.2: Octanzahl

Autokraftstoff besteht aus einem Gemisch verschiedener gesättigter und ungesättigter Kohlenwasserstoffe mit vier bis etwa elf C-Atomen. Dieses Benzingemisch wird im Motor zuerst mit Luft vermischt und im Zylinder des Motors komprimiert, bevor der eigentliche Verbrennungsvorgang durch die elektrische Zündkerze ausgelöst wird. Das Benzin/Luft-Gemisch wird dann durch eine durchlaufende Flammenfront gleichmäßig verbrannt. Dabei kann es aber durch die beim Verbrennungsvorgang entstehenden Druckwellen auch zu einer vorzeitigen Selbstentzündung des Benzins vor der eigentlichen Flammenfront kommen. Diese unerwünschten Fehlzündungen (als Klopfen bezeichnet) reduzieren die Motorleistung und erhöhen den Materialverschleiß. Verzweigte Kohlenwasserstoffe neigen weniger leicht zur Selbstentzündung als lineare. Je höher der Anteil verzweigter Kohlenwasserstoffe im Benzin ist, desto größer ist also seine Klopffestigkeit. Quantitativ beschreibt man die Klopffestigkeit eines Benzingemisches durch die **Octanzahl**, einer willkürlichen Skala, bei der *n*-Heptan der Wert 0 und Isooctan der Wert 100 zugeordnet wird. Ein Autokraftstoff mit der Octanzahl 98 (übliches Superbenzin) hat also die gleiche Klopffestigkeit wie ein Vergleichsgemisch aus 98 % Isooctan und 2 % *n*-Heptan. Die Octanzahl eines Benzins kann durch Zusatz von Additiven wie *tert*-Butanol (Antiklopfmittel) erhöht werden.

strukturisomere Alkene mit der Summenformel C_4H_8

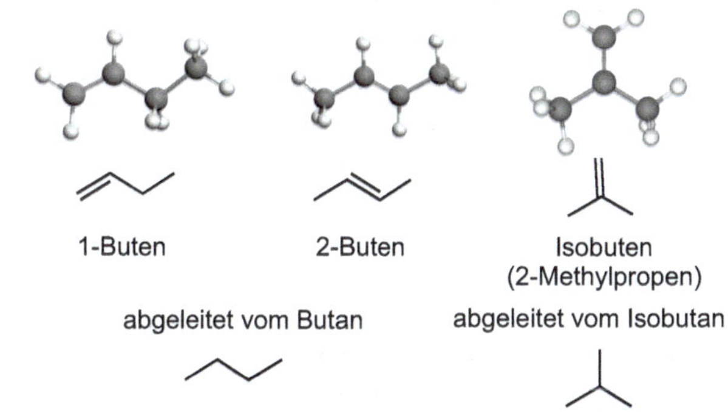

2-Buten existiert übrigens noch in zwei verschiedenen diastereomeren Formen, *Z* und *E* bzw. *cis* und *trans* genannt, die sich in der relativen räumlichen Anordnung der beiden Methylgruppen zueinander unterscheiden (▶ Kapitel 3.2).

2.3.2 Nomenklatur verzweigter Alkylreste

Substituent

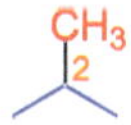

2-Propylrest

Isobutan = 2-Methylpropan

Auch verzweigte Kohlenwasserstoffe kann man als Derivate der linearen Alkane auffassen. So hat im Isobutan eine Methylgruppe an der C2-Position des Propans als Substituent ein H-Atom ersetzt. Der zugrunde liegende Alkylrest wird entsprechend als 2-Propylrest bezeichnet, im Unterschied zum 1-Propylrest, der über das C1 des Propans an einen Substituenten gebunden ist. Allgemein benennt man Alkylreste durch die Angabe der Position des C-Atoms, von dem im zugrunde liegenden Alkan das H-Atom entfernt wurde. Die Positionsangabe 1 wird dabei häufig weggelassen.

Neben dieser systematischen Bezeichnung gibt es auch eine **historisch bedingte Nomenklatur**. Je nachdem, ob es sich um ein lineares oder verzweigtes Alkan handelt und an welcher Stelle sich ein anderer Substituent befindet, benutzt man verschiedene Präfixe wie *n*-, *iso*-, *sec*-, *tert*- oder *neo*- zur Bezeichnung der Alkylreste. So bezeichnet man den 1-Propylrest auch als *n*-Propylrest (von *n* = normal = lineares Alkan mit einer unverzweigten Alkylkette) und den 2-Propylrest als *iso*-Propylrest (abgeleitet von „isomerer Propylrest"). Auch beim Butan und Pentan gibt es spezielle Namen für die verschiedenen Alkylreste, die man auswendig lernen muss. Die bei den beiden Präfixen *iso*- und *neo*- auch übliche Zusammenschreibung, z. B. Isopropyl anstelle von *iso*-Propyl und Neopentyl anstelle von *neo*-Pentyl, ist bei den anderen Präfixen (*n*, *sec* und *tert*) unüblich.

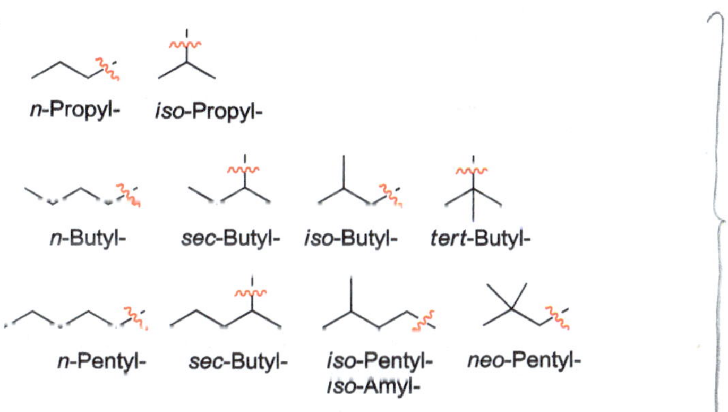

Veränderung der Moleküleigenschaften durch polare Substituenten 2.4

Alle organischen Verbindungen sind somit Derivate von Alkanen. Durch die Einführung insbesondere polarer Substituenten (z. B. Heteroatome) verändern sich allerdings die chemischen und physikalischen Eigenschaften einer Verbindung in ganz erheblichem Maße.

2.4.1 Polarität von Molekülen

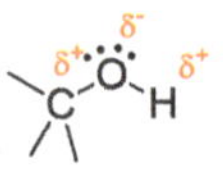
polare Bindungen

Vergleichen wir noch einmal Ethan und Ethanol (▶ Kapitel 2.1). Ethan ist wie alle Alkane eine sehr reaktionsträge Verbindung, die wasserunlöslich ist und z. B. mit konzentrierter Salzsäure nicht reagiert. Ethanol hingegen ist in jedem Verhältnis mit Wasser mischbar und reagiert mit konzentrierter Salzsäure zu Chlorethan C_2H_5Cl (alter Name: Ethylchlorid). Sowohl für die Veränderung der physikalischen als auch der chemischen Eigenschaften ist die **OH-Gruppe** im Ethanol verantwortlich. Sauerstoff als elektronegatives Heteroatom polarisiert die von ihm ausgehenden Atombindungen. Die Ladungsdichte in den vom Sauerstoff ausgehenden Bindungen ist im zeitlichen Mittel mehr zum Sauerstoff als zum Wasserstoff bzw. zum Kohlenstoff hin verschoben (**polarisierte Bindungen**). Der Sauerstoff erhält dadurch eine negative Partialladung, der Wasserstoff und (etwas weniger ausgeprägt) der Kohlenstoff jeweils eine positive. Ethanol ist daher im Gegensatz zu Ethan ein **polares Molekül**, was man z. B. sehr anschaulich bei der Betrachtung des Oberflächenpotenzials (ESP) erkennt (▶ Abbildung 2.6).

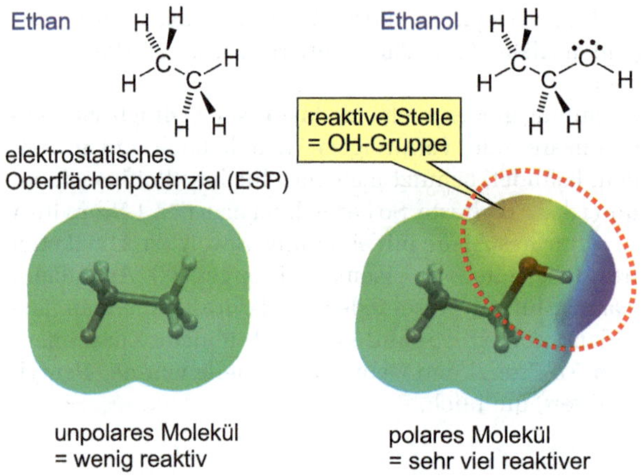

Abbildung 2.6: **Polare Moleküle.** Die physikalischen und chemischen Eigenschaften von Molekülen werden im Wesentlichen durch vorhandene polare Substituenten bestimmt. Ethanol ist daher im Vergleich zu Ethan sehr viel reaktiver, wie man anschaulich am elektrostatischen Oberflächenpotenzial (ESP) erkennt, das Stellen mit höherer (rot) und niedrigerer (blau) Elektronendichte anzeigt.

Die Elektronegativität (EN) ist ein Maß für das Bestreben eines Elements, die Elektronen in einer kovalenten Bindung an sich zu ziehen.

Chemische Bindungen sind umso polarer, je größer der Unterschied in der Elektronegativität der beiden Bindungspartner ist (▶ Exkurs 2.3). Es ist wesentlich, sich Folgendes zu merken:

- Die für die Organische Chemie sehr wichtigen **C–C- und C–H-Bindungen sind unpolar**.
- **Bindungen zu** elektronegativen **Heteroatomen** wie O, N oder Halogenen oder zu elektropositiven **Metallen** wie Mg, Li, Al oder Zn sind hingegen **polar**.

- **Polare Bindungen** sind bei der überwiegenden Mehrzahl aller organisch-chemischen Reaktionen **reaktiver** als unpolare Bindungen (Ausnahmen hiervon beobachtet man z. B. bei Radikalreaktionen, ▶ Kapitel 4).

Exkurs 2.3: Elektronegativität und polare Bindungen

Im H_2-Molekül ist die Verteilung der Elektronendichte um die beiden Atomkerne herum symmetrisch (▶ Kapitel 1.3, Abbildung 1.3). Bei Atombindungen zwischen zwei verschiedenen Elementen ist dies in der Regel nicht mehr der Fall. Im HF-Molekül werden z. B. die Bindungselektronen aufgrund der höheren Kernladungszahl des F-Atoms (Z = 7), die nur teilweise von der ebenfalls größeren Anzahl an Elektronen in der Atomhülle abgeschirmt wird, stärker vom Atomkern des Fluors als vom Atomkern des Wasserstoffs (Z = 1) angezogen. Im zeitlichen Mittel befinden sich die beiden Elektronen der Atombindung daher öfter in der Nähe des F-Atoms als beim H-Atom. Die H–F-Bindung ist **polarisiert** und das Fluor erhält eine negative Überschussladung, der Wasserstoff eine positive. Diese Überschussladungen nennt man **Partialladungen** (δ^+, δ^-). Anschaulich lassen sich diese Ladungsverschiebungen wiederum durch das **ESP** darstellen. Dabei gibt man die Ladungsverteilung innerhalb eines Moleküls durch entsprechende Farbgebung auf der Oberfläche des Moleküls wieder (rot = negative Ladungsdichte, blau = positive Ladungsdichte, Farben dazwischen entsprechend dem Farbspektrum geben neutrale bzw. schwach positive oder negative Ladungsdichten an). Je polarer ein Molekül ist, desto mehr variiert die Farbe (▶ Abbildung 2.7).

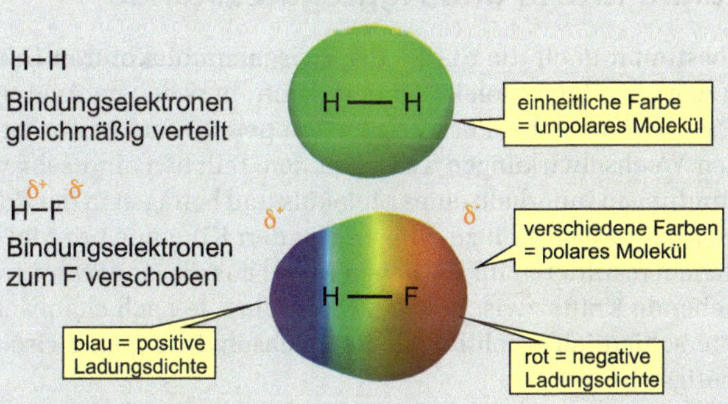

Abbildung 2.7: **Vergleich von H_2 und HF.** Fluorwasserstoff ist im Gegensatz zu molekularem Wasserstoff ein polares Molekül. Die Bindungselektronen sind aufgrund der höheren Elektronegativität stärker zum Fluoratom hin verschoben (EN = 4,0) als zum Wasserstoffatom (EN = 2,1). Die H–F-Bindung ist polarisiert, das Molekül ist ein Dipol mit einer positiven Partialladung am H-Atom und einer negativen Partialladung am F-Atom.

Als Maß dafür, wie stark ein Atom Elektronen in einer Bindung zu sich hin zieht, verwendet man die **Elektronegativität EN**. Je elektronegativer ein Element ist, desto stärker zieht es die Bindungselektronen an.

- Die EN nimmt im Periodensystem innerhalb einer Periode von links nach rechts zu (Kernladungszahl steigt).
- Die EN nimmt im Periodensystem innerhalb einer Gruppe von oben nach unten ab (Entfernung der Bindungselektronen vom Kern nimmt zu).
- Das elektronegativste Element ist Fluor, das elektropositivste ist Francium.

- Metalle sind elektropositive Elemente; typische Nichtmetalle wie O, N, S oder die Halogene sind elektronegative Elemente.
- Je größer der Unterschied in der Elektronegativität zwischen zwei Bindungspartnern ist, desto polarer ist die Bindung (▸ Abbildung 2.8).

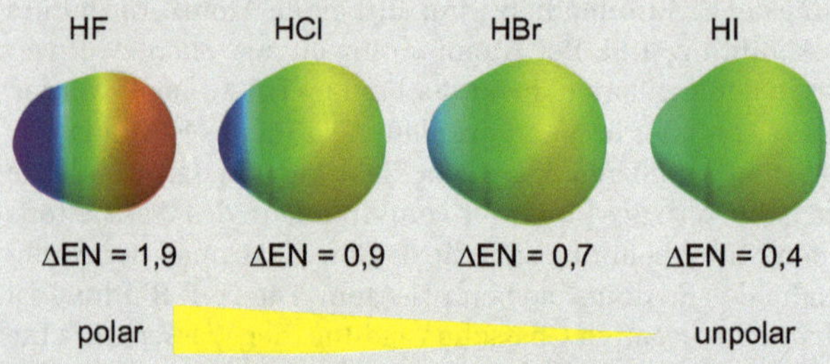

Abbildung 2.8: **Polarität der Halogenwasserstoffe.** In der Reihe der Halogenwasserstoffe nimmt die Polarität der Bindung vom HF (links) zum HI (rechts) ab, was sich an der jeweiligen Farbverteilung im ESP anschaulich ablesen lässt. Grund ist die in dieser Richtung abnehmende Elektronegativitätsdifferenz ΔEN zwischen Halogen und Wasserstoff.

2.4.2 Zwischenmolekulare Kräfte und Aggregatzustände

Die Polarität eines Teilchens bestimmt auch die Stärke der **zwischenmolekularen (intermolekularen) Kräfte** zwischen den einzelnen Molekülen und damit, in welchem **Aggregatzustand** (fest, flüssig oder gasförmig) der Stoff bei bestimmter Temperatur und bestimmtem Druck vorliegt. Die anziehenden Wechselwirkungen zwischen den Teilchen sind sehr viel schwächer als die kovalenten Bindungen innerhalb eines Moleküls und betragen in der Regel nur einige wenige Kilojoule pro Mol im Vergleich zu einigen Hundert Kilojoule pro Mol für typische Atombindungen. Trotzdem resultieren im zeitlichen Mittel aus diesen Wechselwirkungen in Summe immer anziehende Kräfte zwischen den Molekülen. Je nach chemischer Struktur der Moleküle sind unterschiedliche **nichtkovalente Wechselwirkungen** zwischen den Teilchen möglich. Die wichtigsten sind:

- **elektrostatische Wechselwirkungen** zwischen geladenen und polaren Molekülen: Ionen-Ionen-, Ionen-Dipol- und Dipol-Dipol-Wechselwirkung
- **Wasserstoffbrückenbindungen**, H-Brücken (Spezialfall der Dipol-Dipol-Wechselwirkung, der aber wegen der besonderen Bedeutung meistens separat betrachtet wird)
- **Van-der-Waals-Wechselwirkungen** (nur wichtig bei unpolaren oder sehr großen Molekülen)

Dipol-Dipol-Wechselwirkungen

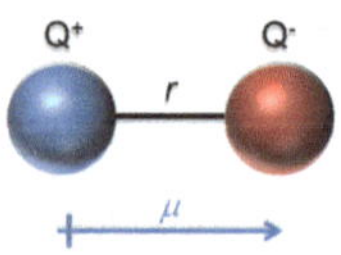

Dipolmoment
$\mu = Q \cdot r$ [Debye]

Die unsymmetrische Ladungsverteilung in einer polaren Bindung führt zu einem elektrischen Dipol, dessen Stärke und Polarisierung durch das **Dipolmoment** μ ausgedrückt wird, das sich aus der Größe der Partialladungen Q (Einheit: Coulomb, C) und deren Abstand r (Einheit: Meter, m) berechnet. Beim Dipolmoment μ handelt es sich um eine gerichtete (vektorielle) Größe, die vom positiven zum negativen Ende einer polarisierten Bindung weist (Achtung: In der Physik ist die Definition des Dipols umgekehrt; ein elektrischer Dipol zeigt von Minus nach Plus). Als Einheit verwendet man Debye, D ($1\ D = 3{,}33 \cdot 10^{-33}\ C \cdot m$). Das Dipolmoment eines HCl-Moleküls beträgt z. B. 1,08 D. Hat ein Molekül wie Wasser mehrere polare Bindungen, so ergibt sich das Dipolmoment des gesamten Moleküls durch eine vektorielle Addition der einzelnen Bindungsdipole. Je nach Symmetrie des Moleküls können sich die einzelnen Bindungsdipole aber auch aufheben, so dass ein Gesamtdipolmoment von null resultiert. So hat Chlormethan (CH_3Cl) aufgrund der polaren C–Cl-Bindung ein Dipolmoment von 1,87 D, aber Tetrachlorkohlenstoff (CCl_4) ein Dipolmoment von null, obwohl das Molekül vier polare C–Cl-Bindungen enthält. Deren Bindungsdipole heben sich aber aufgrund der Tetraedersymmetrie des Moleküls gegenseitig auf (▸ Abbildung 2.9).

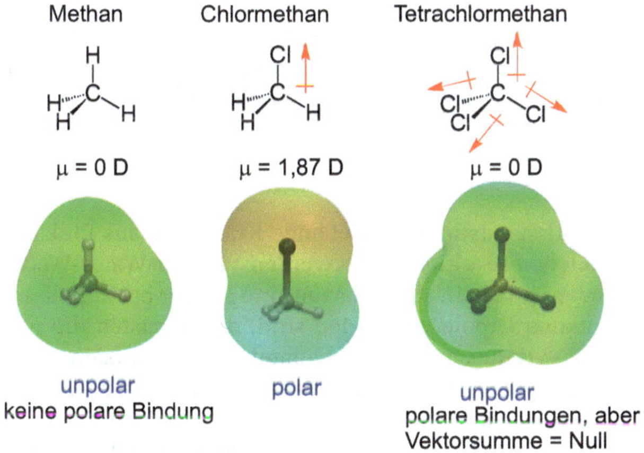

Abbildung 2.9: Polare Moleküle. Moleküle sind als Ganzes nur dann polar, wenn sie polare Bindungen haben und sich die einzelnen Bindungsdipole aufgrund der Molekülsymmetrie nicht gegenseitig aufheben.

Das **Gesamtdipolmoment eines Moleküls** hängt also ab von:

- der Stärke der Ladungstrennung in den einzelnen Bindungen: Wie polar sind die einzelnen Bindungen?
- der Molekülgeometrie: Wohin zeigen die einzelnen Bindungsdipolmomente? Heben sie sich gegenseitig auf?

Dipole können mit anderen Dipolen oder aber auch mit permanenten Ladungen (Ionen) in Wechselwirkung treten und sich anziehen oder abstoßen, abhängig von ihrer gegenseitigen Orientierung. Im zeitlichen Mittel werden sich frei bewegliche Dipole bevorzugt so ausrichten, dass ihre entgegengesetzt geladenen Enden aufeinander gerichtet sind und damit in Summe immer anziehende Wechselwirkungen resultieren.

Wasserstoffbrücken

Einen besonderen Fall einer Dipol-Dipol-Wechselwirkung beobachtet man immer dann, wenn ein H-Atom an ein sehr elektronegatives Element wie Stickstoff, Sauerstoff oder Fluor gebunden ist (Donor genannt) und ein zweites O, N oder F-Atom als Akzeptor vorhanden ist. Im Wasser sind z. B. beide OH-Bindungen wegen der großen Elektronegativitätsdifferenz von ΔEN = 1,4 stark polarisiert, sodass die beiden H-Atome eine ausgeprägte positive Partialladung aufweisen (erkennbar an der blauen Färbung des Oberflächenpotenzials). Die positiv polarisierten H-Atome können nun zum negativ polarisierten O-Atom eines anderen Wassermoleküls relativ starke und gerichtete nichtkovalente Bindungen ausbilden (▸ Abbildung 2.10). Die Wechselwirkung erfolgt mit den freien Elektronenpaaren des O-Atoms. Man spricht von einer **Wasserstoffbrücke (H-Brücke)**. Diese spielt z. B. eine große Rolle in der Biochemie für die Struktur und damit Funktion der Proteine.

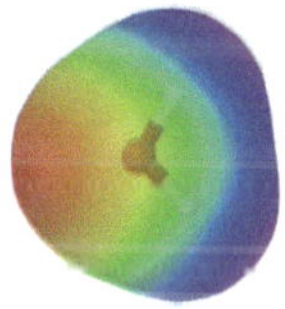

Wasser

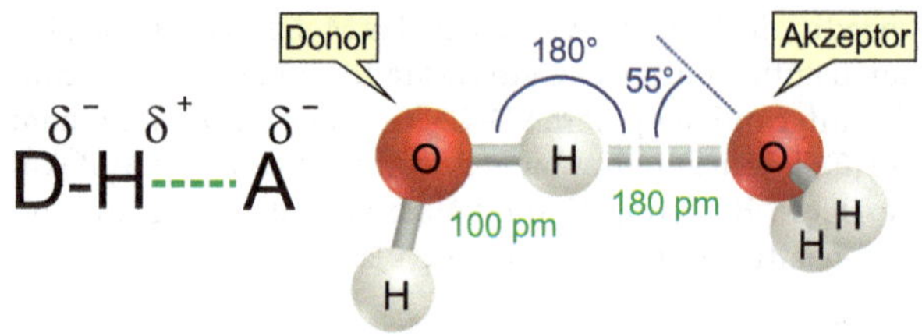

Abbildung 2.10: **Wasserstoffbrücke zwischen zwei H_2O-Molekülen.** Das positiv polarisierte H-Atom einer OH-Bindung des einen Moleküls (Donor) zeigt zum freien Elektronenpaar des O-Atoms des zweiten Moleküls (Akzeptor). Die H-Brücke ist somit gerichtet und bevorzugt linear. Donor- und Akzeptoratome sind meistens O, N oder F.

Van-der-Waals-Wechselwirkungen

Aber auch zwischen unpolaren Molekülen existieren anziehende Kräfte, die aus Fluktuationen in der Elektronenhülle der Teilchen resultieren. Sie werden **Van-der-Waals-Wechselwirkung** genannt. Es gibt sie bei jedem Molekül, aber relevant sind sie nur bei unpolaren Molekülen, bei denen keine permanenten Dipole vorhanden sind, da ansonsten die wesentlich stärkeren Dipol-Dipol-Wechselwirkungen die zwischenmolekularen Anziehungen dominieren. Was ist die molekulare Ursache der Van-der-Waals-Wechselwirkungen? Die Elektronen in der Elektronenhülle eines Moleküls sind in ständiger Bewegung und bei unpolaren Molekülen im zeitlichen Mittel gleichmäßig und symmetrisch um die Atomkerne herum verteilt. Das gilt aber nicht für jeden einzelnen Zeitpunkt. Es kommt ständig kurzzeitig auch zu unsymmetrischen Ladungsverteilungen, wodurch ein **temporärer elektrischer Dipol** entsteht. Dieser hat eine Lebensdauer von etwa 10^{-16} s, bevor sich die Elektronen wieder anders verteilen. Trotzdem reicht diese kurze Zeitspanne aus, um in der Elektronenwolke eines benachbarten Teilchens eine entgegengesetzte Verschiebung der Ladungsdichte zu induzieren. Im benachbarten Teilchen entsteht ein entgegengerichteter **induzierter Dipol**. Aus der Wechselwirkung dieser beiden induzierten Dipole resultiert eine schwache anziehende Wechselwirkung zwischen den beiden Teilchen. Van-der-Waals-Kräfte sind wegen der extrem kurzen Lebensdauer dieser temporären Dipole generell sehr schwach, nehmen aber mit der Größe der Moleküle zu, da dann die **Polarisierbarkeit** (Verformbarkeit) der Elektronenhülle zunimmt. Hierunter versteht man die Leichtigkeit, mit der sich induzierte Dipole durch Verschiebung der Elektronen durch elektrische Felder von außen erzeugen lassen. Daher nehmen Schmelz- und Siedetemperaturen der Alkane mit steigender Kettenlänge zu und haben lineare Alkane höhere Schmelz- und Siedepunkte als die isomeren verzweigten Alkane, deren Moleküloberfläche geringer ist (▸ Abbildung 2.5).

Schmelz- und Siedetemperatur eines Stoffes sind umso höher, je stärker die intermolekularen Wechselwirkungen zwischen den Teilchen sind. Denn je stärker die intermolekularen Wechselwirkung zwischen den Teilchen ist, desto mehr thermische Energie (Wärme) ist nötig, um die Teilchen vom hoch geordneten festen Zustand in den weniger geordneten flüssigen Zustand zu überführen (Schmelzen). Im Mittel sind die Teilchen in einer Flüssigkeit weiter voneinander entfernt als in einem Festkörper. Noch mehr Energie muss aufgewendet werden, um die Teilchen dann vom flüssigen in den gasförmigen Zustand zu überführen (Sieden). Im Gas sind sie so weit voneinander entfernt, dass in erster Näherung keinerlei Wechselwirkungen mehr zwischen ihnen auftreten (ideales Gas).

Für die Eigenschaften und das Reaktionsverhalten organischer Verbindungen sind insbesondere Dipolwechselwirkungen und H-Brücken von großer Bedeutung, die deutlich stärker sind als die Van-der-Waals-Wechselwirkungen. **Polare Stoffe haben deswegen in der Regel auch höhere Schmelz- und Siedepunkte als unpolare**. Ethan schmilzt z. B. bei –183 °C und siedet bei –89 °C, Ethanol hingegen schmilzt bei –114 °C und siedet erst bei +78 °C, also über 160 °C höher als Ethan. Zwischen den unpolaren Ethanmolekülen treten lediglich die sehr schwachen Van-der-Waals-Kräfte auf, die bereits bei sehr geringer thermischer Energie (niedrige Temperatur) überwunden werden können. Beim polaren Ethanol werden die Teilchen zusätzlich durch die viel stärkeren H-Brücken zwischen den OH-Gruppen zusammengehalten. Es wird daher sehr viel mehr Energie (höhere Temperatur) benötigt, um die Teilchen voneinander zu trennen.

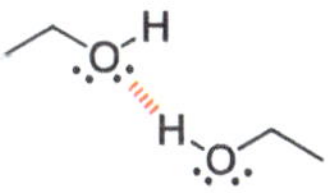

H-Brücke im Ethanol

2.4.3 Löslichkeit und Mischbarkeit von Stoffen

Die Polarität eines Teilchens bestimmt auch sein Löslichkeitsverhalten und seine Mischbarkeit mit anderen Stoffen. Generell gilt, dass zwei Verbindungen A und B dann gut mischbar sind, wenn zwischen ihnen ähnliche zwischenmolekulare Kräfte von ähnlicher Stärke auftreten („**Gleiches löst sich in Gleichem**"). Sind die Wechselwirkungen zwischen den Teilchen A hingegen von ganz anderer Natur oder Stärke als die zwischen den Teilchen B, dann werden sich die beiden Verbindungen nicht mischen. Polare Moleküle mischen sich daher gut mit anderen polaren, aber nicht mit unpolaren Molekülen. Umgekehrt sind unpolare Moleküle gut mit anderen unpolaren Molekülen mischbar, aber nicht mit polaren.

Ethanol und Wasser sind z. B. sehr gut miteinander mischbar, da beides polare Moleküle mit der Möglichkeit zur Ausbildung von H-Brücken sind und über ihre polarisierten O–H-Bindungen auch miteinander H-Brücken ausbilden können. Ethan als unpolares Molekül kann hingegen nicht gut mit dem polaren Wasser wechselwirken. Im Gegenteil, es behindert die Wechselwirkung der Wassermoleküle untereinander und ist daher nicht mit Wasser mischbar (▶ Abbildung 2.11).

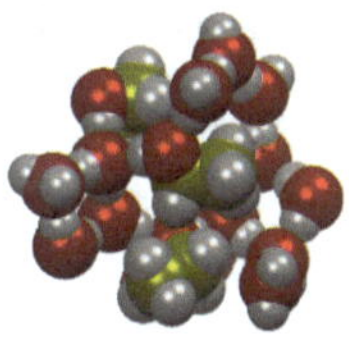

Ethanol (gelb) in Wasser (rot)

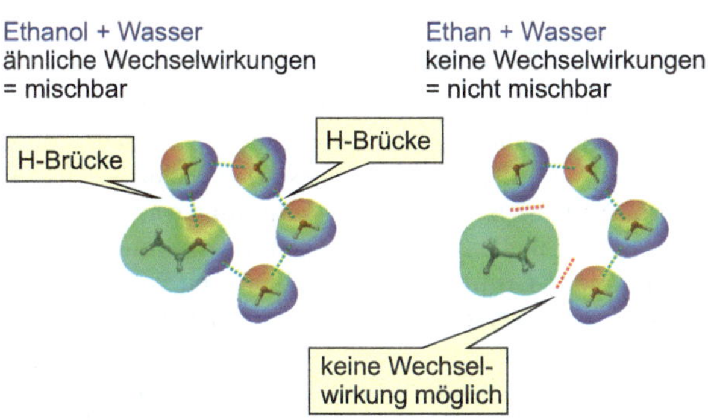

Abbildung 2.11: **Mischbarkeit von Molekülen.** Moleküle sind dann mischbar, wenn zwischen ihnen ähnliche zwischenmolekulare Wechselwirkungen möglich sind. Deswegen ist Ethanol in jedem Verhältnis mit Wasser mischbar, Ethan hingegen nicht.

Um die Mischbarkeit einer Verbindung mit anderen Stoffen anzugeben, verwendet man die aus dem Griechischen abgeleiteten Bezeichnungen **hydrophil** und **hydrophob** oder **lipophil** und **lipophob**. (*hydro* = Wasser, *lipo* = Fett, *phil* = liebend und *-phob* = ablehnend).

- **Polare Verbindungen** wie Ethanol, die sich in Wasser lösen, aber nicht in unpolaren Stoffen wie Öl oder Fett, sind **hydrophil** (lipophob).
- **Unpolare Verbindungen** wie Ethan, die sich gut in Öl oder Fett aber nicht in Wasser lösen, sind **lipophil** (hydrophob).

2.4.4 Veränderung der chemischen Eigenschaften durch Substituenten

Die polare OH-Gruppe im Ethanol verändert aber nicht nur die physikalischen Eigenschaften, sondern erhöht auch die chemische Reaktivität im Vergleich zum Ethan erheblich. So ermöglicht die polarisierte C–O-Bindung den Angriff anderer polarer Teilchen, z. B. konzentrierte Salzsäure. Es bildet sich in einer Substitutionsreaktion Chlorethan. Den genauen Ablauf dieser Reaktion werden wir später diskutieren (▸ Kapitel 5.4). Ethan reagiert hingegen nicht mit Salzsäure.

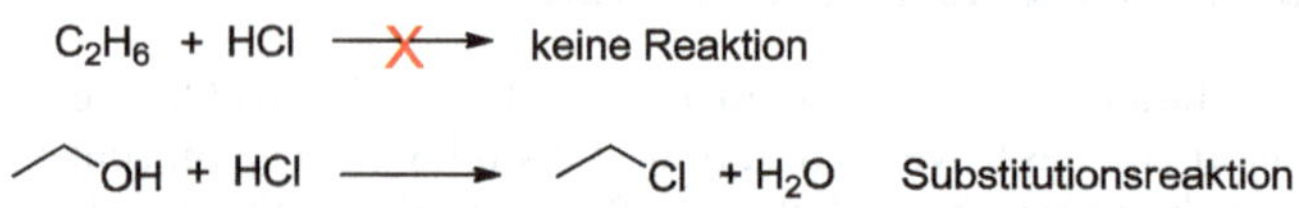

Chemische Reaktionen finden besonders leicht an π-Bindungen oder Heteroatomen statt.

Substituenten erhöhen die Reaktivität vor allem dann, wenn es sich um π-Bindungen und Heteroatome handelt (zur Erinnerung: Heteroatom = alle Atome außer C und H, häufig O, N, S oder Halogen).

- π-Bindungen sind wegen ihrer geringeren Bindungsenergie (▸ Kapitel 1.3.5) chemisch sehr viel reaktiver als σ-Bindungen.
- Heteroatome wie O, N, S oder Halogene besitzen freie Elektronenpaare und bilden polarisierte Bindungen zu Kohlenstoff aus, was den Angriff anderer Teilchen erleichtert (▸ Kapitel 5.2).

2.5 Funktionelle Gruppen und Stoffklassen

2.5.1 Funktionelle Gruppen und chemische Reaktivität

CH_3OH
Methanol
CH_3CH_2OH
Ethanol
$CH_3CH_2CH_2OH$
Propanol
$CH_3CH_2CH_2CH_2OH$
Butanol

Die chemischen und physikalischen Eigenschaften des Ethanols werden also ganz wesentlich von der OH-Gruppe bestimmt. Eine solche charakteristische Anordnung von Atomen oder Atomgruppen, die für das Reaktionsverhalten eines Moleküls ausschlaggebend ist, nennt man eine **funktionelle Gruppe**, mit deren Hilfe man organische Verbindungen systematisch zu **Stoffklassen** (Familien) zusammenfasst (▸ Tabelle 2.2). Ethanol gehört zur Stoffklasse der **Alkohole**, deren charakteristische funktionelle Gruppe also die OH-Gruppe ist. Auch von den anderen Alkanen leiten sich Alkohole ab. Die verschiedenen linearen primären Alkohole bilden dann wieder eine homologe Reihe.

Die physikalischen Eigenschaften ändern sich zwar innerhalb der homologen Reihe der Alkohole, aber in vorhersehbarer Art und Weise. Erwartungsgemäß beobachtet man, dass die polare OH-Gruppe die physikalischen Eigenschaften bei den kleinen Vertretern mit kurzen Alkylketten stärker bestimmt als bei Alkoholen mit längeren Alkylketten. Folgerichtig nimmt mit zunehmender Kettenlänge die Wasserlöslichkeit der Alkohole ab. Ethanol C_2H_5OH ist in jedem Verhältnis mit Wasser mischbar, von Octanol $C_8H_{17}OH$ hingegen lösen sich nur etwa 0,3 g in 1 L Wasser. Octanol ist durch den langen Alkylrest trotz der polaren OH-Gruppe dem Wasser nicht mehr so „ähnlich" wie Ethanol (▸ Abbildung 2.12).

Die vorhandenen funktionellen Gruppen bestimmen die chemischen Eigenschaften einer Verbindung.

Unabhängig von den sich ändernden physikalischen Eigenschaften haben aber innerhalb einer Stoffklasse alle Verbindungen die gleichen chemischen Eigenschaften, denn

- **chemische Reaktionen finden an funktionellen Gruppen statt** und
- **die Reaktivität einer funktionellen Gruppe ist in erster Näherung unabhängig vom Rest des Moleküls.**

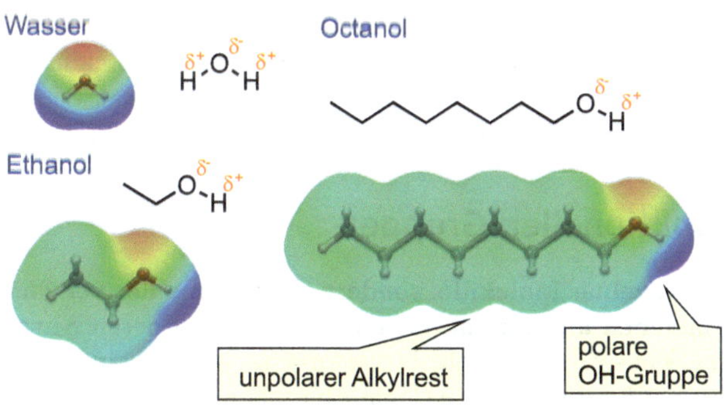

Abbildung 2.12: **Ähnlichkeit von Molekülen.** Ethanol gleicht mit seiner polaren OH-Gruppe und dem nur kleinen Ethylrest dem Wassermolekül stärker als Octanol. Dieses ist aufgrund seines sehr großen Alkylrests eine weitgehend unpolare Verbindung, die daher im Gegensatz zu Ethanol auch kaum mehr mit Wasser mischbar ist.

Dies ist sicherlich einer der wichtigsten Punkte, den man für das Verständnis der Organischen Chemie verinnerlicht haben muss.

Betrachten wir ein Beispiel. So addiert sich Brom an die C=C-Doppelbindung im Ethen, wobei 1,2-Dibromethan entsteht (▸ Abbildung 2.13). In völlig analoger Art und Weise reagiert die C=C-Doppelbindung im sehr viel komplexeren Cholesterol, dem häufigsten Steroid im Körper. Die Reaktion verläuft in beiden Molekülen nach dem gleichen Mechanismus und liefert analoge Produkte. Durch eine elektrophile Addition von Brom an die π-Bindung der Doppelbindung (▸ Kapitel 7.6) entsteht ein 1,2-Dibromid (*Achtung:* Die Bezeichnung als 1,2-Dibromid bezieht sich auf die *relative* Stellung der beiden C-Atome zueinander, an die die Br-Atome gebunden sind, und nicht auf ihre Positionsnummer 5 und 6 entlang des Kohlenstoffgerüsts). Eine C=C-Doppelbindung hat also unabhängig vom Rest des Moleküls, in dem sie sich befindet, immer die gleichen chemischen Eigenschaften. Andere funktionelle Gruppen, wie in diesem Fall die Hydroxylgruppe (–OH) im Cholesterol, haben keinen oder kaum einen Einfluss auf die Reaktivität der Doppelbindung. Denn **in der Regel sind die verschiedenen funktionellen Gruppen in einem Molekül unabhängig voneinander**. Ausnahmen

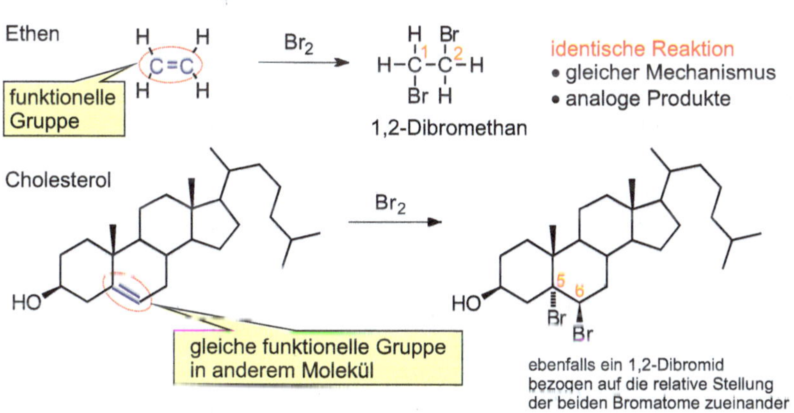

Abbildung 2.13: **Funktionelle Gruppen bestimmen das Reaktionsverhalten eines Moleküls.** Eine C=C-Doppelbindung reagiert mit Brom in einer elektrophilen Addition unter Bildung eines 1,2-Dibromids, egal, ob es sich um die Doppelbindung im Ethen, dem einfachsten Alken, oder um die im sehr viel komplexeren Cholesterol, einem Steroid, handelt.

ergeben sich nur dann, wenn funktionelle Gruppen an unmittelbar benachbarte C-Atome oder an dasselbe C-Atom gebunden sind. Dann kommt es durch **Substituenteneffekte,** z. B. induktive Effekte oder Mesomerie-Effekte (▶ Kapitel 4.8), zu einer deutlichen, aber wiederum vorhersagbaren Veränderung der Reaktivität der betroffenen funktionellen Gruppen.

2.5.2 Die wichtigsten funktionellen Gruppen

Man muss also nicht die Chemie einzelner Moleküle, sondern die Chemie der verschiedenen funktionellen Gruppen verstehen und lernen. Erfreulicherweise ist deren Anzahl überschaubar (▶ Tabelle 2.2), im Gegensatz zu den Millionen an einzelnen Verbindungen. Die Herausforderung zum Verständnis der Organischen Chemie besteht also darin, die an einigen wenigen konkreten Beispielen einer Stoffklasse erlernten Reaktionen und allgemeinen Reaktivitätsprinzipien auch auf andere Moleküle mit den gleichen funktionellen Gruppen anwenden zu können. Erfahrungsgemäß haben leider viele Studienanfänger große Schwierigkeiten, die vorhandenen funktionellen Gruppen in einem gegebenen Molekül zu erkennen und daraus das Reaktionsverhalten der Verbindung abzuleiten.

allgemeine Bezeichnung für unterschiedliche Alkylreste: –R, –R′, R″ etc.

Stoffklasse Abkürzung	funktionelle Gruppe	Strukturformel	Beispiel
Alkan R–H	unpolare C–H-Bindung C(sp^3)-H	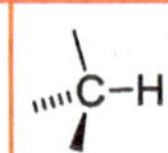	CH_4 Methan
Alken $R'_2C{=}CR'_2$ (R′ = R oder H)	C=C-Doppel- bindung C(sp^2)–C(sp^2)	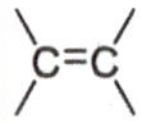	 2-Penten
Alkin R′C≡CR′ (R′ = R oder H)	C≡C-Dreifach- bindung C(sp)–C(sp)	—C≡C—	 Propin
Aromat Ar–R′ (R′ = R oder H) (Ar = Arylrest)	cyclisch delokalisierte Elektronensysteme mit 2, 6, 10, …, π-Elektronen	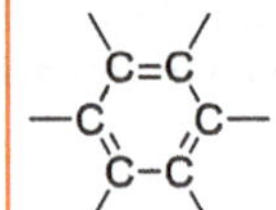 (Beispiel)	 Benzen
Halogenalkan R–X	polare C–X-Bin- dung (X = F, Cl, Br, I)	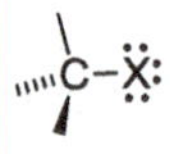	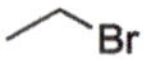 Bromethan
Alkohol R–OH	Hydroxylgruppe –O–H	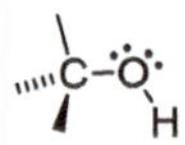	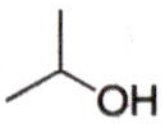 2-Propanol (Isopropanol)
Ether R–O–R	Alkoxygruppe –O–R	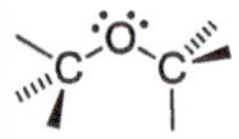	$CH_3CH_2{-}O{-}CH_2CH_3$ Diethylether
Epoxid	Oxiran-Ring 	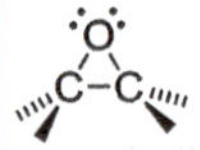	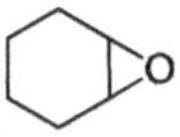 Cyclohexenoxid

Stoffklasse Abkürzung	funktionelle Gruppe	Strukturformel	Beispiel
Enolether $R'_2C{=}C(OR)R'$ (R′ = R oder H)	Enolethergruppe C=C–OR	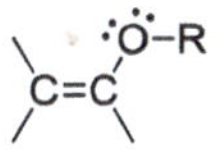	 Ethylvinylether
Thiol R–SH	Thiolgruppe –S–H	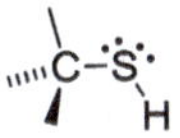	 Propanthiol
Thioether R–S–R	Sulfidgruppe –S–R	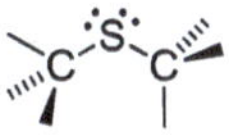	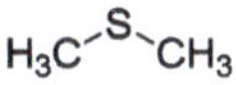 Dimethylsulfid
Amin primär $R{-}NH_2$ sekundär R_2NH tertiär NR_3	Aminogruppe $-NH_2$ –NHR $-NR_2$	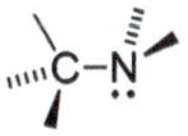	$H_3C{-}NH_2$ Methylamin
Aldehyd RCHO	Carbonylgruppe –CHO –CH=O	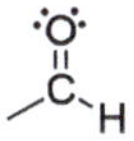	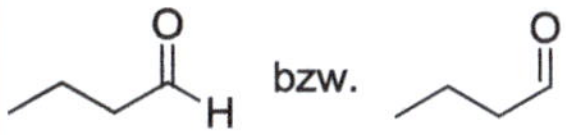 Butanal
Keton R_2CO	Carbonylgruppe $R_2C{=}O$	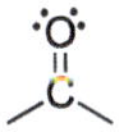	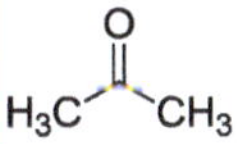 Propanon (Aceton)
Imin (Schiff'sche Base, Azomethin) R'_2CNR' (R′ = R oder H)	Iminogruppe –C=NR′	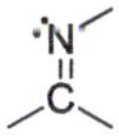	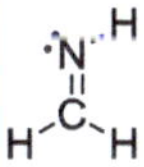 Methanimin
Acetal $R'_2C(OR)_2$ (R′ = R oder H)	Acetalgruppe $-C(OR)_2-$		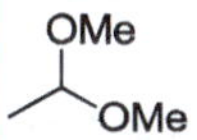 1,1-Dimethoxyethan
Carbonsäure RCOOH oder RCO_2H	Carboxylgruppe –C(=O)OH	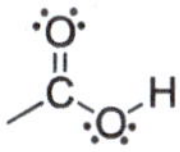	H_3CCOOH Essigsäure (Ethansäure)
Carbonsäureester RCOOR oder RCO_2R	Carboxylgruppe (Oxycarbonylgruppe) –C(=O)OR	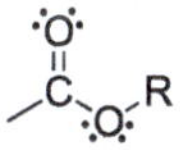	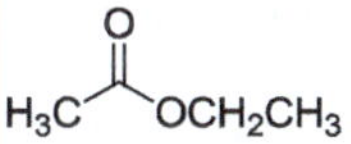 Essigsäureethylester (Ethylacetat)
Carbonsäureamid $RCONR'_2$ (R′ = R oder H)	Carboxamidgruppe $-C(=O)NR'_2$	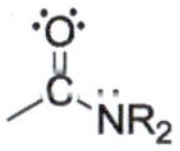	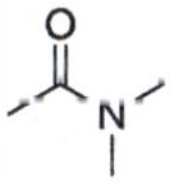 N,N-Dimethylacetamid
Carbonsäureanhydrid RCO_2COR	Anhydridgruppe –C(=O)OC(=O)	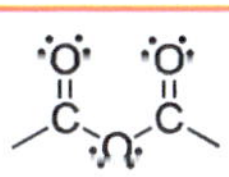	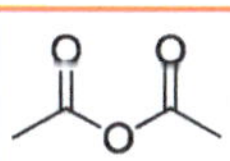 Essigsäureanhydrid (Acetanhydrid)

Stoffklasse Abkürzung	funktionelle Gruppe	Strukturformel	Beispiel
Carbonsäurehalogenid RCOX	Säurehalogenidgruppe –C(=O)X (X = Halogen)	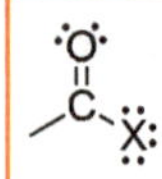	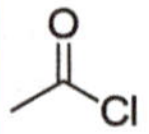 Acetylchlorid (Essigsäurechlorid)
Nitroverbindung R–NO_2	Nitrogruppe –NO_2	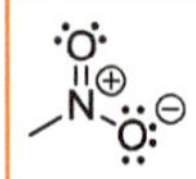	H_3CNO_2 Nitromethan
Nitrosoverbindung R–NO	Nitrosogruppe –NO	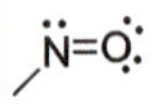	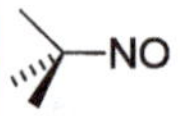 2-Methyl-2-nitrosopropan (tBuNO)
Nitril R–CN	Nitrilgruppe –C≡N	—C≡N:	 Butyronitril (Buttersäurenitril)
Sulfonsäure R–SO_3H	Sulfonsäuregruppe –SO_3H	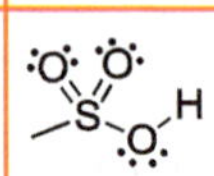	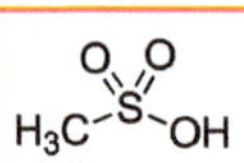 Methansulfonsäure
Sulfoxid R_2SO	Sulfoxidgruppe –S(=O)–	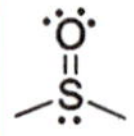	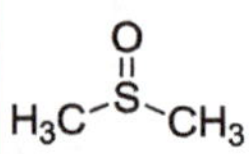 Dimethylsulfoxid
Sulfon R_2SO_2	Sulfongruppe –$S(=O)_2$–		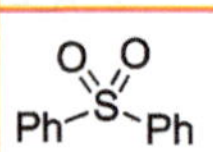 Diphenylsulfon

Tabelle 2.2: **Einige wichtige Stoffklassen und die ihnen zugrunde liegenden funktionellen Gruppen.** R bezeichnet einen beliebigen Kohlenstoffrest, bei mehreren Resten R im Molekül können diese verschieden sein. Bei den Beispielen werden unterschiedliche Formelschreibweisen verwendet, um den Leser mit den verschiedenen gebräuchlichen Schreibweisen vertraut zu machen (zur Nomenklatur der Verbindungen siehe ▶ Kapitel 2.6).

2.5.3 Ähnlichkeiten zwischen funktionellen Gruppen

Auch die in ▶ Tabelle 2.2 aufgelistete Auswahl wichtiger Stoffklassen und funktioneller Gruppen wirkt auf den ersten Blick vielleicht noch verwirrend. Allerdings gibt es zwischen vielen funktionellen Gruppen große Ähnlichkeiten im Reaktivitätsverhalten. So gehören Ethanol und Chlorethan zwar zu verschiedenen Stoffklassen (Alkohol und Halogenalkan) und weisen unterschiedliche physikalische Eigenschaften auf. Ethanol, der normale Trinkalkohol, ist eine in jedem Verhältnis mit Wasser mischbare Flüssigkeit, die zumindest in kleineren Mengen einigermaßen gesundheitsverträglich ist. Chlorethan ist bei Raumtemperatur gasförmig, kaum mischbar mit Wasser und vom Körper aufgenommen schon in kleineren Mengen gesundheitsschädlich. Aber beide Verbindungen gehen die gleichen chemischen Reaktionen ein, typischerweise Eliminierung und nucleophile Substitution. Die Details dieser Reaktionen werden wir später besprechen (▶ Kapitel 5 und 6). Natürlich weisen die beiden funktionellen Gruppen unterschiedliche relative Reaktivitäten auf. Daher sind auch jeweils andere Reaktionsbedingungen notwendig. Aber das grundsätzliche Reaktionsverhalten ist sehr ähnlich.

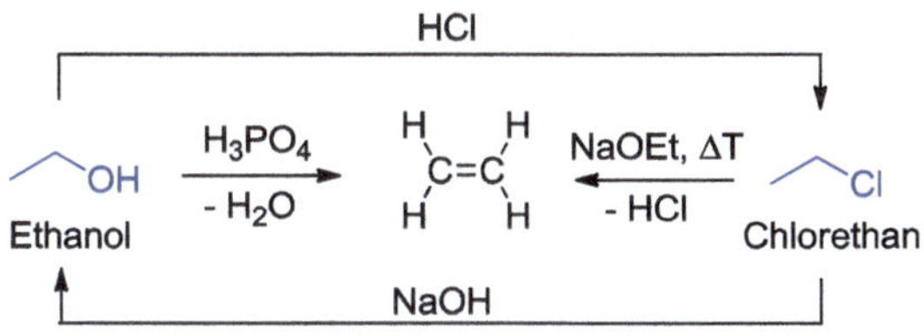

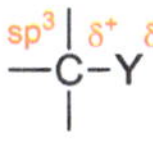

Das Erkennen dieser Zusammenhänge, nämlich welche funktionellen Gruppen ähnliche Reaktionen eingehen oder sich leicht ineinander überführen lassen, ist ein wichtiger Schritt zum Verständnis der Organischen Chemie. Woran erkennt man solche Ähnlichkeiten zwischen funktionellen Gruppen? Wir haben bereits gesehen, dass chemische Reaktionen bevorzugt unter Beteiligung von Heteroatomen ablaufen. **Entscheidend für das Reaktionsverhalten einer Verbindung ist die Frage, wie viele Heteroatome durch welche Art von Bindungen (Einfach- oder Mehrfachbindung) jeweils an ein C-Atom gebunden sind.** Bei einem Alkohol und einem Halogenalkan ist jeweils ein elektronegatives Atom (O bzw. Cl) über eine polarisierte Einfachbindung an ein sp^3-hybridisiertes C-Atom gebunden (▶ Kapitel 5.1). Deswegen verwundert es auch nicht, dass beide Stoffklassen prinzipiell sehr ähnliche Reaktionen eingehen, auch wenn natürlich die relative Reaktivität stark davon abhängt, ob eine Hydroxylgruppe oder ein Cl-Atom an das C-Atom gebunden ist.

Exkurs 2.4: Klassifizierung funktioneller Gruppen nach Ihrem Oxidationsgrad

Die Anzahl der Bindungen eines C-Atoms zu Heteroatomen bezeichnet man als dessen **Oxidationsgrad**. Danach kann man die verschiedenen Stoffklassen (▶ Tabelle 2.2) zu fünf Kategorien zusammenfassen (im Englischen als *functional group level* bezeichnet):

- **Oxidationsgrad 0**: Verbindungen ohne Bindung zu einem Heteroatom (also reine Kohlenwasserstoffe). Die Kohlenwasserstoffe unterteilt man bezüglich ihres Reaktionsverhaltens sinnvollerweise noch einmal in zwei Unterkategorien:
  - Kohlenwasserstoffe, die nur Einfachbindungen enthalten (**Alkane** und **Cycloalkane**): *Moleküle ohne funktionelle Gruppe*
  - Kohlenwasserstoffe mit C–C-Mehrfachbindungen (z. B. **Alkene**, **Alkine**, **Allene**, **Diene**, **Aromaten**)
- **Oxidationsgrad 1**: Verbindungen mit einer Einfachbindung zu einem elektronegativeren Heteroatom wie Halogen, Sauerstoff, Stickstoff oder Schwefel (z. B. **Halogenalkane**, **Alkohole**, **Ether**, **Epoxide**, **Amine**, **Thiole**, **Thioether**)
- **Oxidationsgrad 2**: Verbindungen mit zwei Bindungen zu einem elektronegativeren Heteroatom (entweder zwei Einfachbindungen oder eine Doppelbindung). Hierzu gehören so wichtige Stoffklassen wie **Carbonylverbindungen und ihre Derivate** mit einer C=O-Doppelbindung (z. B. Aldehyde, Ketone, Imine, Acetale, Hydrate etc.).
- **Oxidationsgrad 3**: Verbindungen mit drei Bindungen zu einem elektronegativeren Hetereoatomen (entweder drei Einfachbindungen oder - der häufigste Fall - eine Doppel- und eine Einfachbindung oder wie in Nitrilen eine Dreifachbindung). Hierzu gehören die **Carbonsäuren und ihre Derivate** (z. B. Ester, Amide, Säurechloride, Nitrile etc.).

- **Oxidationsgrad 4**: Verbindungen mit vier Bindungen zu einem elektronegativeren Heteroatomen (meistens zwei Doppelbindungen, seltener eine Einfach- und eine Dreifachbindung). Hierzu gehören die **Kohlensäure und ihre Derivate** (z. B. Phosgen, Isocyanate, Carbamate etc.) und damit natürlich auch Kohlendioxid CO_2.

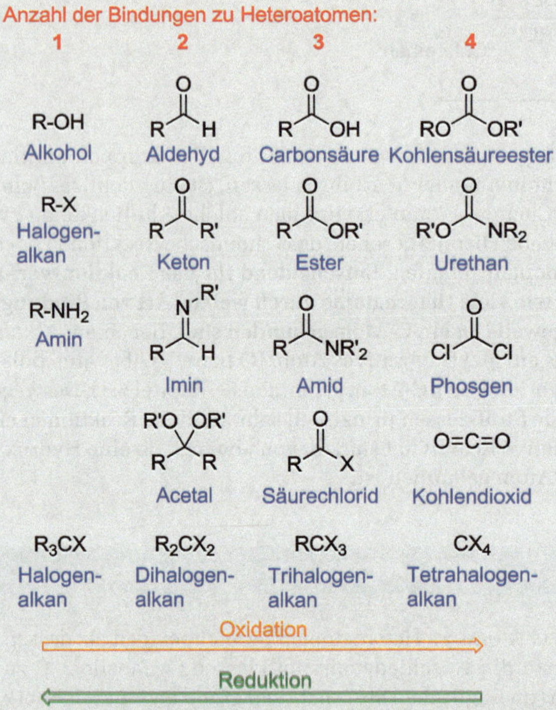

Innerhalb einer Kategorie ist das Reaktionsverhalten der verschiedenen Stoffklassen häufig sehr ähnlich. Die Verbindungen gehen jeweils analoge typische Reaktionen ein und die verschiedenen Heteroatome lassen sich relativ leicht gegeneinander austauschen. Um von einem Oxidationsgrad zu einem anderen zu gelangen, muss hingegen oxidiert oder reduziert werden (▶ Exkurs 7.4).

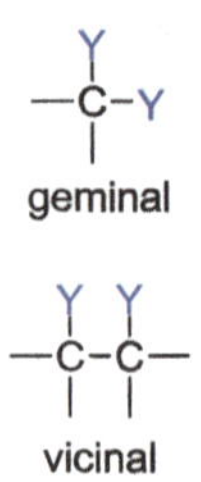

Betrachten wir eine vielleicht etwas weniger offensichtliche Verwandtschaft zwischen zwei funktionellen Gruppen. Ein geminales Dichlorid $–C(Cl)_2–$ (auch α,α-Dichlorid genannt) lässt sich durch Hydrolyse in eine Carbonylverbindung –C(=O)– überführen (▶ Kapitel 9). So erhält man beim Erhitzen von 1,1-Dichlorpropan in saurer wässriger Lösung quantitativ Propanal. Umgekehrt kann man aus der Carbonylverbindung durch Reaktion mit Phosphorpentachlorid wieder das geminale Dichlorid herstellen. Auch diese beiden funktionellen Gruppen sind anscheinend eng miteinander verwandt und lassen sich relativ einfach ineinander umwandeln.

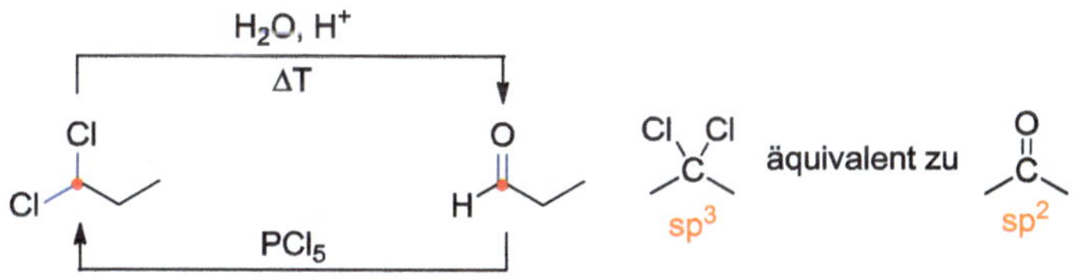

Allerdings liegen anders als bei Alkohol und Halogenalkan bei diesen beiden funktionellen Gruppen unterschiedliche Bindungen vor. Die funktionelle Gruppe im Dichlorid ist ein sp^3-hybridisiertes C-Atom mit zwei C–Cl-Einfachbindungen. In der Carbonylverbindung hingegen liegt ein sp^2-hybridisiertes C-Atom mit einer C=O-Doppelbindung vor, die wie eine C=C-Doppelbindung aus einer σ- und einer π-Bindung besteht (▶ Kapitel 9.1). Die entscheidende Gemeinsamkeit ist, dass in beiden Fällen vom C-Atom *in Summe* zwei Bindungen zu einem elektronegativen Heteroatom ausgehen. Die Art des Heteroatoms und der genaue Bindungstyp (zwei Einfach- oder eine Doppelbindung) sind wiederum für die *relative Reaktivität* wichtig. Um prinzipielle Gemeinsamkeiten zwischen verschiedenen funktionellen Gruppen zu erkennen, ist aber die formale Betrachtung der **Gesamtanzahl der Bindungen, die von einem C-Atom zu Heteroatomen ausgehen**, ausreichend (▶ Exkurs 2.4).

Systematische Nomenklatur organischer Verbindungen 2.6

Wegen der Vielzahl organischer Verbindungen und vor allem aufgrund des Auftretens von Strukturisomeren ist eine vernünftige und vor allem eindeutige Bezeichnungsweise (Nomenklatur) für organische Verbindungen sehr wichtig. Am Beispiel der verzweigten Alkane haben wir bereits erste Grundzüge dieser Nomenklatur kennengelernt (▶ Kapitel 2.3). Man unterscheidet zwischen:

- häufig historisch bedingten **Trivialnamen**, die man wie Vokabeln auswendig lernen muss, und
- einer **systematischen Nomenklatur**, die von der *International Union of Pure and Applied Chemistry* (IUPAC) festgelegt wird und mit der man jede organische Substanz nach festgelegten Regeln eindeutig bezeichnen kann.

Für die systematische Nomenklatur zerlegt man jede Verbindung in einen **Molekülstamm** und die verschiedenen Substituenten, die an bestimmten Positionen an den Molekülstamm angeknüpft sind. Der Name des Molekülstamms leitet sich entsprechend der Anzahl der C-Atome vom zugrunde liegenden Alkan oder dem jeweiligen Alkylrest ab (▶ Tabelle 2.1). Die Namen der verschiedenen Substituenten und funktionellen Gruppen muss man allerdings wiederum lernen (▶ Tabelle 2.3). Die systematische Bezeichnung organischer Verbindungen erfolgt dann nach den folgenden Regeln.

1. Man identifiziert die verschiedenen **Substituenten** und funktionellen Gruppen, die im Molekül vorhanden sind.
2. Die funktionelle Gruppe mit der höchsten Priorität wird als **Suffix** benutzt. Sie bestimmt, um welche Verbindungsklasse (Familie) es sich handelt. Die Prioritätenreihenfolge kann man ▶ Tabelle 2.3 entnehmen. *Achtung*: Nicht alle Substituenten werden als Suffix verwendet, die wichtigste Ausnahme sind die Halogenatome in Halogenalkanen, die in der IUPAC-Nomenklatur nie als Suffix, sondern immer nur als Präfix auftauchen.

Funktionelle Gruppe Formel	funktionelle Gruppe (Verbindungsklasse)	Präfix	Suffix
R–CO_2H	Carbonsäure	Carboxy-	-(carbon)säure
R–CO_2^-	Carbonsäureanion (Carboxylat)	Carboxylato-	-carboxylat, -oat
R–CO_2R′	(Carbonsäure)ester	Carbonyloxy- oder Oxycarbonyl-	-oat, -ester
R–C(=O)X	Carbonsäurehalogenid	Halogenformyl- Halocarbonyl-	-säurehalogenid, -oylhalogenid
R–C(=O)NR′R″ primär: R′ = R″ = H sekundär: R′ = Alkyl-, R″ = H tertiär: R′, R″ = Alkyl-	Amid (primär/sekundär/tertiär)	Carbamoyl- (primär), -Carbamido- (sekundär)	-säureamid, -carboxamid
R–CN	Nitril	Cyan-	-nitril, -carbonitril
R–CHO	Aldehyd	Formyl-	-al (-carb(ox)aldehyd)
RR′C=O	Keton	Oxo-	-on
$R_2C(OR')_2$	Acetal	Di(alkyloxy)-	-acetal
R–OH	Alkohol	Hydroxy-	-ol
RNR′R″	Amin primär: R′ = R″ = H sekundär: R′ = Alkyl-, R″ = H tertiär: R′, R″ = Alkyl-	Amino-	-amin
R–O–R′	Ether	Alkoxy-	-ether

Tabelle 2.3: **Ausgewählte funktionelle Gruppen und ihre Bezeichnungen (geordnet nach fallender Priorität).**

3. Man bestimmt die längste ununterbrochene Kette aus Kohlenstoffatomen, *die diese funktionelle Gruppe beinhaltet.* Dieser **Molekülstamm** gibt der Verbindung den Stammnamen.
4. Die anderen funktionellen Gruppen werden als **Präfixe** vorangestellt.
5. Die **Positionen der Substituenten** und funktionellen Gruppen werden durch Angabe der Nummern der C-Atome des Molekülstamms angegeben, an denen sich die Substituenten befinden. Dabei wird der Molekülstamm so durchnummeriert, dass die Summe der Positionsnummern möglichst klein ist. Die Position 1 gibt man in der Regel nicht explizit an.
6. Bei mehreren Substituenten werden diese in alphabetischer Reihenfolge aufgeführt. Mehrere identische Substituenten werden durch Präfixe (di-, tri-, tetra- etc.) angegeben.

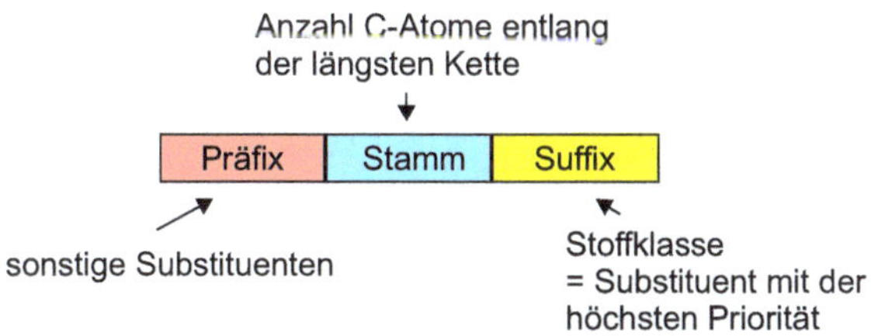

In der nachfolgenden Verbindung bestimmt die OH-Gruppe, um welche Stoffklasse (Alkohol) es sich handelt. Die längste Kette, die diese OH-Gruppe enthält, umfasst sieben C-Atome, es handelt sich also um ein Heptanolderivat. Da zusätzlich zwei Methylgruppen an C3 und C5 vorhanden sind, ist der systematische Name also 3,5-Dimethylheptanol (bzw. 3,5-Dimethylheptan-1-ol)

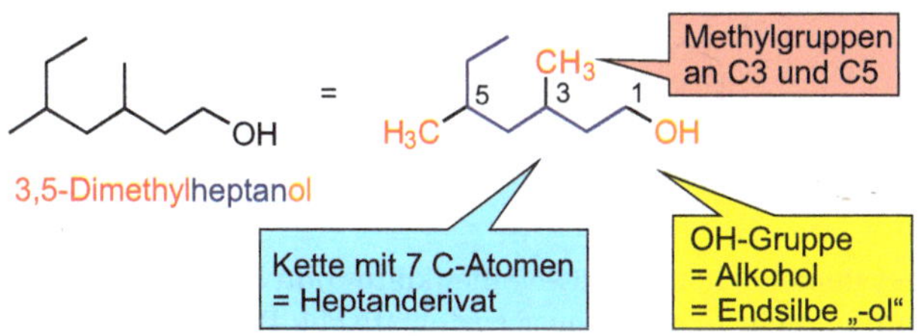

Der Molekülstamm wird so gewählt, dass er den Substituenten mit der höchsten Priorität beinhaltet. Abgesehen von reinen Alkanen muss der Molekülstamm also nicht unbedingt zwingend die längste Alkylkette umfassen. Bei der nachfolgenden Verbindung handelt es sich nach den IUPAC-Regeln um 2-Propylpentanol, obwohl die längste Kette aus C-Atomen eine C7-Kette ist. Diese Kette enthält aber nicht die in diesem Fall bestimmende OH-Gruppe (Substituent mit der höchsten Priorität). Diese findet sich lediglich in einer C5-Kette.

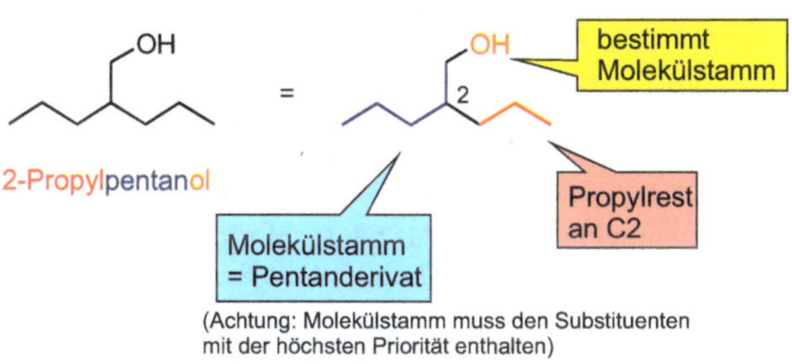

Bei Substituenten wie Carbonsäuregruppen oder Nitrilen, die selbst ein C-Atom enthalten, wird das jeweilige C-Atom bei der Ermittlung des Kohlenstoffstamms mitgezählt. Bei der nachfolgend gezeigten Verbindung handelt es sich also um ein Pentansäurederivat und nicht um ein Butansäurederivat.

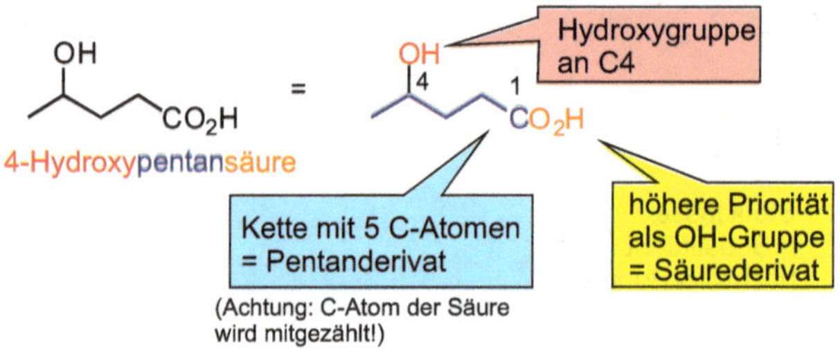

Halogene als funktionelle Gruppen werden in dieser systematischen Nomenklatur immer nur als Präfixe vorangestellt, auch wenn sonst keine weiteren funktionellen Gruppen im Molekül vorhanden sind. Das heißt, die Namen der Halogenalkane leiten sich immer von den Alkanen ab.

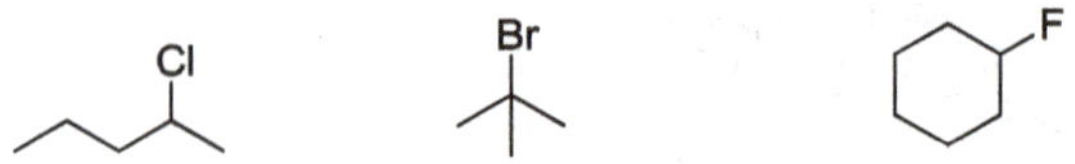

2-Chlorpentan 2-Brom-2-methylpropan Fluorcyclohexan

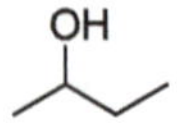

2-Butanol

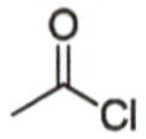

Ethanoylchlorid

Häufig werden aber neben dieser systematischen IUPAC-Nomenklatur und den Trivialnamen auch noch Mischformen oder andere mehr oder weniger systematische Bezeichnungsweisen verwendet. Die Halogenalkane werden in einer zwar veralteten, aber immer noch sehr gebräuchlichen Bezeichnungsweise auch als Alkyl*halogenide* aufgefasst. Man stellt dem Halogenid dabei den Namen des Alkylrests voran. Die Bezeichnung erfolgt dabei nicht aus der Sicht des Molekülstamms (wie bei der IUPAC-Nomenklatur), sondern aus der Sicht des Substituenten, an den ein Alkylrest gebunden ist. Chlorethan wird demnach auch Ethylchlorid genannt. Diese Bezeichnung ähnelt der aus der anorganischen Chemie gebräuchlichen Nomenklatur von Salzen (NaCl = Natriumchlorid, EtCl = Ethylchlorid).

Auch bei den anderen Stoffklassen gibt es ähnliche Bezeichnungsweisen. So wird 2-Butanol auch 2-Butylalkohol oder *sec*-Butylalkohol oder *sec*-Butanol genannt. Weiter verkompliziert wird die Situation durch die vielfach immer noch gebräuchlichen und sogar oft im Alltag bevorzugten historisch bedingten Trivialnahmen, die leider wie Vokabeln auswendig gelernt werden müssen. Ethansäure H_3CCO_2H wird daher üblicherweise mit ihrem Trivialnamen Essigsäure bezeichnet und auch viele Derivate der Ethansäure werden als Essigsäurederivate aufgefasst. Der IUPAC-Name Ethanoylchlorid für das Säurechlorid der Ethansäure ist im allgemeinen Sprachgebrauch eher unüblich. Gebräuchlicher ist die Bezeichnung Essigsäurechlorid oder Acetylchlorid.

Diese auf den ersten Blick komplizierte Vielfalt bei der Bezeichnung organischer Verbindungen sorgt gerade beim ungeübten Anfänger häufig für Verwirrung. Wichtig ist, dass man mit den verschiedenen Bezeichnungsweisen zurechtkommt und zumindest aus der Bezeichnung ableiten kann, um welche Verbindung es sich handelt. Das setzt aber eben auch voraus, dass man die gängigen Trivialnamen beherrscht!

ZUSAMMENFASSUNG

In diesem Kapitel haben wir Folgendes über funktionellen Gruppen und Stoffklassen gelernt:

- Kohlenwasserstoffe sind unpolare Verbindungen, die nur aus C–H- und C–C-Bindungen aufgebaut sind. Alle anderen organischen Verbindungen leiten sich letztendlich von Kohlenwasserstoffen durch Ersatz eines oder mehrerer H-Atome durch einen anderen Substituenten ab.
- Struktur und Aufbau einer Verbindung bestimmen ihre physikalischen und chemischen Eigenschaften. Daher werden analog aufgebaute Verbindungen, z. B. die linearen Alkane, zu homologen Reihen zusammengefasst. Innerhalb einer homologen Reihe unterscheiden sich die einzelnen Vertreter nur durch jeweils eine CH_2-Gruppe, weisen also eine zunehmend länger werdende Kohlenstoffkette auf. Ihre physikalischen und chemischen Eigenschaften sind aber sehr ähnlich.
- Insbesondere polare Substituenten verändern sowohl die physikalischen als auch die chemischen Eigenschaften einer Verbindung deutlich. Mit zunehmender Polarität eines Moleküls nehmen z. B. die zwischenmolekularen Kräfte und damit auch Schmelz- und Siedetemperatur der Verbindung zu. Auch die Löslichkeit und Mischbarkeit wird von der Polarität der Moleküle bestimmt. Dabei gilt: „Gleiches löst sich in Gleichem“.
- Charakteristische Atome oder Atomgruppen, die die Eigenschaften und das Reaktionsverhalten einer Verbindung maßgeblich bestimmen, nennt man funktionelle Gruppen. Nach ihnen teilt man organische Verbindungen in verschiedene Stoffklassen sein. Das Wesen der organischen Chemie besteht darin, funktionelle Gruppen in einem Molekül zu erkennen und daraus das Reaktionsverhalten der Verbindung abzuleiten.
- Es gibt genau festgelegte Regeln, nach denen man eine organische Verbindung systematisch benennt. Dabei richtet man sich nach der funktionellen Gruppe mit der höchsten Priorität und bestimmt, welche weiteren Substituenten am Molekülstamm vorhanden sind. Neben dieser IUPAC-Nomenklatur gibt es aber eine Vielzahl von meistens historisch bedingten Trivialnamen, die man auswendig lernen muss.

ZUSAMMENFASSUNG

Stereochemie: Die dreidimensionale Struktur organischer Verbindungen

3

ÜBERBLICK

Lernziele

Nachdem Sie dieses Kapitel zur Struktur organischer Verbindungen durchgearbeitet haben, sollten Sie verstanden haben,

- wie sich aus den Bindungsverhältnissen die dreidimensionale Struktur einer Verbindung ableiten lässt,
- warum organische Verbindungen in verschiedenen Konformationen vorliegen können und warum gestaffelte Konformationen energetisch günstiger sind als ekliptische,
- wie die unterschiedliche räumliche Anordnung von Substituenten in einem Molekül zum Auftreten von Stereoisomeren führen kann und wie man diese mithilfe der *E*/*Z*- oder *R*/*S*-Nomenklatur benennt,
- was der Unterschied zwischen Diastereomeren und Enantiomeren ist und wie man Enantiomere durch Messung der optischen Aktivität unterscheiden kann,
- was racemische Gemische und *meso*-Formen sind und wie man eine Racematspaltung durchführt,
- welche besonderen Eigenschaften cyclische Verbindungen aufweisen und warum Cyclohexan und seine Derivate in zwei verschiedenen Sesselkonformationen vorkommen.

3.1 Die Konformationen acyclischer Alkane

statische Stereochemie = Betrachtung des räumlichen (dreidimensionalen) Aufbaus der Moleküle

Für das Verständnis der Eigenschaften und vor allem auch der chemischen Reaktivität organischer Verbindungen ist es unerlässlich, sich nach der Bindung (▶ Kapitel 1) und dem systematischen Aufbau (▶ Kapitel 2) auch mit der dreidimensionalen Struktur organischer Moleküle zu beschäftigen. Dieses Teilgebiet der Chemie bezeichnet man als **statische Stereochemie**, im Gegensatz zur dynamischen Stereochemie, die sich mit dem dreidimensionalen Ablauf chemischer Reaktionen beschäftigt. Die Erkenntnis, dass Moleküle dreidimensionale Objekte sind und sich daraus bestimmte Konsequenzen z. B. für das Auftreten von Stereoisomeren ergeben, geht auf van't Hoff und Le Bel zurück, die unabhängig voneinander 1874 die **Tetraedergeometrie gesättigter C-Atome** postulierten. Van't Hoff war übrigens zu diesem Zeitpunkt erst 22 Jahre alt. Heutzutage ist uns diese Tatsache aus der modernen Bindungstheorie wohl bekannt (▶ Kapitel 1.5). Zur damaligen Zeit handelte es sich um eine sehr gewagte und revolutionäre These, die auf heftigen Widerstand stieß und sich erst langsam durchsetzte.

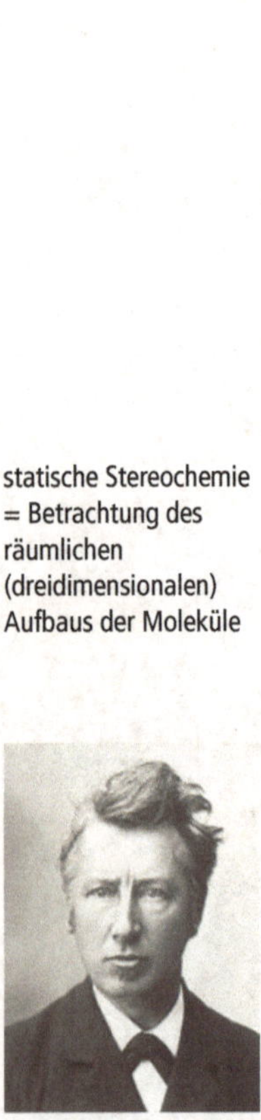

J. H. van't Hoff (1852–1911)

Die meisten Moleküle können in verschiedenen dreidimensionalen Strukturen vorliegen, allerdings ist nicht jede beliebige Anordnung der Atome möglich. Die bevorzugte Bindungsgeometrie an jedem Atom (auch lokale Bindungsgeometrie genannt) wird durch die Hybridisierung bestimmt, die sich wiederum nach dem Bindungstyp (Einfach-, Doppel- oder Dreifachbindung) richtet. So liegt an einem sp^3-hybridisierten C-Atom – wie von van't Hoff postuliert – immer eine Tetraedergeometrie vor, an einer Doppelbindung (sp^2-Hybrid) eine trigonal-planare und an einer Dreifachbindung (sp-Hybrid) eine lineare Bindungsgeometrie (▶ Kapitel 1.5.5). Ohne dass chemische Bindungen gebrochen und neu geknüpft werden, können sich unterschiedliche dreidimensionale Molekülanordnungen, **Konformationen** genannt, nur aus Rotationen um die vorhandenen Einfachbindungen ergeben. Um Doppelbindungen kann bei Raumtemperatur nicht gedreht werden (▶ Kapitel 1.6). Die Rotationsbarrieren für Einfachbindungen sind dagegen relativ gering (ca. 10–50 kJ/mol), sodass sich die verschiedenen Konformationen eines Moleküls in der Regel schnell ineinander umwandeln und daher auch nicht einzeln isoliert werden können. Die meisten Moleküle sind also dynamische, flexible Gebilde.

Moleküle sind nicht starr, sondern flexibel.

Definition: Konformation versus Konstitution

Die **Konstitution** gibt die Art und Reihenfolge der Verknüpfung der Atome in einem Molekül an (auch Konnektivität genannt) und wird durch eine zweidimensionale Lewis-Formel ausreichend beschrieben. Konstitutionsisomere wie Butan und Isobutan (▸ Kapitel 2.3) lassen sich nur durch das Brechen von kovalenten Bindungen ineinander überführen.

Die exakte dreidimensionale räumliche Struktur eines Moleküls bezeichnet man als **Konformation**. Stabile Molekülanordnung werden **Konformere** (oder Rotamere) oder Konformationsisomere genannt. Um die Konformation eines Moleküls zu ändern, müssen keine chemischen Bindungen gebrochen werden, sondern nur Rotationen um Einfachbindungen erfolgen. Bei den meisten Molekülen wandeln sich daher die verschiedenen Konformeren bei Raumtemperatur sehr schnell ineinander um. Konformere sind also keine unterschiedlichen chemischen Verbindungen, sondern nur verschiedene, allerdings in der Regel nicht isolierbare dreidimensionale Formen ein und desselben Moleküls. Butan kann z. B. in einer linearen, gestreckten Zickzackform (*anti*-Konformation) sowie in einer gewinkelten *gauche*-Konformationen vorkommen, die im zeitlichen Mittel in einem Verhältnis von etwa 70 : 30 vorliegen.

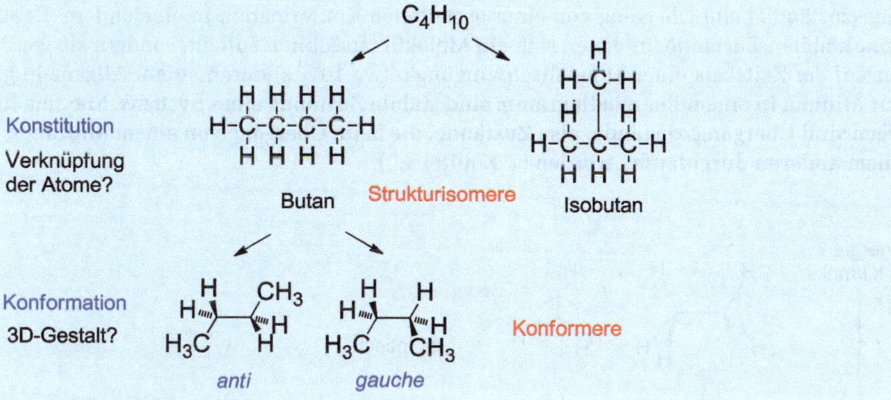

3.1.1 Ethan

Dreht man um die C-C-Einfachbindung im **Ethan**, so ändert sich die relative Anordnung der sechs H-Atome zueinander. Bei der Rotation durchläuft man zwei Extrempositionen, bei denen die H-Atome an den beiden C-Atomen einmal auf Lücke stehen (**gestaffelt**, englisch ***staggered***) und einmal paarweise auf Deckung (**ekliptisch**, englisch ***eclipsed***). Dazwischen gibt es unendlich viele Zwischenstufen. Graphisch werden Konformationen häufig durch eine Keilstrichformel oder die **Newman-Projektion** dargestellt. Dabei betrachtet man ein Molekül entlang einer C-C-Bindung, sodass die beiden C-Atome direkt hintereinander liegen. Das in Blickrichtung vordere C-Atom wird durch den Schnittpunkt der drei Bindungslinien zu den übrigen drei Bindungspartnern dieses C-Atoms dargestellt. Das dahinter liegende C-Atom, das bei dieser Betrachtung eigentlich verdeckt wäre, wird durch einen Kreis dargestellt. Die drei aus dem Kreis hervortretenden Linien sind die drei Bindungen, die von dem hinteren C-Atom ausgehen.

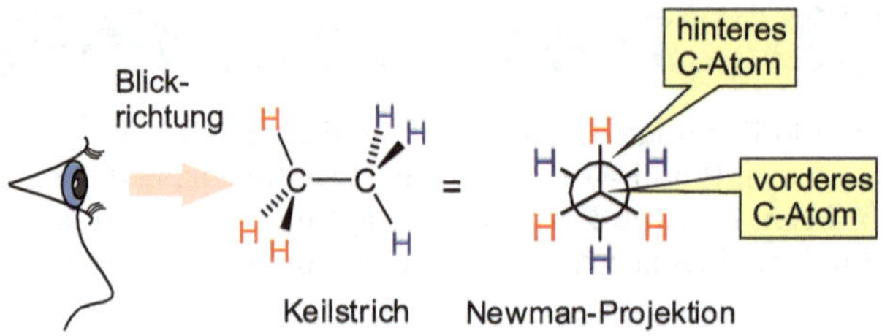

Gestaffelte Konformationen sind stabiler als ekliptische.

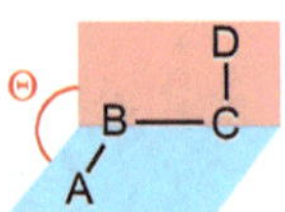

Diederwinkel

Die gestaffelte Konformation ist energetisch um 12 kJ/mol günstiger als die ekliptische, sodass sich eine Energiebarriere für die Rotation in genau dieser Höhe ergibt, die aber für die meisten praktischen Belange ohne Bedeutung ist. Man kann daher in guter Näherung von einer freien Drehbarkeit um eine C–C-Einfachbindung ausgehen (▸ Kapitel 1.6). Die Änderung der Energie des Ethans bei einer Drehung um die C–C-Einfachbindung bezeichnet man als **Torsionspotenzial** (▸ Abbildung 3.1). Der Diederwinkel zwischen den beiden C–H-Bindungen an den beiden C-Atomen wird als **Torsionswinkel Θ** bezeichnet. Es werden nacheinander gestaffelte (Minima) und ekliptische Konformationen (Maxima) durchlaufen. Die gestaffelten Konformationen sind stabile Anordnungen des Ethanmoleküls, die man als **Konformer** (oder auch Rotamer) bezeichnet. Die ekliptischen Konformationen sind hingegen nur die Übergangszustände beim Übergang von einer gestaffelten Konformation in eine andere. Es sind keine stabilen Zustände, in denen sich ein Molekül tatsächlich aufhält, sondern sie werden nur auf der Zeitskala einer Molekülschwingung (etwa 10^{-11} s) durchlaufen. Allgemein gilt: **Nur Minima in einem Energiediagramm sind stabile Zustände eines Systems. Maxima hingegen sind Übergangszustände, also Zustände, die beim Übergang von einem Minimum zu einem anderen durchlaufen werden** (▸ Kapitel 4.3).

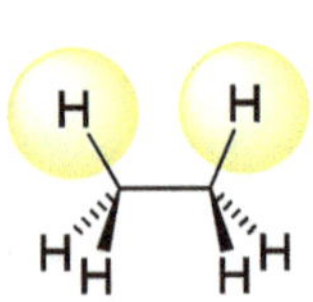

ekliptische Konformation im Ethan

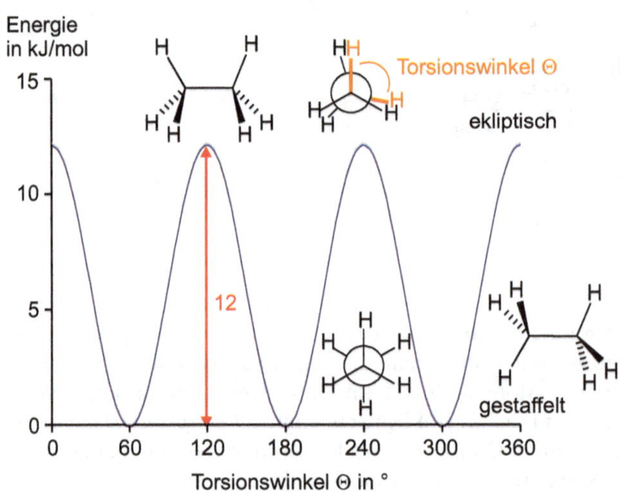

Abbildung 3.1: Torsionspotenzial des Ethans. Bei der Rotation um die C–C-Bindungsachse werden nacheinander gestaffelte und ekliptische Konfomationen durchlaufen. Die gestaffelte Konformation ist energetisch um 12 kJ/mol günstiger als die ekliptische. Beide Konformationen sind jeweils einmal als Newman-Projektion und einmal als Keilstrichformel angegeben.

Als Grund für den Energieunterschied von 12 kJ/mol zwischen gestaffelter und ekliptischer Konformation (auch **Torsionsspannung** oder **Pitzer-Spannung** genannt) werden mehrere Ursachen diskutiert:

- eine Destabilisierung der ekliptischen Konformation durch eine abstoßende Wechselwirkung der Bindungselektronen der C-H-Bindungen: Elektronen mit gleichem Spin können sich aus fundamentalen quantenchemischen Gründen nicht im gleichen Raumbereich aufhalten (**Pauli-Abstoßung**).
- eine Stabilisierung der gestaffelten Konformation durch **Hyperkonjugation** (▸ Kapitel 4.8.3)
- eine abstoßende **sterische Wechselwirkung** der H-Atome in der ekliptischen Konformation

Entscheidend sind wohl die ersten beiden Punkte; in welchem Ausmaß, darüber wird noch diskutiert. Die rein sterische Wechselwirkung der sich in der ekliptischen Konformation im Ethan gegenüberstehenden Atome ist hingegen wohl sehr gering (< 10 % der Energiebarriere). Ihr Abstand ist zu groß, als dass es zu einer nennenswerten Abstoßung der beiden H-Atome käme.

3.1.2 Propan

Das Torsionspotenzial von **Propan** C_3H_8 ähnelt dem des Ethans mit einem Unterschied: Die Energiebarriere ist mit ca. 14 kJ/mol etwas größer, da die abstoßende Wechselwirkung der Methylgruppe CH_3 mit dem gegenüberliegenden H-Atom in der ekliptischen Konformation etwas ungünstiger ist (ca. 5–6 kJ/mol) als die zwischen zwei H-Atomen bzw. zwei C-H-Bindungen im Ethan (ca. 4 kJ/mol pro Wechselwirkung). Es kommt zu einer zusätzlichen **sterischen Wechselwirkung** zwischen der CH_3-Gruppe und dem ekliptisch gegenüberstehenden H-Atom.

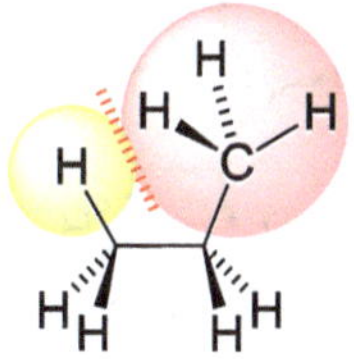

destabilisierende ekliptische Wechselwirkung im Propan

Definition: Sterische Wechselwirkungen

Als sterische Effekte bezeichnet man diejenigen Wechselwirkungen, die sich aus dem raumerfüllenden Anspruch eines Substituenten oder einer Atomgruppe in einem Molekül ergeben. Sie sind immer abstoßend und können sowohl die Struktur als auch die Reaktivität eines Moleküls beeinflussen. Jedes Atom beansprucht einen bestimmten Raumbereich für sich, hat also vereinfacht gesprochen eine bestimmte Größe. Der Raum, den ein Atom beansprucht, steht daher anderen Atomen nicht mehr zur Verfügung. Allerdings darf man sich ein Atom nicht als feste Kugel vorstellen, auch wenn dies z. B. in den CPK-Modellen (▸ Abbildung 2.2) so aussieht. Die Größe eines Atoms bzw. einer Atomgruppe ergibt sich vielmehr aus der Größe seiner Elektronenwolke, also aus der räumlichen Ausdehnung der besetzten Orbitale. Da Orbitale aber keine abrupte, definierte Begrenzung haben, ist die Vorstellung von Atomen als feste Kugeln irreführend. Kommen sich aber besetzte Orbitale an nicht direkt miteinander gebundenen Atomen in einem Molekül räumlich zu nahe, so resultiert eine Abstoßung. Hierbei handelt es sich nicht um eine elektrostatische Abstoßung, sondern um einen quantenchemischen Effekt. Entsprechend der MO-Theorie führt die Wechselwirkung von gefüllten Orbitalen immer zu einer Destabilisierung. Diese Destabilisierung ist umso größer, je mehr die Orbitale überlappen, also je näher sie sich räumlich kommen. Dies ist gemeint, wenn wir sagen, dass es bei einer zu dichten räumlichen Nähe von Atomen oder Atomgruppen in einem Molekül zu einer sterischen Abstoßung kommt.

3.1.3 Butan

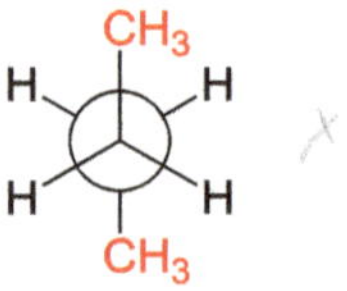

anti-Konformation

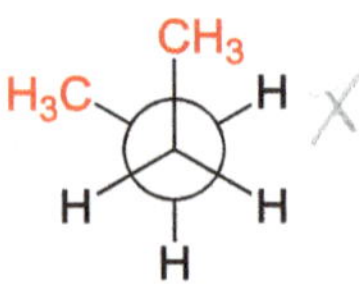

gauche-Konformation

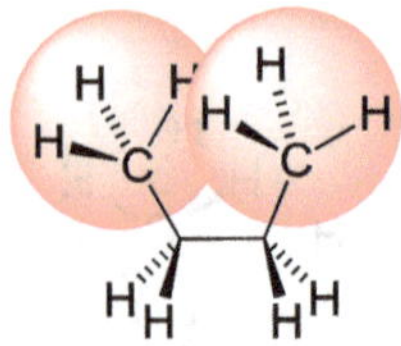

syn-Konformation im Butan

Beim Ethan und beim Propan sind alle gestaffelten und alle ekliptischen Konformationen energiegleich (▶ Abbildung 3.1). Dies ist bei der Rotation um die zentrale C-C-Bindung im **Butan** C_4H_{10} nicht mehr der Fall. Das Torsionspotenzial (▶ Abbildung 3.2) weist energetisch unterschiedliche Minima und Maxima auf. Energetisch am stabilsten ist die gestaffelte ***anti*-Konformation** (Θ = 180°), bei der die beiden Methylgruppen am weitesten voneinander entfernt sind. In den beiden anderen gestaffelten Konformationen (Θ = 60° bzw. 300°) kommt es zu abstoßenden sterischen Wechselwirkungen zwischen den benachbart stehenden Methylgruppen. Dadurch werden diese Konformationen um etwa 4 kJ/mol gegenüber der *anti*-Konformation destabilisiert. Diese sogenannten ***gauche*-Konformationen** verhalten sich wie Bild und Spiegelbild, sind aber nicht deckungsgleich. Es handelt sich somit um enantiomere Konformationen (▶ Kapitel 3.3). Energetisch am ungünstigsten ist die ekliptische ***syn*-Konformation**, bei der die beiden Methylgruppen genau auf Deckung stehen (Θ = 0° bzw. 360°). In dieser Konformation kommt es zu deutlichen sterischen Wechselwirkungen zwischen den beiden Methylgruppen, die eine Destabilisierung um 11 kJ/mol bewirken im Vergleich zu 4 kJ/mol bei H/H (wie im Ethan) oder 5–6 kJ/mol bei CH_3/H (wie im Propan). Obwohl die Rotationsbarriere mit 11 + 4 + 4 = 19 kJ/mol deutlich größer ist als beim Ethan, ist Butan trotzdem ein flexibles Molekül, das viele Tausend Mal pro Sekunde von einer gestaffelten Konformation in eine andere übergeht. Im Mittel liegen dabei in der Gasphase etwa 70 % der Moleküle in der günstigsten *anti*-Konformation und 30 % in den beiden energiegleichen, enantiomeren *gauche*-Konformationen vor.

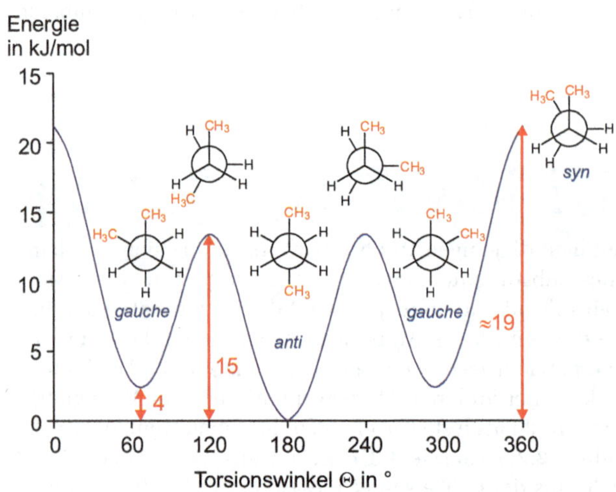

Destabilisierung:

- pro *gauche*-Wechselwirkung 4 kJ/mol
- pro ekliptischer Wechselwirkung
  H/H: 4 kJ/mol
  CH_3/H: 5–6 kJ/mol
  CH_3/CH_3: 11 kJ/mol

Abbildung 3.2: Torsionspotenzial von Butan. Bei der Rotation um die zentrale C–C-Bindung im Butan werden unterschiedlich stabile gestaffelte und ekliptische Konformationen durchlaufen. Zusätzliche sterische Wechselwirkungen zwischen den beiden Methylgruppen destabilisieren sowohl die *gauche*-Konformationen als auch insbesondere die *syn*-Konformation.

3.1.4 Höhere Alkane

Analog zum Butan sind auch bei allen höheren Alkanen in der stabilsten Konformation alle Bindungen gestaffelt angeordnet und die großen Substituenten (die C-Atome) stehen *anti* zueinander. Dadurch ergibt sich eine zickzackförmige Anordnung des Moleküls, die auch der üblichen Strichformel der Alkane zugrunde liegt. Neben dieser stabilsten **all-*anti*-Konformation** liegen im thermischen Gleichgewicht aber auch genauso wie beim Butan zahlreiche *gauche*-Formen vor, auch wenn diese Konformationen energetisch etwas ungünstiger sind. Dafür sind sie entropisch etwas begünstigt. Vereinfacht gesprochen ist in einer Mischung aus all-*anti*- und *gauche*-Konformationen die Unordnung (Entropie) größer, als wenn nur die all-*anti*-Form vorliegen würde. Und die Lage eines Gleichgewichts (Gibbs-Energie ΔG) wird sowohl vom Energiegehalt der Moleküle (Enthalpie ΔH) als auch von der Entropie des Systems (ΔS) bestimmt.

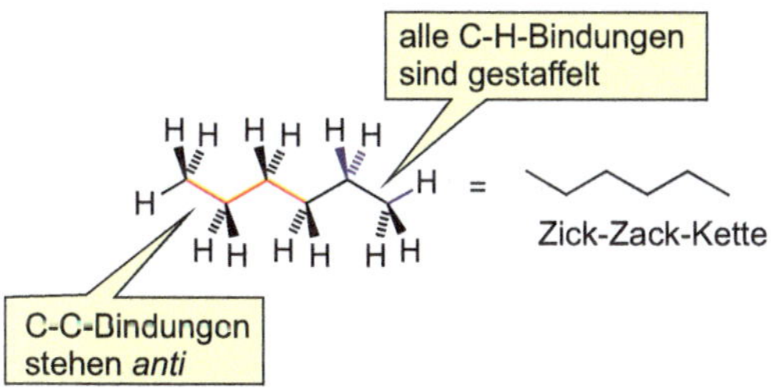

Struktur von Alkenen: *E*/*Z*-Diastereomere 3.2

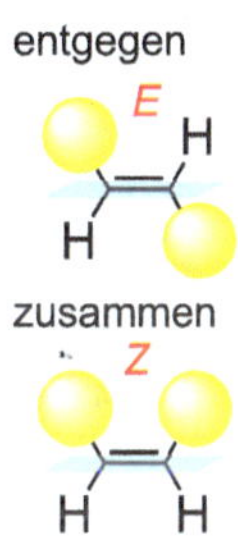

Aufgrund der planaren Struktur einer Doppelbindung gibt es beim 2-Buten zwei verschiedene Möglichkeiten, wie die beiden Methylgruppen (oder die beiden H-Atome) an den sp^2-hybridisierten C-Atomen der Doppelbindung *relativ zueinander* angeordnet sein können. Die beiden Methylgruppen können entweder auf der gleichen Seite der Ebene der π-Bindung (*Z* für „zusammen" bzw. in einer älteren Nomenklatur *cis*) oder auf verschiedenen Seiten (*E* für „entgegengesetzt" bzw. *trans*) stehen (▶ Abbildung 3.3). Es handelt sich um zwei verschiedene Verbindungen mit unterschiedlichen physikalischen und chemischen Eigenschaften, also um Isomere. So siedet z. B. *E*-2-Buten bei +1 °C, *Z*-2-Buten erst bei +4 °C. In der *cis*-Anordnung kommen sich zudem die beiden Methylgruppen räumlich sehr nahe, sodass diese Form aufgrund sterischer Wechselwirkungen um 4 kJ/mol instabiler ist als die *trans*-Form. Da bei Raumtemperatur um eine Doppelbindung nicht gedreht werden kann, wandeln sich die beiden *E*/*Z*-Isomere aber nicht ineinander um, anders als z. B. die *anti*- und *gauche*-Konformere des Butans (▶ Kapitel 3.1.3). Erst bei Temperaturen von 500 °C und höher steht ausreichend thermische Energie für das Aufbrechen der π-Bindung zur Verfügung, sodass eine **Isomerisierung** stattfindet.

Die Konstitution, also die Verknüpfungsreihenfolge der Atome, ist beim *E*- und beim *Z*-2-Buten identisch. Beide Isomere unterscheiden sich nur in der *relativen Anordnung der Atome oder Atomgruppen im Raum*. Man spricht daher allgemein von **Stereoisomerie** (Isomerie, die sich aus dem dreidimensionalen Aufbau der Moleküle ergibt). Resultiert die Stereoisomerie wie beim 2-Buten aus der unterschiedlichen räumlichen Anordnung von Substituenten um eine Doppelbindung herum, handelt es sich um einen Fall von **Diastereomerie**. Die jeweiligen Isomere nennt man **Diastereomere**. Nach einer veralteten Bezeichnung spricht

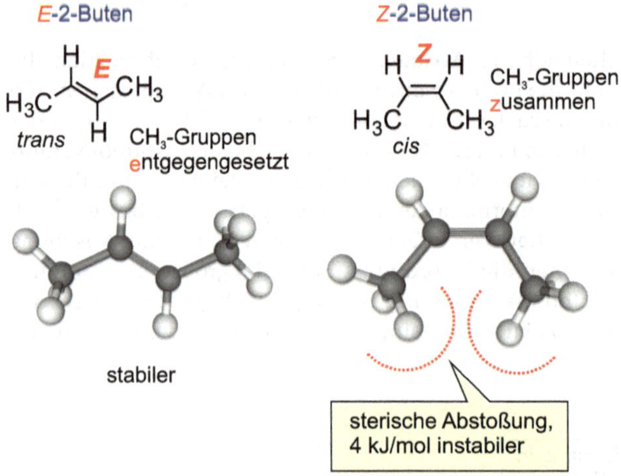

Abbildung 3.3: **E/Z-Diastereomere bei Alkenen.** Unterschiedliche Substituenten an den beiden C-Atomen der Doppelbindungen können entweder auf verschiedenen Seiten oder auf der gleichen Seite der Doppelbindungen angeordnet sein.

man von geometrischen Isomeren. Eine weitere Form der Stereoisomerie ist die Enantiomerie oder Spiegelbildisomerie, die wir bei chiralen Verbindungen kennenlernen werden (▸ Kapitel 3.3). Die genaue räumliche Anordnung der Substituenten bezeichnet man als **Konfiguration** der Doppelbindung. Eine Doppelbindung mit unterschiedlichen Substituenten kann also *E*- oder *Z*-konfiguriert sein, wobei das *E*-Diastereomer in der Regel thermodynamisch stabiler ist.

Definition: Konfiguration

Die **Konfiguration** bezeichnet die dreidimensionale räumliche Anordnung der Atome in einem Molekül ohne Berücksichtigung von Rotationen um Einfachbindungen (Konformere). Um die Konfiguration eines Moleküls zu ändern, müssen chemische Bindungen gebrochen werden.

Sind die Substituenten an den beiden C-Atomen nicht wie beim 2-Buten identisch, richtet sich die Bezeichnung als *E*- oder *Z*-Diastereomer nach der **Cahn-Ingold-Prelog-Nomenklatur** (CIP-Regeln). Dabei ordnet man jedem Substituenten eine Priorität zu, die sich primär nach seiner Ordnungszahl richtet. Je höher die Ordnungszahl ist, desto höher ist die Priorität. Die genauen Regeln, wie man die Priorität von Substituenten bestimmt, werden wir bei der Enantiomerie besprechen (▸ Kapitel 3.3.5). Beim *E*-Diastereomer stehen die beiden Substituenten mit der jeweils höchsten Priorität auf entgegengesetzten Seiten der Doppelbindung, beim *Z*-Diastereomer auf der gleichen. Die ältere, aber immer noch sehr gebräuchliche *cis*/*trans*-Nomenklatur ist auf identische Substituenten beschränkt. Sie kann bei verschiedenen Substituenten an den beiden C-Atomen nicht angewandt werden.

Spiegelbildisomerie bzw. Enantiomerie 3.3

3.3.1 Chirale Moleküle

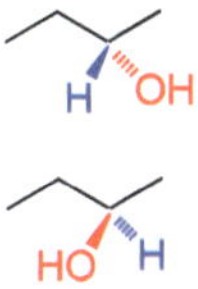

Enantiomere des 2-Butanols

Auch von 2-Butanol, einem Verwandten des Ethanols, existieren zwei Stereoisomere, die allerdings etwas schwieriger zu erkennen sind als die *E*/*Z*-Diastereomere beim 2-Buten. Aufgrund der tetraedrischen Bindungsgeometrie sp^3-hybridisierter C-Atome kann die OH-Gruppe an C2 einmal vor und einmal hinter der Papierebene angeordnet sein. Dass es sich bei diesen beiden Verbindungen tatsächlich um Stereoisomere, handelt, erkennt man am besten anhand selbst gebauter Molekülmodelle. Ohne eine Bindung zu brechen, kann man die Moleküle drehen und wenden wie man will. Man wird niemals jedes Atom des einen Moleküls auf das äquivalente Atom des anderen legen können. Die beiden Anordnungen sind also nicht deckungsgleich! Anders als beim *E*- und *Z*-2-Buten verhalten sich die beiden Stereoisomere aber diesmal wie Bild und Spiegelbild zueinander. Diese Art der Stereoisomerie nennt man daher Spiegelbildisomerie oder **Enantiomerie**. Die beiden Isomere bezeichnet man als **Enantiomere**. Es gibt demnach **zwei Arten von Stereoisomeren**:

- **Enantiomere** sind Stereoisomere, die sich wie Bild und Spiegelbild verhalten (aber nicht deckungsgleich sind).
- **Diastereomere** sind alle anderen Stereoisomere, die sich nicht wie Bild und Spiegelbild zueinander verhalten (Definition nach dem Ausschlussprinzip).

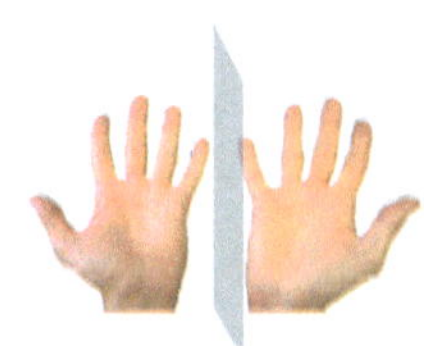

Auch unsere Hände sind zueinander enantiomer, denn die rechte und die linke Hand sind Spiegelbilder voneinander, aber sie sind nicht deckungsgleich! Deswegen nennt man Moleküle, die in enantiomeren Formen vorkommen, auch **chirale Moleküle** (abgeleitet vom griechischen Ausdruck für Hand, *cheiros*). Auch andere makroskopische Objekte wie Schneckenhäuser oder eine Schere sind chiral, da sie ebenfalls nicht mit ihrem Spiegelbild zur Deckung zu bringen sind.

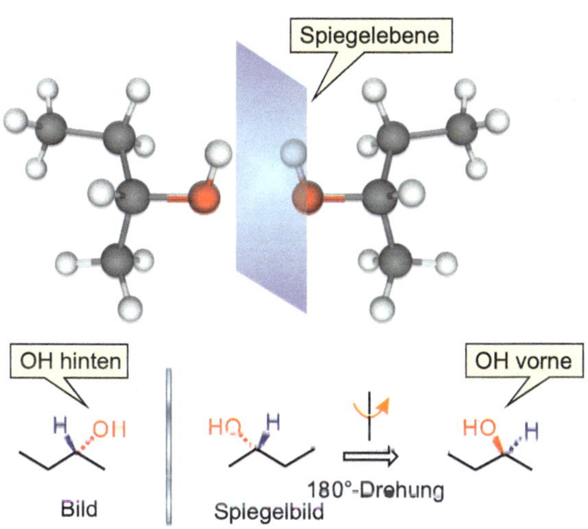

Abbildung 3.4: Enantiomere des 2-Butanols. Bild und Spiegelbild sind nicht deckungsgleich, sondern unterscheiden sich in der dreidimensionalen Anordnung der Atome (Konfiguration). Die beiden Formen können durch Drehung nicht zur Deckung gebracht werden, es handelt sich also um verschiedene Verbindungen.

Von 2-Propanol (Isopropanol) existieren hingegen keine Enantiomere, da Bild und Spiegelbild identisch sind.

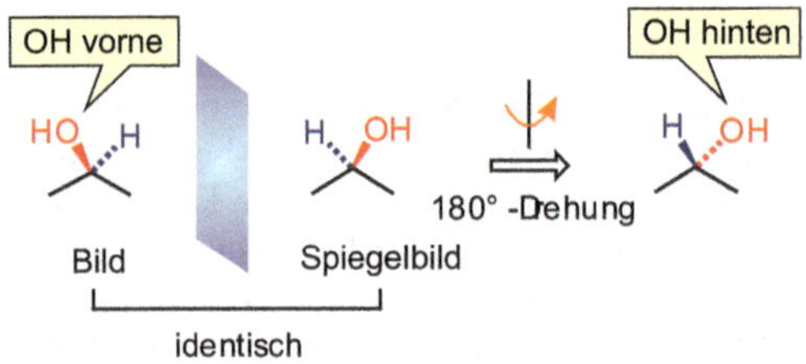

Stereozentrum

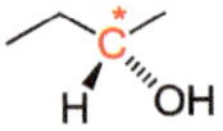

2-Butanol
C-Atom mit vier verschiedenen Substituenten

Wieso ist 2-Butanol chiral, aber 2-Propanol nicht? Der entscheidende Unterschied ist, dass beim 2-Butanol ein sp^3-C-Atom vorhanden ist, das *vier verschiedene Substituenten* trägt. An C2 sind eine Methylgruppe (CH_3), eine Ethylgruppe (C_2H_5), ein H-Atom sowie die OH-Gruppe gebunden. Ein solches C-Atom nennt man ein **Stereozentrum** oder **stereogenes Zentrum** (veralteter Begriff: Chiralitätszentrum), das in der Formel durch einen Stern (*) gekennzeichnet wird (▶ Abbildung 3.5). Sind hingegen wie beim 2-Propanol mindestens zwei Substituenten an jedem C-Atom identisch, so sind Bild und Spiegelbild des Moleküls identisch. Es existieren keine Enantiomere, die Verbindung ist nicht chiral (achiral).

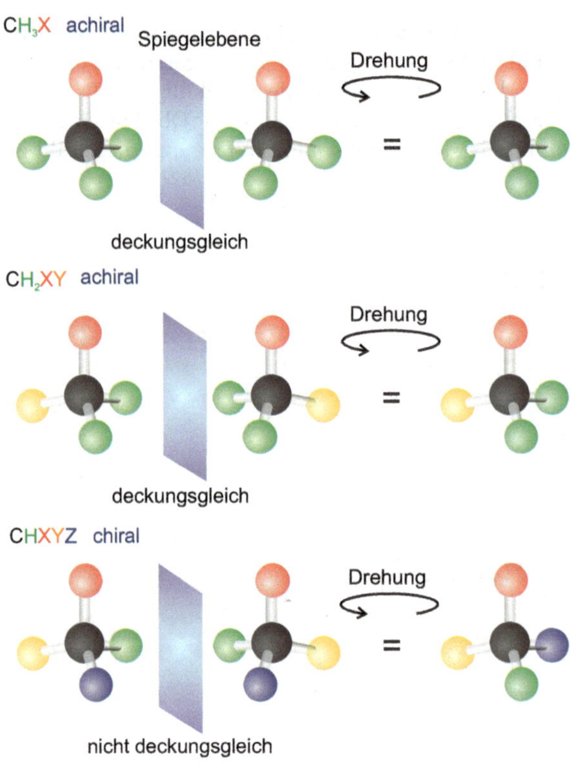

Abbildung 3.5: Zentrochiralität. Bei vier verschiedenen Substituenten an einem C-Atom sind Bild und Spiegelbild nicht mehr deckungsgleich. Das Molekül ist chiral und kommt in Form von zwei Enantiomeren vor. Sind hingegen zwei oder gar drei Substituenten identisch, sind Bild und Spiegeldbild deckungsgleich. Die Moleküle sind achiral, es gibt keine Enantiomere.

Den hier diskutierten Fall der Chiralität, die durch ein Stereozentrum hervorgerufen wird, nennt man **Zentrochiralität**. Es handelt sich um die mit Abstand häufigste Form von Chiralität bei Molekülen. Allerdings kann Chiralität auch durch die besondere räumliche Anordnung von Substituenten relativ zu einer Ebene oder einer Achse hervorgerufen werden. So sind Allene mit unterschiedlichen Substituenten an den beiden sp^2-C-Atomen ebenfalls chiral, obwohl das Molekül kein Stereozentrum enthält. Verantwortlich für die Chiralität ist die Verdrehung der beiden endständigen sp^2-C-Atome gegeneinander um 90°, die sich aus der besonderen Bindungssituation der Allene ergibt (▸ Kapitel 1.5.4). Dadurch wird die C=C=C-Bindungsachse zu einer chiralen Achse. Man spricht von **axialer Chiralität**.

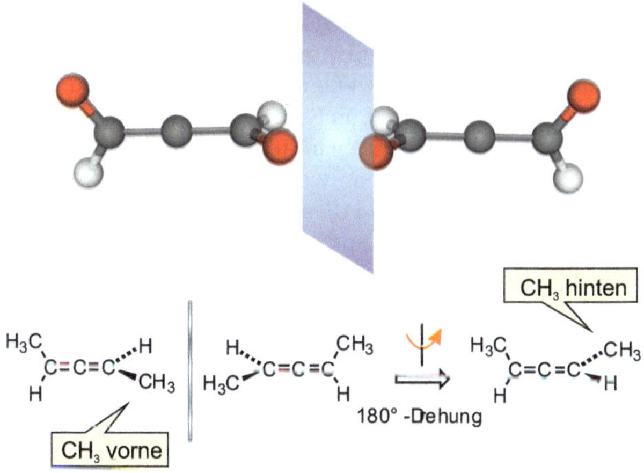

Letztendlich hängt es nur von der Molekülsymmetrie ab, ob ein Molekül chiral ist oder nicht (▸ Exkurs 3.1). Sobald ein Objekt eine Spiegelsymmetrie hat, kann es nicht mehr chiral sein. Ein Ball oder eine Kaffeetasse enthalten z. B. ebenso wie 2-Propanol eine interne Spiegelebene, an der das Objekt bei Spiegelung in sich selbst überführt wird. Dann muss natürlich auch jede Spiegelung an einer externen Spiegelebene das Objekt in sich selbst überführen, also sind Bild und Spiegelbild identisch; das Objekt ist nicht chiral. Ist hingegen keine Spiegelsymmetrie vorhanden, so ist das Molekül chiral. Drehachsen sind als Symmetrieelemente bei chiralen Molekülen allerdings erlaubt. Beim chiralen 2,3-Pentadien ist z. B. die Bindungsachse gleichzeitig eine sogenannte C_2-Drehachse, denn eine Drehung von 180° um die C=C=C-Bindungsachse bildet das Molekül auf sich selbst ab. In der Sprache der Gruppentheorie (mathematische Beschreibung der Symmetrieeigenschaften von Objekten) nennt man solche Moleküle **dissymmetrisch**. Chirale Moleküle, die außer der sogenannten Identitätsoperation („Molekül bleibt, wie es ist“) keine weiteren Symmetrieelemente – also auch keine Drehachsen – enthalten, bezeichnet man als **asymmetrisch**.

Exkurs 3.1: Molekülsymmetrie und Chiralität

Moleküle haben wie alle Objekte eine bestimmte Symmetrie, die durch die im Molekül vorhandenen **Symmetrieelemente** beschrieben werden kann. Dies kann z. B. eine Spiegelebene oder eine Drehachse sein. Die Summe aller vorhandenen Symmetrieelemente definiert die sogenannte **Punktgruppe** des Moleküls. Methan besitzt z. B. mehrere **Spiegelebenen** σ, und zwar jeweils die von zwei H-Atomen und dem C-Atom aufgespannten Ebenen. Spiegelt man das Molekül an einer dieser Ebenen wird es exakt auf sich selbst abgebildet. Überall dort, wo sich vorher ein H-Atom im Raum befand, befindet sich nach der Spiegelung wieder eines (▸ Abbildung 3.6). Zwar tauschen bei der Spiegelung zwei H-Atome ihre Positionen aus, aber da wir die einzelnen H-Atome nicht voneinander unterscheiden können, wird *das Molekül insgesamt* auf sich selbst abgebildet. Genauso überführt jede Drehung um 120° um eine Achse, die durch eine der C–H-Bindung verläuft, das Molekül in sich selbst; eine Drehung um 180° hingegen nicht. Die Drehung um 120° ist also eine Symmetrieoperation des Methanmoleküls, die Drehung um 180° nicht. Durch jede C–H-Bindung verläuft daher eine sogenannte C_3-Drehachse. **Drehachsen** werden allgemein als C_n bezeichnet, wobei n den Drehwinkel um diese Achse als Bruchteil von 360° angibt. Bei einer C_3-Drehachse bildet somit eine Drehung um 360°/3 = 120° das Molekül auf sich selbst ab, bei einer C_2-Achse entsprechend eine Drehung um 360°/2 = 180°. Moleküle können nur dann chiral sein, wenn sie keine Spiegelebenen oder sogenannte Drehspiegelachsen (eine weitere Form von Symmetrieelementen, auf die wir hier nicht näher eingehen wollen) enthalten (sogenannte Symmetrieelemente 2. Ordnung). Wenn ein Molekül eine Spiegelsymmetrie aufweist, also z. B. eine Spiegelebene enthält, dann wird es durch eine Spiegelung an dieser Ebene auf sich selbst abgebildet. Das heißt aber gleichzeitig auch, dass jede Spiegelung an einer externen Spiegelebene das Molekül immer auf sich selbst abbildet. Bild und Spiegelbild sind also immer identisch. Das Molekül ist daher nicht chiral, es existieren keine Enantiomere.

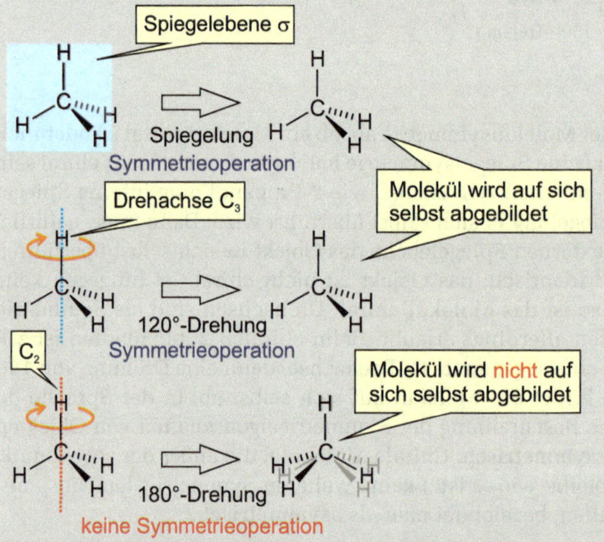

Abbildung 3.6: **Symmetrieoperationen beim Methan.** Das Molekül enthält mehrere Spiegelebenen (aufgespannt durch jeweils zwei H-Atome und das C-Atom) und C_3-Drehachsen (entlang der C–H-Bindungen), die das Molekül durch Drehung um 360°/3 = 120° jeweils auf sich selbst abbilden. Eine Drehung von 180° um eine der C–H-Bindungsachsen ist dagegen keine Symmetrieoperation beim Methan.

3.3.2 Eigenschaften chiraler Verbindungen

Die meisten chemischen und physikalischen Eigenschaften von Enantiomeren sind identisch. Enantiomere unterscheiden sich in ihrem Verhalten grundsätzlich nicht, wenn sie mit achiralen Objekten oder achiralen Molekülen wechselwirken. Sie haben daher die gleichen Schmelz- und Siedetemperaturen und man kann sie nicht durch rein physikalische Methoden wie fraktionierende Destillation voneinander trennen. Auch ihr Energiegehalt ist identisch. **Enantiomere verhalten sich nur dann unterschiedlich, wenn sie mit einem anderen chiralen Objekt oder chiralen Molekül in Wechselwirkung treten.** Deswegen können wir sowohl mit der rechten als auch mit der linken Hand (= Enantiomere) problemlos einen Ball aufheben oder eine Kaffeetasse greifen (beides achirale Objekte). Aber beim Ergreifen einer anderen Hand (ebenfalls ein chirales Objekt) sind die Unterschiede zwischen rechter und linker Hand offensichtlich. Auch beim Schuhanziehen macht es einen großen Unterschied, ob wir mit unserem rechten oder linken Fuß den rechten Schuh anziehen wollen.

Enantiomere unterscheiden sich in ihrem Verhalten nur gegenüber anderen chiralen Objekten. Gegenüber achiralen Verbindungen verhalten sie sich identisch.

rechts + rechts

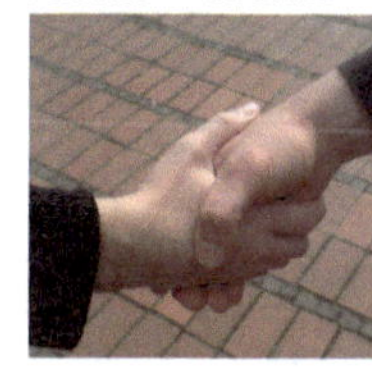

rechts + links

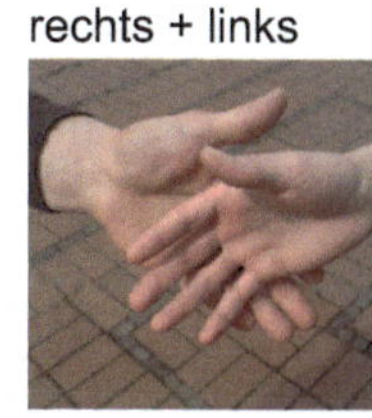

Da unser Körper überwiegend aus chiralen Molekülen besteht (alle Proteine sind z. B. chiral), haben Enantiomere in der Regel sehr unterschiedliche biologische Eigenschaften (▶ Abbildung 3.7). So können Enantiomere von bestimmten Aromastoffen z. B. verschiedene Gerüche haben.

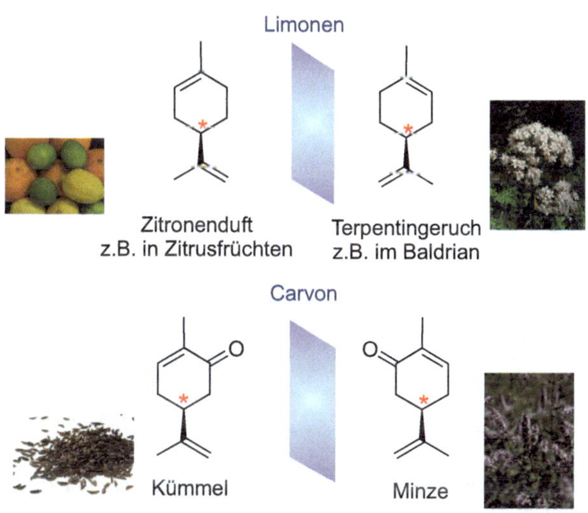

Abbildung 3.7: Unterschiedliche biologische Wirkung von Enantiomeren. Die beiden Enantiomere von Aromastoffen wie Limonen oder Carvon haben völlig unterschiedliche Gerüche.

3.3.3 Optische Aktivität

Enantiomere unterscheiden sich in einer besonderen physikalischen Eigenschaft, die sich zu ihrer experimentellen Unterscheidung verwenden lässt. Chirale Moleküle sind optisch aktiv. **Als optische Aktivität bezeichnet man die Eigenschaft bestimmter Stoffe, die Schwingungsebene von linear polarisiertem Licht zu drehen.** Die beiden Enantiomere eines chiralen Moleküls drehen dabei die Schwingungsebene von linear polarisiertem Licht bei gleicher Konzentration zwar in gleichem Maß, aber in entgegengesetzte Richtungen. Bei **linear pola-**

gekreuzte Polarisationsfilter zweier 3-D-Brillen

risiertem Licht schwingt der elektrische Feldvektor nur in einer einzigen Schwingungsebene. Man erhält es aus normalem Licht, bei dem die Schwingungsebenen statistisch um die Ausbreitungsrichtung herum orientiert sind, indem man mit einem Filter (Polarisator) genau eine Schwingungsebene herausfiltert. Beim Durchgang durch eine Lösung einer chiralen Substanz wird diese Polarisationsebene des Lichts durch die optisch aktive Substanz gedreht. Da unser menschliches Auge linear polarisiertes Licht nicht von unpolarisiertem Licht unterscheiden kann, lässt sich diese Drehung der Schwingungsebene aber nicht direkt beobachten. Dazu braucht man einen zweiten Filter, den Analysator, der wie der Polarisator auch nur Licht mit einer ganz bestimmten Polarisationsrichtung durchlässt. Anfangs sind beide Filter parallel angeordnet, sodass das linear polarisierte Licht beide Filter ungehindert passieren kann. Befindet sich nun im Strahlengang eine optisch aktive Substanz, die die Polarisationsebene um einen bestimmten Winkel α dreht, so muss auch der Analysator um den gleichen Winkel gedreht werden, damit er wieder parallel zur Polarisationsrichtung des Lichts ausgerichtet ist und das Licht ihn passieren kann. An dem relativen Winkel der beiden Polarisationsfilter kann man also ablesen, wie stark und in welche Richtung die Polarisationsebene des Lichts durch die chirale Substanz gedreht wurde (▸ Abbildung 3.8). Die experimentelle Anordnung zur Messung der optischen Aktivität bezeichnet man als **Polarimeter**.

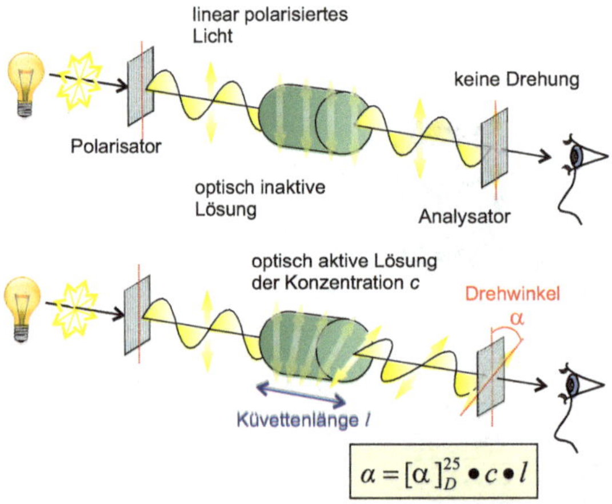

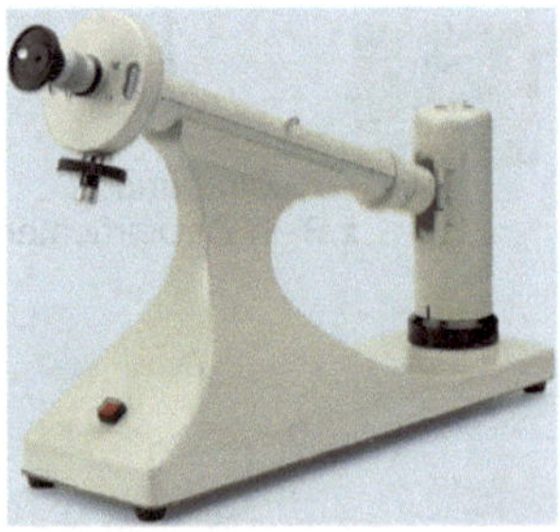

Polarimeter

Abbildung 3.8: **Optische Aktivität.** Die Schwingungsebene von linear polarisiertem Licht wird beim Durchgang durch eine Lösung einer optischen aktiven Substanz um einen bestimmten Winkel α gedreht.

$\alpha = [\alpha]_D^{25} \cdot c \cdot l$
(+) = rechtsdrehend
(–) = linksdrehend

Enantiomere weisen die gleiche absolute Drehung, aber mit unterschiedlichem Vorzeichen auf. Das heißt, das eine Enantiomer ist **rechtsdrehend** und das andere **linksdrehend**. Man gibt dies durch die Angabe (+) für rechtsdrehend und (–) für linksdrehend an. Früher hat man auch die Präfixe *dextro-* für rechtsdrehend und *levo-* für linksdrehend verwendet. Der **Drehwinkel** α ist charakteristisch für die chirale Substanz, hängt aber auch von deren Konzentration c (in g/mL) und dem verwendeten Lösemittel, der Länge l der Messzelle (in dm) sowie der Wellenlänge des Lichts und der Temperatur ab. Den Proportionalitätsfaktor [α] bezeichnet man als spezifischen Drehwert oder **spezifische Drehung**. Verwendet man Licht mit der Wellenlänge der Natrium-D-Linie (589 nm) und misst bei 25 °C, so bezeichnet man die spezifische Drehung als $\alpha = [\alpha]_D^{25}$. Der spezifische Drehwert von chiralen Verbindungen kann sehr unterschiedlich sein.

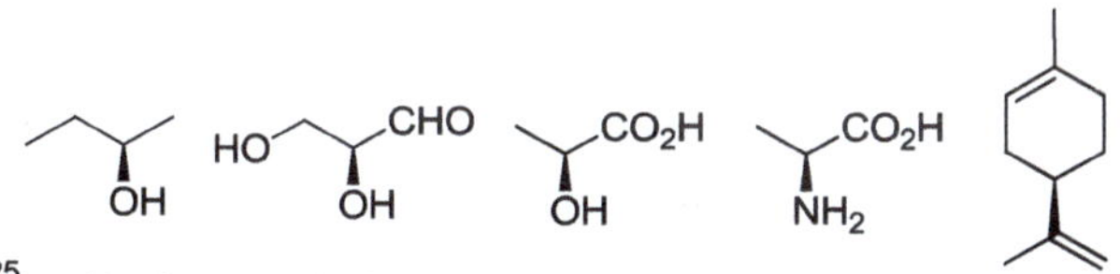

$[\alpha]_D^{25}$ = -13,5°   -8,7°   +3,8°   +2,7°   +125,6°

Wieso drehen Enantiomere die Schwingungsebene von linear polarisiertem Licht überhaupt in verschiedene Richtungen? Weiter oben hatten wir gesagt, dass sich Enantiomere nur bei der Wechselwirkung mit anderen chiralen Objekten in ihren Eigenschaften unterscheiden. Ist eine elektromagnetische Welle ein chirales Objekt? Nein, ist sie nicht. Aber man kann sich linear polarisiertes Licht als eine Überlagerung von zwei circular polarisierten Lichtstrahlen vorstellen, bei denen der elektrische Feldvektor eine helixförmige Bewegung entlang der Ausbreitungsrichtung beschreibt. Da eine Helix chiral ist, ist linear polarisiertes Licht sozusagen eine racemische Mischung von zwei enantiomeren circular polarisierten Lichtstrahlen. Deren Wechselwirkungen mit dem chiralen Molekül unterscheiden sich aber, was letztendlich dann zur Drehung der Schwingungsebene führt (für weitere Details sei auf Physik-Lehrbücher verwiesen).

3.3.4 Mischungen von Enantiomeren, Racemate

Eine Mischung von zwei Enantiomeren im Verhältnis 1 : 1 ist optisch inaktiv, da sich die unterschiedlichen Drehrichtungen der beiden Enantiomere gerade kompensieren. Eine solche Mischung nennt man ein **Racemat**. Liegt eines der beiden Enantiomere im Überschuss vor, so ist auch die Mischung optisch aktiv. Das Ausmaß der Drehung ist aber geringer als beim reinen Enantiomer. Aus dem gemessenen Drehwinkel α der Mischung lässt sich bei Kenntnis der spezifischen Drehung des reinen Enantiomers also leicht die sogenannte **optische Reinheit berechnen.**

$$\text{optische Reinheit (\%)} = \frac{\alpha_{Mischung}}{[\alpha]_{reines\ Enantiomer}} \cdot 100$$

Die optische Reinheit ist vom Zahlenwert her identisch mit dem sogenannten **Enantiomerenüberschuss *ee*** (englisch: *enantiomeric excess*), der die molare Zusammensetzung der Mischung angibt.

$$ee = \frac{(+) - (-)}{(+) + (-)} \cdot 100$$

Für ein reines Enantiomer ist *ee* = 100, für ein Racemat ist *ee* = 0. Für eine Mischung, die aus 80 % des einen Enantiomers und 20 % des anderen besteht, ist *ee* = (80 – 20)/100 = 0,6 also 60 %. Die Unterschiede im physikalischen und chemischen Verhalten von Enantiomeren und racemischen Gemischen sind in ▶ Tabelle 3.1 noch einmal gegenübergestellt.

Eigenschaft	Enantiomer A	Enantiomer B	racemische Mischung A + B
Schmelzpunkt	identisch zu B	identisch zu A	kann anders sein als A und B
Siedepunkt	identisch zu B	identisch zu A	kann anders sein als A und B
Löslichkeit	identisch zu B	identisch zu A	kann anders sein als A und B
optische Aktivität	gleich groß, aber entgegengesetztes Vorzeichen zu B	gleich groß, aber entgegengesetztes Vorzeichen zu A	0
Verhalten gegenüber achiralen Molekülen	identisch zu B	identisch zu A	identisch zu A und B
Verhalten gegenüber chiralen Molekülen	anders als B	anders als A	jedes Enantiomer reagiert individuell

Tabelle 3.1: Physikalische und chemische Eigenschaften von Enantiomeren und racemischen Gemischen.

3.3.5 Nomenklatur chiraler Verbindungen: Die absolute Konfiguration

Aus der absoluten Konfiguration lässt sich **nicht**(!) auf das Vorzeichen der optischen Aktivität schließen (und umgekehrt).

Durch die Messung der optischen Aktivität und die Angabe der Drehrichtung (+) oder (–) kann man die beiden Enantiomere einer chiralen Verbindung experimentell eindeutig voneinander unterscheiden. Allerdings lässt sich aus der Drehrichtung nicht angeben, wie die tatsächliche räumliche Anordnung der Substituenten um das Stereozentrum herum ist (**absolute Konfiguration**). Das Vorzeichen der optischen Aktivität einer chiralen Substanz, angegeben als (+) oder (–), lässt also keine Aussage zu, ob es sich sozusagen um das Bild oder Spiegelbild der Substanz handelt. Es besteht kein unmittelbarer direkter Zusammenhang zwischen der optischen Aktivität und der absoluten Konfiguration einer Verbindung. So kann sich das Vorzeichen der optischen Aktivität bereits bei unterschiedlichen Temperaturen oder bei verschiedenen Wellenlängen des zur Messung verwendeten Lichts umdrehen. Deswegen ist es immer zwingend nötig, bei der Angabe von optischen Drehwinkeln auch die Messbedingungen (Temperatur, Wellenlänge, Lösemittel, Konzentration) anzugeben.

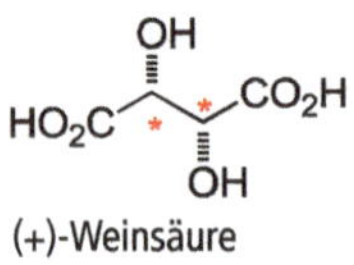

(+)-Weinsäure

Die absolute Konfiguration (Bild oder Spiegelbild?) kann in einigen Fällen ebenfalls experimentell bestimmt werden, z. B. mit der anormalen Röntgendispersion, einer speziellen Methode zur Bestimmung von Festkörperstrukturen. Die erste Verbindung, deren absolute Konfiguration 1951 durch Bijvoet mit dieser Methode bestimmt wurde, war das Natrium-Rubidium-Salz der (+)-Weinsäure (einer Verbindung mit zwei Stereozentren, ▶ Kapitel 3.4). Leider eignet sich dieses Verfahren nur für einige wenige Moleküle (z. B. nur solche, die Schweratome wie Iod, Brom oder wie in diesem Fall Rubidium enthalten). Erfreulicherweise kann man oft die **relative Konfiguration** eines Moleküls durch chemische Reaktionen mit der Konfiguration eines anderen Moleküls korrelieren. Es reicht daher aus, wenn man von einigen wenigen Molekülen die absolute Konfiguration experimentell bestimmt hat und aus diesen dann die absoluten Konfigurationen anderer Verbindungen ableitet.

So lässt sich z. B. chemisch die (+)-Weinsäure, deren absolute Konfiguration Bijvoet experimentell ermittelte, über mehrere andere Verbindungen durch chemische Synthese letztendlich in den (+)-Glycerinaldehyd überführen. Da bei diesen Reaktionen keine Bindungen zum Stereozentrum des Glycerinaldehyds gebrochen werden, muss der (+)-Glycerinaldehyd die gleiche absolute Konfiguration an diesem C-Atom haben wie die (+)-Weinsäure.

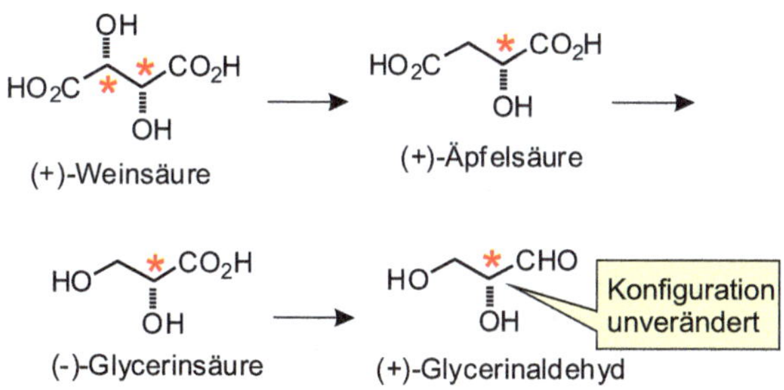

Bei der Glycerinsäure ist übrigens das Enantiomer mit der gleichen absoluten Konfiguration wie der rechtsdrehende Glycerinaldehyd linksdrehend. Dies zeigt noch einmal; es besteht kein Zusammenhang zwischen der absoluten Konfiguration eines Stereozentrums und dem Vorzeichen der optischen Aktivität einer Verbindung.

Um die absolute Konfiguration an einem Stereozentrum anzugeben, verwendet man die ***R/S*-Nomenklatur**, auch **CIP-Nomenklatur** genannt (nach den drei Chemikern Cahn, Ingold und Prelog, die diese Regeln aufgestellt haben). Dabei geht man wie folgt vor:

1. Man gibt den vier verschiedenen Substituenten am Stereozentrum eine Priorität, 1 > 2 > 3 > 4, die man folgendermaßen ermittelt:
   - Bei den direkt gebundenen Atomen (1. Sphäre) steigt die Priorität mit der Ordnungszahl. Ist eines der gebundenen Atome ein H-Atom hat dieses automatisch die niedrigste Priorität 4.
   - Bei gleichen Bindungspartnern am Stereozentrum entscheidet die Ordnungszahl der jeweils an diese Bindungspartner gebundenen Atome der 2. Sphäre. Sollte wiederum keine Entscheidung möglich sein, entfernt man sich Schritt für Schritt weiter vom Stereozentrum, bis man schließlich einen Unterschied findet.
   - Doppelt gebundene Atome zählen dabei wie zwei einfach gebundene Atome der gleichen Art und haben damit eine höhere Priorität als ein analoges einfach gebundenes Atom.
2. Dann dreht man das Molekül so, dass ausgehend vom Betrachter die Bindung zum Substituenten mit der niedrigsten Priorität (4) nach hinten zeigt. Häufig ist dies ein H-Atom.
3. Die anderen drei Substituenten werden nun in Richtung fallender Priorität betrachtet: 1 → 2 → 3. Dabei ergibt sich eine Kreisbewegung im Uhrzeigersinn (*R*) oder gegen den Uhrzeigersinn (*S*). Die Bezeichnungen kommen aus dem Lateinischen: *R* von *rectus* = rechts, *S* von *sinister* = links.

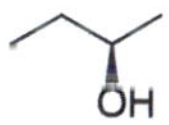

(–)-2-Butanol
$[\alpha]_D^{25} = -13{,}52°$

Als Beispiel sei die absolute Konfiguration des (–)-2-Butanols betrachtet. Der erste Schritt ist die Identifizierung der vier an das Stereozentrum gebundenen Substituenten, in diesem Fall OH, C_2H_5, CH_3 und H. Anschließend werden die Prioritäten entsprechend der Ordnungszahl der unmittelbar an das Stereozentrum gebundenen Atome (O,C,C,H) ermittelt (1. Bindungssphäre). Man kann eindeutig der OH-Gruppe die höchste Priorität 1 und dem H-Atom die niedrigste Priorität 4 zuordnen. Zwischen der Ethyl- und der Methylgruppe kann man an dieser Stelle allerdings keine Unterscheidung treffen. In beiden Fällen ist ein C-Atom an das

Stereozentrum gebunden. Um die Prioritäten dieser beiden Gruppen festzulegen, betrachtet man als nächstes die Atome, die jeweils an diese beiden C-Atome gebunden sind (2. Bindungssphäre). Nun erkennt man, dass eine Ethylgruppe (C,H,H) eine höhere Priorität hat als eine Methylgruppe (H,H,H). Die gesamte Prioritätenreihenfolge ist also OH > C_2H_5 > CH_3 > H.

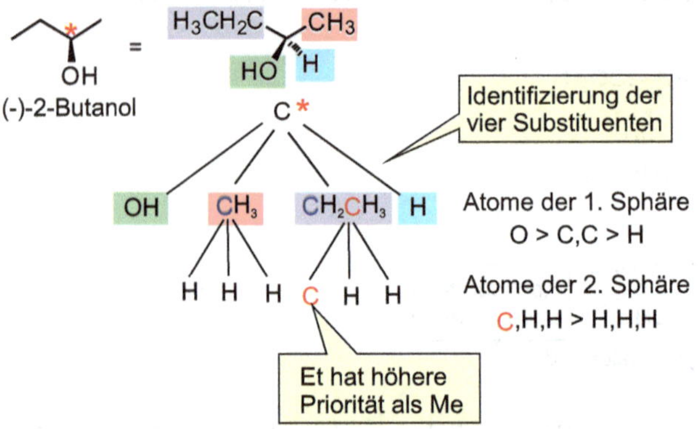

Zur Bestimmung der absoluten Konfiguration betrachtet man das Molekül so, dass man auf die Bindung zum Substituenten mit der niedrigsten Priorität schaut, also in diesem Fall auf die C-H-Bindung. Aus dieser Richtung ergibt sich für die anderen drei Substituenten mit fallender Priorität eine Kreisbewegung im Uhrzeigersinn. Das Stereozentrum ist also *R*-konfiguriert. Die korrekte Bezeichnung dieses Enantiomers ist (*R*)-(–)-2-Butanol. Das entsprechende Enantiomer ist dann (*S*)-(+)-2-Butanol.

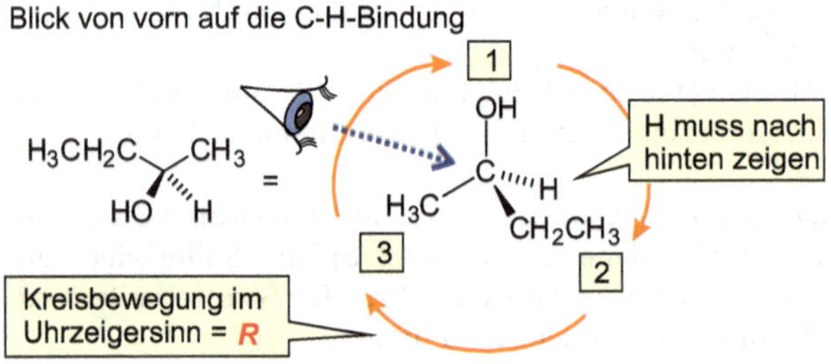

Bei doppelt oder dreifach gebundenen Atomen werden diese für die Bestimmung der Priorität formal durch die analoge Anzahl an einfach gebundenen Atomen des gleichen Typs ersetzt. Eine Aldehydgruppe –CH(=O) hat demnach eine höhere Priorität als eine primäre Alkoholgruppe –CH_2OH. Der doppelt gebundene Carbonylsauerstoff der Aldehydgruppe wird formal durch zwei einfach gebundene O-Atome ersetzt. An das C-Atom einer Aldehydgruppe sind somit *formal* zwei O-Atome und ein H-Atom gebunden (O,O,H), an das C-Atom der primären Alkoholgruppe sind hingegen nur ein O-Atom und zwei H-Atome (O,H,H) gebunden. Am Beispiel des (+)-Glycerinaldehyds sei diese Festlegung der Prioritätenreihenfolge erläutert.

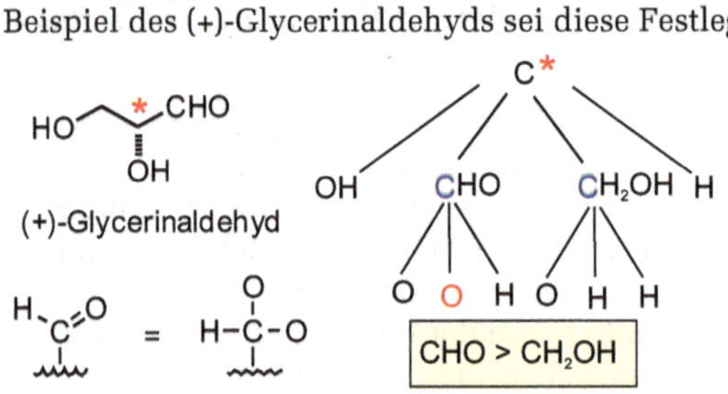

(+)-Glycerinaldehyd ist demnach *R*-konfiguriert. Entscheidend für die Bestimmung von (*R*) oder (*S*) ist, dass man das Molekül aus der richtigen räumlichen Richtung betrachtet. Hierzu sind etwas Übung und ein gutes räumliches Vorstellungsvermögen hilfreich, denn gegebenenfalls muss man das Molekül auf dem Papier (oder gedanklich) erst einmal in die richtige Orientierung drehen, sodass tatsächlich die Bindung zum Substituenten mit der niedrigsten Priorität nach hinten schaut, bevor man die Kreisbewegung zur Ermittlung von (*R*) oder (*S*) ermitteln kann.

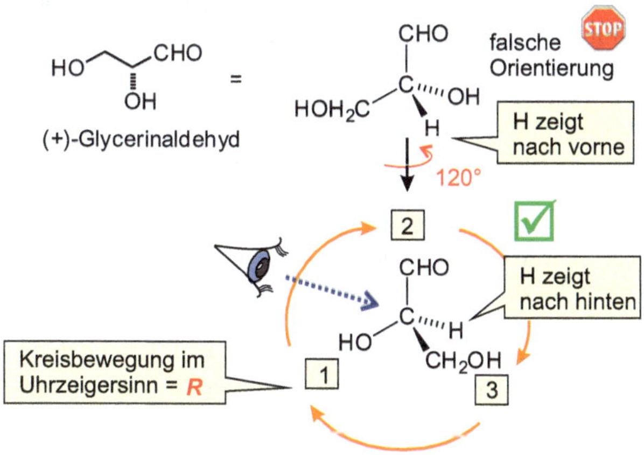

Achtung: Die Kreisbewegung im oder gegen den Uhrzeigersinn zur Bestimmung von (*R*) und (*S*) hat nichts mit der optischen Aktivität und der dabei experimentell ermittelten Drehrichtung der Schwingungsebene von linear polarisiertem Licht, (+) oder (–), zu tun (▶ Tabelle 3.2). So ist die rechtsdrehende (+)-Milchsäure (optische Aktivität) *S*-konfiguriert (absolute Konfiguration), also (*S*)-(+)-Milchsäure. Hingegen ist das entsprechende Natriumsalz, das immer noch die gleiche absolute Konfiguration (*S*) aufweist, bei der optischen Aktivität linksdrehend, also (*S*)-(–)-Natriumlactat.

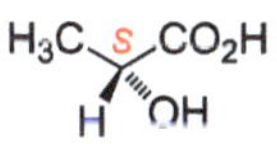

(*S*)-(+)-Milchsäure

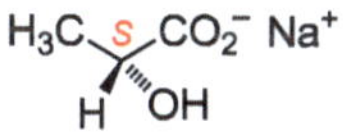

(*S*)-(-)-Natriumlactat

Bezeichnung	Bedeutung	wie bestimmt?
(*R*) und (*S*)	absolute Konfiguration, kann für jedes Stereozentrum einer Verbindung bestimmt werden	CIP-Regeln
D und *L*	absolute Konfiguration eines ganz bestimmten Stereozentrums in einer Aminosäure oder in einem Zucker	Fischer-Projektion (▶ Exkurs 3.2)
(+) und (–)	Vorzeichen der optischen Aktivität des gesamten Moleküls	experimentelle Messung

Tabelle 3.2: Verschiedene Bezeichnungen chiraler Verbindungen.

Exkurs 3.2: Die Fischer-Projektion und die *D*/*L*-Nomenklatur

Häufig wird zur Bezeichnung von Enantiomeren auch die *D*/*L*-Nomenklatur verwendet, die von Emil Fischer Ende des 19. Jahrhunderts zur Bezeichnung von Kohlenhydraten entwickelt wurde. Eindeutig definiert ist sie zwar nur für Verbindungen wie Kohlenhydrate und Aminosäuren, aber sie wird häufig – fälschlicherweise – auch ganz allgemein zur Bezeichnung von Enantiomeren verwendet. Für die Fischer-Nomenklatur muss man das Molekül in einer ganz genau definierten Weise zeichnen (**Fischer-Projektion**) und schaut sich dann die absolute Konfiguration *eines bestimmten Stereozentrums* an. Nachfolgend ist diese Nomenklatur am Beispiel des (+)-Glycerinaldehyds erläutert.

- Die längste Kohlenstoffkette des Moleküls wird senkrecht gezeichnet.
- Das am höchsten oxidierte C-Atom der Kette steht oben. Bei den Kohlenhydraten ist dies wie beim Glycerinaldehyd eine Aldehydgruppe (CHO) und bei den Aminosäuren eine Carbonsäure (CO_2H).
- Die senkrechten Bindungen liegen definitionsgemäß hinter der Papierebene, die waagerechten Bindungen liegen vor der Papierebene.
- Dann betrachtet man das Stereozentrum (oder wenn mehrere Stereozentren vorhanden sind, dasjenige, das am weitesten vom am höchsten oxidierten C-Atom entfernt ist): Zeigt die funktionelle Gruppe an diesem Stereozentrum nach rechts, handelt es sich um die *D*-Form, zeigt die Gruppe hingegen nach links, um die *L*-Form.

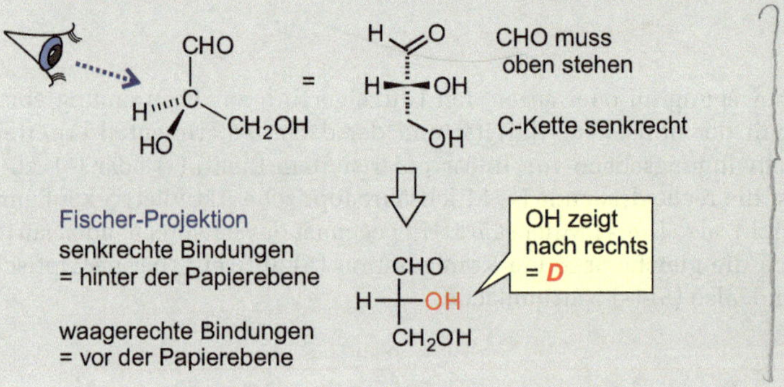

Verbindungen mit zwei oder mehr Stereozentren 3.4

3.4.1 Diastereomere

Diastereomere = Stereoisomere, die keine Enantiomere sind

Natürlich können auch mehr als ein Stereozentrum in einem Molekül vorhanden sein. 2-Brom-3-butanol hat zwei Stereozentren (C2 und C3), die jeweils *R*- oder *S*-konfiguriert sein können, sodass insgesamt $2 \cdot 2 = 4$ Stereoisomere existieren. Das (*R*,*R*)- und das (*S*,*S*)-Isomer sind ebenso wie das (*R*,*S*)- und das (*S*,*R*)-Isomer Bild und Spiegelbild zueinander, also Enantiomere. Das (*R*,*R*)- und das (*R*,*S*)-Isomer z.B. sind keine Spiegelbilder zueinander. Es handelt sich um **Diastereomere**. Vom 2-Brom-3-butanol gibt es insgesamt vier Stereoisomere: zwei Paare von Enantiomeren (**A** und **B** sowie **C** und **D**), die jeweils zueinander diastereomer sind. Alle vier Stereoisomere sind chirale Verbindungen und somit optisch aktiv.

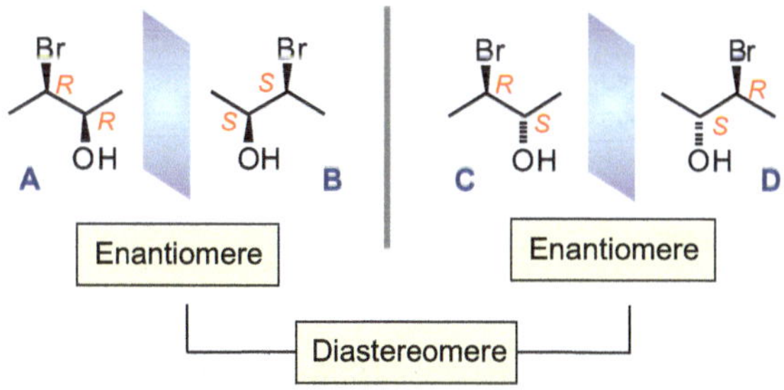

A und **B** sind diastereomer zu **C** und **D**

Die maximale Anzahl von Stereoisomeren bei n Stereozentren in einem Molekül ist 2^n.

Diastereomere unterscheiden sich, wie wir bei den *E*/*Z*-Isomeren des 2-Butens gesehen haben (▶ Kapitel 3.2), im Gegensatz zu Enantiomeren auch in ihren physikalischen Eigenschaften und haben z. B. unterschiedliche Schmelz- und Siedetemperaturen. Sie lassen sich daher von anderen Diastereomeren durch einfache physikalische Trennverfahren wie die fraktionierende Destillation oder die Kristallisation abtrennen. Auch das chemische Reaktionsverhalten von Diastereomeren ist unterschiedlich. Die maximale Anzahl an Stereoisomeren bei n Stereozentren in einem Molekül ist 2^n. Von diesen 2^n Stereoisomeren sind immer nur jeweils zwei Verbindungen paarweise zueinander enantiomer, nämlich die, die an allen(!) Stereozentren spiegelbildliche Konfigurationen aufweisen, egal wie viele Stereozentren das Molekül enthält! Alle anderen Verbindungen sind diastereomer zueinander.

3.4.2 *Meso*-Formen

Von der oben erwähnten Weinsäure (2,3-Dihydroxybutandisäure), die ebenfalls zwei Stereozentren aufweist, gibt es weniger als die erwarteten vier Stereoisomere. Bei der Weinsäure sind das (*R*,*S*)- und das (*S*,*R*)-Isomer identisch, wie man durch Drehung der Moleküle leicht sehen kann. Es gibt also zwei optisch aktive Enantiomere, das (*R*,*R*)-(+)- und das (*S*,*S*)-(–)-Isomer, und eine dazu diastereomere, aber achirale Verbindung, die sogenannte *meso*-Weinsäure. ***Meso*-Formen** gibt es immer dann, wenn zwei oder mehr Stereozentren die gleichen vier unterschiedlichen Substituenten aufweisen, da dann die (*R*,*S*)- und (*S*,*R*)-Konfiguration identisch sind.

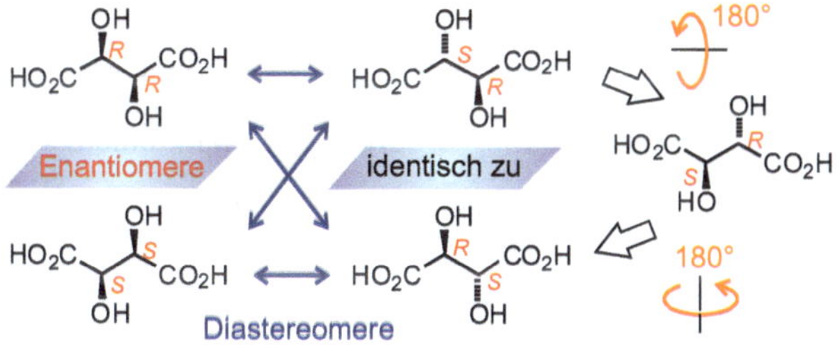

Das Auftreten einer achiralen *meso*-Form bei der Weinsäure kann man auch anhand der **Fischer-Projektion** gut erkennen. Die Fischer-Projektion des (*S*,*R*)-Isomers lässt sich durch Drehung um 180° in der Papierebene in die Fischer-Projektion des (*R*,*S*)-Isomers überführen (und umgekehrt). Da sich bei einer Drehung um 180° in der Papierebene die Anordnung der Bindungen (vor oder hinter der Papierebene) in der Fischer-Projektion nicht ändert, liegt das gleiche Molekül vor. Die (*R*,*S*)- und (*S*,*R*)-Form stellen also das gleiche Molekül dar.

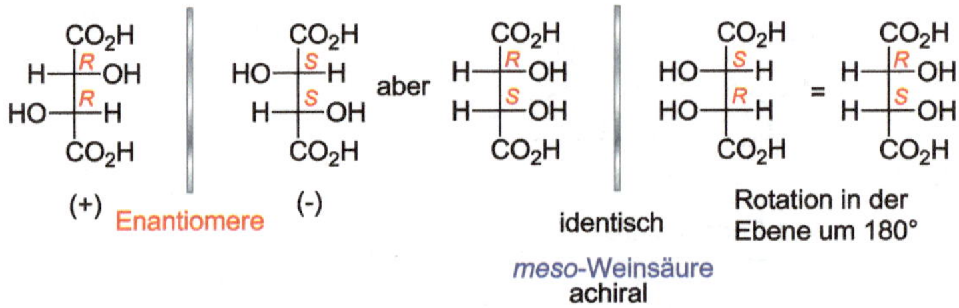

Anhand der Fischer-Projektion sieht man auch sofort, dass das (*R*,*S*)-Isomer eine interne Spiegelebene enthält. Die obere Hälfte des Moleküls lässt sich an dieser Spiegelebene auf die untere Hälfte abbilden. Die *meso*-Weinsäure weist also eine Spiegelsymmetrie auf, muss damit achiral sein und somit können keine Enantiomere existieren (▶ Kapitel 3.3.1).

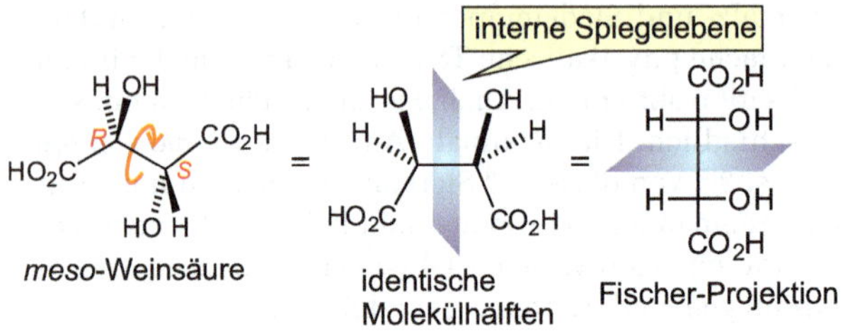

Von den drei Stereoisomeren der Weinsäure kommt in der Natur fast ausschließlich das (*R*,*R*)-(+)-Stereoisomer vor, sowohl als freie Säure (unter anderem in Weintrauben) als auch in Form von Salzen (Tartrate genannt). So scheidet sich z. B. Kaliumhydrogentartrat als Weinstein in Weinflaschen beim Lagern ab. Das (*S*,*S*)-(–)-Stereoisomer findet sich nur in den Blättern eines bestimmten westafrikanischen Baumes. Die *meso*-Weinsäure kommt in der Natur gar nicht vor. *Meso*-Weinsäure ist also nicht zu verwechseln mit der racemischen Weinsäure (auch Traubensäure genannt), auch wenn beide optisch inaktive Formen sind. Bei einer *meso*-Form ist das Molekül an sich achiral. Die Traubensäure besteht hingegen aus einer 1 : 1-Mischung der (+)- und der (–)-Weinsäure, also aus chiralen Molekülen (▶ Tabelle 3.3).

Eigenschaft	(+)-Weinsäure	(–)-Weinsäure	*meso*-Weinsäure	Traubensäure (Racemat)
Formel	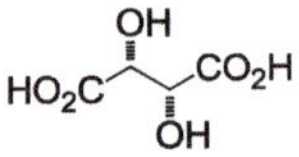	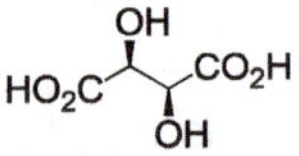	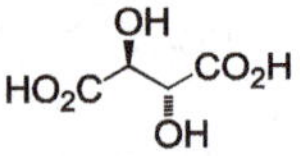	1 : 1-Gemisch der beiden Enantiomere
Schmelzpunkt (°C)	171	171	146	206
Löslichkeit (g/100 mL H_2O)	139	139	125	20,6
$[\alpha]_D^{25}$	+13°	–13°	0°	0°
absolute Konfiguration	*R*,*R*	*S*,*S*	*S*,*R* bzw. *R*,*S*	*R*,*R* und *S*,*S* im Verhältnis 1 : 1

Tabelle 3.3: Eigenschaften der Stereoisomere der Weinsäure.

3.4.3 Racematspaltung

Will man ein Racemat wie die Traubensäure trennen, muss man eine sogenannte **Racematspaltung** durchführen. Da zwei Enantiomere – bis auf die optische Aktivität – in allen physikalischen Eigenschaften identisch sind, kann man ein Racemat nicht unmittelbar durch klassische Verfahren wie Kristallisation oder fraktionierende Destillation trennen. Man muss die Enantiomere zuvor mit einer anderen chiralen, optisch reinen Substanz (ein einzelnes Enantiomer) in Diastereomere überführen, die sich dann physikalisch trennen lassen. So kann man z. B. die 1 : 1-Mischung von (*R*)- und (*S*)-2-Butanol durch Umsetzung mit einer chiralen Säure, z. B. der (*S*)-Milchsäure, in zwei zueinander diastereomere Ester überführen. Häufig verwendet man auch chirale Säuren oder Basen, um ein Racemat in ein diastereomeres Salzpaar zu überführen. Da Diastereomere unterschiedliche physikalische Eigenschaften haben, kann man diese – im Gegensatz zu den Enantiomeren – trennen und einzeln isolieren. Nach der Trennung kann man dann die reinen Enantiomere des 2-Butanols aus den Estern wieder durch Hydrolyse freisetzen (▶ Abbildung 3.9). Die als **chirales Hilfsreagenz** eingesetzte Verbindung, in diesem Fall die (*S*)-Milchsäure, muss natürlich in enantiomerenreiner Form vorliegen. Daher greift man meistens auf natürlich vorkommende chirale Verbindungen zurück, da in der Natur von vielen Verbindungen, z. B. Aminosäuren oder Alkaloiden, nur eines der beiden Enantiomeren vorkommt (man spricht auch vom *chiral pool*).

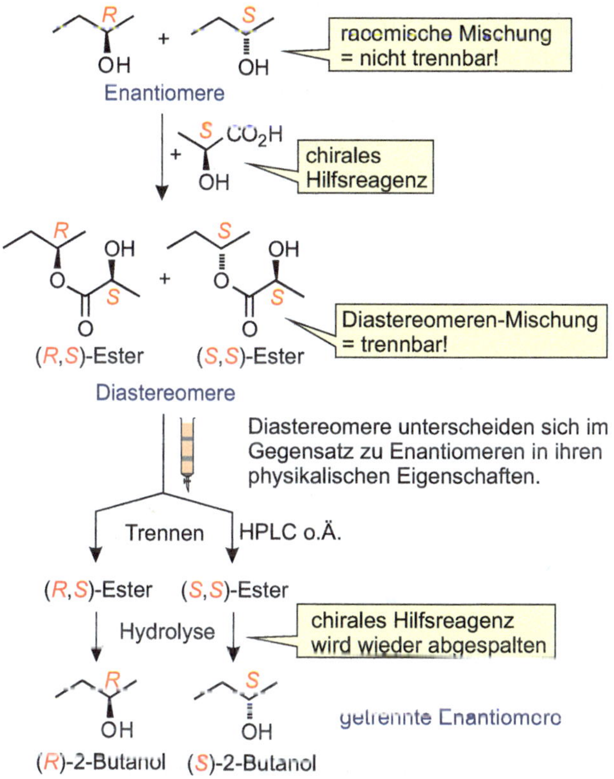

Abbildung 3.9: Racematspaltung. Enantiomere lassen sich erst nach Überführung in Diastereomere mit einem chiralen Hilfsreagenz trennen. Anschließend können die Enantiomere wieder freigesetzt werden.

Cyclische Verbindungen 3.5

Die Kohlenstoffatome in organischen Verbindungen können untereinander nicht nur zu Ketten wie in den linearen Alkanen, sondern auch zu Ringen verbunden sein. Das kleinste **Cycloalkan** ist das Cyclopropan C_3H_6 mit drei C-Atomen, gefolgt von Cyclobutan (C_4H_8), Cyclopentan (C_5H_{10}), Cyclohexan (C_6H_{12}) und so weiter.

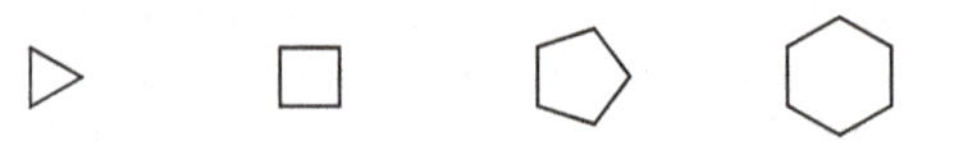

3.5.1 Ringspannung

Cyclohexan ist spannungsfrei.

Abgesehen von der wichtigen Ausnahme des Cyclohexans weisen die kleinen und mittleren Ringen, bis etwa zehn C-Atome, verglichen mit acyclischen Alkanen einen etwas höheren Energiegehalt auf (▶ Abbildung 3.10). Diese **Ringspannung**, die sich z. B. aus **Verbrennungswärmen** (▶ Exkurs 3.3) experimentell bestimmen lässt, setzt sich aus drei verschiedenen Beiträgen zusammen, die je nach Ringgröße unterschiedlich wichtig sind.

- **Winkelspannung** (auch **Bayer-Spannung** genannt): hervorgerufen durch die Abweichung der tatsächlichen Bindungswinkel vom idealen Tetraederwinkel von 109,5°. Die Winkelspannung ist insbesondere bei Cyclopropan und Cyclobutan relevant.
- **Torsionsspannung** (auch **Pitzer-Spannung** genannt): hervorgerufen durch ekliptisch oder *gauche* stehende Bindungen (▶ Kapitel 3.1.3). Die Torsionsspannung führt dazu, dass alle Cycloalkane außer dem Cyclopropan nicht planare Strukturen haben.

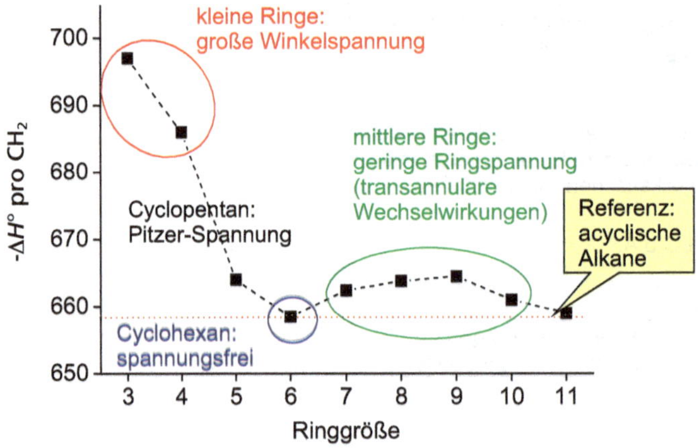

Abbildung 3.10: Ringspannung von Cycloalkanen. Die Verbrennungswärme pro CH_2-Gruppe (in kJ/mol) ist beim Cyclopropan und beim Cyclobutan aufgrund der hohen Winkelspannung deutlich größer als bei einem Alkan (rote Linie). Sie nimmt dann über das Cyclopentan zum spannungsfreien Cyclohexan hin ab. Danach steigt sie wegen des Auftretens transannularer Wechselwirkungen bei den mittleren Ringen erneut etwas an. Ab etwa C11 sind die Cycloalkane dann wieder spannungsfrei.

- **Transannulare Wechselwirkungen** (auch **Prelog-Spannung** genannt): ähnlich wie die Pitzer-Spannung, hervorgerufen durch ekliptisch stehende Bindungen, allerdings nicht an zwei benachbarten C-Atomen, sondern durch sich im Ring gegenüberstehende (transannulare) Bindungen. Tritt vor allem bei mittleren Ringgrößen (C7 bis C10) auf.

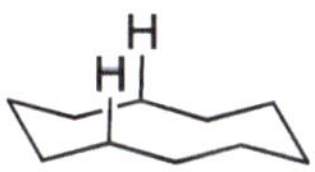

transannulare Wechselwirkung im Cyclodekan

Exkurs 3.3: Verbrennungswärmen

Alle organischen Verbindungen sind gegenüber Oxidation thermodynamisch instabil, das heißt, bei ihrer Verbrennung mit Sauerstoff zu Kohlendioxid und Wasser wird in der Regel eine beträchtliche Wärmemenge frei. Die Verbrennung ist ein stark exothermer Vorgang. Die Verbrennungsenthalpie $\Delta H°$ kann man experimentell z. B. in einem **Bombenkalorimeter** messen. Verbrennt man acyclische Alkane, so stellt man fest, dass die Verbrennungsenthalpie $\Delta H°$ mit zunehmender Kettenlänge linear zunimmt. Jede CH_2-Gruppe liefert einen Beitrag von etwa 658,5 kJ/mol zu $\Delta H°$. Die Verbrennungswärmen der nur aus Methylengruppen aufgebauten Cycloalkane (allgemeine Summenformel $(CH_2)_n$) sind hingegen vor allem bei den kleineren Ringen teilweise deutlich größer (▶ Tabelle 3.4). So wird bei der Verbrennung von Cyclopropan ein Energiebetrag von 2091 kJ/mol frei ($\Delta H° = -2091$ kJ/mol) anstelle der erwarteten 1975,5 kJ/mol (= 3 · 658,5 kJ/mol). Das heißt, im Vergleich zu einem spannungsfreien acyclischen Alkan weist das Cyclopropan einen um 115,4 kJ/mol höheren Energiegehalt auf (38,5 kJ/mol pro CH_2-Gruppe). Diesen Betrag bezeichnet man als Ringspannung des Cyclopropans.

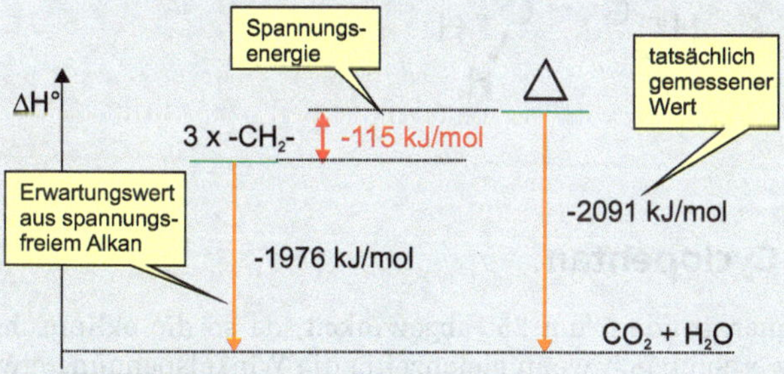

Ringgröße	$\Delta H°$ (erwartet)	$\Delta H°$ (gemessen)	Spannungsenergie pro Molekül bzw. pro CH_2-Gruppe	
3	–1975,5	–2091,1	115,4	38,5
4	–2634,0	–2744,3	110,3	27,6
5	–3292,5	–3320,0	27,5	5,5
6	–3951,0	–3951,8	0,8	0
7	–4609,5	–4636,7	27,2	3,9
8	–5268,0	–5310,3	42,3	5,3
9	–5926,5	–5981,0	54,5	6,1

Tabelle 3.4: **Berechnete und experimentell gemessene Verbrennungswärmen von Cycloalkanen (in kJ/mol) und daraus abgeleitete Spanungsenergien.**

3.5.2 Cyclopropan

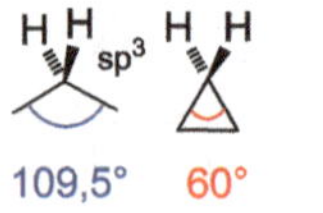

Winkelspannung

Cyclopropan mit drei C-Atomen ist notwendigerweise planar und damit ist jede C–H-Bindung ekliptisch zu je einer C–H-Bindung an jedem der beiden benachbarten C-Atome. Zudem beträgt der Innenwinkel in einem Dreieck nur 60° und wäre somit um 49,5° kleiner als der ideale Tetraederwinkel eines sp^3-hybridierten C-Atoms von 109,5°. Cyclopropan ist daher eine stark gespannte Verbindung (115 kJ/mol Ringspannung, ▶Tabelle 3.4) und sehr viel reaktiver als ein normales, spannungsfreies Alkan. Um die Winkelspannung zumindest teilweise abzubauen, sind die Orbitale der C-C-Bindungen etwas nach außen gebogen. Wie man z. B. aus der experimentellen Bestimmung der Elektronendichte aus Röntgenstukturen weiß, beträgt der Interorbitalwinkel tatsächlich nicht 60°, sondern etwa 104° (gebogene „Bananenbindungen"). Die Orbitalüberlappung ist allerdings dadurch sehr viel schlechter und die C–C-Bindungen sind mit 272 kJ/mol deutlich schwächer als z. B. die C–C-Bindung im Ethan (350 kJ/mol). Die C–C-Bindungsabstände sind hingegen mit 151 pm etwas kürzer (154 pm beim Ethan). Man kann die Bindungen im Cyclopropan auch mit delokalisierten MO auf der Basis sp^2-hybridisierter C-Atome beschreiben (Walsh-Orbitale). Darauf wollen wir aber hier nicht weiter eingehen.

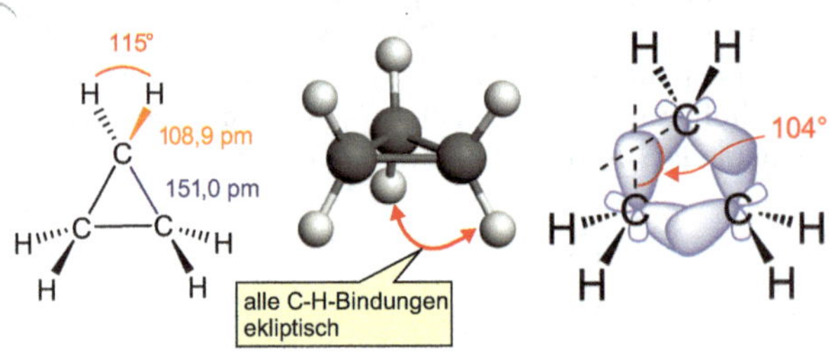

3.5.3 Cyclobutan und Cyclopentan

Cyclobutan ist nicht mehr planar, sondern um 25° abgewinkelt, da so die ekliptischen Wechselwirkungen verringert werden (auch wenn gleichzeitig die Winkelspannung etwas zunimmt). Die verschiedenen abgewinkelten Konformere wandeln sich über die 6 kJ/mol ungünstigere planare Form als Übergangszustand schnell ineinander um.

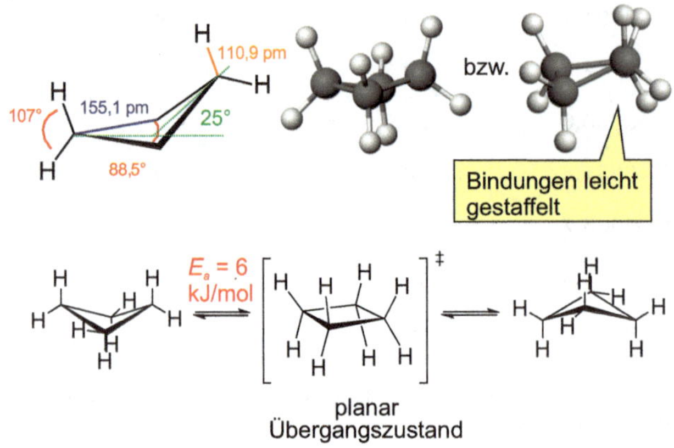

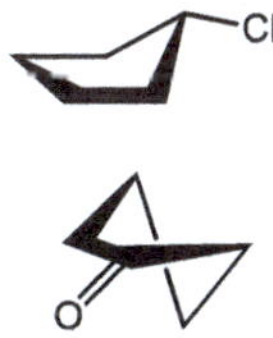

Vorzugskonformation von Methylcyclopentan bzw. Cyclopentanon

In einem planaren **Cyclopentan** läge zwar ein nahezu idealer Tetraederwinkel vor (Innenwinkel 108°), allerdings wären dann alle zehn C-H-Bindungen ekliptisch angeordnet. Tatsächlich liegt Cyclopentan daher in mehreren nahezu energiegleichen abgewinkelten Konformationen vor, die man als Briefumschlag (englisch ***envelope***) oder Halbsessel (englisch ***half-chair***) bezeichnet. In diesen Konformationen sind jeweils ein (***envelope***) oder zwei (***half-chair***) C-Atome oberhalb bzw. ober- und unterhalb der Ebene der anderen C-Atome angeordnet. Diese Konformere wandeln sich sehr schnell durch eine Art wellenförmiger Bewegung des Moleküls ineinander um. Die Energiebarriere für diese **Pseudorotation** ist sehr klein (< 2 kJ/mol). Die planare Form (etwa 20 kJ/mol ungünstiger) wird dabei nicht durchlaufen. Cyclopentan hat somit eigentlich eher eine fluktuierende Struktur. Bei substituierten Cyclopentanen kann allerdings die Energiebarriere deutlich größer werden, sodass dann eindeutig definierte Vorzugskonformationen existieren.

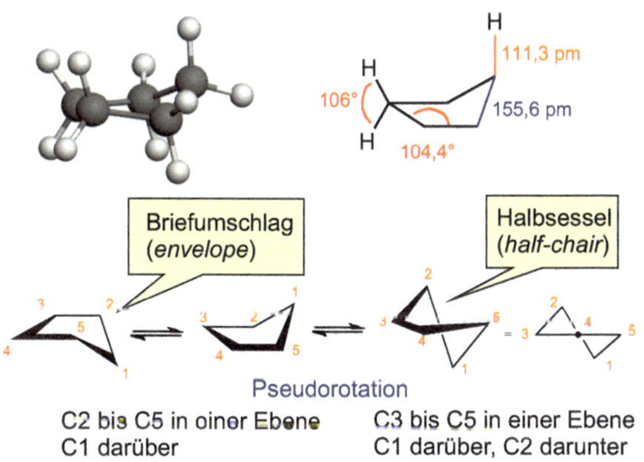

3.5.4 Cyclohexan

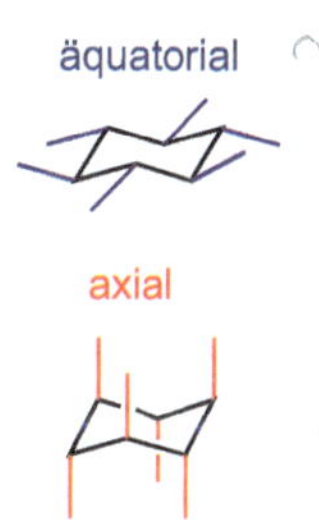

Cyclohexan liegt in einer **Sesselkonformation** vor (▶ Exkurs 3.4), die vollkommen spannungsfrei ist. Alle C–C–C-Bindungswinkel betragen 111° und entsprechen somit nahezu dem idealen Tetraederwinkel von 109,5°. Alle Bindungen sind gestaffelt, die C–C-Bindungen stehen ***gauche*** zueinander. In der Sesselkonformation gibt es zwei verschiedene Orientierungen der H-Atome.

- **Axiale** H-Atome stehen senkrecht auf der gedachten Ringebene.
- **Äquatoriale** H-Atome liegen in der gedachten Ringebene.

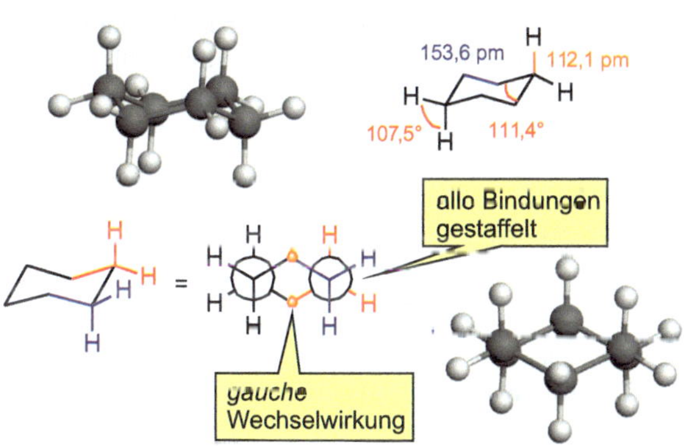

Durch Rotationen um die C-C-Einfachbindungen kann die Sesselkonformation in eine zweite Sesselkonformation übergehen (**Ringinversion**), dabei werden axiale und äquatoriale Positionen vertauscht.

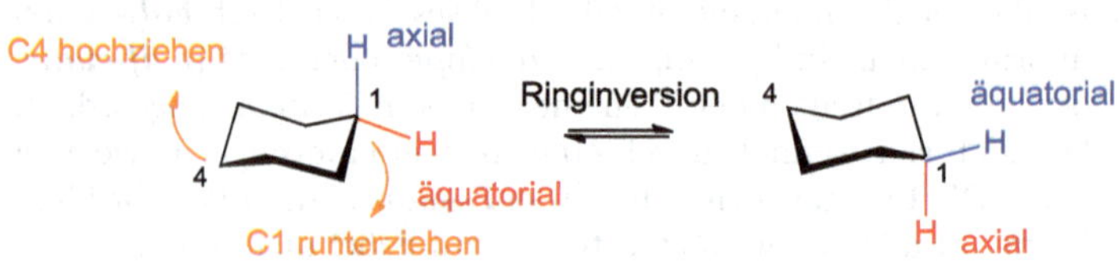

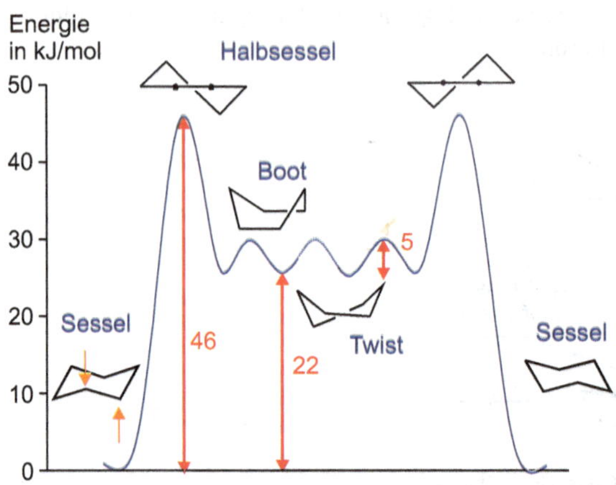

Abbildung 3.11: Energieprofil für die Ringinversion im Cyclohexan. Ausgehend von einer Sesselkonformation wird zuerst ein instabiler Halbsessel als Übergangszustand durchlaufen, der dann in eine Twist-Form übergeht. Verschiedene Twist-Formen stehen über Bootformen als Übergangszustände miteinander im Gleichgewicht, bevor über einen erneuten Halbsessel die zweite Sesselkonformation erreicht wird.

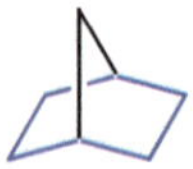

Norbornan enthält einen Sechsring in Bootform.

Diese Konformationsänderung erfolgt über mehrere Zwischenformen (Twist-Form, Boot, Halbsessel) und weist eine Energiebarriere von etwa 46 kJ/mol auf (▶ Abbildung 3.11). Die Twist-Form ist zwar auch ein energetisches Minimum, aber 22 kJ/mol instabiler als eine Sesselkonformation, sodass im Gleichgewicht >99 % aller Moleküle als Sessel vorliegen. Halbsessel und Boot (auch Wanne genannt) sind instabile Übergangszustände. Die Bootform, die etwa 26 kJ/mol instabiler ist als der Sessel, weist z. B. mehrere ekliptisch stehende C-H-Bindungen auf. Zudem kommt es zu sterischen Wechselwirkungen zwischen den nach innen zeigenden H-Atomen an C1 und C4. In bicyclischen Verbindungen (▶ Kapitel 3.6) wie dem Norbornan liegt allerdings ein Cyclohexanring in einer Bootform vor.

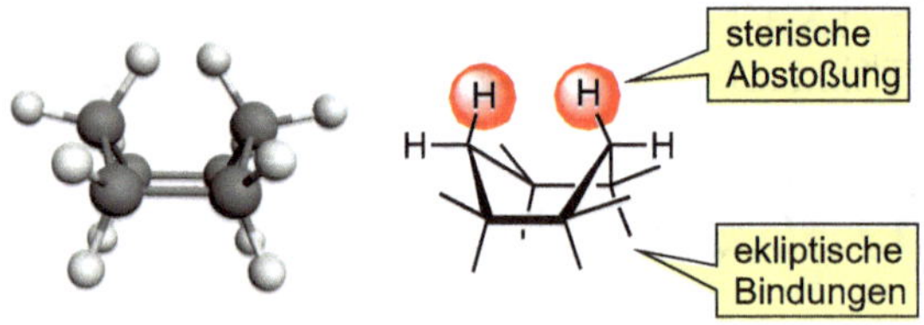

Exkurs 3.4: Wie zeichnet man Cyclohexan?

Die Sesselkonformation des Cyclohexans ist sicherlich eine der wichtigsten Molekülformeln, deren dreidimensionale Form man korrekt zeichnen können sollte. Sie ist nicht nur für die Struktur von Cyclohexanderivaten oder Zuckern relevant, sondern auch für viele chemische Reaktionen (z. B. Aldoladdition), die über sesselförmige Übergangszustände verlaufen. Die Erfahrung zeigt, dass viele Studierende mit dem Zeichnen der Sesselkonformation Schwierigkeiten haben. Es empfiehlt sich intensives Üben.

a. Beginne z. B. mit dem C-Atom in der linken Ecke des Sessels und zeichne die beiden davon ausgehenden C–C-Bindungen etwa im Winkel von 45°.
b. Als nächstes werden die beiden mittleren C–C-Bindungen *parallel* zueinander nach rechts unten eingezeichnet.
c. Ergänze die Bindungen zum C-Atom in der rechten Ecke.
d. Achte darauf, dass die C-Atome C1 und C3 sowie C4 und C6 in etwa auf gleicher Höhe liegen.
e. Der korrekt gezeichnete Sessel enthält drei Paare von jeweils parallel angeordneten C–C-Bindungen.
f. Beginne für die Bindungen zu den Substituenten wiederum an den Ecken. Die axialen Bindungen zeigen senkrecht nach oben bzw. nach unten. Die beiden äquatorialen Bindungen sind parallel zu den beiden mittleren C–C-Bindungen des Rings.
g. Die noch fehlenden axialen Bindungen zeigen abwechselnd nach oben (rot) und nach unten (blau).
h. Ergänze die noch fehlenden äquatorialen Bindungen so, dass sich jeweils zwei W- bzw. M-förmige Strukturen an den Ecken des Sessels ergeben.
i. Im fertigen Sessel sind jeweils mehrere Bindungen (farblich gekennzeichnet) parallel zueinander.

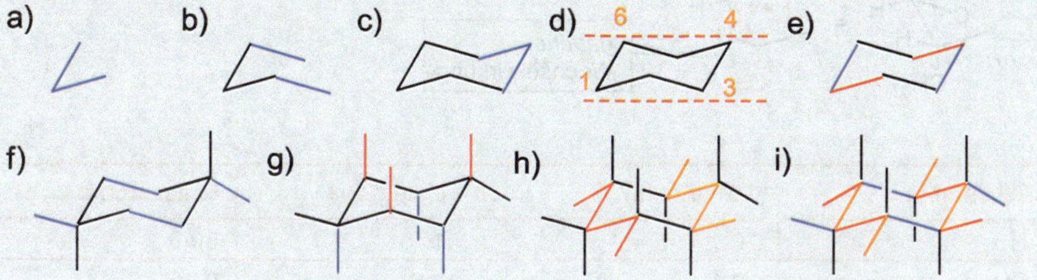

3.5.5 Einfach substituierte Cyclohexane

Die äquatoriale Position ist bei substituierten Cyclohexanen günstiger als die axiale.

Bei **substituierten Cyclohexanen** sind die beiden Sesselkonformationen nicht mehr energiegleich. Ein Substituent in der axialen Position hat weniger Platz zur Verfügung als ein Substituent in der äquatorialen Position. Die äquatoriale Stellung ist daher bevorzugt. Wie stark, hängt von der Größe des Substituenten und den sich daraus ergebenden sterischen Wechselwirkungen mit den benachbarten axialen C–H-Bindungen im Ring ab. So wird z. B. eine Methylgruppe in der axialen Position um 7,1 kJ/mol destabilisiert, sodass etwa 95 % der Moleküle in der Sesselkonformation mit äquatorialer Methylgruppe vorliegen.

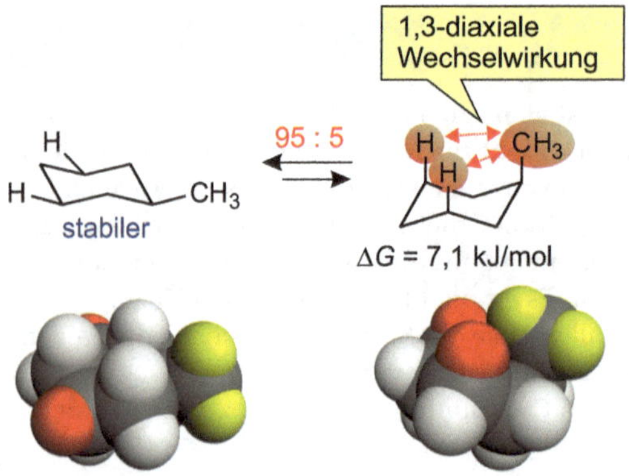

Anhand von Newman-Projektionen sieht man, dass diese **1,3-diaxiale Wechselwirkung** genannte Destabilisierung der axialen Stellung der *gauche*-Wechselwirkung im Butan entspricht (▶ Kapitel 3.1.3). Aus dem Unterschied der Gibbs-Energie $\Delta G°$ zwischen äquatorialer und axialer Position (auch als **A-Faktor** bezeichnet) kann man über die Beziehung $\Delta G° = R \cdot T \cdot \ln K$ letztendlich die Gleichgewichtskonstante und damit den prozentualen Anteil der beiden Konformere im Gleichgewicht berechnen (▶ Tabelle 3.5, ▶ Exkurs 3.5).

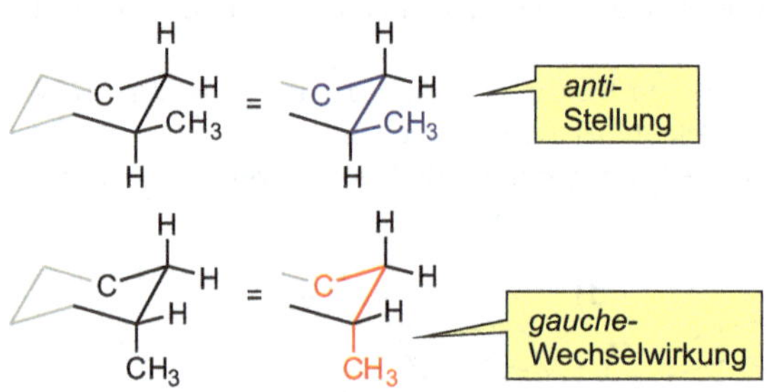

Substituent	$\Delta G°$ (kJ/mol)	K = c(äq)/c(ax))	% äquatorial
H	0	1	50,0
CH_3–	7,1	17,6	94,6
CH_3CH_2	7,3	19,0	95,0
$(CH_3)_2CH$	8,9	36,3	97,3
$(CH_3)_3C$–	20,0	3205	99,97
Ph–	12	127	99,2
F–	1,4	1,8	64,3
Cl–	2,4	2,6	72,2
Br–	2,3	2,5	71,4
I–	1,9	2,2	68,8
HO–	3,9	4,8	82,8

Tabelle 3.5: Energieunterschied $\Delta G°$ zwischen äquatorialer (bevorzugt) und axialer Anordnung verschiedener Substituenten, die sich daraus ergebende Gleichgewichtskonstante K und die Zusammensetzung des Gleichgewichts bei 298 K.

Exkurs 3.5: Zusammenhang zwischen ΔG° und K

Die thermodynamische Gleichgewichtskonstante K hängt mit der Gibbs-Energie ΔG° folgendermaßen zusammen: $\Delta G^\circ = R \cdot T \cdot \ln K$. Dies ist sicherlich eine der wichtigsten Formeln aus der Thermodynamik, die man wissen muss. Noch wichtiger als das Auswendiglernen der Formel ist es aber, ein Gefühl für die Größenordnung dieses Zusammenhangs zu entwickeln. Ein Energieunterschied von 5,7 kJ/mol in ΔG° führt zu einer Veränderung der Gleichgewichtskonstanten K um den Faktor 10. Kleine Energieunterschiede bedeuten also große Unterschiede in der Lage des Gleichgewichts (▸ Tabelle 3.6). Dieser Zusammenhang gilt selbstverständlich nicht nur für Konformere, sondern für jedes Gleichgewicht (also z. B. auch für die Produktverteilung bei reversiblen Reaktionen).

ΔG° (in kJ/mol)	K für A ⇌ B	relatives Verhältnis von A und B im Gleichgewicht
+17,1	10^{-3}	praktisch nur **A** (>99,9 %)
+11,4	10^{-2}	100-mal mehr **A** als **B** (99 : 1)
+5,7	10^{-1}	10-mal mehr **A** als **B** (90 : 10)
0	1	gleiche Mengen **A** und **B** (50 : 50)
−5,7	10^{1}	10-mal mehr **B** als **A** (10 : 90)
−11,4	10^{2}	100-mal mehr **B** als **A** (1 : 99)
−17,1	10^{3}	praktisch nur **B** (>99,9 %)

Tabelle 3.6: **Zusammenhang zwischen Gibbs-Energie ΔG° und der Gleichgewichtskonstanten K (bei 25 °C = 298 K) für ein beliebiges Gleichgewicht zwischen zwei Teilchen A und B.**

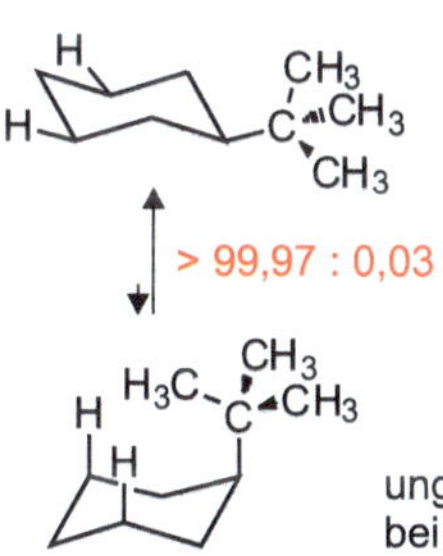

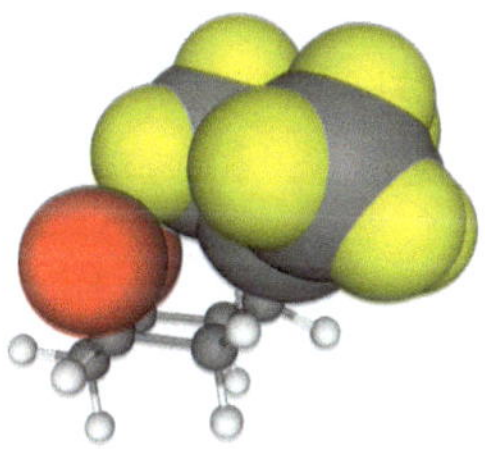

ungünstige sterische Wechselwirkungen bei axial stehender *tert*-Butylgruppe

Auffällig ist insbesondere der sehr hohe A-Faktor für eine *tert*-Butylgruppe (und etwas weniger ausgeprägt für eine Phenylgruppe). Über 99,97 % aller Moleküle liegen in der Sesselkonformation vor, in der sich die sterisch sehr anspruchsvolle *tert*-Butylgruppe in äquatorialer Position befindet. Die *tert*-Butylgruppe wird daher gerne als sogenannter **konformativer Anker** verwendet, um eine eindeutig definierte Sesselkonformation vorzugeben. Dies bedeutet allerdings nicht, dass *tert*-Butylcyclohexan keine Ringinversion mehr eingeht. Die Energiebarriere ist nach wie vor so klein, dass ein schneller Wechsel zwischen den verschiedenen Konformationen stattfindet. Es handelt sich bei einem *tert*-Butyl-substituierten Cyclo-

Eine *tert*-Butylgruppe steht immer äquatorial.

hexan also nicht, wie manchmal fälschlicherweise zu lesen ist, um ein starres Molekül. Aber das Konformerengleichgewicht zwischen den beiden Sesselkonformationen liegt praktisch komplett auf der Seite der Konformation mit äquatorialer *tert*-Butylgruppe.

3.5.6 Zweifach substituierte Cyclohexane: Diastereomere

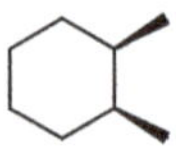

cis

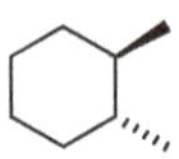

trans

Bei zwei Substituenten an einem Cyclohexan gibt es je nachdem, an welchen zwei C-Atomen des Rings die beiden Substituenten gebunden sind, verschiedene **Konstitutionsisomere** (1,2-, 1,3- oder 1,4-Isomer). Von jedem Konstitutionsisomer existieren ferner Stereoisomere. Zum einen können die beiden Substituenten in Bezug auf die gedachte Ringebene entweder auf der gleichen Seite (*cis*) oder auf verschiedenen Seiten (*trans*) angeordnet sein. Ähnlich wie bei der *E*- und *Z*-Konfiguration der Alkene (▸ Kapitel 3.2) handelt es sich um **Diastereomere**. Jedes Isomer kann zum anderen in zwei verschiedenen Sesselkonformationen vorliegen, die durch Ringinversion ineinander übergehen. Der Energieunterschied zwischen den beiden Sesselkonformationen lässt sich mit einer Ausnahme in erster Näherung additiv aus den bisher besprochenen Zahlenwerten (A-Faktor und *gauche*-Wechselwirkung) berechnen (▸ Tabelle 3.5). Je nach Substitutionsmuster sind die beiden Sesselkonformationen identisch, enantiomer oder diastereomer zueinander.

Beim *cis*-1,2-Dimethylcyclohexan steht in den beiden Sesselkonformationen jeweils eine Methylgruppe äquatorial und eine axial, aber die beiden Formen sind nicht deckungsgleiche Spiegelbilder. Es handelt sich also um zueinander enantiomere Konformationen (auch Konformationsenantiomere genannt) (▸ Kapitel 3.3.1). Beim *trans*-Diastereomer stehen in einer Sesselkonformation beide Methylgruppen äquatorial und in der anderen beide axial. Es handelt sich diesmal also um zueinander diastereomere Konformationen (Konformationsdiastereomere). Der Energieunterschied zwischen beiden Formen ist mit etwa $\Delta G° = -10\,kJ/mol$ so groß, dass im Gleichgewicht mehr als 95 % der diäquatorialen und weniger als 5 % der diaxialen Konformation vorliegen. Bestimmte chemische Reaktionen wie die E2-Eliminierung (▸ Kapitel 6.3.2) erfordern allerdings eine diaxiale Konformation der beiden Substituenten.

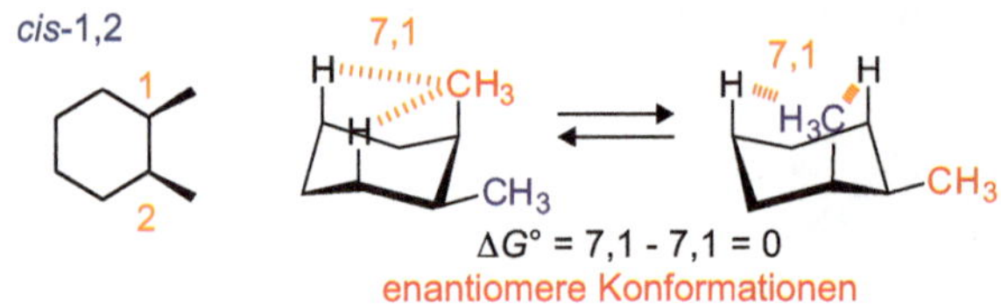

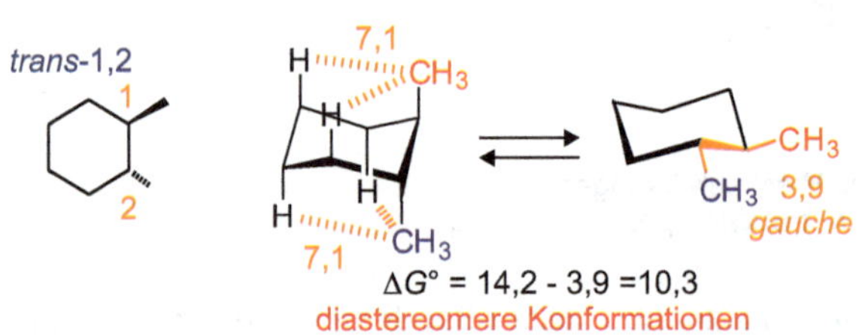

Beim *cis*-1,3-Dimethylcyclohexan sind die beiden Sesselformen diastereomer zueinander. Einmal stehen beide Methylgruppen äquatorial und einmal axial. Bei der diaxialen Konformation kommt es zu einer zusätzlichen Wechselwirkung zwischen den beiden 1,3-ständigen Methylgruppen. Diese sogenannte ***syn*-Pentan-Wechselwirkung** destabilisiert das Molekül um weitere 15,5 kJ/mol. Es liegt also im Gleichgewicht nahezu ausschließlich die diäquatoriale Konformation vor. Bei der *trans*-Verbindung sind die beiden Sesselformen identisch.

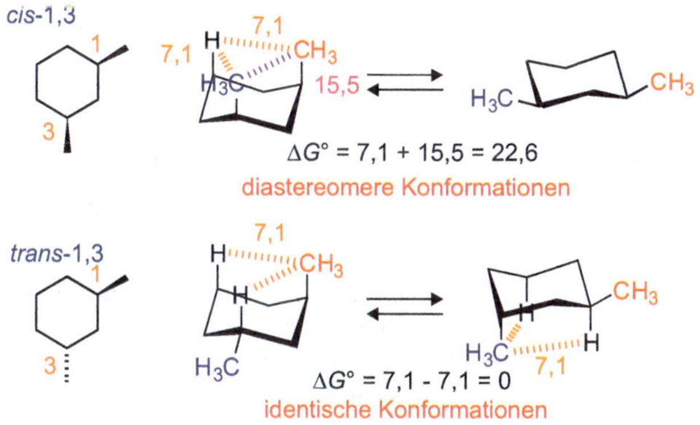

Auch beim *cis*-1,4-Dimethylcyclohexan sind die beiden Sesselformen identisch. Jeweils eine Methylgruppe steht axial und eine äquatorial. Die beiden Formen sind deckungsgleich, also keine Enantiomere sondern tatsächlich identisch. Bei der *trans*-Verbindung liegen wiederum Konformationsdiastereomere vor.

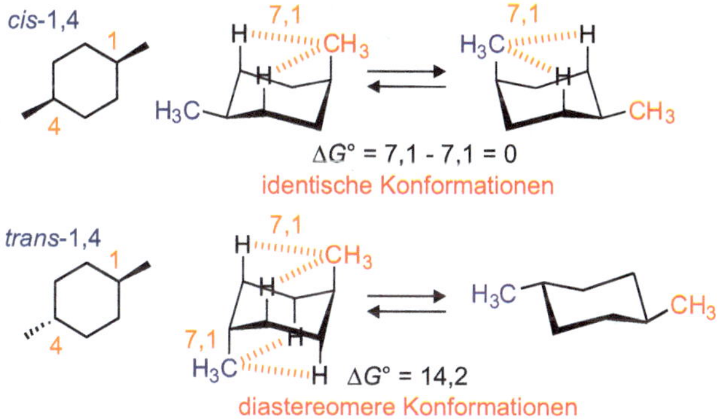

Konformativ fixierte Verbindungen 3.6

Bisher haben wir Moleküle betrachtet, die in mehreren Konformationen vorkommen, die miteinander im Gleichgewicht vorliegen. Gibt es auch Moleküle, die nur in einer einzigen Konformation existieren können? Ja, dies kann z. B. bei miteinander verknüpften („kondensierten") Ringen der Fall sein. So besteht **Decalin** aus zwei miteinander 1,2-verknüpften Cyclohexanringen, die beide in einer Sesselkonformation vorliegen. Die Verknüpfung kann wiederum entweder *cis* oder *trans* erfolgen. *Cis*-Decalin ist ein gewinkeltes Molekül, das in zwei energiegleichen enantiomeren Konformationen **A** und **A'** vorliegt, die durch Ringinversion ineinander übergehen. *Trans*-Decalin ist hingegen ein gestrecktes Molekül, das ausschließlich in der diäquatorialen Konformation vorliegt. Durch Ringinversion würde eine Konformation entstehen, bei der der zweite Ring diaxial mit dem ersten verbunden ist. Das ist aus geometrischen Gründen nicht möglich. Obwohl *trans*-Decalin nur aus Einfachbindungen besteht, handelt es sich somit um ein vollkommen starres, rigides Molekül. Aus diesem Grund ist das *trans*-Decalingerüst Baustein der **Steroide** (z. B. Cholesterol, ▶ Exkurs 3.6).

Exkurs 3.6: Steroide

Das wichtigste Steroid ist das **Cholesterol**, aus dem alle anderen Steroide (z. B. Sexualhormone, Glucocorticoide, Mineralocorticoide oder Vitamin D) und auch die Gallensäuren im Körper biosynthetisch hergestellt werden. Viele Steroide sind Hormone, also chemische Botenstoffe, die passgenau in die Bindungstasche eines Rezeptors (meistens ein Protein) hineinpassen müssen, um ihre biologische Wirkung zu entfalten. Daher ist bei Steroiden eine genau fixierte, geometrisch eindeutige Struktur wichtig. Die Steroide sind vom Kohlenwasserstoff Steran abgeleitete tetracyclische Verbindungen, bei denen drei Cyclohexanringe (A, B, C) und ein Cyclopentanring (D) miteinander verbunden sind. Die Ringe B und C sind in Steroiden immer *trans* verknüpft, die Ringe A und B meistens *trans* seltener *cis*. Da alle Steroide somit mindestens eine *trans*-Verknüpfung zwischen zwei Sechsringen aufweisen, handelt es sich um konformativ weitgehend starre Moleküle, bei denen keine Ringinversion möglich ist.

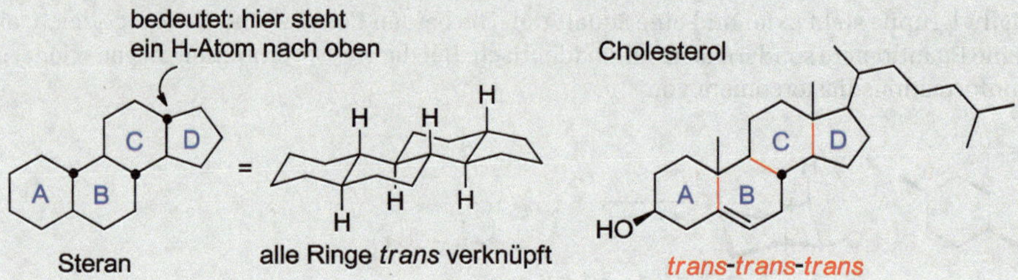

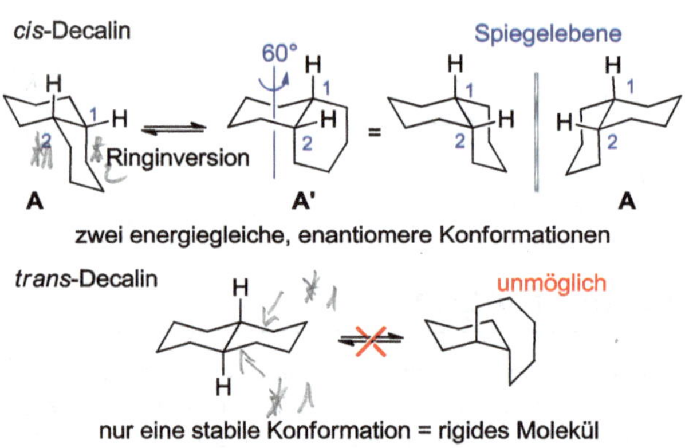

Nicht nur im *trans*-Dekalin, sondern auch in anderen **bicyclischen Verbindungen** wie Norbornan (Bicyclo[2.2.1]heptan) ist die Konformation des Moleküls eindeutig fixiert. Zwar enthält Norbornan vier Paare ekliptisch stehender C-H-Bindungen, eine andere Konformation ist aber wiederum aus geometrischen Gründen unmöglich.

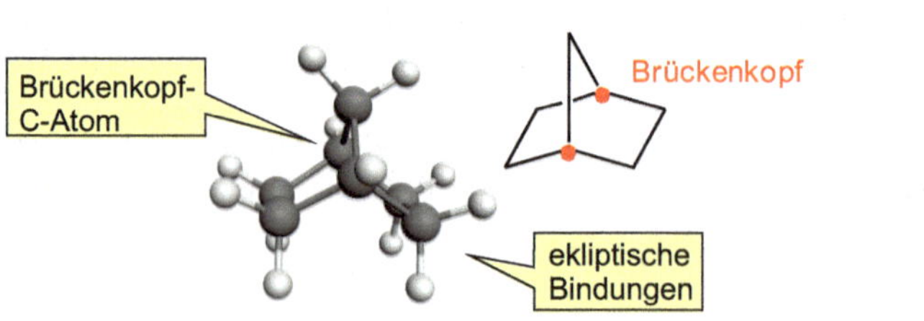

Zusammenfassung: Isomeriearten 3.7

Wir haben im vorliegenden Kapitel unterschiedliche Isomeriearten (▶ Abbildung 3.12) kennengelernt. Isomerie liegt immer dann vor, wenn zwei Verbindungen zwar die gleiche Summenformel haben, aber nicht identisch sind. Der Unterschied zwischen den Verbindungen kann entweder in der Verknüpfungsreihenfolge der Atome (Konstitutionsisomere) liegen oder – bei identischer Verknüpfungsreihenfolge – in der dreidimensionalen Anordnung der Atome im Raum (Stereoisomere). Bei den Stereoisomeren unterscheidet man die Konformere, die sich durch Rotationen um Einfachbindungen ineinander überführen lassen, von den Konfigurationsisomeren, bei denen dazu Bindungen gebrochen werden müssen. Wenn Konfigurationsisomere sich wie nicht deckungsgleiche Spiegelbilder verhalten, nennt man sie Enantiomere, ansonsten spricht man von Diastereomeren.

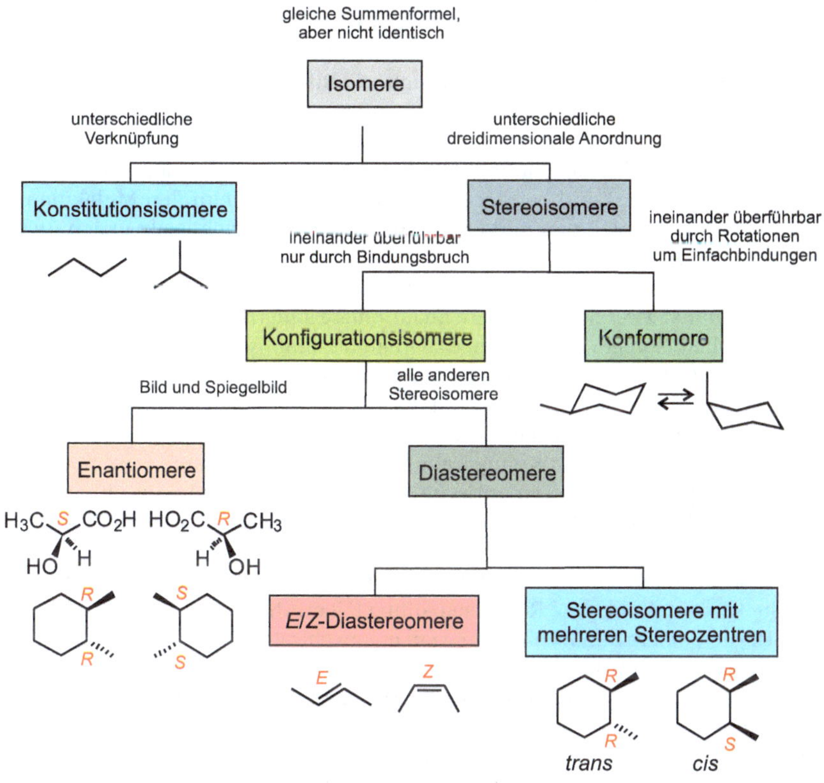

Abbildung 3.12: Übersicht über die verschiedenen Isomeriearten.

ZUSAMMENFASSUNG

In diesem Kapitel haben wir Folgendes über die Struktur organischer Verbindungen gelernt:

- Acyclische Kohlenwasserstoffe kommen in verschiedenen dreidimensionalen Konformationen vor, die sich durch Rotationen um Einfachbindungen ineinander überführen lassen. Gestaffelte Konformationen, bei denen die Bindungen an benachbarten C-Atomen jeweils auf Lücken stehen, sind stabiler als ekliptische Konformationen, bei denen die Bindungen genau auf Deckung stehen. Bei der Rotation um eine C-C-Bindung werden abwechselnd gestaffelte und ekliptische Konformationen durchlaufen, die sich in ihrer Energie unterscheiden können, je nachdem, wie groß die Wechselwirkungen zwischen den benachbarten bzw. sich gegenüberstehenden Substituenten sind.

- Da um Doppelbindungen bei Raumtemperatur nicht frei gedreht werden kann, gibt es von Alkenen mit zwei unterschiedlichen Substituenten an jedem der beiden C-Atome zwei Stereoisomere, also Isomere, die sich nur durch die relative räumliche Anordnung der jeweiligen Reste an der Doppelbindung unterscheiden. Es handelt sich um *E*/*Z*-Diastereomere. Sie haben wie alle Diastereomere unterschiedliche physikalische und chemische Eigenschaften.
- Auch von gesättigten Verbindungen kann es Stereoisomere geben, insbesondere dann, wenn ein oder mehrere Stereozentren (C-Atom mit vier unterschiedlichen Substituenten) im Molekül vorhanden sind. Stereoisomere unterteilen sich in Enantiomere und Diastereomere. Enantiomere verhalten sich wie Bild und Spiegelbild, sind aber nicht deckungsgleich. Diastereomere sind alle anderen Stereoisomere, die sich nicht wie Bild und Spiegelbild verhalten. Enantiomere haben weitgehend identische Eigenschaften. Sie unterscheiden sich nur in ihrer Wechselwirkung mit linear polarisiertem Licht (optische Aktivität) und bei der Reaktion mit anderen chiralen Molekülen. Gegenüber achiralen Molekülen und Objekten verhalten sie sich exakt gleich und sind ununterscheidbar.
- Besitzt ein Molekül n Stereozentren, so existieren maximal 2^n Stereoisomere, von denen jeweils immer zwei Stereoisomere Enantiomere sind (Bild/Spiegelbild), während die restlichen Isomere diastereomer zueinander sind. Bei zwei oder mehreren Stereozentren mit identischen Substituenten existieren achirale *meso*-Formen, die mit ihrem Spiegelbild deckungsgleich sind. Es gibt dann insgesamt weniger als die maximale Anzahl von 2^n Stereoisomeren.
- Zur Bestimmung der absoluten Konfiguration eines Stereozentrums kann man die *R*/*S*-Nomenklatur verwenden. Die optische Aktivität, (+) oder (–), muss hingegen experimentell bestimmt werden und hat nichts mit der absoluten Konfiguration des Moleküls zu tun.
- Racemate sind Mischungen von Enantiomeren im Verhältnis 1 : 1, die optisch inaktiv sind. Sie können durch eine Racematspaltung (Überführung der Enantiomere in trennbare Diastereomere durch Umsetzung mit einem chiralen Reagenz) in die beiden Enantiomere getrennt werden.
- In cyclischen Kohlenwasserstoffen sind die C-Atome zu Ringen verknüpft. Insbesondere die beiden kleinsten Vertreter, Cyclopropan und Cyclobutan, weisen eine hohe Ringspannung auf und sind daher sehr viel reaktiver als andere Kohlenwasserstoffe. Cyclohexan hingegen ist spannungsfrei und kommt in zwei verschiedenen Sesselkonformationen vor, die durch Ringinversion ineinander überführt werden können. Substituenten können entweder axial (senkrecht auf der Ringebene) oder äquatorial (in der Ringebene) angeordnet sein. Die äquatoriale Anordnung ist stabiler. Bei der Ringinversion gehen axiale Substituenten in äquatoriale über und umgekehrt.

ZUSAMMENFASSUNG

Reaktionen der Alkane

4

ÜBERBLICK

Lernziele

Nachdem Sie dieses Kapitel zu den Alkanen und ihren typischen Reaktionen durchgearbeitet haben, sollten Sie verstanden haben,

- warum Alkane so reaktionsträge Verbindungen sind, dass sie nur sehr wenige chemische Reaktionen eingehen,
- was ein Reaktionsenergiediagramm ist und warum die Geschwindigkeit einer chemischen Reaktion vom höchsten Energieberg zwischen Edukten und Produkten abhängt,
- wie chemische Bindungen gespalten werden und was man unter einer Heterolyse und einer Homolyse versteht,
- wie die radikalische Halogenierung von Alkanen abläuft,
- warum die Stabilität von Alkylradikalen von ihrem Substitutionsgrad abhängt und welche elektronischen Einflüsse Substituenten allgemein auf die Stabilität von Teilchen haben können,
- wie die Reaktivität eines Teilchens mit der Selektivität einer Reaktion zusammenhängt und
- wie man eine regioselektive Bromierung in Allylposition durchführen kann.

Methan

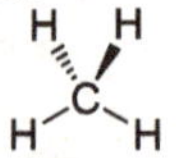

Ethan

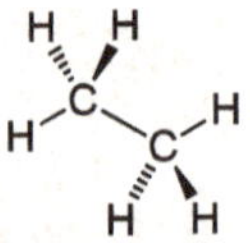

Propan

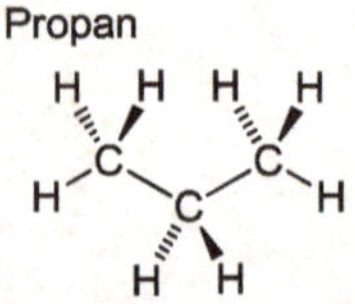

allgemein

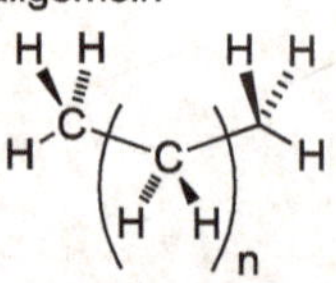

lineare *n*-Alkane

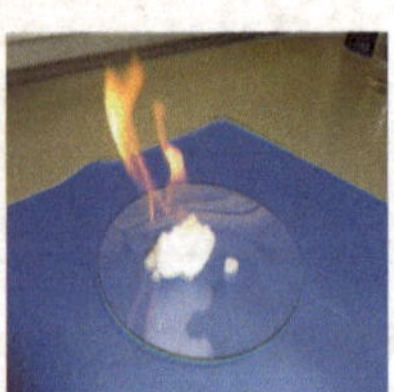

brennendes Gashydrat (Bildquelle Prof. Dr.-Ing. Heyko Jürgen Schultz, HS Niederrhein)

4.1 Vorkommen und Bedeutung der Alkane

In den vorherigen Kapiteln haben wir Alkane als Stammkörper aller organischen Verbindungen kennengelernt (▶ Kapitel 2.1). Es sind gesättigte Kohlenwasserstoffe, das heißt, alle C-Atome sind sp^3-hybridisiert, sodass Alkane nur aus C–C- und C–H-Einfachbindungen bestehen (▶ Kapitel 1.5.1). Es handelt sich um *Verbindungen ohne funktionelle Gruppen*. Die jeweiligen Typen von Alkanen (z. B. acyclische oder cyclische, lineare oder verzweigte) bilden verschiedene homologe Reihen, deren Aufbau und Struktur wir bereits in den Kapiteln 2 und 3 kennengelernt haben. Alkane bis etwa 100 C-Atomen kommen in der Natur z. B. als Bestandteile von **Erdgas** und **Erdölen** vor, die im Wesentlichen als Heiz- und Brennstoffe zur Energieerzeugung genutzt werden. Man spricht von **fossilen Energieträgern**, da sie innerhalb geologischer Zeiträume durch anaerobe (also in Abwesenheit von Sauerstoff) Zersetzung von organischer Materie unter hohem Druck innerhalb der Erdkruste entstanden sind. Weiterhin sind Alkane wichtige **Grundstoffe der chemischen Industrie**, aus denen z. B. einfache organische Verbindungen wie Methanol oder Acetaldehyd oder Kunststoffe wie Polyethylen technisch hergestellt werden.

Das einfachste Alkan, **Methan**, ist mit etwa 75–99 % der Hauptbestandteil des Erdgases. Den Rest machen im Wesentlichen Ethan, Propan, Butan und Ethen aus. Erdöl ist eine komplexe Mischung verschiedenster Kohlenwasserstoffe, die durch fraktionierende Destillation in unterschiedliche Komponenten wie Benzin, Dieselöl, Kerosin oder Heizöl getrennt wird (▶ Exkurs 4.1). Methan findet sich auch in Form einer Einschlussverbindung mit Wasser (sogenanntes Clathrat) in großen Mengen als brennbares **Gashydrat** am Boden der Tiefsee. Ebenso ist es in der Atmosphäre der großen Gasplaneten (Jupiter, Saturn, Uranus und Neptun) und deren Monden vorhanden. Auf dem Saturnmond Titan soll es z. B. Seen aus flüssigem Methan geben. Manche Bakterien und Archaea (früher Urbakterien genannt) produzieren Methan im Rahmen ihres Stoffwechsels. Ideale Lebensbedingungen finden diese sogenannten **Methanogene** z. B. in Mägen von Wiederkäuern. Sie sind damit für die Freisetzung von Methan (einem wichtigen Treibhausgas) bei Rindern verantwortlich.

Exkurs 4.1: Aufbereitung von Erdöl

Die wichtigste natürliche Quelle für Kohlenwasserstoffe sind Erdgas und Erdöl, die in großen Mengen von unserer modernen Industriegesellschaft sowohl zur Energieerzeugung als auch als Rohstoffe für die chemische Industrie benötigt werden. Der geschätzte Verbrauch an Erdöl betrug 2008 weltweit etwa 90 Mio. Barrel (1 Barrel = 159 L). Es handelt sich um Zersetzungsprodukte organischer Materie unter anaeroben Bedingungen und hohem Druck. Da es sich bei Erdöl um ein hochkomplexes Gemisch verschiedenster Kohlenwasserstoffe handelt, muss es vor der Verwendung aufbereitet und veredelt werden. Dies geschieht in zwei Stufen:

- fraktionierende Destillation (*Raffination*)
- Veredelung durch *Cracken*

Bei der fraktionierenden Destillation in einer Raffinerie wird das Erdöl in verschiedene Komponenten je nach Siedebereich getrennt. Man erhält (in der Reihe zunehmender Siedetemperatur) „Flüssiggas" (Siedetemperatur: < 30 °C; Kohlenwasserstoffe mit drei und vier C-Atomen), Benzin (Siedetemperatur: 35–140 °C, fünf bis neun C-Atome), Petroleum und Kerosin (Siedetemperatur.: 150–250 °C, neu bis 16 C-Atome) sowie Dieselöl und leichtes Heizöl (Siedetemperatur: 250–360 °C, 15–22 C-Atome). Noch höher siedende Bestandteile, die man aus einer sich anschließenden Vakuumdestillation erhält, werden als Schmieröle genutzt. Der letztendlich verbleibende nicht flüchtige Rückstand (Bitumen, Teer) dient z. B. als Bindemittel im Straßenbau (*Asphalt*).

Das aus der Destillation gewonnene Rohbenzin (auch Naphtha genannt, fünf bis neun C-Atome) kann durch thermische oder katalytische Zersetzung (*Cracken*) in kurzkettige Kohlenwasserstoffe (weniger als fünf C-Atome) umgewandelt werden. Dabei wird nicht nur die Kettenlänge verkleinert, sondern es erhöht sich auch der Anteil an verzweigten Alkanen gegenüber unverzweigten. Da verzweigte Alkane eine höhere Octanzahl aufweisen, erhöht sich die Qualität des Benzins (▸ Exkurs 2.2). Außerdem entstehen beim Cracken auch große Mengen an Olefinen (ungesättigte Kohlenwasserstoffe) wie Ethen, Propen oder Butadien, die wertvolle Rohstoffe für die chemische Industrie darstellen, z. B. für die Synthese von Kunststoffen wie Polyethylen oder Polypropylen, oder auch für Grundchemikalien wie Acrolein, Acetaldehyd oder Alkohole. Beim Cracken werden C–C- und C–H-Bindungen gespalten und aus den Bruchstücken neue Moleküle zusammengesetzt. Beim thermischen Cracken verlaufen diese Spaltprozesse über Radikale, beim katalytischen Cracken über Carbokationen.

Eigenschaften der Alkane 4.2

4.2.1 Physikalische Eigenschaften

Die physikalischen Eigenschaften aller Alkane sind sehr ähnlich. Da zwischen den Molekülen nur die sehr schwachen Van-der-Waals-Kräfte (▸ Kapitel 2.4.2) wirken, sind die Schmelz- und Siedetemperaturen im Vergleich zu polaren Molekülen sehr niedrig (▸ Abbildung 4.1). Alkane mit bis zu vier C-Atomen sind bei Raumtemperatur Gase, mit fünf bis etwa 20 C-Atomen sind es Flüssigkeiten, noch längere Alkane sind Feststoffe (*Paraffin*). Die Siedetemperaturen nehmen also erwartungsgemäß mit der Molekülgröße zu, wobei die verzweigten Konstitutionsisomere wegen der geringeren Moleküloberfläche niedriger sieden als die unverzweigten (▸ Abbildung 4.1). Bei den linearen Alkanen erhöht sich pro CH_2-Gruppe die Siedetemperatur im Schnitt um etwa 20–30 °C. Die Schmelztemperaturen nehmen ebenfalls mit der Kettenlänge zu, allerdings haben die geradzahligen Alkane relativ zu ihren ungeradzahligen Nachbarn meistens etwas höhere Siedetemperaturen, was auf eine bessere Packung der geradzahligen Zickzackketten im Kristall zurückgeht. Kugelförmige, verzweigte Alkane wie Neopentan (Schmelztemperatur –18 °C) haben aus ähnlichen Gründen deutlich höhere Schmelztemperaturen als die weniger kugelförmigen Isomere (*n*-Pentan: –130 °C; Isopentan: –160 °C). Kugeln lassen sich in einem Kristall besser und dichter und damit energieärmer packen als Ketten. Zum Schmelzen wird daher mehr Energie (höhere Temperatur) benötigt. Alkane sind völlig unpolare Verbindungen (▸ Kapitel 2.4.1), die in Wasser nicht, in organischen Lösemitteln gut löslich sind. Die Dichte der flüssigen Alkane liegt bei 25 °C zwischen 0,6 und 0,8 g/mL, Alkane sind also leichter als Wasser.

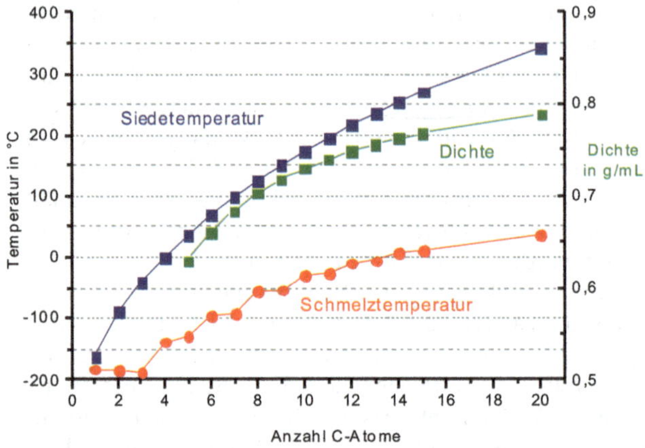

Abbildung 4.1: Physikalische Eigenschaften der *n*-Alkane. Schmelz- und Siedetemperatur nehmen mit zunehmender Kettenlänge der *n*-Alkane aufgrund der mit der Molekülgröße zunehmenden Van-der-Waals-Kräfte zu. Auch die Dichte nimmt aufgrund der größeren Molmasse stetig zu.

4.2.2 Übersicht über die chemischen Eigenschaften

Alkane sind unreaktiv. Sie können verbrannt werden und reagieren mit Radikalen, aber **nicht** mit Nucleophilen oder Elektrophilen.

Da Alkane nur aus unpolaren und sehr stabilen C–C- und C–H-Bindungen aufgebaut sind und sie keine weitere funktionelle Gruppe enthalten, handelt es sich chemisch um sehr reaktionsträge Verbindungen, die daher auch Paraffine genannt werden (lateinisch *parum affinis* = geringe Affinität zu anderen Verbindungen). Sie reagieren unter normalen Bedingungen z. B. weder mit konzentrierter Schwefelsäure noch mit Natronlauge noch mit Alkalimetallen. Chemische Reaktionen finden nur unter sehr drastischen Bedingungen statt, also z. B. bei hohen Temperaturen (einige Hundert Grad Celsius) oder mit Radikalen und Carbenen als sehr reaktiven Reaktionspartnern. Es gibt daher eigentlich nur **zwei Reaktionen**, die bei Alkanen stattfinden und von Bedeutung sind:

- Oxidation mit Luftsauerstoff („Verbrennung")
- radikalische Halogenierung

Mit Nucleophilen oder Elektrophilen, die bei der überwiegenden Mehrzahl aller chemischen Reaktionen die Reaktionspartner sind (nämlich bei den sogenannten polaren Reaktionen, ▸ Kapitel 5.2), reagieren Alkane hingegen nicht!

Verbrennung von Alkanen

Die Verbrennung von Alkanen ist nach wie vor die Hauptenergiequelle unserer modernen Industriegesellschaft, wenn auch wegen der Begrenztheit fossiler Energieträger der Anteil erneuerbarer Energiequellen sinnvollerweise stetig ausgebaut wird. Alkane sind wie alle organischen Verbindungen thermodynamisch instabil gegenüber der Oxidation zu CO_2 und H_2O. So ist z. B. die Verbrennung von Methan ein stark exothermer Prozess und die Gibbs-Energie $\Delta G°$, die über den freiwilligen Ablauf einer chemischen Reaktion entscheidet, ist stark negativ. Hinweis: Die hochgestellte Null ° am Symbol bedeutet, dass sich die Energieangaben auf Standardbedingungen beziehen (äußerer Druck p = 1 bar, Temperatur ϑ = 25 °C).

$$CH_4 + 2\,O_2 \rightarrow CO_2 + 2\,H_2O \qquad \Delta H° = -891\ \text{kJ/mol}$$

Diese bei der Verbrennung frei werdende Wärme nutzen wir zu Heizzwecken und zur Energieproduktion (z. B. in Verbrennungsmotoren). Synthetisch gesehen ist die Oxidation von Alkanen - bisher zumindest - aber keine wichtige Reaktion. Das Problem ist, dass die Reaktion nicht selektiv ist und in der Regel bis zum (chemisch uninteressanten) CO_2 läuft. Die Oxidation lässt sich nicht auf der Stufe der dazwischen liegenden Oxidationsprodukte Methanol CH_3OH oder Formaldehyd HCHO anhalten (eine genauere Diskussion von Oxidationen und Reduktionen erfolgt in ▶ Kapitel 9.2.4). Leider, denn diese Produkte sind wirtschaftlich von großem Interesse (Methanol z. B. als alternativer Kraftstoff anstelle von Benzin). Es gibt daher viele Versuche, bisher allerdings noch ohne durchschlagenden Erfolg, durch den Einsatz von Katalysatoren eine direkte C–H-Oxidation von Methan zu Methanol zu erreichen.

Obwohl die Oxidation eines Alkans durch Sauerstoff eine große thermodynamische Triebkraft aufweist, ist ein Gemisch aus Methan und Sauerstoff nahezu unendlich lange stabil. Die Reaktion findet erst dann statt, wenn die Verbrennung durch einen Funken oder eine Flamme von außen „gezündet" wurde. Dann verläuft die Reaktion aber explosionsartig. Das Problem ist die **Kinetik der Reaktion** (▶ Kapitel 4.3.1). Die Aktivierungsenergie für die Oxidation ist so groß, dass bei Raumtemperatur die Geschwindigkeit unmessbar klein ist, die Reaktion also praktisch nicht stattfindet. Erst wenn durch Energiezufuhr von außen die Aktivierungsenergie überwunden werden kann oder durch einen Katalysator der Energieberg verringert wird (▶ Exkurs 7.3), läuft die Reaktion mit messbarer Geschwindigkeit ab. In solchen Fällen, wenn die Stabilität eines Systems lediglich daher rührt, dass eine thermodynamisch günstige Reaktion eine zu hohe Aktivierungsbarriere besitzt, spricht man von einem *metastabilen* Zustand.

Radikalische Halogenierung

Ähnliches gilt für die radikalische Halogenierung. Auch bei dieser Reaktion muss zuerst durch Energiezufuhr von außen die Reaktion in Gang gesetzt werden, bevor dann eine sich selbst erhaltende Kettenreaktion abläuft. Dabei wird ein H-Atom im Alkan durch ein Halogen ausgetauscht (substituiert). Bei der Umsetzung von Methan mit Chlor entstehen also Chlormethan und Chlorwasserstoff als Produkte. Es hat insgesamt eine **Substitutionsreaktion** stattgefunden. Den genauen Mechanismus, nach dem diese Reaktion abläuft, werden wir etwas später diskutieren (▶ Kapitel 4.4).

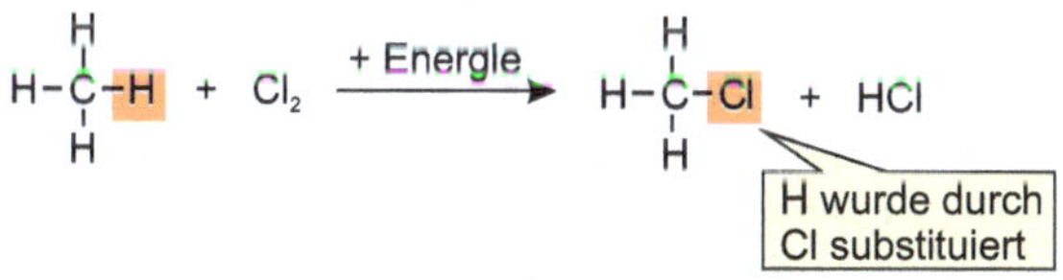

Allgemeines zum Ablauf chemischer Reaktionen 4.3

4.3.1 Kinetik und Thermodynamik einer Reaktion

Bei einer chemischen Reaktion finden **Stoffumwandlungen** statt. Aus den Edukten (auch Reaktanden genannt) werden durch die chemische Reaktion neue Stoffe mit neuen Eigenschaften, die Produkte. Das heißt, im Verlauf der Reaktion müssen chemische Bindungen gebrochen und neu geknüpft werden. Da unterschiedliche Bindungen unterschiedlich stark sind (▶ Kapitel 1.5), kommt es bei nahezu jeder chemischen Reaktion auch zu einer **Energieänderung**.

$$\text{Edukt(e)} \xrightarrow{\text{chemische Reaktion}} \text{Produkt(e)} + \text{Energieänderung}$$

Ist die aufzuwendende Energie für das Brechen der Bindungen in den Edukten in Summe kleiner als die frei werdende Energie beim Knüpfen der neuen Bindungen in den Produkten, wird insgesamt bei der Reaktion Energie frei. Die Reaktion ist – wie die Verbrennung von Methan – **exotherm** ($\Delta H° < 0$). Andernfalls muss Energie aufgewendet werden, die Reaktion ist **endotherm** ($\Delta H° > 0$). Die Reaktionsenthalpie $\Delta H°$ bestimmt zusammen mit der Entropieänderung $\Delta S°$ gemäß der Gibbs-Helmholtz-Gleichung die Änderung der Gibbs-Energie $\Delta G°$ und damit auch die thermodynamische Gleichgewichtslage K der Reaktion (T ist die absolute Temperatur in Kelvin und R ist die universelle Gaskonstante mit $R = 8{,}314\ \text{J/(mol} \cdot \text{K)}$).

$$\Delta G° = \Delta H° - \mathrm{T} \cdot \Delta S°$$

$$\Delta G° = -\mathrm{R} \cdot \mathrm{T} \cdot \ln K$$

Ist $\Delta G° < 0$, läuft die Reaktion prinzipiell freiwillig ab (exergone Reaktion). Die Reaktion besitzt eine thermodynamische Triebkraft. Ist hingegen $\Delta G° > 0$, läuft die Reaktion grundsätzlich nicht freiwillig ab (endergone Reaktion).
In diesem Zusammenhang sei auf die **Vorzeichenkonvention bei Energieangaben** hingewiesen, die physikalisch immer aus der Sicht der reagierenden Teilchen erfolgt.

- Ein negatives Vorzeichen (z. B. $\Delta H < 0$) bedeutet, dass der Energiegehalt der reagierenden Teilchen abnimmt. Energie wird vom System an die Umgebung abgegeben, also freigesetzt.
- Ein positives Vorzeichen (z. B. $\Delta H > 0$) bedeutet, dass der Energiegehalt der reagierenden Teilchen sich erhöht. Energie wird vom System aus der Umgebung aufgenommen.

Die Thermodynamik ($\Delta G°$) sagt nichts über die Geschwindigkeit (Kinetik) einer Reaktion aus, die von der Aktivierungsenergie E_a abhängt.

Die Thermodynamik, also $\Delta G°$, sagt aber nur etwas darüber aus, ob die Reaktion *prinzipiell möglich* ist, nicht ob sie unter den gegebenen Reaktionsbedingungen auch *tatsächlich* mit einer nennenswerten Geschwindigkeit abläuft. Für die Geschwindigkeit einer Reaktion sind nämlich nicht nur Anfangs- und Endzustand entscheidend, sondern vor allem die *zeitliche Abfolge der Bindungsbrüche und Bindungsbildungen*, also der genaue Weg, auf dem die Umwandlung der Edukte in die Produkte erfolgt (der sogenannte **Mechanismus der Reaktion**). In der Regel müssen zuerst die vorhandenen Bindungen in den Edukten zumindest teilweise gebrochen werden, bevor neue Bindungen in den Produkten geknüpft werden können. Bei nahezu allen chemischen Reaktionen muss daher zu Beginn erst Energie aufgewendet werden. Dadurch ergibt sich zwischen Anfangs- und Endzustand der Reaktion (Edukte und Produkte) ein Energieberg, der im Verlauf der Reaktion überwunden werden muss. Die Höhe dieses Energiebergs, die sogenannte **Aktivierungsenergie** E_a (oder etwas allgemeiner die freie Gibbs-Aktivierungsenergie $\Delta G^{\neq}$), bestimmt letztendlich, wie schnell eine Reaktion abläuft (Kinetik). Je größer der Energieberg ist, desto langsamer ist die Reaktion. **Eine chemische Reaktion folgt immer dem Weg, bei dem der zu überwindende Energieberg möglichst klein ist.**

Definition: Reaktionsmechanismus

Der Reaktionsmechanismus beschreibt den genauen molekularen Ablauf, durch dem die Edukte in die Produkte umgewandelt werden. Er gibt die zeitliche Reihenfolge der Bindungsbrüche und -bildungen und die dazugehörenden Energieänderungen ebenso an wie die Strukturen der Moleküle bzw. die Strukturänderungen entlang des Reaktionswegs. Der Reaktionsmechanismus hat entscheidenden Einfluss darauf, wie schnell eine Reaktion abläuft.

4.3.2 Das Reaktionsenergiediagramm

Um die Energieänderungen während der Reaktion grafisch darzustellen, verwendet man ein **Reaktionsenergiediagramm** (auch als Energieprofil oder Reaktionsprofil bezeichnet) (▶ Abbildung 4.2). Dabei handelt es sich um einen zweidimensionalen Schnitt durch eine mehrdimensionale Energiehyperfläche (▶ Exkurs 4.2). Die x-Achse ist die sogenannte **Reaktionskoordinate**, ein Maß für das Fortschreiten der Reaktion. Bei sehr einfachen chemischen Reaktionen lässt sich die Reaktionskoordinate noch anschaulich als Abstand zwischen zwei Teilchen interpretieren. In der Regel entspricht sie aber einer komplizierten, *gleichzeitigen Änderung der Positionen aller Atome*. Man sollte sich einfach merken, dass entlang der Reaktionskoordinate die Edukte auf einem energetisch günstigen Weg in die Produkte umgewandelt werden. Auf der y-Achse trägt man die Energie des Systems auf, also der Gesamtheit aller reagierenden Teilchen, wobei man meistens nicht genauer angibt, ob es sich z. B. um die freie Gibbs-Energie G oder die Enthalpie H oder irgendeine andere, nicht genauer spezifizierte Energie E als Energiegröße handelt. Den höchsten Punkt auf dem Reaktionsweg bezeichnet man als **Übergangszustand**. Die Energiedifferenz zwischen den Edukten und dem Übergangszustand ist die schon erwähnte Aktivierungsenergie E_a, die die Geschwindigkeit der Reaktion bestimmt.

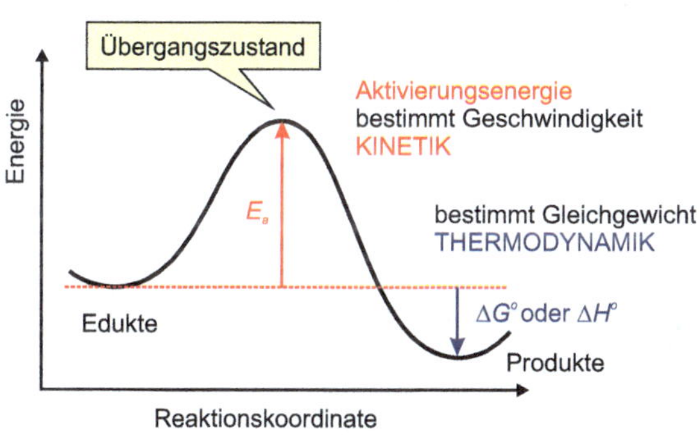

Abbildung 4.2: Reaktionsenergiediagramm einer einstufigen Reaktion. Trägt man die Änderung der Energie des Systems beim Übergang von den Edukten zu den Produkten graphisch auf, so erhält man das Reaktionsenergiediagramm. Dieses enthält wertvolle Informationen sowohl zur Kinetik (Höhe der Energieberge) als auch zur Thermodynamik (Energieunterschiede zwischen Edukten und Produkten) der Reaktion.

Im Reaktionsenergiediagramm (▶ Abbildung 4.2) ist eine **einstufige Reaktion** dargestellt. Die Edukte werden unmittelbar in einem einzigen Schritt in die Produkte umgewandelt. Dabei wird genau ein Übergangszustand (Energieberg) durchlaufen, dessen Höhe die Geschwindig-

Definition: Übergangszustand und Zwischenstufe

Ein **Übergangszustand** ist ein Maximum im Reaktionsenergiediagramm (genauer: ein Sattelpunkt auf der mehrdimensionalen Energiehyperfläche). Es ist ein transienter Zustand, durch den die Reaktion verläuft und der somit nur während einer einzigen Molekülschwingung für ca. $10^{-12} - 10^{-14}$ s existiert. Es ist also kein stabiles Molekül oder Teilchen.

Eine **Zwischenstufe** (Intermediat) ist hingegen ein Minimum auf der Energiehyperfläche, also ein echtes Teilchen mit einer, wenn auch meistens nur sehr kurzen, aber prinzipiell vorhandenen Lebensdauer. In günstigen Fällen kann man Zwischenstufen isolieren oder zumindest spektroskopisch nachweisen, was bei Übergangszuständen (bisher) so gut wie nicht möglich ist.

keit bestimmt. Solch eine einstufige Reaktion nennt man auch **konzertiert** (ein Beispiel ist die S_N2-Reaktion, ▸ Kapitel 5.4). Die meisten organischen Reaktionen sind allerdings **mehrstufige Reaktionen**. Es treten **Zwischenstufen** auf, bei denen es sich häufig um sehr instabile Intermediate, z. B. Radikale, Carbokationen oder Carbanionen, handelt. Zwischenstufen sind Minima im Energiediagramm, deren Lebensdauer von der Höhe des kleinsten flankierenden Energiebergs abhängt. Die meisten Intermediate sind so kurzlebig, dass sie sich nicht in Substanz isolieren lassen. Viele existieren nur für Bruchteile von Sekunden und reagieren sofort weiter. Ihr Auftreten ist aber für den Ablauf einer Reaktion von entscheidender Bedeutung. Wir werden uns daher in den folgenden Kapiteln sehr ausführlich mit solchen instabilen Zwischenstufen und ihren Eigenschaften beschäftigen. Bei mehrstufigen Reaktionen treten im Energiediagramm mehrere Energieberge und -täler auf (▸ Abbildung 4.3). Es finden mehrere Reaktionsschritte hintereinander statt, die man **Elementarreaktionen** nennt. Die Geschwindigkeit der Gesamtreaktion wird vom langsamsten Reaktionsschritt bestimmt. Dieser **geschwindigkeitsbestimmende Schritt** ist die Elementarreaktion, die über den Übergangszustand mit der höchsten Energie verläuft. Häufig handelt es sich dabei um die Bildung einer instabilen Zwischenstufe, die schnell weiterreagiert, sobald sie gebildet ist. Ein klassisches

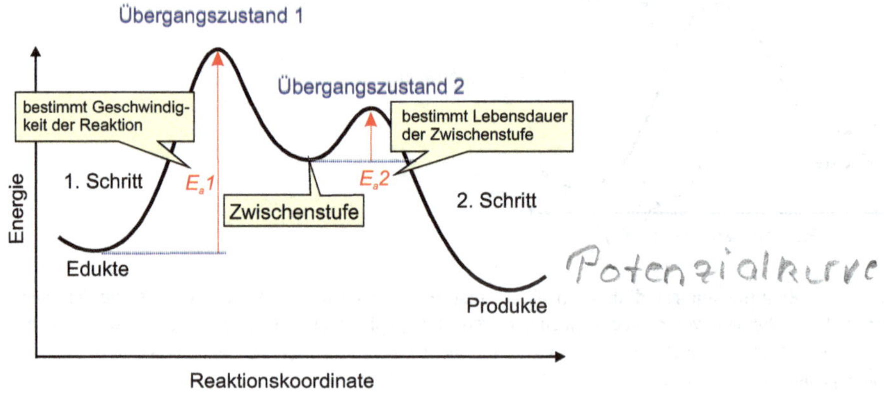

Abbildung 4.3: Reaktionsenergiediagramm einer mehrstufigen Reaktion. Tritt bei einer Reaktion mindestens eine Zwischenstufe auf, so handelt es sich um eine mehrstufige Reaktion. Der Übergangszustand mit der höchsten Energie bestimmt die Geschwindigkeit der Gesamtreaktion. In diesem Fall ist die erste Elementarreaktion, die Bildung der Zwischenstufe, langsam. Die zweite Elementarreaktion, die Weiterreaktion dieser Zwischenstufe, erfolgt hingegen schnell.

Beispiel für eine solche mehrstufige Reaktion ist die S_N1-Reaktion (▶ Kapitel 5.6). Alles, was nach dem langsamsten Schritt passiert, hat zwar für die Geschwindigkeit der Reaktion keine Bedeutung mehr, kann aber z. B. bei möglichen Konkurrenzreaktionen entscheidenden Einfluss darauf haben, welches Produkt genau gebildet wird (**produktbestimmender Schritt**). Hierauf werden wir bei der S_N1-Reaktion noch einmal zurückkommen (▶ Kapitel 5.7).

Exkurs 4.2: Energiehyperflächen

Bei der Besprechung der chemischen Bindung im H_2-Molekül haben wir gesehen, dass die Energie des Systems bei der Annäherung der beiden H-Atome zuerst kontinuierlich abnimmt, beim mittleren Bindungsabstand ein Minimum durchläuft und danach aufgrund der Kern-Kern-Abstoßung wieder ansteigt (▶ Kapitel 1.3). In diesem einfachsten Fall einer chemischen Reaktion (Bindungsbildung aus zwei Atomen) lässt sich die Energie des Systems eindeutig in Abhängigkeit von einer einzigen Variablen, dem Kern-Kern-Abstand, beschreiben. Eine grafische Auftragung des Kern-Kern-Abstands (x-Achse) gegen die Energie (y-Achse) ergibt eine zweidimensionale **Potenzialkurve**, das bekannte Morse-Potenzial. In einem dreiatomigen Molekül hängt die Energie allerdings schon von drei Variablen ab, dem Bindungswinkel und den beiden Bindungsabständen. Die Abhängigkeit der Energie von der Struktur des Moleküls (relative Anordnung der Atome zueinander) ist damit bereits vierdimensional und nicht mehr anschaulich graphisch darstellbar. Bei noch größeren Molekülen erhöht sich die Zahl der Variablen entsprechend, man hat es mit einer **mehrdimensionalen Energiehyperfläche** (auch Potenzialhyperfläche genannt) zu tun. Beschränkt man sich auf lediglich zwei Koordinaten und betrachtet alle anderen Koordinaten als konstant, so kann man die Energie des Systems wieder zweidimensional mit Hilfe von Höhenlinien (wie bei einer geografischen Karte) darstellen. Edukte, Zwischenstufen und Produkte entsprechen Energiemulden auf dieser Hyperfläche (Täler). Die Reaktion folgt dem energetisch günstigsten Weg von den Edukten über etwaige Zwischenstufen zu den Produkten. Die Auftragung der Energieänderung entlang dieses Weges ist das **Reaktionsenergiediagramm**. Man verzichtet dabei bewusst darauf, den Reaktionsweg mit der Veränderung „echter" Koordinaten (Bindungsabstände oder -winkel) als Variablen zu beschreiben, sondern nimmt nur allgemein das Fortschreiten der Reaktion als Maß.

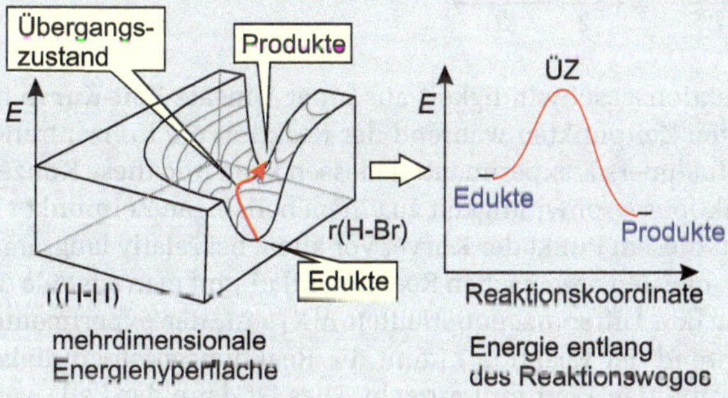

Abbildung 4.4: **Energiehyperfläche und Reaktionsenergiediagramm.** Das Reaktionsenergiediagramm beschreibt die Änderung der Energie entlang des Reaktionswegs. Dabei wird ein Zustand maximaler Energie durchlaufen (der Übergangszustand), der entlang des zweidimensionalen Reaktionswegs ein Maximum darstellt, aber auf der mehrdimensionalen Energiehyperfläche in Wirklichkeit ein Sattelpunkt ist.

Eine chemische Reaktion entspricht energetisch einer Wanderung durch ein Gebirge (entspricht der Energiehyperfläche). Man will mit möglichst geringem (Energie)aufwand von einem Tal A (Edukt) zu einem benachbarten Tal B (Produkt) wandern. Um dorthin zu gelangen, muss der dazwischen liegende (Energie)berg überwunden werden. Die Wanderung führt dabei über einen (energetisch) höher liegenden Pass. Dieser Bergpass ist der Übergangszustand der Reaktion, der entlang des Weges (entpricht der Reaktionskoordinate) somit ein Maximum der Energie ist (der höchste Punkt, den man bei der Wanderung überquert). Links und rechts neben dem Pass ragen aber die noch höheren „Berggipfel" auf. Auf der mehrdimensionalen Hyperfläche (dem Gebirge) ist der Übergangszustand also mathematisch gesehen ein Sattelpunkt. Verschiedene Wanderwege durch das Gebirge entsprechen verschiedenen Reaktionspfaden und damit Reaktionsmechanismen.

4.3.3 Die Geschwindigkeit einer chemischen Reaktion

c(X) oder [X] = Konzentration eines Stoffes X in mol/L

Eine chemische Reaktion ist umso schneller, je mehr Edukt sich in einer gegebenen Zeiteinheit in Produkt umwandelt. Diese zeitliche Änderung der Konzentrationen der Reaktionspartner nennt man die **Reaktionsgeschwindigkeit** ν (lateinisch: *velocitas*), die in der Einheit mol/(L · s) angegeben wird. Mathematisch gesehen handelt es sich um die Ableitung der Konzentration [X] (auch als *c*(X) bezeichnet) nach der Zeit *t*. Man kann entweder die Abnahme der Konzentration der Edukte oder die Zunahme der Konzentration der Produkte betrachten. Für die Umsetzung von Methan mit Chlor zu Chlormethan und Chlorwasserstoff ist ν also:

$$CH_4 + Cl_2 \longrightarrow CH_3Cl + HCl$$

$$\nu = -\frac{d[CH_4]}{dt} = -\frac{d[Cl_2]}{dt} = +\frac{d[CH_3Cl]}{dt} = +\frac{d[HCL]}{dt}$$

Ist der stöchiometrische Faktor eines Reaktionsteilnehmers größer als eins (reagiert also mehr als ein Teilchen pro Formelumsatz), wird der Differenzialquotient durch den stöchiometrischen Faktor dividiert, damit für ν immer der gleiche Zahlenwert resultiert, egal welchen Reaktionsteilnehmer man betrachtet. Für die Geschwindigkeit der Knallgasreaktion gilt also:

$$2\,H_2 + O_2 \longrightarrow 2\,H_2O$$

$$\nu = -\frac{1}{2}\frac{d[H_2]}{dt} = -\frac{d[O_2]}{dt} = +\frac{1}{2}\frac{d[H_2O]}{dt}$$

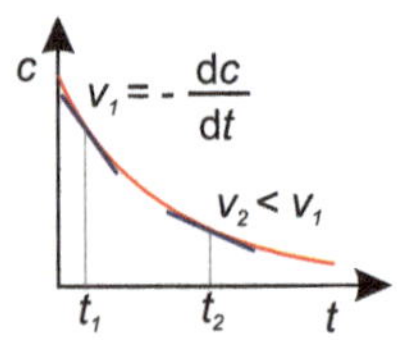

Umsatz-Zeit-Kurve für das Edukt

Experimentell kann man die Reaktionsgeschwindigkeit aus einer **Umsatz-Zeit-Kurve** bestimmen, wenn man zu bestimmten Zeitpunkten während der Reaktion die Konzentration [X] wenigstens eines Reaktionsteilnehmers X experimentell messen kann und diese Konzentrationen gegen *t* aufträgt. Die Reaktionsgeschwindigkeit zu einem beliebigen Zeitpunkt *t* ist dann die Steigung der Tangente an diesem Punkt der Kurve. Vor allem bei relativ langsamen Reaktionen (und dazu gehören die meisten organischen Reaktionen) nimmt man anstelle des Differenzialquotienten häufig nur den Differenzenquotienten Δ[X] / Δ*t*, der experimentell einfacher zu bestimmen ist. Während der Reaktion nimmt die Reaktionsgeschwindigkeit kontinuierlich ab, bis sie irgendwann den Wert null erreicht. Dies ist dann der Fall, wenn entweder alles Edukt verbraucht ist oder sich ein chemisches Gleichgewicht eingestellt hat. Wovon hängt die Geschwindigkeit *v* ab? Nach der **kinetischen Stoßtheorie** findet eine chemische Reaktion zwischen zwei Teilchen A und B dann statt, wenn die Reaktionspartner mit ausreichender Energie und in der richtigen Orientierung zusammenstoßen. Denn wenn die Teilchen sich nicht treffen, kann auch keine Reaktion zwischen ihnen stattfinden. Aber nicht jeder Zusammenstoß führt auch zu einer Reaktion. Die Teilchen müssen genügend Energie besitzen, um den Energieberg auf dem Reaktionsweg zu überwinden. Außerdem müssen die Teilchen sich an der „richtigen Stelle" treffen. Funktionelle Gruppen, an denen chemische Reaktionen bevorzugt ablaufen (▶ Kapitel 2.4.4), sind häufig im Verhältnis zum Rest des Moleküls klein, wie wir am Beispiel des Octanols gesehen haben (▶ Abbildung 2.12). Trifft das Teilchen B daher an der falschen Stelle oder mit einer falschen Orientierung auf A, kann keine Reaktion erfolgen.

Die Reaktionsgeschwindigkeit v ist also proportional zur Anzahl der Stöße und damit zur Konzentration der beteiligten Reaktionspartner. Für eine einstufige **bimolekulare Reaktion**, bei der ein Teilchen A mit einem Teilchen B zusammenstößt und ein Produkt P bildet, ergibt sich für die Abhängigkeit der Reaktionsgeschwindigkeit v von den Konzentrationen der beiden Teilchen A und B:

$$A + B \rightarrow P$$

$$v \propto [A] \text{ und } v \propto [B] \text{ also } v = k \cdot [A] \cdot [B]$$

Diesen Zusammenhang zwischen der Geschwindigkeit v und den Konzentrationen der Reaktionsteilnehmer nenn man das **Geschwindigkeitsgesetz** der Reaktion. In diesem Fall handelt es sich um ein Zeitgesetz 2. Ordnung. Die Proportionalitätskonstante ist die **Geschwindigkeitskonstante *k***, die sich im Gegensatz zur Geschwindigkeit v während der Reaktion nicht ändert und damit die Größe der Wahl ist, wenn man verschiedene Reaktionen miteinander vergleichen möchte. Allerdings lässt sich nur für einstufige, konzertierte Reaktionen das Geschwindigkeitsgesetz direkt aus der Reaktionsgleichung ableiten. Bei mehrstufigen Reaktionen ist dies nicht mehr möglich, da das Geschwindigkeitsgesetz dann vom Mechanismus der Reaktion abhängt, also der genauen Abfolge und relativen Geschwindigkeiten der einzelnen Elementarreaktionen. Empirisch ergibt sich aber auch für jede mehrstufige Reaktion immer ein Geschwindigkeitsgesetz in der allgemeinen Form:

$$a\,A + b\,B \rightarrow P$$

$$v = k \cdot [A]^n \cdot [B]^m$$

wobei n und m die **Reaktionsordnungen** in Bezug auf die Reaktionspartner A und B sind. Die Summe n + m ist die Reaktionsordnung der Gesamtreaktion. Die Reaktionsordnungen n und m können, müssen aber nicht zwangsläufig mit den stöchiometrischen Faktoren a und b übereinstimmen. Wenn ein Reaktionspartner erst nach dem geschwindigkeitsbestimmenden Schritt an der Reaktion beteiligt ist, taucht seine Konzentration im Zeitgesetz nicht auf. Dies ist z. B. für das Nucleophil bei der S_N1-Reaktion der Fall (▶ Kapitel 6.6). Die entsprechende Reaktionsordnung für dieses Teilchen ist dann null.

Die Reaktionsgeschwindigkeit *v* ist abhängig vom Energiegehalt der Teilchen. Um beim Zusammenstoß die Aktivierungsenergie E_a überwinden zu können, müssen die Teilchen eine ausreichende kinetische Energie aufweisen. Je größer die Geschwindigkeit der Teilchen beim Zusammenstoß ist, desto höhere Energieberge können sie überwinden. Da Wärme physikalisch nichts anderes als Bewegung von Teilchen ist, nehmen die Geschwindigkeit und damit die kinetische Energie der Teilchen mit der Temperatur zu. Entsprechend führt eine Temperaturerhöhung zu einer schnelleren Reaktion. Als Faustregel findet man, dass eine Temperaturerhöhung um 10 °C die Reaktionsgeschwindigkeit um den Faktor 2 bis 3 erhöht. Die Teilchen haben aber nicht alle die gleiche kinetische Energie bei einer bestimmten Temperatur, sondern es liegt eine relativ breite Energieverteilung vor, die sogenannte **Boltzmann-Verteilung** (▶ Abbildung 4.5). Es kann immer nur derjenige Anteil an Teilchen reagieren, dessen kinetische Energie größer ist als die Aktivierungsenergie E_a. Quantitativ entspricht dieser Anteil der entsprechenden Fläche unter der Verteilungsfunktion. Mit zunehmender Tempe-

Definition: Molekularität und Ordnung einer Reaktion

Die **Molekularität** einer Reaktion ist die Zahl der an diesem Reaktionsschritt beteiligten Teilchen. Da der gleichzeitige Zusammenstoß von mehr als zwei Teilchen statistisch extrem unwahrscheinlich ist, sind einzelne Reaktionen in der Regel nur monomolekular (ein Teilchen) oder bimolekular (zwei Teilchen). Eine mehrstufige Reaktion ist damit fast immer eine Abfolge von nacheinander stattfindenden uni- oder bimolekularen Elementarreaktionen.

Die **Reaktionsordnung** ist der Exponent bzw. die Summe der Exponenten, mit dem die Konzentrationen der einzelnen Reaktionsteilnehmer im Geschwindigkeitsgesetz auftauchen. Es handelt sich um experimentell bestimmbare Größen. Die Reaktionsordnung kann im Gegensatz zur Molekularität auch größer als zwei oder sogar gebrochenzahlig sein.

Bei einer einstufigen, konzertierten Reaktionen lässt sich aus der Molekularität des Reaktionsschritts unmittelbar die Reaktionsordnung angeben (und umgekehrt).

Bei mehrstufigen Reaktionen lässt sich die Reaktionsordnung auf der Basis des Reaktionsmechanismus aus den bis zum geschwindigkeitsbestimmenden Schritt ablaufenden uni- oder bimolekularen Elementarreaktionen herleiten. Alles, was nach dem geschwindigkeitsbestimmenden Schritt passiert, erscheint hingegen nicht mehr im Geschwindigkeitsgesetz.

ratur verschiebt sich das Maximum der Verteilung zu höheren Energien, gleichzeitig wird die Verteilung breiter und flacher. Insgesamt erhöht sich aber mit zunehmender Temperatur der Anteil an Teilchen mit einer kinetischen Energie, die größer ist als die Aktivierungsenergie.

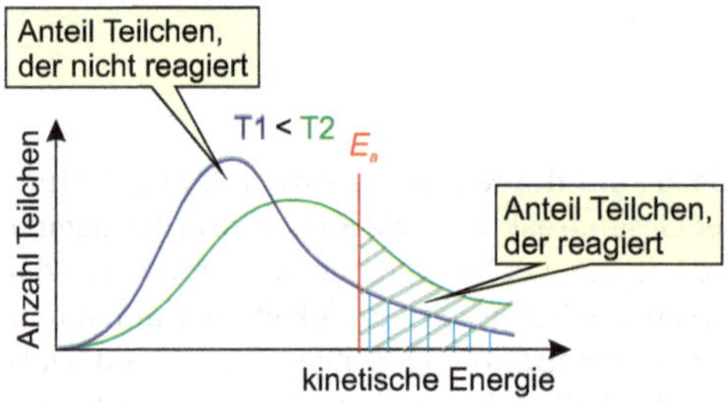

Abbildung 4.5: **Boltzmann-Verteilung.** Mit zunehmender Temperatur erhöht sich die mittlere kinetische Energie der Teilchen. Dadurch erhöht sich auch der Anteil an Teilchen (Fläche unter der Kurve), deren kinetische Energie größer ist als die für die Reaktion zu überwindende Aktivierungsenergie E_a.

Der quantitative Zusammenhang zwischen Geschwindigkeitskonstante k, Aktivierungsenergie E_a und Temperatur T wird durch die **Arrhenius-Gleichung** beschrieben, die bereits 1889 vom schwedischen Physikochemiker Svante Arrhenius empirisch aufgestellt wurde. Arrhenius erhielt übrigens 1903 den Nobelpreis für Chemie für die „Theorie der elektrolytischen Dissoziation".

$$k = A \cdot e^{-\frac{E_a}{R \cdot T}}$$

A ist der sogenannte **präexponentielle Faktor**, er entspricht der maximalen Reaktionsgeschwindigkeit, wenn bei jedem Zusammenstoß die Aktivierungsbarriere überwunden werden würde. Er berücksichtigt also die Wahrscheinlichkeit, mit der sich die Teilchen in der richtigen Orientierung treffen. Typische Größenordnungen für A-Faktoren sind für

- monomolekulare Reaktionen: $A = 10^{15}–10^{13}\ s^{-1}$
- bimolekulare Reaktionen: $A = 10^{11}–10^{9}\ L/(mol \cdot s)$

Chlorierung von Methan: Eine einfache Reaktion 4.4

4.4.1 Energiebilanz der Reaktion

Energieeintrag durch
Erhitzen: Δ oder ΔT
Licht: $h \cdot \upsilon$
(υ = Frequenz)

Führt man einem Gemisch aus Methan und Chlorgas von außen Energie zu, bilden sich in einer explosionsartigen Reaktion Chlormethan CH_3Cl und HCl. Der Energieeintrag kann dabei entweder durch Erhitzen auf Temperaturen oberhalb von 300 °C erfolgen (im Reaktionsschema allgemein als Δ oder ΔT bezeichnet) oder durch die Bestrahlung mit UV-Licht (allgemein als $h \cdot \upsilon$ (physikalischer Ausdruck für die Energie eines Lichtquants) bezeichnet). Betrachten wir die **Energiebilanz der Reaktion**, also den Unterschied zwischen den **Bindungsdissoziationsenergien BDE** der zu brechenden und der neu geknüpften Bindungen, so sehen wir, dass die Reaktion mit $\Delta H° = -103$ kJ/mol stark exotherm ist.

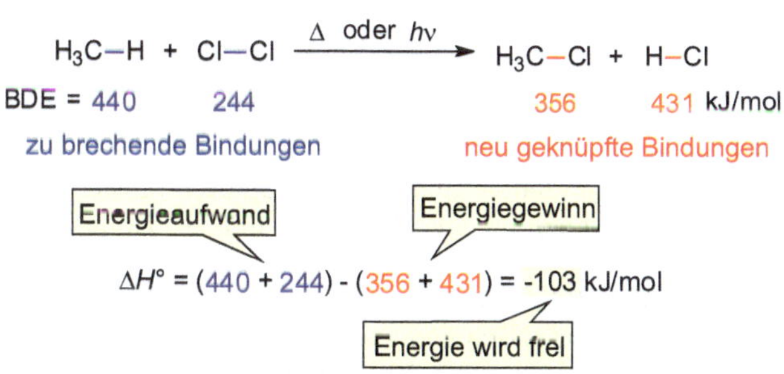

Auch $\Delta G°$ ist stark negativ (–107 kJ/mol), die Reaktion besitzt also eine große thermodynamische Triebkraft. Die Gleichgewichtskonstante K beträgt etwa 10^{19}, das Gleichgewicht liegt vollständig auf der Seite der Produkte.

4.4.2 Mechanismus der Reaktion

Radikal = Teilchen mit einem ungepaarten Elektron

Trotz dieser großen thermodynamischen Triebkraft ist ein Gemisch aus Methan und Chlor bei Raumtemperatur im Dunkeln jahrelang stabil. Da die Reaktion nicht spontan abläuft, sondern erst nach Energiezufuhr von außen, muss die Aktivierungsenergie entsprechend groß sein. Sowohl Methan als auch Chlor sind stabile Moleküle, die die Oktettregel (▸ Kapitel 1.3) erfüllen. Beide Moleküle sind zudem unpolar, sodass es kaum gegenseitige Angriffsmöglichkeiten zwischen den Teilchen gibt. Wenn die Teilchen sich in der Gasphase treffen, werden sie daher einfach nur wie Billardkugeln gegeneinander stoßen und wieder voneinander abprallen. Es gibt keinen energetisch vernünftigen Weg (Mechanismus), auf dem Methan und Chlormoleküle direkt miteinander reagieren könnten. Erst wenn bei UV-Bestrahlung oder Erwärmung durch die **Bildung von Radikalen** ein neuer Reaktionsweg eröffnet wird, findet eine sich selbst erhaltende **Kettenreaktion** statt, die in drei Schritten abläuft.

- **Kettenstart** (Radikale entstehen)

Erzeugung von Radikalen durch homolytische Bindungsspaltung durch Energiezufuhr in Form von Wärme oder Licht

- **Kettenfortpflanzung** (Radikale reagieren)
In der Regel eine Abfolge von zwei (manchmal auch mehr) aufeinanderfolgenden Schritten, bei denen jeweils ein Radikal mit einem Edukt reagiert, wobei neben einem Produkt erneut ein Radikal entsteht, das die Kette fortführt

- **Kettenabbruch** (Radikale verschwinden)
Rekombination von zwei Radikalen

Kettenstart

Bindungsspaltung durch Licht nennt man Photolyse.

Die Atombindung im Cl_2-Molekül ist aufgrund der Abstoßung der freien Elektronenpaare (▸ Kapitel 1.2) mit einer Bindungsdissoziationsenergie BDE von nur 244 kJ/mol relativ schwach. Sie kann daher bei ausreichender Energiezufuhr von außen (in Form von Licht oder Wärme) relativ leicht *homolytisch* gespalten werden (▸ Exkurs 4.4). Dabei werden Chloratome Cl· gebildet, die mit nur sieben Valenzelektronen nicht mehr die Oktettregel erfüllen und daher so reaktiv sind, dass sie im Gegensatz zu den Cl_2-Molekülen auch mit Methan reagieren können.

Kettenstart

Definition: Homolyse und Heterolyse chemischer Bindungen

Reaktionen von organischen Molekülen beinhalten immer das Knüpfen und Brechen von kovalenten Bindungen. Dafür gibt es prinzipiell zwei Möglichkeiten, die Homolyse und die Heterolyse.

Bei einer **Homolyse** wird eine in der Regel *unpolare* kovalente Atombindung so gespalten, dass das Bindungselektronenpaar gleichmäßig auf beide Bindungspartner verteilt wird. Die dabei aufzuwendende Energie ist die **Bindungsdissoziationsenergie BDE** (▸ Kapitel 1.3). Es entstehen Teilchen mit ungepaarten Elektronen, sogenannte **Radikale**. Eine Homolyse kann sowohl in der Gasphase als auch in Lösung stattfinden. Bei einer **Heterolyse** wird eine *polare* oder polarisierte kovalente Bindung so gespalten, dass das Bindungselektronenpaar zum elektronegativeren Bindungspartner hin verschoben wird. Es entstehen **Ionen**, aus dem elektronegativeren Bindungspartner ein Anion und aus dem elektropositiveren ein Kation. Die Heterolyse kann **nur in Lösung** stattfinden, wenn die entstehenden Ionen durch Wechselwirkung mit dem Lösemittel stabilisiert werden (▸ Kapitel 2.4.2). In der Gasphase findet keine Heterolyse statt.

So wird die Bindung im unpolaren Chlormolekül (zwei gleiche Bindungspartner mit gleicher Elektronegativität, ▸ Exkurs 2.3) bevorzugt homolytisch gespalten, die polare Bindung im HCl hingegen heterolytisch (zumindest in Lösung). Zur Bedeutung der Elektronenpfeile siehe ▸ Exkurs 4.3.

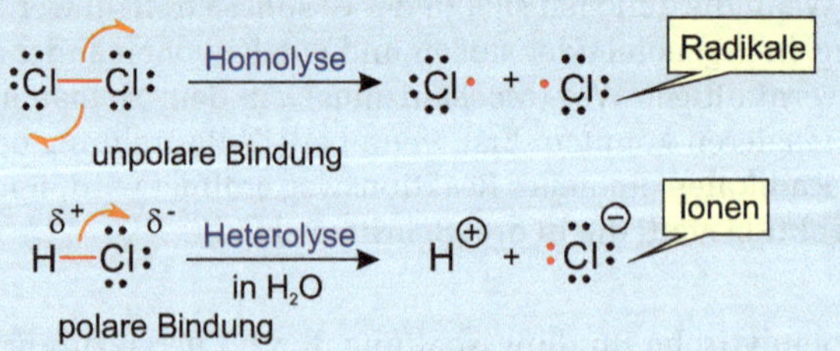

Die C–H-Bindungen im Methan sind sehr viel stabiler (BDE = 440 kJ/mol) als die Cl–Cl-Bindung und können unter diesen Bedingungen nicht gespalten werden, egal ob der Kettenstart thermisch (durch Erhitzen) oder photochemisch (durch Lichtenergie) induziert wird. UV-Licht von z. B. 200 nm besitzt zwar eine Energie von ca. 600 kJ/mol, die ausreichen würde, um auch die C–H-Bindung im Methan zu spalten. Methan absorbiert aber im Gegensatz zu Chlor Licht dieser Wellenlänge so gut wie nicht. Und eine Bindungsspaltung durch Licht (Photolyse) kann nur dann stattfinden, wenn die Moleküle das Licht vorher auch effizient absorbieren.

200 nm ≈ 600 kJ/mol
300 nm ≈ 400 kJ/mol
400 nm ≈ 300 kJ/mol
500 nm ≈ 240 kJ/mol
Energie von Licht

Exkurs 4.3: Verwendung von Elektronenpfeilen

Bei jeder chemischen Reaktion werden kovalente Bindungen gebrochen und neu geknüpft. Da chemische Bindungen von den Valenzelektronen der beteiligten Atome gebildet werden (▸ Kapitel 1.3), bedeutet eine Veränderungen der Bindungen, dass zumindest ein Teil der Valenzelektronen zwischen den Atomen neu verteilt werden muss. Es findet also bei jeder chemischen Reaktion ein „**Verschieben von Elektronen**" statt, das man mithilfe von **gebogenen Elektronenpfeilen** anschaulich darstellen kann. Der Pfeil gibt an, welche Elektronen bei einer Reaktion von wo nach wo verschoben werden, und hilft damit ganz wesentlich beim Verständnis chemischer Reaktionen. Er ist nicht zu verwechseln mit einem Reaktionspfeil (▸ Tabelle 4.1). Beim heterolytischen Brechen und Neuknüpfen von Bindungen werden Elektronen*paare* verschoben. Dafür verwendet man Pfeile mit einer doppelten Pfeilspitze. Beim homolytischen Brechen und Neuknüpfen von Bindungen unter Beteiligung von Radikalen werden nur einzelne Elektronen verschoben. Dafür verwendet man Pfeile mit einer einfachen Pfeilspitze (*Angelhaken*).

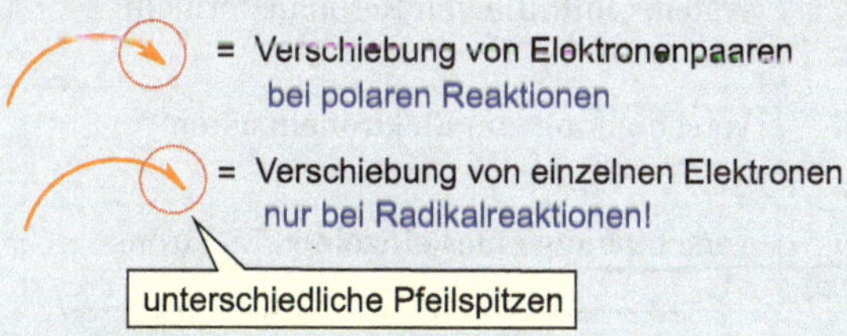

Betrachten wir als Beispiel die Übertragung eines Protons von einem H_3O^+-Kation auf ein Wassermolekül. Bei dieser Säure-Base-Reaktion wird gleichzeitig eine Bindung heterolytisch gebrochen und eine Bindung heterolytisch neu gebildet. Zur Beschreibung brauchen wir also zwei Elektronenpfeile, der eine zeigt die Verschiebung des freien Elektronenpaars vom Sauerstoff des H_2O-Moleküls zu einem der H-Atome des H_3O^+-Kations an. Aus diesem freien Elektronenpaar wird die neue O–H-Bindung. Der zweite Elektronenpfeil beschreibt die Verschiebung der beiden Bindungselektronen der sich lösenden O–H-Bindung im H_3O^+-Kation hin zum O-Atom unter Bildung eines freien Elektronenpaars.

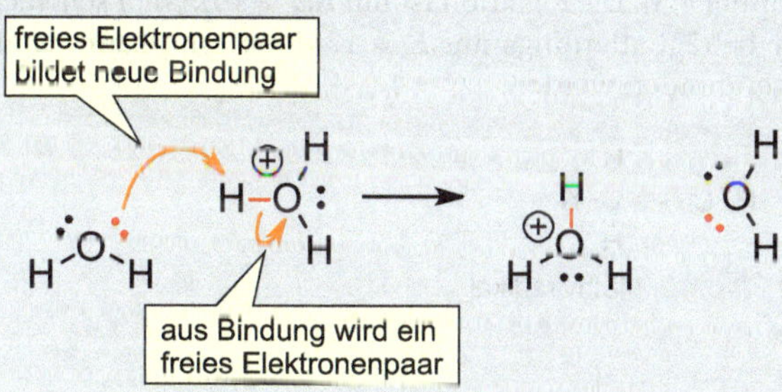

Ganz entscheidend ist die Richtung des Elektronenpfeils. **Ein Elektronenpfeil zeigt immer dahin, *wohin die Elektronen fließen*.** Er beginnt also immer an einem Elektronenpaar bzw. einem ungepaarten Elektron oder einer Bindung. Er endet an einem Atom oder bei einer homolytischen Bindungsbildung zwischen zwei Atomen. Die Verwendung von Elektronenpfeilen zur Beschreibung von Reaktionen sollte man gut üben. Die Erfahrung zeigt, dass die korrekte Verwendung von Elektronenpfeilen gerade Anfängern schwer fällt. Wichtig sind immer drei Punkte:

- Wie viele Elektronen werden verschoben? Handelt es sich um eine Heterolyse oder Homolyse? Welcher Pfeiltyp muss also benutzt werden?
- Wo kommen die Elektronen her? Welche Bindung wird gebrochen oder wo verschwindet ein freies Elektronenpaar bzw. ein ungepaartes Elektron?
- Wo fließen die Elektronen hin? Welche Bindung wird neu gebildet oder wo entsteht ein freies Elektronenpaar bzw. ein ungepaartes Elektron?

Pfeiltyp	Pfeiltyp	Verwendung?
→	einfacher Reaktionspfeil	verbindet Edukt und Produkt einer chemischen Reaktion
⇌	Gleichgewichtspfeil	verbindet Edukt und Produkt einer Gleichgewichtsreaktion (Hin- und Rückreaktion)
↔	Resonanzpfeil	Beschreibung delokalisierter Elektronensysteme mithilfe von Resonanzformeln (▶ Kapitel 1.7.2)
	gekrümmter Elektronenpfeil mit Doppelspitze	Verschiebung von Elektronenpaaren
	gekrümmter Elektronenpfeil mit einfacher Spitze	Verschiebung eines einzelnen Elektrons

Tabelle 4.1: **Unterschiedliche Pfeiltypen und ihre Verwendung in der Chemie.**

Kettenfortpflanzung

Trifft ein hoch reaktives Chloratom auf ein Methanmolekül, findet eine H-Abstraktion statt. Das Cl· greift eine der C–H-Bindungen des Methans an und spaltet diese homolytisch. Es entstehen Chlorwasserstoff (das eine Produkt der Gesamtreaktion) und ein neues Radikal, das **Methylradikal** $CH_3\cdot$. Auf Struktur und Eigenschaften des Methylradikals werden wir etwas später genauer eingehen (▶ Kapitel 4.5). Die Reaktion ist mit $\Delta H° = +9$ kJ/mol schwach endotherm, die Aktivierungsenergie beträgt allerdings nur $E_a = 17$ kJ/mol und kann damit selbst bei Raumtemperatur leicht überwunden werden.

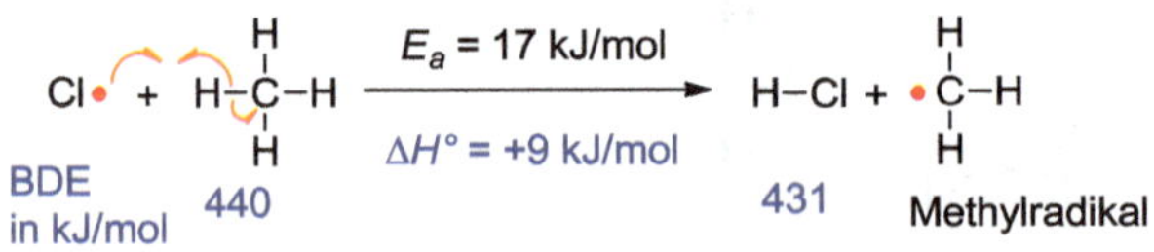

Das Methylradikal $CH_3\cdot$ hat nur sieben Valenzelektronen am C-Atom und ist daher ebenfalls hoch reaktiv. Es reagiert nahezu stoßkontrolliert mit jedem anderen Teilchen, auf das es trifft. Ist dies ein Chlormolekül, kommt es zur Abstraktion eines Cl-Atoms. Es entstehen Chlormethan (das andere Produkt der Gesamtreaktion) und erneut ein Chloratom. Dieser Reaktionsschritt ist stark exotherm ($\Delta H° = -112$ kJ/mol) und liefert die Triebkraft der Gesamtreaktion (▸ Abbildung 4.6). Diese große Menge an frei werdender Reaktionswärme führt letztendlich auch dazu, dass die Reaktion, sobald sie einmal gestartet ist, häufig explosionsartig verläuft.

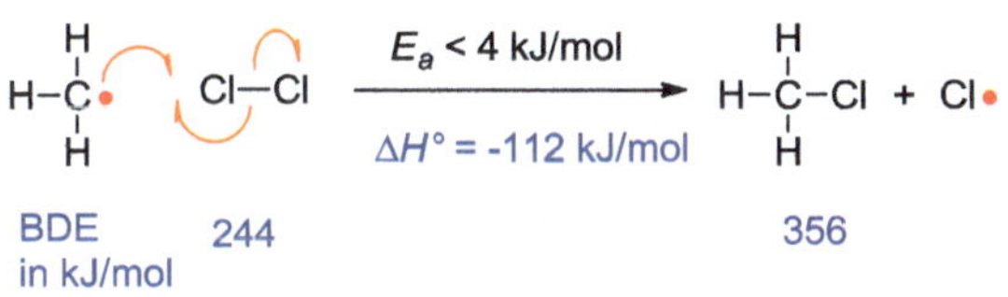

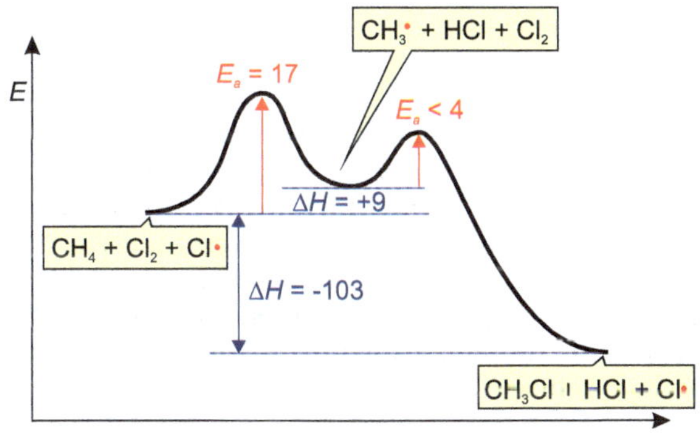

Abbildung 4.6: Energiediagramm der Chlorierung von Methan. Der erste Reaktionsschritt ist leicht endotherm, der zweite hingegen stark exotherm und liefert die Triebkraft für die Gesamtreaktion. Die Aktivierungsenergien für beide Schritte sind sehr klein, sodass die Reaktionen bei Raumtemperatur sehr schnell sind (Energieangaben in kJ/mol).

Da bei diesem Schritt wieder ein Chloratom entstanden ist, kann dieses erneut mit einem Methanmolekül reagieren, wobei neben HCl wieder ein Methylradikal entsteht, das erneut mit einem Chlormolekül reagiert und so weiter und so fort. Ist die Reaktion also einmal durch die Bildung von Chloratomen in Gang gekommen, läuft eine sich selbst erhaltende **Kettenreaktion** ab, da bei jedem Reaktionsschritt immer wieder ein neues Radikal gebildet wird, das die Kette weiterführt. Das **Geschwindigkeitsgesetz** für eine solche Kettenreaktion ist in erster Näherung:

$$v = k_{abs} \cdot [CH_4] \cdot \sqrt{K \cdot [Cl_2]}$$

wobei k_{abs} die Geschwindigkeitskonstante für die Abstraktion eines H-Atoms im Methan durch das Chloratom und K die Gleichgewichtskonstante für den Zerfall der Chlormoleküle in Chloratome unter den Reaktionsbedingungen ist.

$$Cl_2 \overset{K}{\rightleftharpoons} 2\,Cl\cdot$$

$$CH_4 + Cl\cdot \xrightarrow{k_{abs}} CH_3\cdot + HCl$$

$$K = \frac{[Cl]^2}{[Cl_2]}$$
$$\Rightarrow [Cl] = \sqrt{K \cdot [Cl_2]}$$

Auf die genaue Ableitung des Zeitgesetzes wollen wir an dieser Stelle verzichten. Die Reaktionsordnung des Methans ist 1, die des Chlors allerdings nur ½. Darin kommt zum Ausdruck, dass die Geschwindigkeit der Reaktion von der Konzentration der Chlor*atome* abhängt, die die Kettenreaktion in Gang setzen. Da die Dissoziation eines Cl_2-Moleküls zwei Chloratome ergibt, ist die Konzentration an Chloratomen [Cl·] gemäß dem Massenwirkungsgesetzt proportional zur Wurzel aus der Konzentration der Chlormoleküle, also zu $[Cl_2]^{1/2}$.

Was passiert, wenn ein Methylradikal anstelle eines Chlormoleküls ein Methanmolekül trifft? Kann dann auch eine Reaktion stattfinden? Natürlich, es kann genauso eine H-Abstraktion stattfinden wie beim Angriff eines Chloratoms auf das Methan. Aus dem Methylradikal entsteht Methan, aus dem Methan erneut ein Methylradikal. Wir haben also die gleichen Teilchen vorliegen wie vor der Reaktion. Das gleiche gilt, wenn ein Cl-Atom ein Chlormolekül trifft. Es handelt sich um *thermoneutrale Reaktionen* (ΔH° = 0 kJ/mol). Das Gleichgewicht liegt genau in der Mitte (K = 1).

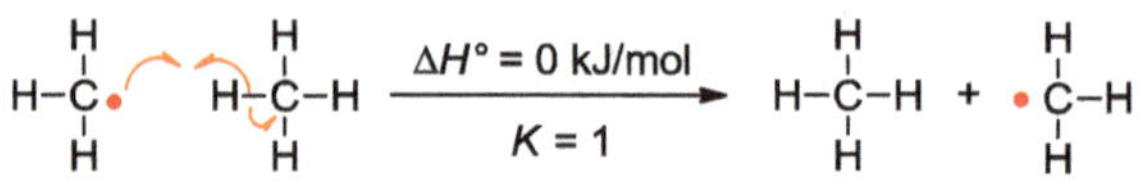

Solche Zusammenstöße finden statt, bilden aber keine neuen Produkte und brauchen daher *für den Ablauf der Gesamtreaktion* nicht berücksichtigt zu werden. Das heißt aber eben nicht, dass solche Reaktionsschritte nicht passieren. Es sind lediglich **unproduktive Reaktionen**, die die Reaktion insgesamt nicht voran bringen. Diesen Aspekt sollte man gut verstanden haben, da wir später noch öfter mit ähnlichen Situationen zu tun haben werden (z. B. bei Reaktionen von Carbonylverbindungen, ▶ Kapitel 9). **In der Regel formulieren wir bei Reaktionsmechanismen nur die Reaktionen, die im Hinblick auf die Bildung der Produkte relevant sind. Dies sind aber keineswegs die einzigen oder gar die schnellsten Reaktionen, die stattfinden können.**

Kettenabbruch

Rekombination:
R· + ·R → R–R

Die Kettenreaktion kommt erst dann zum Stillstand, wenn zwei Radikale miteinander unter **Rekombination** reagieren. Dann wird aus zwei hoch reaktiven Radikalen eine stabile Verbindung, die wieder die Oktettregel erfüllt und daher unter diesen Bedingungen nicht mehr weiterreagiert (**Kettenabbruch**). Je nachdem, welche Radikale miteinander rekombinieren, sind verschiedene Abbruchreaktionen möglich, die allerdings unterschiedlich effizient sind (▶ Exkurs 4.4). Bei einer der möglichen Abbruchreaktionen, der Rekombination von zwei Methylradikalen, entsteht Ethan. In der Tat findet man Ethan in geringen Mengen als Nebenprodukt bei der Chlorierung von Methan im Reaktionsgemisch, ein wichtiger Hinweis darauf, dass der hier diskutierte Mechanismus stimmt.

Kettenabbruch

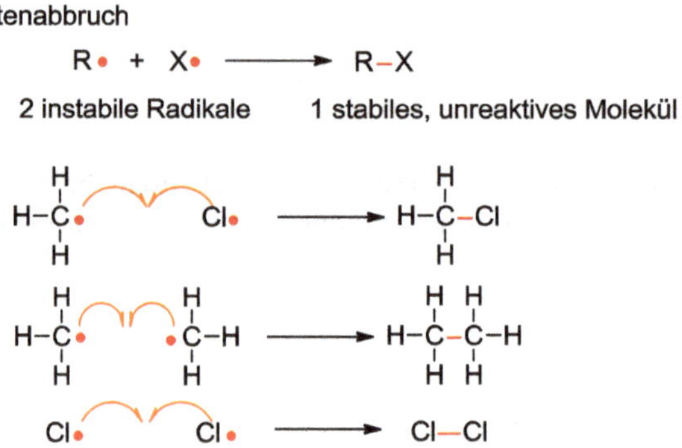

Die Wahrscheinlichkeit, dass zwei Radikale zusammentreffen, ist insgesamt aber sehr gering, da die Konzentrationen der Radikale in der Reaktionsmischung aufgrund ihrer hohen Reaktivität extrem klein sind. Wir haben im vorherigen Kapitel ausführlich diskutiert, dass die Geschwindigkeit von der Anzahl an Zusammenstößen und damit der Konzentration der Teilchen abhängt (▸ Kapitel 4.3.3). Es ist daher aufgrund der vorliegenden relativen Konzentrationen sehr viel wahrscheinlicher, dass z. B. ein Methylradikal ein Chlormolekül trifft als ein anderes Methylradikal oder ein Chloratom. Die Kettenfortpflanzungsreaktionen finden also viele Hunderttausend Mal hintereinander statt, bevor ein Kettenabbruch erfolgt. Ein einziger Kettenstart, also die Bildung eines Chloratoms, kann zur Bildung von bis zu 10^6 Produktmolekülen führen.

Exkurs 4.4: Wie bricht eine Bindung? Die Effizienz von Abbruchreaktionen

Bisher haben wir nur sehr allgemein davon gesprochen, dass z. B. die Cl–Cl-Bindung im Chlormolekül durch Energieeintrag in Form von Licht oder Wärme gespalten wird. Wie passiert dies genau? Wie muss man sich diesen Vorgang vorstellen? Moleküle sind keine starren Gebilde, sondern dynamische Strukturen. Neben den Rotationen um Einfachbindungen (▸ Kapitel 1.6) ändert sich bei jeder Bindung ständig der relative Abstand der Atomkerne zueinander leicht. Die Atomkerne führen sehr schnelle **Schwingungen** um die mittlere Gleichgewichtslage herum (den „Bindungsabstand) aus (ca. 10^{12}–10^{15} Schwingungen pro Sekunde). Nimmt ein Molekül von außen Energie auf, indem es entweder Licht absorbiert oder durch Stöße mit anderen Teilchen deren kinetische Energie übertragen bekommt, werden solche Schwingungen angeregt. Die Schwingungsamplitude vergrößert sich, die Atomkerne entfernen sich bei den Schwingungen immer weiter voneinander (▸ Abbildung 4.7). Wenn genügend Energie in der Schwingung steckt, wird der Abstand der Atomkerne so groß, dass die Schwingung die Bindung „zerreißt". Die Atome bewegen sich voneinander weg, die Bindung ist dissoziiert.

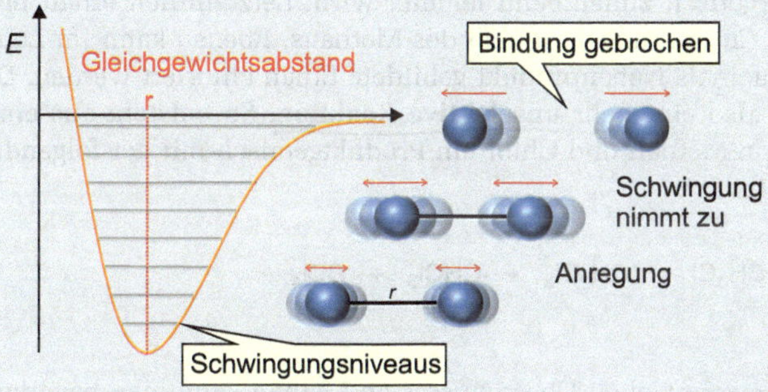

Abbildung 4.7: **Bindungsdissoziation.** Beim Anregen einer Molekülschwingung durch Energieaufnahme vergrößert sich die Schwingungsamplitude, bis die Atomkerne sich bei der Schwingung so weit voneinander entfernen, dass die Bindung bricht

Bei der Rekombination zweier Radikale unter Bildung einer Bindung findet genau der umgekehrte Vorgang statt (*Prinzip der mikroskopischen Reversibilität*). Die entstehenden Moleküle besitzen aber aufgrund der frei werdenden Bindungsenergie der neu gebildeten Bindung mehrere Hundert Kilojoule pro Mol Überschussenergie. Es entstehen also schwingungsangeregte, „*heiße Moleküle*". Diese Anregungsenergie muss sehr rasch auf andere Schwingungen und Rotationen im Molekül verteilt werden, da aufgrund der hochangeregten Schwingung das Molekül sonst sofort wieder dissoziiert. Daher ist die Rekombination zweier Chloratome zu einem Chlormolekül eine recht ineffiziente Abbruchreaktion. Das zweiatomige Chlormolekül besitzt keine weiteren Schwingungsfreiheitsgrade, auf die die Überschussenergie von 244 kJ/mol verteilt werden könnte. Diese Energie bleibt in der Schwingung der Cl–Cl-Bindung „gespeichert" und die Wahrscheinlichkeit, dass das Molekül sofort wieder dissoziiert ist sehr hoch. Bei der Rekombination von einem Methylradikal mit einem Chloratom kann die frei werdende Energie von 356 kJ/mol aber sehr schnell aus der C–Cl-Bindung auf die verschiedenen anderen Bindungen im CH_3Cl-Molekül verteilt werden. Keine einzelne Bindung enthält dann ausreichend Energie, um gespalten zu werden. Das Molekül kann also durch sogenannte **Energiedissipation** seine Überschussenergie sehr schnell intern verteilen und wird damit „abgekühlt". Es entsteht ein stabiles Molekül.

4.4.3 Technische Bedeutung der Methanchlorierung

$H_3C—H$ 440
$ClH_2C—H$ 423
$Cl_2HC—H$ 415
$Cl_3C—H$ 402
BDE in kJ/mol

Die Chlorierung von Methan stellt im Labor keine sinnvolle Reaktion dar, da sie zum einen schwer handhabbar und kontrollierbar ist (gasförmige Edukte, explosionsartiger Verlauf). Zum anderen bleibt die Reaktion nicht auf der Stufe des Chlormethans stehen, sondern es findet eine **Mehrfachchlorierung** statt. Auch das während der Reaktion gebildete Chlormethan kann als Edukt anstelle von Methan mit Chloratomen reagieren und zum Dichlormethan CH_2Cl_2 umgesetzt werden. Da das Dichlormethan wiederum chloriert werden kann, entsteht auch Trichlormethan $CHCl_3$ (Chloroform) und aus diesem Tetrachlormethan CCl_4. Diese nachfolgenden Chlorierungen sind sogar begünstigt, da die H-Abstraktion vom Methan zum Trichlormethan hin energetisch zunehmend leichter wird. Letztendlich erhält man ein Gemisch aller möglichen Chlorierungsprodukte des Methans. Ebenso kann im Laufe der Zeit das beim Kettenabbruch als Nebenprodukt gebildete Ethan chloriert werden. Die Chlorierung des Methans ist also eine sehr **unselektive Reaktion**. So entsteht aus einer äquimolaren 1:1-Mischung von Methan und Chlor ein Produktgemisch mit der folgenden typischen Zusammensetzung (in %).

$$CH_4 + Cl_2 \xrightarrow[\text{- HCl}]{440\,°C} \underset{37}{CH_3Cl} + \underset{41}{CH_2Cl_2} + \underset{19}{CHCl_3} + \underset{3}{CCl_4}$$

Durch Verwendung eines etwa zehnfachen Überschusses an Methan kann man bevorzugt Chlormethan erhalten, da dann die Chloratome stets von mehr Methan- als Chlormethanmolekülen umgeben sind.

Siedetemperatur (in °C)
CH_4: –161
CH_3Cl: –24
CH_2Cl_2: +40
$CHCl_3$: +62
CCl_4: +77

Für einen technischen Prozess ist die fehlende Selektivität bzw. die Bildung von Produktgemischen kein großes Problem, da man anschließend die einzelnen Produkte in Destillationsanlagen trennen kann. Die Gasphasenchlorierung von Methan ist daher ein großtechnisch bedeutender Prozess (die erste Anlage wurde 1923 von Hoechst in Betrieb genommen), zumal die verschiedenen Chlorderivate des Methans wichtige Lösemittel und Grundchemikalien für die chemische Industrie darstellen (▶ Kapitel 5.1). Allein in Westeuropa beträgt die Jahresproduktion der ersten drei Chlorderivate des Methans mehr als 500.000 Tonnen (Stand 2002). Eine Ausnahme ist das Tetrachlormethan CCl_4 (Tetrachlorkohlenstoff, Tetra). Dieses wurde früher in großen Mengen als Lösemittel in der Industrie oder als nicht brennbares Brandschutzmittel in Feuerlöschern (Halonlöscher) verwendet. Wegen seiner ozonschädigenden und gesundheitsschädlichen Wirkung (es führt bei längerer Einwirkung zu Leber- und Nierenschäden und steht im Verdacht, krebserregend zu sein) darf CCl_4 als Folge des Montreal-Abkommens zum Schutz der Ozonschicht seit 1999 nicht mehr verwendet werden.

Exkurs 4.5: Schädigung der Ozonschicht

Halogenatome sind ursächlich an der Zerstörung der schützenden Ozonschicht in der Stratosphäre (15–20 km Höhe) unserer Atmosphäre beteiligt. **Ozon** O_3, eine allotrope Modifikation des normalen Sauerstoffs O_2, absorbiert die energiereiche und damit zellschädigende UV-Strahlung aus dem Weltall und verhindert, dass diese auf die Erdoberfläche trifft. Chlorhaltige Verbindungen wie CH_3Cl oder CCl_4, die in die obere Atmosphäre gelangen, zerstören diese schützende Ozonschicht. Durch die energiereiche UV-Strahlung werden die C–Cl-Bindungen homolytisch gespalten und die so gebildeten Chloratome katalysieren die Zersetzung von Ozon in normalen Sauerstoff O_2. Ein Cl·-Radikal kann dabei bis zu 100.000 Ozonmoleküle zerstören. Die Ozonschicht wird abgebaut, der UV-Schutzschild der Atmosphäre wird zerstört. Für das Aufklären dieser Zusammenhänge erhielten P. J. Crutzen, M. J. Molina und F. S. Rowland 1995 den Nobelpreis für Chemie.

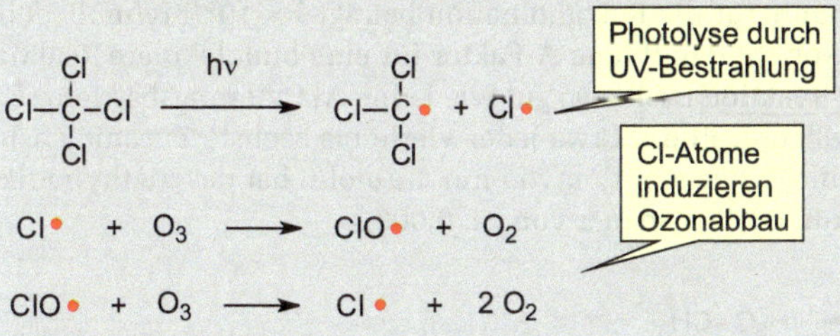

Seit Ende der 1970er-Jahre wurde vor allem über der Südpolarregion ein dramatischer Rückgang der Ozonkonzentration in der oberen Stratosphäre beobachtet (das **Ozonloch**). Die Verwendung von halogenierten Kohlenwasserstoffen, die besonders ozonschädigend sind, ist daher heutzutage streng reglementiert (Montreal-Abkommen von 1989).

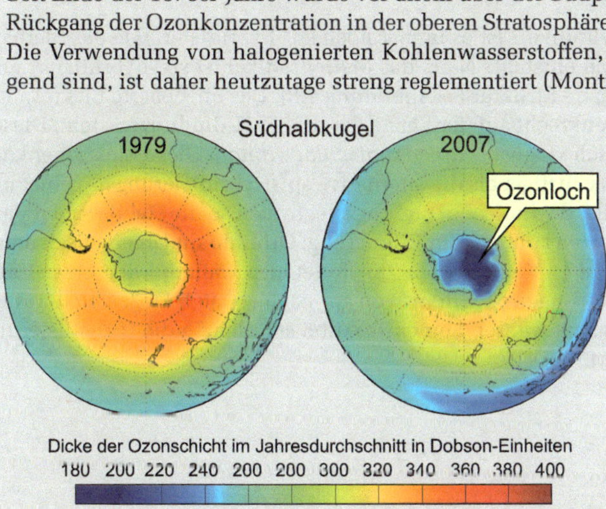

Industriell bedeutsam ist weiterhin die **Oxychlorierung** von Methan. Dabei wird Methan mit einer Salzschmelze aus $CuCl_2$ und KCl umgesetzt, die zugleich Katalysator und Chlorlieferant ist. Das heißt, die Chlorierung erfolgt durch das geschmolzene $CuCl_2$, das dabei zu CuCl reduziert wird und anschließend durch Chlorwasserstoff und Luftsauerstoff wieder zu $CuCl_2$ chloriert wird.

$$CH_4 + HCl + 1/2\,O_2 \xrightarrow[\text{CuCl}_2\text{-Schmelze}]{400 - 500\ °\text{C}} CH_3Cl + H_2O$$

Beträchtliche Mengen chlorierter Methane entstehen auch in der Natur. Nadelbäume dampfen z.B. CH_3Cl aus. Es gibt Schätzungen, dass pro Jahr bis zu 4 Millionen Tonnen Chlormethan aus natürlichen Quellen in die Umwelt gelangen (weit mehr als durch die gesamte industrielle Produktion weltweit). Dieser natürliche Eintrag ist damit für etwa 20 % der Zerstörung des stratosphärischen Ozongehalts verantwortlich.

Das Methylradikal 4.5

Das Methylradikal $CH_3\cdot$, das bei der Chlorierung von Methan als Zwischenstufe auftritt, ist ein hoch reaktives Teilchen mit einer sehr geringen Lebensdauer. Es lässt sich nicht in Substanz darstellen oder isolieren, da es - wie jedes Radikal - immer die Möglichkeit hat, mit sich selbst zu rekombinieren und Ethan zu bilden. Dabei werden 340 kJ/mol Bindungsenergie frei. Die Geschwindigkeitskonstante für die Rekombination beträgt $k = 10^{10,5}$ L/(mol · s) bei 400 °C in der Gasphase und entspricht damit dem A-Faktor für eine bimolekulare Reaktion (▶ Kapitel 4.3.3). Das heißt, die Reaktion besitzt so gut wie keine Aktivierungsbarriere ($E_a \approx$ 0 kJ/mol) und erfolgt nahezu stoßkontrolliert. Etwa jeder vierte bis sechste Zusammenstoß führt zur Reaktion. Selbst bei einer Konzentration von nur 1 µmol/L hat das Methylradikal in der Gasphase nur eine sehr kurze Lebensdauer von ca. 0,002 s.

$$H_3C\cdot + \cdot CH_3 \xrightarrow[k\,=\,10^{10,5}\ \text{L/(mol}\cdot\text{s)}]{E_a\,=\,0\ \text{kJ/mol}} H_3C{-}CH_3 \quad \Delta H° = -340\ \text{kJ/mol}$$

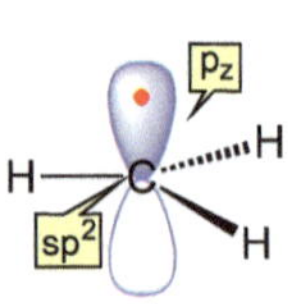

trigonal-planar

Welche Struktur hat ein Methylradikal? Ist es immer noch sp^3-hybridisiert wie das Methan, aus dem es durch H-Abstraktion entsteht? Nein, das Methylradikal ist sp^2-hybridisiert und besitzt damit eine trigonal-planare Struktur (▶ Abbildung 4.8). Das ungepaarte Elektron befindet sich im p_z-Orbital, das senkrecht auf der Ebene der drei C–H-Bindungen steht. Dieses nennt man auch **SOMO** (englisch *singly occupied molecular orbital*). Diese Elektronenkonfiguration ist energetisch etwas günstiger als die alternative sp^3-Hybridisierung mit einer pyramidalen Struktur des Radikals, da die sechs Bindungselektronen so die stabileren sp^2- anstelle der sp^3-Hybridorbitale nutzen können. Zur Erinnerung: **Orbitale sind energetisch umso stabiler, je höher ihr s-Anteil ist** (▶ Kapitel 1.5.2). Es findet also während der Abspaltung des H-Atoms eine Umhybridisierung des C-Atoms von sp^3 nach sp^2 statt (▶ Abbildung 4.9). Wir werden später sehen, dass sich während einer Reaktion sehr häufig die Hybridisierung des betroffenen C-Atoms ändert.

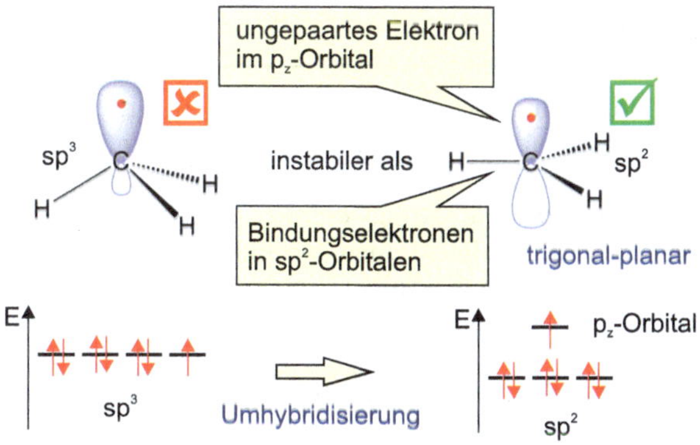

Abbildung 4.8: **Struktur des Methylradikals.** Das Methylradikal ist sp^2-hybridisiert und weist damit eine trigonal-planare Struktur auf. Das ungepaarte Elektron befindet sich im p_z-Orbital.

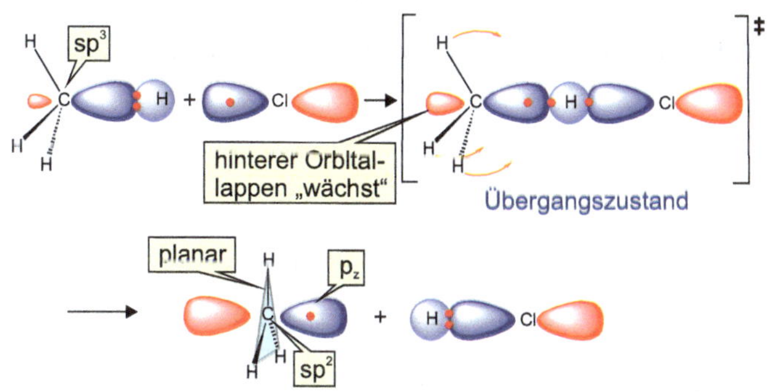

Abbildung 4.9: **Orbitaldarstellung der H-Abstraktion.** Bei der H-Abstraktion findet eine Umhybridisierung des C-Atoms von sp^3 nach sp^2 statt. Während sich die Bindung zum H-Atom löst, „wächst" der hintere Orbitallappen und die drei H-Atome richten sich auf, bis sie am Ende in der Ebene des C-Atoms liegen, das dann sp^2-hybridisiert ist, mit dem ungepaarten Elektron im p_z-Orbital.

Radikale sind wegen des vorhandenen ungepaarten Elektrons **paramagnetisch**, das heißt, sie besitzen wie ein kleiner Stabmagnet ein magnetisches Moment. Sie lassen sich daher mithilfe der **elektronenparamagnetischen Resonanzspektroskopie (EPR)**, auch Elektronenspin-Resonanzspektroskopie (ESR) genannt, nachweisen. Dies ist eine spektroskopische Technik, die auf dem gleichen Prinzip basiert wie die NMR-Spektroskopie. Wir wollen auf die Details nicht weiter eingehen, nur so viel dazu sagen: Wie mit der NMR-Spektroskopie kann man mit der EPR nicht nur Radikale eindeutig nachweisen, sondern auch Informationen über ihre Struktur erhalten. Die planare Struktur des Methylradikals lässt sich mit dieser Technik experimentell nachweisen.

Halogenierung von Methan 4.6

Auch die anderen Halogene können in einer radikalischen Substitutionsreaktion mit Methan reagieren. Der Mechanismus ist der gleiche wie bei der Chlorierung. Aufgrund der unterschiedlichen Bindungsdissoziationsenergien der Halogene und der X–H-Bindungen unterscheiden sich die Energiebilanzen der einzelnen Reaktionen allerdings deutlich (▶ Tabelle 4.2), was Auswirkungen darauf hat, wie gut oder schlecht die Reaktionen durchführbar sind.

- Die **Fluorierung** ist sehr stark exotherm. Die Reaktion ist nicht kontrollierbar. Fluor reagiert bereits ohne äußere Energiezufuhr explosionsartig mit Methan (und auch allen anderen Alkanen).
- Bei der **Chlorierung** ist der erste Schritt leicht endotherm, die Gesamtreaktion ist aber immer noch stark exotherm und besitzt eine große Triebkraft.
- Die **Bromierung** ist sehr viel langsamer als die Chlorierung (etwa um den Faktor 10^{10} bei 300 °C), da der erste Schritt stark endotherm ist. Dadurch wird die Reaktion aber auch sehr viel selektiver als die Chlorierung (▶ Kapitel 4.7.2).
- Die **Iodierung** ist nicht durchführbar, da der erste Reaktionsschritt so stark endotherm ist, dass die Reaktion insgesamt keine thermodynamische Triebkraft besitzt.

Nur die Chlorierung und die Bromierung sind daher präparativ sinnvolle Reaktionen.

Reaktion	Fluor	Chlor	Brom	Iod
$CH_4 + X^\bullet \longrightarrow CH_3^\bullet + HX$	−126	+9	+75	+142
$CH_3^\bullet + X_2 \longrightarrow CH_3X + X^\bullet$	−305	−112	−105	−88
$CH_4 + X_2 \longrightarrow CH_3X + HX$	−431	−103	−30	+54

Tabelle 4.2: **Energiebilanz der Halogenierung von Methan (Angaben in kJ/mol).**

Halogenierung höherer Alkane: Selektivität von Radikalreaktionen 4.7

4.7.1 Regioselektivität der Chlorierung

Wir haben bereits gelernt, dass Verbindungen mit gleichem chemischem Aufbau auch die gleichen chemischen Eigenschaften haben (▶ Kapitel 2.5). Wir erwarten daher, dass außer dem Methan auch alle anderen Alkane mit Chlor oder Brom in einer Substitutionsreaktion reagieren werden. Der Mechanismus wird wie beim Methan eine radikalische Kettenreaktion sein (▶ Abbildung 4.10). Hat man an einer Verbindung (Methan) einen Reaktionstyp (radikalische Substitution) einmal verstanden, kennt man also das Reaktionsverhalten der gesamten Stoffklasse (Alkane), eine große Hilfe beim Erlernen der Organischen Chemie.

Bei höheren Alkanen ab dem Propan stellt sich allerdings die Frage nach der **Regioselektivität** der Halogenierung. Bei der Monochlorierung von Propan können zwei verschiedene Konstitutionsisomere gebildet werden, 1-Chlorpropan und 2-Chlorpropan, je nachdem ob das Chloratom ein primäres H-Atom von C1 oder ein sekundäres von C2 abstrahiert. Aufgrund der Anzahl der jeweils vorhandenen H-Atome erwartet man ein Verhältnis von 3:1 = 75:25 für die beiden Chlorpropane. Tatsächlich wird aber deutlich mehr 2-Chlorpropan (71 %) gebildet. Anscheinend ist die Abspaltung eines sekundären H-Atoms im Propan bevorzugt.

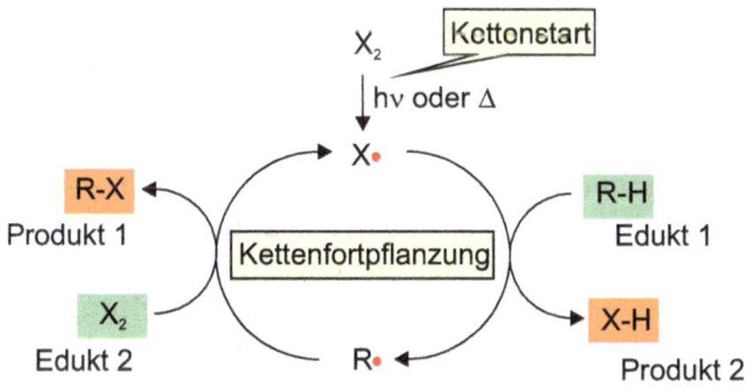

Abbildung 4.10: **Verallgemeinerter Mechanismus der radikalischen Halogenierung von Alkanen.** Alkane (R–H) können mit Brom oder Chlor (X_2) in einer Radikalkettenreaktion zu Halogenalkanen (R–X) und Halogenwasserstoff (H–X) umgesetzt werden. Der Kettenabbruch durch Rekombination zweier Radikale ist nicht gezeigt.

Definition: Regioselektivität

Eine chemische Reaktion ist dann regioselektiv, wenn sie bevorzugt an einer von mehreren möglichen Stellen in einem Molekül stattfindet. Die entstehenden Produkte sind jeweils Konstitutionsisomere.

Das **Produktverhältnis**, in dem die Konstitutionsisomere bei einer radikalischen Halogenierung gebildet werden, hängt von zwei Faktoren ab:

- Anzahl der jeweiligen H-Atome (Statistik)
- Reaktivität der jeweiligen C–H-Bindung (primär, sekundär oder tertiär?)

Die relativen Reaktivitäten der verschiedenen C–H-Bindungen muss man experimentell aus der beobachteten Produktverteilung einer Reaktion unter Berücksichtigung der statistischen Faktoren ermitteln. So ergibt sich aus der Produktverteilung bei der **Chlorierung** von 2-Methylbutan (Isopentan) eine **Selektivität von 1 : 4 : 5** für den Angriff eines Cl·-Radikals an einer primären, sekundären oder tertiären C–H-Bindung (▶ Tabelle 4.3).

Selektivität der Chlorierung: primär : sekundär : tertiär = 1 : 4 : 5

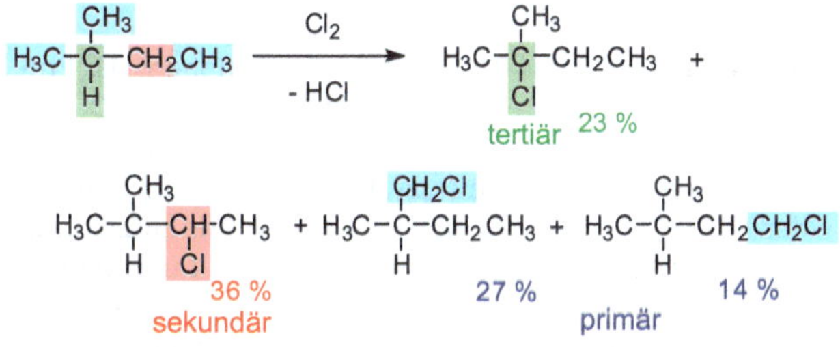

	Anzahl H-Atome	relative Ausbeute in %	Ausbeute pro H	Selektivität
primär	9	41 (= 27 + 14)	4,56 (= 41 / 9)	**1** (= 4,56 / 4,56)
sekundär	2	36	18 (= 36 / 2)	**4** (= 18 / 4,56)
tertiär	1	23	23 (= 23 / 1)	**5** (= 23 / 4,56)

Tabelle 4.3: **Regioselektivität der Chlorierung von 2-Methylbutan.**

4.7.2 Regioselektivität der Bromierung

Selektivität der Bromierung: primär : sekundär : tertiär = 1 : 80 : > 2000

Die verschiedenen Halogene unterscheiden sich in Bezug auf ihre Reaktivität gegenüber unterschiedlichen C–H-Bindungen (Tabelle 4.4). Auf der einen Seite ist die Fluorierung fast völlig unselektiv, die Produkte werden nahezu im erwarteten statistischen Verhältnis gebildet. Auf der anderen Seite ist die **Bromierung eine sehr regioselektive Reaktion**. Es entsteht praktisch ausschließlich das Produkt, das sich vom höher substituierten Radikal ableitet. Bei der Bromierung von Isobutan wird z. B. nur *tert*-Butylbromid (2-Brom-2-methylpropan) gebildet, das durch den Angriff des Br·-Radikals an das tertiäre H-Atom gebildet wird. Ein Angriff an eines der vorhandenen neun primären H-Atome erfolgt hingegen so gut wie nicht. Die Reaktion ist dafür aber deutlich langsamer als die weniger selektive Chlorierung.

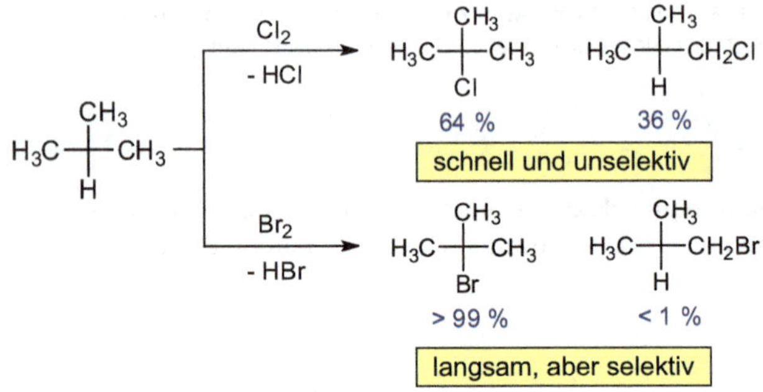

Halogen	primäres C–H	sekundäres C–H	tertiäres C–H
F	1	1,2	1,4
Cl	1	4	5
Br	1	80	>2000

Tabelle 4.4: **Relative Reaktivität verschiedener C–H-Bindungen bei der radikalischen Halogenierung.**

Radikalreaktionen sind **kinetisch kontrolliert** und keine Gleichgewichtsreaktionen. Das Produktverhältnis hängt also davon ab, wie schnell sich die Produkte jeweils bilden. Da die Regioselektivität bei der H-Abstraktion festgelegt wird (man beobachtet bei einfachen Alkylradikalen keine Umlagerungen), spiegelt die Produktverteilung die unterschiedlichen Geschwindigkeiten dieses Schritts wider. Offensichtlich wird eine tertiäre C–H-Bindung durch ein angreifendes Halogenatom schneller gespalten als eine primäre C–H-Bindung. Wieso? Da sowohl das angegriffene Alkan (2-Methylbutan) als auch das angreifende Teilchen (X·) identisch sind, muss die Ursache des Geschwindigkeitsunterschieds im gebildeten Alkylradikal liegen. Ein tertiäres Alkylradikal bildet sich schneller als ein primäres. Der Grund hierfür ist die unterschiedliche thermodynamische Stabilität der gebildeten Alkylradikale. Zwei Punkte sind in diesem Zusammenhang zu klären:

- Wieso bildet sich das thermodynamisch stabilere Produkt, das höher substituierte Alkylradikal, schneller?
- Wieso ist die Selektivität nicht für alle Halogene identisch, obwohl jeweils die gleiche Reaktion stattfindet und die gleichen Alkylradikale gebildet werden?

4.7.3 Stabilität von Alkylradikalen

Betrachten wir die Energiebilanz der Abstraktion der verschiedenen H-Atome im 2-Methylbutan, so sehen wir, dass die Bindungsdissoziationsenergie in der Reihe primär > sekundär > tertiär abnimmt (▶ Abbildung 4.11). Da das Edukt identisch ist und die gleiche Reaktion stattfindet (Abspaltung eines H-Atoms), kann ein Unterschied in den Bindungsenergien nur bedeuten, dass die gebildeten Radikale thermodynamisch unterschiedlich stabil sind.

BDE in kJ/mol
H_3C–H: 440
primäres C–H: 410
sekundäres C–H: 395
tertiäres C–H: 389

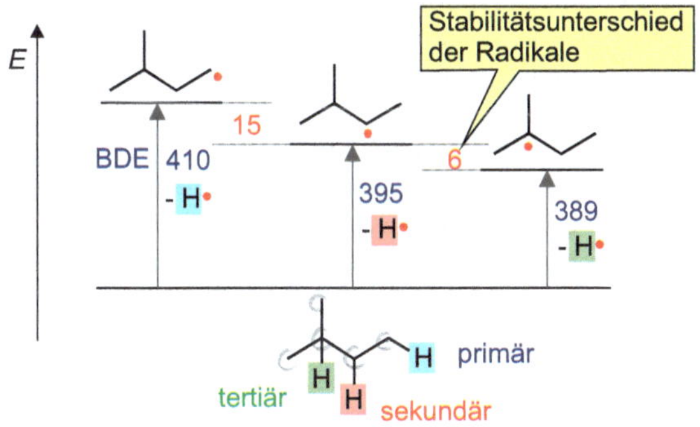

Abbildung 4.11: Unterschiedliche Stabilität von Alkylradikalen. Ausgehend vom gleichen Alkan Isopentan wird unterschiedlich viel Energie benötigt, um ein primäres, sekundäres oder tertiäres H-Atom abzuspalten. Der Unterschied in den Bindungsdissoziationsenergien BDE entspricht unmittelbar dem Unterschied in der thermodynamischen Stabilität der gebildeten Alkylradikale (Angaben in kJ/mol).

Ein tertiäres Radikal ist also 6 kJ/mol stabiler als ein sekundäres und dieses wiederum ist 15 kJ/mol stabiler als ein primäres. Beim Vergleich mit der BDE der C–H-Bindung im Methan (440 kJ/mol) sieht man, dass das Methylradikal noch einmal deutlich instabiler ist als ein primäres Alkylradikal. **Die Stabilität von Alkylradikalen nimmt mit zunehmendem Substitutionsgrad zu.**

Alkylgruppen stabilisieren Radikale.

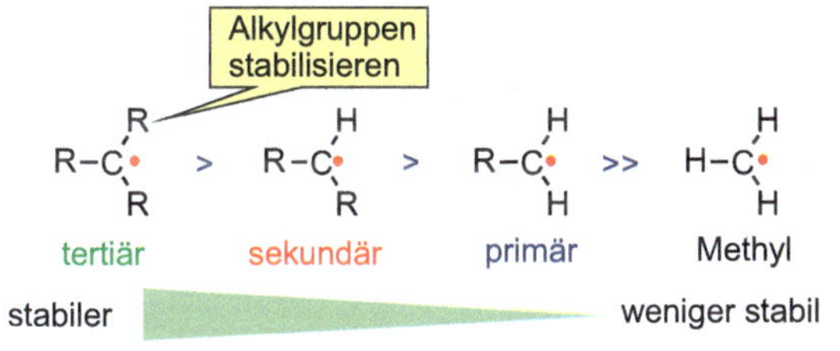

Alkylradikale haben ein Valenzelektron zu wenig am zentralen C-Atom, es sind daher **schwache Elektrophile**. Substituenten, die zusätzliche Elektronendichte zum zentralen C-Atom des Radikals hin verschieben können (**elektronenschiebende Substituenten**), stabilisieren daher das Radikal, da so die Elektronenlücke am Radikalzentrum verringert wird. Die Gründe für die elektronenschiebenden Eigenschaften von Alkylgruppen werden wir im nächsten Kapitel ausführlich diskutieren (▶ Kapitel 4.8). Die gleiche **Stabilitätsreihenfolge tertiär > sekundär > primär > Methyl** werden wir später bei den Carbeniumionen, ebenfalls elektrophilen Teilchen, wieder antreffen (▶ Kapitel 5.6.2).

Elektrophil = Teilchen mit erniedrigter Elektronendichte

4.7.4 *Product development control*

product development control = Kinetik und Thermodynamik gehen Hand in Hand.

Auf den ersten Blick mag es plausibel erscheinen, dass die Bildungsgeschwindigkeit der Radikale mit ihrer thermodynamischen Stabilität korreliert. Aber eigentlich ist für die Geschwindigkeit einer Reaktion einzig und allein die Aktivierungsenergie verantwortlich und nicht die Stabilität der gebildeten Produkte (▶ Kapitel 4.3.3). Bei sehr ähnlichen Reaktionen findet man aber häufig einen Zusammenhang zwischen der Aktivierungsenergie und der Reaktionsenthalpie (▶ Abbildung 4.12). Der Übergangszustand, der zum stabileren Produkt führt, liegt energetisch niedriger als der für einen alternativen Reaktionsweg, der zu einem weniger stabilen Produkt führt (**Bell-Evans-Polanyi-Prinzip**). Das stabilere von zwei Produkten bildet sich dann auch schneller und entsteht als Hauptprodukt. Man spricht von ***product development control*** (einen adäquaten deutschen Begriff gibt es leider nicht). Wichtig ist, dass dieser Zusammenhang tatsächlich nur für *sehr ähnliche Reaktionen* gilt, also wie in diesem Fall, wenn das gleiche Edukt durch das gleiche Teilchen angegriffen wird, aber zwei (oder mehr) verschiedene, aber ähnliche reaktive Stellen (jeweils eine C–H-Bindung) vorhanden sind, an denen der Angriff erfolgen kann. Das Bell-Evans-Polanyi-Prinzip ist also bestens geeignet, um die Regioselektivität innerhalb eines Moleküls zu erklären.

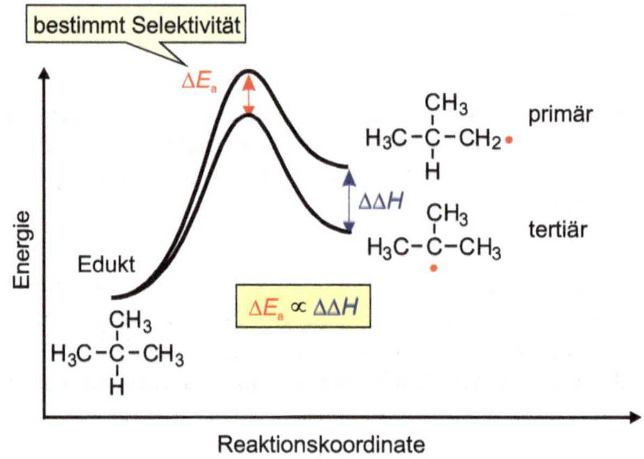

Abbildung 4.12: Bell-Evans-Polanyi-Prinzip. Bei sehr ähnlichen Reaktionen beobachtet man häufig, dass sich das stabilere Produkt auch schneller bildet. Die Aktivierungsenergie für die Bildung des thermodynamisch stabileren tertiären Radikals ist geringer als für die Bildung des instabileren primären Radikals.

4.7.5 Hammond-Postulat

exotherme Reaktion = früher ÜZ = eduktähnlich

endotherme Reaktion = später ÜZ = produktähnlich

Verstehen lässt sich das Bell-Evans-Polanyi-Prinzip folgendermaßen: Es ist vernünftig und sinnvoll anzunehmen, dass sich entlang der Reaktionskoordinate die Edukte kontinuierlich und stetig in die Produkte umwandeln. Das heißt, benachbarte Punkte auf dem Reaktionspfad ähneln sich sowohl in ihrer Energie als auch in ihrer Struktur. Um die unterschiedlichen Geschwindigkeiten von ähnlichen Reaktionen zu erklären, sind die Übergangszustände relevant, die aber keiner direkten Beobachtung zugänglich sind (▶ Kapitel 4.3.3). Folgt auf einen Übergangszustand unmittelbar danach ein Minimum auf der Potenzialfläche, also z. B. eine instabile Zwischenstufe, dann wird diese Zwischenstufe dem Übergangszustand noch sehr ähnlich sein. Umgekehrt können wir dann die **Zwischenstufe als Modell für den vorangegangenen Übergangszustand** ansehen. Alles, was die Zwischenstufe, im Falle der

Halogenierung das gebildete Alkylradikal, stabilisiert, wird zuvor bereits den strukturell ähnlichen Übergangszustand stabilisiert haben (wenn auch in etwas geringerem Maße, ΔE_a ist meistens kleiner als $\Delta\Delta H$ in ▶ Abbildung 4.12). Das nächstgelegene Minimum muss aber nicht zwingend *nach* dem Übergangszustand auf der Reaktionskoordinate liegen. Es kann auch unmittelbar *davor* liegen. Dann ist das Edukt ein gutes Modell für den Übergangszustand. Die Lage des Übergangszustands entlang der Reaktionskoordinate hängt somit davon ab, ob es sich um eine exotherme oder endotherme Reaktion handelt (▶ Abbildung 4.13).

- Bei einer **exothermen Reaktion** wird der Übergangszustand bereits zu Beginn der Reaktion durchlaufen und ist somit den Ausgangsstoffen sehr ähnlich (**früher Übergangszustand** = **eduktähnlich**).
- Bei einer **endothermen Reaktion** wird der Übergangszustand erst gegen Ende der Reaktion durchlaufen und ähnelt daher den Produkten (**später Übergangszustand** = **produktähnlich**)

Dies ist die zentrale Aussage des **Hammond-Postulats**. Wir werden diese Argumentation im weiteren Verlauf bei vielen Reaktionen immer wieder anwenden. Deswegen sollte man dieses Postulat gut verstanden haben.

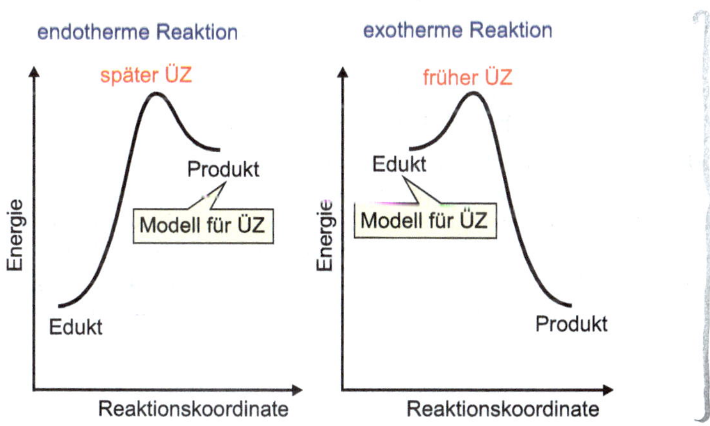

Abbildung 4.13: **Hammond-Postulat.** Der Übergangszustand (ÜZ) einer Reaktion ähnelt energetisch und strukturell immer dem *nächstgelegenen Minimum* entlang der Reaktionskoordinate. Bei endothermen Reaktionen ist der Übergangszustand also produktähnlich, bei exothermen Reaktionen dagegen eduktähnlich.

Wir können das Hammond-Postulat nutzen, um die unterschiedliche Selektivität der Chlorierung und Bromierung von Alkanen zu erklären. Die Betrachtung der Energiebilanz der Halogenierungen zeigt, dass die H-Abstraktion durch ein Chloratom leicht exotherm, die durch ein Bromatom hingegen endotherm ist. Die Chlorierung hat also einen frühen, eduktähnlichen Übergangszustand und die Bromierung einen späten, produktähnlichen. Dies erklärt unmittelbar die beobachtete unterschiedliche Selektivität der beiden Reaktionen (▶ Abbildung 4.14).

- Bei der Chlorierung ist die C–H-Bindung kaum gebrochen, der Übergangszustand hat kaum Radikalcharakter, die thermodynamische Stabilität der sich bildenden Radikale hat somit wenig Einfluss auf die Aktivierungsenergie.
- Bei der Bromierung ist die C–H-Bindung dagegen schon fast vollständig gebrochen, der Übergangszustand hat einen ausgeprägten Radikalcharakter, die thermodynamische Stabilität der sich bildenden Radikale beeinflusst unmittelbar die Aktivierungsenergie (Bell-Evans-Polanyi-Prinzip)

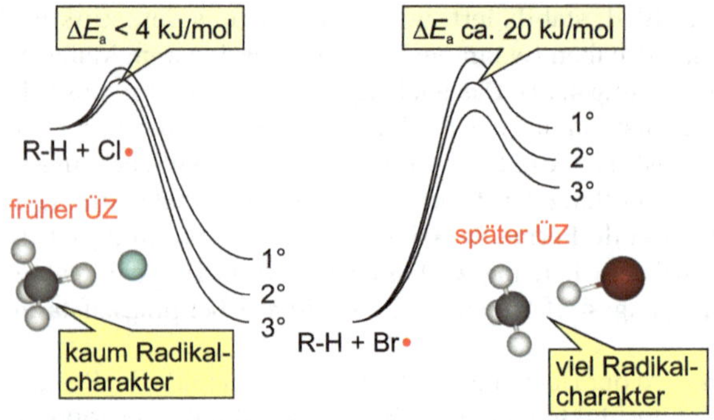

Abbildung 4.14: **Anwendung des Hammond-Postulats auf die Halogenierung.** Die Chlorierung verläuft über einen frühen, eduktähnlichen Übergangszustand, der kaum Radikalcharakter aufweist. Unterschiede in der Stabilität der gebildeten Radikale spiegeln sich in den Aktivierungsenergien nicht wider im Gegensatz zur Bromierung, die über einen späten und damit produktähnlichen Übergangszustand mit ausgeprägtem Radikalcharakter am C-Atom verläuft.

Diese Anwendung des Hammond-Postulats kann man zum sogenannten **Reaktivitäts-Selektivitäts-Prinzip** verallgemeinern:

- Die Selektivität eines Teilchens ist umso kleiner, je reaktiver es ist.
- Die Selektivität eines Teilchens ist umso größer, je stabiler es ist.

Hierbei handelt es sich aber eher um eine Faustregel als um ein Naturgesetz. Die Reaktivität eines Teilchens wiederum hängt von seinem Energiegehalt ab. Instabile, energiereiche Teilchen sind reaktiver als stabilere und energieärmere Teilchen. Da bei einem Chloratom bis zur vollständigen Oktettschale ein Elektron auf der dritten, näher am Kern liegenden Schale fehlt, beim Bromatom hingegen auf der weiter außen liegenden, weniger energiereichen vierten Schale, ist ein Chloratom deutlich instabiler und damit eben auch reaktiver als ein Bromatom.

4.8 Elektronische Substituenteneffekte

Warum haben Alkylgruppen einen stabilisierenden Effekt auf Radikale? Eine Stabilisierung erfolgt nur dann, wenn der Grund für die Instabilität, also die Elektronenlücke durch das „fehlende" achte Außenelektron am Kohlenstoff, vermindert wird. Alkylgruppen sind offensichtlich in der Lage, Elektronendichte auf das zentrale C-Atom des Radikals zu übertragen. Sie üben also einen **elektronischen Effekt** aus, der allgemein drei Ursachen haben kann:

- **induktiver Effekt (I-Effekt)**: Elektronenverschiebung entlang von σ-Bindungen
- **mesomerer Effekt (M-Effekt)**: Elektronenverschiebung durch die seitliche Überlappung von π- und p-Orbitalen miteinander
- **Hyperkonjugation**: Elektronenverschiebung durch die seitliche Überlappung von σ- und p-Orbitalen miteinander

4.8.1 Induktive Effekte

(+)-I-Effekt = elektronenschiebend
(–)-I-Effekt = elektronenziehend

Beim induktiven Effekt wird Elektronendichte entlang einer σ-Bindung verschoben. Die Elektronen in einer Atombindung sind außer bei exakt identischen Bindungspartnern nicht gleichmäßig zwischen den beiden beteiligten Atomkernen verteilt (▶ Exkurs 2.3). Die

Elektronendichte ist zum elektronegativeren Bindungspartner hin verschoben. Auch zwei C-Atome unterscheiden sich in ihrer Elektronegativität je nach Hybridisierung und Ladungszustand. Ein sp^2-hybridisiertes C-Atom ist elektronegativer als ein sp^3-hybridisiertes, da die Anziehung der Bindungselektronen durch den Kern mit dem s-Anteil des Orbitals zunimmt. Da in einer C–C-Bindung eine größere Elektronendichte vorhanden ist als in einer C–H-Bindung (C hat mehr Valenzelektronen als H), wird ein *tert*-Butylradikal im Vergleich zu einem Methylradikal durch induktive Elektronenverschiebung entlang der drei C–C-Bindungen stabilisiert. *Relativ zu einem H-Atom* ist eine Alkylgruppe also ein elektronenschiebender Substituent (so genannter **(+)-I-Effekt**). Substituenten, die relativ zu einem H-Atom einen elektronenziehenden Effekt haben, z. B. ein Cl-Atom oder eine OH-Gruppe, haben einen **(–)-I-Effekt**.

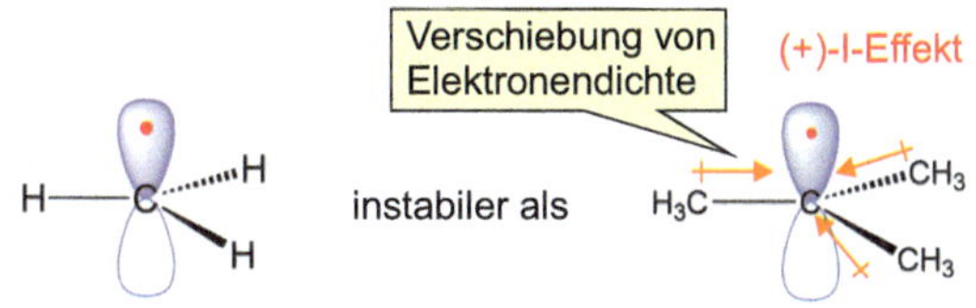

Induktive Effekte sind generell recht schwach und vor allem stark abstandsabhängig. Sie wirken in der Regel nur auf unmittelbar benachbarte Atome oder maximal über zwei bis drei benachbarte Atombindungen hinweg.

4.8.2 Mesomere Effekte

(+)-M-Effekt = elektronenschiebend
(–)-M-Effekt = elektronenziehend

Beim mesomeren Effekt (auch Resonanzeffekt genannt) wird Elektronendichte durch eine seitliche Überlappung von π-Orbitalen übertragen. Es entsteht ein resonanzstabilisiertes, delokalisiertes Teilchen. Es handelt sich also um die gleiche Art von Orbitalwechselwirkung, wie wir sie bei den Bindungsverhältnissen konjugierter Diene besprochen haben (▸ Kapitel 1.7). Ein M-Effekt kann wiederum elektronenschiebend, (+)-M-Effekt, oder elektronenziehend, (–)-M-Effekt, sein. Bei einfachen Alkylradikalen spielt diese Art mesomerer Effekte keine Rolle. Wir werden darauf aber beim Allylradikal wieder zurückkommen (▸ Kapitel 4.9.1).

4.8.3 Hyperkonjugation

Die Hyperkonjugation ist ebenfalls eine Orbitalwechselwirkung, bei der allerdings nicht zwei p- oder π-Orbitale miteinander seitlich überlappen, sondern eine σ-Bindung und ein p- bzw. π-Orbital. In einfachen Alkylradikalen tritt Hyperkonjugation durch die benachbarten C–H-σ-Bindungen auf, die seitlich mit dem einfach besetzten p_z-Orbital überlappen. Im Methylradikal sind keine entsprechenden σ-Bindungen vorhanden, es gibt keine Hyperkonjugation. Die Stabilisierung durch Hyperkonjugation nimmt daher mit der Anzahl benachbarter C–H-Bindungen und damit der Anzahl an Alkylgruppen zu. Im **MO-Modell** führt die Wechselwirkung des σ-Orbitals der C–H-Bindung mit dem p_z Orbital zu einer Stabilisierung der beiden Bindungselektronen. Gleichzeitig wird das ungepaarte Elektron destabilisiert. Da aber zwei Elektronen stabilisiert werden und nur eines destabilisiert wird, resultiert insgesamt eine Stabilisierung des Radikals.

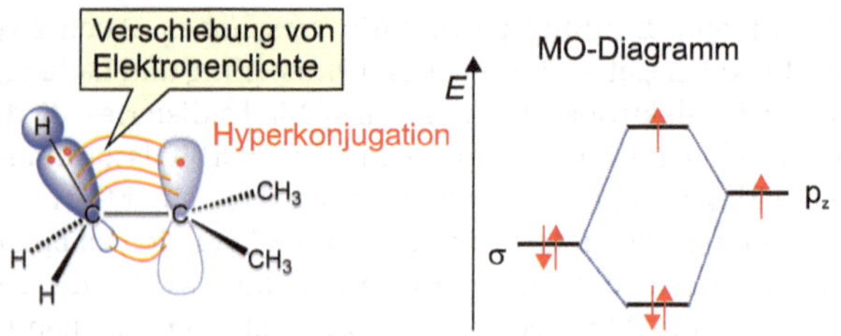

Die Hyperkonjugation lässt sich nicht nur mit einem MO-Diagramm, sondern auch mithilfe von **Resonanzformeln** beschreiben, auch wenn dabei auf den ersten Blick eine etwas ungewöhnliche Formel mit einem nicht gebundenen H-Atom (*non-bonded structure*) auftaucht. Resonanzformeln stellen aber wie wir wissen nur Grenzformulierungen der tatsächlichen Elektronenkonfiguration dar. Ihnen kommt keine reale Existenz zu (▶ Kapitel 1.7). Was passiert, wenn man die Übertragung von Elektronendichte aus der C–H-Bindung hin zum p_z-Orbital am C-Atom des Radikals konsequent zu Ende denkt? In dem Maße wie Elektronendichte aus dieser C–H-Bindung abgezogen wird, wird die Bindung geschwächt und gleichzeitig die Bindung zwischen den beiden C-Atomen gestärkt. Würde ein Elektron komplett übertragen, entstünde eine C=C-Doppelbindung. Übrig bliebe dann ein nicht mehr an das C-Atom gebundenes H-Atom. Genau diese Situation wird als Grenzformulierung mit der zweiten Resonanzformel beschrieben.

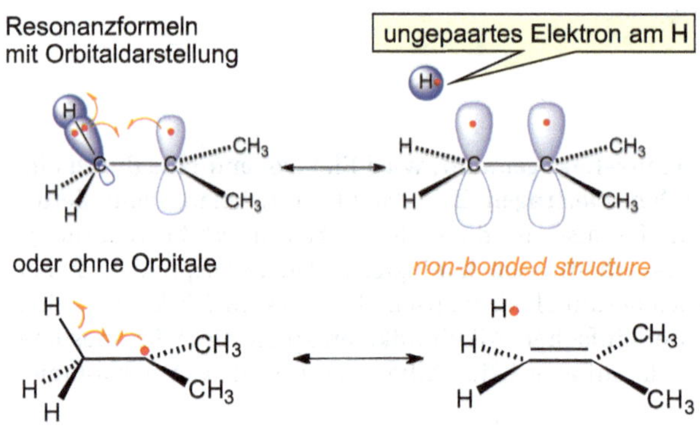

Durch die Hyperkonjugation wird das ungepaarte Elektron über die benachbarten C–H-Bindungen delokalisiert. Dies erkennt man z. B. daran, dass in der zweiten Resonanzformel das ungepaarte Elektron am H-Atom und nicht mehr am C-Atom zu finden ist. Tatsächlich erstreckt sich das SOMO, also das Orbital, in dem sich das ungepaarte Elektron befindet, beim *tert*-Butylradikal auch über diese H-Atome, während es beim Methylradikal, bei dem keine Hyperkonjugation auftreten kann, ein reines p-Orbital ist. Dadurch wird die Elektronenlücke beim *tert*-Butylradikal gleichmäßiger über das gesamte Teilchen verteilt, gut erkennbar am einheitlicheren und weniger stark positiven elektrostatischen Oberflächenpotenzial.

Eine Hyperkonjugation ist dann maximal, wenn die σ-Bindung parallel zum p_z-Orbital angeordnet ist. Wird die σ-Bindung aus dieser Stellung herausgedreht, nimmt die Stabilisierung ab. Deswegen erstreckt sich das SOMO des *tert*-Butylradikals auch nur über die drei, zum p_z-Orbital parallel stehenden H-Atome und nicht über die anderen sechs.

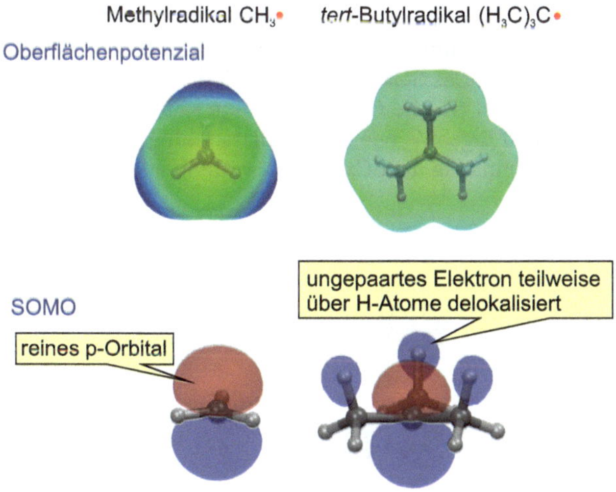

Bromierung in Allylstellung 4.9

4.9.1 Das Allylradikal

Eine hoch-selektive Bromierung lässt sich in **Allylstellung** durchführen, also direkt benachbart zu einer C=C-Doppelbindung. Die BDE eines allylständigen H-Atoms ist mit 355 kJ/mol noch einmal deutlich kleiner als für eine tertiäre C–H-Bindung (BDE = 389 kJ/mol). Nicht zu verwechseln ist die Allylposition mit der **Vinylposition**, also den direkt an die C-Atome der Doppelbindung gebundenen Atomen. Die Abspaltung eines vinylischen H-Atoms ist energetisch noch ungünstiger (BDE = 452 kJ/mol) als beim Methan (BDE = 440 kJ/mol).

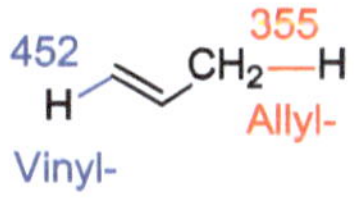

BDE (in kJ/mol)

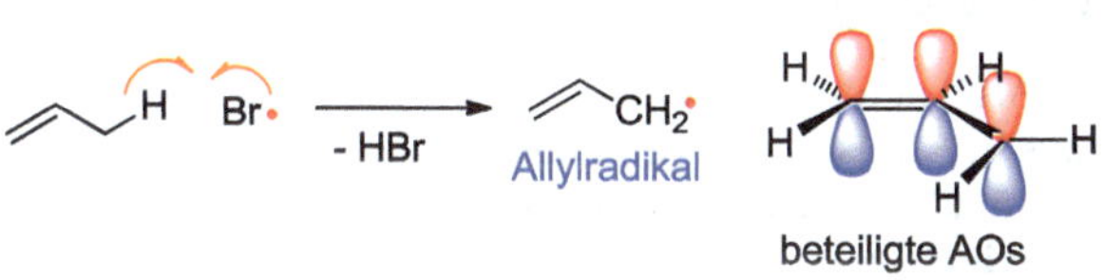

Das **Allylradikal ist resonanzstabilisiert**. Das einfach besetzte p_z-Orbital überlappt mit der benachbarten π-Bindung. Dabei bildet sich ein delokalisiertes π-Elektronensystem, in dem die drei π-Elektronen über alle drei C-Atome des Allylsystems verteilt sind. Diese Delokalisierung von Elektronen stabilisiert das Allylradikal. Eine analoge Resonanzwechselwirkung haben wir bei den konjugierten Dienen kennengelernt, bei denen die Delokalisierung von zwei benachbarten π-Bindungen zu einer Stabilisierung führt (▶ Kapitel 1.7). Diese delokalisierte Elektronenstruktur des Allylradikals kann man durch die Angabe von zwei äquivalenten Resonanzformeln beschreiben. Diese zeigen, dass das ungepaarte Elektron sich gleichmäßig über die beiden endständigen Atome C1 und C3 verteilt, aber nicht am mittleren C-Atom zu finden ist.

Delokalisierung von Elektronen führt in der Regel zu einer Stabilisierung.

Analog lässt sich die Resonanzstabilisierung wieder im MO Modell beschreiben. Aus der Wechselwirkung der beiden π-Orbitale der Doppelbindungen mit dem p_z-Orbital erhält man drei neue π-MO, ein bindendes, ein nichtbindendes und ein antibindendes (▶ Abbil dung 4.15). Das bindende π-MO 1 ist doppelt und das nichtbindende π-MO 2 (das SOMO) einfach besetzt, was insgesamt zu einer Stabilisierung führt, da die zwei Elektronen in π-MO 1 gegenüber vorher energetisch günstiger sind. Das SOMO, in dem sich das ungepaarte Elektron befindet, erstreckt sich gleichmäßig über C1 und C3, hat aber eine Knotenebene an C2. Wir kommen also wiederum zum gleichen Ergebnis wie bei der Betrachtung der Resonanzformeln, das ungepaarte Elektron ist gleichmäßig über C1 und C3 verteilt, aber nicht an C2 zu finden.

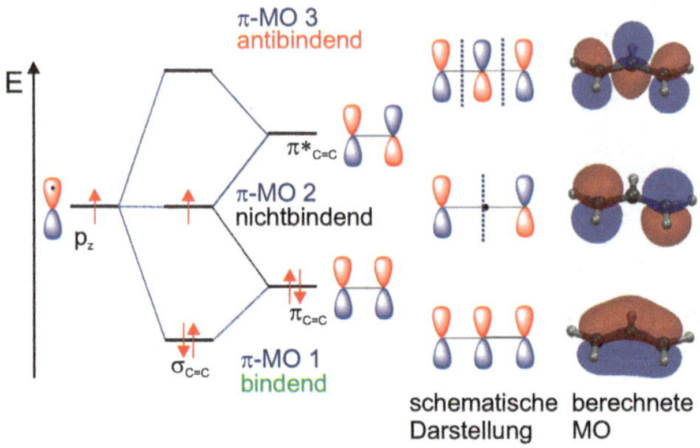

Abbildung 4.15: MO-Diagramm des Allylradikals. Durch die seitliche Überlappung einer π-Bindung mit einem p_z-Orbital entstehen drei neue, delokalisierte MO. Im Allylradikal ist das π-MO 1 doppelt und das π-MO 2 (SOMO) einfach besetzt.

4.9.2 Chemoselektive Bromierung

Allerdings wird die Bromierung in Allylstellung durch ein anderes Problem erschwert. Außer der *Substitution* eines H-Atoms in Allylstellung kann auch eine *Addition* des Broms an die Doppelbindung erfolgen (▶ Kapitel 7.6). Neben der Regioselektivität stellt sich daher zusätzlich die Frage der **Chemoselektivität**.

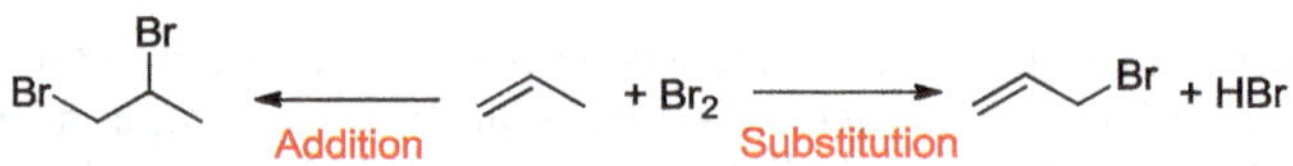

Definition: Chemoselektivität

Eine Reaktion ist dann chemoselektiv, wenn in einem Molekül eine von mehreren möglichen unterschiedlichen Reaktionen (z. B. Addition oder Substitution) bevorzugt stattfindet. Die Produkte sind in der Regel keine Isomere, sondern haben eine unterschiedliche Zusammensetzung.

Die Chemoselektivität lässt sich allerdings durch die Wahl der Reaktionsbedingungen gut steuern. Die Addition ist zwar enthalpisch günstiger als die Substitution, dafür aber entropisch benachteiligt, da aus zwei Teilchen ein Teilchen wird, während bei der Substitution die Teilchenzahl unverändert bleibt. Verringert sich die Teilchenzahl, nimmt die Entropie des

Systems ab, was ungünstig ist. Man beobachtet allgemein: **Bei zwei Konkurrenzreaktionen läuft mit steigender Temperatur die entropisch günstigere Reaktion bevorzugt ab.** Also ist die Substitution bei hoher Temperatur bevorzugt. Die technische Darstellung von Allylchlorid durch Chlorierung von Propen erfolgt daher bei 500 °C in sehr guten Ausbeuten und mit sehr hoher Chemoselektivität, ohne dass es zu einer konkurrierenden Addition kommt.

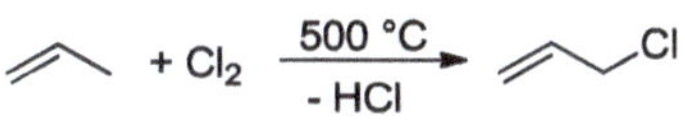

Erklären kann man die Bevorzugung der entropisch günstigeren Reaktion bei höheren Temperaturen mit der **Eyring-Theorie**, einer etwas tiefergehenden Betrachtung der Kinetik einer Reaktion als die bisher verwendete einfache Stoßtheorie. Die Eyring-Theorie beschreibt die Aktivierungsenergie als freie Gibbs Aktivierungsenthalpie, die einen enthalpischen und einen entropischen Beitrag enthält. Wenn sich zwei Reaktionen in der Aktivierungsentropie unterscheiden, verschiebt sich das Produktverhältnis mit zunehmender Temperatur in Richtung der Reaktion mit der günstigeren Aktivierungsentropie.

$\Delta G^{\ddagger} = \Delta H^{\ddagger} - T \cdot \Delta S^{\ddagger}$
freie Gibbs-Aktivierungsenthalpie

4.9.3 Wohl-Ziegler-Bromierung

Die Heißphasenhalogenierung bei 500 °C ist kein für das Labor praktikabler Prozess. Eine Alternative ist die **Wohl-Ziegler-Bromierung** mit *N*-Bromsuccinimid (NBS) als Bromquelle in Lösung unter Zusatz eines Radikalstarters. Dies ist übrigens die erste **Namensreaktion**, der wir begegnen. In der Organischen Chemie ist es üblich, chemische Umsetzungen nach ihren Entdeckern zu benennen. Leider muss man diese Namen wie Vokabeln auswendig lernen, was das Erlernen der Organischen Chemie zugegeben nicht einfacher macht.

N-Bromsuccinimid (NBS)

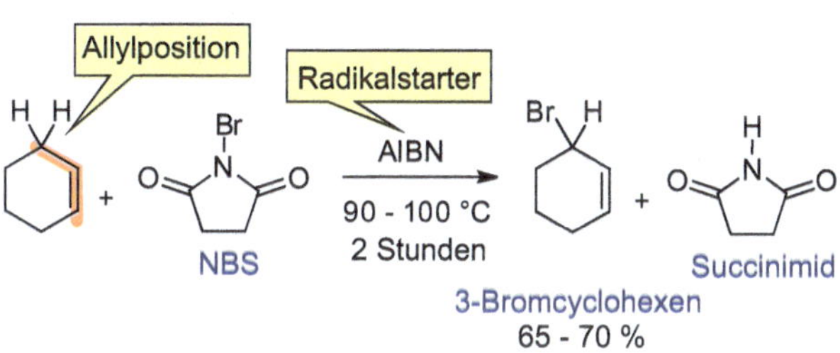

Es handelt sich um eine radikalische Bromierung, die allerdings nicht wie bei den bisher besprochenen Reaktionen in der Gasphase, sondern in Lösung stattfindet. Außerdem wird nicht wie sonst Br_2 als Bromierungsreagenz eingesetzt, sondern NBS, aus dem erst während der Reaktion Brom gebildet wird. Dadurch ist die Konzentration an Brom in der Lösung zu jedem Zeitpunkt der Reaktion sehr niedrig, was der entscheidende Punkt für die Steuerung der Chemoselektvität ist. Betrachten wir den Mechanismus im Detail.

Kettenstart

Im Gegensatz zu den Halogenen ist NBS thermisch und photochemisch recht stabil und zerfällt nicht so leicht in Radikale. Um die Kettenreaktion in Gang zu setzen, muss daher ein sogenannter **Radikalstarter** (auch Initiator genannt) zugesetzt werden. Dabei handelt es sich meist um organische Verbindungen wie **Peroxide** oder **Azoverbindungen**, die labile Bindungen enthalten und daher leicht beim Erwärmen homolytisch in Radikale zerfallen. Zwei einfach handhabbare Radikalstarter für das Labor sind **Dibenzoylperoxid** oder **Azoisobutyronitril (AIBN)**, die bereits beim Erwärmen auf 80–100 °C mit einer Halbwertszeit $\tau_{1/2}$ von etwa 1 h in Radikale zerfallen. Ein Großteil der thermodynamischen Triebkraft für

Peroxid:
R–O–O–R
Azoverbindung:
R–N=N–R

diesen Zerfall stammt aus der Freisetzung der sehr stabilen Verbindungen CO_2 bzw. N_2, die zudem gasförmig entweichen und das Zerfallsgleichgewicht zusätzlich auf die Seite der Produkte ziehen.

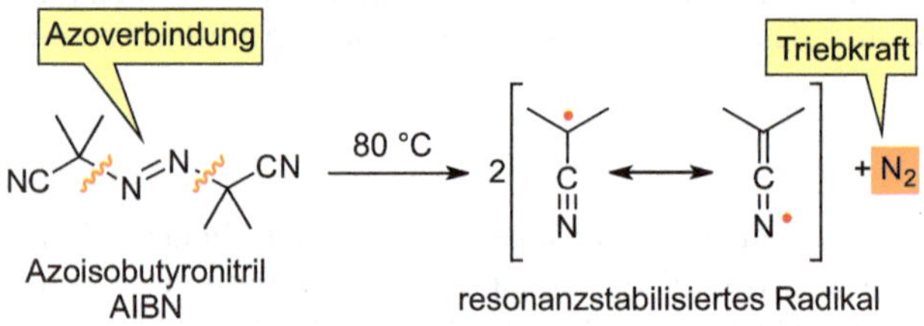

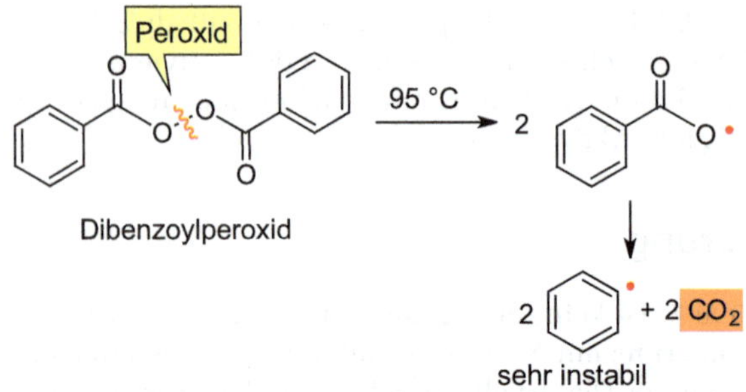

Die so gebildeten Startradikale induzieren den Zerfall des NBS in Bromatome. Dabei findet im ersten Schritt eine Addition des Startradikals (In·) an eine der beiden C=O-Doppelbindungen des NBS statt. Dann wird die N–Br-Bindung gespalten und es entsteht ein Bromatom, das die eigentliche Kettenreaktion in Gang setzt.

Kettenfortpflanzung

Die Kettenfortpflanzung verläuft mechanistisch analog zur bereits besprochenen Bromierung von Methan (▶ Kapitel 4.4.2). Das angreifende Bromatom abstrahiert ein allylständiges H-Atom aus dem Cyclohexen. Es entstehen ein resonanzstabilisiertes Allylradikal sowie HBr. Dieses reagiert in einem **ionischen Zwischenschritt** mit NBS zu elementarem Brom, das mit dem Allylradikal zum Produkt reagiert. Dabei wird erneut ein Bromatom frei, das die Kette fortführt.

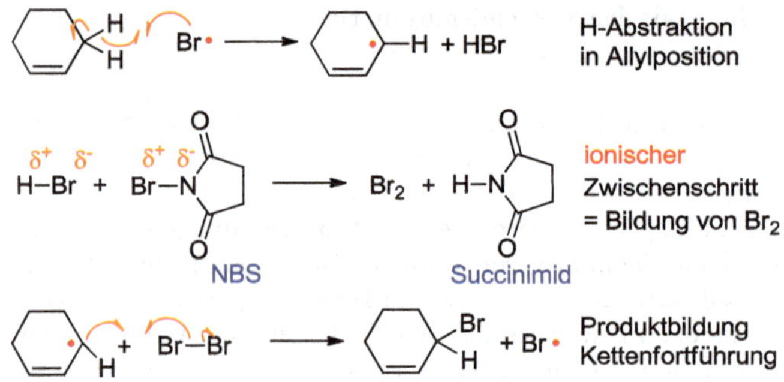

Die Bildung von Br_2 aus HBr und NBS kann man sich leicht plausibel machen. Im NBS ist das Bromatom in der N–Br-Bindung positiv polarisiert (N ist elektronegativer als Br). NBS ist also *formal* eine Quelle für „Br^+" (das es als echtes, freies Teilchen natürlich nicht gibt). Im HBr ist das Brom hingegen negativ polarisiert, also Br^-. Die Reaktion dieser beiden entgegengesetzt polarisierten Bromatome ergibt dann Br_2 und übrig bleibt Succinimid als zweites Produkt.

Mechanistische Erklärung der Chemoselektivität

Wieso ist die Wohl-Ziegler-Reaktion chemoselektiv und wieso wird nicht direkt Br_2 als Bromlieferant eingesetzt, sondern NBS, obwohl aus diesem während der Reaktion doch Br_2 gebildet wird? Beides hängt unmittelbar zusammen. Entscheidend für die Chemoselektivität ist, dass während der gesamten Reaktion *Brom nur in einer sehr geringen Stationärkonzentration vorliegt*. Dies wird durch das NBS als Bromquelle gewährleistet, denn durch die Reaktion von NBS mit HBr kann immer nur so viel Brom neu gebildet werden, wie zuvor Brom reagiert hat (und damit HBr entstanden ist). Die Bromatome können mit dem Cyclohexen entweder unter Addition an die Doppelbindung (▶ Kapitel 7.6) oder unter H-Abstraktion reagieren. Für den nächsten Schritt ist in beiden Fällen jeweils ein Brommolekül nötig. Da dessen Konzentration sehr gering ist, sind diese Schritte aber sehr langsam. Entscheidend ist nun, dass die Addition eine reversible Gleichgewichtsreaktion ist. Wenn das Adduktradikal kein Brommolekül für eine Weiterreaktion zum Dibromcyclohexan trifft, dann zerfällt es einfach wieder in Br· und Cyclohexen. Demgegenüber ist die H-Abstraktion irreversibel. Das Allylradikal kann nur dann zurückreagieren, wenn es ein HBr-Molekül trifft. HBr reagiert aber nach seiner Bildung sofort mit NBS und verschwindet so aus der Reaktionsmischung. Das Allylradikal hat also keine anderen Reaktionsmöglichkeiten, als zu warten, bis es auf ein Brommolekül trifft, mit dem es dann unter Bildung des Substitutionsprodukts reagieren kann.

Addition an eine Doppelbindung

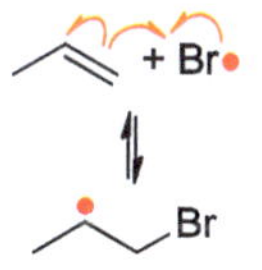

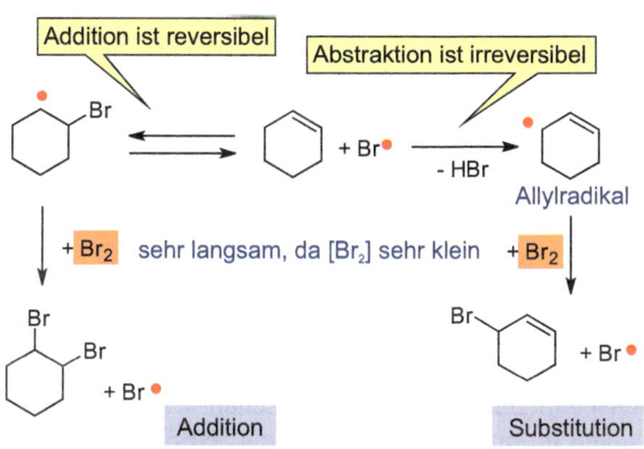

Eine genauere kinetische Analyse zeigt, dass das Verhältnis der Geschwindigkeiten von Substitution zu Addition und damit das Produktverhältnis umgekehrt proportional zur Konzentration an Br_2 ist. Je kleiner $[Br_2]$ ist, desto weniger Addition und desto mehr Substitution finden statt.

$$\frac{[\text{Substitution}]}{[\text{Addition}]} \propto \frac{1}{[Br_2]}$$

Im Allylradikal ist das ungepaarte Elektron über die beiden endständigen C-Atome des Allylsystems verteilt. Das heißt aber, dass die Folgereaktion mit dem Brommolekül *an beiden* C-Atomen C1 und C3 erfolgen kann. Bei symmetrischen Allylradikalen wie dem Cyclohexenylradikal ist dies unerheblich, da das gleiche Produkt gebildet wird, egal an welchem der beiden C-Atome die Reaktion stattfindet. Bei **unsymmetrischen Allylradikalen** ist dies nicht mehr der Fall, es bilden sich zwei konstitutionsisomere Produkte. Bei der allylischen Bromierung von 1-Buten erhält man sowohl 3-Brombuten als auch – sogar als Hauptprodukt – 1-Brom-2-buten (als Gemisch der beiden *E*/*Z*-Diastereomere, ▶ Kapitel 3.2), bei dem die Doppelbindung relativ zum Edukt verschoben ist. Die gleichen Produkte, auch im exakt gleichen Verhältnis, erhält man ebenfalls ausgehend von 2-Buten, da aus beiden Alkenen das gleiche Allylradikal als Intermediat entsteht. Grund für die bevorzugte Bildung von 1-Brom-2-buten ist im Sinne einer *product development control* die höhere thermodynamische Stabilität des höher substituierten Alkens (▶ Exkurs 6.3).

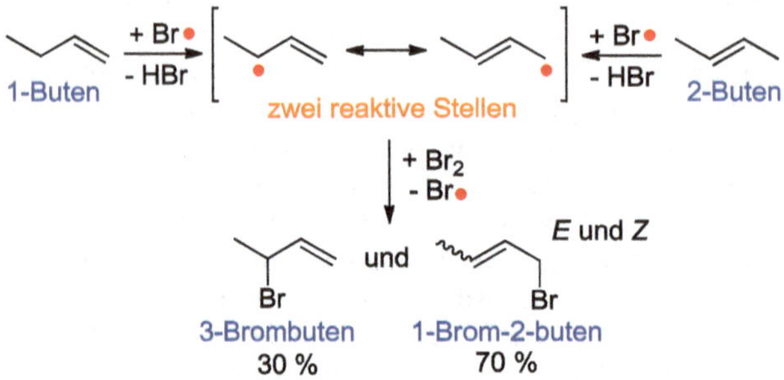

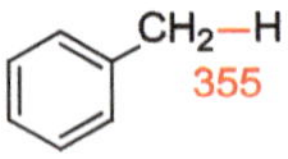

BDE in kJ/mol

Die Wohl-Ziegler-Bromierung findet nicht nur in der Allyl-, sondern auch in der Benzylposition statt, also in Nachbarstellung zu einem Aromaten wie Benzen (alter Name: Benzol). Das intermediär auftretende **Benzylradikal** ist ebenso wie das Allylradikal durch Resonanz stabilisiert, sodass wiederum selektiv eine H-Abstraktion aus der Benzylposition erfolgen kann. Auf die besonderen Eigenschaften von Aromaten werden wir in ▶ Kapitel 8 genauer eingehen.

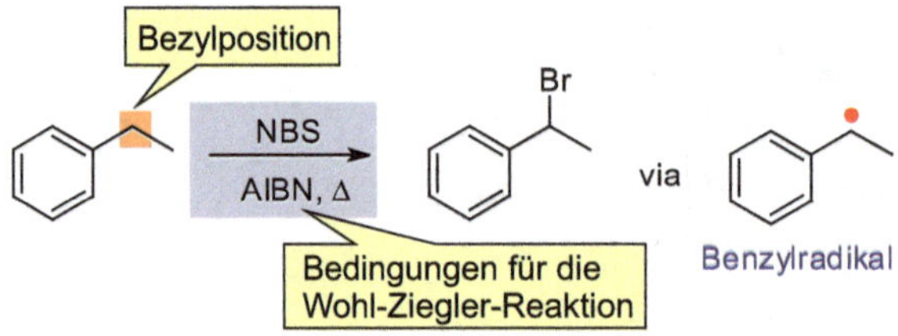

Man sollte lernen, **typische Reaktionsbedingungen** für die klassischen organisch-chemischen Reaktionen zu erkennen. Tauchen in einem Reaktionsschema „NBS, AIBN, Δ" als Reaktionsbedingungen auf, sollte man sofort an die Wohl-Ziegler-Bromierung denken und prüfen, ob in dem Molekül eine Allyl- oder Benzylposition vorhanden ist.

4.10 Weitere synthetisch wichtige radikalische Substitutionsreaktionen

Neben der direkten Photobromierung von Alkanen und der NBS-Bromierung in Allylstellung gibt es eine Reihe weiterer radikalischer Substitutionsreaktionen, die präparativ wichtig sind. Zumindest zwei wollen wir noch kurz erwähnen.

4.10.1 Chlorierung mit Sulfurylchlorid

Im Labor wird für eine Chlorierung meistens nicht Chlor als Agens verwendet, sondern **Sulfurylchlorid** SO_2Cl_2, das als Flüssigkeit im Gegensatz zum gasförmigen Chlor sehr viel leichter zu handhaben ist. Außerdem ist SO_2Cl_2 ein selektiveres Chlorierungsmittel als Chlor. Die Reaktion folgt dem klassischen Radikalkettenmechanismus, muss aber analog wie die Wohl-Ziegler-Bromierung durch einen Radikalstarter wie AIBN initiiert werden. Das kettenfortführende Radikal ist $SO_2Cl\cdot$, aus dem nach der H-Abstraktion HSO_2Cl entsteht, welches instabil ist und sofort in HCl und SO_2 zerfällt.

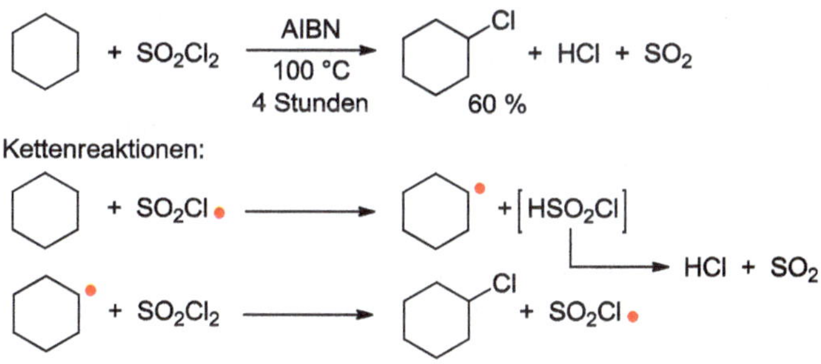

4.10.2 Sulfochlorierung

Eine verwandte Reaktion ist die Sulfochlorierung mit einem äquimolaren Gemisch von Cl_2 und SO_2 unter UV-Bestrahlung (*Reed-Reaktion*), mit der sich $-SO_2Cl$-Gruppen bzw. nach Hydrolyse mit wässriger Lauge $-SO_3H$-Gruppen (Sulfonsäuregruppen) in Alkane einführen lassen. Die Alkalisalze der Sulfonsäuren langkettiger Alkane (C12 bis C18) sind wichtige **anionische Tenside**, die als Reinigungsmittel genutzt werden. Die Reed-Reaktion besitzt allerdings nur eine technische Bedeutung, da wegen der geringen Selektvität des angreifenden Chloratoms Produktgemische entstehen. Tenside sind amphiphile Teilchen, die aus einem wasserunlöslichen, hydrophoben (Alkylkette) und einen wasserlöslichen hydrophilen (Sulfonatgruppe) Teil bestehen. In wässriger Lösung lagern sich Tenside zu Mizellen zusammen, in denen sich unpolare Schmutzpartikel (Fette, Öl) lösen. Darauf beruht die Waschwirkung der Tenside.

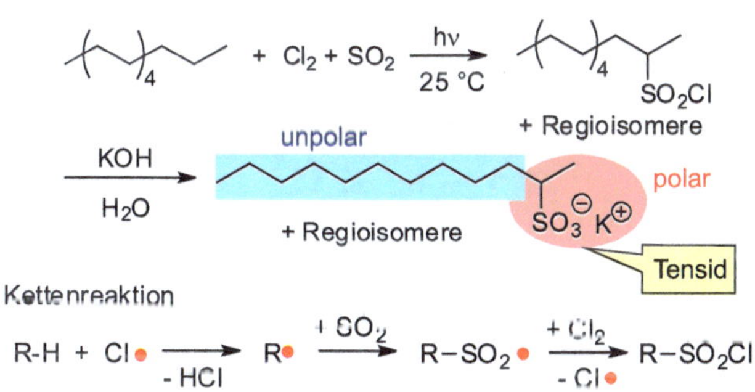

ZUSAMMENFASSUNG

Im diesem Kapitel haben wir Folgendes über die Alkane und ihre typischen Reaktionen gelernt:

- In Alkanen sind alle C-Atome sp^3-hybridisiert. Alkane bestehen nur aus unpolaren und damit wenig reaktiven C–C- und C–H-Einfachbindungen. Es sind sehr reaktionsträge Verbindungen, die nur zwei bedeutsame Reaktionen eingehen. Mit Sauerstoff verbrennen sie zu Kohlendioxid und Wasser und mit Halogenatomen reagieren sie unter Substitution eines H-Atoms zu einem Halogenalkan. Bei dieser radikalischen Substitution handelt es sich um eine Radikalkettenreaktion, die aber zuerst durch Licht, Wärme oder einen Radikalstarter gestartet werden muss.
- Allgemein können chemische Reaktionen einstufig oder aber mehrstufig über eine oder mehrere, meist instabile Zwischenstufen verlaufen. Die Geschwindigkeit der Reaktion hängt vom genauen Mechanismus der Reaktion ab und nicht von der Thermodynamik. Anschaulich kann man den Verlauf einer Reaktion mit einem Reaktionsenergiediagramm darstellen. Der höchste Energieberg, der auf dem Weg von den Edukten zu den Produkten überwunden werden muss, bestimmt die Geschwindigkeit der Gesamtreaktion.
- Die Halogenierung von Alkanen verläuft über Alkylradikale als Zwischenstufe. Diese sind umso stabiler, je höher das Radikal substituiert ist. Alkylgruppen wirken elektronenschiebend und vermindern daher durch ihren (+)-I-Effekt und die Hyperkonjugation den Elektronenmangel am Radikalzentrum.
- Während die Chlorierung eine schnelle aber weitgehend unselektive Reaktion ist, weist die sehr viel langsamere Bromierung eine ausgeprägte Regioselektivität auf. Es werden bevorzugt tertiäre H-Atome substituiert. Erklären lässt sich die Regioselektivität mithilfe des Hammond-Postulats im Sinne einer *product development control*.
- Mit *N*-Bromsuccinimid (NBS) und einem Radikalstarter wie Azoisobutyronitril (AIBN) lässt sich eine regioselektive Bromierung in Allylstellung erreichen (Wohl-Ziegler-Reaktion). Grund hierfür sind die Bildung des resonanzstabilisierten Allylradikals bei der H-Abstraktion und die nur sehr geringe Stationärkonzentration von Brom, wodurch die Addition an die Doppelbindung als Konkurrenzreaktion nahezu vollständig unterdrückt wird.

ZUSAMMENFASSUNG

Nucleophile Substitution

5

ÜBERBLICK

Lernziele

Nachdem Sie dieses Kapitel zur nucleophilen Substitution durchgearbeitet haben, sollten Sie verstanden haben,

- warum Halogenalkane aufgrund der polaren C–X-Bindung andere physikalische und chemische Eigenschaften aufweisen als Alkane,
- was nucleophile und elektrophile Stellen in Molekülen sind und wie diese miteinander reagieren,
- wie sich der Ablauf einer polaren Reaktion zwischen einem Nucleophil und einem Elektrophil mithilfe der Grenzorbitaltheorie beschreiben lässt,
- was gute und schlechte Nucleophile und Elektrophile sind und wovon die Geschwindigkeit einer nucleophilen Substitutionsreaktion abhängt,
- warum es zwei mechanistische Grenzfälle bei der nucleophilen Substitution gibt, die S_N1- und die S_N2-Reaktion, worin sich diese unterscheiden und welche Substrate bevorzugt nach welchem Reaktionstyp reagieren.

5.1 Halogenalkane

Im letzten Kapitel haben wir gelernt, wie aus einem Alkan durch eine radikalische Substitutionsreaktion ein **Halogenalkan** (allgemeine Abkürzung **R–X**) entsteht. Zur Erinnerung, in der IUPAC-Nomenklatur wird das Halogen als Substituent betrachtet und als Präfix vor den Namen des Alkans gestellt. Gebräuchlich ist aber auch noch die ältere Bezeichnung als Alkylhalogen*id* (▸ Kapitel 2.6).

Bromethan | Dichlormethan | 2-Iodpropan | 2-Chlor-2-methylpropan
Ethylbromid | Methylenchlorid | Isopropyliodid | *tert*-Butylchlorid

Halogenalkane sind wichtige industrielle Produkte, die in großen Mengen als Lösemittel (Chloroform, Dichlormethan) oder für die Herstellung von Kunststoffen (PVC, Teflon) eingesetzt werden. Auch viele früher in der Landwirtschaft verwendete Insektizide und Herbizide wie Lindan oder Hexachlor waren Halogenalkane, die sich allerdings mittlerweile als toxisch bzw. umweltschädigend herausgestellt haben und daher heutzutage nicht mehr verwendet werden dürfen. Halogenalkane sind vielfach biologisch schwer abbaubar (man spricht von **Persistenz**) und können sich daher als lipophile Substanzen über die Zeit im Fettgewebe von Mensch und Tier anreichern (**Bioakkumulation**), was zu gesundheitlichen Langzeitschäden führen kann. Leichtflüchtige Halogenalkane wie $CF_3CHBrCl$ (2-Brom-2-chlor-1,1,1-trifluorethan, Trivialname: Halothan) werden in der Medizin als Inhalationsnarkotika verwendet. Das erste war Chloroform $CHCl_3$, das bereits im 19. Jahrhundert für Narkosen eingesetzt wurde. Da es Leberschäden hervorrufen kann, wird es heute nicht mehr benutzt. Halogenalkane kommen aber auch in der Natur insbesondere in Meeresorganismen vor. Der Mensch bildet das iodhaltige Schilddrüsenhormon Thyroxin, das an der Steuerung des Energiestoffwechsels beteiligt ist. Iodmangel führt zu einer krankhaften Vergrößerung der Schilddrüse (Kropf). Unser Speisesalz ist daher iodiert, um eine ausreichende Iodzufuhr sicherzustellen.

Die Halogenatome verändern sowohl die physikalischen als auch die chemischen Eigenschaften der Halogenalkane im Vergleich zu Alkanen. Halogenalkane sind zwar ebenfalls **hydrophob** und daher mit Wasser nicht mischbare Substanzen, die gut löslich in organischen

Lösemitteln sind. Ihre Schmelz- und Siedetemperaturen sind aber deutlich höher als die der Alkane mit gleicher Kettenlänge und nehmen mit der Größe des Halogenatoms zu. Durch die im Vergleich zu einem H-Atom größeren und leichter polarisierbaren Halogenatome sind die Van-der-Waals-Wechselwirkungen zwischen den Molekülen (▶ Kapitel 2.4.2) sehr viel stärker. Gerichtete Dipol-Dipol-Wechselwirkungen scheinen hingegen nur eine untergeordnete Rolle zu spielen, auch wenn diese häufig noch in Lehrbüchern als Ursache für die höheren Schmelz- und Siedetemperaturen diskutiert werden. Die kleinsten Vertreter sind bei Raumtemperatur gasförmig (z. B. Siedetemperaturen von CH_3Cl, –24 °C, CH_3Br: +4 °C und C_2H_5Cl: +12 °C). Methyliodid, ein wichtiges, allerdings krebserregendes Methylierungsreagenz im Labor, oder die Lösemittel Dichlormethan und Trichlormethan sind Flüssigkeiten (CH_3I: 43 °C, CH_2Cl_2: 40 °C, $CHCl_3$: 62 °C), die schwerer sind als Wasser (Dichte $\rho > 1$ g/mL). Triiodmethan CHI_3 (Iodoform, Schmelzpunkt 119 °C), das früher als Wunddesinfektionsmittel in der Medizin verwendet wurde, oder Tetrabrommethan CBr_4 (Schmelzpunkt 90 °C) sind Feststoffe.

Siedetemperatur (in °C)
C_2H_6: –89
C_2H_5F: –37
C_2H_5Cl: +12
C_2H_5Br: +39
C_2H_5I: +71

Das chemische Reaktionsverhalten der Halogenalkane wird von der **polaren C(sp³)–X-Einfachbindung** bestimmt, die durch Überlappung eines sp^3-Hybridorbitals am C-Atom mit einem p-Orbital am Halogenatom entsteht. Ähnlich wie wir es in ▶ Kapitel 2.4.1 am Beispiel der C–O-Bindung im Ethanol besprochen haben, ist aufgrund der größeren Elektronegativität der Halogene im Vergleich zum Kohlenstoff das Bindungselektronenpaar der C–X-Bindung im zeitlichen Mittel überwiegend am Halogenatom lokalisiert. Dieses erhält dadurch eine negative Partialladung δ^-, der Kohlenstoff eine positive δ^+ (▶ Abbildung 5.1). In der Reihe F > Cl > Br > I nimmt die Polarität aufgrund der kleiner werdenden Elektronegativität der Halogenatome ab. Gleichzeitig werden die Bindungslänge größer und die Bindung schwächer. Dies liegt an der schlechteren Überlappung des sp^3-Hybridorbitals am C-Atom mit dem zunehmend größer werdenden p-Orbital des Halogenatoms.

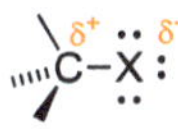

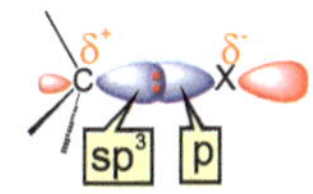

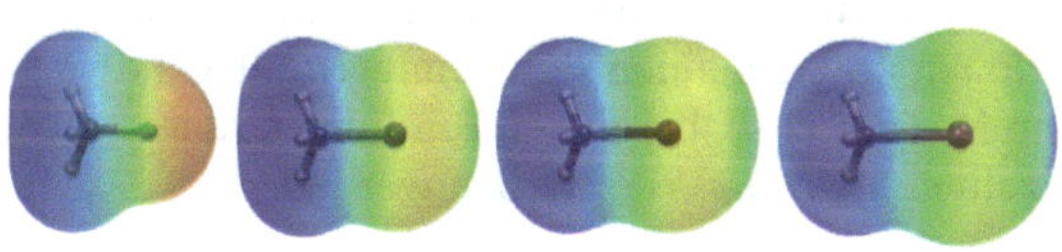

$H_3C–X$	CH_3F	CH_3Cl	CH_3Br	CH_3I
Bindungslänge in pm	139	178	193	214
BDE in kJ/mol	472	356	293	239

Abbildung 5.1: **Elektrostatische Oberflächenpotenziale der Halogenmethane.** Im Gegensatz zu Methan sind die Halogenmethane CH_3X polare Moleküle mit einer deutlichen Ladungsverschiebung vom C- (positiv polarisiert) zum Halogen-Atom (negativ polarisiert), die mit abnehmender Elektronegativität des Halogenatoms in der Reihe F > Cl > Br > I geringer wird. Gleichzeitig werden die C-X-Bindungen länger und schwächer.

Im Gegensatz zu den unpolaren und chemisch sehr unreaktiven Alkanen sind Halogenalkane also **polare Moleküle**. Sie reagieren daher relativ leicht auch mit anderen polaren Teilchen, und zwar bevorzugt mit solchen, die wie das Hydroxidion OH^- eine erhöhte Elektronendichte haben. So reagiert Chlorethan CH_3CH_2Cl bereitwillig mit Natronlauge, wobei je nach Reaktionsbedingungen Ethanol oder Ethen entstehen. Das Ethanol bildet sich in einer **nucleophilen Substitution**, bei der das Cl-Atom gegen eine OH-Gruppe ausgetauscht wird. Ethen ist das Produkt einer **Eliminierung**, bei der unter Abspaltung von HCl eine Doppelbindung entsteht. Diese beiden Reaktionen, die wir im weiteren Verlauf dieses und des nächsten Kapitels ausführlich besprechen werden, sind typisch für Halogenalkane.

Typische Reaktionen der Halogenalkane:
- nucleophile Substitution
- Eliminierung

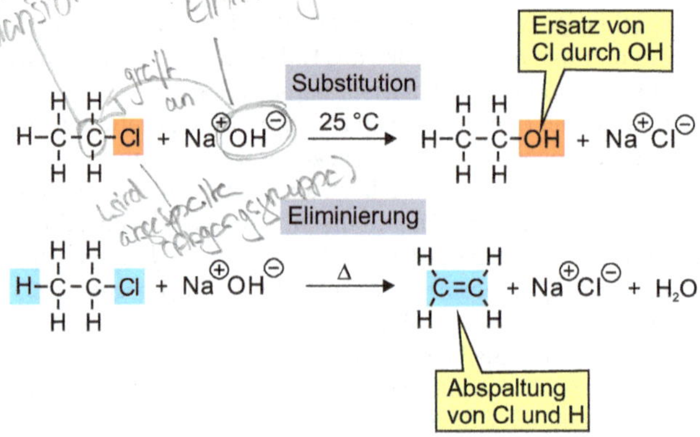

Grundlegendes zu polaren Reaktionen 5.2

polare Reaktion:
- Nucleophil reagiert mit Elektrophil.
- Bindungen werden heterolytisch gebildet und gebrochen.
- Dabei werden immer Elektronenpaare verschoben.

Die nucleophile Substitution und die Eliminierung gehören wie die überwiegende Mehrzahl aller organisch-chemischen Reaktionen zu den **polaren Reaktionen**. So nennt man allgemein Reaktionen, an denen polare Moleküle mit polaren Bindungen beteiligt sind. Dabei reagiert immer(!) ein Teilchen mit positiver (Partial)ladung, ein **Elektrophil**, mit einem Teilchen mit negativer (Partial)ladung, einem **Nucleophil**. Dabei kann es sich entweder um Ionen mit echten Ladungen oder um neutrale Teilchen mit Partialladungen handeln. **Bindungen werden bei polaren Reaktionen ausschließlich heterolytisch gebildet und gebrochen** (▶ Kapitel 4.4.2). Es findet also im Verlauf der Reaktion immer(!) ein Verschieben von Elektronen*paaren* statt. Polare Reaktionen unterscheiden sich damit grundlegend von den zuvor besprochenen Radikalreaktionen (▶ Kapitel 4), bei denen Bindungen homolytisch gebildet und gebrochen, also immer einzelne Elektronen verschoben werden.

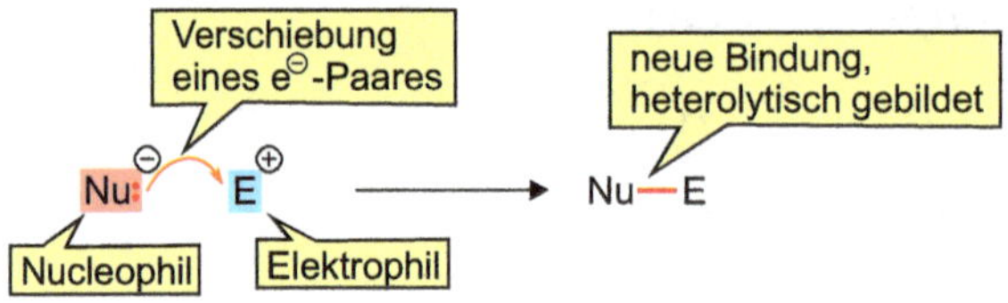

Bei der Bindungsbildung ändern sich die (Formal)ladungen der beteiligten Teilchen. Die (Formal)ladung des Nucleophils erhöht sich um eins (Änderung: +1) und die des Elektrophils erniedrigt sich um eins (Änderung: –1). Das Umgekehrte gilt natürlich für das heterolytische Spalten einer Bindung. Die (Formal)ladung des elektronegativeren vormaligen Bindungspartners erniedrigt sich um eins, die des elektropositiveren erhöht sich um eins.

Die wichtigste Frage zum Verständnis polarer organisch-chemischer Reaktionen lautet also: **Wo in den reagierenden Molekülen sind elektrophile oder nucleophile Stellen bzw. funktionelle Gruppen und wie können diese miteinander reagieren?** Hierfür muss man in Molekülen zum einen die jeweiligen funktionellen Gruppen und zum anderen deren Polarität erkennen. Bei den typischen polaren organischen Reaktionen werden uns erfreulicherweise aber immer wieder die gleichen reaktiven polaren Stellen begegnen.

- **Elektrophile Stellen** sind neben positiv geladenen C-Atomen in Carbokationen vor allem C-Atome, die an elektronegative Heteroatome wie O, N, S oder ein Halogen gebunden sind und die dadurch eine positive Partialladung aufweisen.

Definition: Nucleophil und Elektrophil

Nucleophil (abgekürzt als Nu oder Nu^-) = kernliebendes Teilchen, das selber eine erhöhte Elektronendichte aufweist und daher bereitwillig mit Teilchen reagiert, die ein Elektronendefizit haben (Elektrophile). Nucleophile besitzen ein freies Elektronenpaar (Lewis-Base) oder eine leicht verschiebbare π-Bindung.

Beispiele: OH^-, H_2O, ROH, RO^-, NH_3, RNH_2, RSH, RS^-, Halogenidanionen X^-, CN^-, N_3^-, Carboxylate RCO_2^-, Carbanionen R^-, π-Bindungen in Alkenen, Alkinen oder Aromaten.

Elektrophil (abgekürzt als E oder E^+) = elektronenliebendes Teilchen, das selber ein Elektronendefizit aufweist und daher bereitwillig mit Teilchen reagiert, die eine erhöhte Elektronendichte haben (Nucleophile). Elektrophile besitzen eine Elektronenlücke (Lewis-Säure) oder ein positiv-polarisiertes Atom (meistens ein C-Atom gebunden an ein elektronegatives Heteroatom).

Beispiele: H^+, NO^+, NO_2^+, Alkylhalogenide R–X, Carbokationen R^+, Carbonylgruppen in Aldehyden und Ketonen (RR'C=O) und Säurederivaten (R(C=O)X) bzw. die analogen Stickstoffverbindungen wie Imine oder Nitrile.

- **Nucleophile Stellen** sind vor allem die Heteroatome O, N, P oder S mit ihren freien Elektronenpaaren sowohl als Anionen als auch in neutralen Verbindungen (z. B. Alkohole, Ether, Amine) sowie π-Bindungen in Alkenen, Alkinen oder Aromaten und negativ geladene C-Atome in Organometallverbindungen und Carbanionen.

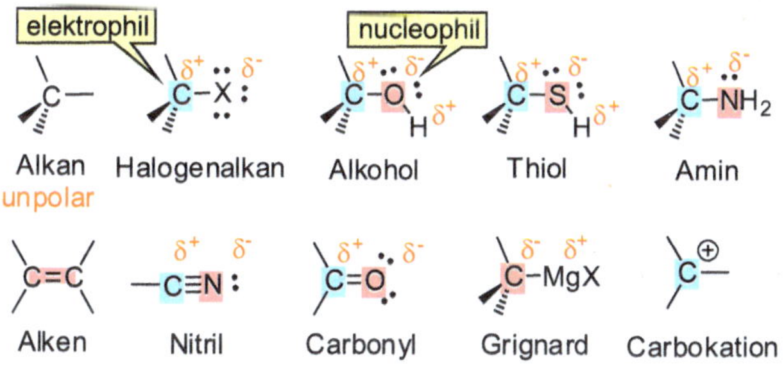

Wir werden im Folgenden zur besseren Veranschaulichung bei der Formulierung von Reaktionsmechanismen häufig die oben gezeigte Farbgebung zur Kennzeichnung von nucleophilen (rot unterlegt) und elektrophilen Stellen (blau unterlegt) in Molekülen nutzen.

5.3 Die nucleophile Substitution

Die **nucleophile Substitutionsreaktion** am gesättigten, sp^3-hybridisierten C-Atom (abgekürzt als **S_N-Reaktion**) ist eine der wichtigsten und vielseitigsten Reaktionen in der Organischen Chemie. Ein typisches Beispiel ist die vorhin schon erwähnte Umsetzung von Chlorethan C_2H_5Cl mit Hydroxidionen OH^-, die zur Bildung von Ethanol C_2H_5OH und Chloridionen Cl^- führt. Das Hydroxidion OH^- greift nucleophil das positiv polarisierte C-Atom des C_2H_5Cl (das Elektrophil) an und verdrängt das Chloratom, das als Anion abgespalten wird. Bindungsbildung und -bruch erfolgen wie immer bei polaren Reaktionen **heterolytisch** (▶ Kapitel 5.2). Das angreifende Nucleophil bezeichnet man auch als Eintrittsgruppe und den Substituen ten, der verdrängt wird und das Molekül verlässt, als Austrittsgruppe, Abgangsgruppe oder Nucleofug.

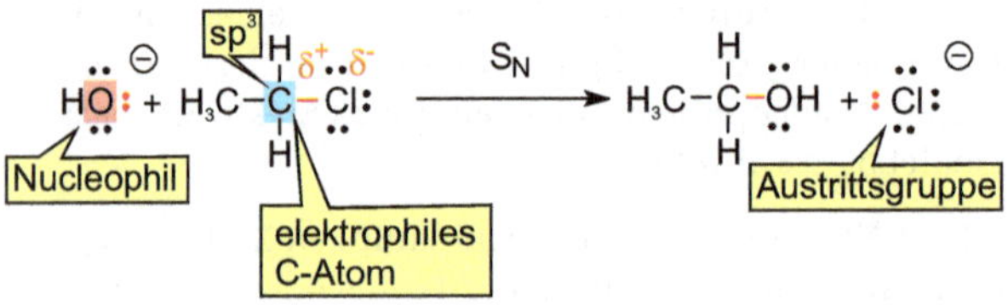

Je nachdem, welche Nucleophile eingesetzt werden, kann man ausgehend von leicht zugänglichen Edukten durch eine S_N-Reaktion sehr viele verschiedene funktionelle Gruppen in ein Molekül einführen. Das macht den großen synthetischen Nutzen der S_N-Reaktionen aus. So kann man aus Halogenalkanen leicht Alkohole, Ether, Thiole, Thioether, Nitrile, Amine, Ester und viele weitere Stoffklassen herstellen (▶ Tabelle 5.1). Einige repräsentative Beispiele sind nachfolgend gezeigt.

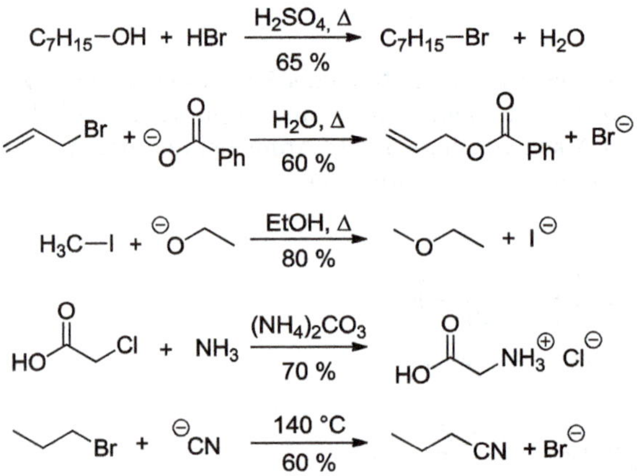

Was passiert mit den chemischen Bindungen bei einer S_N-Reaktion? Zum einen wird die Bindung zwischen dem positiv polarisierten, elektrophilen C-Atom und der negativ polarisierten Austrittsgruppe heterolytisch gebrochen und zum anderen eine neue Bindung zwischen dem C-Atom und dem Nucleophil heterolytisch geknüpft.

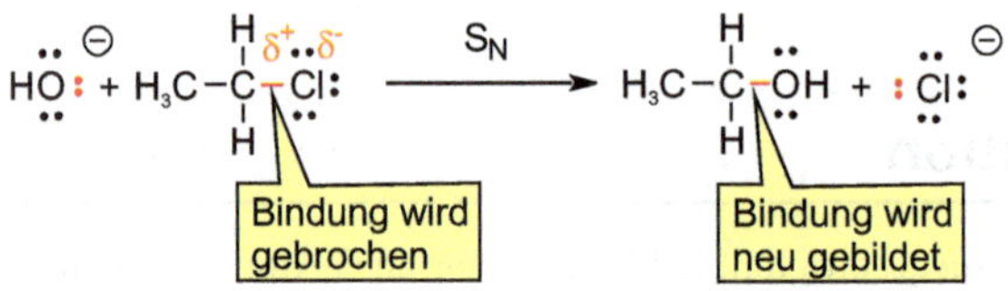

Je nach der zeitlichen Abfolge, in der Bindungsbruch und Bindungsneubildung stattfinden, können S_N-Reaktionen bei Halogenalkanen auf zwei verschiedenen Wegen, also nach zwei verschiedenen Reaktionsmechanismen, stattfinden (▶ Exkurs 5.1).

$R–X + Nu^- \rightarrow R–Nu + X^-$		
Nucleophil	**Produkt**	**entstandene Verbindungsklasse**
Halogenidionen X'^-	$R–X'$	Alkylhalogenalkan
OH^-, H_2O	R–OH	Alkohol
$R'–O^-$, R′–OH	R–O–R′	Ether
NH_3 $R'NH_2$ R′R″NH	$R–NH_2$ RR′NH RR′R″N	Amin
R′–SH, $R'–S^-$	R–S–R′	Sulfid (Thioether)
NCS^-	R–SCN	Thiocyanat
N_3^-	$R–N_3$	Azid
$R'CO_2^-$	$R'CO_2R$	Ester
R'^- (Carbanion)	R–R′	Alkan (wichtige Reaktion zur Knüpfung von C–C-Bindungen)
CN^-	R–CN	Nitril

Tabelle 5.1: **Allgemeine Beispiele für nucleophile Substitutionsreaktionen.**

- **Bindungsbruch und -bildung** finden **gleichzeitig** statt. Es handelt sich um eine konzertierte, einstufige Reaktion ohne Zwischenstufen (**S_N2-Reaktion**, ▸ Kapitel 5.4).
- **Erst** findet der **Bindungsbruch** (Austritt der Abgangsgruppe, Eliminierung) statt, **dann** die **Bindungsneubildung** (Eintritt des Nucleophils, Addition). Es handelt sich um eine mehrstufige Reaktion mit einem Carbokation als Zwischenstufe (**S_N1-Reaktion**, ▸ Kapitel 5.6).

Exkurs 5.1: Genauere Betrachtung der möglichen Mechanismen einer S_N-Reaktion

Ist neben der S_N1- und der S_N2-Reaktion nicht auch noch ein dritter Reaktionstyp denkbar? Könnte nicht auch zuerst die neue Bindung zum Nucleophil gebildet und erst danach die Abgangsgruppe abgespalten werden? Bei dieser **Additions-Eliminierungs-Reaktion** tritt eine pentavalente (fünfbindige) Zwischenstufe auf. Diese Reaktion kann daher bei Kohlenstoff-Elektrophilen (Angriff eines Nucleophils an ein sp^3-hybridisiertes, elektrophiles C-Atom) *nicht* stattfinden, da in dieser pentavalenten Zwischenstufe zehn Valenzelektronen am C-Atom vorhanden wären! Eine solche Oktettaufweitung ist für Elemente der 2. Periode nicht möglich, da bei ihnen die Oktettregel streng gilt (▸ Kapitel 1.3). Man kennt diesen Reaktionstyp aber von Elementen höherer Perioden, z. B. P, Si oder S.

Je nach zeitlicher Abfolge von Bindungsbruch (C–X) und Bindungsbildung (C–Nu) ergeben sich ganz allgemein für S_N-Reaktionen also drei mögliche Reaktionsmechanismen, die man in einem **More-O'Ferrall-Jencks-Diagramm** anschaulich zusammenfassen kann (▶ Abbildung 5.2). Aufgetragen werden dabei die Veränderungen der beiden Bindungsabstände zwischen eintretendem Nucleophil und angegriffenem C-Atom sowie zwischen C-Atom und Austrittsgruppe. Die S_N2-Reaktion führt auf der Diagonale vom Start zum Ziel. Bindungsbildung und Bildungsbruch sind zu jedem Zeitpunkt der Reaktion genau gleich weit fortgeschritten. Bei der S_N1-Reaktion vergrößert sich hingegen zuerst der C–X-Abstand, ein Carbeniumion entsteht als Zwischenstufe, bevor dann im zweiten Schritt die neue Bindung zum Nucleophil gebildet wird. Beim dritten Weg, der Addition-Eliminierung, wird zuerst die neue Bindung zum eintretenden Nucleophil gebildet, bevor dann ausgehend von der pentavalenten Zwischenstufe die Bindung zur Abgangsgruppe gelöst wird.

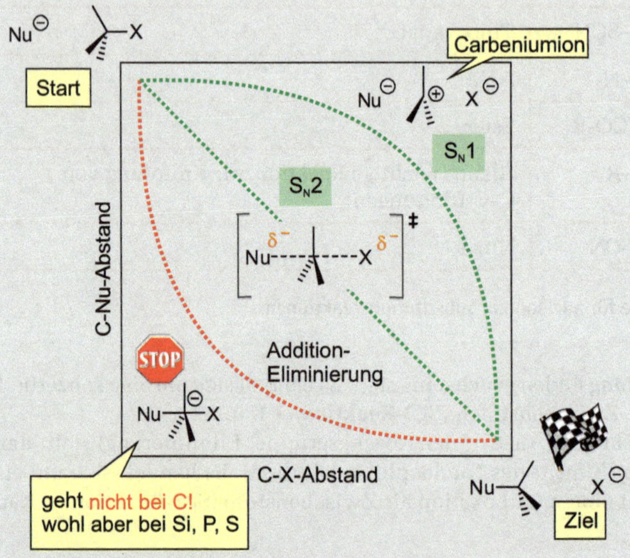

Abbildung 5.2: Mögliche Reaktionspfade für die nucleophile Substitution (More-O'Ferrall-Jencks-Diagramm). Es lassen sich drei mechanistische Grenzfälle unterscheiden, wobei bei C-Elektrophilen aufgrund der Oktettregel allerdings nur die S_N1- und die S_N2-Reaktion möglich sind.

Der Mechanismus der S_N2-Reaktion 5.4

5.4.1 Allgemeine Merkmale

Eines der einfachsten, typischen Beispiele für eine S_N2-Reaktion ist die Umsetzung von Chlormethan CH_3–Cl mit Hydroxidionen OH^-, die in einem einzigen, konzertierten Reaktionsschritt zur Bildung von Methanol CH_3–OH und Chloridionen Cl^- führt. Das Nucleophil greift das elektrophile C-Atom von der Rückseite her an und verdrängt dabei gleichzeitig die Abgangsgruppe. Im Übergangszustand der Reaktion sind sowohl die Abgangsgruppe als auch das eintretende Nucleophil partiell an das nun sp^2-hybridisierte C-Atom gebunden (▶ Abbildung 5.3). Am Ende der Reaktion hat sich eine neue C–OH-Bindung gebildet und das

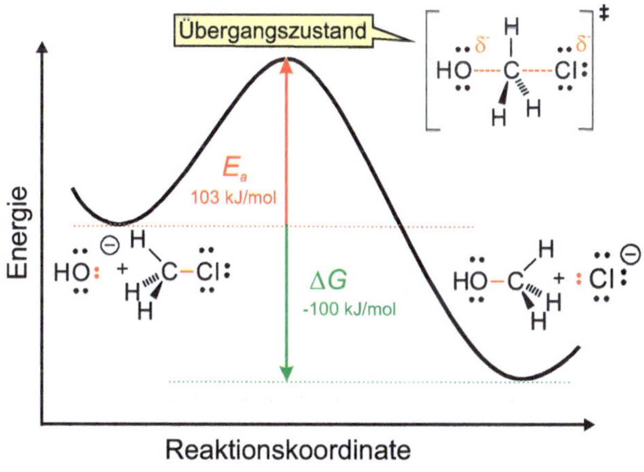

Abbildung 5.3: Energieprofil der S_N2-Reaktion. Die Reaktion findet in einem einzigen, bimolekularen Schritt statt. Im Übergangszustand sind sowohl das eintretende Nucleophil als auch die Austrittsgruppe partiell an das C-Atom gebunden. Im Verlauf der Reaktion findet eine Inversion der Konfiguration statt.

zuvor an das C-Atom gebundene Cl-Atom wurde als Chlorid Cl^- abgespalten. Da am entscheidenden Reaktionsschritt zwei Teilchen beteiligt sind, spricht man von einer **bimolekularen nucleophilen Substitution**, abgekürzt als S_N2-Reaktion.

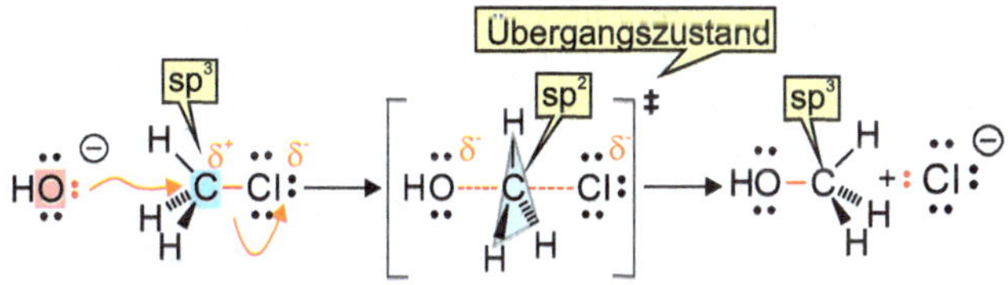

Eine **S_N2-Reaktion** weist folgende Merkmale auf:

- Eine S_N2-Reaktion verläuft konzertiert in einem einzigen bimolekularen Schritt ohne Zwischenstufen.

Während das Hydroxidion ein freies Elektronenpaar auf das elektrophile C-Atom überträgt, muss gleichzeitig die C–Cl-Bindung heterolytisch gespalten werden, da der Kohlenstoff als Element der zweiten Periode nicht mehr als acht Valenzelektronen (entspricht vier kovalenten Bindungen) haben kann (Oktettregel, ▸ Kapitel 1.3).

- Eine S_N2-Reaktion folgt einer Kinetik 2. Ordnung: $v = k \cdot [CH_3Cl] \cdot [OH^-]$

Die Reaktion findet in nur einem Reaktionsschritt statt, an dem daher zwangsläufig sowohl Nucleophil als auch Elektrophil beteiligt sein müssen. Die Geschwindigkeit hängt somit von den Konzentrationen beider Edukte ab (▸ Kapitel 4.3.3). Verdoppelt man die Konzentration eines der beiden Reaktionspartner, verdoppelt sich jeweils die Geschwindigkeit der Reaktion (▸ Tabelle 5.2).

- Bei der S_N2-Reaktion greift das Nucleophil das C-Atom von der Rückseite her an.

Der Angriff des Nucleophils erfolgt in das leere, antibindende σ*-Orbital der C–Cl-Bindung, das gerade auf der Rückseite gut zugänglich ist (▸ Kapitel 5.4.2).

$$CH_3\text{-}Cl + OH^{\ominus} \xrightarrow[H_2O]{60\,°C} CH_3\text{-}OH + Cl^{\ominus}$$

Experiment	$[CH_3Cl]$ in mol/L	$[OH^-]$ in mol/L	Reaktionsgeschwindigkeit v in mol/(L · s)
1	0,001	1,0	$4{,}9 \cdot 10^{-7}$
2	0,002	1,0	$9{,}8 \cdot 10^{-7}$
3	0,001	2,0	$9{,}8 \cdot 10^{-7}$
4	0,002	2,0	$19{,}6 \cdot 10^{-7}$

Tabelle 5.2: **Einfluss der Konzentrationen der Edukte auf die Geschwindigkeit der S_N2-Reaktion zwischen Chlormethan und Hydroxidionen.**

■ Bei der S_N2-Reaktion findet eine Inversion der Konfiguration statt (Walden-Umkehr). Die Inversion ergibt sich zwangsläufig aus dem Rückseitenangriff (▸ Kapitel 5.4.3).

5.4.2 Der Rückseitenangriff bei der S_N2-Reaktion

Eine S_N2-Reaktion erfolgt *immer* unter Rückseitenangriff.

berechnetes σ∗-MO der C–Cl-Bindung

Erklärung warum Rückseitenangriff

Das Nucleophil kann das positiv polarisierte C-Atom nicht einfach irgendwie angreifen, sondern der Angriff muss zwingend von der Rückseite der zu spaltenden C–Cl-Bindung erfolgen. Verstehen lässt sich dieser **Rückseitenangriff**, wenn man sich überlegt, dass das Nucleophil beim Angriff Elektronen auf das elektrophile C-Atom überträgt. Diese Elektronen müssen, wie alle anderen Elektronen in einem Atom oder Molekül auch, in einem Orbital untergebracht werden (▸ Kapitel 1.3). Da es sich um eine heterolytische Bindungsbildung handelt (beide Elektronen stammen vom Nucleophil), muss dafür am angegriffenen C-Atom ein leeres Orbital zur Verfügung stehen. Das energetisch günstigste unbesetzte Orbital, welches das Elektronenpaar des Nucleophils zu Beginn der Reaktion aufnehmen kann, ist das **antibindende σ∗-Orbital der C–Cl-Bindung**, das einen großen und gut zugänglichen Orbitallappen auf der Rückseite der C–Cl-Bindung hat (▸ Abbildung 5.4). Bei einem Vorderseitenangriff kann das Nucleophil hingegen wesentlich schlechter mit dem antibindenden σ∗-Orbital in Wechselwirkung treten.

Definition: Stereoelektronischer Effekt

Von einem **stereoelektronischen Effekt** spricht man, wenn die relative Anordnung von Reaktionspartnern oder Atomgruppen innerhalb eines Moleküls so erfolgt, dass bestimmte **Orbitalwechselwirkungen** (meistens HOMO/LUMO-Wechselwirkungen, ▸ Exkurs 5.2) zwischen zwei Reaktanden (= Reaktion) oder innerhalb des Moleküls (= Struktur) optimiert werden (d.h. eine möglichst gute Überlappung zwischen Orbitallapen mit gleichem Vorzeichen stattfindet).

Ein stereoelektronischer Effekt ist von einem rein **elektrostatischen Effekt** zu unterscheiden, bei dem es lediglich zu anziehender oder abstoßender Coulomb-Wechselwirkung von elektrischen Ladungen (bzw. Partialladungen) kommt.

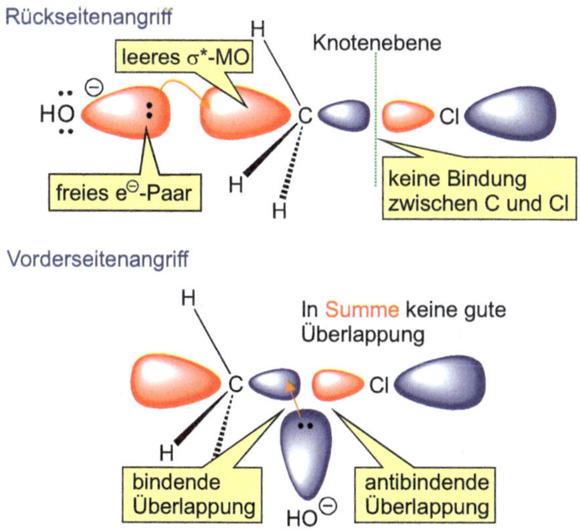

Abbildung 5.4: MO-Schema zum Rückseitenangriff bei der S_N2-Reaktion. Beim Rückseitenangriff kann das freie Elektronenpaar des Nucleophils sehr gut mit dem leeren σ∗-Orbital der C–Cl-Bindung wechselwirken, welches das Elektronenpaar aufnimmt. Beim Vorderseitenangriff ist die Überlappung wesentlich schlechter, da sich die bindende und die antibindende Überlappung gegenseitig aufheben.

Die Ursache für den Rückseitenangriff bei der S_N2-Reaktion liegt also in einer Orbitalwechselwirkung begründet, die den Reaktionsverlauf bestimmt (▶ Exkurs 5.2). Man spricht von einem **stereoelektronischen Effekt**. Diese Orbitalwechselwirkung erklärt auch den weiteren Verlauf der Reaktion: Die Übertragung von Elektronen vom Nucleophil in das antibindende σ∗-Orbital der C–Cl-Bindung führt zu einer Schwächung dieser Bindung, da die Bindungsordnung durch die Besetzung des antibindenden Orbitals mit Elektronen abnimmt (▶ Kapitel 1.3). Die C–Cl-Bindung wird länger, die Abgangsgruppe entfernt sich vom C-Atom und wird schließlich komplett abgespalten.

Bindung wird durch Besetzung länger → instabiler → bricht → Abgangsgruppe entfernt sich

Wieso findet kein Angriff des Nucleophils auf das Cl-Atom statt? Auch dort befindet sich ein großer Orbitallapen des σ∗-Orbitals. Allerdings müsste bei diesem Angriff ein negativ geladenes Carbanion CH_3^- als Abgangsgruppe abgespalten werden, was energetisch extrem ungünstig ist (▶ Tabelle 5.3). Dieser Angriff wäre somit zwar aufgrund von Orbitalwechselwirkungen möglich, aber thermodynamisch ungünstig. **Eine Reaktion, die energetisch nicht günstig ist, findet nicht statt, egal wie gut die Orbitalwechselwirkungen sind.**

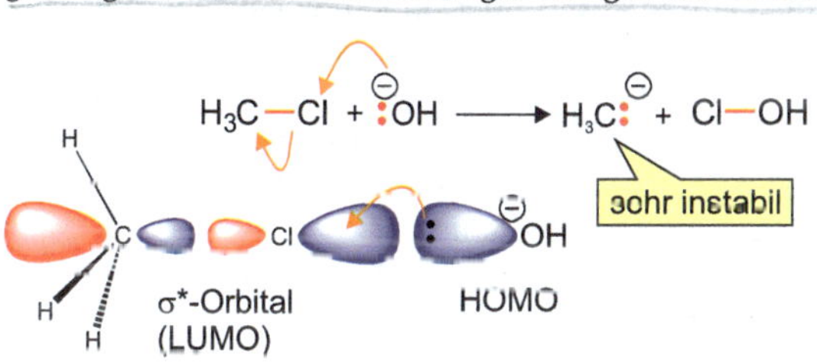

Exkurs 5.2: Die Grenzorbitaltheorie

Wir beobachten auch bei vielen anderen Reaktionen, dass der Reaktionsverlauf so erfolgt, dass *während der Reaktion* bestimmte Orbitalwechselwirkungen besonders günstig sind (**stereoelektronischer Effekt**). Die wichtigste Wechselwirkung, die für den Ablauf einer polaren Reaktion eine Rolle spielt, ist die zwischen dem höchsten besetzten Orbital (**HOMO**, englisch *highest occupied molecular orbital*) des einen Reaktionspartners und dem niedrigsten unbesetzten Orbital (**LUMO**, englisch *lowest unoccupied molecular orbital*) des anderen. Diese Orbitale nennt man auch die **Grenzorbitale**, da sie an der Grenze zwischen besetzten und unbesetzten Orbitalen liegen (englisch *frontier molecular orbitals*, FMO). Wieso ist gerade diese **Grenzorbitalwechselwirkung** besonders wichtig? Eine Reaktion folgt immer dem energetisch günstigsten Verlauf, bei dem die Aktivierungsenergie möglichst klein ist (▸ Kapitel 4.3). Wenn es bei zwei alternativen, aber ähnlichen Reaktionsverläufen wie dem Vergleich von Vorder- und Rückseitenangriff bei der S_N2-Reaktion bei einem der beiden Reaktionswege eine Orbitalwechselwirkung gibt, die zu einer Stabilisierung führt, dann ist dieser Reaktionsweg energetisch günstiger und damit schneller als der andere. Da die Wechselwirkung von zwei voll besetzten Orbitalen immer destabilisierend ist (deswegen gibt es z.B. kein He_2-Molekül), führt bei einer polaren Reaktion nur die Wechselwirkung zwischen einem doppelt besetzten, vollen Orbital und einem unbesetzten, leeren Orbital zu einer Stabilisierung. Die Wechselwirkung von zwei leeren Orbitalen ist unerheblich, da keine Elektronen vorhanden sind, die stabilisiert werden könnten. Der **Energiegewinn** E_{stab} bei der Wechselwirkung eines leeren und eines vollen Orbitals ist abhängig von:

- dem **energetischen Abstand** der Orbitale $\Delta E_{Orbitale}$: Je näher die Orbitale energetisch beieinander liegen, desto größer ist die Stabilisierung.
- der **Überlappung** der Orbitale: Je besser die Orbitale miteinander überlappen, desto größer ist die Stabilisierung.

Daher führt von den vielen Wechselwirkungen, die es zwischen den unterschiedlichen leeren und besetzten Orbitalen der beiden Reaktionspartner gibt, häufig genau eine Orbitalwechselwirkung zu einer besonders großen Stabilisierung und bestimmt damit den Reaktionsverlauf. Bei einer polaren Reaktion ist dies die Wechselwirkung zwischen den beiden energetisch am dichtesten beieinander liegenden Orbitalen, dem HOMO des Nucleophils und dem LUMO des Elektrophils (▸ Abbildung 5.5). Demgegenüber ist die Wechselwirkung zwischen dem HOMO des Elektrophils und dem LUMO des Nucleophils schwächer, da die Orbitale energetisch weiter auseinander liegen. **Die HOMO(Nu)/LUMO(E)-Wechselwirkung bestimmt im Rahmen der Grenzorbitaltheorie den Verlauf polarer Reaktionen.** Nucleophil und Elektrophil werden bevorzugt so reagieren, dass diese beiden Orbitale möglichst optimal miteinander überlappen, genau wie wir es bei der Erklärung des Rückseitenangriffs der S_N2-Reaktion diskutiert haben (▸ Abbildung 5.4). Die Reaktion wird zudem umso leichter sein, je höher die energetische Lage des HOMO am Nucleophil ist und je energetisch tiefer das LUMO des Elektrophils liegt.

- Ein gutes Nucleophil hat also ein energetisch hochliegendes HOMO, aus dem die Elektronen bei der Reaktion leicht abgegeben werden können.
- Ein gutes Elektrophil hat also ein energetisch tiefliegendes LUMO, das bei der Reaktion das Elektronenpaar des Nucleophils leicht aufnehmen kann.

Eine solche Grenzorbitalbetrachtung gilt natürlich nicht immer und nicht bei jeder Reaktion, aber bei vielen polaren Umsetzungen ist sie ein sehr nützliches Konzept zum Verständnis organisch-chemischer Reaktivität.

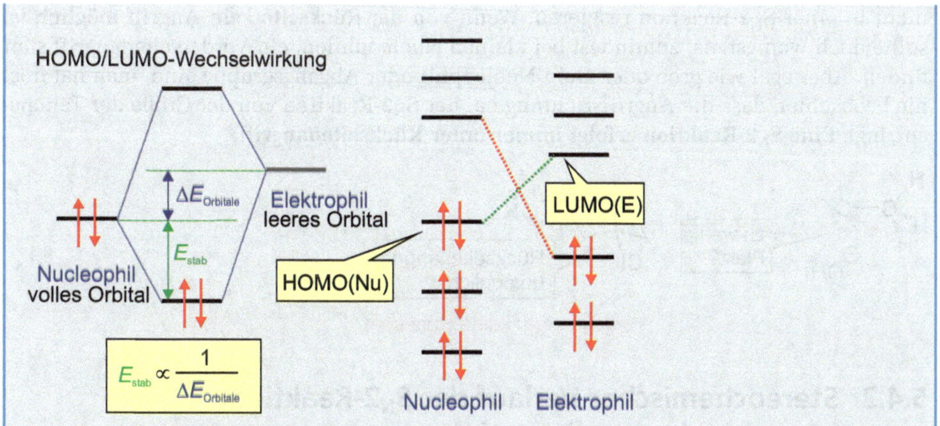

Abbildung 5.5: Grenzorbitaltheorie. Vielfach verlaufen chemische Reaktionen so, dass die Wechselwirkung zwischen dem HOMO des Nucleophils und dem LUMO des Elektrophils optimal ist. Man spricht von einem stereoelektronischen Effekt, der sich mit der Grenzorbitaltheorie (im Englischen *FMO-Theory* genannt) beschreiben lässt.

Häufig werden neben dieser stereoelektronischen Orbitalwechselwirkung zwei weitere Erklärungsmodelle für den Rückseitenangriff angeführt:

- abstoßende elektrostatische Ladungswechselwirkungen zwischen Nucleophil und Abgangsgruppe (beides häufig negativ geladene bzw. polarisierte Gruppen)
- sterische (räumliche) Abstoßung zwischen eintretendem Nucleophil und der häufig großen Abgangsgruppe (z. B. Br, Tosylat o. Ä.).

Diese beiden Erklärungen greifen allerdings zu kurz und sind als Gründe nicht ausreichend. Eine **elektrostatische Abstoßung** zwischen Nucleophil und Abgangsgruppe kann nicht die Ursache für den Rückseitenangriff sein, denn auch bei positiv geladenen Abgangsgruppen (z. B. Sulfoniumgruppen $-SR_2^+$) findet ausschließlich ein Rückseitenangriff statt, obwohl der Vorderseitenangriff eines negativ geladenen Nucleophils zu einer anziehenden elektrostatischen Wechselwirkung führen sollte.

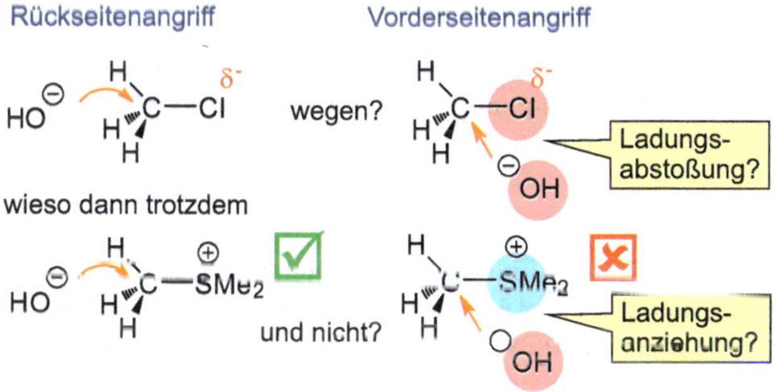

Auch die rein **sterische Argumentation**, nach der die Abgangsgruppe die Vorderseite zu stark abschirmt und deswegen das Nucleophil von der Rückseite angreifen muss, überzeugt nicht. Dann wäre nicht zu verstehen, wieso z. B. bicyclische Halogenalkane (▶ Kapitel 3.6), bei denen aus geometrischen Gründen kein Rückseitenangriff stattfinden kann, überhaupt nicht in einer S_N2-Reaktion reagieren. Wenn von der Rückseite kein Angriff möglich ist, sollte doch wenigstens, zumindest bei kleinen Nucleophilen, ein Vorderseitenangriff stattfinden. Aber egal wie groß oder klein Nucleophil oder Abgangsgruppe sind, man hat noch nie beobachtet, dass die Angriffsrichtung bei der S_N2-Reaktion von der Größe der Teilchen abhängt. **Eine S_N2-Reaktion erfolgt *immer* unter Rückseitenangriff.**

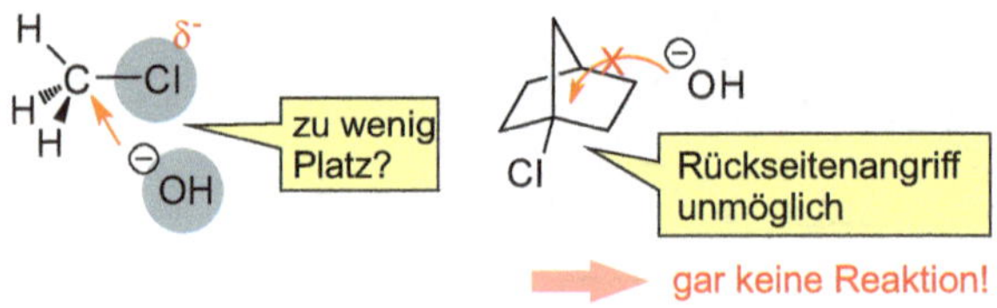

5.4.3 Stereochemischer Verlauf der S_N2-Reaktion: Inversion der Konfiguration

Der Rückseitenangriff erklärt auch den besonderen **stereochemischen Verlauf** der S_N2-Reaktion: Es kommt zu einem „Umklappen" der anderen drei Substituenten, die an das C-Atom gebunden sind, ähnlich wie ein Regenschirm, der vom Wind umgeklappt wird („Regenschirm-Mechanismus"). Dies führt zu einer **Inversion der Konfiguration** am angegriffenen C-Atom. Reagiert z. B. (*S*)-2-Chlorbutan mit Hydroxidionen, erhält man ausschließlich (*R*)-2-Butanol, das am Stereozentrum C2 genau die umgekehrte Konfiguration relativ zum Edukt besitzt (**Walden-Umkehr**). Analog entsteht aus (*R*)-2-Chlorbutan ausschließlich (*S*)-2-Butanol. Die S_N2-Reaktion ist somit **stereospezifisch.**

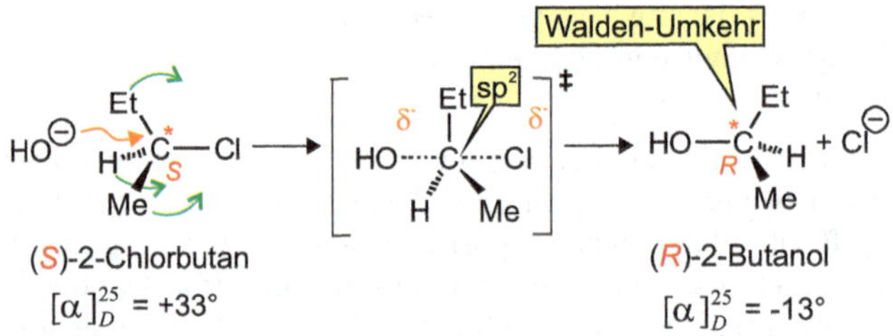

> **Definition: Stereospezifische Reaktion**
>
> Eine stereospezifische Reaktion führt ausgehend von einem Edukt zur Bildung von nur einem von zwei oder mehr möglichen Stereoisomeren des Produkts. Das stereoisomere Edukt ergibt entsprechend ausschließlich das stereoisomere Produkt.

Die Inversion der Konfiguration ist experimentell nicht immer so leicht zu beobachten wie im obigen Beispiel, da sie nicht zwingend mit einer Änderung des Vorzeichens der optischen Aktivität (+) oder (–) einhergeht. Wir wissen bereits, dass das Vorzeichen der optischen Aktivität eine experimentelle Größe ist und nichts über die absolute Konfiguration an einem Stereozentrum aussagt (▶ Kapitel 3.3.5). Bei einer Walden-Umkehr kann sich das Vorzeichen der optischen Aktivität umdrehen oder gleich bleiben, eine Inversion der Konfiguration findet aber immer statt. Auch muss sich der stereochemische Deskriptor der absoluten Konfiguration (*R* oder *S*) nicht zwingend ändern, da im Produkt eine andere Prioritätenreihenfolge gelten kann als im Edukt.

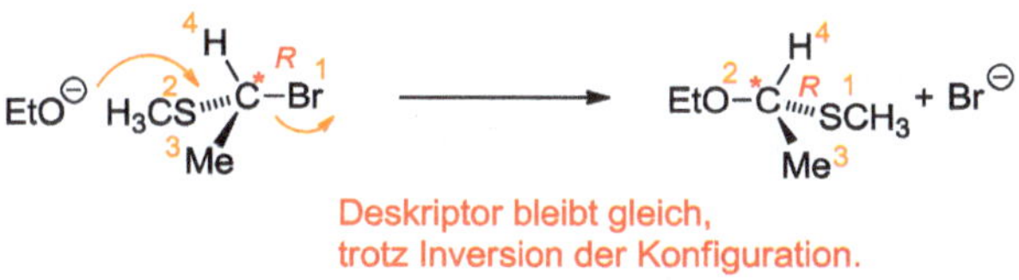

Bei mehrfach substituierten cyclischen Halogenalkanen ist die Inversion der Konfiguration ebenfalls unmittelbar erkennbar, da sich die relative Anordnung der Substituenten (*cis* oder *trans*) bei der Reaktion ändert. So erhält man z. B. aus einem *trans*-konfiguriertem Edukt ein *cis*-konfiguriertes Produkt (oder umgekehrt).

Relative Reaktionsgeschwindigkeiten bei der S_N2-Reaktion 5.5

Eine S_N2-Reaktion folgt einer Kinetik 2. Ordnung, also beeinflussen sowohl die Eigenschaften des Nucleophils als auch die des Elektrophils die Geschwindigkeit der Reaktion. Sie findet dann besonders leicht statt, wenn ein gutes Elektrophil mit einem guten Nucleophil reagiert. Ein gutes Nucleophil reagiert schneller mit einem gegebenen Elektrophil als ein schlechtes Nucleophil. Genauso reagiert also ein gutes Elektrophil schneller mit einem gegebenen Nucleophil als ein schlechtes Elektrophil. **Nucleophilie und Elektrophilie sind kinetische Größen**, die sich nur experimentell in einem **Konkurrenzexperiment** bestimmen lassen. Dazu misst man die Geschwindigkeiten, z. B. für die Umsetzung zweier verschiedener Nucleophile mit ein und demselben Elektrophil, *unter ansonsten exakt identischen Reaktionsbedingungen*. Das bessere Nucleophil ist jenes, das schneller reagiert (also die größere Geschwindigkeitskonstante k hat, ▸ Kapitel 4.3.3). Man betrachtet in der Regel nicht die tatsächlichen absoluten Zahlenwerte von k, die im Experiment bestimmt wurden, sondern nur das **relative Verhältnis der Geschwindigkeitskonstanten** k_{rel}. So reagiert PhS^- mit Brombutan ca. 1300-mal schneller als PhO^- ($k_{PhS} > k_{PhO}$), also ist PhS^- ein besseres Nucleophil als PhO^-.

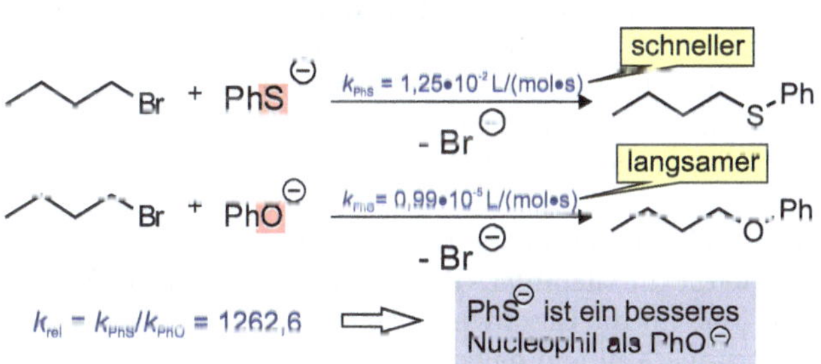

Es ist nicht ganz einfach, die Geschwindigkeit einer nucleophilen Substitution und damit die Qualität eines Nucleophils oder eines Elektrophils vorherzusagen. Letztendlich entscheidet die Aktivierungsenergie und damit die Energie des Übergangszustands, wie schnell eine Reaktion abläuft (▶ Kapitel 4.3.3). Aber es gibt ein paar einfache Trends und Zusammenhänge, die man sich merken kann. Wie schnell eine S_N2-Reaktion verläuft, hängt im Wesentlichen von folgenden Faktoren ab:

- Die Qualität der Abgangsgruppe am Elektrophil

Je leichter sich die Abgangsgruppe vom Substrat löst, desto höher ist die Reaktivität.

- Die Reaktivität des Nucleophils

Je reaktiver das Nucleophil ist, desto schneller ist die Reaktion.

- Das Lösemittel

Je stärker das Lösemittel mit dem Nucleophil wechselwirkt (je besser das Nucleophil solvatisiert ist), desto mehr senkt es dessen Reaktivität und umso langsamer ist die Reaktion. Je besser der Übergangszustand durch das Lösemittel solvatisiert wird, desto niedriger ist die Aktivierungsenergie E_a und desto schneller ist die Reaktion.

- Die Substratstruktur

Die S_N2-Reaktion kann nur stattfinden, wenn ein Rückseitenangriff auf das elektrophile C-Atom sterisch möglich ist.

Betrachten wir diese einzelnen Faktoren im Folgenden etwas genauer.

5.5.1 Die Qualität von Abgangsgruppen

Gute Elektrophile (allgemeine Abkürzung häufig RX) für S_N-Reaktionen

- besitzen eine **polarisierte C–X-Bindung** und
- verfügen über eine **gute Abgangsgruppe** X

Dies gilt sowohl für die S_N2-Reaktion als auch für die nachfolgend zu besprechende S_N1-Reaktion (▶ Kapitel 5.6). Bei S_N-Reaktionen wird die polarisierte C–X-Bindung durch den Angriff des Nucleophils heterolytisch gespalten und die Abgangsgruppe X wird als Anion X^- freigesetzt, was umso leichter und damit auch schneller erfolgt, je stabiler das austretende Anion X^- ist. Wir nutzen dabei ein thermodynamisches Argument (X^- ist stabiler) für die Erklärung unterschiedlicher Reaktionsgeschwindigkeiten (R–X ist ein besseres Elektrophil, reagiert also schneller). Diese Argumentation folgt wieder dem schon bei der radikalischen Substitution besprochenen Bell-Evans-Polanyi-Prinzip (▶ Kapitel 4.7). Es handelt sich erneut um einen Fall von *product development control*.

Die Basenstärke dient als Maß für die Abgangsgruppenqualität.

Wie können wir die Stabilität von X^- abschätzen? Hierfür bietet sich ein Vergleich der S_N-Reaktionen mit den aus der Anorganischen Chemie bekannten Säure-Base-Reaktionen an, bei der eine polarisierte H–X-Bindung durch den Angriff einer Base ebenfalls heterolytisch gespalten wird und das Säureanion X^- entsteht. Auch diese Reaktion erfolgt umso leichter, je stabiler X^- ist. „Leicht" bezieht sich in diesem Fall aber auf die thermodynamische Gleichgewichtslage und nicht auf die Geschwindigkeit der Protonenübertragung. Die quantitative Beschreibung der Gleichgewichtslage kann mithilfe der Säurestärke der korrespondierenden Säure HX (ihrem pK_s-Wert) erfolgen. Je stärker die Säure HX (je kleiner bzw. negativer der pK_s-Wert ist) und damit je schwächer die Base X^- ist, desto stabiler ist X^- und desto mehr liegt das Gleichgewicht auf der Seite der Produkte. Die Basenstärke von X^- bzw. die Säurestärke von HX ist somit ein Maß für die Stabilität von X^- und kann damit nach dem Bell-Evans-Polanyi-Prinzip auch als Maß für die Geschwindigkeit der S_N-Reaktion genutzt werden. Die Qualität einer Abgangsgruppe X nimmt daher mit abnehmender Basizität von

X^- zu. Mit anderen Worten: **Je stärker die konjugierte Säure HX ist, umso besser ist die Abgangsgruppe X^-** (▸ Tabelle 5.3).

- Schwache Basen sind gute Abgangsgruppen.
- Starke Basen sind schlechte Abgangsgruppen.

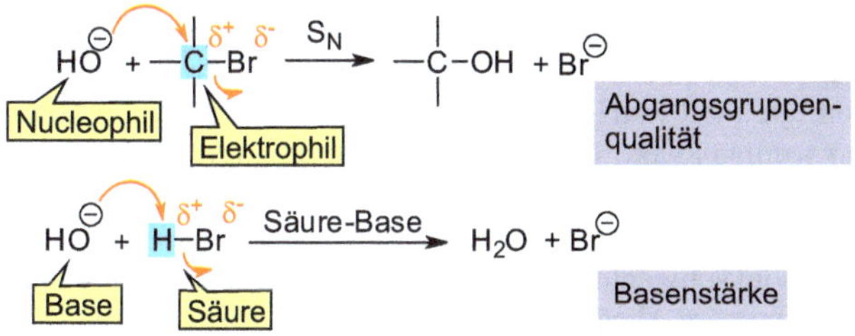

Edukt	Stoffklasse	Abgangsgruppe	konjugierte Säure	pK_s-Wert
R–I	Iodalkan	I^-	HI	–10
R–Br	Bromalkan	Br^-	HBr	–9,5
R–Cl	Chloralkan	Cl^-	HCl	–7
$R–OH_2^+$	protonierter Alkohol	H_2O	H_3O^+	–1,7
$R–OSO_2CH_3$	Sulfonsäureester (Mesylat, analog Tosylat, Triflat etc.)	$H_3CSO_3^-$ (Mesylat)	H_3CSO_3H (Methansulfonsäure)	–1,9
= reagieren ***leicht*** in S_N-Reaktionen		= gute Abgangsgruppen	= starke Säuren	
R–F	Fluoralkan	F^-	HF	3,2
R–OH	Alkohol	OH^-	H_2O	15,7
R–OR′	Ether	OR'^-	R′OH	ca. 16–18
$R–NH_2$	Amin	NH_2^-	NH_3	38
R–H	Alkan	H^-	H_2	35
$R–CH_3$	Alkan	CH_3^-	CH_4	50
= reagieren ***nicht*** in S_N-Reaktionen		= sehr schlechte Abgangsgruppen	= schwache bis sehr schwache Säuren	

Tabelle 5.3: **Gute und schlechte Abgangsgruppen bei S_N-Reaktionen.**

$R–X + OH^- \rightarrow$
$R–OH + X^-$
relative Reaktionsgeschwindigkeit k_{rel}
R–I: 30.000
R–Br: 10.000
R–Cl: 200
R–F: 1

Aus diesem Grund sind z.B. Chlorid, Bromid und insbesondere Iodid sehr gute Abgangsgruppen, da es sich um die Anionen sehr starker Säuren handelt. Fluorid ist hingegen keine gute Abgangsgruppe, seine Basenstärke ist relativ hoch (pK_s der korrespondierenden Säure HF = +3,2). Fluoralkane RF sind daher keine guten Substrate für S_N-Reaktionen. Die Abgangsgruppenqualität der Halogene I > Br > Cl >> F spiegelt gleichzeitig auch die Stärke der jeweiligen C–X-Bindung wider, die vom Iod zum Fluor hin deutlich zunimmt (▶ Abbildung 5.1).

Alkohole, Ether, Amine oder gar Alkane sind ebenfalls *keine* guten Substrate für S_N-Reaktionen, da die Abgangsgruppen OH^-, OR^-, NH_2^-, H^- oder CH_3^- starke bis extrem starke Basen sind. Es gibt daher nur sehr wenige Reaktionen, in denen OH^- oder OR^- als Abgangsgruppe auftreten, und diese erfordern besondere Umstände (z.B. die Aktivierung durch eine Ringspannung bei der Öffnung von Epoxiden, ▶ Kapitel 7.10.1).

CH_3OH

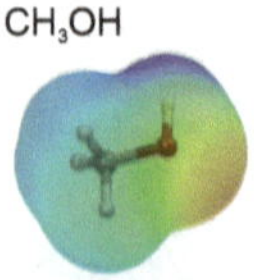

$CH_3OH_2^+$

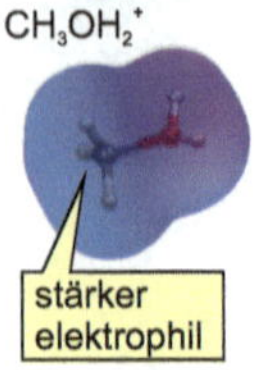

Da neutrale Teilchen in der Regel viel schwächere Basen sind als die entsprechenden Anionen, sind sie andererseits sehr viel bessere Abgangsgruppen bei S_N-Reaktionen. Man kann die Qualität einer Abgangsgruppe daher deutlich erhöhen, indem man sie vorher protoniert oder durch eine Lewis-Säure aktiviert, da dann das austretende Teilchen nicht mehr anionisch, sondern neutral ist. Man nennt dies auch ***In-situ*-Aktivierung**, da man das intermediär gebildete Kation normalerweise nicht isoliert. Eine solche **elektrophile Katalyse** nutzt man z.B. für Alkohole, Ether oder Amine. So ist ein protonierter Alkohol $R–OH_2^+$ im Gegensatz zu einem nicht protonierten Alkohol R–OH ein gutes Substrat für eine S_N-Reaktion. Durch die Protonierung wird die sehr schlechte Abgangsgruppe OH^- (pK_s der korrespondierenden Säure H_2O = 15,7) in die gute Abgangsgruppe H_2O (pK_s der korrespondierenden Säure H_3O^+ = –1,7) überführt. Gleichzeitig erhöht sich durch die Protonierung auch die Elektrophilie des C-Atoms deutlich, es hat eine erheblich größere positive Ladungsdichte (wie man an der stärkeren Blaufärbung des ESP leicht erkennt). Der Angriff des negativ polarisierten bzw. geladenen Nucleophils wird so erleichtert und die Reaktion ist deutlich schneller.

Wird eine Halogenwasserstoffsäure wie HBr zur Protonierung verwendet, ist das Säureanion gleichzeitig ein gutes Nucleophil, das den protonierten Alkohol unter Bildung des entsprechenden Halogenalkans angreift. **Aus Alkoholen R–OH kann man so durch Reaktion mit HI, HBr oder HCl die jeweiligen Halogenalkane R–X herstellen.** Diese Reaktion ist eine gute Alternative zur direkten radikalischen Halogenierung von Alkanen (▶ Kapitel 4.7), insbesondere auch zur Darstellung von Iodalkanen, da diese aufgrund der ungünstigen Thermodynamik nicht direkt aus Alkanen durch Iodierung hergestellt werden können. Mit HF funktioniert die Reaktion allerdings nicht, da es zu schwach ist, um den Alkohol zu protonieren und außerdem Fluorid unter diesen Bedingungen nur ein schlechtes Nucleophil ist (▶ Kapitel 5.5.2).

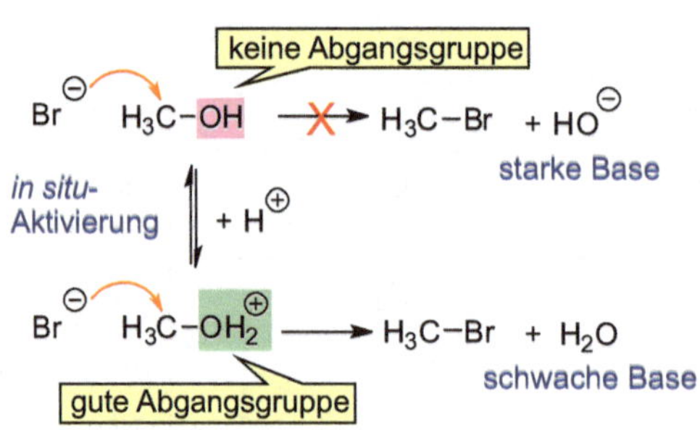

Schlechte Abgangsgruppen wie –OH oder –NHR können nicht nur durch *In-situ*-Protonierung, sondern auch durch vorherige Umsetzung mit Sulfonylchloriden in gute Abgangsgruppen überführt werden. Aus Alkoholen entstehen so **Sulfonate** (Sulfonsäureester) und aus Aminen **Sulfonamide**. Sulfonsäuren wie die Trifluormethansulfonsäure CF_3SO_3H (pK_s ca. –13) gehören zu den stärksten bekannten Säuren, ihre Salze, die Trifluormethansulfonate oder abgekürzt **Triflate** (OTf), sind daher ganz exzellente Abgangsgruppen. Sie sind noch bessere Abgangsgruppen als das schon sehr reaktive Iodid.

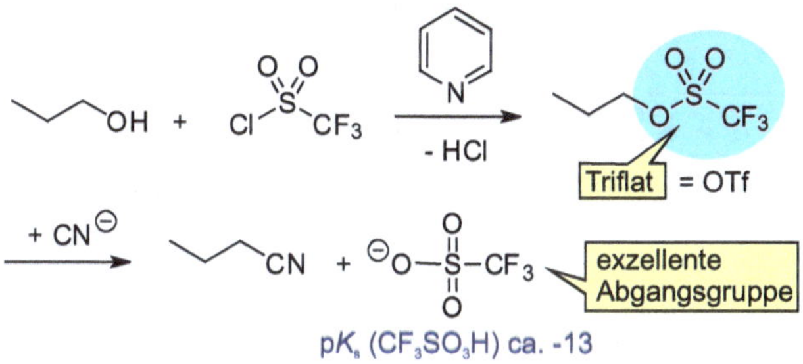

Weitere gute Abgangsgruppen, die sich von Sulfonsäuren ableiten, sind z. B. **Nosylat**, **Tosylat** oder **Mesylat**, die aber alle etwas schlechter sind als die Triflatgruppe, da in dieser Reihenfolge die Säurestärke der Sulfonsäuren abnimmt. Denn durch den starken elektronenziehenden (–)-I-Effekt der CF_3-Gruppe (▸ Kapitel 4.8) ist die Trifluormethansulfonsäure (pK_s ca. –13) sehr viel acider als andere Sulfonsäuren (zum Vergleich: Methansulfonsäure CH_3SO_3H, pK_s = –1,9).

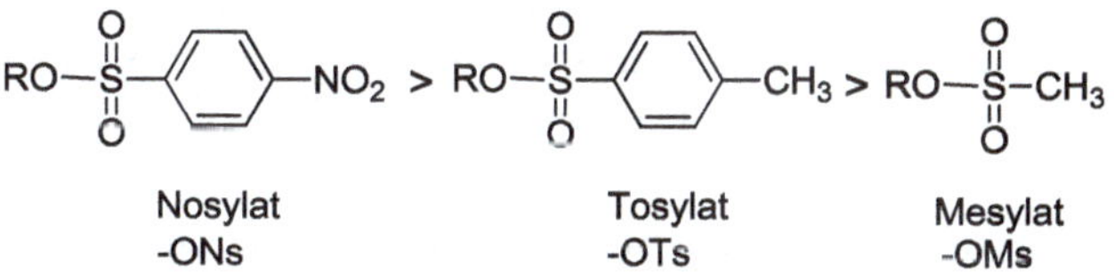

Zusammengefasst sollte man sich merken: Die beiden wichtigsten Klassen von Elektrophilen sowohl für S_N2- als auch für S_N1-Reaktionen im Labor sind:

- **Halogenalkane** R–X mit X = Cl, Br, I
- **protonierte Alkohole** R–OH_2^+ oder **aktivierte Alkohole** (z. B. Sulfonsäureester R–OS(O)$_2$R′ wie Tosylate oder Mesylate)

5.5.2 Die Reaktivität des Nucleophils: Basizität und Polarisierbarkeit

Die Nucleophilie eines Teilchens (▸ Tabelle 5.5) ist leider nicht ganz so einfach vorherzusagen wie die Abgangsgruppenqualität, denn sie hängt sowohl von mehreren, teilweise gegenläufigen Eigenschaften des Teilchens (vor allem seiner Basizität und Polarisierbarkeit) als auch vom Lösemittel ab. Allerdings kann man sich an den folgenden ***empirischen Regeln und Tendenzen*** orientieren:

- **Bei gleichem angreifendem Atom steigt die Nucleophilie mit der Basenstärke der Teilchen** (▸ Tabelle 5.4). Die stärkere Base ist das bessere Nucleophil.

Nucleophil	OH^-	PhO^-	$CH_3CO_2^-$	H_2O	ClO_4^-
pK_s	15,7	10,0	4,8	–1,7	–10
k_{rel}	$1{,}2 \cdot 10^4$	$2{,}0 \cdot 10^3$	$9 \cdot 10^2$	1,0	≈ 0

Tabelle 5.4: Relative Reaktionsgeschwindigkeit der Umsetzung verschiedener Nucleophile mit Brommethan in Ethanol als Lösemittel.

Nucleophil	$CH_3OH \approx H_2O$	NO_3^-	F–	SO_4^{2-}	CH_3COO^-	Cl^-
k_{rel}	1	32	500	3160	20.000	23.500
= mäßige Nucleophile						
Nucleophil	NH_3	$CH_3–S–CH_3$	N_3^-	Br^-	$CH_3O^- \approx OH^-$	$CH_3–Se–CH_3$
k_{rel}	316.000	347.000	603.000	617.000	1.950.000	2.090.000
= gute Nucleophile						
Nucleophil	CN^-	I^-	HS^-			
k_{rel}	5.010.000	26.300.00	100.000.000			
= exzellente Nucleophile						

Tabelle 5.5: **Relative Reaktionsgeschwindigkeiten k_{rel} verschiedener Nucleophile Nu^- bei der Reaktion mit Iodmethan in Methanol.**

Vergleichen wir allerdings Nucleophile, bei denen das Atom, welches das elektrophile C-Atom angreift, *nicht das gleiche ist*, so gilt diese einfache Korrelation zwischen Nucleophilie und Basizität nicht mehr! Dann ist vor allem die Polarisierbarkeit des Teilchens entscheidend.

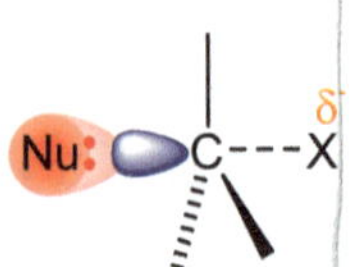

Polarisierung des Nucleophils im Übergangszustand

Polarisierbarkeit:
$H_2Se > H_2S > H_2O$
$PH_3 > NH_3$

- **Die Nucleophilie steigt mit zunehmender Polarisierbarkeit der Teilchen**, also mit zunehmender Größe des angreifenden Atoms. Das leichter polarisierbare Teilchen ist das bessere Nucleophil.

Die Elektronenwolke des Nucleophils muss während der Reaktion verzerrt werden, wenn das Elektronenpaar auf das Elektrophil übertragen wird. Dies geht umso leichter, je größer, diffuser und damit leichter verschiebbar (polarisierbar) die Elektronenhülle ist. Die **Polarisierbarkeit** steigt, je weiter die Elektronen vom Kern entfernt sind, und nimmt im Periodensystem innerhalb einer Gruppe von oben nach unten zu. Daher steigt die Nucleophilie in der gleichen Richtung. So reagiert Phenylthiolat PhS^- um bis zu einem Faktor 10.000 schneller als Phenolat PhO^-, weil S leichter polarisierbar ist als O.

KO*t*Bu oder LDA reagieren nur als Basen, aber nicht als Nucleophil (sogenannte nicht nucleophile Basen).

- **Sterisch anspruchsvolle Nucleophile reagieren langsamer als sterisch weniger anspruchsvolle.**

Das Nucleophil muss das elektrophile C-Atom von der Rückseite her angreifen, was umso leichter geht, je kleiner das Nucleophil ist. Kleine lineare Anionen wie Azid N_3^- oder Cyanid CN^- sind daher gute Nucleophile. Bei Nucleophilen ähnlichen Typs sinkt die Nucleophilie mit der Größe des Teilchens. Daher sind große Anionen wie Kalium-*tert*-butylat (KO*t*Bu) oder Lithiumdiisopropylamid (LDA) im Gegensatz zum sehr viel kleineren Methanolat CH_3O^- kaum noch nucleophil, da der Rückseitenangriff auf das Elektrophil sterisch stark beeinträchtigt wird (▸ Kapitel 5.5). Diese Teilchen sind aber sehr starke Basen und werden daher bevorzugt bei Eliminierungsreaktionen eingesetzt, wenn gerade keine Substitution stattfinden soll (▸ Kapitel 6.3.5). Man spricht daher auch von *nicht nucleophilen Basen.*

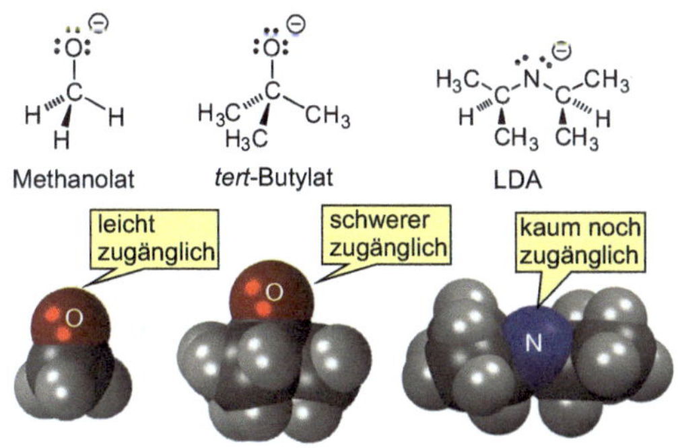

5.5.3 Einfluss des Lösemittels auf die Nucleophilie

Die Nucleophilie eines Teilchens hängt ebenfalls vom verwendeten Lösemittel ab. Dabei unterscheidet man zwischen protischen und aprotischen Lösemitteln. **Protische Lösemittel** wie H_2O oder Alkohole wie MeOH besitzen positiv polarisierte H-Atome (meist gebunden an O oder N) und können Anionen daher gut solvatisieren (so nennt man die Wechselwirkung der Lösemittelmoleküle mit den gelösten Teilchen, ▸ Exkurs 5.3). Dadurch werden die Anionen stabilisiert und ihre Nucleophilie wird verringert. Insbesondere kleine, hochgeladene Anionen wie Fluorid F^- sind sehr gut solvatisiert und daher in protischer Lösung wenig reaktiv. Größere Anionen sind schlechter solvatisiert, da die gleiche Ladung auf eine größere Oberfläche verteilt ist (geringere Ladungsdichte).

Aprotische Lösemittel wie DMF (*N,N*-Dimethylformamid), DMSO (Dimethylsulfoxid) oder Aceton sind polar, besitzen aber keine positiv polarisierten H-Atome. Sie können nur Kationen gut solvatisieren, aber keine Anionen. Es liegen sogenannte *nackte Anionen* vor, die sehr viel nucleophiler sind als die solvatisierten Anionen in protischer Lösung. Aufgrund der fehlenden Solvatisierung sind die Anionen in aprotischer Lösung instabiler als in protischer Lösung. Ihr Energiegehalt ist höher. Dadurch wird die Aktivierungsenergie der Substitution verkleinert, sodass die Reaktion schneller abläuft.

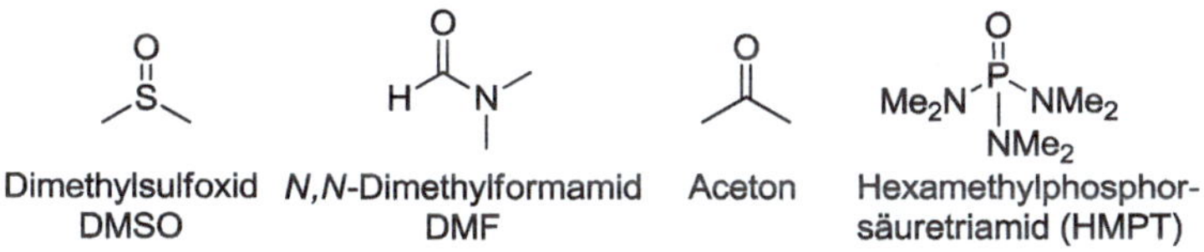

In protischen Lösemitteln richtet sich die Nucleophilie nach der Polarisierbarkeit und damit nach der Größe der Teilchen, in aprotischen Lösemittel hingegen eher nach der Basenstärke. Daher dreht sich z. B. die relative Nucleophilie der Halogenidanionen in protischen und aprotischen Lösemitteln genau um.

$I^- > Br^- > Cl^- >> F^-$ in protischer Lösung (Polarisierbarkeit)
$F^- > Cl^- > Br^- > I^-$ in aprotischer Lösung und in der Gasphase (Basizität)

Für S_N2-Reaktionen sind daher polare, aber **aprotische Lösemittel** wie DMSO, DMF oder Aceton aufgrund der in diesen Lösemitteln größeren Reaktivität der angreifenden „*nackten*" Nucleophile, besonders gut geeignet (▸ Tabelle 5.6). Früher wurde vor allem HMPT (Hexamethylphosphorsäuretriamid) als Lösemittel für S_N-Reaktion verwendet. Da es aber stark krebserregend ist (man bezeichnet es auch als *liquid cancer*), findet es heutzutage kaum noch Verwendung.

Lösemittel	CH_3OH	H_2O	DMSO	DMF	CH_3CN	HMPT
k_{rel}	1	7	1300	2800	5000	200.000
	polar, protisch		polar, aprotisch			

Tabelle 5.6: **Relative Reaktionsgeschwindigkeiten einer typischen S_N2-Reaktion in unterschiedlichen Lösemitteln.**

Unpolare Lösemittel wie Toluol oder Dichlormethan sind für nucleophile Substitutionen meistens nicht geeignet, da die in der Regel polaren, teilweise auch geladenen Reaktionspartner in diesen Lösemitteln nicht löslich sind (▸ Kapitel 2.4.3).

Exkurs 5.3: Solvatisierung von Anionen

Betrachten wir als Beispiel die unterschiedliche Solvatisierung von Li^+ und Br^- in Wasser (protisch) und Aceton (polar-aprotisch) (▸ Abbildung 5.6). Wasser ist ein polares Molekül, das sowohl Kationen (durch Ionen-Dipol-Wechselwirkungen, ▸ Kapitel 2.4.2) als auch Anionen (durch gerichtete H-Brücken) gut solvatisieren kann. Aceton ist ebenfalls polar, kann allerdings nur mit Kationen gut wechselwirken. Das positive Ende des Dipols, das C-Atom der Carbonylgruppe, ist für Anionen schlecht zugänglich. Anionen werden daher sehr viel schlechter solvatisiert als Kationen, ihre Reaktivität und damit Nucleophilie ist deutlich höher als in protischen Lösemitteln.

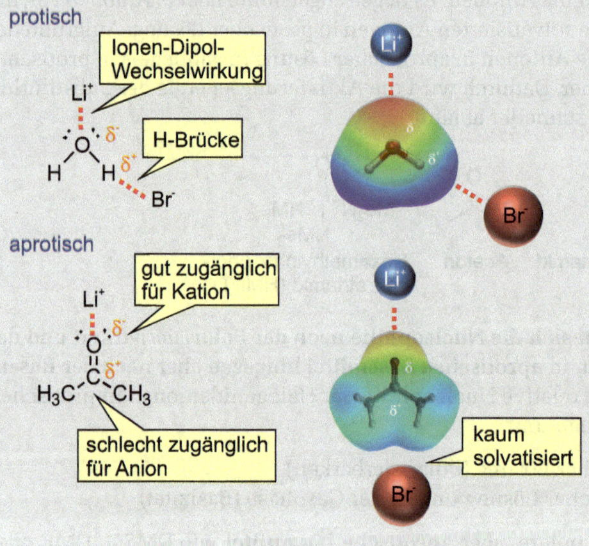

Abbildung 5.6: **Nucleophilie und Lösemittel.** In protischen Lösemitteln wie H_2O werden sowohl Kationen als auch Anionen gut stabilisiert. Dadurch wird die Nucleophilie der Anionen verringert. In aprotischen Lösemitteln wie Aceton werden nur die Kationen gut solvatisiert. Die Anionen liegen weitgehend *„nackt"* vor und sind damit deutlich nucleophiler als in protischer Lösung.

5.5.4 Die Substratstruktur

Ein ganz entscheidender Punkt für die Reaktivität bei S_N2-Reaktionen ist zudem die **Struktur des Substrats**. Beim Rückseitenangriff muss sich das angreifende Nucleophil an den drei nach hinten zeigenden Resten am elektrophilen C-Atom vorbei bewegen (▸ Abbildung 5.7). S_N2-Reaktionen finden daher nur bei Substraten statt, bei denen wenigstens einer dieser Reste ein kleines H-Atom und kein voluminöser Alkylrest ist. Mit zunehmender Alkylsubstitution am angegriffenen C-Atom wird die Reaktion langsamer, bis sie bei tertiären Substraten gar nicht mehr stattfindet (▸ Tabelle 5.7).

Reaktivität bei S_N2-Reaktionen: CH_3 > primär > sekundär
tertiäre Substrate reagieren *nicht*.

S_N2-Reaktionen sind auf Methylverbindungen (CH_3X) sowie primäre (RCH_2X) und sekundäre Substrate (R_2CHX) beschränkt. Tertiäre Substrate (R_3CX) reagieren *nicht* in einer S_N2-Reaktion.

Substrat	$H_3C{-}Br$	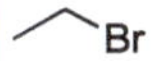	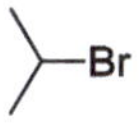	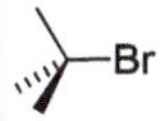	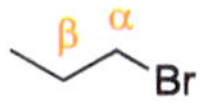	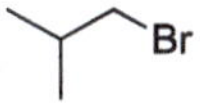	
Typ	Methyl	primär	sekundär	tertiär	primär mit einem β-ständigen Rest	primär mit zwei β-ständigen Resten	primär mit drei β-ständigen Resten (Neopentyl)
k_{rel}	150	1	0,01	unmessbar langsam	0,8	0,03	unmessbar langsam

Tabelle 5.7: **Einfluss der Substratstruktur auf die Geschwindigkeit der S_N2-Reaktion.**

Auch bei größer werdenden Alkylsubstituenten, also zunehmender **Verzweigung am β-C-Atom**, sinkt die Reaktivität. In einer **Neopentylstellung** findet praktisch keine S_N2-Reaktion mehr statt. Ursache ist wiederum die sterische Hinderung beim Angriff des Nucleophils. Da die Abgangsgruppe gestaffelt zu den Alkylgruppen am β-C-Atom steht, ist das Nucleophil zwangsläufig ekliptisch zu einem der drei β-ständigen Reste angeordnet. Solange dies ein H-Atom ist, wird die Reaktion zwar verlangsamt, findet aber noch statt. Sind hingegen alle drei Reste Alkylgruppen wie im Neopentylsystem, ist die sterische Hinderung so groß, dass kein Rückseitenangriff und damit keine S_N2-Reaktion mehr stattfindet.

Neopentylsysteme reagieren nicht in einer S_N2-Reaktion.

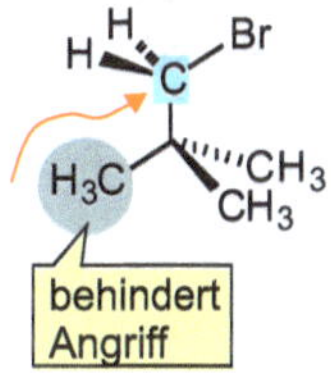

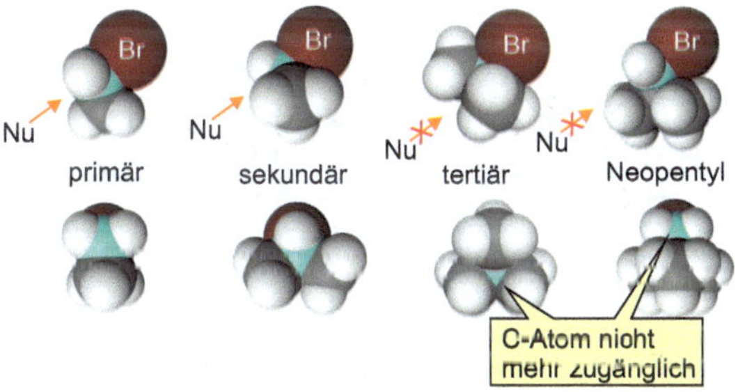

Abbildung 5.7: **Sterische Hinderung des Rückseitenangriffs.** Mit zunehmender Alkylsubstitution am α- oder β-C-Atom wird der Rückseitenangriff des Nucleophils erschwert. Deswegen reagieren neben Methylsubstraten nur primäre und sekundäre, aber keine tertiären Substrate in S_N2-Reaktionen. Auch in einer Neopentylstellung finden keine S_N2-Reaktionen statt. Die Substrate sind einmal von der Seite und einmal von unten gezeigt.

Elektronisch stabilisierte Substrate wie Benzyl- oder Allylhalogenide weisen bei S_N2-Reaktionen eine deutlich erhöhte Reaktivität auf, die ähnlich groß ist wie die von Methylverbindungen. Erklären kann man diese erhöhte Reaktivität durch eine Resonanzwechselwirkung des benachbarten π-Systems im Übergangszustand. Das angegriffene C-Atom ist im Übergangszustand sp^2-hybridisiert und bindet mit seinem p_z-Orbital sowohl das angreifende Nucleophil als auch die Abgangsgruppe. Die drei Bindungspartner werden dabei durch insgesamt vier Elektronen verbunden. Quantenchemisch lässt sich dies als *4-Elektronen-3-Zentren-Bindung* beschreiben (die z. B. auch im I_3^- oder im FHF^- vorliegt). Die Wechselwirkung des LUMO dieser Bindung mit dem HOMO der benachbarten π-Bindung stabilisiert wie jede HOMO/LUMO-Wechselwirkung den Übergangszustand und beschleunigt dadurch die Reaktion. Achtung: Die Allyl- bzw. Benzyl-Position darf nicht mit einer Vinyl- bzw. Phenyl-Position verwechselt werden. **Vinyl- und Phenylsubstrate reagieren nicht in S_N-Reaktionen.**

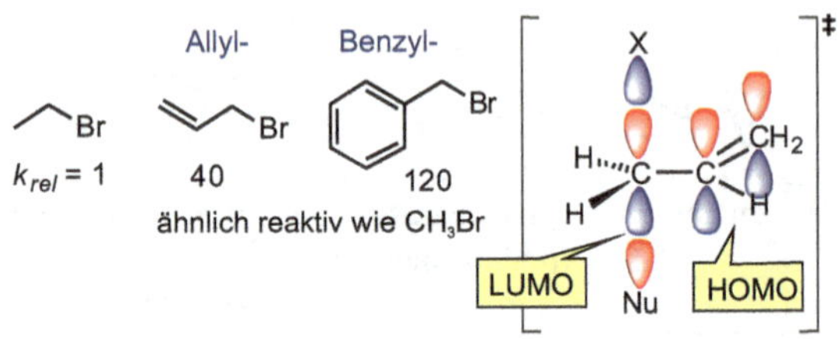

konjugative Stabilisierung des Übergangszustandes

Der Mechanismus der S_N1-Reaktion 5.6

5.6.1 Allgemeine Merkmale

Solvolyse = Spaltung einer Bindung durch das Lösemittel (Solvens)

Auch *tert*-Butylchlorid reagiert mit Wasser in einer Substitutionsreaktion unter Bildung von *tert*-Butanol und HCl, obwohl es sich um ein tertiäres Substrat handelt und damit keine S_N2-Reaktion stattgefunden haben kann. Eine solche auch **Solvolyse** genannte Hydrolyse eines tertiären Substrats ist ein typisches Beispiel für eine S_N1-Reaktion. Im ersten, langsamen Schritt löst sich die Abgangsgruppe heterolytisch vom Substrat, es entsteht ein positiv geladenes instabiles Kohlenstoffkation, ein **Carbeniumion**. Dieses ist ein starkes Elektrophil, das sofort mit dem Nucleophil Wasser unter Bildung eines protonierten Alkohols weiterreagiert. Nach Abspaltung eines Protons erhält man schließlich das Produkt *tert*-Butanol.

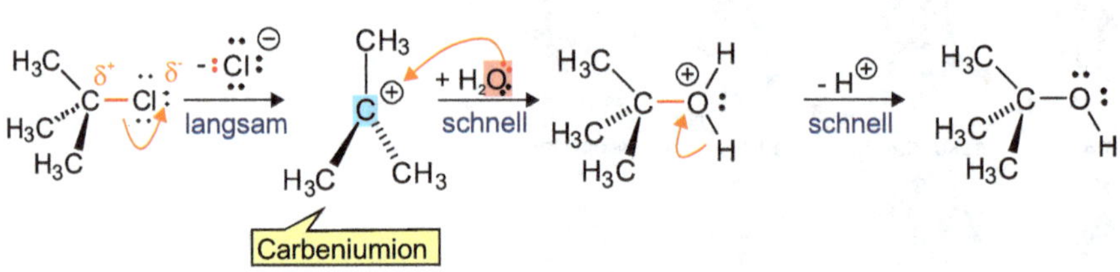

Am entscheidenden Reaktionsschritt, der Bildung des Carbeniumions, ist nur ein Teilchen beteiligt, man spricht daher von einer **monomolekularen nucleophilen Substitution**, abgekürzt als **S_N1-Reaktion**. Diese weist folgende Charakteristika auf:

- Die S_N1-Reaktion ist mehrstufig.

Bindungsbruch und Bindungsbildung finden bei der S_N1-Reaktion nacheinander statt, also in zwei getrennten aufeinanderfolgenden Reaktionsschritten.

- Bei der S_N1-Reaktion wird ein **Carbeniumion** R_3C^+ als Zwischenstufe durchlaufen, dessen Bildung geschwindigkeitsbestimmend ist.

Da die Abgangsgruppe das Elektronenpaar der C–Cl-Bindung bei der Bindungsspaltung mitnimmt, hat der Kohlenstoff anschließend nur noch sechs Valenzelektronen zur Verfügung und ist positiv geladen. Anders formuliert, wenn von einem neutralen Teilchen, dem *tert*-Butylchlorid R–Cl, ein Anion Cl^- abgespalten wird, muss aufgrund der Elektroneutralität (Ladungen können nicht aus dem Nichts erschaffen werden oder verschwinden) ein Kation R^+ zurückbleiben.

- Die S_N1-Reaktion folgt einer Kinetik 1. Ordnung: $v = k \cdot [RX]$

Die Geschwindigkeit einer Mehrstufenreaktion wird immer vom langsamsten, dem **geschwindigkeitsbestimmenden Schritt** bestimmt (▶ Kapitel 4.3.2). Dies ist bei der S_N1-Reaktion die Bildung des instabilen und hoch reaktiven Carbeniumions. Die anschließende Reaktion des Kations mit Wasser und die Abspaltung des Protons (Säure-Base-Reaktion) sind hingegen sehr schnelle Reaktionen. Die Geschwindigkeit der Gesamtreaktion wird also von der Geschwindigkeit des Zerfalls des *tert*-Butylchlorids bestimmt, einer unimolekularen Reaktion (nur ein Teilchen beteiligt). Daher folgt die S_N1-Reaktion einer Kinetik 1. Ordnung. Alles, was nach der Bildung des Carbeniumions passiert, taucht im Geschwindigkeitsgesetz nicht auf. Das Nucleophil beeinflusst daher die Geschwindigkeit der Reaktion nicht.

- Die S_N1-Reaktion führt bei optisch aktiven Edukten in der Regel zu Racemisierung (wenn auch nicht immer vollständig zu 100 %).

Die Racemisierung ist eine Folge des Auftretens des planaren und damit achiralen Carbeniumions als Zwischenstufe (▶ Kapitel 5.6.3).

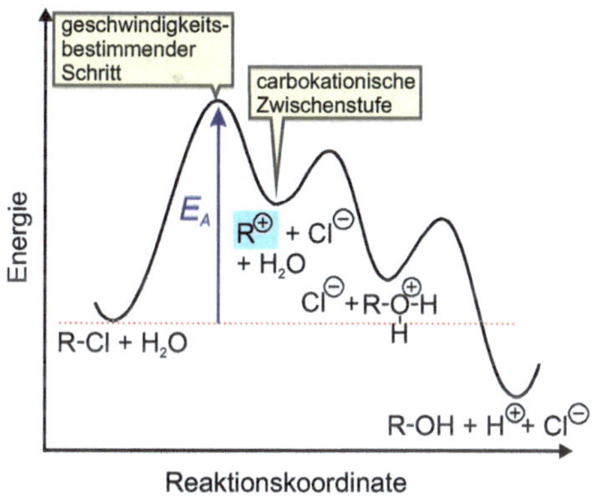

Abbildung 5.8: Energiediagramm der S_N1-Reaktion. Im Verlauf der Reaktion tritt ein Carbeniumion als Zwischenstufe auf. Seine Bildung ist geschwindigkeitsbestimmend (größter Energieberg). Die nachfolgenden Reaktionen laufen hingegen schnell ab.

5.6.2 Struktur und Stabilität von Carbeniumionen

Bei der S_N1-Reaktion tritt ein Carbeniumion als Zwischenstufe auf. Neben den Alkylradikalen, die wir im letzten Kapitel bei der radikalischen Substitution kennengelernt haben, sind Carbeniumionen eine zweite, sehr wichtige Klasse von reaktiven Zwischenstufen, nicht nur bei der S_N1-Reaktion, sondern auch bei vielen anderen Reaktionen. Man unterscheidet bei positiv geladenen Kohlenstoffverbindungen, allgemein Carbokationen genannt, zwischen **Carbeniumionen** R_3C^+, bei denen das positiv geladene C-Atom dreibindig ist und damit sechs Valenzelektronen aufweist, und **Carboniumionen**, hypervalenten Verbindungen wie CH_5^+, in denen der Kohlenstoff formal fünfbindig ist. Deren elektronische Struktur lässt sich allerdings mit den bisherigen quantenchemischen Ausführungen nicht so einfach verstehen. Wir werden bei den in diesem Buch besprochenen Grundlagen der Organischen Chemie nur mit Carbeniumionen zu tun haben.

Carbeniumionen sind *immer* sp^2-hybridisiert und damit planar!

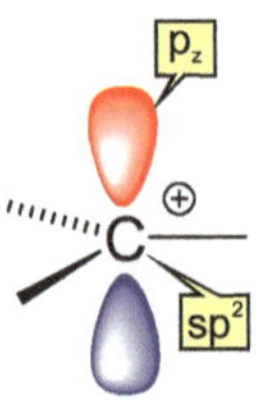

Carbeniumion

LUMO des *tert*-Butylkations

Der positiv geladene Kohlenstoff des Carbeniumions ist sp^2-hybridisiert und hat damit eine **trigonal-planare Bindungsgeometrie** (▸ Kapitel 1.5). Die positive Ladung (Elektronenlücke) befindet sich in einem leeren p_z-Orbital. Genau wie bei den Alkylradikalen (▸ Kapitel 4.5) ist diese trigonal-planare Anordnung energetisch günstiger als eine pyramidale Struktur des Carbeniumions (sp^3-Hybridisierung), da die Bindungselektronen so in Orbitalen mit möglichst hohem s-Charakter (den sp^2-Hybridorbitalen) untergebracht sind.

Carbeniumionen weisen eine Elektronenlücke am zentralen C-Atom auf. Sie sind daher **starke Elektrophile** und **werden durch elektronenschiebende Substituenten stabilisiert**. Es gelten die gleichen Trends, die wir schon bei den Alkylradikalen, ebenfalls Teilchen mit Elektronenmangel, diskutiert haben (▸ Kapitel 4.7.3).

- **Alkylgruppen** stabilisieren Carbeniumionen durch Hyperkonjugation und ihren (+)-I-Effekt. **Die Stabilität von Carbeniumionen nimmt mit zunehmendem Substitutionsgrad in der Reihe CH_3^+ < primär < sekundär < tertiär zu.**

Die Stabilisierung durch **Hyperkonjugation** ist bei Carbeniumionen sogar noch effektiver als bei den Alkylradikalen, da nur zwei und nicht drei Elektronen an der Orbitalwechselwirkung beteiligt sind. Bei der Formulierung mit Resonanzstrukturen tritt wieder eine sogenannte *non-bonded structure* mit einer C=C-Doppelbindung und einem nicht gebundenen Proton auf. Durch die Hyperkonjugation wird die positive Ladung des C-Atoms über die benachbarten Methylgruppen verteilt, wie man nicht nur am ESP erkennt (weniger intensiv blau gefärbt, also geringere positive Ladungsdichte am zentralen C-Atom, ▸ Abbildung 5.9). Auch das LUMO ist kein reines p-Orbital mehr, sondern erstreckt sich anteilig auch über die H-Atome der benachbarten Methylgruppen. Allerdings nicht über alle H-Atome, denn die drei in der Knotenebene des p_z-Orbitals liegenden C–H-Bindungen können zur Hyperkonjugation nicht beitragen. Orbitale, die senkrecht aufeinander stehen, können aus Symmetriegründen nicht miteinander wechselwirken (▸ Kapitel 1.5).

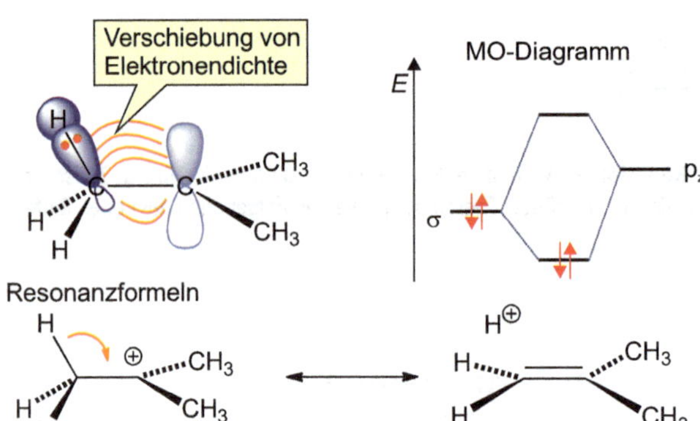

Bei chemischen Reaktionen treten ausschließlich tertiäre (R_3C^+) und sekundäre Carbeniumionen (R_2HC^+) auf! Primäre Carbeniumionen (RH_2C^+) oder ein Methylkation (CH_3^+) sind viel zu instabil, als dass sie bei einer Reaktion entstehen könnten. Wenn wir von „stabilen“ Carbeniumionen reden, ist das allerdings nur relativ zu sehen. Ein *tert*-Butylkation ist zwar deutlich stabiler als ein primäres Ethylkation, aber nach wie vor ein energetisch sehr ungünstiges und damit hoch-reaktives Teilchen, dessen Lebensdauer in Wasser z. B. gerade mal 10^{-12} s beträgt.

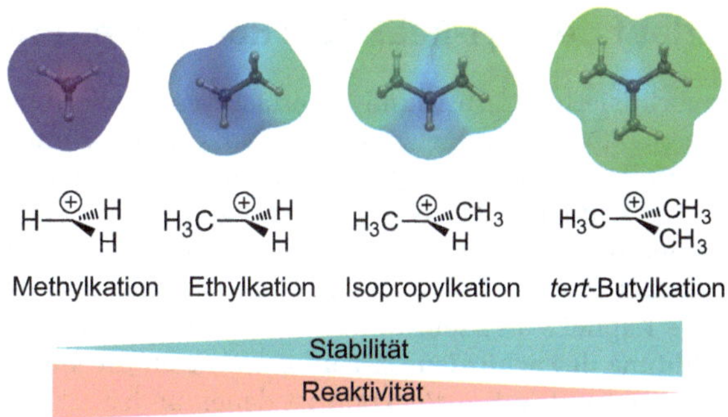

Abbildung 5.9: Stabilität und Reaktivität von Alkylcarbeniumionen. Mit zunehmender Alkylsubstitution nimmt in der Reihe Methyl < primär < sekundär < tertiär die Stabilität der Carbeniumionen zu (deutlich erkennbar am weniger stark blau gefärbten Oberflächenpotenzial). Grund ist der elektronenschiebende Effekt von Alkylgruppen, der die Elektronenlücke am zentralen C-Atom verringert. Dadurch sinkt gleichzeitig auch die Reaktivität der Carbeniumionen.

- Benachbarte **π-Systeme** (Doppelbindung oder aromatischer Ring) stabilisieren ein Carbeniumion durch **Resonanzwechselwirkungen**. Die positive Ladung wird über das gesamte π-System delokalisiert, das Kation so stabilisiert.

Ein Beispiel ist das **Allylkation**, das ebenso wie das Allylradikal (▶ Kapitel 4.9.1) durch Resonanzwechselwirkung mit der π-Bindung stabilisiert wird (▶ Abbildung 5.10). Obwohl es sich um ein primäres Carbeniumion handelt, ist es ähnlich stabil wie das *tert*-Butylkation.

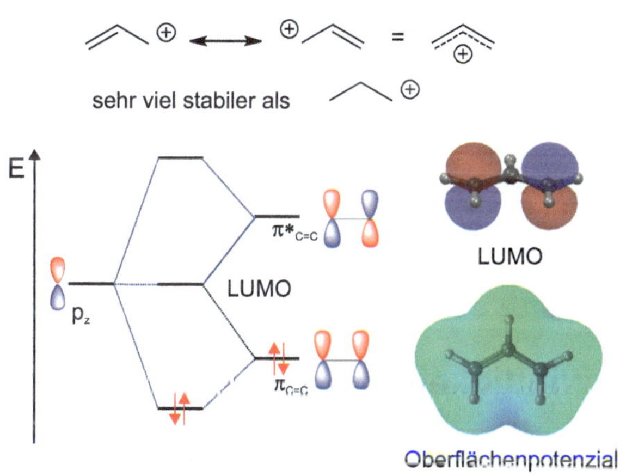

Abbildung 5.10: Das Allylkation. Eine benachbarte Doppelbindung stabilisiert ein Carbeniumion durch Resonanzwechselwirkung. Durch die seitliche Überlappung des leeren p-Orbitals mit der π-Bindung ergeben sich drei neue delokalisierte MO. Im Vergleich zur ursprünglichen π-Bindung ist das doppelt besetzte MO 1 energetisch günstiger, was zur Stabilisierung führt. Das LUMO ist gleichmäßig über C1 und C3 delokalisiert. Über diese beiden Atome ist also die positive Ladung des Carbeniumions verteilt und dort erfolgt der Angriff des Nucleophils.

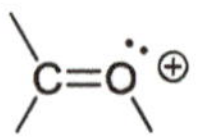

Oxocarbeniumion

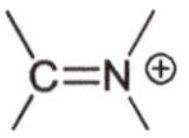

Iminiumion

- Benachbarte **Heteroatome** mit **freien Elektronenpaaren** (insbesondere O und N) stabilisieren ein Kation ebenfalls durch Resonanzwechselwirkungen.

Ein Beispiel hierfür sind Oxocarbeniumionen oder Iminiumionen, die wir in ▸ Kapitel 9 bei der Besprechung der Chemie der Carbonylverbindungen genauer kennenlernen werden.

5.6.3 Stereochemischer Verlauf der S_N1-Reaktion: Racemisierung

Bei S_N1-Reaktionen findet eine Racemisierung statt.

Das Auftreten eines planaren, sp^2-hybridisierten Carbeniumions erklärt auch, wieso bei S_N1-Reaktionen ausgehend von einem enantiomerenreinen, chiralen Edukt Racemisierung auftritt. Der Angriff des Nucleophils erfolgt wie bei der S_N2-Reaktion auf das LUMO des Elektrophils, also des Carbeniumions. Das LUMO ist das leere p_z-Orbital am positiv geladenen C-Atom, das mit gleicher Wahrscheinlichkeit „von oben" oder „von unten" angegriffen werden kann. Ist das gebildete Produkt chiral, erhält man daher ein Racemat, also die 1:1-Mischung der beiden Enantiomere (▸ Kapitel 3.3.4), selbst wenn man als Edukt von einem reinen Enantiomer ausgeht. **Bei der Bildung des achiralen Carbeniumions geht die stereochemische Information des Eduktes verloren.** Die S_N1-Reaktion ist daher, anders als die S_N2-Reaktion, *nicht stereospezifisch.* So führt die Umsetzung von optisch aktivem, reinem (*R*)-3-Chlor-3-methylhexan in Wasser zu optisch inaktivem, racemischem 3-Methylhexanol. Das gleiche Racemat erhält man, wenn man vom Enantiomer (*S*)-3-Chlor-3-methylhexan ausgeht.

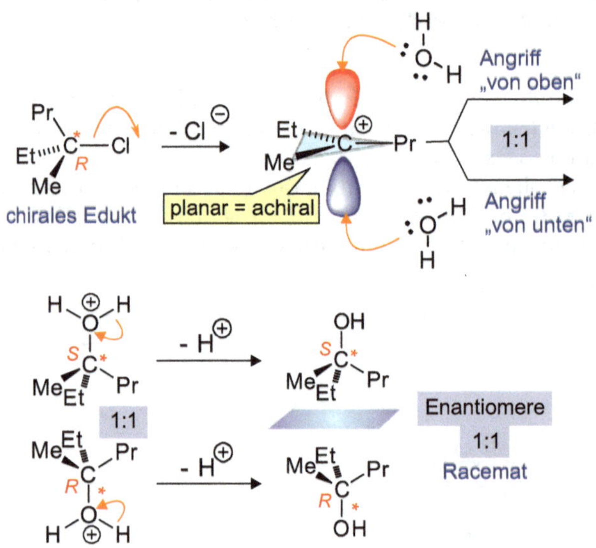

Relative Reaktionsgeschwindigkeiten bei S_N1-Reaktionen 5.7

Wann verlaufen S_N1-Reaktionen besonders gut? Es sind ähnliche Faktoren wichtig wie bei der S_N2-Reaktion:

- Die Qualität der Abgangsgruppe am Elektrophil

Hier gilt das gleiche wie bei der S_N2-Reaktion: Je besser die Abgangsgruppe ist, desto höher ist die Reaktivität.

- Die Substratstruktur, insbesondere die Stabilität des gebildeten Carbeniumions

Je stabiler das gebildete Carbeniumion ist, desto schneller verläuft die Reaktion. **S_N1-Reaktionen finden daher nur bei tertiären und sekundären Substraten statt, aber nicht bei primären Substraten oder Methylverbindungen.** Wir haben es wieder mit einer Argumentation auf der Basis des Hammond-Postulats zu tun (▸ Kapitel 4.7.5). Die Bildung des Carbeniumions ist stark endotherm und weist somit einen späten Übergangszustand auf. Wir können daher das Carbeniumion als Modell für diesen Übergangszustand ansehen. Alles, was das Carbeniumion stabilisiert, stabilisiert auch bereits den kurz davor liegenden Übergangszustand, wenn auch in etwas geringerem Maße. Daher bildet sich das stabilere Carbeniumion auch schneller (▸ Abbildung 5.11).

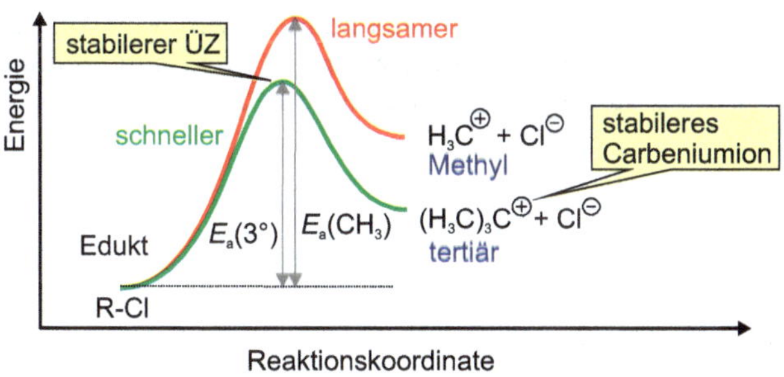

Abbildung 5.11: Relative Geschwindigkeiten der Bildung von Carbeniumionen. Stabilere Carbeniumionen bilden sich schneller, da der Übergangszustand ebenfalls bereits stabilisiert wird *(product development control)*. Dadurch wird die Aktivierungsenergie verringert und die Reaktionsgeschwindigkeit zur Bildung des Carbeniumions erhöht sich.

Sterische Faktoren im Substrat spielen bei der S_N1-Reaktion eine deutlich geringere Rolle als bei der S_N2-Reaktion. Eine sterische Überfrachtung des Edukts führt eher zu einer Beschleunigung der Reaktion, da die Substituenten im Carbeniumion weiter voneinander entfernt (120°) sind als im Edukt (109°). Bei der Bildung des Carbeniumions wird somit sterische Spannung abgebaut. Ist allerdings die Bildung eines **planaren Carbeniumions** aus geometrischen Gründen (z. B. an Brückenköpfen von bicyclischen Verbindungen) nicht möglich, kann keine S_N1-Reaktion stattfinden.

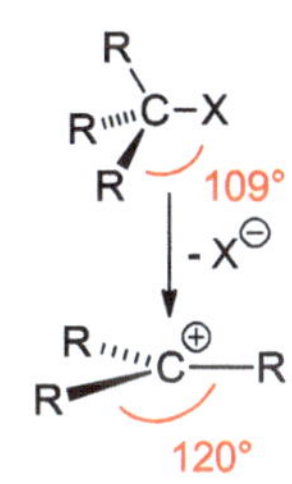

Eine S_N1-Reaktion kann nur dann stattfinden, wenn ein planares Carbeniumion gebildet werden kann.

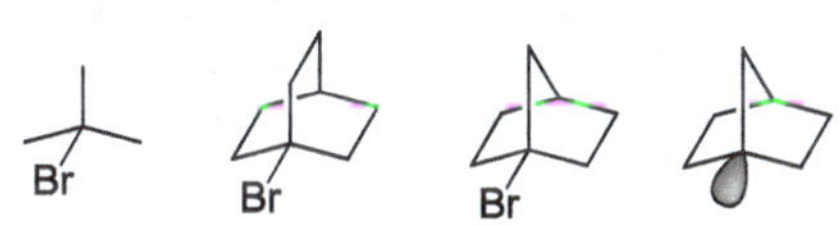

k_{rel} 1 10^{-6} 10^{-14}

keine planare sp^2-Hybridisierung möglich

- Das Lösemittel

Die heterolytische Bindungsspaltung bei der Bildung des Carbeniumions ist wegen der notwendigen Ladungstrennung energetisch sehr aufwendig (Coulomb-Wechselwirkung) und kann nur in Lösung stattfinden, wenn die entstehenden Ionen durch eine Wechselwirkung mit den Lösemittelmolekülen (**Solvatisierung**) ausreichend stabilisiert werden. Polare, protische Lösemittel beschleunigen daher S_N1-Reaktionen, da sie sowohl das gebildete Carbeniumion als auch die als Anion abgespaltene Abgangsgruppe gut stabilisieren. Dadurch wird nach dem Hammond-Postulat auch der Übergangszustand stabilisiert, die Aktivierungsenergie sinkt, die Reaktion wird schneller. So ist die Solvolyse von *tert*-Butylbromid in reinem Wasser 400.000-mal schneller als in einem Gemisch aus 90 % Aceton und 10 % Wasser.

■ Das Nucleophil

Die Qualität des Nucleophils hat *keinen Einfluss auf die Geschwindigkeit* der Reaktion. Die S_N1-Reaktion folgt einer Kinetik 1. Ordnung, die Geschwindigkeit ist somit nur vom Elektrophil, aber nicht vom Nucleophil abhängig, das erst nach dem geschwindigkeitsbestimmenden Schritt, der Bildung des Carbeniumions, in das Reaktionsgeschehen eingreift. Das Nucleophil sollte allerdings nicht zu basisch sein, da sonst die Eliminierung als Nebenreaktion auftritt (▶ Kapitel 6). Häufig ist daher das zwar wenig nucleophile, aber auch wenig basische und dafür in hoher Konzentration vorliegende Lösemittel (z.B. Wasser, Alkohol) das Nucleophil (**Solvolyse-Reaktion**).

Sind hingegen mehrere unterschiedlich gute Nucleophile *gleichzeitig* vorhanden, die mit dem Carbeniumion reagieren können, so bestimmt die Qualität der Nucleophile zwar nicht die Geschwindigkeit, wohl aber die **Produktverteilung** der Reaktion. Nachdem das Carbeniumion gebildet wurde (geschwindigkeitsbestimmender Schritt), wird es bevorzugt vom besseren Nucleophil abgefangen (**produktbestimmender Schritt**). Als Hauptprodukt entsteht das Abfangprodukt des stärkeren Nucleophils (▶ Abbildung 5.12).

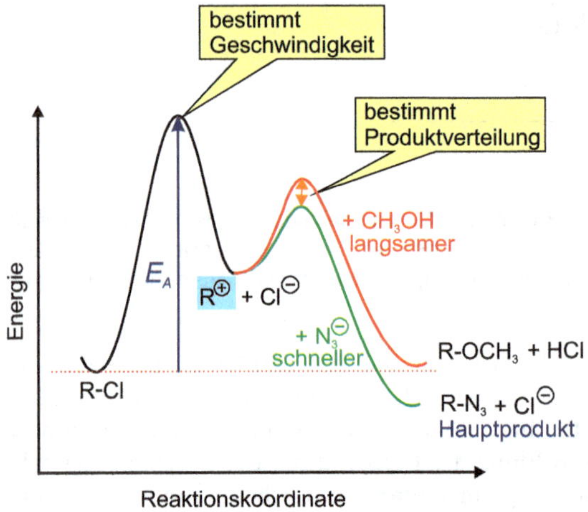

Abbildung 5.12: Produktbestimmender Schritt. Sind bei einer S_N1-Reaktion mehrere Nucleophile anwesend, so leitet sich das Hauptprodukt vom besseren Nucleophil ab, auch wenn das Nucleophil keinen Einfluss auf die Geschwindigkeit der Reaktion hat. Denn ein gutes Nucleophil wie Azid N_3^- reagiert schneller mit dem Carbeniumion als ein schlechteres Nucleophil wie Methanol. Die Geschwindigkeit der Gesamtreaktion wird aber von der langsamen Bildung des Carbeniumions im ersten Schritt bestimmt.

Umlagerung von Carbeniumionen bei S_N1-Reaktionen 5.8

Bei der Solvolyse von 2-Chlor-3-phenylbutan in Wasser bildet sich nicht der erwartete Alkohol 3-Phenyl-2-butanol, sondern stattdessen 2-Phenyl-2-butanol (Achtung: Die Nummerierung der Butankette ist im Produkt im Vergleich zum Edukt genau umgekehrt.) Die OH-Gruppe sitzt im Produkt nicht an dem gleichen C-Atom, an dem das Chloratom zuvor gebunden war, sondern ein C-Atom daneben. Da kein starkes Nucleophil vorhanden ist und ein sekundäres Substrat vorliegt, erwarten wir eine S_N1-Reaktion. Die heterolytische Abspaltung des Chloridions führt zu einem sekundären Carbeniumion. Direkt daneben befindet sich aber ein tertiäres C-Atom. Wenn nun das H-Atom vom tertiären C-Atom *mit dem Bindungselektronenpaar* zum direkt benachbarten positiv geladenen C-Atom des Carbeniumions wandert, entsteht aus dem ursprünglichen sekundären Carbeniumion ein wesentlich stabileres tertiäres Carbeniumion, das durch die benachbarte Phenylgruppe zusätzlich resonanzstabilisiert wird (die positive Ladung befindet sich in Benzylstellung, wo sie ähnlich wie in Allylstellung resonanzstabilisiert wird, ▶ Kapitel 5.6.2). Formal wandert bei dieser **Umlagerung** ein Hydridion H^-, deswegen spricht man auch allgemein von einer anionotropen Umlagerung, die man in diesem speziellen Fall auch **1,2-H-Verschiebung** nennt (oder englisch *1,2-H-shift*). Der Angriff des schwachen Nucleophils Wasser an das so gebildete tertiäre Carbeniumion führt nach Abspaltung eines Protons zur Bildung des umgelagerten Alkohols.

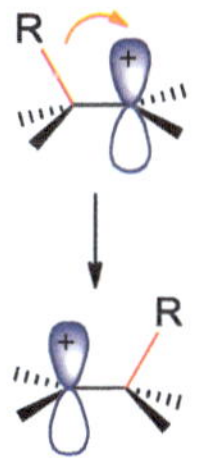

1,2-Verschiebung:
R = H → Wanderung ohne Gerüstumlagerung
R = Alkyl, Aryl → Wanderung mit Gerüstveränderung (Wagner-Meerwein-Umlagerung)

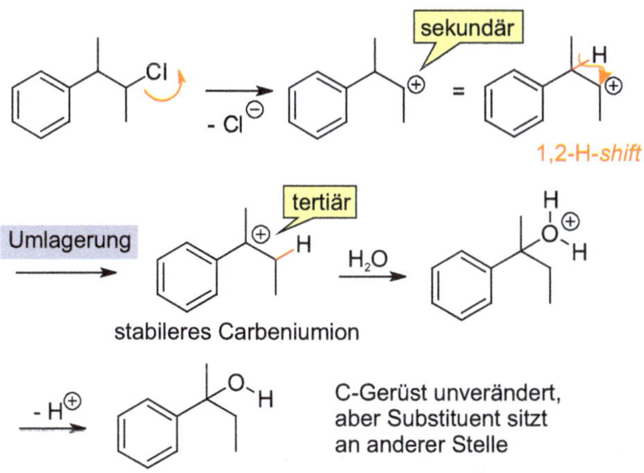

Carbeniumionen weisen allgemein eine ausgeprägte Tendenz zu Umlagerungen auf. Meistens beobachtet man wie im obigen Beispiel sogenannte **1,2-Verschiebungen**, bei denen ein H-Atom oder eine Alkyl- bzw. Arylgruppe vom benachbarten C-Atom zum Kation wandert. Höhere Umlagerungen sind sehr selten und treten nur bei bestimmten strukturellen Gegebenheiten auf (z. B. transannular in mittelgroßen Ringen). Die Triebkraft für solche Umlagerungen ist in der Regel die Bildung eines thermodynamisch stabileren Carbeniumions. Die Aktivierungsbarrieren für diese Umlagerungen sind sehr niedrig (E_a ca. 20 kJ/mol), d.h., die Umlagerungen erfolgen sehr schnell und finden selbst bei sehr tiefen Temperaturen noch statt.

Wenn sich ein Carbeniumion, das bei einer Reaktion als Intermediat entsteht, in ein stabileres Carbeniumion umlagern kann, dann tut es dies auch unabhängig von den danach stattfindenden Folgereaktionen!

Wandert anstatt eines H-Atoms eine Alkylgruppe, dann verändert sich nicht nur die Position der Substituenten im Vergleich von Edukt zu Produkt sondern auch das gesamte Kohlenstoffgerüst. Solche Umlagerungen unter Gerüstveränderung nennt man **Wagner-Meerwein-Umlagerungen**. Ein Beispiel ist die Solvolyse von Neopentyliodid (1-Iod-2,2-dimethylpropan) in Wasser, bei der als Produkt 2-Methyl-2-butanol (*tert*-Amylakohol) entsteht.

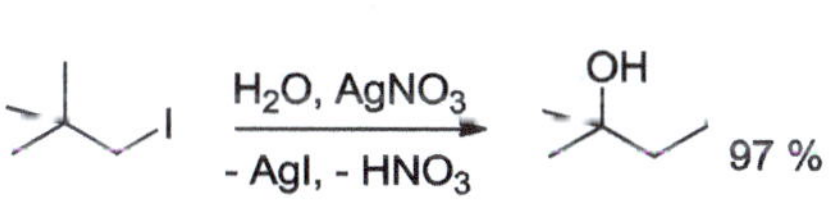

Wie kommt es zur Bildung des umgelagerten Alkohols? Eine S_N2-Reaktion ist in Neopentylstellung aus sterischen Gründen nicht möglich (▶ Kapitel 5.5). Es kann daher nur eine S_N1-artige Solvolyse stattfinden. Bei der Ablösung von Iodid würde allerdings ein sehr instabiles primäres Carbeniumion entstehen. Deswegen ist die Reaktion auch extrem langsam und findet bei Raumtemperatur gar nicht statt. Die Solvolyse lässt sich allerdings durch die Zugabe von Silbernitrat beschleunigen, da Ag^+ als milde Lewis-Säure die Abgangsgruppe zusätzlich aktiviert und als schwerlösliches Silberiodid AgI aus dem Reaktionsgemisch entfernt. Das erleichtert die Ablösung von Iodid und damit die Bildung des Carbeniumions. Das entstehende instabile, primäre Carbeniumion kann aber sofort durch Verschiebung einer Methylgruppe vom benachbarten quaternären C-Atom in ein wesentlich stabileres tertiäres Carbeniumion umlagern. Wahrscheinlich entsteht daher das primäre Carbeniumion gar nicht als echte Zwischenstufe, sondern die Wagner-Meerwein-Umlagerung erfolgt bereits gleichzeitig, konzertiert mit der Ablösung von I^-, sodass als erste Zwischenstufe direkt das umgelagerte tertiäre Carbeniumion gebildet wird. Dieses reagiert mit Wasser zum umgelagerten *tert*-Amylakohol.

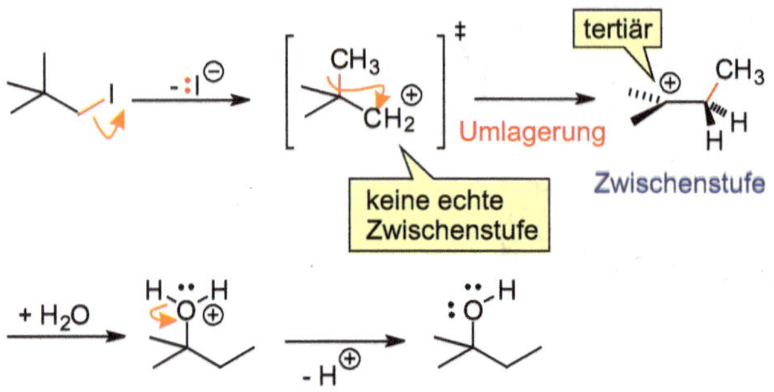

Vergleich zwischen S_N1- und S_N2-Reaktion 5.9

S_N1- und S_N2-Reaktionen unterscheiden sich in einigen Punkten, z. B. in ihrem kinetischen Verhalten (1. Ordnung versus 2. Ordnung) und dem stereochemischen Verlauf (Racemisierung versus Inversion), und lassen sich so auch experimentell voneinander unterscheiden (▸ Tabelle 5.8). Kann man voraussagen, wann eine Verbindung nach einem S_N1- und wann nach einem S_N2-Mechanismus reagieren wird? Dies ist nicht ganz einfach, da der genaue Mechanismus, wie wir gesehen haben, von vielen Faktoren abhängt. Aber als Faustregeln kann man sich zumindest merken:

Ein **S_N1-Mechanismus** liegt vor:

- immer bei tertiären Substraten R_3C–X,
- bei sekundären Substraten R_2HC–X, wenn schlechte Nucleophile verwendet werden (also typischen Solvolyse-Reaktionen in Wasser oder Alkoholen),
- bei sekundären Substraten R_2HC–X, wenn Lewis-Säuren (z. B. Ag^+) zur Aktivierung der Abgangsgruppe verwendet werden,
- aber niemals bei primären Substraten RH_2C–X oder Methylverbindungen H_3C–X.

Ein **S_N2-Mechanismus** liegt vor:

- immer bei Methylverbindungen H_3C–X und primären Substraten RH_2C–X,
- bei sekundären Substraten R_2HC–X, wenn gute Nucleophile verwendet werden,
- aber niemals bei tertiären Substraten.

	S_N1-Reaktion	S_N2-Reaktion
Reaktionsverlauf	mehrstufig	einstufig (konzertiert)
langsamster Schritt	monomolekular	bimolekular
zeitliche Abfolge der Bindungsänderungen	erst Bindungsbruch und danach in einem zweiten Reaktionsschritt Bindungsneubildung	Bindungsbruch und Bindungsneubildung finden gleichzeitig statt
Zwischenstufe	Carbeniumion	keine
Kinetik	1. Ordnung $v = k \cdot [RX]$	2. Ordnung $v = k \cdot [RX] \cdot [Nu]$
stereochemischer Verlauf	Racemisierung	Inversion der Konfiguration
entscheidender Faktor für Reaktivität	Stabilität des intermediär gebildeten Carbeniumions	sterische Zugänglichkeit des angegriffenen elektrophilen C-Atoms
Substrate	tertiär und sekundär	Methyl, primär und sekundär
begünstigt durch	schwache Nucleophile geringe Konzentration des Nucleophils protische Lösemittel	starke Nucleophile hohe Konzentration des Nucleophils aprotische Lösemittel

Tabelle 5.8: **Vergleich zwischen S_N1- und S_N2-Reaktion.**

ZUSAMMENFASSUNG

Im diesem Kapitel haben wir Folgendes über die nucleophile Substitutionsreaktion und allgemein über den Ablauf polarer Reaktionen gelernt:

- Halogenalkane sind aufgrund der polaren C–X-Bindung wesentlich reaktiver als Alkane. Das positiv polarisierte, elektrophile C-Atom kann durch ein Teilchen mit einem freiem Elektronenpaar (Nucleophil) angegriffen werden, wobei das Halogenatom durch das angreifende Nucleophil ersetzt wird. Es findet eine nucleophile Substitutionsreaktion statt.
- Bei der Reaktion zwischen einem Elektrophil und einem Nucleophil (polare Reaktion) werden Bindungen immer heterolytisch gebildet und gebrochen. Es findet also stets eine Verschiebung von Elektronenpaaren statt. Nach der Grenzorbitaltheorie wird eine polare Reaktion so ablaufen, dass es in ihrem Verlauf zu einer möglichst guten Wechselwirkung zwischen dem doppelt besetzten HOMO des Nucleophils und dem leeren LUMO des Elektrophils kommt (stereoelektronischer Effekt).
- Eine nucleophile Substitution an einem gesättigten, sp^3-hybridisierten C-Atom kann nach zwei Mechanismen stattfinden, je nachdem in welcher zeitlichen Reihenfolge Bindungsbruch und Bindungsneubildung erfolgen.
- Bei der S_N2-Reaktion verdrängt das eintretende Nucleophil in einem einzigen, konzertierten Reaktionsschritt die Abgangsgruppe (Kinetik 2. Ordnung). Das Nucleophil

greift das C-Atom dabei von der Rückseite aus an. Es kommt daher im Verlauf der Reaktion zu einer Inversion der Konfiguration des angegriffenen C-Atoms. Die S_N2-Reaktion kann nur bei Methyl, primären und sekundären Substraten stattfinden, aber niemals bei tertiären Substraten, bei denen der Rückseitenangriff aus sterischen Gründen unmöglich ist.

- Bei einer S_N1-Reaktion wird zuerst die Abgangsgruppe abgespalten, es bildet sich ein Carbeniumion als Zwischenstufe, das dann in einem zweiten, schnellen Folgeschritt mit dem Nucleophil reagiert. Die Reaktion folgt einer Kinetik 1. Ordnung und verläuft umso leichter, je stabiler das sich bildende Carbeniumion ist. Die S_N1-Reaktion beobachtet man daher nur bei tertiären und sekundären Substraten, aber niemals bei primären Substraten oder Methyl. Bei chiralen Edukten kommt es zur Racemisierung.
- Carbeniumionen werden durch Alkylgruppen stabilisiert, die durch Hyperkonjugation und einen (+)-I-Effekt einen elektronenschiebenden Effekt haben. Carbeniumionen können sich zudem leicht durch 1,2-Verschiebungen von Wasserstoff oder Alkylgruppen in stabilere Carbeniumionen umlagern (Wagner-Meerwein-Umlagerung), sodass bei S_N1-Reaktionen häufig nicht die eigentlich erwarteten direkten Substitutionsprodukte, sondern Konstitutionsisomere gebildet werden.

ZUSAMMENFASSUNG

Eliminierung

6

ÜBERBLICK

Lernziele

Nachdem Sie dieses Kapitel zur Eliminierung durchgearbeitet haben, sollten Sie verstanden haben,

- warum nucleophile Substitution und Eliminierung häufig Konkurrenzreaktionen sind und von welchen Faktoren diese Chemoselektivität abhängt,
- warum es für die β-Eliminierung drei mechanistische Grenzfälle gibt und wovon es abhängt, nach welchem dieser drei Reaktionstypen eine Eliminierung abläuft,
- warum bei einer konzertierten E2-Reaktion eine *anti*-periplanare Anordnung von Proton und Abgangsgruppe notwendig ist und wieso dabei meistens bevorzugt das höher substituierte Saytzeff-Produkt gebildet wird,
- wovon die thermodynamische Stabilität eines Alkens abhängt,
- wie das relative Ausmaß an Saytzeff- und Hofmann-Produkt von der Basenstärke und dem sterischen Anspruch der Base abhängt,
- was thermisch induzierte *syn*-Eliminierungen sind und
- welche Methoden es gibt, um sowohl die Diastereoselektivität als auch die Regioselektivität bei der Eliminierung besser kontrollieren zu können.

6.1 Eliminierung als Konkurrenz zur Substitution

Bei nucleophilen Substitutionsreaktionen (▶ Kapitel 5) entstehen in den meisten Fällen nicht nur das Substitutionsprodukt, sondern je nach Substrat, angreifendem Nucleophil und Reaktionsbedingungen auch unterschiedliche Mengen an **Alkenen**. Die Bildung der Alkene ist das Ergebnis einer **Eliminierung** von Halogenwasserstoff HX aus dem Halogenalkan. Substitution und Eliminierung laufen also gleichzeitig nebeneinander ab, es handelt sich um sogenannte **Konkurrenzreaktionen**.

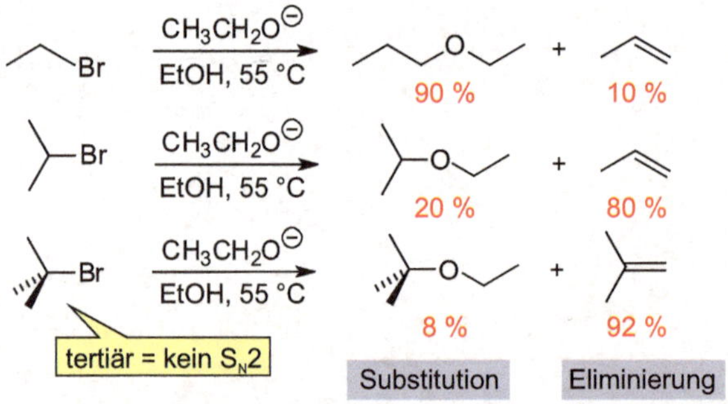

Chemoselektivität = welche funktionelle Gruppe reagiert?

Der Grund für das gleichzeitige Auftreten von Substitution und Eliminierung ist, dass z. B. das angreifende Methanolat bei obigen Reaktionen sowohl ein Nucleophil als auch eine starke Brønstedt-Base ist ($pK_b \approx -2$). Auf die Ähnlichkeit von Nucleophilie und Basizität hatten wir schon hingewiesen (▶ Kapitel 5.5.2). Ethanolat kann daher entweder als Nucleophil das elektrophile C-Atom angreifen und die Abgangsgruppe substituieren. Es bildet sich ein Ether. Oder aber das Ethanolat greift als Base das benachbarte H-Atom an, was unter Abspaltung von HX und Ausbildung einer π-Bindung zu einem Alken führt, dem Produkt einer Eliminierung. Es handelt sich um einen klassischen Fall von **Chemoselektivität**. Davon spricht man immer dann, wenn ein Teilchen selektiv an einer von zwei oder mehr verschiedenen funktionellen Gruppen in einem Molekül angreifen kann (▶ Kapitel 4.9.2).

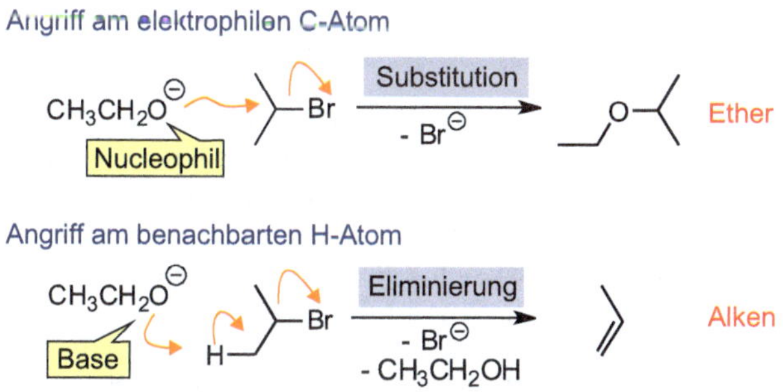

Wie lässt sich der Angriff von Methanolat auf das β-ständige H-Atom verstehen? Bei der S_N2-Reaktion haben wir gelernt, dass der Angriff des Nucleophils auf das LUMO des Elektrophils erfolgt (▸ Exkurs 5.2). Betrachten wir das LUMO von Chlorethan noch einmal etwas genauer, so sehen wir, dass auch am β-ständigen H-Atom ein signifikanter Orbitallappen im LUMO vorhanden ist. Hinzu kommt, dass neben den Orbitalwechselwirkungen, die wir im Rahmen der Grenzorbitaltheorie bei S_N2-Reaktionen kennengelernt haben, insbesondere bei kleinen, geladenen Teilchen auch **Ladungswechselwirkungen** für den Verlauf einer Reaktion eine Rolle spielen. Das heißt, ein negativ geladenes Teilchen wie Methanolat H_3CO^- wird bevorzugt dort angreifen, wo die größte positive Ladungsdichte ist. Am elektrostatischen Oberflächenpotential ESP des Chlorethans erkennt man, dass das β-H-Atom positiv polarisiert ist, was somit den Angriff der Base dort erleichtert. Die direkt an das elektrophile C-Atom gebundenen H-Atome sind zwar auch positiv polarisiert (sogar stärker als die β-ständigen), aber ein Angriff von Methanolat findet dort unter diesen Bedingungen nicht statt, da dabei ein sehr instabiles Carben entsteht.

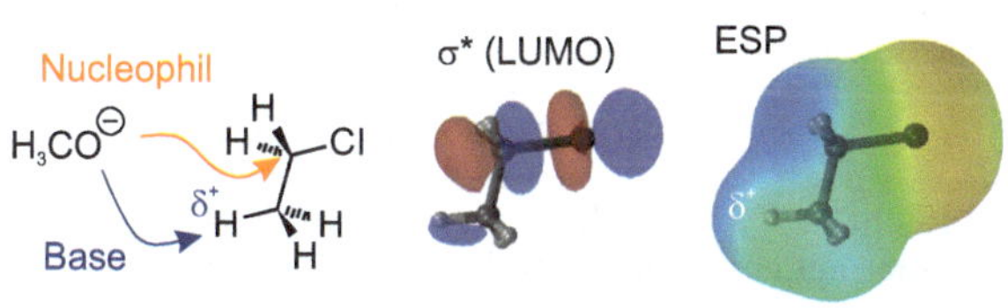

Es gibt also zwei Faktoren, die den Verlauf einer chemischen Reaktion beeinflussen:

- HOMO/LUMO-Orbitalwechselwirkungen
- Ladungswechselwirkungen

Häufig, aber eben nicht immer, gehen beide Faktoren Hand in Hand. Orbitalwechselwirkungen sind insbesondere bei neutralen oder nur schwach geladenen und damit im Sinne des **HSAB-Konzepts** (▸ Exkurs 6.1) „weichen" Teilchen ausschlaggebend, Ladungswechselwirkungen hingegen bei kleinen, hoch geladenen und damit eher „harten" Teilchen.

Exkurs 6.1: Das HSAB-Konzept

Von R. G. Pearson wurde 1963 das Konzept der harten und weichen Säuren und Basen eingeführt (*hard and soft acids and bases*, HSAB), um die unterschiedlichen Stabilitäten von anorganischen Lewis-Säure-Base-Komplexen zu erklären. Dieses empirische Konzept („*hart mit hart und weich mit weich*") hat seitdem auch Anwendung in vielen anderen Bereichen der Chemie gefunden. Es lässt sich z. B. auch auf organische Nucleophile (Lewis-Basen) und Elektrophile (Lewis-Säuren) übertragen (▶ Tabelle 6.1) und kann zur Erklärung von Chemoselektivitäten oder von Unterschieden im Reaktionsverhalten zweier Teilchen genutzt werden. **Harte Säuren reagieren schneller mit harten Basen und bilden mit diesen stabilere Produkte als mit weichen Basen. Analog reagieren weiche Säuren mit weichen Basen schneller und bilden mit diesen stabilere Produkte als mit harten Basen.**

- Hart sind kleine, meist geladene Teilchen, die eine hohe Ladungsdichte aufweisen und wenig polarisierbar sind. Ihre HOMO/LUMO-Energien sind für Grenzorbitalwechselwirkungen ungünstig (= großer Energieabstand zwischen HOMO und LUMO).
- Weich sind große, meist neutrale Teilchen, die eine niedrige Ladungsdichte aufweisen und leicht polarisierbar sind. Ihre HOMO/LUMO-Energien sind für Grenzorbitalwechselwirkungen günstig (= geringer Energieabstand zwischen HOMO und LUMO).

	Basen bzw. Nucleophile	Säuren bzw. Elektrophile
hart	klein, oft negativ geladen, wenig polarisierbar mit energiearmem HOMO H_2O, OH^-, RO^-, F^-, Cl^-, RNH_2, RCO_2^-	klein, oft positiv geladen, wenig polarisierbar mit energiereichem LUMO H^+, Li^+, BF_3, $AlCl_3$, $TiCl_4$
Grenzfälle	Br^-, Pyridin, N_3^-	R_3C^+, $R_2C{=}O$, NO^+, SO_2, R_3B
weich	groß, oft ungeladen, leicht polarisierbar mit energiereichem HOMO R_2S, RS^-, I^-, R_3P, C=C, CN^-, H^-, R^-	groß, oft ungeladen, leicht polarisierbar mit energiearmem LUMO Cu^+, Ag^+, RHg^+, BH_3, Br_2, Carbene

Tabelle 6.1: **Beispiele für harte und weiche Säuren und Basen.**

Obwohl das HSAB-Konzept ursprünglich rein empirisch, auf experimentellen Beobachtungen gestützt war (und daher wie alle derartigen Modelle nicht überbewertet werden sollte), hat es durchaus eine gewisse theoretische Grundlage, die sich aus der Grenzorbitaltheorie ergibt (▶ Abbildung 6.1).

- Reaktionen von **harten** Nucleophilen mit harten Elektrophilen sind **ladungskontrolliert.**

Aufgrund des großen Energieunterschiedes zwischen HOMO und LUMO findet kaum Stabilisierung durch eine Orbitalwechselwirkung statt. Da es sich aber um kleine, geladene Teilchen mit einer hohen Ladungsdichte handelt, kommt es zu einer ausgeprägten elektrostatischen Ladungswechselwirkung. Die Reaktion harter Teilchen miteinander ist daher im Wesentlichen ladungskontrolliert und basiert auf ionischen Wechselwirkungen.

- Reaktionen von **weichen** Nucleophilen mit weichen Elektrophilen sind **orbitalkontrolliert.**

Die ähnliche Energie von HOMO und LUMO führt zu einer ausgeprägten Orbitalwechselwirkung (▸ Exkurs 5.2). Diese wird begünstigt durch leicht polarisierbare Teilchen, deren große Valenzschalen eine gute Überlappung der Orbitale erlauben. Da diese Teilchen andererseits meist groß und ungeladen sind und daher nur eine geringe Ladungsdichte haben, spielen Ladungswechselwirkungen kaum eine Rolle. Die Reaktion weicher Teilchen miteinander ist im Wesentlichen orbitalkontrolliert und basiert auf kovalenten Wechselwirkungen.

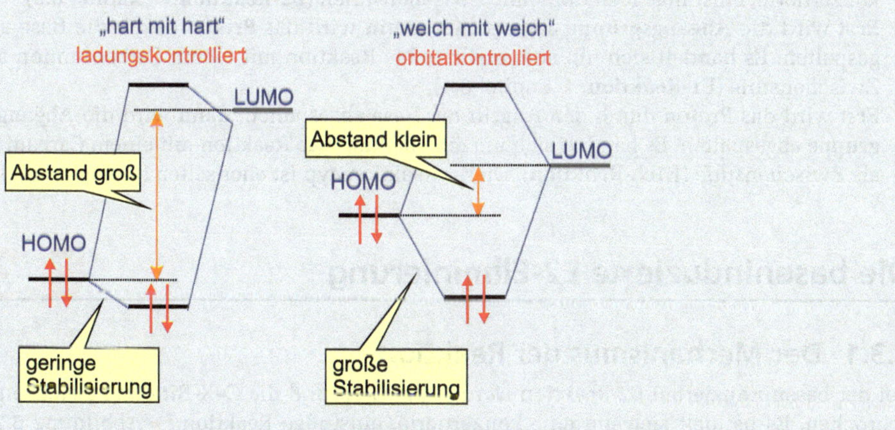

Abbildung 6.1: **HSAB-Konzept und Grenzorbitalwechselwirkungen.** Bei Reaktionen von harten Teilchen miteinander liegen HOMO und LUMO energetisch weit auseinander, die Grenzorbitalwechselwirkung führt daher kaum zu einer Stabilisierung. Bei der Reaktion von weichen Teilchen liegen die Grenzorbitale dichter beieinander, es tritt eine ausgeprägte Stabilisierung auf.

6.2 Grundlegendes zum Mechanismus der Eliminierung

Allgemein werden bei einer Eliminierung aus einem Molekül zwei Atome oder Atomgruppen abgespalten. Bei den allermeisten Eliminierungen handelt es sich bei einer der beiden abzuspaltenden Gruppen um ein Proton und bei der anderen um eine gute Abgangsgruppe (X = Cl, Br, I, OTs, OH_2^+). Die Qualität von Abgangsgruppen haben wir schon bei der nucleophilen Substitution besprochen (▸ Kapitel 5.5.1). Sind diese beiden abzuspaltenden Gruppen, wie bei den bisherigen Beispielen, an zwei direkt benachbarten C-Atomen im Edukt gebunden, spricht man von einer **1,2-Eliminierung** oder **β-Eliminierung**. Achtung, mit dieser Bezeichnung gibt man wiederum nur die *relative Position der beiden abzuspaltenden Gruppen zueinander* an, unabhängig davon, an welchen C-Atomen sie sich tatsächlich in einem Molekül befinden. Durch die Abspaltung von HX (in Form von H^+ und X^-) entsteht eine Doppelbindung, sodass aus einem gesättigten Alkanderivat (z.B. Halogenalkan) ein Alken wird. Die 1,2-Eliminierung entspricht dem mit Abstand häufigsten Typ von Eliminierung, weil es sich um die wichtigste und vielseitigste Methode zur Darstellung von Alkenen handelt. Es gibt auch Eliminierungen, bei denen H^+ und X^- (bzw. allgemein zwei Atome bzw. Atomgruppen)

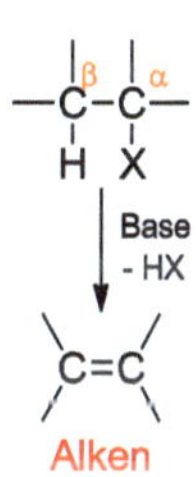

baseninduzierte 1,2-Eliminierung

direkt von einem C-Atom abgespalten werden (α-Eliminierung = Bildung eines Carbens R_2C) oder von weiter voneinander entfernten C-Atomen (z. B. 1,3-Eliminierung = Bildung von Cyclopropanen). Auf diese Arten von Eliminierungen wollen wir aber nicht weiter eingehen, sondern uns auf die β-Eliminierung beschränken.

Bei der Eliminierung werden zwei Bindungen heterolytisch gebrochen, die C–H-Bindung unter Abspaltung eines Protons und die C–X-Bindung unter Abspaltung der Abgangsgruppe X^-. Daher gibt es analog zur nucleophilen Substitution auch bei der Eliminierung mehrere unterschiedliche mögliche Reaktionswege (Mechanismen), die sich wiederum in der zeitlichen Abfolge der beiden Bindungsbrüche unterscheiden (▶ Exkurs 6.6).

- **Beide Bindungen** werden **gleichzeitig** gebrochen. In dem Maße, wie die Base das Proton abspaltet, löst sich gleichzeitig die Abgangsgruppe vom C-Atom. Es handelt sich um eine konzertierte, einstufige Reaktion ohne Zwischenstufen (**E2-Reaktion**, ▶ Kapitel 6.3).
- **Erst** wird die **Abgangsgruppe** abgespalten, **dann** wird das **Proton** durch die Base abgespalten. Es handelt sich um eine mehrstufige Reaktion mit einem Carbeniumion als Zwischenstufe (**E1-Reaktion**, ▶ Kapitel 6.4).
- **Erst** wird das **Proton** durch den Angriff der Base abgespalten, **dann** wird die **Abgangsgruppe** abgespalten. Es handelt sich um eine mehrstufige Reaktion mit einem Carbanion als Zwischenstufe (**E1cb-Reaktion**). Dieser Reaktionstyp ist eher selten (▶ Kapitel 6.5).

Die baseninduzierte E2-Eliminierung 6.3

6.3.1 Der Mechanismus der Reaktion

Bei der baseninduzierten E2-Reaktion werden die C–H- und die C–X-Bindung gleichzeitig gebrochen. Es handelt sich um eine konzertierte, einstufige Reaktion (▶ Abbildung 6.2). Der Elementarschritt ist bimolekular, die Reaktion folgt somit einer Kinetik 2. Ordnung und wird deswegen als E2-Reaktion bezeichnet (**bimolekulare Eliminierung**). Ein typisches Beispiel ist die Umsetzung von Chlorethan mit Natriumhydroxid unter Bildung von Ethen, Wasser und Chloridionen. Das Hydroxidion OH^- greift als Base das Proton in β-Stellung zum Chlor an. In dem Maße, wie das Proton abgelöst wird, verlässt gleichzeitig Cl^- als Abgangsgruppe das Molekül. Zusammen mit der Abspaltung dieser beiden Gruppen beginnt sich eine π-Bindung zwischen den beiden C-Atomen auszubilden. Im Übergangszustand der Reaktion sind sowohl das Proton als auch die Austrittsgruppe noch teilweise an die beiden C-Atome gebunden, zwischen denen sich aber bereits eine partielle Doppelbindung ausgebildet hat. Schließlich wird das Proton unter Bildung von Wasser komplett auf die Base übertragen, Cl^- wird abgespalten und zwischen den beiden C-Atomen ist eine π-Bindung entstanden.

Bsp.:

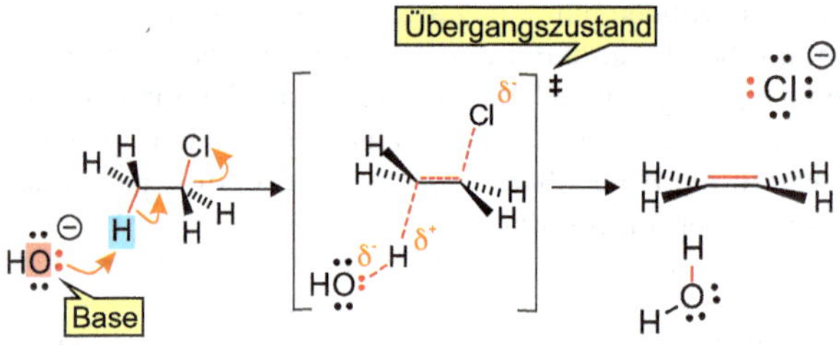

Die E2-Reaktion ähnelt in vielen Punkten der S_N2-Reaktion, sodass wir auf einigen dort bereits besprochenen Zusammenhängen aufbauen können (▶ Kapitel 5.4 und 5.5). Die wichtigsten Merkmale der baseninduzierten E2-Eliminierung sind nachfolgend noch einmal zusammengefasst:

- Die E2-Reaktion verläuft konzertiert in einem einzigen bimolekularen Schritt ohne Zwischenstufen.
- Eine E2-Reaktion folgt einer Kinetik 2. Ordnung: $v = k \cdot [CH_3CH_2Cl] \cdot [OH^-]$ bzw. allgemein $v = k \cdot [\text{Substrat}] \cdot [\text{Base}]$

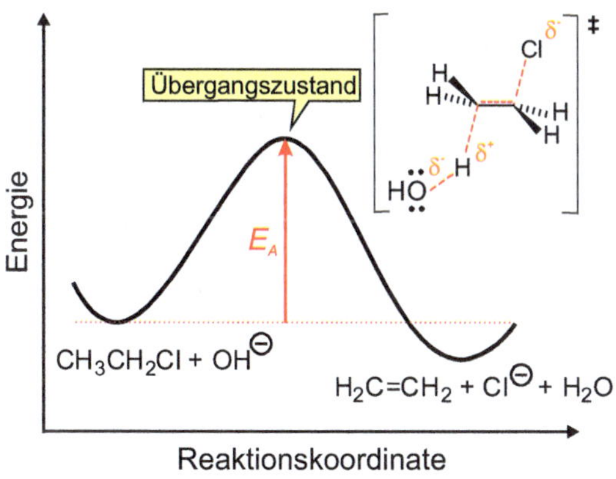

Abbildung 6.2: **Energiediagramm der E2-Reaktion.** Bei der Umsetzung von Chlorethan mit Natronlauge entsteht in einem konzertierten Reaktionsschritt in einer E2-Eliminierung Ethen.

Da die Reaktion in einem einzigen unimolekularen Schritt abläuft, müssen an diesem Schritt sowohl die Base als auch das Substrat beteiligt sein. Somit hängt die Geschwindigkeit der E2-Eliminierung genau wie bei der S_N2-Reaktion sowohl von der Konzentration der Base als auch von der des Substrats ab.

- Die E2-Eliminierung erfordert eine ***anti*-periplanare Anordnung** von H-Atom und Abgangsgruppe.

Es handelt sich ähnlich wie beim Rückseitenangriff der S_N2-Reaktion um einen stereoelektronischen Effekt. Damit während der Reaktion zwischen den beiden C-Atomen eine neue π-Bindung entstehen kann, müssen die beiden Austrittsgruppen H und X in der gleichen Ebene liegen (▸ Kapitel 6.3.2).

- Im Gegensatz zur S_N2-Reaktion kann eine E2-Eliminierung an allen Substraten stattfinden, also sowohl an primären und sekundären als auch an tertiären Substraten.

Dies ist ein wichtiger Unterschied zur S_N2-Reaktion: **E2-Eliminierungen finden auch bei tertiären Substraten statt.** Die Base muss nicht wie bei der S_N2-Reaktion die schlecht zugängliche Rückseite des elektrophilen C-Atoms angreifen, sondern lediglich das sehr viel leichter zugängliche H-Atom am benachbarten β-C-Atom.

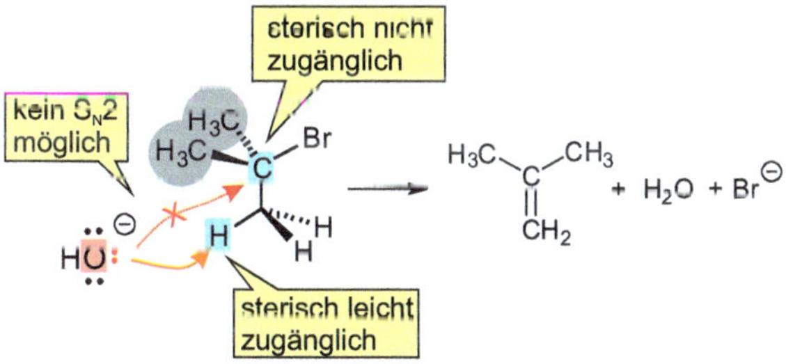

6.3.2 Stereochemischer Verlauf der E2-Eliminierung

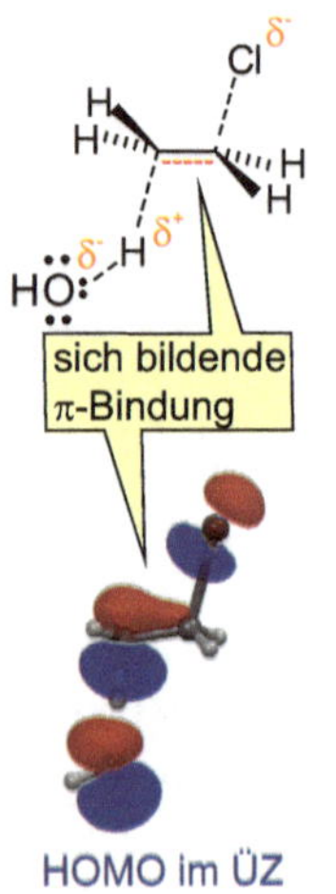

Wieso müssen bei der E2-Reaktion die beiden abzuspaltenden Gruppen, das H-Atom und die Abgangsgruppe X, ***anti*-periplanar** zueinander angeordnet sein (▶ Exkurs 6.2)? Bei der Eliminierung bildet sich zwischen den beiden benachbarten C-Atomen eine π-Bindung. Dafür ist die parallele, seitliche Überlappung zweier benachbarter p-Orbitale notwendig (▶ Kapitel 1.5.2). Diese π-Bindung ist bereits im Übergangszustand der Eliminierung partiell ausgebildet, da die p-Orbitale während der Reaktion durch Umhybridisierung aus der ursprünglichen C–H- bzw. C–X-σ-Bindung entstehen (▶ Abbildung 6.3). Damit die sich bildenden p-Orbitale parallel, also in einer Ebene angeordnet sind, müssen auch diese beiden σ-Bindungen und damit die beiden Austrittsgruppen H und X in der gleichen Ebene liegen. Bei jeder anderen nicht planaren Anordnung entstehen bei der Reaktion p-Orbitale, die gegeneinander verdreht sind und somit keine π-Bindung bilden können. Wir haben bereits in ▶ Kapitel 1 gelernt, dass das Verdrehen von zwei p-Orbitalen bei einer Doppelbindung etwa 270 kJ/mol Energie erfordert. Zur Erinnerung: Dieser hohe Energieaufwand ist der Grund, warum um eine Doppelbindung bei Raumtemperatur nicht frei gedreht werden kann und warum es *E*/*Z*-Diastereomere gibt (▶ Kapitel 1.6).

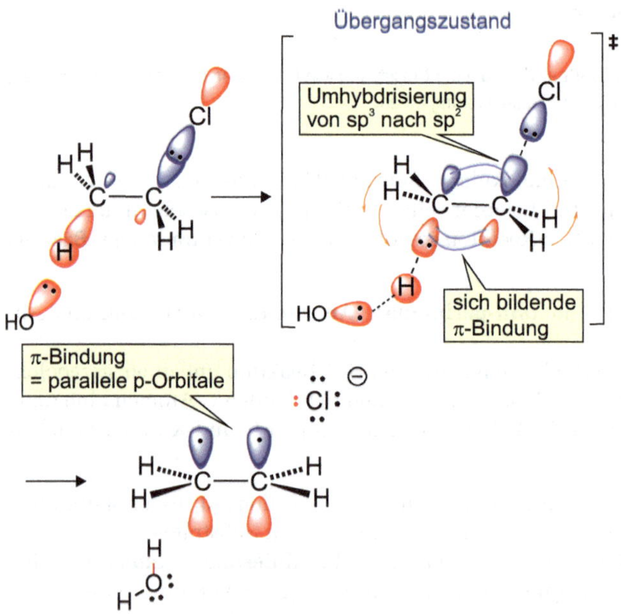

Abbildung 6.3: Orbitaldarstellung der E2-Reaktion. In dem Maße, wie die C–H- und die C–X-σ-Bindung gebrochen werden, findet eine Umhybridisierung der beiden C-Atome von sp^3 nach sp^2 statt. Die dabei entstehenden p-Orbitale beginnen zu überlappen und bilden die π-Bindung des Alkens.

Bei einer E2-Reaktion sind H und X in der Regel *anti*-periplanar angeordnet.

Sehr anschaulich lässt sich die Notwendigkeit der *anti*-periplanaren Anordnung von H und X bei der E2-Reaktion auch mithilfe von Newmann-Projektionen und Sägebock-Formeln veranschaulichen. Die Reaktion erfolgt aus einer gestaffelten Konformation heraus. Bei der *anti*-periplanaren Anordnung weisen H und X einen Diederwinkel von 180° auf. Die sich bildenden p-Orbitale stehen parallel und bilden die neue π-Bindung. Stehen H und X hingegen *gauche* zueinander (Diederwinkel 60°), sind auch die entstehenden p-Orbitale gegeneinander

Exkurs 6.2: *Syn*-periplanare E2-Eliminierungen

Kann eine E2-Reaktion auch bei einer *syn*-periplanaren Anordnung (Diederwinkel 0°) von H und X stattfinden? Auch in diesem Fall sind die entstehenden p-Orbitale parallel angeordnet, sodass sich zwischen ihnen eine π-Bindung bilden kann. Prinzipiell ist dies in der Tat möglich. Allerdings entspricht eine *syn*-periplanare Anordnung einer ekliptischen Konformation, die zumindest bei einfachen Alkanen energetisch instabiler ist als eine gestaffelte Konformation, wie wir in Kapitel 3 gelernt haben (▸ Kapitel 3.1.1). Daher ist auch der *syn*-periplanare Übergangszustand energetisch ungünstiger als ein *anti*-periplanarer und die Eliminierung erfolgt bevorzugt aus der stabileren *anti*-periplanaren Anordnung heraus.

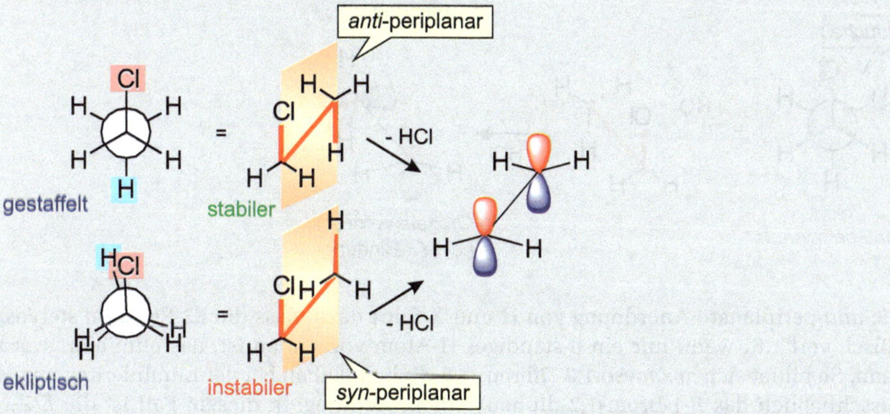

Ist aber im Edukt aufgrund der Molekülstruktur bereits eine ekliptische Anordnung von H und X vorgegeben, kann sehr wohl eine *syn*-periplanare Eliminierung stattfinden. Dies beobachtet man z. B. bei bicyclischen Verbindungen. Die Eliminierung von HCl aus *trans*-1,2-Dichlornorbornan ist hierbei um den Faktor 100 schneller als aus dem *cis*-Diastereomer. Im *trans*-Edukt sind H und Cl ekliptisch angeordnet (Achtung: Die Bezeichnung *trans* bezieht sich auf die relative Stellung der beiden Cl-Atome und nicht auf die Stellung von H und Cl.) Diese ekliptische Anordnung ist durch die starre bicyclische Struktur des Moleküls bereits vorgegeben (▸ Kapitel 3.6). Eine *syn*-periplanare Eliminierung ist daher leicht möglich. Im *cis*-Diastereomer liegen H und Cl hingegen nicht in einer Ebene sondern weisen einen Diederwinkel von 126° auf. Da die sich bildenden p-Orbitale somit gegeneinander verdreht sind, ist die Aktivierungsenergie für die Eliminierung bei diesem Diastereomer deutlich größer. Die Reaktion verläuft entsprechend langsamer.

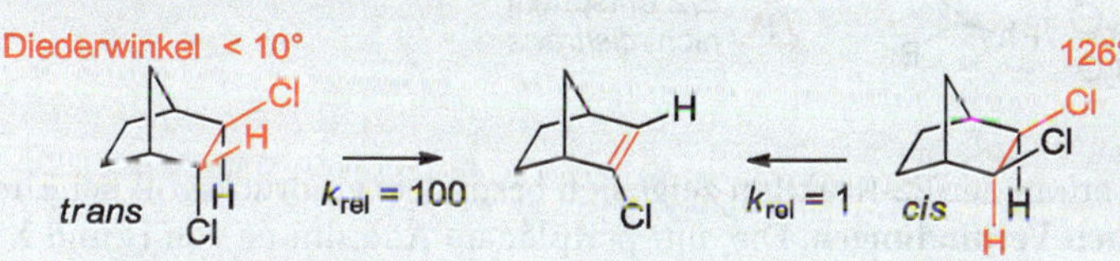

Syn-periplanare Eliminierungen beobachtet man auch bei den später noch zu besprechenden thermischen Eliminierungen (▸ Kapitel 6.8).

verdreht. Es kann sich keine π-Bindung bilden. Eine Eliminierung aus dieser Konformation heraus findet nicht statt bzw. erfordert eine sehr viel höhere Aktivierungsenergie als aus einer *anti*-periplanaren Anordnung.

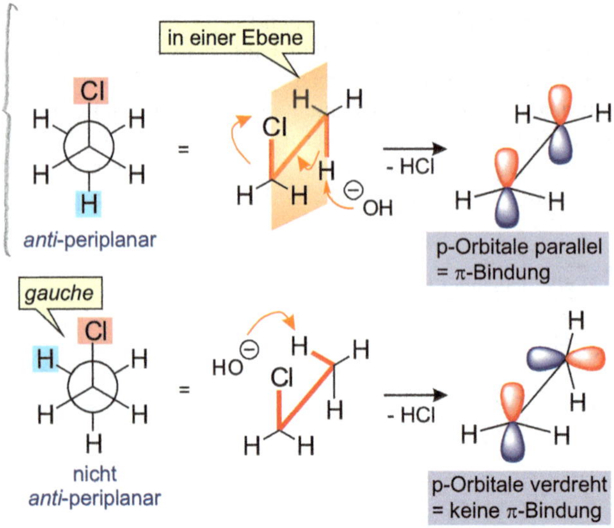

Die *anti*-periplanare Anordnung von H und X führt dazu, dass die E2-Reaktion **stereospezifisch** verläuft, wenn nur ein β-ständiges H-Atom vorhanden ist, das eliminiert werden kann. So bildet sich aus *meso*-1,2-Dibrom-1,2-diphenylethan bei der Eliminierung von HBr ausschließlich das *E*-1-Brom-1,2-diphenylethen. Achtung: In diesem Fall ist die *E*/*Z*-Nomenklatur nicht identisch mit der älteren *cis*/*trans*-Bezeichnung. Zur Erinnerung, *E* oder *Z* richtet sich nach der relativen Anordnung der beiden Substituenten mit der jeweils höheren Priorität entsprechend den CIP-Regeln an jedem der C-Atome (in diesem Fall Br an C1 und Ph an C2). Die Bezeichnung *cis* oder *trans* beschreibt hingegen die relative Stellung zweier identischer Gruppen (▸ Kapitel 3.2). Aus dem diastereomeren Edukt, dem *R*,*R*-1,2-Dibrom-1,2-diphenylethan, entsteht dann das entsprechende diastereomere *Z*-Alken.

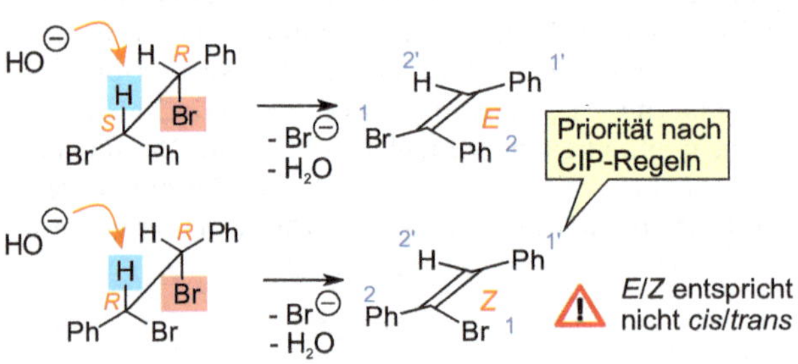

Der stereochemische Verlauf der E2-Reaktion zeigt sich besonders eindrucksvoll bei Eliminierungen aus **cyclischen Verbindungen**. Die *anti*-periplanare Anordnung von H und X ist nur bei einer ***trans*-1,2-diaxialen Anordnung** dieser beiden Gruppen möglich. Das bedeutet zum einen, dass die Eliminierung nur aus derjenigen Sesselkonformation heraus erfolgen kann, in der die Abgangsgruppe X in der energetisch weniger günstigen axialen Stellung angeordnet ist. Zum anderen kann nur ein dazu *trans*-ständiges, ebenfalls axial angeordnetes β-ständiges H-Atom eliminiert werden.

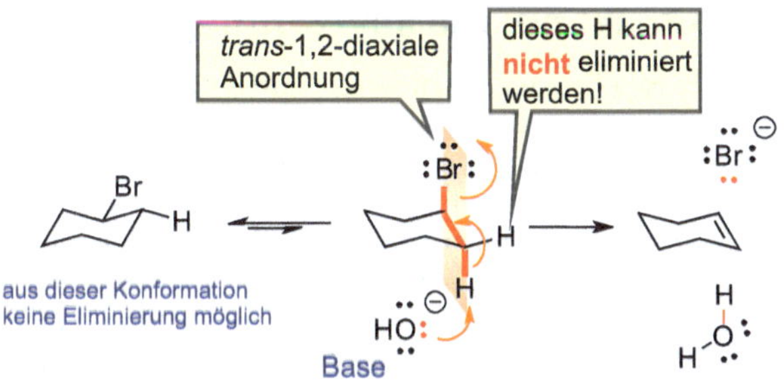

beschreibt eine bevorzugte Reaktion von oder an bestimmten Stellen eines Moleküls

Dieser stereochemische Verlauf kann Auswirkungen auf die **Regioselektivität** der Eliminierung haben. Selbst wenn an beiden benachbarten β-ständigen C-Atomen H-Atome vorhanden sind, kann es sein, dass nur eines davon auch tatsächlich eliminiert werden kann. Die cyclische Ringstruktur verhindert eine freie Drehbarkeit um einzelne C–C-Bindungen. Es kann nur um *alle* Bindungen *gleichzeitig* gedreht werden, was zum Ringflip führt (▸ Kapitel 3.5.4). Daher kann nur ein H-Atom eliminiert werden, das *trans*-ständig zur Abgangsgruppe ist, ein *cis*-ständiges jedoch nicht. Deshalb entsteht bei E2-Reaktionen an Cyclohexanderivaten häufig eines von mehreren konstitutionsisomeren Alkenen bevorzugt oder ausschließlich. Bei der Eliminierung von HBr aus *trans*-1-Brom-2-methylcyclohexan entsteht z. B. ausschließlich 1-Methyl-2-cyclohexen und nicht das konstitutionsisomere 1-Methyl-1-cyclohexen, obwohl dieses das höher substituierte - und somit stabilere - Alken ist, das man aufgrund der Saytzeff-Regel (▸ Kapitel 6.3.3) eigentlich erwartet hätte.

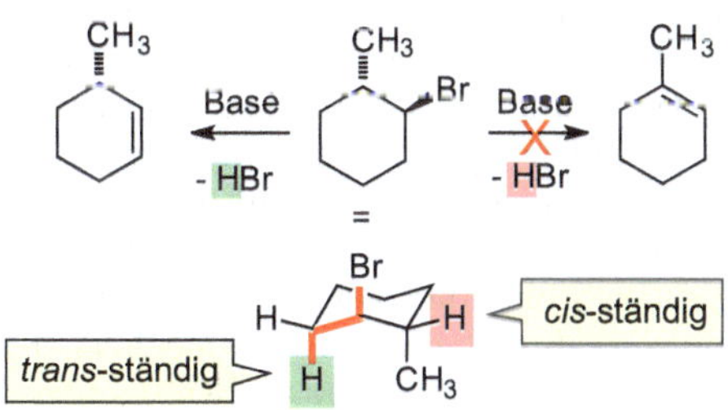

Um bei E2-Reaktionen an Cyclohexanderivaten das richtige Eliminierungsprodukt korrekt vorherzusagen, geht man am besten folgendermaßen vor:

- Das Edukt in einer Sesselkonformation zeichnen (▸ Exkurs 3.4) und dabei auf die richtige relative Anordnung (*cis*/*trans*) der vorhandenen Substituenten achten.
- Falls die Abgangsgruppe X in dieser Sesselkonformation nicht axial steht, muss ein Ringflip vorgenommen werden, damit X in die für die Eliminierung benötigte axiale Position kommt.
- Ein *trans*-1,2-diaxial zur Abgangsgruppe X stehendes H-Atom am direkt benachbarten β-C-Atom suchen.
- Dort greift die Base an, das heißt, dorthin bildet sich die Doppelbindung aus.
- Wenn an beiden β-C-Atomen jeweils ein *trans*-1,2-diaxiales H-Atom vorhanden ist, entsteht ein Produktgemisch, wobei häufig das höher substituierte und damit stabilere Alken bevorzugt gebildet wird (Saytzeff-Regel, ▸ Kapitel 6.3.3).

Bei Cyclohexanderivaten erfordert die E2-Reaktion eine *trans*-1,2-diaxiale Anordnung von H und X.

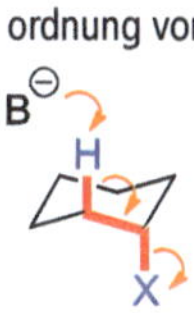

6.3.3 Regioselektivität der E2-Reaktion: Die Saytzeff-Regel

Bei Eliminierungen aus acyclischen Substraten bildet sich meistens bevorzugt das höher substituierte Alken (Saytzeff-Regel).

Im Gegensatz zu einem Cyclohexan kann in acyclischen Substraten prinzipiell jedes β-ständige H-Atom in eine *anti*-periplanare Anordnung zur Abgangsgruppe X gebracht werden, da um die vorhandenen C–C-Einfachbindungen unabhängig voneinander frei gedreht werden kann. Daher entstehen z. B. bei der Eliminierung von HBr aus 2-Brombutan sowohl 1-Buten als auch 2-Buten (als Mischung der beiden *E*/*Z*-Diastereomere). Allerdings bilden sich diese beiden konstitutionsisomeren Alkene nicht in gleichen Mengen, das Hauptprodukt ist mit 81 % das höher substituierte 2-Buten. Bei der Eliminierung ausgehend von 2-Brom-2-methylbutan wird als Hauptprodukt zu etwa 70 % ebenfalls das höher substituierte Alken, 2-Methyl-2-buten, gebildet, obwohl deutlich mehr primäre (sechs) als sekundäre (zwei) H-Atome im Edukt vorhanden sind.

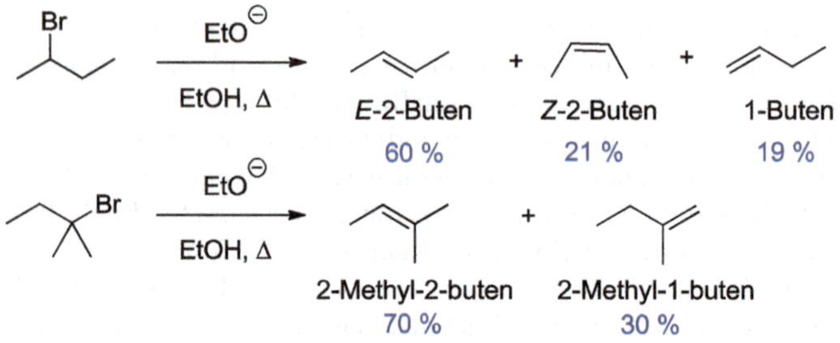

Auch bei anderen Substraten findet man häufig ähnliche Produktverteilungen, was zu einer Verallgemeinerung in Form der sogenannten **Saytzeff-Regel** (1875) geführt hat: **Bei Eliminierungen aus acyclischen Substraten wird bei Verwendung sterisch nicht zu anspruchsvoller Basen (z. B. OH^-, MeO^- oder EtO^-) meistens das höher substituierte Alken bevorzugt gebildet.** Was ist die Ursache für diese beobachtete Regioselektivität? Die Abspaltung von HBr aus 2-Brombutan durch Natriumethanolat ist, wie alle baseninduzierten E2-Reaktionen, keine Gleichgewichtsreaktion, sondern irreversibel. Denn die Rückreaktion, die Addition von HBr an die Doppelbindung unter Rückbildung von 2-Brombutan, ist zwar möglich, erfordert aber völlig andere Reaktionsbedingungen. Sie findet nur unter sauren Bedingungen statt, da der erste Schritt die Addition eines Protons an die π-Bindung ist (▶ Kapitel 7). Da sich saure und basische Bedingungen gegenseitig ausschließen, findet die Addition *unter den für die E2-Eliminierung benötigten stark basischen Bedingungen* nicht statt. Bei irreversiblen Reaktionen bestimmt allein das Verhältnis der Reaktionsgeschwindigkeiten das Produktverhältnis. Wir haben es also bei der Saytzeff-Regel erneut mit einer **kinetischen Reaktionskontrolle** zu tun. Offensichtlich werden beim 2-Brombutan die sekundären Protonen an C3 schneller eliminiert als die primären an C1 (zumindest wenn die angreifende Base sterisch nicht zu anspruchsvoll ist, ▶ Exkurs 6.4). Die schnellere und damit bevorzugte Bildung des Saytzeff-Produkts ergibt sich letztendlich aus der größeren thermodynamischen Stabilität höher substituierter Alkene. Denn **je höher substituiert die Doppelbindung ist, desto stabiler ist das Alken** (▶ Exkurs 6.3). Da die Doppelbindung auch im Übergangszustand schon teilweise ausgebildet ist, wird auch dieser bereits durch die Alkylreste stabilisiert (wenn auch in geringerem Maße als das Alken). Die thermodynamische Stabilität des Produkts beeinflusst also den Übergangszustand der Reaktion und damit die Kinetik. Die Reaktion zum stabileren Produkt (Thermodynamik) verläuft in diesem Fall daher auch schneller (Kinetik). Es handelt sich also ähnlich wie bei der regioselektiven H-Abstraktion bei der radikalischen Bromierung von Alkanen (▶ Kapitel 4.7.4) wieder um einen Fall von *product development control.*

Exkurs 6.3: Thermodynamische Stabilität von Alkenen

Die thermodynamische Stabilität von Alkenen hängt im Wesentlichen von drei Faktoren ab:

- Konfiguration
Trans-konfigurierte Doppelbindungen sind stabiler als *cis*-konfigurierte, die durch die zusätzliche sterische Abstoßung der *cis*-ständigen Gruppen destabilisiert werden (▸ Kapitel 3.2).

- Konjugation
Aufgrund der Resonanzwechselwirkung sind konjugierte Doppelbindungen, z. B. in 1,3-Dienen, stabiler als zwei isolierte Doppelbindungen (▸ Kapitel 1.7).

- Substitutionsgrad
Je höher substituiert das Alken ist, also je mehr Alkylreste an den sp^2-hybridisierten C-Atomen gebunden sind, desto stabiler ist es. Neben einem (+)-I-Effekt stabilisieren die Alkylgruppen die π-Bindung im Wesentlichen durch **Hyperkonjugation** (▸ Kapitel 4.8), also durch eine Wechselwirkung des besetzten σ-Orbitals einer C–H-Bindung mit den beiden π-Orbitalen der Doppelbindung (▸ Abbildung 6.4). Bei größeren Alkylresten als CH_3 können analog auch die σ-Orbitale von C–C-Bindungen die π-Bindung stabilisieren. Insgesamt resultieren aus der Wechselwirkung dieser drei Orbitale (σ_{CH}, π und π*) drei neue delokalisierte MO. Die beiden energetisch günstigeren sind jeweils mit zwei Elektronen doppelt. Da die beiden Elektronen im MO 1 stärker energetisch abgesenkt werden, als die beiden Elektronen im MO 2 angehoben werden, ergibt sich insgesamt eine Stabilisierung. MO 2 ist das HOMO des Alkens (entspricht im Wesentlichen der π-Bindung des Alkens), das somit gegenüber dem HOMO eines unsubstituierten Alkens energetisch höher liegt. Alkyl-substituierte Alkene sind also aufgrund der höheren Elektronendichte in der π-Bindung bessere Nucleophile und reagieren daher z. B. auch schneller bei elektrophilen Additionen (▸ Kapitel 7).

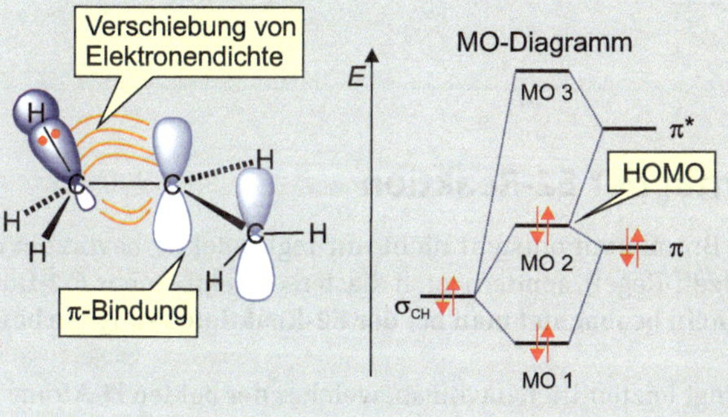

Abbildung 6.4: **Hyperkonjugation bei Alkenen.** Durch die Wechselwirkungen der benachbarten σ_{CH} Bindungen mit der π-Bindung wird das Alken stabilisiert. Je mehr Alkylgruppen an die beiden sp^2-hybridisierten C-Atome gebunden sind, desto größer ist daher die thermodynamische Stabilität des Alkens. Gleichzeitig wird das HOMO der π-Bindung energetisch angehoben, die Nucleophilie des Alkens also erhöht.

Betrachten wir die drei delokalisierten MO, die sich durch die Wechselwirkung der C–H-Bindungen mit der Doppelbindung bei einer Hyperkonjugation ergeben, am Beispiel des Tetramethylethens noch einmal etwas genauer. Die Delokalisierung zwischen σ-Bindungen und π-System ist z. B. am MO 1 klar erkennbar.

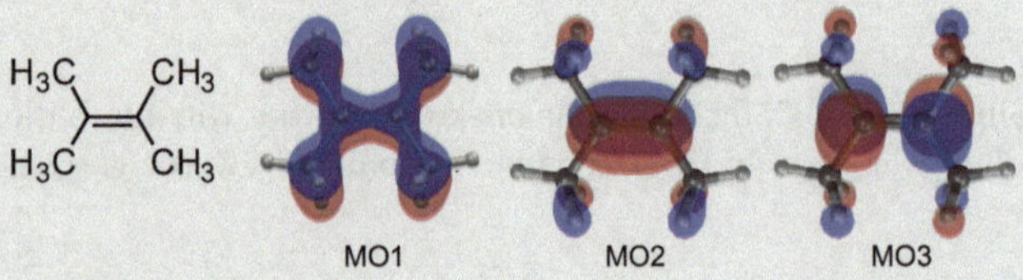

Die unterschiedliche thermodynamische Stabilität isomerer Alkene lässt sich durch die Messung von Hydrierwärmen experimentell bestimmen. Diese Methode hatten wir bei der Bestimmung der Spannungsenergie der Cycloalkane bereits kennengelernt (▶ Kapitel 3.5.1). Die Hydrierung (Addition von H_2, ▶ Kapitel 7.8) der drei isomeren Butene liefert jeweils das gleiche Produkt, nämlich Butan. Alle drei Reaktionen sind exotherm, die Alkene sind also energetisch instabiler als das Alkan. Die frei werdenden Hydrierwärmen unterscheiden sich aber für alle drei Alkene. So ist die Hydrierwärme beim 1-Buten mit $\Delta H = -126{,}8$ kJ/mol um 11,3 kJ/mol größer als beim *E*-2-Buten ($\Delta H = -115{,}5$ kJ/mol). Um den gleichen Energiebetrag (+11,3 kJ/mol) muss also zuvor das 1-Buten instabiler gewesen sein als das *E*-2-Buten. Anders herum formuliert ist *E*-2-Buten also um –11,3 kJ/mol stabiler als 1-Buten.

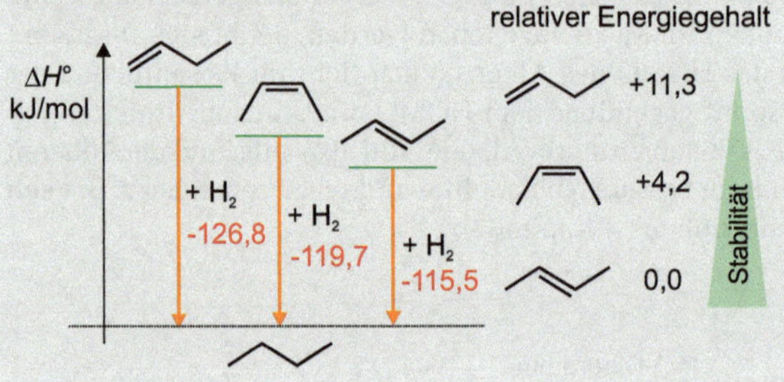

6.3.4 Diastereoselektivität der E2-Reaktion

Bei der HBr-Eliminierung aus 2-Brombutan entsteht nicht nur regioselektiv bevorzugt das höher substituierte 2-Buten (Saytzeff-Regel), sondern auch diastereoselektiv mehr *E*-2-Buten (*trans*) als *Z*-2-Buten (*cis*). **Allgemein beobachtet man bei der E2-Reaktion häufig die bevorzugte Bildung des *E*-Alkens.**

Diese Diastereoselektivität hängt letztendlich davon ab, welches der beiden H-Atome am höher substituierten C3 eliminiert wird. Da um die zentrale C–C-Einfachbindung frei gedreht werden kann, können beide H-Atome jeweils in die für die E2-Reaktion notwendige *anti*-

Definition: Diastereoselektive Reaktion

Eine **diastereoselektive Reaktion** ergibt ausgehend von einem Edukt bevorzugt eines von zwei oder mehr möglichen diastereomeren Produkten.

periplanare Anordnung zum Br-Atom gebracht werden. Wie man an den entsprechenden Newmann-Projektionen aber leicht sieht, befinden sich dabei einmal die beiden Methylgruppen an C2 und C3 in *anti*-Stellung und einmal in einer *gauche*-Anordnung. Aus der *anti*-Konformation heraus entsteht das *E*-Alken, aus der *gauche*-Konformation das *Z*-Alken. Bei der Besprechung der Konformation von Alkanen (▶ Kapitel 3.1) haben wir bereits gelernt, dass beim Butan die *gauche*-Konformation aufgrund der sterischen Wechselwirkung der beiden Methylgruppen um etwa 4 kJ/mol ungünstiger ist als die *anti*-Konformation. Diese sterische Wechselwirkung ist bereits im Übergangszustand der Eliminierung vorhanden und führt zu einer bevorzugten Bildung des *E*-Alkens.

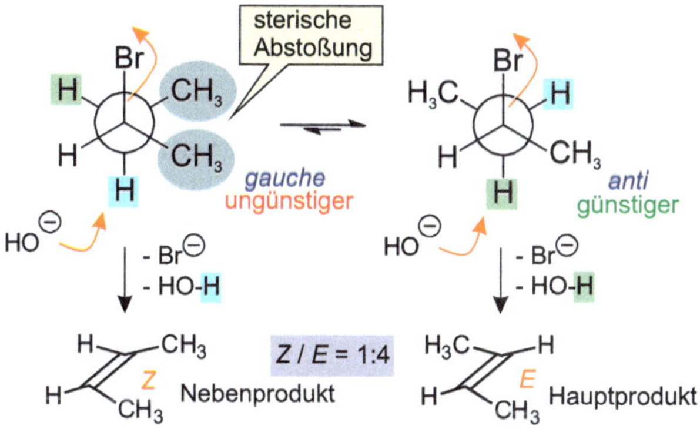

6.3.5 Relative Reaktionsgeschwindigkeiten bei der E2-Reaktion

Wie schnell eine E2-Reaktion verläuft, hängt ähnlich wie bei der S_N2-Reaktion (▶ Kapitel 5.5) im Wesentlichen von folgenden Faktoren ab:

- Abgangsgruppe: Je besser die Abgangsgruppe X ist, desto schneller verläuft die E2-Reaktion.
- Substratstruktur: Bei der E2-Reaktion reagieren höher substituierte Substrate schneller: tertiäre > sekundäre > primäre.

Dies ist ein entscheidender Unterschied zur S_N2-Reaktion, bei der die weniger substituierten Substrate schneller reagieren (tertiäre Substrate reagieren bei S_N2-Reaktionen gar nicht). Der Grund hierfür ist der gleiche, den wir soeben zur Erklärung der Regioselektivität herangezogen haben. Höher substituierte Alkene bilden sich aufgrund ihrer höheren thermodynamischen Stabilität bei der E2-Reaktion auch schneller. Diese *product development control* gilt nicht nur intramolekular (Saytzeff-Regel), sondern auch beim Vergleich der Bildungsgeschwindigkeit zweier verschiedener Substrate.

- Base: Starke Basen begünstigen die E2-Reaktion.

Bei der Reaktion greift die Base ein zur Abgangsgruppe benachbartes Proton an. Dieser Angriff erfolgt umso schneller, je stärker basisch das angreifende Teilchen ist. Ähnlich wie bei der Diskussion um die Qualität von Abgangsgruppen (▶ Kapitel 5.5.1) nutzen wir wiederum eine thermodynamische Größe (Basizität) zur Erklärung unterschiedlicher Reaktionsgeschwindigkeiten (Bell-Evans-Polanyi-Prinzip). Die am häufigsten verwendeten Basen bei Eliminierungsreaktionen sind neben Hydroxid OH^- (pK_s = 15,7) und Alkoholaten RO^- (pK_s ca. 16–18) insbesondere die neutralen Basen DBN (Diazabicyclononan) und DBU (Diazabicycloundecan) (pK_s ca. 12) sowie die sehr starken Amidbasen (pK_s > 30) LDA (Lithiumdiisopropylamid), KHMDS (Kaliumhexamethyldisilazid) und LiTMP (Lithiumtetramethylpiperidid). Abgesehen von OH^- und den einfachen Alkoholaten (Methanolat CH_3O^-, Ethanolat

$CH_3CH_2O^-$) handelt es sich bei den anderen um sogenannte **nicht nucleophile Basen**, die sterisch sehr anspruchsvoll sind und sich daher besonders gut für E2-Eliminierungen eignen. Ferner sind sie kaum nucleophil, weshalb so gut wie keine S_N2-Reaktion als Konkurrenz stattfindet (▶ Kapitel 6.7). Allerdings erhöht sich bei Verwendung sterisch anspruchsvoller Basen der Anteil an weniger substituiertem Alken im Produktgemisch (▶ Exkurs 6.4).

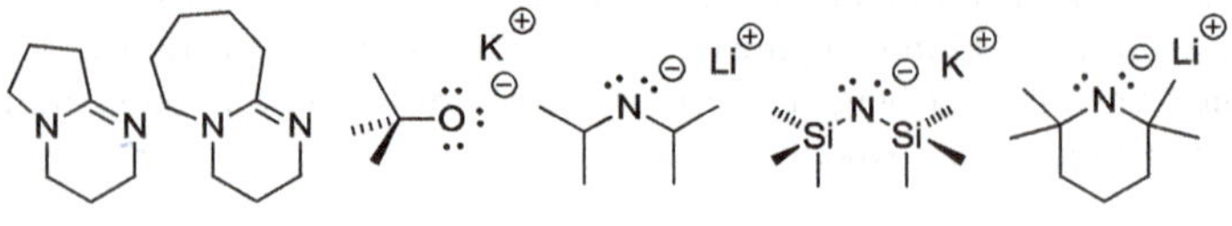

- Lösemittel: Polare, aprotische Lösemittel begünstigen die E2-Eliminierung.

Die meistens negativ geladene oder zumindest negativ polarisierte Base ist in einem polaren, aprotischen Lösemitteln nur schlecht solvatisiert und damit deutlich reaktiver als in einem protischen Lösemittel (▶ Kapitel 5.5.3).

Definition: Nucleophilie und Basizität

Die **Basizität** bezeichnet die Fähigkeit eines Teilchens, ein Proton von einer Säure aufzunehmen. Es handelt sich um eine thermodynamische Größe: Je stärker eine Base ist, desto mehr liegt das Gleichgewicht für die Protonenübertragung auf der Produktseite.

Die **Nucleophilie** bezeichnet die Fähigkeit eines Teilchens, ein positiv polarisiertes Atom (in der Regel ein C-Atom) anzugreifen. Es handelt sich um eine kinetische Größe (▶ Kapitel 5.5): Je besser ein Nucleophil ist, desto schneller verläuft der Angriff an ein Elektrophil.

In beiden Fällen muss ein freies Elektronenpaar vorhanden sein (Lewis-Base). Fast jede Base ist daher auch ein Nucleophil und umgekehrt. Aus der Stärke einer Base lässt sich aber nicht unmittelbar auf die Nucleophilie des Teilchens schließen. Meistens gilt: **Je härter das Teilchen ist, desto eher reagiert es als Base und je weicher das Teilchen ist, desto eher reagiert es als Nucleophil.** Teilchen mit großen, sterisch sehr anspruchsvoll Resten sind zudem sehr schlechte Nucleophile, da der Angriff als Nucleophil sterisch schwieriger ist als der Angriff als Base. Teilchen, z. B. Kalium-*tert*-butanolat oder LDA, eignen sich daher besonders gut als Basen für Eliminierungen, da kaum eine konkurrierende Substitution stattfindet. Man spricht von **nicht nucleophilen Basen**.

Exkurs 6.4: Hofmann-Orientierung bei E2-Reaktionen

Nicht immer entsteht bei einer E2-Reaktion das höher substituierte Saytzeff-Produkt bevorzugt. Manchmal erhält man auch das weniger hoch substituierte Alken als Hauptprodukt, das als **Hofmann-Produkt** bezeichnet wird. Dies ist insbesondere dann der Fall, wenn:

- sterisch sehr anspruchsvollen Basen wie *tert*-Butanolat, LDA oder LiTMP verwendet werden,
- sehr schlechte Abgangsgruppen wie F oder NMe_3^+ vorhanden sind.

Verwendet man bei der Eliminierung von HBr aus 2-Brom-2-methylbutan anstelle der kleinen Base Ethanolat z. B. die **sterisch anspruchsvolle Base** *tert*-Butanolat, so dreht sich die Selektivität um. Das weniger hoch substituierte Alken 2-Methyl-1-buten ist jetzt das Hauptprodukt. Der Grund hierfür ist die bessere sterische Zugänglichkeit der H-Atome am weniger substituierten C-Atom. Am höher substituierten C-Atom wird der Angriff der Base durch die benachbarten Alkylreste behindert, die Reaktion wird langsamer und es entsteht weniger Saytzeff-Produkt.

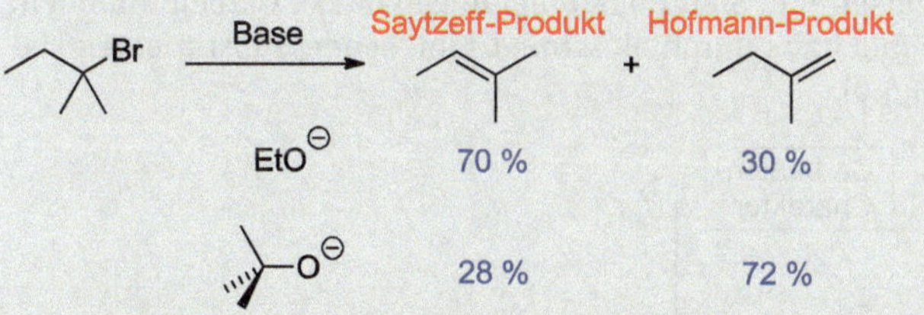

Bei **schlechten Abgangsgruppen** wie F oder NMe_3^+ erhält man auch bei kleinen, sterisch wenig anspruchsvollen Basen wie OH^- bevorzugt das weniger substituierte Alken. Eine der ersten Reaktionen, bei denen diese Selektivität beobachtet wurde, war die baseninduzierte Zersetzung quarternärer Ammoniumsalze (die nach ihrem Entdecker benannte **Hofmann-Eliminierung**). Deswegen nennt man bei Eliminierungen allgemein das weniger substituierte Alken das **Hofmann-Produkt**. Ausgehend von einem Amin RNH_2 führt man zuerst eine erschöpfende Methylierung (z. B. mit Iodmethan CH_3I) durch. Das so erhaltene quarternäre Ammoniumsalz $RNMe_3^+I^-$ setzt man dann mit Silberoxid Ag_2O in wässriger Lösung um. Dabei bildet sich unter Ausfällen von schwerlöslichem Silberiodid AgI das nicht isolierbare quaternäre Ammoniumhydroxid $RNMe_3^+OH^-$, das beim abschließenden Erwärmen unter Eliminierung von Wasser und Trimethylamin bevorzugt in das weniger substituierte Alken zerfällt.

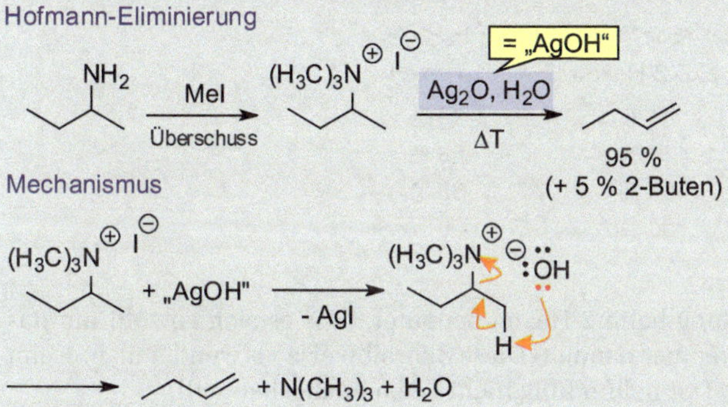

Wie kann man diese Regioselektivität erklären? Bei schlechten Abgangsgruppen wie $-NMe_3^+$ oder –F erfolgt die Ablösung des Protons durch die Base und die Abspaltung der Abgangsgruppe nicht mehr vollständig synchron und gleichzeitig wie sonst bei E2-Reaktionen. Im Übergangszustand ist die C–H-Bindung bereits deutlich weiter gelöst als die C–X-Bindung. Das heißt, der Übergangszustand weist eine negative Partialladung an dem β-C-Atom auf, von dem das H-Atom abgespalten wird. Im Übergangszustand hat dieses C-Atom also *Carbanionen-Charakter*. Die Reaktion ähnelt damit der noch zu besprechenden E1cb-Reaktion (▸ Kapitel 6.5). Die Abspaltung des Protons erfolgt also umso leichter, je besser die negative Partialladung im Übergangszustand stabilisiert wird. Dies ist am weniger hoch substituierten C-Atom der Fall, denn die negative Partialladung wird durch elektronenschiebende Alkylgruppen destabilisiert. Oder anders formuliert, in der gleichen Reihenfolge nimmt die Acidität der H-Atome zu und die Base greift bevorzugt dort an, wo die Acidität des H-Atoms am größten ist, also am weniger hoch substituierten C-Atom. Allgemein gilt: **Die Stabilität von Carbanionen und negativ polarisierten C-Atomen nimmt in der Reihe tertiär < sekundär < primär < Methyl zu.** Wir haben also genau die umgedrehte Stabilitätsreihenfolge wie bei Carbeniumionen, die aufgrund ihres Elektronendefizits durch elektronenschiebende Substituenten stabilisiert werden (▸ Kapitel 5.6.2).

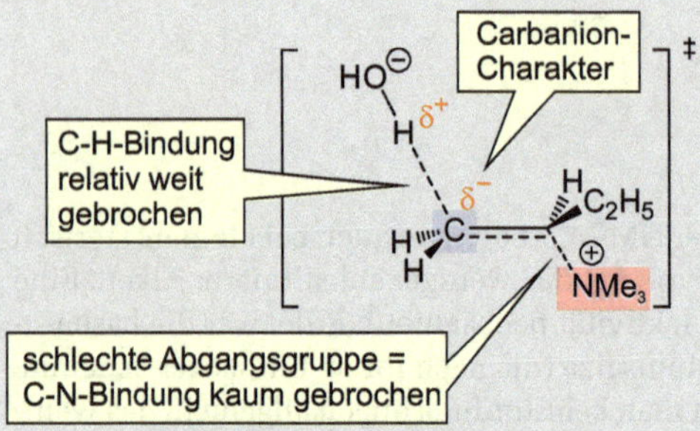

Zusammenfassend kann man sich also merken: Die E2-Reaktion ergibt überwiegend

- das Saytzeff-Produkt bei guten Abgangsgruppen und sterisch nicht zu anspruchsvollen Basen,
- das Hoffmann-Produkt bei schlechten Abgangsgruppen oder sterisch anspruchsvollen Basen.

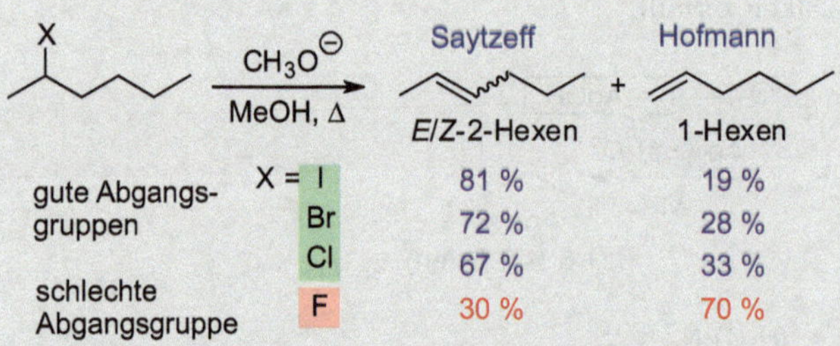

Hinweis: Die gewellte Bindung beim 2-Hexen bedeutet, dass es sich sowohl um das *E*- als auch um das *Z*-Diastereomer handelt. Diese Schreibweise verwendet man, wenn man die Konfiguration einer Doppelbindung nicht genauer angeben will.

Die E1-Eliminierung 6.4

6.4.1 Der Mechanismus der E1-Reaktion

Dehydratisierung = Eliminierung von Wasser

Auch unter nicht basischen Bedingungen finden Eliminierungen statt. So werden tertiäre Alkohole, z.B. 2-Methyl-2-propanol (*tert*-Butanol), durch verdünnte wässrige Säuren sehr leicht zu den entsprechenden Alkenen dehydratisiert.

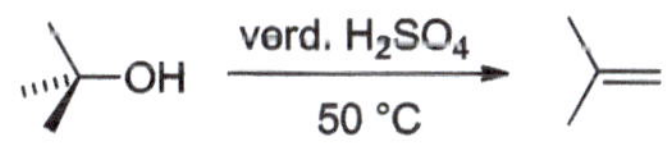

quantitativ

tert-Butanol 2-Methylpropen (Isobuten)

Da in wässriger Schwefelsäure keine starke Base vorhanden ist und außerdem *tert*-Butanol keine gute Abgangsgruppe enthält, kann keine E2-Eliminierung stattgefunden haben. Was ist stattdessen passiert? Im ersten Schritt protoniert die starke Säure Schwefelsäure die OH-Gruppe des Alkohols und wandelt diese in eine gute Abgangsgruppe um. Abspaltung von Wasser aus dem protonierten Alkohol $R–OH_2^+$ ergibt das *tert*-Butylkation. Bis hierhin entspricht die Reaktion somit einer S_N1-Reaktion (▸ Kapitel 5.6). Das Carbeniumion wird nun von Wasser angegriffen. Das Wasser kann dabei wiederum entweder als Nucleophil reagieren und das positiv geladene C-Atom angreifen. Dabei wird aber wieder nur *tert*-Butanol zurückgebildet. Diese Reaktion findet zwar statt, ist aber im Hinblick auf die Bildung des Alkens „unproduktiv“. Dies bedeutet letztendlich, dass die Bildung des Kations reversibel ist. Alternativ kann das Wasser als Base auch ein Proton in der β-Position des Carbeniumions angreifen und abspalten, wobei Isobuten (2-Methylpropen) entsteht.

Bildung eines Carbeniumions (analog zu S_N1)

tert-Butanol *tert*-Butylkation

Abspaltung eins Protons vom β-C-Atom

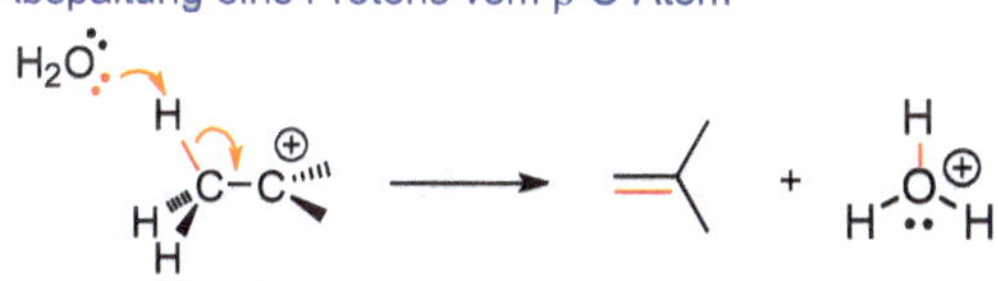

tert-Butylkation Isobuten

Geschwindigkeitsbestimmend ist für diese Reaktion, wie bei der S_N1-Reaktion, die Bildung des Carbeniumions, das in einer unimolekularen Reaktion durch den Zerfall von $R–OH_2^+$ entsteht (▸ Abbildung 6.5). Man nennt diese Eliminierung **E1-Reaktion** (unimolekulare Eliminierung). Sie folgt einer Kinetik 1. Ordnung. Die E1-Reaktion durchläuft die gleiche Zwischenstufe wie die S_N1-Reaktion, daher sind beides Konkurrenzreaktionen, ähnlich wie E2- und S_N2-Reaktionen. Ob eine Substitution oder eine Eliminierung stattfindet, hängt unter anderem von der relativen Basenstärke bzw. Nucleophilie der vorhandenen Teilchen ab. Je stärker die Base ist, desto mehr Eliminierung findet man. Auch die Temperatur hat einen Einfluss, bei höherer Temperatur beobachtet man mehr Eliminierung als bei niedrigerer (▸ Kapitel 6.7). Die E1-Reaktion weist zusammengefasst die nachfolgenden Merkmale auf:

- Die E1-Reaktion ist mehrstufig und verläuft über ein Carbeniumion R_3C^+ als Zwischenstufe, dessen Bildung geschwindigkeitsbestimmend ist.

Zuerst findet die geschwindigkeitsbestimmende Abspaltung der Abgangsgruppe statt. Es entsteht ein Carbeniumion, das danach in einem zweiten, schnellen Reaktionsschritt ein Proton aus der β-Position an eine Base (meistens das Lösemittel) abgibt.

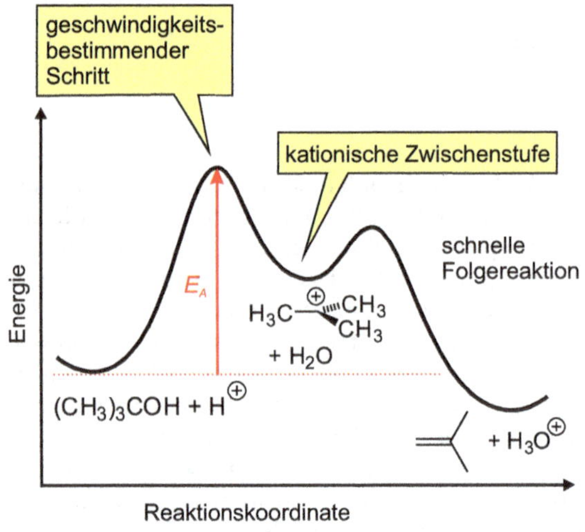

Abbildung 6.5: **Energiediagramm der E1-Reaktion.** Bei der Hydrolyse von *tert*-Butylchlorid entsteht Isobuten. Geschwindigkeitsbestimmend ist die Bildung des *tert*-Butylkations im ersten Reaktionsschritt.

- Die E1-Reaktion folgt einer Kinetik 1. Ordnung: $v = k \cdot [RX]$.

Hier gilt das gleiche, was wir schon bei der S_N1-Reaktion besprochen haben. Der geschwindigkeitsbestimmende Schritt ist der monomolekulare Zerfall des Edukts unter Abspaltung der Abgangsgruppe und Bildung des Carbeniumions. Dessen anschließende Deprotonierung erfolgt demgegenüber schnell (▸ Exkurs 6.5).

6.4.2 Relative Reaktionsgeschwindigkeiten bei der E1-Reaktion

Wann verlaufen E1-Reaktionen besonders gut? Es sind ähnliche Faktoren wichtig wie bei E2-Reaktionen (▸ Kapitel 6.3.5):

- Abgangsgruppe: Je besser die Abgangsgruppe X ist, desto schneller verläuft die E1-Reaktion.
- Substratstruktur: Je stabiler das gebildete Carbeniumion ist, desto schneller verläuft die Reaktion.

E1-Reaktionen können nur dann stattfinden, wenn sich ein stabiles Carbeniumion bilden kann. **E1-Reaktionen finden daher – wie S_N1-Reaktionen – nur bei tertiären und sekundären Substraten statt, aber nicht bei primären Substraten** (▸ Kapitel 5.7).

- Base: Schwache Basen begünstigen die E1-Reaktion.

Bei starken Basen steigt der Anteil an E2-Reaktion. Da an sekundären und tertiären Substraten auch eine E2-Reaktion möglich ist und beide Reaktionen umso besser ablaufen, je besser die Abgangsgruppe ist, hängt das Verhältnis von E1- zu E2-Reaktion letztendlich nur von der Basenstärke ab.

- Lösemittel: Polare, protische Lösemittel begünstigen die E1-Eliminierung.

Hier gilt wiederum das gleiche wie bei der S_N1-Reaktion, da der geschwindigkeitsbestimmende Schritt, die Bildung des Carbeniumions, bei beiden Reaktionen identisch ist. Polare, protische Lösemittel beschleunigen die E1-Reaktionen, da sie sowohl das gebildete Carbeniumion als auch die meistens als Anion abgespaltene Abgangsgruppe gut stabilisieren.

Exkurs 6.5: Genauere Betrachtung der Deprotonierung des Carbeniumions

Wieso kann ein Carbeniumion so leicht in Nachbarschaft zu einer positiven Ladung deprotoniert werden, dass selbst eine schwache Base wie Wasser hierfür ausreicht? Erinnern wir uns noch einmal an die Hyperkonjugation, die wir im Zusammenhang mit der Stabilität von Carbeniumionen besprochen haben (▶ Kapitel 5.6.2): Aus den benachbarten C–H-Bindungen wird Elektronendichte in das leere p-Orbital des Carbeniumions übertragen. Dadurch wird das Carbeniumion stabilisiert, da die Elektronenlücke am positiv geladenen C-Atom verringert wird. Gleichzeitig wird aber die C–H-Bindung geschwächt, denn aus dieser Bindung werden Elektronen abgezogen, sodass die Bindungsordnung abnimmt. Folgerichtig weist eine der Resonanzformeln, mit denen wir die Hyperkonjugation beschrieben haben, ein ungebundenes Proton und eine C=C-Doppelbindung auf (▶ Abbildung 6.6). Zur Erinnerung, Resonanzformeln sind Grenzformulierungen der tatsächlichen elektronischen Struktur eines Teilchens. Führen wir die partielle Übertragung von Elektronendichte aus der C–H-Bindung in das leere p-Orbital gedanklich konsequent zuende (und nichts anderes stellt die Resonanzformel dar), so kommen wir zu einer C=C-Doppelbindung und einem ungebundenen Proton. Die Acidität der β-ständigen H-Atome wird also durch die Hyperkonjugation deutlich erhöht, weshalb bereits eine schwache Base wie Wasser ausreicht, um aus dem Carbeniumion ein Proton abzuspalten.

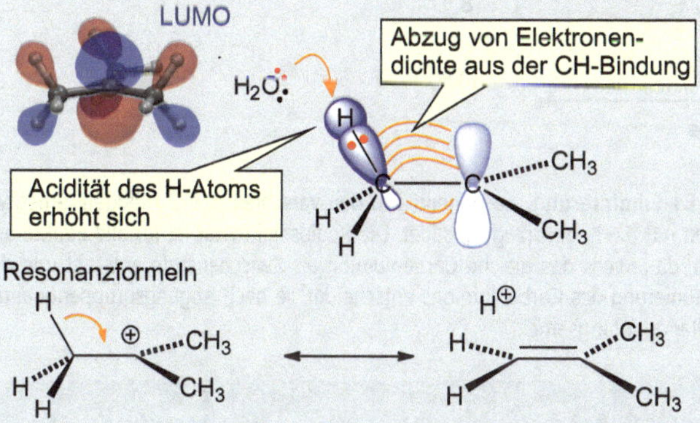

Abbildung 6.6: Hyperkonjugation im *tert*-Butylkation. Durch die Hyperkonjugation wird einerseits das Carbeniumion stabilisiert. Andererseits werden die C–H-Bindungen geschwächt, so dass bereits eine schwache Base wie Wasser ausreicht, um das Carbeniumion zum Alken zu deprotonieren.

6.4.3 Regioselektivität der E1-Reaktion

Sind mehrere H-Atome in Nachbarstellung zum positiv geladenen C-Atom des Carbeniumions vorhanden, so beobachtet man bei E1-Reaktionen genau wie bei E2-Reaktionen die **bevorzugte Bildung des thermodynamisch stabileren Saytzeff-Produkts**. Ausgehend von 2-Brom-2-methylbutan bildet sich bei der E1-Reaktion in Wasser ein Gemisch der beiden konstitutionsisomeren Alkene 2-Methyl-2-buten und 2-Methyl-1-buten im Verhältnis 82:18. Wir haben damit sogar eine noch größere Bevorzugung des Saytzeff-Produkts als bei der E2-Reaktion mit Natriumethanolat (70:30, ▶ Kapitel 6.3.3).

Bei der E1-Reaktion entsteht bevorzugt das thermodynamisch stabilere Alken.

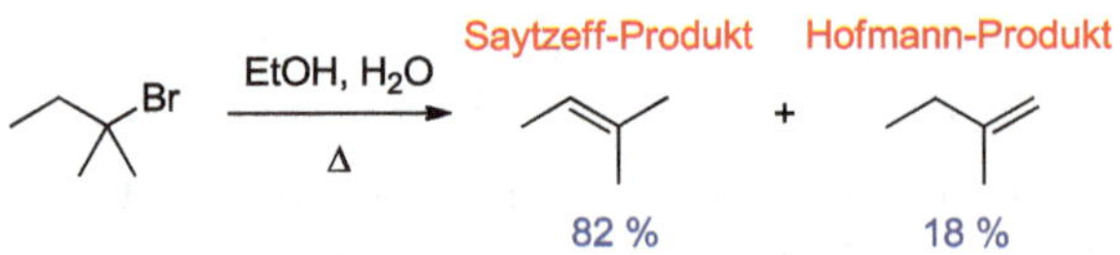

Das exakt gleiche Produktverhältnis erhält man auch ausgehend vom entsprechenden Iod- oder Chloralkan. Dies ist nicht weiter überraschend, da bei allen drei Edukten das gleiche Carbeniumion als Zwischenstufe durchlaufen wird und die Regioselektivität sich erst bei der Deprotonierung des Carbeniums entscheidet (▶Abbildung 6.7). Allerdings bildet sich das Carbeniumion jeweils unterschiedlich schnell, da wir es mit unterschiedlich guten Abgangsgruppen zu tun haben. So reagiert das Iodid am schnellsten, gefolgt vom Bromid, und das Chlorid reagiert am langsamsten.

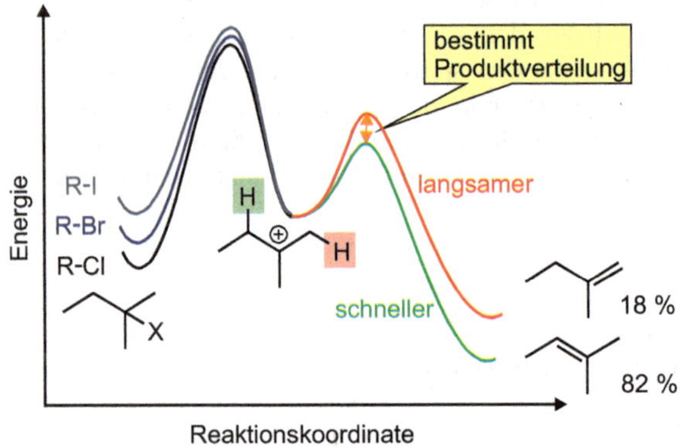

Abbildung 6.7: Regioselektivität der E1-Eliminierung. Ausgehend von den verschiedenen 2-Halogen-2-methylbutanen wird jeweils das Saytzeff-Produkt mit 82 % bevorzugt gebildet. Die Regioselektivität ist für alle Edukte unabhängig von der Abgangsgruppe gleich, da jeweils das gleiche Carbeniumion als Zwischenstufe entsteht und die Regioselektivität sich erst bei der Deprotonierung des Carbeniumions entscheidet. Je nach Abgangsgruppenqualität bildet sich das Carbeniumion aber schneller oder langsamer.

Definition: Thermodynamische und kinetische Reaktionskontrolle

Wenn ausgehend von einem Edukt zwei oder mehrere Produkte in Parallelreaktionen gebildet werden können, hängt es von den Reaktionsbedingungen ab, in welchem Verhältnis die Produkte gebildet werden:

- Bei **irreversiblen Reaktionen** entscheidet alleine die Höhe der Aktivierungsenergien der jeweiligen Parallelreaktionen, welches Produkt schneller und damit in größeren Mengen gebildet wird. Man spricht von **kinetischer Reaktionskontrolle.** Häufig beobachtet man bei kinetisch kontrollierten Reaktionen, dass das thermodynamisch stabilere Produkt auch schneller gebildet wird (*product development control*). Dies ist jedoch nicht immer der Fall.
- Bei **reversiblen Reaktionen**, wenn also die Produkte unter den gleichen Reaktionsbedingungen auch wieder zurückreagieren können, entscheidet allein die thermodynamische Stabilität der Produkte, welches Produkt im Gleichgewicht überwiegt. Die Geschwindigkeit, mit der die Produkte gebildet werden, spielt für das Produktverhältnis keine Rolle. Man spricht von **thermodynamischer Reaktionskontrolle**.

Bei der Umsetzung von *tert*-Amylalkohol in wässriger Schwefelsäure entsteht das höher substituierte 2-Methyl-2-buten sogar in etwa 95 % Ausbeute. Wieso ist die Regioselektivität bei der Dehydratisierung des Alkohols noch größer als bei der HX-Abspaltung aus den Halogenalkanen? Es wird doch ebenfalls das gleiche tertiäre Carbeniumion als Zwischenstufe durchlaufen. Der entscheidende Unterschied ist, dass unter sauren Bedingungen E1-Reaktionen nicht mehr ausschließlich nur kinetisch kontrolliert sind. Die gebildeten Alkene können erneut protoniert und wieder deprotoniert werden. Es kommt also *nachträglich* zu einer reversiblen, protonenkatalysierten Isomerisierung der gebildeten Alkene. So wandelt sich zumindest ein Teil des ursprünglich gebildeten Hofmann-Produkts in das stabilere Saytzeff-Produkt um. Die Produktverteilung entspricht dann der thermodynamischen Gleichgewichtsverteilung der beiden Alkene. Bei der Dehydratisierung tertiärer Alkohole in saurer Lösung liegt somit keine kinetische, sondern eine **thermodynamische Reaktionskontrolle** vor.

6.4.4 Umlagerungen bei E1-Reaktionen

Genau wie bei S_N1-Reaktionen können bei E1-Reaktionen Umlagerungen der als Zwischenstufe gebildeten Carbeniumionen auftreten (▶ Kapitel 5.8). So entsteht aus 2,2-Dimethyl-3-butanol durch die Einwirkung von Phosphorsäure als Hauptprodukt 2,3-Dimethyl-2-buten und nicht das vielleicht erwartete 2,2-Dimethyl-3-buten.

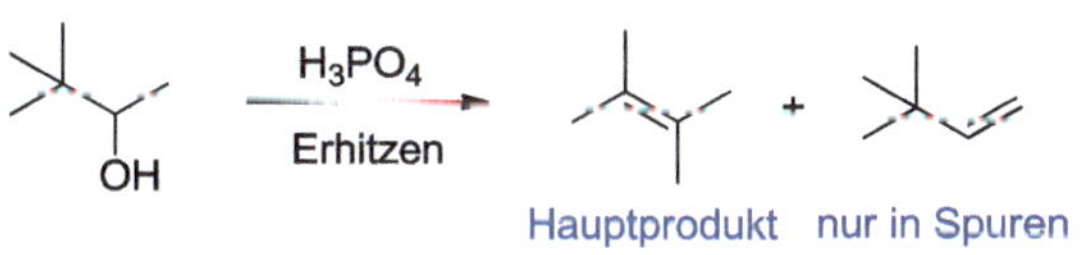

Das 2,3-Dimethyl-2-buten entsteht durch eine Wagner-Meerwein-Umlagerung des zuerst gebildeten sekundären Carbeniumions in das stabilere tertiäre Carbeniumion. Dabei wandert eine Methylgruppe von C2 mit dem Bindungselektronenpaar zum benachbarten positiv geladenen C3. Die anschließende Deprotonierung des tertiären Carbeniumions ergibt dann das beobachtete Hauptprodukt.

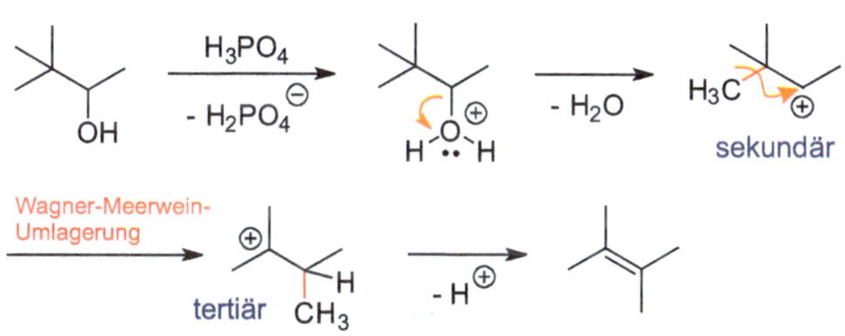

In völlig analoger Weise entsteht aus dem nachfolgend gezeigten Alkohol durch Ringerweiterung 1,2-Dimethylcyclohexen. Die Triebkraft für die Umlagerung stammt zumindest teilweise aus dem Abbau der Ringspannung beim Übergang vom Fünf- zum Sechsring (▶ Kapitel 3.5.1). Deswegen wandert auch gerade diese Bindung und nicht die Methylgruppe.

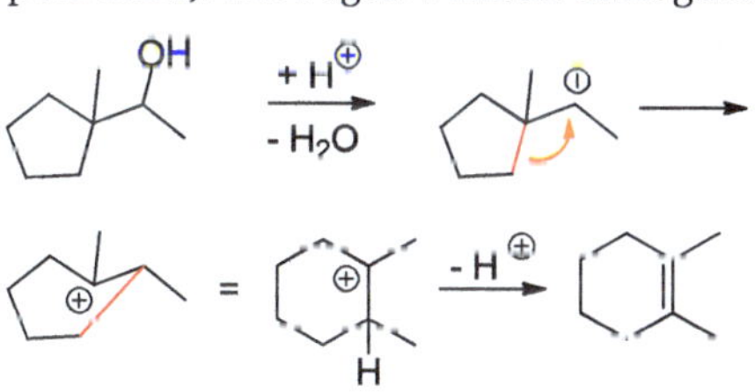

Die E1cb-Reaktion 6.5

E1cb = unimolekulare Eliminierung über ein Carbanion als Zwischenstufe

Bei der Umsetzung eines Nitroalkohols mit einer Base bildet sich unter Eliminierung von Wasser ein Alken. Diese Reaktion verläuft mechanistisch aber etwas anders als die bisher besprochenen Eliminierungen. Obwohl eine starke Base vorhanden ist, findet keine E2-Reaktion statt, da keine gute Abgangsgruppe vorhanden ist. Die H-Atome in Nachbarstellung zur elektronenziehenden Nitrogruppe sind allerdings so acide (pK_s ca. 10), dass beim Angriff der Base eine Deprotonierung erfolgt. Dabei entsteht ein resonanzstabilisiertes **Carbanion**, ein Nitronatanion, bei dem die negative Ladung über die Nitrogruppe delokalisiert und damit stabilisiert wird. Diese Deprotonierung ist reversibel, das heißt, es stellt sich ein Säure-Base-Gleichgewicht zwischen Edukt und Carbanion ein. In einer langsamen Folgereaktion wird dann aus diesem Carbanion OH^- abgespalten und eine Doppelbindung entsteht. Dieser zweite Schritt ist geschwindigkeitsbestimmend. Da es sich dabei um den unimolekularen Zerfall des Carbanions, der konjugierten Base des Eduktes handelt, spricht man von einer **E1cb-Reaktion** (unimolekulare Eliminierung über die konjugierte Base, englisch *conjugate base*). Trotzdem folgt aufgrund der vorgelagerten reversiblen Deprotonierung, an der natürlich die Base auch beteiligt ist, die Gesamtreaktion einer Kinetik 2. Ordnung (1. Ordnung in der Base, 1. Ordnung im Substrat).

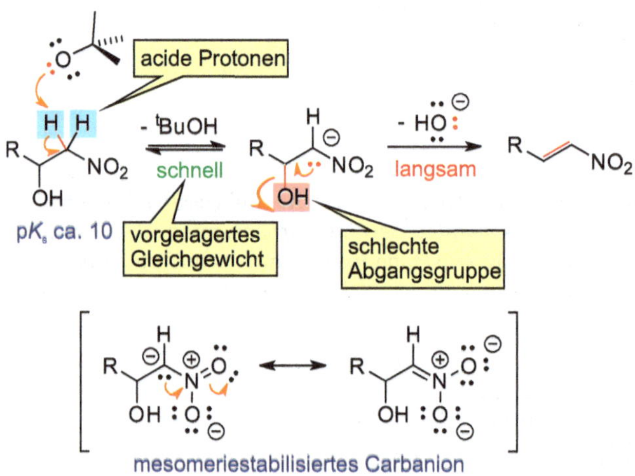

Die E1cb-Reaktion ist eine der ganz wenigen Reaktionen, bei denen OH^- als Abgangsgruppe auftritt. Wie ist das möglich, da wir doch mehrfach darauf hingewiesen haben, dass OH^- aufgrund seiner hohen Basizität eine sehr schlechte Abgangsgruppe ist und daher bei S_N-Reaktionen oder E1/E2-Reaktionen *nicht* als Abgangsgruppe fungiert (▶ Kapitel 5.5.1)? Die Abspaltung von OH^- wird in diesem Fall durch die hohe Elektronendichte im Carbanion erleichtert. Oder anders formuliert, das Carbanion ist ein instabiles und damit sehr energiereiches Teilchen, sodass alle Folgereaktionen mit kleinerer Aktivierungsenergie und damit sehr viel leichter erfolgen als bei einem stabilen Molekül. Eine E1cb-Reaktion wird sogar gerade nur dann beobachtet, wenn eine sehr schlechte Abgangsgruppe wie OH^- vorliegt, denn bei einer guten Abgangsgruppe ist eine konzertierte E2-Reaktion sehr viel schneller und einfacher. Man sollte sich daher merken, dass E1cb-Reaktionen insgesamt recht selten sind und nur beobachtet werden, wenn folgende Faktoren *gleichzeitig* zusammen kommen:

- acide H-Atome im Edukt (benachbart zu stark elektronenziehenden Gruppen wie Carbonyl, Nitro oder Cyano)
- eine starke Base

- eine sehr schlechte Abgangsgruppe (wie OH^-, OR^-, NR_2^- oder F^-)

Ein weiteres Beispiel für eine E1cb-Reaktion ist die Wasserabspaltung im letzten Schritt der Aldolkondensation, die wir bei den Carbonylverbindungen eingehender besprechen werden (▶ Kapitel 9).

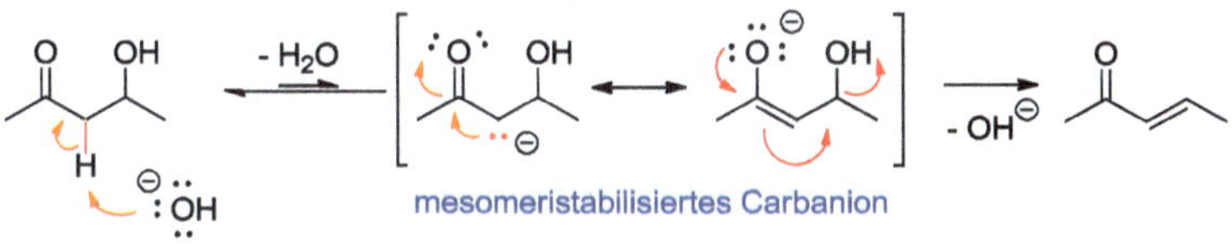

Vergleich zwischen E1-, E2- und E1cb-Reaktion 6.6

E1-Reaktionen können nur dann stattfinden, wenn sich ein stabiles Carbeniumion bilden kann. Sie sind daher – wie die S_N1-Reaktionen – auf tertiäre und sekundäre Substrate beschränkt. Eine E2-Reaktion kann jedoch – im Gegensatz zu einer S_N2-Reaktion – bei jedem Substrat stattfinden, auch bei einem tertiären. Sie erfordert aber die Anwesenheit einer starken Base. Bei E1-Reaktionen setzt man meistens saure oder neutrale Reaktionsbedingungen und damit nur sehr schwache Basen ein. E1cb-Reaktionen beobachtet man hingegen nur bei Verbindungen mit sehr aciden H-Atomen, schlechten Abgangsgruppen und bei der Verwendung einer starken Base. Die Charakteristika dieser drei Reaktionen sind in ▶ Tabelle 6.2 zusammengefasst (▶ Exkurs 6.6).

	E1-Reaktion	E2-Reaktion	E1cb-Reaktion
Reaktionsverlauf	mehrstufig	einstufig	mehrstufig
langsamster Schritt	unimolekular	bimolekular	unimolekular
Zwischenstufe	Carbeniumion	keine	Carbanion
zeitliche Abfolge der beiden Bindungsbrüche	nacheinander, erst C–X, dann C–H	gleichzeitig	nacheinander, erst C–H, dann C–X
Kinetik	1. Ordnung $v = k \cdot [RX]$	2. Ordnung $v = k \cdot [RX] \cdot [B^-]$	2. Ordnung $v = k \cdot [RX] \cdot [B^-]$
Reaktionsbedingungen	häufig unter sauren oder neutralen Bedingungen	starke Base notwendig	starke Base notwendig
Einschränkungen	nur wenn stabiles Carbeniumion gebildet wird	*anti*-periplanare Anordnung von H und X notwendig	nur wenn acides H vorhanden ist, also ein stabiles Carbanion gebildet werden kann, und gleichzeitig eine schlechte Abgangsgruppe vorliegt
Substrate	tertiär und sekundär	Methyl, primär, sekundär und tertiär (also alle)	Methyl, primär, sekundär und tertiär (also alle)

Tabelle 6.2: Vergleich zwischen E1-, E2- und E1cb-Reaktion.

Exkurs 6.6: Das mechanistische Kontinuum

Wir haben somit drei verschiedene Mechanismen für Eliminierungen kennengelernt, die E1-, die E2- und die E1cb-Reaktion, die sich in der zeitlichen Abfolge der beiden Bindungsbrüche unterscheiden (▸ Abbildung 6.8). Wir haben auch gesehen, dass eine E2-Reaktion einen Übergangszustand haben kann, der einer E1cb-Reaktion ähnelt, bei dem also die C–H-Bindung bereits sehr viel weiter gelöst ist als die C–X-Bindung (▸ Exkurs 6.4). Letztendlich sind diese drei Mechanismen nur Grenzfälle, die fließend ineinander übergehen. Die meisten tatsächlich ablaufenden Eliminierungen werden über einen Übergangszustand verlaufen, der irgendwo dazwischen liegt. Je nachdem, wie gut oder schlecht die Abgangsgruppe, wie acide die Protonen und wie stark die Base ist, werden auch bei E2-Reaktionen die beiden Bindungen im Übergangszustand in unterschiedlichem Ausmaß gebrochen sein. Der Übergangszustand wird dann *E1-artig* (C–X-Bindung weiter gebrochen als C–H-Bindung, Carbeniumionencharakter) oder *E1cb-artig* (C–H-Bindung weiter gebrochen als C–X-Bindung, Carbanionencharakter) sein.

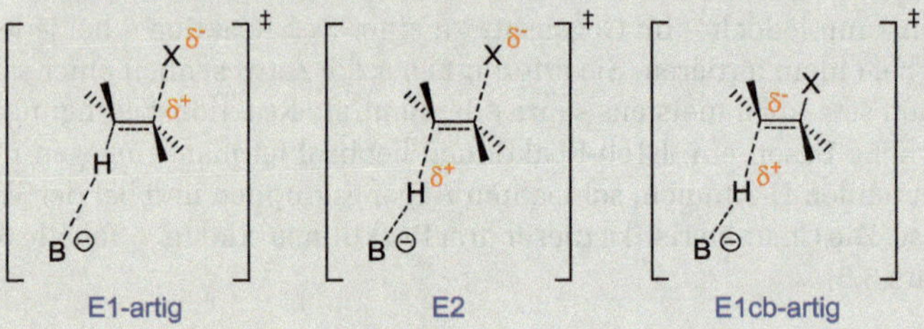

Dieser fließende Übergang zwischen verschiedenen mechanistischen Alternativen, den wir analog bereits bei den S_N-Reaktionen kennengelernt haben, lässt sich ähnlich wie bei der nucleophilen Substitution wieder in einem More-O'Ferrall-Jencks-Diagramm veranschaulichen (▸ Abbildung 6.8).

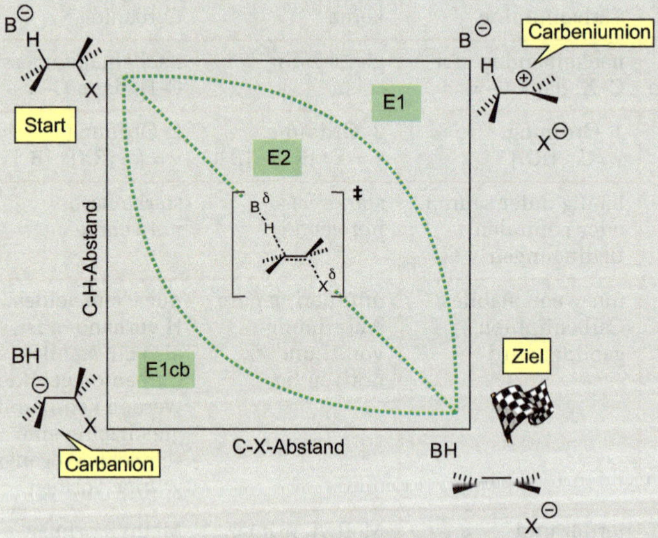

Abbildung 6.8: **More-O'Ferrall-Jencks-Diagramm der β-Eliminierung.** Es lassen sich drei mechanistische Grenzfälle E1, E2 und E1cb unterscheiden, je nachdem, in welcher zeitlichen Abfolge die C–H- und die C–X-Bindung gespalten werden.

Chemoselektivität: Konkurrenz zwischen Eliminierung und Substitution 6.7

Sowohl E1- als auch E2-Reaktionen können somit als Konkurrenz zu S_N1- und S_N2-Reaktionen auftreten. E1/S_N1-Reaktionen verlaufen mechanistisch gesehen sogar über die gleiche Zwischenstufe, das Carbeniumion. Bei E2/S_N2-Reaktionen liegt zwar keine direkt mechanistische Verwandtschaft vor, da beide über unterschiedliche Übergangszustände verlaufen. Aber die Reaktionsbedingungen sind ähnlich, wie wir gesehen haben. Welche Faktoren bestimmen nun, ob bevorzugt eine Eliminierung oder eine Substitution stattfindet?

- Gute und schwach basische Nucleophile (z. B. I^-, Br^-, HS^-, CN^- oder CH_3COO^-) ergeben bevorzugt eine Substitution.
- Starke und insbesondere sterisch anspruchsvolle Basen (z. B. KO^{t}Bu, DBU, DBN) ergeben bevorzugt eine Eliminierung.

Wir haben schon mehrfach darauf hingewiesen, dass S_N-Reaktionen sterisch anspruchsvoller sind als Eliminierungen. Während z. B. bei der S_N2-Reaktion das Nucleophil das elektrophile C-Atom von der nur schlecht zugänglichen Rückseite angreifen muss, braucht bei der Eliminierung die Base nur das sehr viel besser zugängliche H-Atom anzugreifen.

Der Anteil an Eliminierung erhöht sich damit mit zunehmender Stärke und sterischem Anspruch der Base.

- Mit zunehmender **Temperatur** erhöht sich der Anteil an Eliminierung relativ zur Substitution.

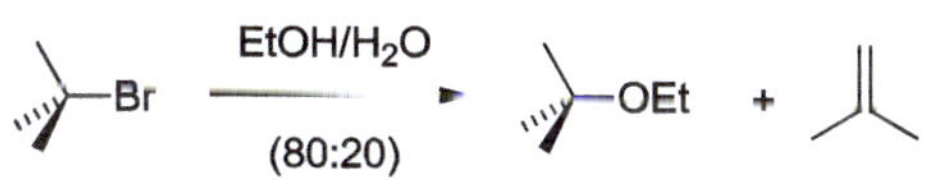

T = 25 °C:	84 %	16 %
65 °C:	64 %	36 %

Das Verhältnis von Eliminierung zu Substitution bei ansonsten gleichen Bedingungen (gleiches angreifendes Nucleophil bzw. Base, gleiches Lösemittel) ist abhängig von der Temperatur. Die Eliminierung ist gegenüber der Substitution entropisch begünstigt, da sich hierbei die Teilchenzahl erhöht. Aus zwei Teilchen (Edukt und Base) werden bei der Reaktion drei Teilchen (protonierte Base, Alken und Abgangsgruppe). Bei der Substitution bleibt hingegen die Teilchenzahl konstant, da wir sowohl vor als auch nach der Reaktion zwei Teilchen vorliegen haben (Edukt und angreifendes Nucleophil bzw. Produkt und Abgangsgruppe). Die Eliminierung besitzt also die günstigere Aktivierungsentropie, da sich die Erhöhung der Teilchenzahl und damit die Erhöhung der „Unordnung" (Entropiezunahme) auch bereits im Übergangszustand der jeweiligen Reaktionen teilweise bemerkbar macht. Da $\Delta G^{\neq} = \Delta H^{\neq} - T \cdot \Delta S^{\neq}$ ist, macht sich der Entropieeinfluss insbesondere bei höherer Temperatur verstärkt bemerkbar. **Eliminierungen werden daher bevorzugt bei höheren Temperaturen durchgeführt, Substitutionen hingegen bei möglichst niedrigen Temperaturen.**

Welchen Einfluss hat die Substratstruktur (tertiär, sekundär oder primär) auf das Verhältnis von Eliminierung zu Substitution? Als Daumenregel kann man sich Folgendes merken:

- **tertiäre Substrate**
  - mit starken Basen: E2-Reaktion
  - mit schwachen Basen/Nucleophilen: sowohl E1- als auch S_N1-Reaktion = Produktgemische
  - niemals S_N2-Reaktionen

- **primäre Substrate**
  - mit guten Nucleophilen: S_N2-Reaktion
  - mit starken, sterisch gehinderten Basen: E2-Reaktion
  - niemals E1- oder S_N1-Reaktion

- **sekundäre Substrate**
  - mit guten Nucleophilen und starken Basen: S_N2-Reaktion
  - mit starken, sterisch gehinderten Basen: E2-Reaktion
  - mit schwachen Nucleophilen/Basen: sowohl E1- als auch S_N1-Reaktion = Produktgemische

Thermisch induzierte *syn*-Eliminierungen 6.8

Es gibt eine Klasse von konzertierten Eliminierungsreaktionen, die nicht durch die Einwirkung einer Base, z. B. auf ein Halogenalkan, sondern thermisch induziert werden. Erhitzt man z. B. 2-Acetoxybutan (anderer Name: 2-Butylacetat) auf 440 °C, so erhält man unter Abspaltung von Essigsäure (AcOH) eine Mischung aus 1-Buten und 2-Buten. Man spricht von einer **Esterpyrolyse** (Pyrolyse = Zersetzung eines Moleküls durch Hitze). Es bildet sich bevorzugt das Hofmann-Produkt.

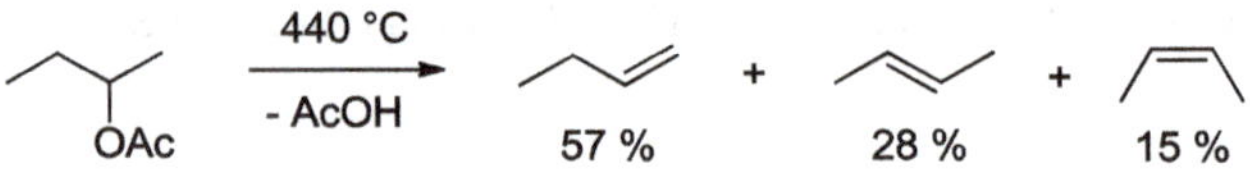

Die Eliminierung der Essigsäure wird durch Erhitzen (Thermolyse) ausgelöst, eine externe Base ist nicht notwendig. Das abzuspaltende H-Atom wird intramolekular über einen **cyclischen, sechsgliedrigen Übergangszustand** direkt auf die Abgangsgruppe, das Acetat, übertragen. Dabei werden mehrere Elektronenpaare gleichzeitig verschoben. Aus geometrischen Gründen kann eine solche intramolekulare cyclische Verschiebung von Elektronen nur in einer *syn*-periplanaren Anordnung erfolgen. Die Abspaltung der Essigsäure ist also eine *syn*-Eliminierung.

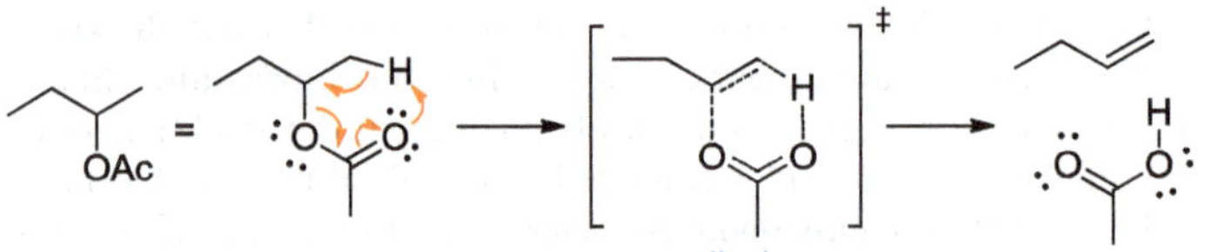

Die Regioselektivität (bevorzugte Bildung von 1-Buten) ergibt sich zum einen aus der Tatsache, dass am primären C1 mehr H-Atome (drei) für eine mögliche Eliminierung vorhanden sind als am sekundären C3 (zwei). Zum anderen ist der intramolekulare Angriff an C1 sterisch leichter als an C3. Daher entsteht das Hofmann-Produkt als Hauptprodukt. Die Diastereoselektivität der Reaktion, also die bevorzugte Bildung von *E*-2-Buten gegenüber *Z*-2-Buten, lässt sich wieder bei der Betrachtung von Newmann- oder Sägebock-Projektionen verstehen. *Z*-2-Buten entsteht aus einer Konformation, in der es zu einer ungünstigen ekliptischen Stellung zweier CH_3-Gruppen kommt. Dadurch wird dieser Übergangszustand gegenüber den beiden anderen, die zum *E*-2-Buten und zum 1-Buten führen (nur H/H- bzw. H/CH_3-ekliptische Wechselwirkungen), destabilisiert (▶ Kapitel 3.2).

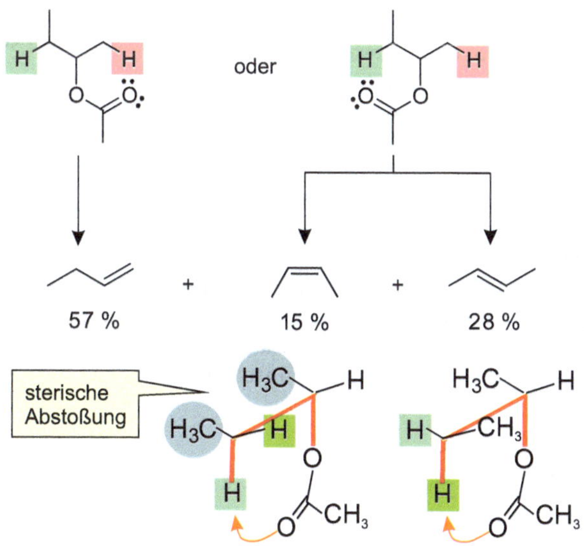

Analoge thermische *syn*-Eliminierungen über cyclische Übergangszustände gibt es auch mit anderen Abgangsgruppen als Acetat. Die jeweiligen Temperaturen, die für die Eliminierung benötigt werden, sind umso geringer, je besser die Abgangsgruppe ist. Die drei präparativ wichtigsten Methoden sind:

- **Tschugajew-Reaktion**

In einer Variante der Esterpyrolyse werden Alkohole nicht zu Carbonsäureestern, sondern mit Kohlenstoffdisulfid CS_2 in Natriumhydroxid und anschließender Methylierung zu Xanthogenaten (Dithiokohlensäureester) umgesetzt. Diese sind bessere Abgangsgruppen und eliminieren bereits bei etwa 200 °C.

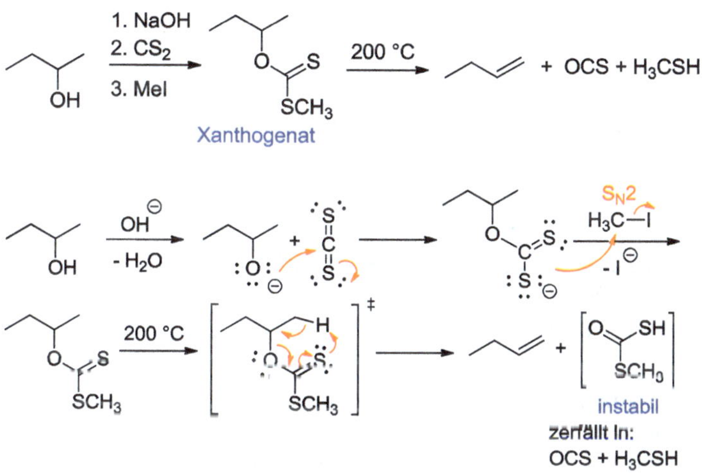

Cope-Eliminierung

Die Pyrolyse von Aminoxiden verläuft bei noch milderen Bedingungen (etwa 100–150 °C). Die Darstellung der Aminoxide aus Dimethylaminen gelingt mit Wasserstoffperoxid H_2O_2 oder Persäuren. Achtung: Die Cope-Eliminierung darf nicht mit der Cope-Umlagerung verwechselt werden, einer konzertierten Umlagerung von 1,5-Hexadienen. Die Eliminierung erfolgt über einen fünfgliedrigen Übergangszustand. Es wird wieder bevorzugt das Hofmann-Produkt gebildet, die Selektivität ist aufgrund der niedrigeren Temperatur sogar noch etwas größer als bei der Esterpyrolyse. **Allgemein gilt, dass mit zunehmender Temperatur die Selektivität einer Reaktion abnimmt.** Dies liegt daran, dass die Unterschiede in den Reaktionsgeschwindigkeiten, die für die Selektivität verantwortlich sind, nach der Arrhenius-Gleichung mit zunehmender Temperatur immer kleiner werden. Bei unendlich hoher Temperatur sind letztendlich alle chemischen Reaktionen gleich schnell und damit wird jede chemische Umsetzung bei genügend hoher Temperatur völlig unselektiv.

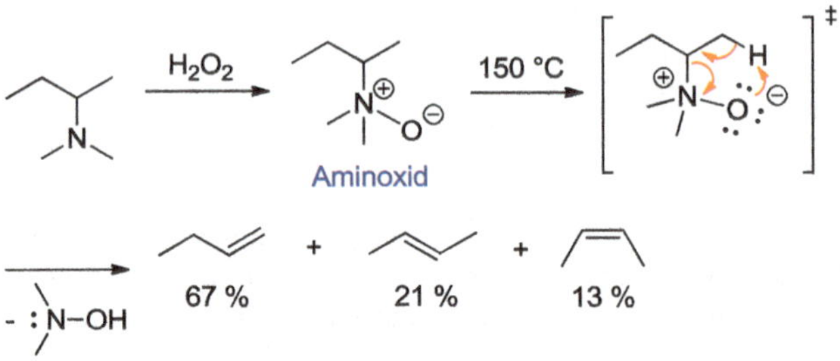

Selenoxid-Eliminierung

Eine noch mildere Methode ist die Eliminierung von Selenoxiden, die schon bei Raumtemperatur abläuft. Die Selenoxide sind aus den entsprechenden Seleniden durch Oxidation mit H_2O_2 erhältlich und werden oft nur *in situ* bei tiefen Temperaturen hergestellt. Die Eliminierung erfolgt dann spontan bei Erwärmen auf Raumtemperatur.

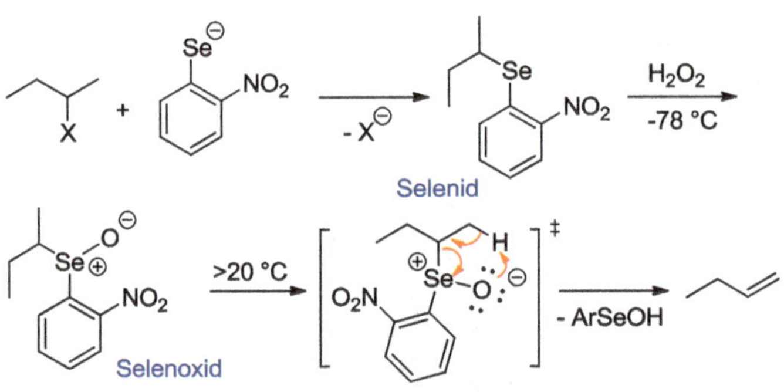

Dass diese thermischen Eliminierungen *syn*-periplanar ablaufen, erkennt man wiederum sehr deutlich bei Cyclohexanderivaten. Es kann diesmal, im Gegensatz zur baseninduzierten E2-Reaktion (▶ Kapitel 6.3.2), nur ein *cis*-ständiges H-Atom eliminiert werden.

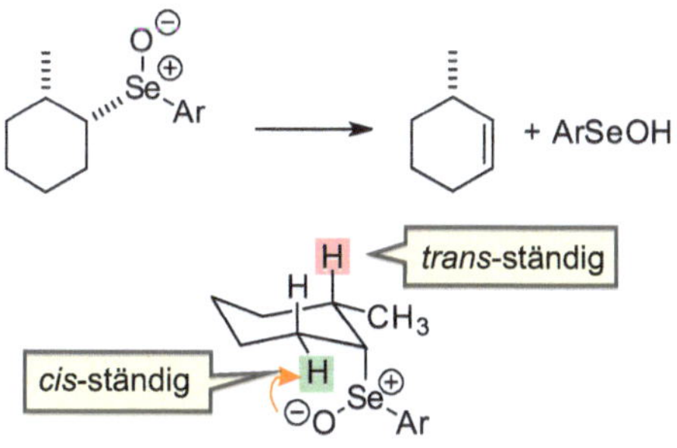

Eliminierung von X,Y 6.9

Bisher haben wir Eliminierungen besprochen, bei denen eine der beiden abgespaltenen Gruppen ein Proton ist (HX-Eliminierungen). Sind mehrere β-ständige H-Atome zur Abgangsgruppe X vorhanden (was in der Regel der Fall ist), kann es, wie wir gesehen haben, zu Problemen bei der Regioselektivität kommen. Man erhält meistens Gemische aus Saytzeff- und Hofmann-Produkt. Um eine bessere Kontrolle über die Regioselektivität der Eliminierung zu haben, werden heutzutage zunehmend Methoden verwendet, bei denen zwei Heteroatomgruppen X und Y eliminiert werden. Die Regioselektivität ist dann durch die Position von X und Y im Molekül eindeutig festgelegt.

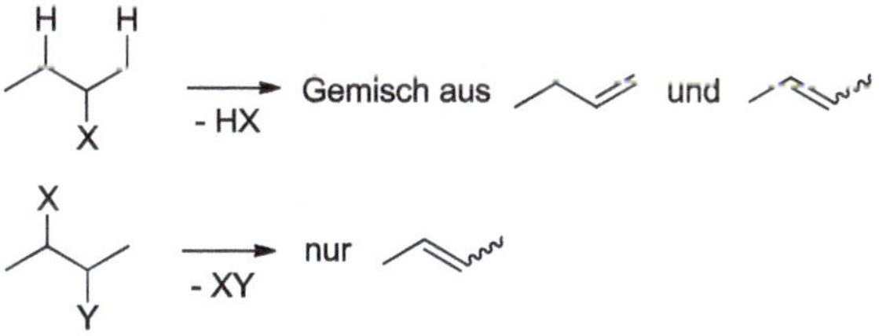

Besonders nützlich sind zudem Reaktionen, bei denen man durch die Wahl der Reaktionsbedingungen steuern kann, ob eine *syn*- oder eine *anti*-Eliminierung stattfindet. Man hat dann die volle Kontrolle sowohl über die Regio- als auch über die Diastereoselektivität der Eliminierung (▸ Exkurs 6.7). Ein Beispiel für eine solche Eliminierung ist die **Peterson-Olefinierung**. Dabei wird ein β-Hydroxysilan als Substrat eingesetzt, das sich entweder im Sauren in einer *anti*- oder im Basischen in einer *syn*-Eliminierung in ein Alken überführen lässt. Im Sauren wird die OH-Gruppe durch Protonierung in eine gute Abgangsgruppe überführt. Angriff von Wasser als Nucleophil an die Silylgruppe führt über eine *anti*-periplanare E2-Reaktion zum Alken (▸ Abbildung 6.9). Im Basischen wird die OH-Gruppe zuerst deprotoniert. Es folgt ein intramolekularer Angriff auf die Silylgruppe und die Bildung einer cyclischen Zwischenstufe. Dabei tritt eine Oktettaufweitung am Silicium auf, das nun zehn Valenzelektronen hat. Die Bildung der cyclischen Zwischenstufe ist nur aus einer ekliptischen Konformation heraus möglich, wenn die Alkoholat- und die Silylgruppe *syn* zueinander stehen. Der Zerfall dieser Zwischenstufe führt somit in einer *syn*-Eliminierung zum Alken. Mehr über solche X,Y-Eliminierungen werden Sie im fortgeschrittenen Studium lernen.

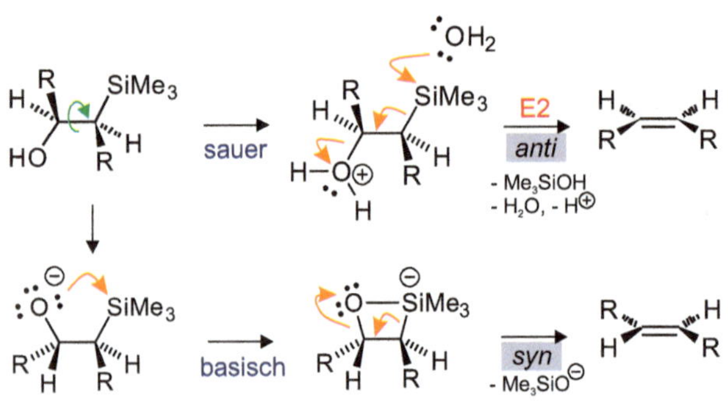

Abbildung 6.9: Peterson-Olefinierung. β-Hydroxysilane lassen sich sowohl in saurer als auch in basischer Lösung in Alkene überführen. Die Diastereospezifität ist dabei genau umgekehrt. Im Sauren findet eine *anti*-periplanare E2-Reaktion und im Basischen eine *syn*-Eliminierung aus einer cyclischen Zwischenstufe heraus statt.

Exkurs 6.7: Gezielte Steuerung der Diastereoselektivität bei HX-Eliminierungen

Besonders nützlich sind solche Reaktionen, bei denen man zusätzlich über die Wahl der Reaktionsbedingunugen selektiv steuern kann, ob eine *anti*- oder *syn*-Eliminierung abläuft. Man hat dann die volle Kontrolle sowohl über die Regio- als auch über die Diastereoselektivität. Manchmal kann man ausgehend vom gleichen Edukt gezielt über die Wahl der Reaktionsbedingungen eine *anti*- oder eine *syn*-Eliminierung durchführen. Da sich dabei die Stereospezifität der Reaktion genau umkehrt, hat man damit die Möglichkeit, unterschiedliche Diastereomere des Produkts selektiv herzustellen. Ausgehend von Alkylaminen $RN(Me)_2$ kann man z. B. entweder eine Hofmann-Eliminierung (*anti*) oder eine Cope-Eliminierung (*syn*) durchführen (▶ Abbildung 6.10), die im gezeigten Beispiel einmal das *Z*-Alken und einmal das *E*-Alken als Hauptprodukt ergibt.

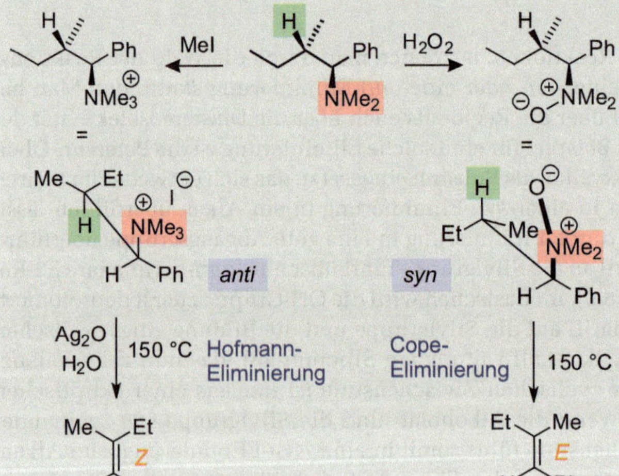

Abbildung 6.10: Steuerung der Diastereoselektivität bei Eliminierungen. Ausgehend von einem Dimethylamin-substituierten Alkan lässt sich entweder eine *anti*-selektive Hofmann-Eliminierung oder eine *syn*-selektive Cope-Eliminierung durchführen. Man erhält jeweils das *Z*- bzw. das *E*-Alken als Hauptprodukt.

Darstellung von Alkinen 6.10

Ausgehend sowohl von vicinalen als auch von geminalen Dihalogenalkanen lassen sich durch Einwirkung einer Base zwei Äquivalente HX eliminieren, wobei eine Dreifachbindung entsteht, eine wichtige Darstellungsmethode von **Alkinen**. Als Base verwendet man häufig Natriumamid $NaNH_2$ in flüssigem Ammoniak oder KOH in einem hochsiedenden Lösemittel wie Triethylenglycol, da die Alkinbildung in der Regel hohe Temperaturen erfordert. Bei der Umsetzung von 1,2-Dibrom-1,2-diphenylethan mit KOH in Triethylenglycol bei 160 °C entsteht in guten Ausbeuten das entsprechende Alkin 1,2-Diphenylethin (Trivialname: Tolan).

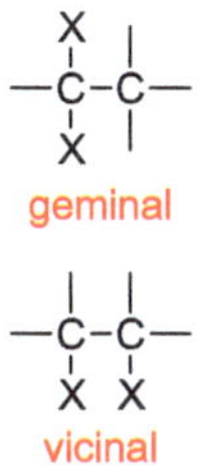

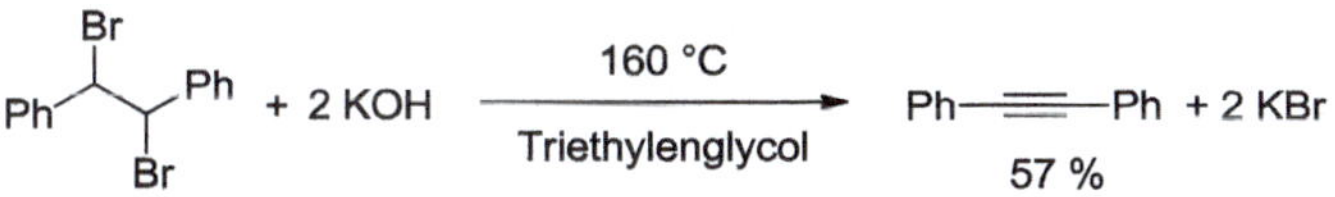

Mechanistisch handelt es sich um zwei aufeinanderfolgende E2-Reaktionen. Das Produkt der ersten Eliminierung ist ein sogenanntes **Vinylhalogenid**, bei dem das verbleibende zweite Halogenatom jetzt aber nicht mehr an ein sp^3-, sondern an ein sp^2-hybridisiertes C-Atom gebunden ist. Da eine $C(sp^2)$–X-Bindung deutlich stabiler ist als eine $C(sp^3)$–X-Bindung, findet die Eliminierung des zweiten Äquivalents HX unter Ausbildung der Dreifachbindung nur statt, wenn eine sehr starke Base wie Natriumamid (pK_s ca. 35) verwendet wird.

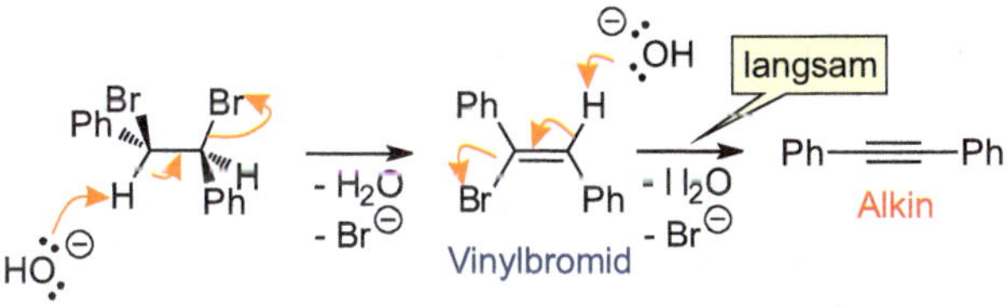

Da vicinale Dihalogenalkane leicht durch eine elektrophile Addition von Halogen an eine Doppelbindung erhalten werden können (▶ Kapitel 7.6), hat man so die Möglichkeit, eine Doppelbindung in eine Dreifachbindung zu überführen.

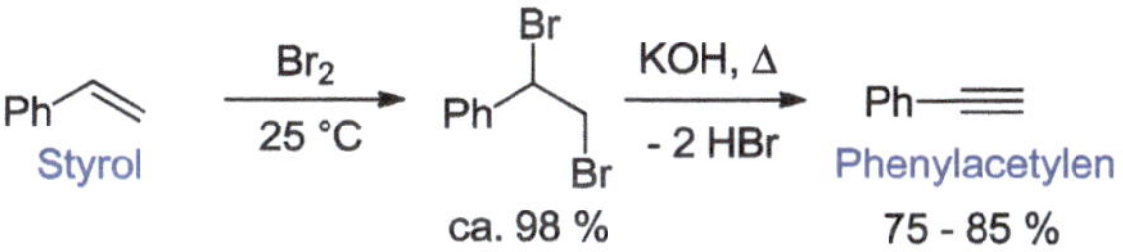

Geminale Dihalogenide erhält man z. B. durch Umsetzung einer Carbonylverbindung mit Phosphorpentachlorid PCl_5 (diese Reaktion haben wir bei der Besprechung der Verwandtschaft zwischen verschiedenen funktionellen Gruppen in Kapitel 2 schon kurz kennengelernt, ▶ Kapitel 2.5.3).

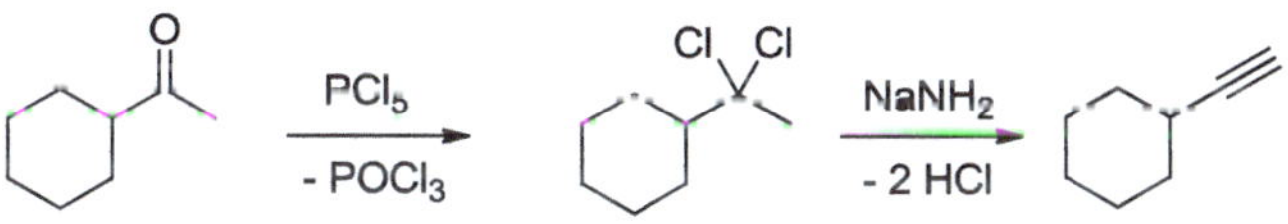

ZUSAMMENFASSUNG

In diesem Kapitel haben wir Folgendes über die Eliminierung gelernt:

- Eliminierung findet häufig als Konkurrenzreaktion zur nucleophilen Substitution statt, da die meisten Nucleophile auch Basen sind. Um die Eliminierung gegenüber der Substitution zu begünstigen, verwendet man möglichst starke, sterisch anspruchsvolle Basen wie *tert*-Butanolat, LDA oder DBU sowie erhöhte Temperaturen.
- Bei der β-Eliminierung werden zwei Atome oder Atomgruppen, meistens H und X (gute Abgangsgruppe wie Halogen oder Tosylat) von zwei benachbarten C-Atomen abgespalten. Es entsteht eine C=C-Doppelbindung, ein Alken. Je nach zeitlicher Abfolge der beiden Bindungsbrüche kann man drei mechanistische Grenzfälle unterscheiden. Bei der E2-Reaktion findet beim Angriff der Base eine konzertierte Reaktion (ohne Zwischenstufe) statt, beide Bindungen werden gleichzeitig gebrochen (Kinetik 2. Ordnung). Bei der E1-Reaktion wird – ähnlich wie bei der S_N1-Reaktion – zuerst die Abgangsgruppe abgespalten, es entsteht ein Carbeniumion, das anschließend schnell zum Alken deprotoniert wird (Kinetik 1. Ordnung). Bei der eher seltenen E1cb-Reaktion wird zuerst deprotoniert, es entsteht ein Carbanion, das dann in einem langsamen Folgeschritt die Abgangsgruppe verliert (Kinetik 2. Ordnung).
- In der Regel ist die *anti*-Eliminierung bevorzugt, wobei das Hauptprodukt als Ergebnis einer *product development control* das thermodynamisch stabilere, höher substituierte Alken ist (Saytzeff-Produkt). Je sterisch anspruchsvoller allerdings die Base ist, desto mehr Hofmann-Produkt (weniger substituiertes Alken) wird gebildet.
- Thermisch induzierte Eliminierungen wie die Cope-Eliminierung verlaufen über cyclische Übergangszustände und damit als *syn*-Eliminierungen. In manchen Fällen lässt sich daher ausgehend vom gleichen Edukt diastereoselektiv durch die Wahl der Reaktionsbedingungen entweder eine *syn*- oder eine *anti*-Eliminierung durchführen.
- Aus vicinalen oder geminalen Dihalogenalkanen erhält man durch die Eliminierung von zwei Äquivalenten HX Alkine, also Verbindungen mit einer C≡C-Dreifachbindung. Zuerst entstehen dabei Vinylhalogenide, die dann in einem sehr viel langsameren, zweiten Eliminierungsschritt zum Alkin weiterreagieren.

ZUSAMMENFASSUNG

Addition

7

ÜBERBLICK

Lernziele

Nachdem Sie dieses Kapitel zur Addition durchgearbeitet haben, sollten Sie verstanden haben,

- warum Alkene aufgrund ihrer π-Bindung sehr viel reaktiver sind als Alkane und warum sie bevorzugt mit Elektrophilen reagieren,
- wie die Addition von Halogenwasserstoffen an Alkene abläuft und wieso dabei regioselektiv das höher substituierte Halogenalkan gebildet wird,
- warum bei der Addition von Halogenen stereospezifisch *trans*-Dihalogenalkane entstehen,
- welche Methoden es gibt, um zur Darstellung von Alkoholen Wasser an eine Doppelbindung zu addieren,
- wie man Alkene zu Alkanen hydriert und wie Alkene mit Radikalen reagieren,
- wie man Alkene zu Diolen oxidieren kann und wie man durch eine oxidative Spaltung der Doppelbindung Informationen über die Struktur des Alkens erhalten kann und
- warum Alkine bei Additionsreaktionen weniger reaktiv sind als Alkene.

7.1 Addition als Umkehrung der Eliminierung

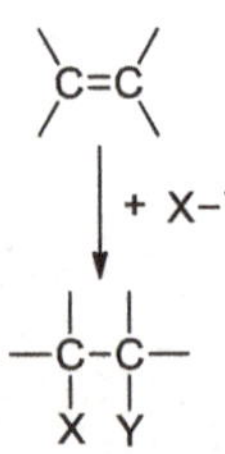

Addition an ein Alken

Im vorherigen Kapitel haben wir gelernt, dass durch Einwirkung einer Base wie Natriumhydroxid auf ein Halogenalkan in einer E2-Eliminierung unter Abspaltung von Halogenwasserstoff HX ein Alken mit einer C=C-Doppelbindung gebildet wird. Umgekehrt kann man auch an die π-Bindung eines Alkens HX addieren, wobei wieder ein Halogenalkan entsteht. So reagiert z. B. Bromwasserstoffsäure HBr mit Cyclohexen in Diethylether als Lösemittel in guten Ausbeuten zu Bromcyclohexan.

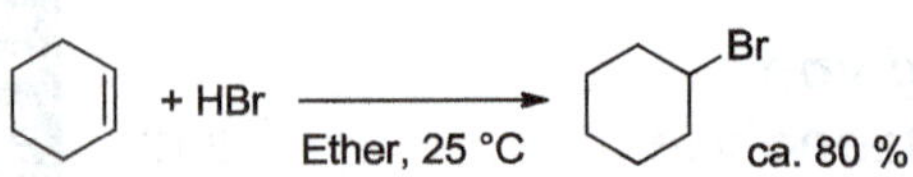

Eine solche **Addition** stellt die Umkehrreaktion zu der im letzten Kapitel diskutierten Eliminierungsreaktion dar. Sie ist die **typische Reaktion von Alkenen**, also ungesättigten Kohlenwasserstoffen mit einer C=C-Doppelbindung. Allerdings erfordern Addition und Eliminierung in der Regel deutlich unterschiedliche Reaktionsbedingungen (▶ Kapitel 6.3.3), sodass sie nicht wie Substitution und Eliminierung gleichzeitig nebeneinander ablaufen: Die Eliminierung von HBr aus 2-Brompropan findet nur in Gegenwart einer Base statt, während die Addition von HBr an Propen nur in saurer Lösung erfolgt. Die Ursachen hierfür liegen in den unterschiedlichen Mechanismen, nach denen diese Reaktionen ablaufen.

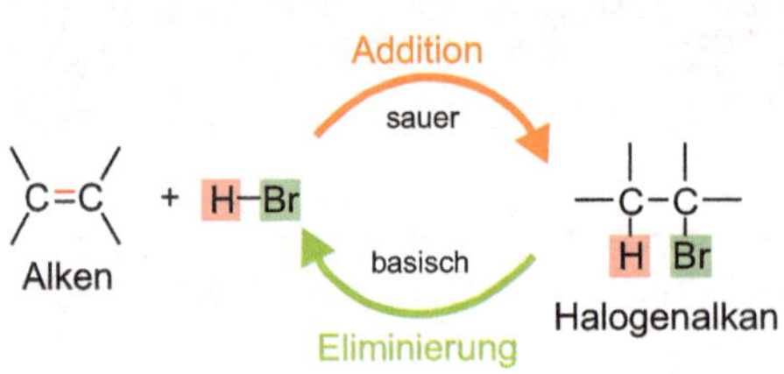

Der große **präparative Nutzen** der Addition liegt in ihrer Vielseitigkeit. So lassen sich aus Alkenen nicht nur Halogenalkane herstellen, sondern auch Alkane, Alkohole, Dihalogenalkane, Halogenhydrine, Diole, Epoxide und viele andere funktionalisierte Verbindungen. In allen Fällen wird dabei die π-Bindung des Alkens gebrochen und zwei neue σ-Bindungen entstehen.

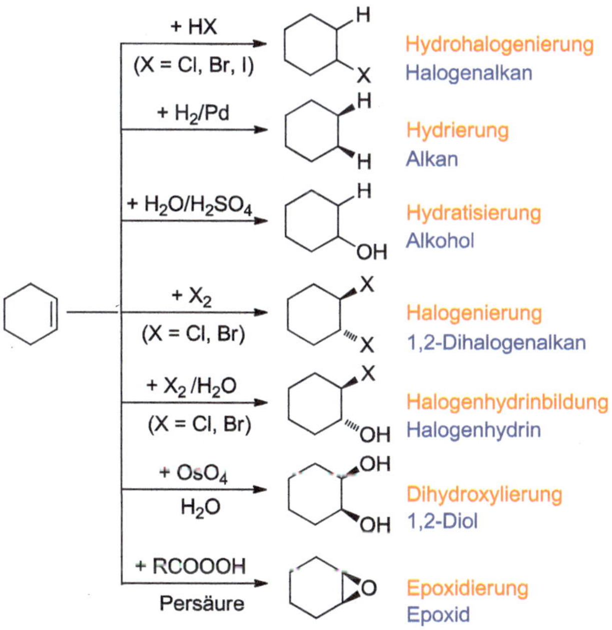

Vorkommen und physikalische Eigenschaften der Alkene 7.2

Alkene sind ungesättigte Kohlenwasserstoffe mit einer C=C-Doppelbindung. In der IUPAC-Nomenklatur leiten sich ihre Namen von den entsprechenden Alkanen ab, indem die Endsilbe „*-an*" durch „*-en*" ersetzt wird. Die Position der Doppelbindung wird durch die Nummer des C-Atoms angegeben, von dem die Doppelbindung ausgeht. Früher wurden Alkene auch als *Alkylene* bezeichnet (z. B. Ethylen anstelle von Ethen). Als Substituenten werden ungesättigte Kohlenwasserstoffreste **Alkenylreste** genannt, wobei der Ethenylrest $H_2C{=}CH{-}$ auch als Vinyl- und der Propenylrest $H_2C{=}CH{-}CH_2{-}$ als Allyl- bezeichnet werden. Im Labor lassen sich Alkene durch Eliminierung aus Halogenalkanen oder Alkoholderivaten darstellen (▶ Kapitel 6). Vor allem die niederen Alkene mit bis zu fünf C-Atomen erhält man auch direkt oder durch *Steamcracking* aus Erdöl bzw. Erdgas (▶ Exkurs 4.1). Der kleinste Vertreter, das **Ethen** $H_2C{=}CH_2$, ist einer der wichtigsten Grundstoffe der petrochemischen Industrie, aus dem so unterschiedliche Stoffe wie Essigsäure CH_3COOH, der Kunststoff Polyethylen (▶ Kapitel 7.9.2) oder das als Frostschutzmittel bekannte Glykol (Ethan-1,2-diol) hergestellt werden. Ethen ist zudem ein sogenanntes Phytohormon, das von reifenden Früchten freigesetzt wird und in anderen, noch unreifen Früchten die Fruchtreifung auslöst. Im kommerziellen Obstanbau werden Früchte wie Äpfel daher unter Unterdruck gelagert, um das frei werdende Ethen zu entfernen und eine zu frühe Reifung der Früchte vor dem Transport zu verhindern. Umgekehrt werden z. B. Bananen unreif geerntet und transportiert. Kurz vor

Alkene:
- ungesättigte Kohlenwasserstoffe mit einer C=C-Doppelbindung
- Name endet auf „*-en*"
- allgemeine Summenformel C_nH_{2n}

dem Verkauf wird dann eine synchrone Fruchtreifung durch künstliche Begasung mit Ethen ausgelöst. Das nächsthöhere Homologe **Propen** $CH_3CH{=}CH_2$ ist ebenfalls ein großtechnischer Ausgangsstoff, z. B. für die Herstellung des Kunststoffs Polypropylen, von Acryl-Textilfasern oder Lacken. Propen wird zudem genau wie Ethen auch als Brenngas für das Schweißen eingesetzt. Auch die verschiedenen isomeren Butene (1-Buten sowie *E*/*Z*-2-Buten) und die Pentene oder 1,3-Butadien und Isopren (2-Methyl-1,3-butadien) sind wichtige petrochemische Grundstoffe, die zum Großteil ebenfalls für die Produktion von Kunststoffen verwendet werden.

Die **physikalischen Eigenschaften** der Alkene ähneln denen der Alkane gleicher Kettenlänge. Da Alkene nur C–H und C–C-Bindungen enthalten, sind sie unpolare und daher nur wenig bis gar nicht in Wasser lösliche Verbindungen. Sie sind etwas besser löslich in Wasser als die entsprechenden Alkane. Ihre Dichten sind geringer als die von Wasser. Die niederen Alkene mit bis zu vier C-Atomen sind farblose, leicht süßliche riechende Gase mit niedrigen Schmelz- und Siedetemperaturen, da die Moleküle nur durch die sehr schwachen Van-der-Waals-Kräfte zusammengehalten werden (▸ Kapitel 2.4.2). Ethen hat z. B. eine Schmelztemperatur von –169,18 °C und eine Siedetemperatur von –103,72 °C (zum Vergleich Ethan siedet bei –89 °C). Alkene mit fünf bis etwa 15 C-Atomen sind bei Raumtemperatur flüssig, mit mehr als 15 C-Atomen in der Regel fest. Viele Geruchs- und Duftstoffe in der Natur sind flüchtige, also leicht verdampfende Alkene. Zitronen und Orangen verdanken z. B. ihren typischen Geruch dem Alken Limonen, das wir bei der Besprechung der Enantiomerie schon kennengelernt haben (▸ Abbildung 3.7). Genau wie die Alkane sind Alkene brennbar und leicht entzündlich. Sie verbrennen mit rußender Flamme. In größeren Mengen wirken sie auf den Menschen narkotisierend.

(*S*)-Limonen

Chemische Eigenschaften von Alkenen 7.3

π-Bindungen in Alkenen sind nucleophile Stellen.

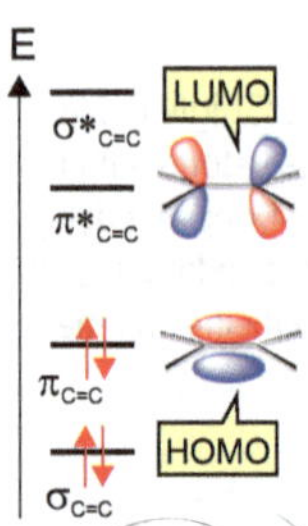

MO-Diagramm einer C=C-Doppelbindung

Aufbau und Struktur von Alkenen haben wir bereits in Kapitel 1 kennengelernt. Die charakteristische funktionelle Gruppe der Alkene ist die **C=C-Doppelbindung**, die aus einer σ- und einer π-Bindung besteht (▸ Kapitel 1.5.2). Sie bestimmt sowohl die Struktur (trigonal-planare Bindungsgeometrie, keine freie Drehbarkeit bei Raumtemperatur um die π-Bindung, was zum Auftreten von *E*/*Z*-Diastereomeren führen kann) als auch die chemischen Eigenschaften der Alkene. Wir haben bereits besprochen, dass die seitliche Überlappung der beiden p_z-Orbitale zur Ausbildung der π-Bindung schlechter ist als bei einer σ-Bindung. Eine π-Bindung ist deswegen schwächer als eine σ-Bindung, zudem sind die **π-Elektronen leichter polarisierbar**. Eine π-Bindung ist daher eine reaktive elektronenreiche (nucleophile) Stelle im Molekül, sodass Alkene viel reaktiver sind als Alkane, die nur aus sehr stabilen und wenig polarisierbaren σ-Bindungen aufgebaut sind (▸ Abbildung 7.1).

Wir erwarten daher, dass die bevorzugte Reaktion eines Alkens der Angriff eines Elektrophils (z. B. Proton oder Lewis-Säure) auf die elektronenreiche und damit nucleophile π-Bindung der C=C-Doppelbindung ist (**elektrophile Addition**, abgekürzt als A_E-Reaktion). Entsprechend der Grenzorbitaltheorie (▸ Exkurs 5.2) wird der Angriff eines Elektrophils E^+ auf das HOMO des Alkens erfolgen, also auf das doppelt besetzte π-MO (▸ Abbildung 1.11). Dabei entsteht zuerst eine kationische Zwischenstufe, die anschließend wie bei der S_N1-Reaktion von einem Nucleophil abgefangen wird. Die elektrophile Addition ist - zumindest im Labor - die mit Abstand wichtigste Reaktion von Alkenen! Radikale sind ebenfalls in der Lage, sich an eine π-Bindung zu addieren (**radikalische Addition**, abgekürzt als A_R-Reaktion). Diese Reaktion ist vor allem für die technische Herstellung von Kunststoffen durch radikalische Polymerisation von großer Bedeutung (▸ Kapitel 7.9.2).

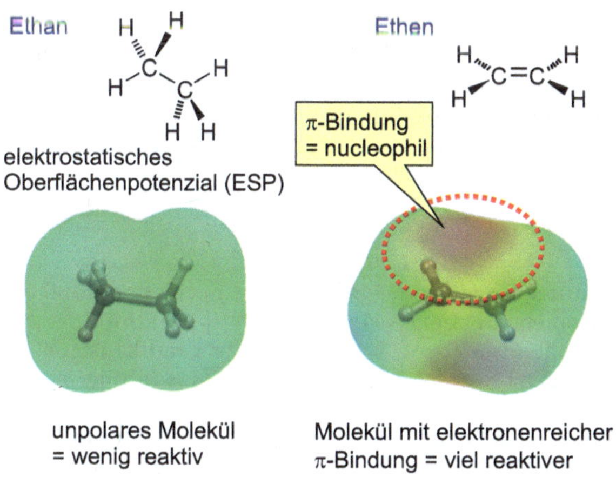

Abbildung 7.1: Reaktivität von Doppelbindungen. Alkene sind aufgrund der elektronenreichen und polarisierbaren π-Bindung sehr viel reaktiver als Alkane. Sie werden leicht von Elektrophilen angegriffen und gehen Additionsreaktionen ein.

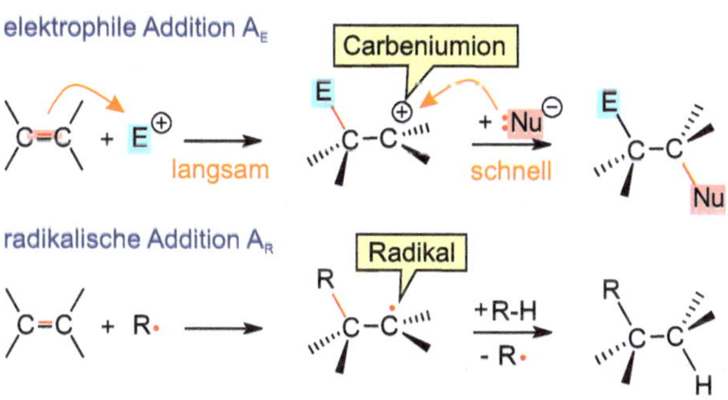

Die typische Reaktion von unpolaren Alkenen ist die elektrophile Addition.

Von Nucleophilen oder Basen werden Alkene hingegen nicht angegriffen! Eine Ausnahme sind stark polarisierte, besonders elektronenarme C=C-Doppelbindungen, z. B. bei α,β-ungesättigten Carbonylverbindungen (▶ Tabelle 7.1). Bei diesen ist das π*-Orbital durch die konjugierte Carbonylgruppe energetisch soweit abgesenkt, dass ein Angriff eines Nucleophils zur bevorzugten Reaktion wird (nucleophile Addition, abgekürzt als A_N-Reaktion). Diesen Reaktionstyp werden wir bei den Carbonylverbindungen genauer diskutieren (▶ Kapitel 9).

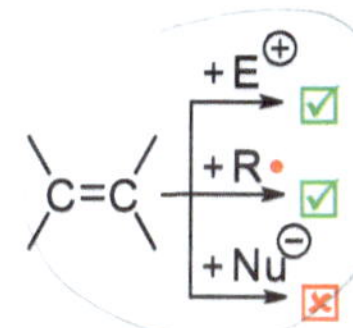

Definition: Unpolare und polare Alkene

Alkene werden nach den elektronischen Eigenschaften der π-Bindung in drei Typen eingeteilt: normale Alkene mit unpolaren π-Bindungen, Alkene mit besonders elektronenreichen π-Bindungen und solche mit besonders elektronenarmen π-Bindungen. Entscheidend für die Eigenschaften eines Alkens ist, ob gegenüber einem normalen Alken wie Ethen elektronenschiebende oder elektronenziehende Substituenten direkt an die Doppelbindung gebunden sind. Elektronenreiche Alkene wie z. B. Vinylether oder Enamine gehen ebenfalls elektrophile Additionen ein. Ihre Reaktivität ist sogar deutlich größer als die eines normalen Alkens (Ethen bzw. alkylsubstituierte Alkene), da elektronenschiebende Reste die Energie des HOMO erhöhen (▶ Exkurs 6.3). Die C=C-Doppelbindungen von elektronenarmen Alkenen, z. B. α,β-ungesättigte Carbonylverbindungen, reagieren hingegen nicht mit Elektrophilen, sondern werden von Nucleophilen angegriffen. Radikale können mit allen Typen von Alkenen reagieren.

Typ	Formel	Substituenten	Beispiel	Reaktion
normal, unpolar	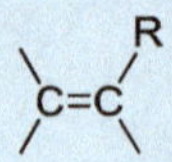	nicht oder nur schwach elektronenschiebend oder elektronenziehend R = H, Alkyl, Aryl	 Propen 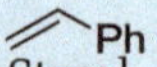 Styrol	elektrophile Addition radikalische Addition
polar, elektronenreich	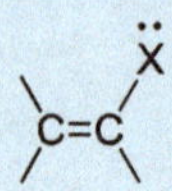	stark elektronenschiebend starker (+)-M-Effekt vor allem X = O, N	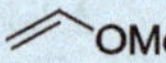 ein Vinylether 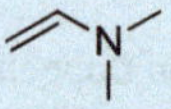 ein Enamin	elektrophile Addition radikalische Addition
polar, elektronenarm	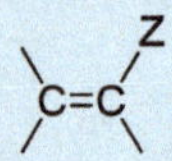	stark elektronenziehend starker (−)-M-Effekt Z = CO_2H, CN, CHO, NO_2etc.	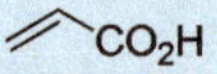 Acrylsäure 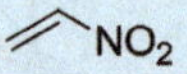 Nitroethen	nucleophile Addition radikalische Addition

Tabelle 7.1: **Einteilung von Alkenen entsprechend der elektronischen Eigenschaften der π-Bindung.**

Energiebilanz der Additionsreaktion 7.4

Additionsreaktionen sind in der Regel exotherm.

Betrachten wir zuerst allgemein die Energiebilanz einer Addition von X–Y an ein Alken. Bei der Reaktion werden die π-Bindung der C=C-Doppelbindung und die X–Y-Einfachbindung gebrochen. Dafür entstehen zwei neue σ-Bindungen (C–X und C–Y). In Summe wird also eine π-Bindung in eine σ-Bindung umgewandelt. Da in der Regel die π-Bindung einer C=C-Doppelbindung schwächer ist als eine C–X-Einfachbindung, wird bei der Addition meistens Energie frei. So ist z. B. die Addition von Wasserstoff H_2 an Ethen mit $\Delta_R H° = -115$ kJ/mol stark exotherm. Ähnliches gilt für die meisten anderen präparativ wichtigen Additionsreaktionen (▶ Tabelle 7.2). Entropisch gesehen ist eine Addition hingegen ungünstig, da aus zwei Teilchen ein Teilchen wird. Da zwei Teilchen mehr Bewegungsfreiheitsgrade haben als eines, nimmt bei der Verringerung der Teilchenzahl die Ordnung zu und damit die Entropie ab, was thermodynamisch ungünstig ist. Insgesamt überwiegt aber die günstige Enthalpieänderung, sodass die Additionsreaktionen zumindest bei nicht zu hoher Temperatur freiwillig ablaufen (zur Erinnerung: $\Delta G = \Delta H - T \cdot \Delta S$).

thermodynamische Zustandsgröße, die sich mit Aufnahme u. Abgabe von Wärme ändert

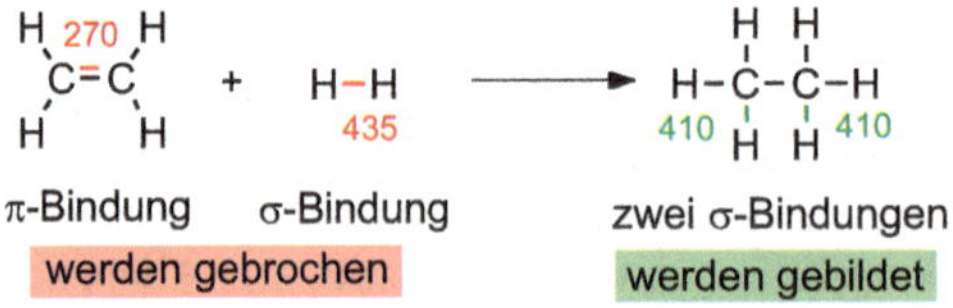

$\Delta_R H° = (270 + 435) - (410 + 410) = -115$ kJ/mol

BDE(π-Bindung)	*BDE*(X–Y)	*BDE*(σ-Bindungen)	$\Delta_R H°$
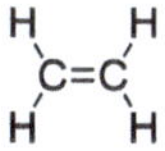 270	H–H 435	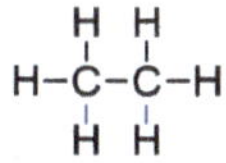 410/410	–115
270	H–Cl 431	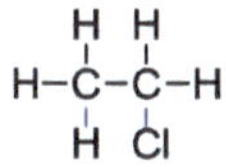 410/335	–44
270	Br–Br 192	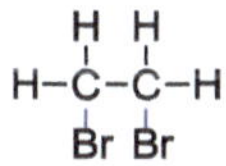 285/285	–108
270	H–OH 498	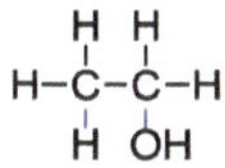 410/385	–27

Tabelle 7.2: **Abgeschätzte Reaktionsenthalpien $\Delta_R H°$ einiger ausgewählter Additionsreaktionen (alle Angaben in kJ/mol).**

Elektrophile Addition von Halogenwasserstoffen: Hydrohalogenierung 7.5

Die **Hydrohalogenierung**, also die elektrophile Addition von Halogenwasserstoffen HX (X = Cl, Br, I) an eine Doppelbindung, ist eine der wichtigsten Reaktionen von Alkenen, die in guten Ausbeuten **Halogenalkane** liefert. Die Reaktion wird entweder mit den gasförmigen Halogenwasserstoffen HX in unpolaren Lösemitteln wie Diethylether oder Cyclohexan oder mit den wässrigen Säuren durchgeführt. Wie eingangs erwähnt reagiert z. B. Cyclohexen mit HBr in Ether zu Bromcyclohexan. Ein anderes Beispiel ist die Umsetzung von 2-Methylpropen (Isobuten) mit wässriger Salzsäure, die regioselektiv und nahezu quantitativ 2-Chlor-2-methylpropan (*tert*-Butylchlorid) ergibt.

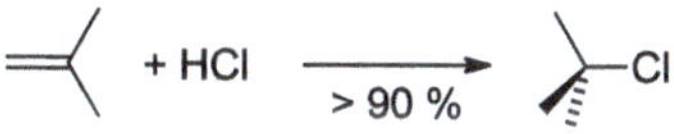

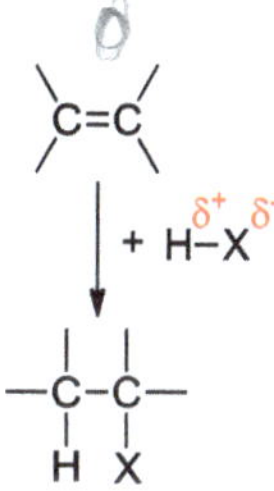

X = Cl, Br, I

Hydrohalogenierung

Es handelt sich bei der HX-Addition um eine typische polare Reaktion zwischen einem Nucleophil (= π-Bindung des Alkens) und einem Elektrophil (= Halogenwasserstoff HX). Wir können zum Verständnis dieser Reaktion somit auf viele grundlegende Prinzipien aufbauen, die wir bereits bei der Besprechung der nucleophilen Substitution und der Eliminierung in den vorherigen Kapiteln gelernt haben.

7.5.1 Der Mechanismus der Reaktion

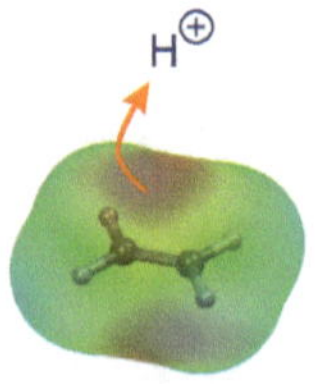

elektrophiler Angriff eines Protons an Ethen

Die Halogenwasserstoffe HCl, HBr und HI übertragen im ersten Schritt ein Proton (Elektrophil) auf die π-Bindung des Alkens (Nucleophil). Es entsteht ein positiv geladenes Carbeniumion als Zwischenstufe. In organischen Lösemitteln wie Ether erfolgt die Protonenübertragung direkt ausgehend von HX. In wässriger Lösung sind die Halogenwasserstoffe hingegen als starke Säuren vollständig dissoziiert, sodass die Protonierung der Doppelbindung durch H_3O^+-Ionen erfolgt. Da Carbeniumionen instabile Teilchen sind (▶ Kapitel 5.6.2), ist dieser erste Schritt langsam und damit geschwindigkeitsbestimmend für die Gesamtreaktion (▶ Abbildung 7.2). Hat sich das Carbeniumion einmal gebildet, reagiert es in einem zweiten, schnellen Schritt als sehr starkes Elektrophil sofort mit dem Halogenid X^-, einem guten Nucleophil, zum Additionsprodukt.

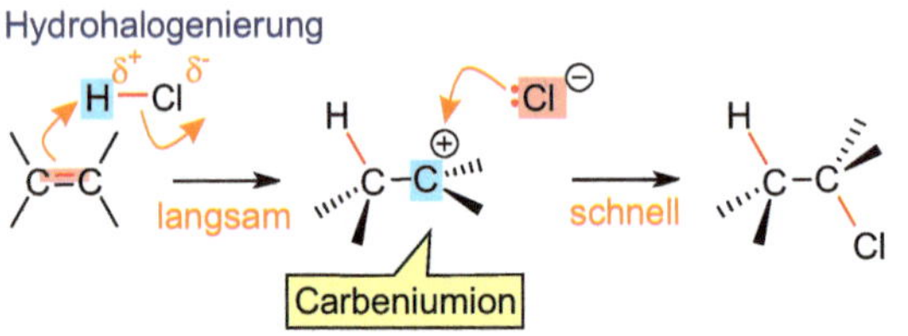

Hinweis: Bei der Formulierung dieses Reaktionsmechanismus haben wir nur noch das für die Reaktion relevante freie Elektronenpaar am Cl^- eingezeichnet. Die drei weiteren, an der Reaktion nicht beteiligten freien Elektronenpaare wurden der besseren Übersicht wegen weggelassen. Eine solche vereinfachte Beschreibung werden wir ab jetzt häufiger verwenden.

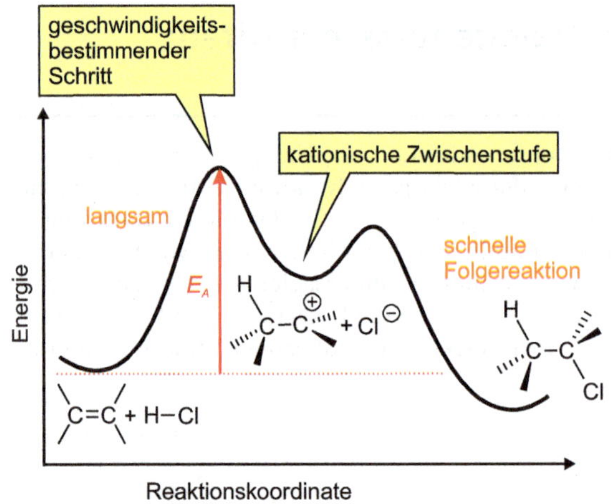

Abbildung 7.2: Energiediagramm der elektrophilen Addition. Im ersten, langsamen Schritt addiert sich ein Proton an die Doppelbindung, es entsteht ein Carbeniumion als Zwischenstufe. Dieses reagiert danach schnell mit einem Nucleophil und bildet das Produkt.

Die HX-Addition ist somit mechanistisch die Umkehrung der E1-Reaktion (▶ Kapitel 6.4). Das Abfangen des Carbeniumions durch das Halogenidion entspricht außerdem dem abschließenden Schritt der S_N1-Reaktion, bei der die Bildung des Kations allerdings anders erfolgt. Alle drei Reaktionen, S_N1, E1 und A_E sind daher mechanistisch nah miteinander verwandt, da sie über ein Carbeniumion als **gemeinsame Zwischenstufe** verlaufen. Welche Reaktion stattfindet und welcher Reaktionspfad ausgehend vom Carbeniumion beschritten wird, hängt von den konkreten Reaktionsbedingungen ab (saure oder basische Reaktionsbedingungen, gutes Nucleophil vorhanden, hohe oder niedrige Temperatur?).

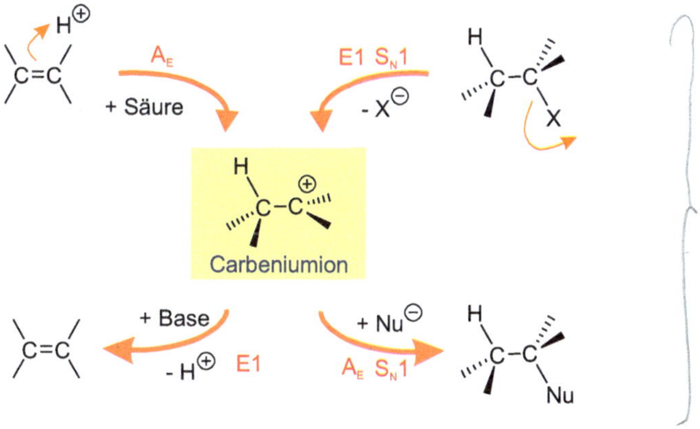

Die drei Reaktionsmöglichkeiten eines Carbeniumions:
- Umlagerung
- Abfang durch ein Nucleophil
- Deprotonierung durch eine Base zum Alken

7.5.2 Relative Geschwindigkeiten der elektrophilen Addition

Wie bei allen elektrophilen Additionen hängt die Geschwindigkeit der HX-Addition im Wesentlichen von drei Faktoren ab:

- Nucleophilie der π-Bindung: Je elektronenreicher das Alken ist, desto schneller reagiert es.

Alkene mit elektronenziehenden Substituenten wie Cl oder Cyanogruppen reagieren daher nur sehr langsam oder gar nicht, während elektronenschiebende Reste (z.B. Alkylgruppen oder direkt an die Doppelbindung gebundene Heteroatome wie O oder N) die Reaktion erleichtern (▶ Definition S. 207). Je elektronenreicher die Doppelbindung ist, desto energetisch höher liegt das HOMO (▶ Exkurs 6.3) und desto schneller sind im Sinne der Grenzorbitaltheorie Reaktionen mit Elektrophilen.

- Stabilität des intermediär gebildeten Carbeniumions: Je stabiler das Carbeniumion ist, desto schneller ist die Addition. Die Stabilität des Carbeniumions hängt dabei nicht nur vom Substitutionsgrad ab, sondern auch vom Lösemittel (▶ Kapitel 5.7).

Präparativ sinnvoll sind unter Laborbedingungen nur solche Additionsreaktionen, bei denen sekundäre oder tertiäre Carbeniumionen als Zwischenstufen entstehen. Ethen reagiert dagegen nur sehr schlecht, da ein instabiles primäres Carbeniumion gebildet wird. Den gleichen Zusammenhang haben wir schon bei der E1- und der S_N1-Reaktion kennengelernt. Die geschwindigkeitsbestimmende Bildung des Carbeniumions ist stark endotherm und verläuft damit nach dem Hammond-Postulat über einen späten Übergangszustand (▶ Kapitel 4.7.5). Ein stabileres Carbeniumion bildet sich schneller als ein weniger stabiles, da auch der unmittelbar davor liegende Übergangszustand stabiler ist. Die Gesamtreaktion verläuft entsprechend schneller.

- Elektrophilie des angreifenden Teilchens: Je stärker das Elektrophil ist (also je energetisch tiefer sein LUMO liegt), desto schneller reagiert es mit einem Nucleophil.

Gute Elektrophile sind z.B. starke Protonensäuren wie HCl, HBr oder HI sowie Schwefelsäure oder Phosphorsäure. Die Reaktivität korreliert mit der Säurestärke. Je acider die Säure ist, desto schneller verläuft die elektrophile Addition. Deswegen reagiert z.B. HF unter normalen Bedingungen nicht mit Alkenen, da HF nicht sauer genug ist, um die π-Bindung zu protonieren. Schwache Elektrophile lassen sich allerdings durch Lewis-Säuren aktivieren.

7.5.3 Regioselektivität: Markovnikov-Addition

Die HX-Addition verläuft regioselektiv. Es bildet sich bevorzugt das höher substituierte Halogenalkan (Markovnikov-Produkt).

Bei der Addition von HBr an Cyclohexen kann nur ein Produkt, nämlich Bromcyclohexan, entstehen, unabhängig davon, an welches C-Atom der Doppelbindung sich das Proton addiert. Bei Alkenen, bei denen die beiden C-Atome unterschiedlich substituiert sind, können allerdings zwei konstitutionsisomere Halogenalkane als Produkt entstehen. Häufig wird das **höher substituierte Halogenalkan bevorzugt** oder ausschließlich gebildet. Wir haben weiter oben gesehen, dass die Addition von HCl an 2-Methylpropen (Isobuten) nur 2-Chlor-2-methylpropan (*tert*-Butylchlorid) und kein 1-Chlor-2-methylpropan ergibt. Die HX-Addition verläuft also **regioselektiv** (Reaktion nur an einer von zwei oder mehreren möglichen Stellen).

Stabilität von Carbeniumionen: Benzyl- ≈ Allyl- ≥ tertiär > sekundär > primär >> Methyl-

Diese und ähnliche Beobachtungen veranlassten den russischen Chemiker Vladimir Markovnikov (Achtung: In der Literatur findet man unterschiedliche Schreibweisen) bereits 1869 zu folgender Verallgemeinerung: **Bei der Addition von HX an nicht symmetrische Alkene addiert sich H^+ an das weniger substituierte C-Atom der Doppelbindung. Als Hauptprodukt entsteht somit das höher substituierte Halogenalkan.** Der Grund für diese sogenannte **Markovnikov-Regel** ist einfach zu verstehen. Die Anlagerung des Protons an eine Doppelbindung erfolgt bevorzugt so, dass das stabilere der beiden möglichen Carbeniumionen entsteht. Allgemein nimmt die Stabilität von Carbeniumionen in der Reihenfolge tertiär > sekundär > primär >> Methyl- ab (▶ Kapitel 5.6.2). Beim Isobuten addiert sich das Proton daher nur an C1 und nicht an C2, da so ein stabileres tertiäres Kation im Vergleich zu einem weniger stabilen primären Kation entsteht. Das Produkt leitet sich dann vom *tert*-Butylkation ab, weshalb ausschließlich das höher substituierte *tert*-Butylchlorid (*Markovnikov-Produkt*) entsteht und nicht das weniger substituierte 1-Chlor-2-methylpropan (*anti-Markovnikov-Produkt*). Die Markovknikov-Regel kann als Ausdruck des Hammond-Postulats aufgefasst werden: Das stabilere Carbeniumion bildet sich schneller und bestimmt damit die Regioselektivität der Produktbildung (▶ Abbildung 7.3).

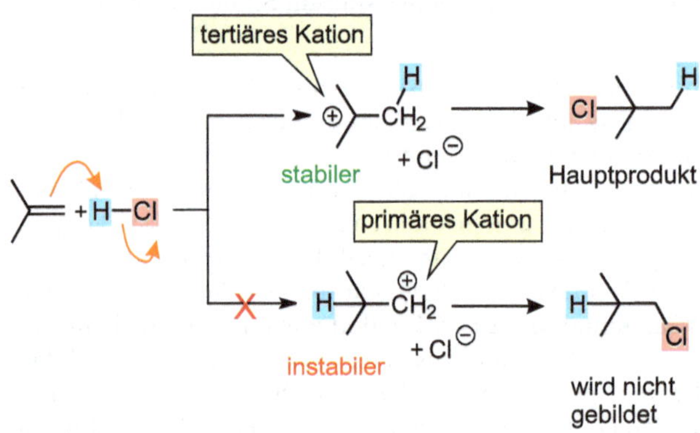

Bei einem Alken mit jeweils gleicher Anzahl an Alkylgruppen an beiden Seiten der Doppelbindung addiert sich das Proton an beide sp^2-C-Atome mit gleicher Wahrscheinlichkeit, da die gebildeten Carbeniumionen eine vergleichbare Stabilität aufweisen. Die HX-Addition ist dann nicht regioselektiv.

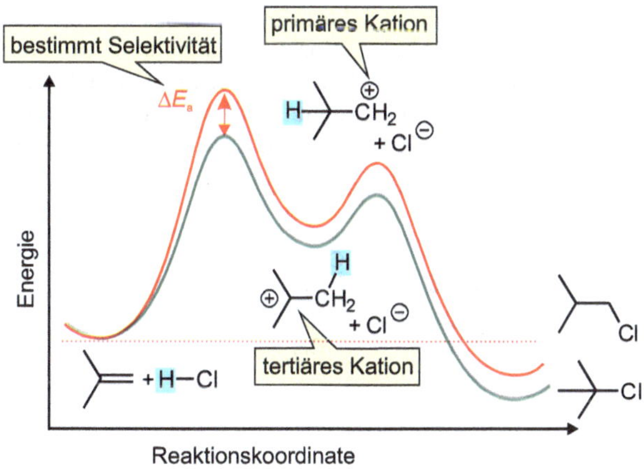

Abbildung 7.3: Regioselektivität der HX-Addition. Bei unsymmetrischen Alkenen addiert sich das Proton regioselektiv so, dass das höher substituierte und damit stabilere Carbeniumion entsteht. Dieses bildet sich nach dem Hammond-Postulat schneller, weshalb als Hauptprodukt das von diesem Carbeniumion abgeleitete höher substituierte Produkt gebildet wird (Markovnikov-Regel).

7.5.4 Stereochemie der elektrophilen Addition von HX

Die HX-Addition ist in der Regel nicht stereospezifisch.

Ähnlich wie bei der S_N1-Reaktion ist die elektrophile Addition von HX an ein Alken in der Regel **nicht stereospezifisch**. Betrachten wir als Beispiel die HCl-Addition an 1-Buten. Entsprechend der Markovnikov-Regel entsteht 2-Chlorbutan als Produkt. Allerdings besitzt 2-Chlorbutan ein Stereozentrum an C2 und kommt damit in Form von zwei Enantiomeren vor (▸ Kapitel 3.3). Da das als Zwischenstufe gebildete 2-Butylkation planar ist und somit mit gleicher Wahrscheinlichkeit von oben als auch von unten vom Chloridion (dem Nucleophil) angegriffen werden kann, entstehen die beiden enantiomeren Produkte (*S*)- und (*R*)-2-Chlorbutan in gleichen Mengen, also als Racemat. Zur Erinnerung: Aus einem achiralen Edukt wie 1-Buten kann bei der Umsetzung mit einem achiralen Reagenz (HCl) niemals etwas Chirales entstehen. Wenn das Produkt wie in diesem Fall chiral ist, müssen demnach beide Enantiomere in gleichen Mengen als Racemat entstehen.

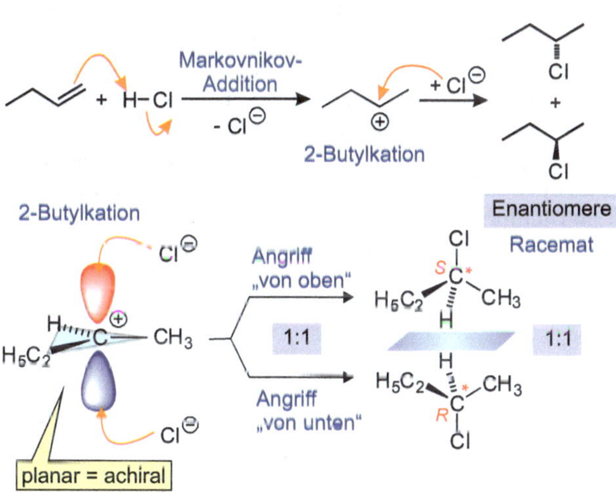

Etwas komplexer wird die Situation, wenn durch die HCl-Addition nicht nur wie im vorherigen Beispiel ein neues Stereozentrum entsteht (C2 im 2-Chlorbutan), sondern aus beiden sp^2-C-Atomen der ursprünglichen Doppelbindung jeweils ein Stereozentrum gebildet wird. Dies ist z. B. bei der HCl-Addition an 1,2-Dimethylcyclohexen der Fall. Das Additionsprodukt 1-Chlor-1,2-dimethylcyclohexan hat sowohl an C1 als auch an C2 ein Stereozentrum. Es existieren also insgesamt $2^2 = 4$ Stereoisomere (▶ Kapitel 3.4.1), jeweils zwei zueinander diastereomere Enantiomerenpaare A/B und C/D.

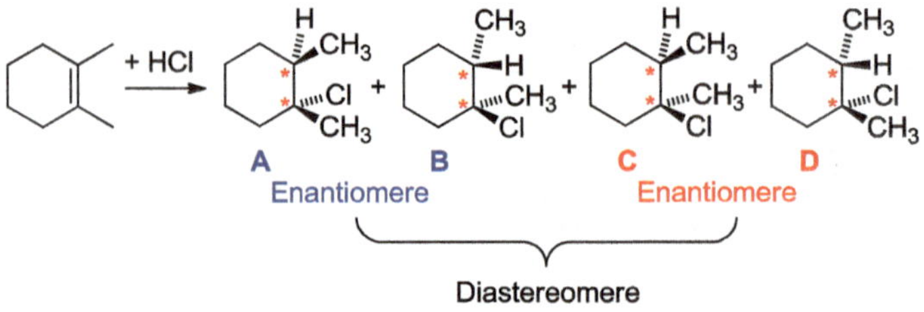

Bei den Enantiomeren A und B wurden H^+ und Cl^- ***von der gleichen Seite*** auf die planare Doppelbindung übertragen. Man spricht von einer ***syn*-Addition**. Bei den Enantiomeren C und D wurden die beiden neuen Bindungen auf ***entgegengesetzten Seiten*** der Doppelbindung gebildet (***anti*-Addition**). Analog hatten wir die Begriffe *syn* und *anti* bei der Eliminierung verwendet (▶ Kapitel 6.3.2).

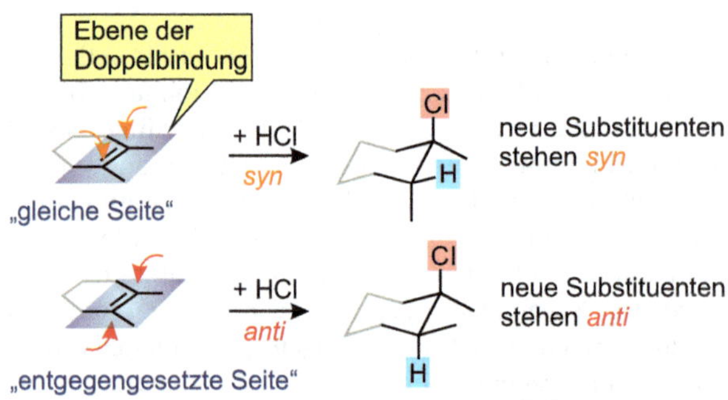

In welchen Mengen entstehen die vier Stereoisomere A bis D bei der Reaktion? Die Verbindungen A und B sowie C und D sind jeweils Enantiomere und müssen daher jeweils im Verhältnis 1 : 1 als Racemate entstehen (Grund: achirales Edukt + achirales Reagenz). A/B sind hingegen Diastereomere von C/D. Da Diastereomere grundsätzlich chemisch verschiedene Verbindungen sind und unterschiedliche Energien haben, entstehen A/B nicht zwingend in den gleichen Mengen wie C/D. Man spricht in solchen Fällen von **Diastereoselektivität**. Interessanterweise ist in diesem Fall die Stereoselektivität der Reaktion von den Reaktionsbedingungen abhängig. Bei −78 °C in Dichlormethan als Lösemittel findet bevorzugt die *syn*-Addition statt (Bildung von A/B, 88 %), bei 0 °C in Ether hingegen die *anti*-Addition (Bildung von C/D, 95 %).

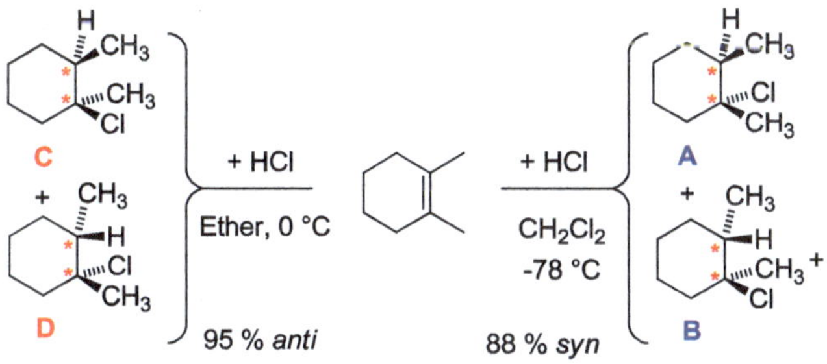

Der unterschiedliche Verlauf liegt daran, dass die HX-Addition nicht immer, wie bisher diskutiert, über ein freies Carbeniumion als Intermediat ablaufen muss. Je nach Temperatur und Lebensdauer des Carbeniumions, die nicht nur von der Struktur des Alkens, sondern auch vom Lösemittel abhängen (▶ Kapitel 5.7), kann der Angriff des Nucleophils auch bereits vor der vollständigen Protonierung des Alkens und damit der Bildung eines freien Carbeniumions beginnen. Man beobachtet bei der HX-Addition daher je nach Alken, Reagenz, Lösemittel und Temperatur durchaus unterschiedliche stereochemische Reaktionsverläufe. Wir wollen auf diese Details zum jetzigen Zeitpunkt nicht weiter eingehen. Für den Anfang reicht es aus, sich den vereinfachten Mechanismus über ein Carbeniumion zu merken, der zu einer Mischung von *syn*- und *anti*-Additionsprodukt führt.

7.5.5 Umlagerungen bei der elektrophilen Addition

Carbeniumionen neigen zur Umlagerung.

Wie immer, wenn bei einer Reaktion ein Carbeniumion als Zwischenstufe auftritt, können auch bei der elektrophilen Addition von HX an ein Alken Umlagerungen stattfinden. Triebkraft ist dabei stets die Bildung des stabileren und damit in der Regel höher substituierten Carbeniumions. Bei der Addition von HCl an 2,2-Dimethyl-3-buten entsteht mit 83 % als Hauptprodukt 2-Chlor-2,3-dimethylbutan, das Ergebnis einer Wagner-Meerwein-Umlagerung. Im ersten Schritt addiert sich im Sinne der Markovnikov-Regel das Proton so an die endständige Doppelbindung, dass ein sekundäres Carbeniumion entsteht. Dieses kann sich dann durch Wanderung einer Methylgruppe in ein noch stabileres, tertiäres Carbeniumion umlagern. Es handelt sich um eine **Neopentylumlagerung**, die wir analog schon bei der S_N1-Reaktion kennengelernt haben (▶ Kapitel 5.8). Von diesem umgelagerten tertiären Carbeniumion leitet sich letztendlich das Hauptprodukt der Addition ab.

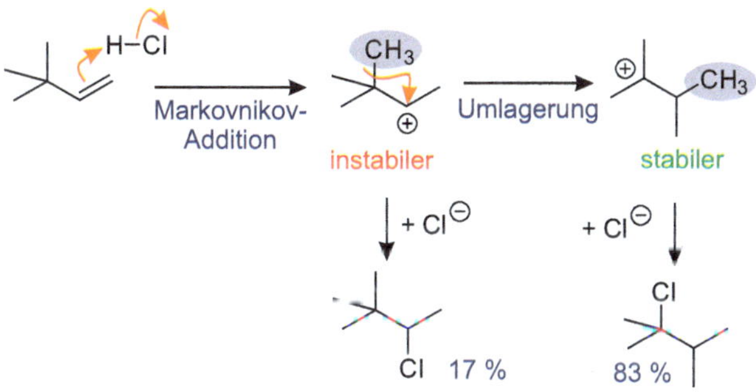

Nicht immer erfolgt die Umlagerung eines Carboniumions in der Richtung primär → sekundär → tertiär. Im nachfolgenden Beispiel bildet sich bei der Umlagerung einer C–C-σ-Bindung aus einem tertiären ein weniger stabiles sekundäres Carbeniumion. Allerdings wird dabei der stark gespannte Cyclobutanring zu einem nahezu spannungsfreien Fünfring erweitert (▶ Kapitel 3.5.1). Die thermodynamische Triebkraft für die Umlagerung ist somit der **Abbau von Ringspannung**, wobei mehr Energie frei wird (ca. 100 kJ/mol) als für die Umwandlung des tertiären in das weniger stabile sekundäre Carbeniumion benötigt wird (ca. 15 kJ/mol). Der Angriff von Cl^- erfolgt diastereoselektiv bevorzugt von der weniger sterisch gehinderten, der Methylgruppe abgewandten Seite des Carbeniumions. Das Produkt entsteht als Racemat, da bei der Wagner-Meerwein-Umlagerung beide Enantiomere des chiralen Carbeniumions gleichermaßen gebildet werden (Methylgruppe zeigt einmal nach oben und einmal nach unten).

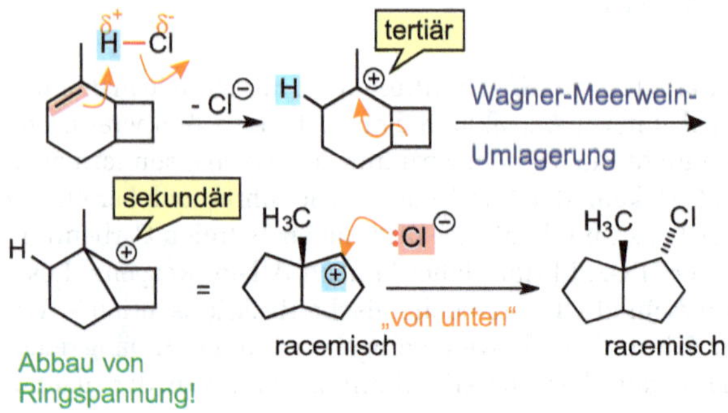

7.5.6 HX-Addition an 1,3-Diene

Sind in einem Molekül mehrere Doppelbindungen vorhanden, kann an jede ein Äquivalent HX addiert werden. Bei isolierten Doppelbindungen sind die Additionen unabhängig voneinander. Setzt man z. B. 1,4-Pentadien mit HCl um, so entsteht als Hauptprodukt wie erwartet 2,4-Dichlorpentan, das Produkt einer zweifachen Markovnikov-Addition.

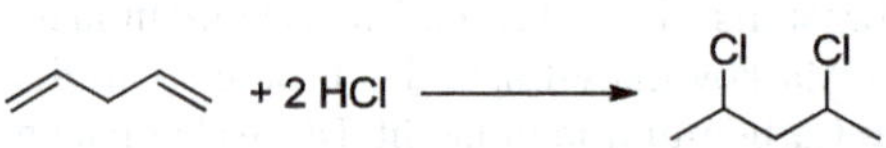

Einen anderen Verlauf nimmt die HX-Addition an **konjugierte 1,3-Diene**. Bei der Umsetzung von 2-Methylbuta-1,3-dien (Isopren, ein Konstitutionsisomer des 1,4-Pentadiens) mit zwei Äquivalenten HCl entsteht als Hauptprodukt 2,4-Dichlor-2-methylbutan und nicht das vielleicht erwartete 2,3-Dichlor-2-methylbutan.

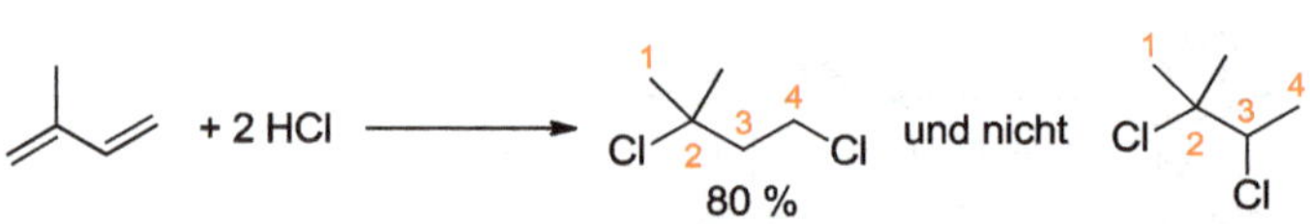

Auf den ersten Blick sieht es so aus, als ob die Addition des zweiten Äquivalents HCl einer *anti*-Markovnikov-Selektivät gefolgt sei. Das macht aber bei einer ionischen Addition keinen Sinn, da die Reaktion dann über ein instabiles primäres Carbeniumion verlaufen wäre, was allem widerspricht, was wir bisher gelernt haben. Bei genauerer Betrachtung ist aber auch diese Reaktion nicht wirklich ungewöhnlich, wenn man bedenkt, dass bei der Addition eines Protons an ein konjugiertes 1,3-Dien ein **resonanzstabilisiertes Allylkation** gebildet wird (▶ Kapitel 5.6.2). Auch bei 1,3-Dienen erfolgt die HX-Addition immer so, dass im Sinne der Markovnikov-Regel jeweils das stabilste der möglichen Carbeniumionen gebildet wird. **Das Proton addiert sich daher immer(!) an eines der beiden endständigen C-Atome eines kon-**

jugierten **1,3-Diens** und niemals an eines der beiden inneren C-Atome. Nur so entsteht ein resonanzstabilisiertes Allylkation. Im letzteren Fall würde ein wesentlich weniger stabiles, nicht resonanzstabilisiertes Carbeniumion gebildet werden.

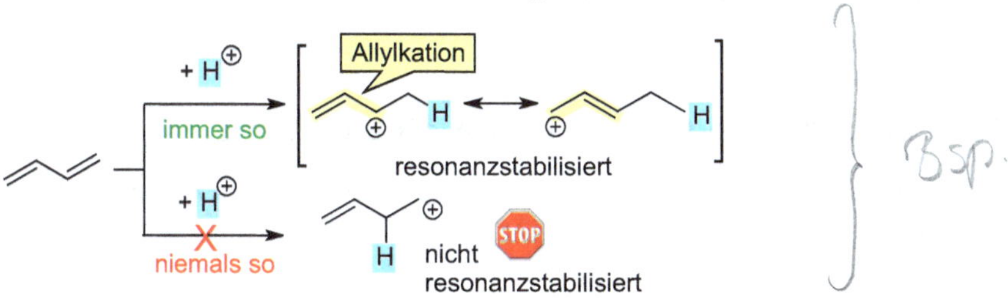

Im Isopren ist die Dieneinheit unsymmetrisch substituiert (zusätzliche Methylgruppe an C2), weshalb zwei verschiedene Allylkationen entstehen, je nachdem, an welches Ende des Diens sich das Proton addiert hat. Auch hier gilt wieder: Das stabilere der beiden Allylkationen bildet sich bevorzugt. Die unterschiedliche Stabilität der beiden Allylkationen kann man am einfachsten vergleichen, wenn man sich die einzelnen Resonanzformeln und ihre relativen Stabilitäten anschaut. Wie wir bereits besprochen haben (▶ Kapitel 1.7), ist die Stabilität eines resonanzstabilisierten Teilchens mit delokalisierter Elektronenstruktur umso größer, je stabiler die einzelnen hypothetischen Resonanzformeln sind. Betrachtet man die H^+-Addition an Isopren, so sieht man, dass die Addition an C1 zu einem stabileren Allylkation führt als die Addition an C4, da die beiden Resonanzformeln einmal ein primäres und ein tertiäres und einmal ein primäres und ein sekundäres Carbeniumion darstellen.

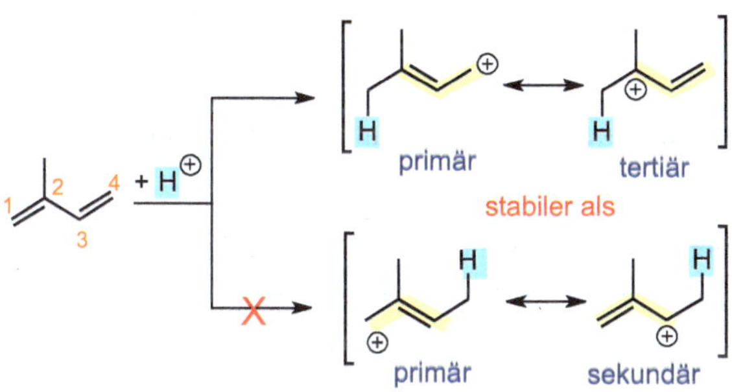

Mit diesen Vorüberlegungen lässt sich dann auch das Ergebnis der zweifachen HCl-Addition an Isopren verstehen. Das erste Proton addiert sich in der Weise, dass, wie gerade besprochen, das stabilere der beiden Allylkationen entsteht. An dieses addiert sich das Chloridion ebenfalls so, dass das stabilere der beiden möglichen Produkte gebildet wird. Dies ist das höher substituierte Alken. (Zur Erinnerung: Alkylgruppen stabilisieren Alkene durch Hyperkonjugation, ▶ Exkurs 6.3.) Die Addition des zweiten Äquivalents HCl an das so gebildete Alken folgt dann ebenfalls wieder der Markovnikov-Regel.

Addition des 1. Äquivalentes HCl

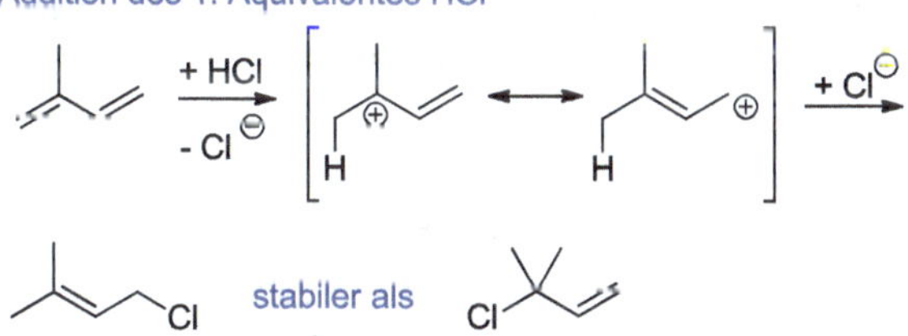

Addition des 2. Äquivalentes HCl

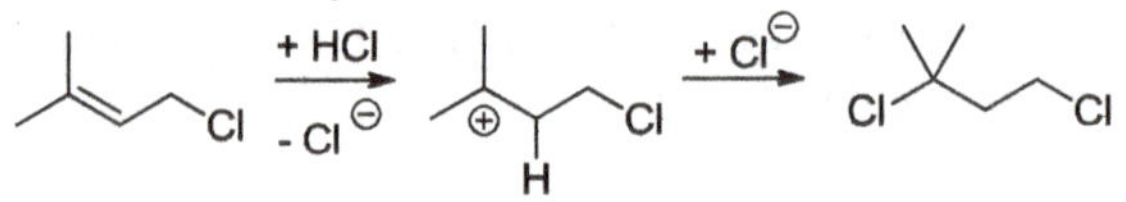

7.5.7 Zusammenfassung der HX-Addition an Alkene

Nachfolgend sind die oben besprochenen Merkmale der HX-Addition an Alkene noch einmal zusammengefasst.

Mechanismus

- Es findet eine elektrophile Addition von HX an die nucleophile π-Bindung statt.
- Es handelt sich um einen Zweistufenprozess: Erst erfolgt die Addition des Protons, dabei entsteht ein Carbeniumion als Zwischenstufe. An dieses addiert sich dann im zweiten Schritt das Anion X^-.
- Die Bildung des Carbeniumions ist langsam und geschwindigkeitsbestimmend.
- Das intermediär gebildete Carbeniumion kann sich umlagern (Hydridverschiebung, Wagner-Meerwein-Umlagerung), wenn dabei ein stabileres Carbeniumion gebildet werden kann (höher substituiert, Abbau von Ringspannung o.Ä.).

Regioselektivität

- Markovnikov-Addition: Die Protonierung erfolgt so, dass das stabilere, in der Regel also das höher substituierte Carbeniumion gebildet wird. Das Nucleophil lagert sich somit an das höher substituierte C-Atom an.

Stereochemie

- Die HX-Addition ist in der Regel nicht stereospezifisch. Man beobachtet sowohl *syn*- als auch *anti*-Addition.
- Die Addition des Nucleophils kann diastereoselektiv verlaufen, wenn ein sterisch anspruchsvoller Rest am benachbarten C-Atom vorhanden ist. Der Angriff erfolgt dann von der sterisch leichter zugänglichen Seite des planaren Carbeniumions.

Addition von Halogen X_2 7.6

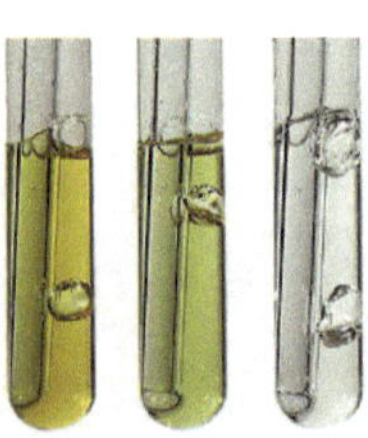

Entfärbung von Bromwasser durch Ethen (Bildquelle: Th. Seilnacht, www.seilnacht.com)

Auch die Halogene Br_2 und Cl_2 addieren sich leicht an C=C-Doppelbindungen. Lässt man z.B. Cyclohexen mit Brom in einem unpolaren organischen Lösemittel wie Tetrachlormethan CCl_4 reagieren, so erhält man *trans*-1,2-Dibromcyclohexan als Racemat in ca. 80 % Ausbeute als einziges Produkt. Das *cis*-Diastereomer (eine *meso*-Form) wird nicht gebildet! Es hat also eine stereospezifische ***anti*-Addition** des Broms an die π-Bindung des Alkens stattgefunden. Der Fortgang der Reaktion lässt sich einfach verfolgen. Im Gegensatz zu Brom (rotbraun) sind die entstehenden Dibromalkane farblos, sodass sich das Reaktionsgemisch während der Reaktion entfärbt. Die Umsetzung verläuft so schnell, dass die Entfärbung von Bromwasser zum qualitativen Nachweis von Doppelbindungen verwendet werden kann.

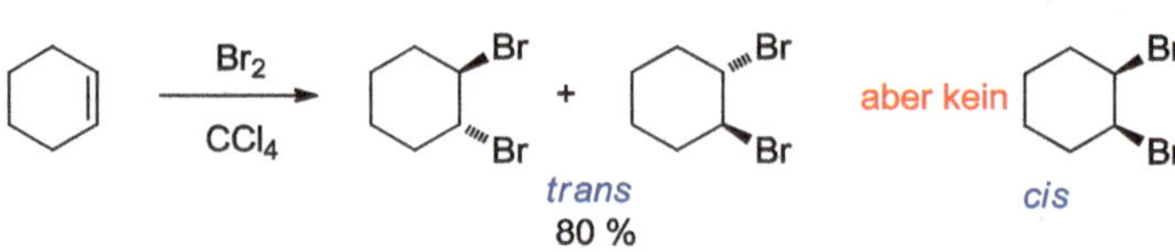

Aus ähnlichen Gründen, die wir schon bei der radikalischen Halogenierung von Kohlenwasserstoffen besprochen haben (▶ Kapitel 4.6), ist nur die Addition von Brom oder Chlor präparativ sinnvoll. Fluor ist zu reaktiv, es reagiert explosionsartig und addiert sich nicht nur an die Doppelbindung, sondern substituiert auch die H-Atome. Iod ist hingegen zu wenig reaktiv. Die Addition ist thermodynamisch ungünstig und findet daher nicht statt.

7.6.1 Mechanismus der Reaktion

Auf den ersten Blick weist die Addition von Br_2 wenig Ähnlichkeit zu der zuvor besprochenen HX-Addition auf. Bisher waren bei allen polaren Reaktionen, die wir behandelt haben, die Reaktionspartner immer geladene oder wie HCl zumindest polarisierte Teilchen. Wie kann aber ein unpolares Teilchen wie Brom Br_2 mit der nucleophilen π-Bindung reagieren? Im Brommolekül ist doch gar keine elektrophile Stelle vorhanden. Der entscheidende Unterschied dieser Reaktion zu den bisher besprochenen ist, dass das Elektrophil erst *während der Annäherung* der beiden Reaktionspartner entsteht. Wenn sich das Brommolekül der π-Bindung des Alkens nähert, stößt die hohe Elektronendichte der π-Bindung die Elektronen der Br–Br-Bindung ab. Das Br-Atom in der Nähe der π-Bindung erhält so eine partiell positive Ladung, es wird elektrophil. Das abgewandte Br-Atom erhält eine partiell negative Ladung. Das Brommolekül wird also bei der Annäherung an die π-Bindung polarisiert. Diese **Polarisierung** entspricht der Bildung induzierter Dipole, die wir bei der Besprechung der Van-der-Waals-Wechselwirkungen kennengelernt haben (▶ Kapitel 2.4.2). Je mehr sich das Br_2 der Doppelbindung nähert, desto stärker wird die Br–Br-Bindung polarisiert, bis es schließlich zur Heterolyse der Br–Br-Bindung kommt und ein Br^+ auf das Alken übertragen wird. Dabei bildet sich wiederum eine kationische Zwischenstufe, diesmal allerdings kein Carbeniumion, sondern ein **cyclisches Bromoniumion**.

1. Schritt: Bildung eines Bromoniumions

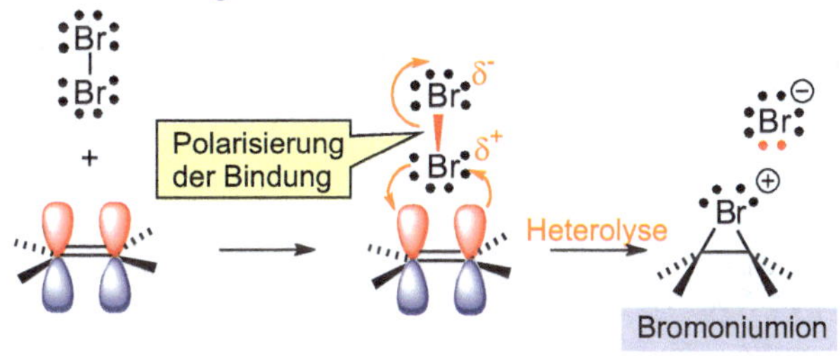

Im zweiten Reaktionsschritt wird das Bromoniumion (Elektrophil) von Br^- (Nucleophil), das bei der Heterolyse des Br_2-Moleküls entstand, angegriffen. Dabei wird eine C–Br-Bindung im Bromoniumion heterolytisch gespalten und gleichzeitig eine neue Bindung vom angreifenden Br^- zum C-Atom ausgebildet. Aus der Sicht des angegriffenen C-Atoms handelt es sich um eine S_N2-Reaktion. Daher muss wie bei jeder S_N2-Reaktion der Angriff des Nucleophils von der Rückseite der sich öffnenden C–Br-Bindung erfolgen (▶ Kapitel 5.4.2). Aufgrund dieses Rückseitenangriffs ist das Ergebnis der gesamten Reaktionssequenz eine ***anti*-Addition von Br_2** (heterolytisch als Br^+ und Br^-) an die C=C-Doppelbindung. Die beiden neu gebundenen Br-Atome wurden auf verschiedene Seiten der planaren π-Bindung übertragen.

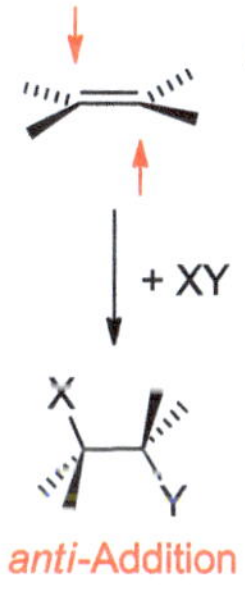

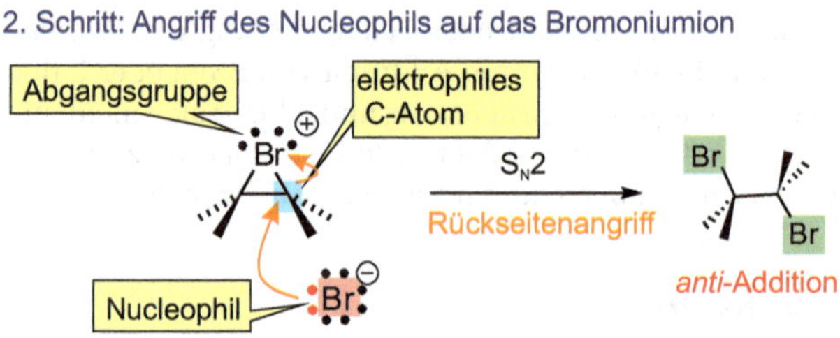

7.6.2 Das Bromoniumion

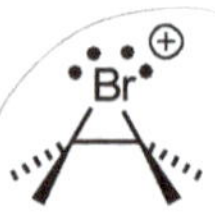

Bromoniumion

Das Bromoniumion sieht auf den ersten Blick etwas ungewöhnlich aus, da es eine positive Ladung an einem elektronegativen Bromatom trägt. Wieso entsteht nicht wie bei der H^+-Addition ein „normales" Carbeniumion mit einem positiv geladenen C-Atom? Betrachten wir die Bildung des Bromoniumions daher noch einmal etwas genauer. Das Alken greift als Nucleophil mit seiner π-Bindung (HOMO) das leere σ∗-Orbital der Br–Br-Bindung an (LUMO). Genau wie bei der S_N2-Reaktion besprochen wird durch die Übertragung von Elektronendichte aus der π-Bindung in das σ∗-MO die Br–Br-Bindung geschwächt, bis diese letztendlich bricht und ein Br^+ auf die π-Bindung übertragen wurde. Dabei würde formal erst einmal ein normales Carbeniumion entstehen. Dieses kann sich aber weiter stabilisieren, indem sein leeres p_z-Orbital ähnlich wie bei der Hyperkonjugation (▶ Kapitel 5.6.2) mit einem der freien Elektronenpaare des benachbarten Bromatoms wechselwirkt. Diese Wechselwirkung läuft wahrscheinlich gleichzeitig mit der Bildung des Kations ab, sodass direkt in einem Schritt das Bromoniumion entsteht und kein klassisches Carbeniumion als echte Zwischenstufe durchlaufen wird. Die höhere Stabilität des Bromoniumions erkennt man auch daran, dass alle Atome (auch das formal positiv geladene Br-Atom) acht Valenzelektronen zur Verfügung haben. Das ist energetisch günstiger als ein Carbeniumion mit nur sechs Valenzelektronen am Kohlenstoff, trotz der zusätzlichen Ringspannung im cyclischen Bromoniumion, die allerdings wegen der längeren C–Br-Bindungen deutlich kleiner ist als beim Cyclopropan.

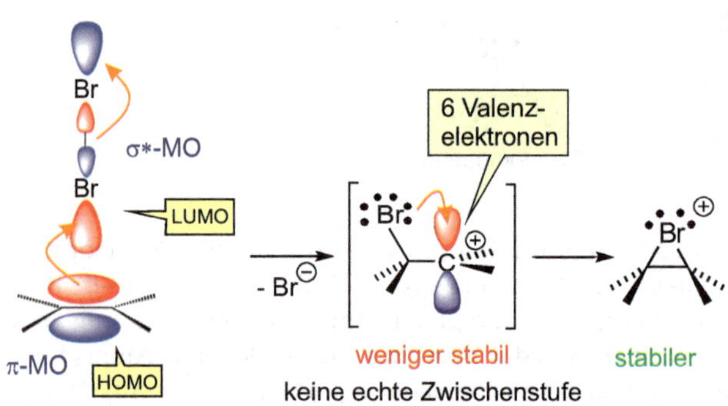

Wie reagiert das Bromoniumion mit dem Nucleophil weiter? Bei der S_N2-Reaktion haben wir gelernt, dass der Angriff eines Nucleophils immer auf das LUMO des Elektrophils erfolgt (▶ Exkurs 5.2). Das LUMO des Bromoniumions weist einen großen Orbitallappen auf der Rückseite der beiden C-Atome auf (▶ Abbildung 7.4). Dort wird der Angriff des Br^- erfolgen. Die elektrophilen Stellen des Bromoniumions sind also die beiden C-Atome. Man darf sich nicht von der positiven Formalladung am Brom täuschen lassen. Diese Formalladung ist nötig, weil sonst die Lewis-Formel falsch ist. Sie bedeutet aber nicht, dass das Brom physikalisch tatsächlich eine Stelle mit positiver Ladungsdichte ist. Diesen Unterschied zwischen Formalladung und tatsächlicher Ladungsverteilung erkennt man deutlich bei der Betrachtung des elektrostatischen Oberflächenpotenzials (ESP), das trotz der positiven Formalladung insgesamt eine hohe negative Ladungsdichte (Rotfärbung) am Brom ausweist. Die positiv polarisierten Stellen sind klar am ESP erkennbar die beiden C-Atome (Blaufärbung). Also erwarten wir sowohl bei einer orbitalkontrollierten als auch einer ladungskontrollierten Reaktion den Angriff des Nucleophils auf eines der beiden C-Atome. Ein Angriff auf das Br-Atom ist zwar auch denkbar (das LUMO hat einen großen Lappen am Br-Atom), würde aber nur wieder zur Ablösung von Br^+ unter Rückbildung von Br_2 und Alken führen.

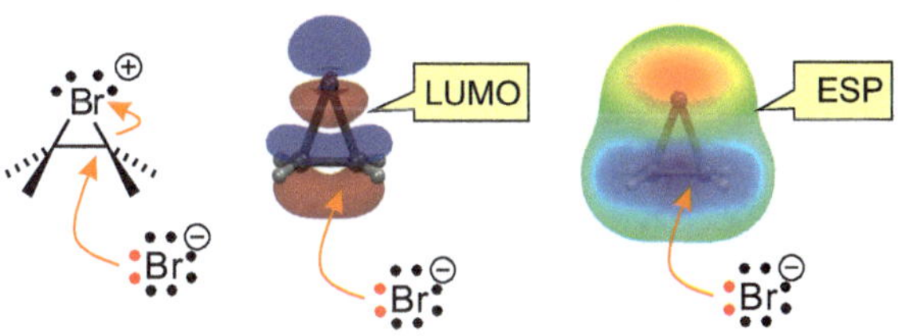

Abbildung 7.4: **Nucleophiler Rückseitenangriff auf ein Bromoniumion.** Die elektrophilen Stellen in einem Bromoniumion sind die beiden C-Atome, erkennbar am großen Orbitallappen des LUMO dort und der positiven Ladungsdichte im ESP. Das Bromidion greift daher unter Rückseitenangriff eines der beiden C-Atome an. Insgesamt findet eine *anti*-Addition statt.

7.6.3 Stereochemie der X_2-Addition: *anti*-Addition

Aufgrund des Rückseitenangriffs auf das Bromoniumion kann bei der Addition von Brom an eine Doppelbindung nur eine *anti*-Addition stattfinden. Daher bildet sich ausgehend von Cyclohexen ausschließlich *trans*-1,2-Dibromcyclohexan. Die Bildung des Bromoniumions erfolgt bei symmetrischen Alkenen wie Cyclohexen oder Ethen von beiden Seiten der Doppelbindung mit gleicher Wahrscheinlichkeit. Es entsteht aber jeweils das gleiche Bromoniumion. Da der Rückseitenangriff des Nucleophils Br^- auf die beiden C-Atome dieses Bromoniumions mit gleicher Wahrscheinlichkeit stattfindet, bildet sich das Racemat, also das 1:1-Gemisch der beiden Enantiomere. Dies ist vergleichbar der Racemisierung bei der S_N1-Reaktion.

Die X_2-Additon erfolgt stereospezifisch als *anti*-Addition.

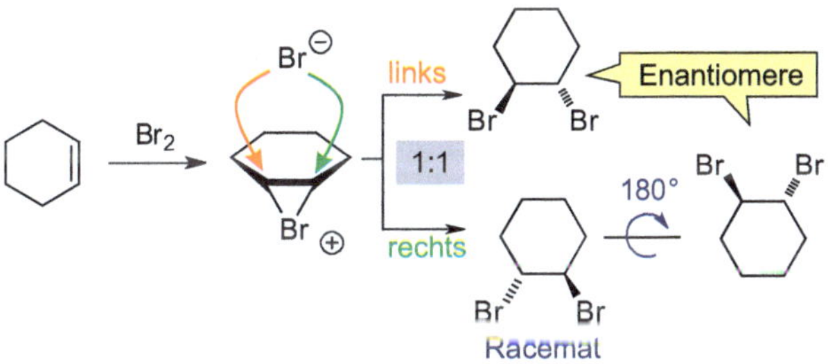

Beim Cyclohexen erkennt man die *anti*-Addition sofort an der *trans*-Stellung der beiden Bromatome im Produkt. Dies ist bei acyclischen Alkenen nicht mehr so einfach, da im Produkt um die C–C-Einfachbindung frei gedreht werden kann. Um zu erkennen, dass eine *anti*-Addition stattgefunden hat, muss man die Konfiguration der beiden neu gebildeten

Stereozentren betrachten. So entsteht bei der Bromaddition an *Z*-2-Buten ähnlich wie beim Cyclohexen racemisches 2,3-Dibrombutan (also ein 1:1-Gemisch von (*R*,*R*)- und (*S*,*S*)-2,3-Dibrombutan). Ausgehend vom diastereomeren Edukt *E*-2-Buten erhält man hingegen ausschließlich das andere Diastereomer, die optisch inaktive *meso*-Form (*R*,*S*)-2,3-Dibrombutan. Die *anti*-Addition von X_2 ist also eine **stereospezifische Reaktion**: Aus unterschiedlichen stereoisomeren Edukten entstehen spezifisch stereoisomere Produkte.

E-Alken → *meso*
Z-Alken → Racemat

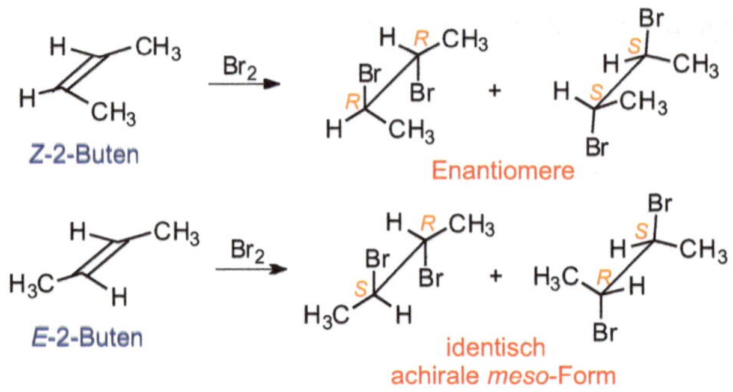

7.6.4 Angriff anderer Nucleophile: Halogenhydrinbildung

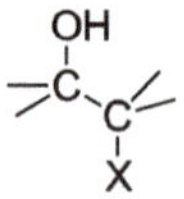
Halogenhydrin

Sind in der Reaktionsmischung außer Bromid andere Nucleophile vorhanden, so können auch diese das Bromoniumion angreifen. Führt man die Bromaddition z.B. in wässriger Lösung durch, kann das Bromoniumion nicht nur durch Br^-, sondern auch durch Wasser als Nucleophil geöffnet werden. Man erhält **Halogenhydrine** (auch Halohydrine genannt). Es handelt sich wiederum um eine stereospezifische *anti*-Addition. Halogenhydrine sind synthetisch interessant, da sie sich durch Umsetzung mit Natronlauge in **Epoxide** überführen lassen (▸ Kapitel 7.10.1). Durch welches Nucleophil das Bromoniumion letztendlich geöffnet wird, hängt von der relativen Nucleophilie und der Konzentration der vorhandenen Teilchen ab.

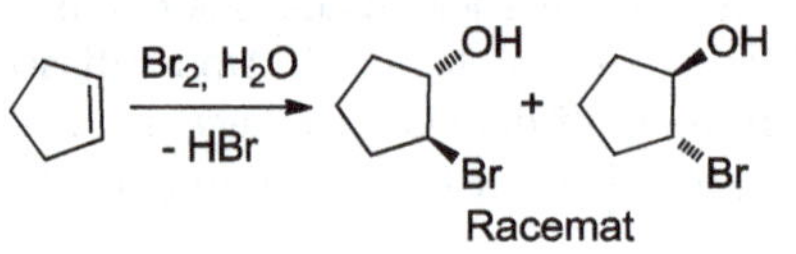

Der Mechanismus der Reaktion im Einzelnen:

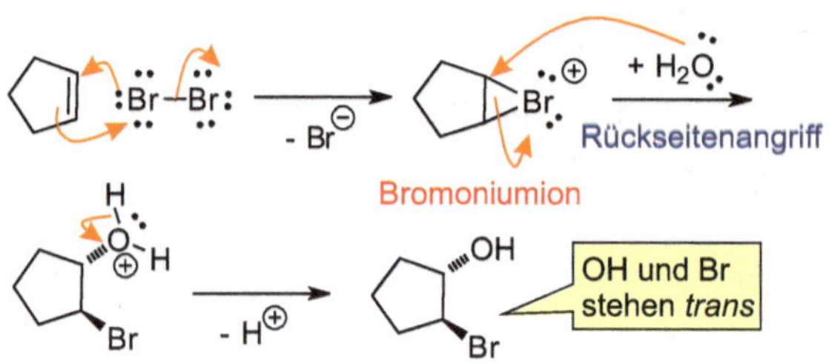

Die Darstellung von Halogenhydrinen durch Umsetzung von Alkenen mit Halogenen in Wasser ist allerdings präparativ keine besonders gute Reaktion. Zum einen entstehen in den meisten Fällen immer auch die Dihalogenalkane, die Produkte der X_2-Addition. Man erhält also Produktgemische. Zum anderen sind viele Alkene nicht oder nur sehr schlecht wasserlöslich, was die Durchführung der Reaktion erschwert. Es gibt eine bessere Methode, um Hylogenhydrine in guten Ausbeuten ohne Bildung von Nebenprodukten herzustellen. Die Frage ist, wie kann man ein Bromoniumion erzeugen, ohne dass gleichzeitig ein Bromidion als Nucleophil entsteht? Wir brauchen dafür eine andere Quelle als Br_2 für ein positiv polarisiertes Bromatom. Hierfür bietet sich z. B. *N*-Bromsuccinimid (NBS) an, dass wir bereits bei der Wohl-Ziegler-Reaktion als Br^+-Quelle kennengelernt haben (▶ Kapitel 4.9.3). Setzt man daher Alkene mit NBS in wässrigem DMSO um, erhält man in der Tat in guten Ausbeuten die entsprechenden Halogenhydrine.

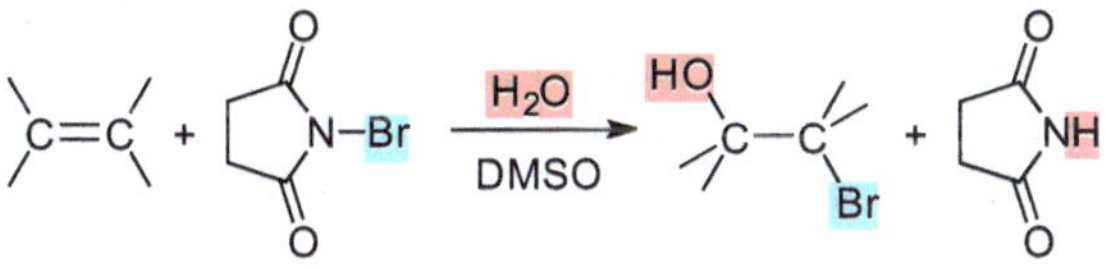

Aus dem NBS wird formal ein „Br^+" auf die Doppelbindung übertragen, es entsteht das Bromoniumion. Das Succinimidanion, das dabei zurückbleibt, kann als starke Base das vorhandene Wasser zu OH^- deprotonieren, das dann als gutes Nucleophil das Bromoniumion angreift und zum Halogenhydrin öffnet.

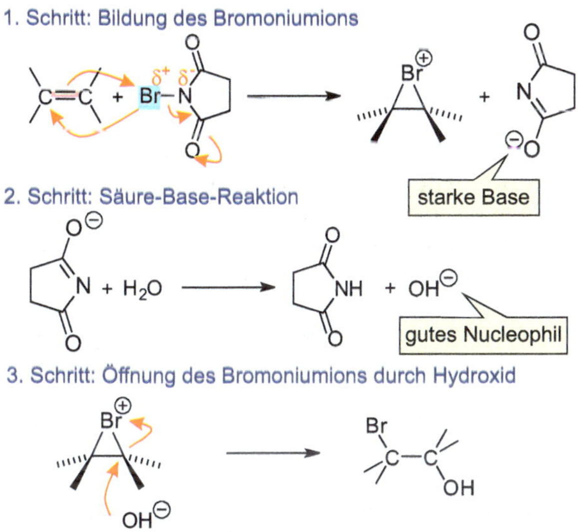

Die Halogenhydrinbildung kann bei Bromoniumionen, die sich von unsymmetrischen Alkenen ableiten, zu zwei verschiedenen konstitutionsisomeren Produkten führen, je nachdem, an welchem der beiden C-Atome das Wasser bzw. das Hydroxidion angreift. Man beobachtet in der Regel, dass der Angriff des Nucleophils **regioselektiv am höher substituierten C-Atom** erfolgt. Bei der Umsetzung von 2-Methylpropen (Isobuten) mit Brom in Wasser entsteht ausschließlich 1-Brom-2-methylpropan-2-ol. Der Grund für diese Regioselektivität liegt in der größeren Reaktivität des höher substituierten C-Atoms im Bromoniumion (▶ Exkurs 7.1). Dieses ist deutlich stärker positiv polarisiert, was zur Folge hat, dass das LUMO an diesem C-Atom einen größeren Orbitallappen hat als am weniger hoch substituierten. Das Nucleophil greift dort an, wo das LUMO am einfachsten zugänglich ist und die positive Ladungsdichte am größten ist, also am höher substituierten C-Atom.

Unsymmetrische Bromoniumionen werden durch Nucleophile bevorzugt am höher substituierten C-Atom angegriffen.

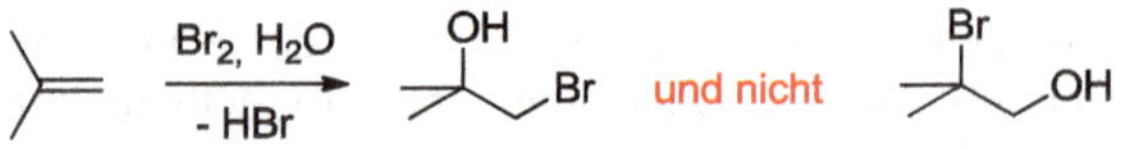

Auch bei Bromoniumionen, bei denen beide C-Atome gleich substituiert sind, kann eine regioselektive Öffnung nur an einem der beiden C-Atome stattfinden, wenn der Angriff auf das andere C-Atom durch eine **sterische Hinderung** in Nachbarstellung erschwert wird. Wir haben bei der S_N2-Reaktion bereits besprochen, dass eine Verzweigung am β-C-Atom (z. B. in Neopentylstellung) den Angriff des Nucleophils aus sterischen Gründen deutlich erschwert (▶ Kapitel 5.5.4). Im nachfolgend gezeigten Beispiel wird das Bromoniumion daher nur am sterisch leichter zugänglichen C3-Atom geöffnet. Der Angriff an C2 wird durch die beiden Methylgruppen an C1 behindert. Man erhält nur eines der beiden möglichen regioisomeren Produkte (dieses aber wieder als Racemat, da der Angriff des Br^+ und damit die Bildung des Bromoniumions von beiden Seiten der Doppelbindung mit gleicher Wahrscheinlichkeit erfolgt).

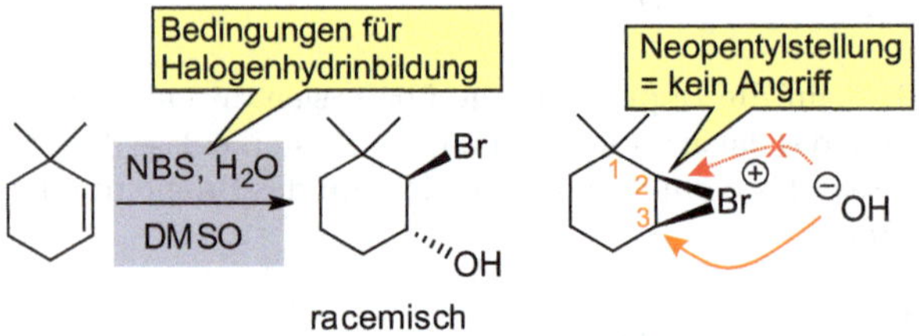

Exkurs 7.1: Regioselektive Öffnung unsymmetrischer Bromoniumionen

Bromoniumionen, die aus unsymmetrischen Alkenen wie Isobuten entstehen, weisen am höher substituierten C-Atom eine größere Reaktivität auf und werden bevorzugt dort von Nucleophilen geöffnet. Wie kann man diese erhöhte Reaktivität verstehen? Wir haben weiter oben davon gesprochen, dass sich das Bromoniumion bildet, weil das Br-Atom mit einem freien Elektronenpaar das benachbarte positiv geladene C-Atom des eigentlich erwarteten Carbeniumions stabilisiert. Diese Stabilisierung kann man als Resonanzwechselwirkung auffassen. Das Bromoniumion ist dann - wie immer bei resonanzstabilisierten Teilchen - eine Überlagerung aller möglichen Resonanzformeln, die entsprechend ihrer relativen Energien zur Struktur und Stabilität des tatsächlichen Teilchens beitragen. Betrachten wir unter diesem Gesichtspunkt das vom Isobuten abgeleitete Bromoniumion. Neben der verbrückten Struktur lassen sich als weitere Resonanzformeln ein tertiäres und ein deutlich weniger stabiles, primäres Carbeniumion formulieren. Das Bromoniumion ähnelt in seinen Eigenschaften mehr dem stabileren, tertiären als dem weniger stabilen, primären Carbeniumion, es hat also z. B. eine höhere positive Ladungsdichte und damit eine erhöhte Reaktivität am höher substituierten C-Atom.

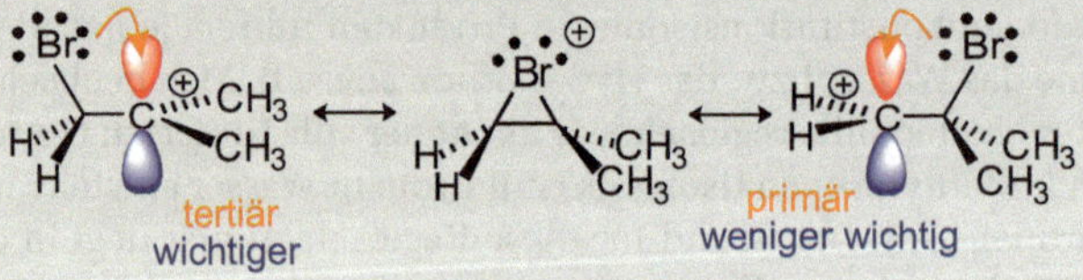

Diese Betrachtungsweise wird durch theoretische Berechnungen gestützt, die eine **verzerrte Struktur unsymmetrischer Bromoniumionen** vorhersagen mit einer deutlich längeren C–Br-Bindung zum tertiären C-Atom (250 pm) und einer kürzeren Bindung zum primären C-Atom (200 pm). Folgerichtig hat das tertiäre C-Atom nicht nur eine größere positive Ladungsdichte, sondern auch das LUMO einen größeren Orbitallappen, sodass ein Nucleophil bevorzugt dort angreift (▶ Abbildung 7.5).

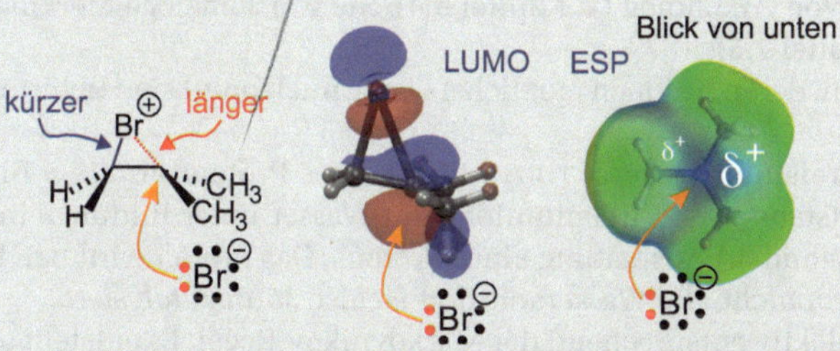

Abbildung 7.5: **Unsymmetrisches Brommoniumion.** Bromoniumionen, die sich von unsymmetrischen Alkenen wie Isobuten ableiten, haben eine verzerrte Struktur mit einer deutlich höheren positiven Ladungsdichte am höher substituierten C-Atom (stärkere Blaufärbung). Betrachtet man das LUMO, sieht man ebenfalls, dass der Angriff eines Nucleophils bevorzugt am höher substituierten C-Atom stattfindet.

Verwirrung bereitet vielen Studierenden anfangs, dass der Angriff des Nucleophils in diesem Fall offensichtlich schneller am höher substituierten, damit aber am sterisch schlechter zugänglichen C-Atom erfolgt. Wir haben im Zusammenhang mit der S_N2-Reaktion betont, dass der Rückseitenangriff umso schneller erfolgt, je weniger hoch das C-Atom substituiert ist. Deswegen reagieren tertiäre Halogenalkane gerade nicht in S_N2-Reaktionen. Wie passt das zusammen? Der entscheidende Punkt ist, dass **die Sterik nur dann ausschlaggebend ist, wenn die Reaktivität der beiden C-Atome gegenüber dem Nucleophil gleich ist**. Bei Halogenalkanen ist die Polarisierung der C–X-Bindung unabhängig vom Substitutionsgrad. Deswegen sind die Elektrophilie der C-Atome und damit ihre Reaktivität für den Angriff eines Nucleophils bei primären, sekundären und tertiären Substraten gleich. Dann und nur dann ist entscheidend, wie leicht das C-Atom sterisch angegriffen werden kann. Im Fall eines unsymmetrischen Bromoniumions ist die Reaktivität der beiden C-Atome aber nicht mehr gleich. Das höher substituierte C-Atom ist aufgrund der stärkeren positiven Ladungsdichte deutlich elektrophiler und damit viel reaktiver. Die Reaktion ist am tertiären C-Atom daher trotz der sterischen Hinderung sehr viel schneller als am weniger reaktiven primären C-Atom, auch wenn dieses leichter zugänglich ist.

7.7 Wasseraddition an Alkene: Darstellung von Alkoholen

Neben der Addition von HX und X_2 ist die Addition von Wasser (**Hydratisierung**) eine weitere sehr wichtige Reaktion von Alkenen, da sich so Alkohole darstellen lassen, die als solche oder als Intermediate für die Herstellung anderer Verbindungen interessant sind. Für die Hydratisierung von Alkenen stehen im Wesentlichen drei verschiedene Methoden zur Verfügung:

- säurekatalysierte Wasseraddition
- Oxymercurierung/Reduktion
- Hydroborierung/Oxidation

7.7.1 Säurekatalysierte Wasseraddition

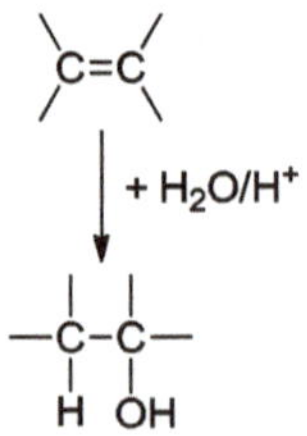

säurekatalysierte Wasseraddition

Nur mit Wasser alleine reagieren Alkene nicht, da in reinem Wasser kein geeignetes Elektrophil vorliegt. Erst bei Zugabe einer kleinen Menge einer starken Säure bildet sich ein Alkohol. Die säurekatalysierte Wasseraddition ist mechanistisch exakt die Umkehrung der schon besprochenen E1-Eliminierung von Alkoholen (▸ Kapitel 6.4). Sie weist analoge Merkmale wie die HX-Addition auf (▸ Kapitel 7.5):

- Benötigt werden starke Säuren, deren Anionen möglichst wenig nucleophil sind (meistens H_2SO_4, HNO_3 oder H_3PO_4).
- Es handelt sich um einen Dreistufenprozess: 1.) Addition eines Protons an die π-Bindung, 2.) Reaktion des so entstandenen Carbeniumions mit Wasser unter Bildung eines protonierten Alkohols ROH_2^+ und 3.) Abspaltung eines Protons. Das Proton wird bei der Reaktion insgesamt nicht verbraucht, die Wasseraddition ist also *säurekatalysiert*.
- Die Addition verläuft regioselektiv entsprechend der Markovnikov-Regel. Es entsteht der höher substituierte Alkohol.
- Da ein Carbeniumion durchlaufen wird, können Umlagerungen auftreten.
- Die Reaktion verläuft über ein planares Carbeniumion und ist damit nicht stereospezifisch. Es können *syn*- und *anti*-Addition stattfinden.
- Durch die stark sauren Reaktionsbedingungen ist die Reaktion aber nur für wenige Substrate im Labor geeignet, da Zersetzung und Nebenreaktionen auftreten können. Es handelt sich dennoch um einen wichtigen technischen Prozess.

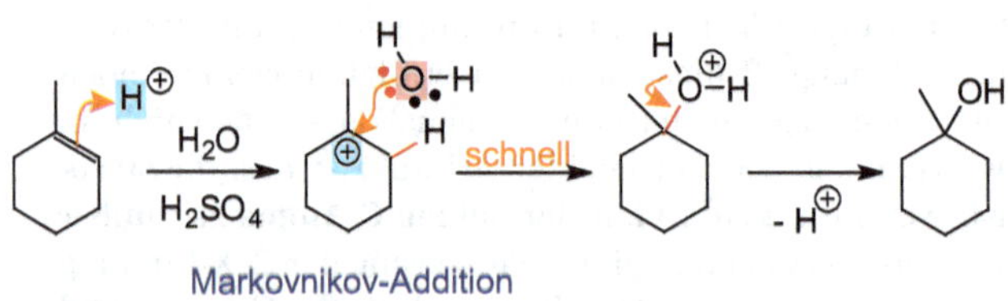

Das Carbeniumion kann ebenfalls durch das schwach nucleophile Hydrogensulfat angegriffen werden, weshalb intermediär auch Alkylsulfate $ROSO_3H$ entstehen, die dann durch Wasser zum Alkohol hydrolysiert werden. Technisch wird auf diese Weise z. B. Ethanol durch Umsetzung von Ethen mit Wasser in Gegenwart von Phosphorsäure bei 250 °C hergestellt (sogenannter Industriealkohol im Gegensatz zum fermentativ hergestellten Bioethanol). Die hohen Temperaturen sind nötig, weil die Reaktion über ein instabiles primäres Carbeniumion verläuft.

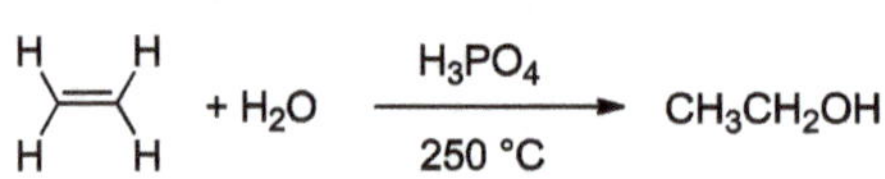

7.7.2 Oxymercurierung/Reduktion

Eine viel bessere Methode zur Darstellung von Alkoholen als die säurekatalysierte Wasseraddition ist die **Oxymercurierung/Reduktion**, die allgemein in sehr guten Ausbeuten unter milden Bedingungen verläuft. Dabei wird ein Alken in wässrigem Tetrahydrofuran (THF) zuerst mit Quecksilber(II)acetat (Vorsicht: giftig!) und anschließend mit Natriumborhydrid umgesetzt.

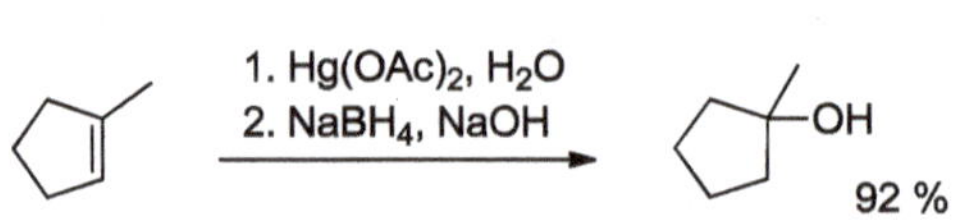

Mechanistisch lässt sich diese Umsetzung mit dem bisher Gelernten gut verstehen. Im ersten Schritt addiert sich unter Abspaltung von Acetat ein $HgOAc^+$-Teilchen an die π-Bindung. Hg(II) verhält sich mit seiner $5d^{10}$-$6s^0$-Elektronenkonfiguration wie ein „weiches" Proton ($1s^0$) und reagiert daher nach dem HSAB-Konzept (▸ Exkurs 6.1) sehr schnell mit der π-Bindung, einem ebenfalls weichen Nucleophil. Da Hg(II) aber im Gegensatz zu einem Proton mit seinen 5d-Elektronen über zusätzliche freie Elektronenpaare verfügt, bildet sich ebenso wie bei der Bromaddition ein cyclisches **Mercuriniumion**. Dieses wird im nächsten Schritt von Wasser als Nucleophil *trans*-selektiv geöffnet. Bei unsymmetrischen Alkenen erhält man wiederum verzerrte Mercuriniumionen, die wie verzerrte Bromoniumionen am höher substituierten C-Atom vom Wasser angegriffen werden (▸ Exkurs 7.1). Dieser Schritt ist verantwortlich für die **Markovnikov-Regioselektivität**. Der abschließende Schritt ist eine reduktive Demercurierung durch Natriumborhydrid $NaBH_4$ (Quelle für Hydridionen H^-), die wahrscheinlich über einen radikalischen Zerfall einer intermediär gebildeten Quecksilberwasserstoffverbindung R–Hg–H verläuft. Der Mechanismus dieses Schritts ist noch nicht genau geklärt. Dabei wird elementares Quecksilber freigesetzt, das giftig ist und entsorgt werden muss. Dies ist zusammen mit der Giftigkeit des eingesetzten Quecksilberacetats ein Nachteil der Reaktion.

Oxymercurierung/Reduktion:
- *anti*-Addition von OH und Hg(II)
- Markovnikov-Selektivität
- keine Umlagerungen

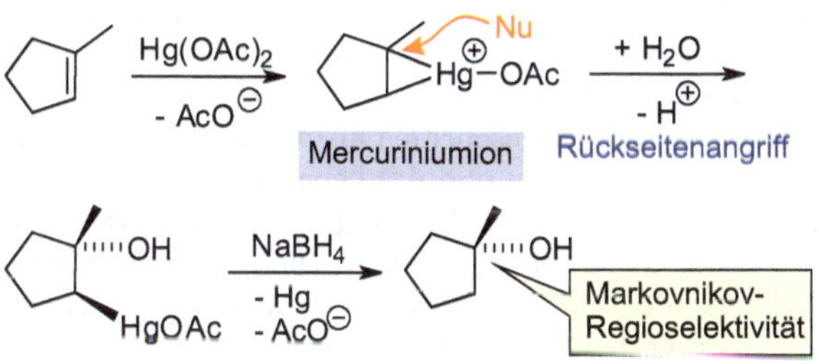

Da keine freien Carbeniumionen bei der Reaktion auftreten, beobachtet man auch **keine Umlagerungen**, was ein Vorteil gegenüber der direkten säurekatalysierten Wasseraddition ist. Die Oxymercurierung von 2,2-Dimethyl-3-buten ergibt daher in 97 % Ausbeute den sekundären Alkohol, während bei der säurekatalysierten Wasseraddition als Hauptprodukt der durch eine Wagner-Meerwein-Umlagerung gebildete tertiäre Alkohol entsteht.

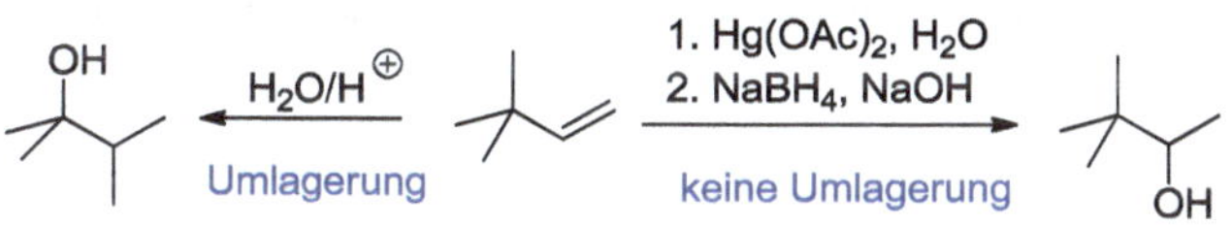

Führt man die Oxymercurierung nicht in Wasser, sondern in Gegenwart eines Alkohols wie z. B. Isopropanol (2-Propanol, abgekürzt als ^{i}PrOH) durch, so wird das Mercuriniumion durch den Alkohol geöffnet und man erhält als Produkt einen **Ether** anstelle eines Alkohols.

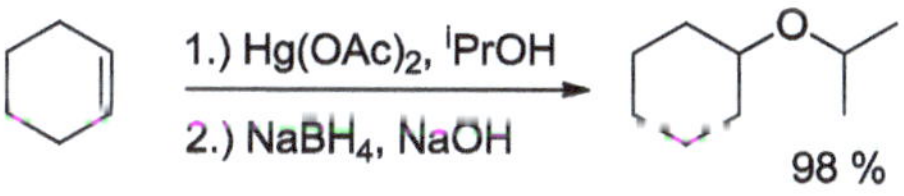

7.7.3 Hydroborierung/Oxidation

Hydrobierung/Oxidation:
- *syn*-Addition
- *anti*-Markovnikov-Selektivität

Eine zur Oxymercurierung komplementäre Reaktion ist die Hydroborierung/Oxidation von Alkenen. Es handelt sich im Gesamtergebnis um eine ***syn*-Addition von Wasser**, die mit ***anti*-Markovnikov-Regioselektivität** verläuft. Man erhält also die weniger substituierten Alkohole. Die Reaktion wurde in den 1960er Jahren von H. C. Brown entdeckt, der dafür 1978 den Nobelpreis für Chemie verliehen bekam. Für diese Reaktion wird das Alken mit Boran BH_3 bzw. Diboran B_2H_6 umgesetzt. Dabei entsteht durch Addition der B–H-Bindungen an die Doppelbindung des Alkens zuerst ein Trialkylboran R_3B, das anschließend mit basischem Wasserstoffperoxid zum Alkohol oxidiert wird.

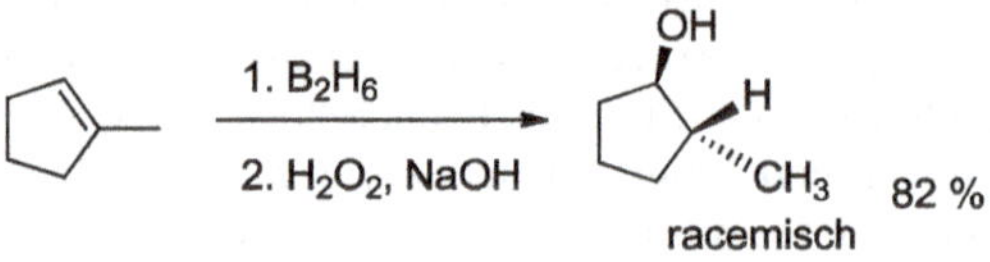

1. Schritt: Konzertierte *syn*-Addition von BH_3 an das Alken

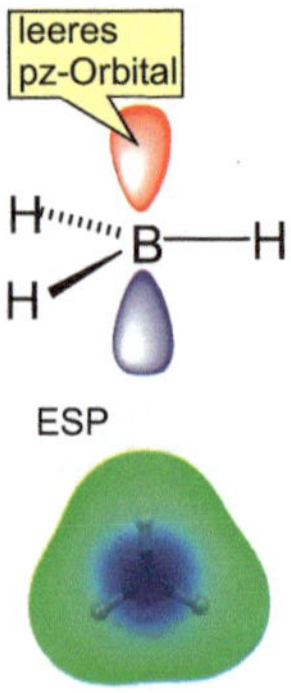

Boran BH_3

Betrachten wir die einzelnen Schritte der Reaktion etwas genauer. Boran BH_3 liegt in Lösung im Gleichgewicht mit Diboran B_2H_6 vor oder als Lewis-Säure-Base-Addukt mit einem koordinierenden Lösemittel wie THF (▶ Exkurs 7.2). Das Boratom im BH_3 hat nur sechs Valenzelektronen und ist damit ein starkes Elektrophil, das das Alken angreift. Dabei kommt es zu einer **konzertierten Addition** einer B–H-Bindung an die π-Bindung. Die Reaktion verläuft über einen viergliedrigen Übergangszustand, in dem sowohl die C–B-Bindung als auch die C–H-Bindung gleichzeitig ausgebildet werden. Beide Bindungen entstehen so auf der gleichen Seite der π-Bindung (***syn*-Addition von B und H**). Allerdings ist die Bildung der C–B-Bindung im Übergangszustand schon weiter fortgeschritten als die der C–H-Bindung. Dadurch erhält hat das Bor eine negative Partialladung und das benachbarte C-Atom eine positive Partialladung (▶ Abbildung 7.6). Dieser verzerrte Übergangszustand erklärt zusammen mit dem günstigeren sterischen Verlauf (siehe unten) die **Regioselektivität der Hydroborierung**: An eine π-Bindung mit unterschiedlich substituierten C-Atomen addiert sich das elektrophile Bor an das weniger substituierte C-Atom, damit im Übergangszustand die zwischenzeitlich gebildete positive Partialladung am höher substituierten C-Atom lokalisiert ist, wo sie besser stabilisiert wird. Bei der Hydroborierung von Isobuten addiert sich das Bor daher bevorzugt an das primäre C-Atom. Die positive Partialladung sitzt dann im Übergangszustand an einem tertiären C-Atom und wird durch die benachbarten Methylgruppen stabilisiert. Erfolgt die Addition mit umgedrehter Regioselektivität befindet sich die positive Partialladung hingegen an einem primären C-Atom. Dieser Übergangszustand ist deutlich weniger stabil, zumal er auch sterisch weniger günstig ist. Der andere Reaktionspfad ist daher entsprechend schneller und wird bevorzugt.

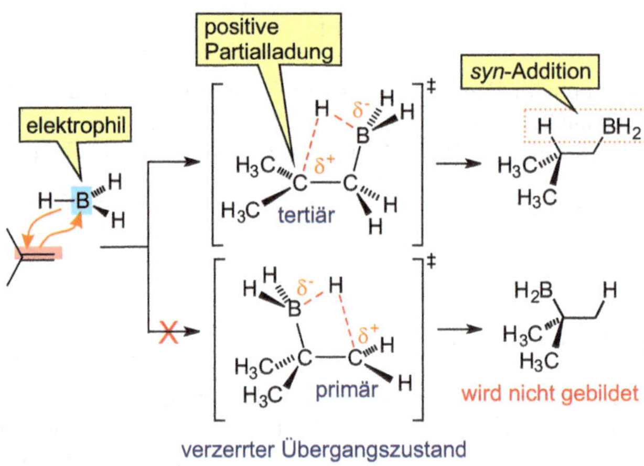

Exkurs 7.2: Diboran

Boran BH_3 ist eine sogenannte **Elektronenmangelverbindung** mit nur sechs Valenzelektronen am Bor und ist damit *isoelektronisch zum Methylkation* CH_3^+. Als isoelektronisch bezeichnet man Teilchen, die die gleiche Elektronenkonfiguration aufweisen, aber aus unterschiedlichen Atomen bestehen. Ein C^+ hat die gleiche Elektronenkonfiguration ($2s^2$ $2p^1$) wie das im Periodensystem davor stehende B-Atom. Da die chemischen Eigenschaften von der Elektronenkonfiguration bestimmt werden, haben isoelektronische Teilchen ähnliche chemische Eigenschaften. BH_3 ähnelt daher dem CH_3^+-Kation. Das B-Atom ist ebenfalls sp^2-hybridisiert und damit trigonal-planar. Das p_z-Orbital ist wie bei einem Carbeniumion leer und Boran ist ein starkes Elektrophil. BH_3 ist allerdings wegen der fehlenden positiven Ladung weniger reaktiv als das extrem instabile und hochreaktive CH_3^+. Trotzdem ist BH_3 in freier Form nicht stabil, sondern dimerisiert sofort zum **Diboran** B_2H_6. Diboran ist ein farbloses, giftiges Gas mit unangenehmem Geruch. Die chemische Struktur des Diborans ist sehr interessant: Zwei H_2B-Einheiten werden über zwei H-Atome über **2-Elektronen-3-Zentren-Bindungen** (2e-3Z-Bindung) verbrückt, was den Elektronenmangel der Boratome im B_2H_6 gegenüber BH_3 etwas abmildert. Bei einer 2e-3Z-Bindung werden nicht wie sonst bei Atombindungen zwei Atome durch ein gemeinsames, bindendes Elektronenpaar verbunden, sondern drei Atome (im Diboran B–H–B). Dieser Bindungstyp findet sich nur bei Elektronenmangelverbindungen, bei denen nicht genügend Valenzelektronen vorhanden sind, um alle Atome durch klassische Atombindungen miteinander zu verknüpfen. 2e-3Z-Bindungen sind sehr viel schwächer als normale Atombindungen, so dass Diboran nach wie vor sehr reaktiv ist und z. B. spontan mit Luftsauerstoff oder Wasser unter Zersetzung reagiert. Diboran ist daher selbstentzündlich und verbrennt bei Luftkontakt mit grünlicher Flamme. In koordinierenden Lösemitteln wie THF oder Diethylether (Lewis-Basen) dissoziiert B_2H_6 in BH_3, das mit dem Lösemittel einen Lewis-Säure-Base-Komplex bildet. Lösungen von BH_3 in THF sind kommerziell erhältlich, aber teuer.

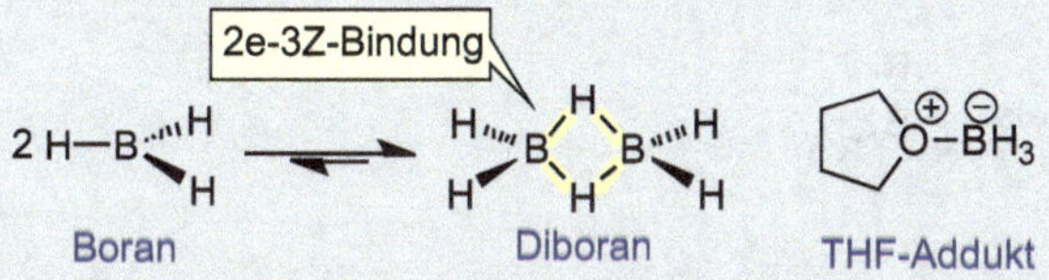

Im Labor wird Diboran B_2H_6 häufig auch einfach *in situ* durch die Umsetzung von Natriumborhydrid mit Bortrifluorid oder Iod hergestellt.

$4\,BF_3 + 3\,NaBH_4 \rightarrow 2\,B_2H_6 + 3\,NaBF_4$

$2\,NaBH_4 + I_2 \rightarrow B_2H_6 + 2\,NaI + H_2$

Der Angriff des Borans auf das weniger substituierte C-Atom ist aber nicht nur elektronisch durch die bessere Stabilisierung der auftretenden Partialladungen, sondern auch sterisch günstiger. Greift das Bor das tertiäre C-Atom an, kommt es im Übergangszustand zu ungünstigen ekliptischen Wechselwirkungen (▶ Kapitel 3.1) zwischen den beiden nicht reagierenden H-Atomen am Bor und den beiden Methylgruppen am tertiären Kohlenstoff. Beim Angriff auf das primäre C-Atom treten hingegen nur ekliptische Wechselwirkungen mit den beiden dort gebundenen H-Atomen auf, was energetisch günstiger ist.

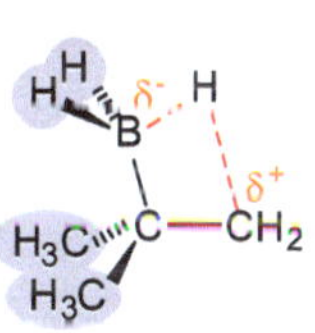

ungünstige ekliptische Wechselwirkungen im ÜZ

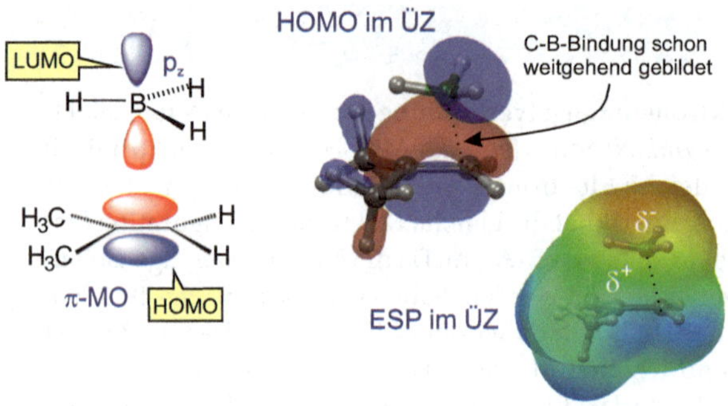

Abbildung 7.6: Übergangszustand der Hydroborierung von Isobuten. BH_3 greift als Elektrophil mit dem leeren p-Orbital des Boratoms die π-Bindung an. Im Übergangszustand ist das Elektronenpaar der π-Bindung teilweise schon auf das Bor übertragen (erkennbar daran, dass sich das HOMO bereits deutlich auch über das Bor erstreckt). Dieses erhält dadurch eine negative Partialladung (erkennbar an der Rotfärbung im ESP) und das benachbarte C-Atome eine positive Partialladung. Die Regioselektivität der Addition lässt sich neben der günstigeren Sterik auch darauf zurückführen, dass diese positive Partialladung am höher substituierten C-Atom besser stabilisiert wird.

Im Additionsprodukt ist das Bor nach wie vor stark elektrophil und verfügt über zwei weitere reaktive B–H-Bindungen, die sich völlig analog jeweils an ein weiteres Alken addieren. Insgesamt findet also eine Reaktion von einem Äquivalent Boran mit drei Äquivalenten Alken statt. Das Produkt der Reaktion ist ein **Trialkylboran** R_3B.

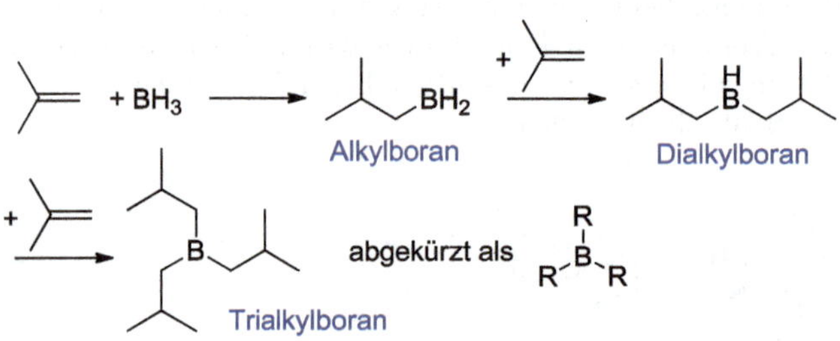

2. Schritt: Oxidation des Trialkylborans zum Alkohol

Um den Alkohol zu erhalten, setzt man nach der Bildung des Trialkylborans ein Gemisch aus Wasserstoffperoxid und Natronlauge zu. In dieser Lösung liegt das Hydroperoxidanion HOO^- vor (H_2O_2: pK_s = 11,6 im Vergleich H_2O: pK_s = 15,7). Dieses reagiert als exzellentes Nucleophil sofort mit dem Trialkylboran. Das B-Atom im Trialkylboran R_3B hat nach wie vor nur sechs Valenzelektronen und ist damit stark elektrophil und sehr reaktiv, auch wenn der Elektronenmangel durch die elektronenschiebenden Alkylreste im Vergleich zum Boran BH_3 etwas ausgeglichen wird. Es bildet sich ein Lewis-Säure-Base-Addukt, in dem das Bor formal negativ geladen ist. Der entscheidende Reaktionsschritt ist der nun folgende: Es kommt zu einer intramolekularen Wanderung eines Alkylrests R formal als Anion R^- vom Bor zum O-Atom unter gleichzeitiger Abspaltung von Hydroxid OH^- (man spricht daher wieder von einer anionotropen Umlagerung, genau wie bei der Wagner-Meerwein-Umlagerung, ▶ Kapitel 5.8). Triebkraft für diese Umlagerung ist zum einen die hohe Elektronendichte in der C–B-Bindung und die Labilität der O–O-Bindung im Edukt und zum anderen die Bildung einer sehr stabilen B–O-Bindung im Produkt.

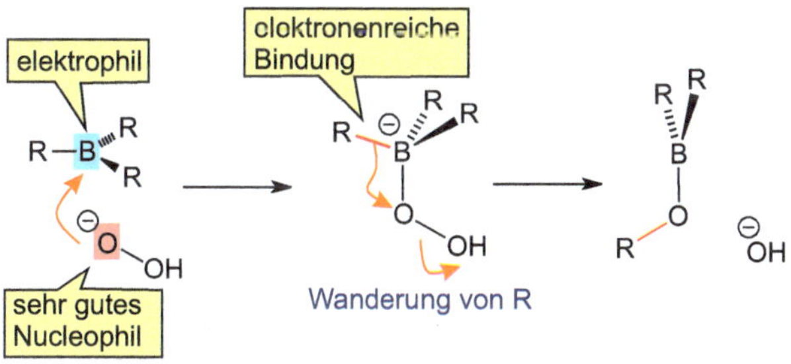

Dieser Reaktionsschritt wiederholt sich noch zweimal, bis aus dem Trialkylboran R_3B ein Trialkoxyboran $(RO)_3B$ geworden ist. Dieses ist wesentlich stabiler als R_3B, da das Boratom durch die drei O-Atome mit ihren freien Elektronenpaaren stabilisiert wird ((+)-M-Effekt, ▶ Kapitel 4.8.2). Ein Trialkoxyboran $(RO)_3B$ ist nichts anderes als ein Borsäureester und hydrolysiert, wie jeder andere Ester auch (▶ Kapitel 9), in alkalischer wässriger Lösung in den Alkohol ROH und Borsäure $B(OH)_3$. Diese Hydrolyse verläuft wiederum über die Addition eines Hydroxids (oder auch HOO^-) an das B-Atom im $(RO)_3B$. Es entsteht ein tetraedrisches anionisches Intermediat, aus dem das Alkoholat RO^- abgespalten wird. Dieses wird in wässriger Lösung protoniert. Man erhält den Alkohol ROH. Da sich im ersten Schritt das Bor an das weniger hoch substituierte C-Atom addiert hat, sitzt auch die OH-Gruppe im Alkohol dort. Es bildet sich also der weniger substituierte Alkohol.

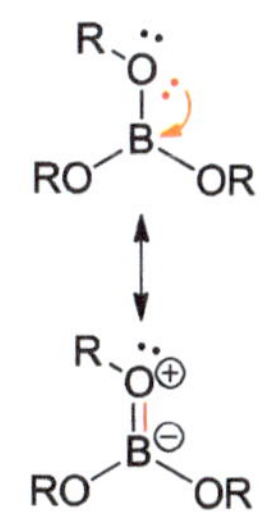
Mesomeriestabilisierung im Trialkoxyboran

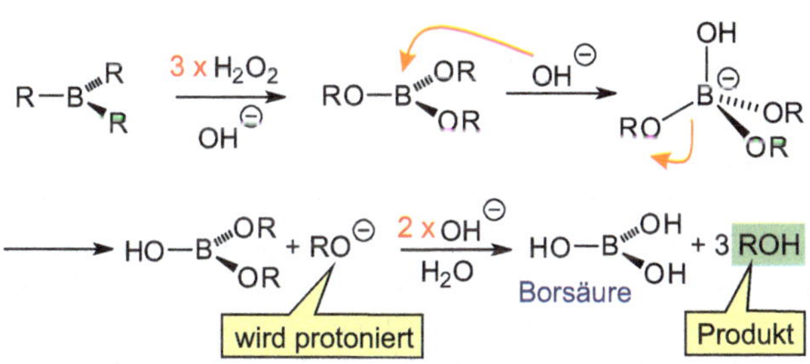

Auch wenn sich damit für die gesamte Reaktionssequenz Hydroborierung/Oxidation eine *anti*-Markovnikov-Regioselektivität ergibt, verläuft die Reaktion mechanistisch trotzdem entsprechend der Markovnikov-Regel: Nur dass diesmal im Gegensatz zu den bisher besprochenen HX-Additionen das elektrophile Atom, das zuerst an die π-Bindung addiert wird, das Bor und nicht der Wasserstoff ist. Da bei der Wanderung des Rests R vom B- zum O-Atom die Konfiguration des wandernden C-Atoms erhalten bleibt (**Wanderung unter Retention**), sitzt das O-Atom im Alkohol genau dort, wo vorher das B-Atom gebunden war: *syn*-ständig zum H-Atom am weniger substituierten C-Atom.

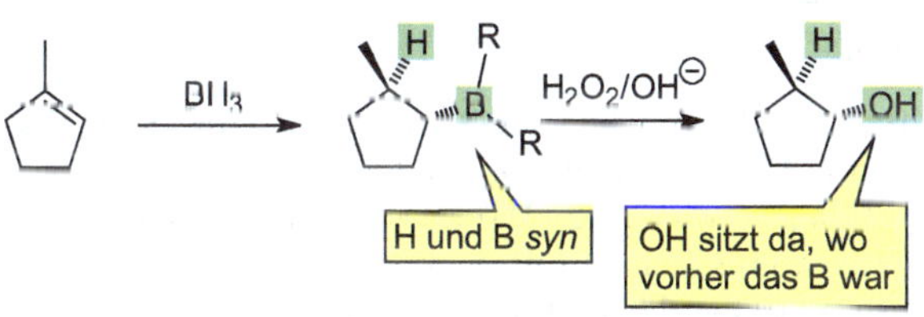

Die beiden Reaktionen Oxymercurierung/Reduktion und Hydroborierung/Oxidation sind also komplementäre Umsetzungen, die ausgehend vom gleichen Alken einmal den höher substituierten und einmal den weniger hoch substituierten Alkohol ergeben. Zusammen mit der direkten säurekatalysierten Wasseraddition, die ebenfalls den höher substituierten Alkohol, aber eventuell mit Gerüstumlagerungen ergibt, hat man somit mehrere Methoden zur Auswahl, um ausgehend von einem Alken verschiedene isomere Alkohole herstellen zu können.

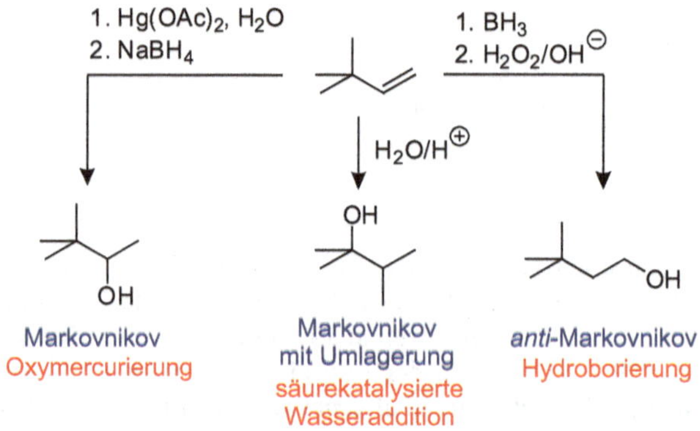

Setzt man nach der Hydroborierung die gebildeten Alkylborane anstatt mit basischem H_2O_2 mit Halogenen um, kann man in guten Ausbeuten Halogenalkane herstellen. Die Regioselektivität ist wiederum komplementär zur direkten elektrophilen Addition von HX. Es entsteht das *anti*-Markovnikov-Produkt.

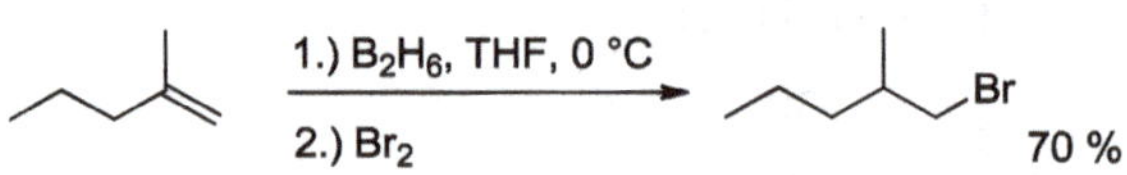

Katalytische Hydrierung 7.8

Hydrierung = Addition von H_2

Obwohl die H_2-Addition an eine C=C-Doppelbindung ein stark exothermer und insgesamt thermodynamisch freiwillig ablaufender Vorgang ist ($\Delta_R G° < 0$, ▸ Kapitel 7.4), findet die Reaktion bei Raumtemperatur nur extrem langsam statt. Man kann eine Mischung von Ethen und H_2 beliebig lange aufbewahren, ohne dass nennenswerte Mengen Ethan entstehen. Erst nach Zugabe eines Katalysators, meistens fein verteilte Edelmetalle wie Nickel, Platin oder Palladium, läuft die Reaktion ab. Es handelt sich um ein Beispiel für eine **heterogene Katalyse** (▸ Exkurs 7.3). Um eine möglichst große Katalysatoroberfläche zur Verfügung zu haben, werden feinst verteilte Edelmetalle auf porösen Trägermaterialien wie Aktivkohle (feinkörniger Kohlenstoff mit großer innerer Oberfläche) oder Aluminiumoxid Al_2O_3 verwendet. Dies gibt man z. B. als Pd/C an und meint damit, dass man fein verteilte Palladiumpartikel auf Aktivkohle aufgetragen als Katalysator verwendet.

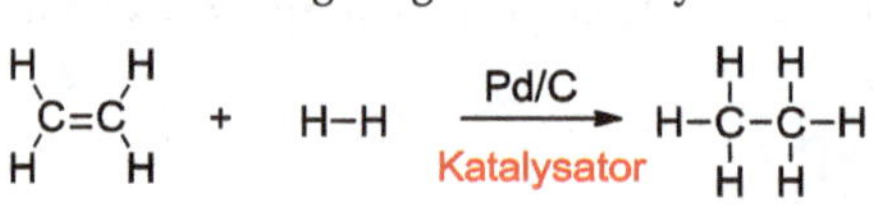

Diese Reaktion verläuft anders als die bisher besprochenen elektrophilen Additionen. Wasserstoff ist ein völlig unpolares Molekül, das auch nicht wie Br_2 durch die Annäherung an die π-Bindung durch Polarisierung aktiviert werden kann. Das H_2-Molekül kann daher nicht direkt mit dem Alken reagieren, sondern muss zuerst durch einen Edelmetallkatalysator aktiviert werden. Die Metallatome auf der Oberfläche des Katalysators sind sehr reaktiv, da sie anders als die Atome im Inneren des Metalls nicht von allen Seiten von Bindungspartnern umgeben sind. Daher können sie weitere Moleküle aus der umgebenden Gasphase oder Flüssigkeit binden. Bei der Adsorption von H_2 ist die Wechselwirkung mit der Metalloberfläche so stark, dass die H–H-Bindung bricht und man zwei H-Atome erhält, die an die Metalloberfläche gebunden sind. Diese H-Atome sind gebundene Radikale und damit wesentlich reaktiver als H_2-Moleküle. Die Wirkung des Katalysators besteht also darin, die Aktivierungsenergie für das Brechen der H–H-Bindung zu verringern, da durch die gleichzeitige Adsorption der sich bildenden H-Atome auf der Metalloberfläche wieder Energie frei wird. Auf der Oberfläche sind die H-Atome frei beweglich und können hin und her wandern, bis sie auf ein adsorbiertes Alken treffen. Aufgrund der leicht polarisierbaren π-Bindung werden auch Alkene gut auf der Metalloberfläche absorbiert. Dann addiert sich ein H-Atom an die π-Bindung, es bildet sich ein Alkylradikal, das weiterhin auf der Metalloberfläche gebunden ist. Trifft dieses Alkylradikal auf ein zweites H-Atom, entsteht ein Alkan, das schlechter gebunden wird und sich daher von der Katalysatoroberfläche ablöst. Da beide H-Atome von der Metalloberfläche auf dieselb Seite der Doppelbindung übertragen werden, findet wieder eine *syn*-Addition statt (▸Abbildung 7.7). Daher wird bei der Hydrierung von 1,2-Dimethylcyclohexen als Hauptprodukt *cis*-Dimethylcyclohexan gebildet.

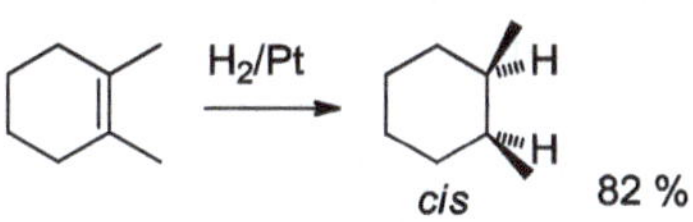

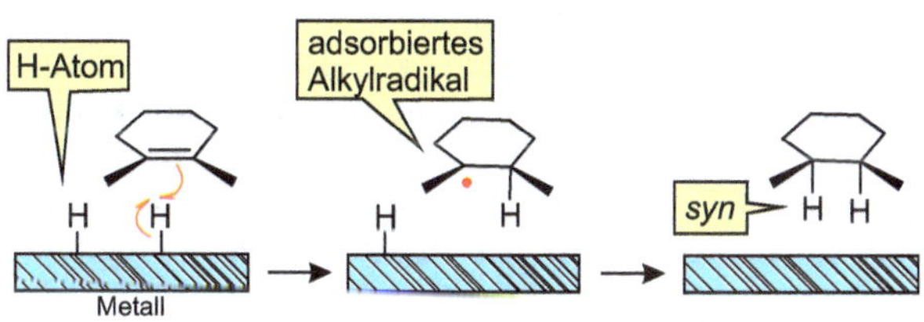

Abbildung 7.7: Katalytische Hydrierung. Bei der Adsorption von H_2 auf einer Edelmetalloberfläche wird die H–H-Bindung gespalten. Die adsorbierten H-Atome reagieren schrittweise in einer radikalischen Addition mit der π-Bindung eines ebenfalls adsorbierten Alkens. Es kommt zur *syn*-Addition von H_2 an die Doppelbindung. Es handelt sich um eine heterogen katalysierte Reaktion.

Die katalytische Hydrierung ist sehr **chemoselektiv**, andere reduzierbare funktionelle Gruppen wie Carbonylgruppen C=O werden unter diesen Bedingungen nicht angegriffen. Man kann daher eine C=C-Doppelbindung in einem Molekül selektiv in Gegenwart z. B. einer Aldehydgruppe hydrieren.

C=C lässt sich in Gegenwart von C=O chemoselektiv mit H_2/Katalysator reduzieren.

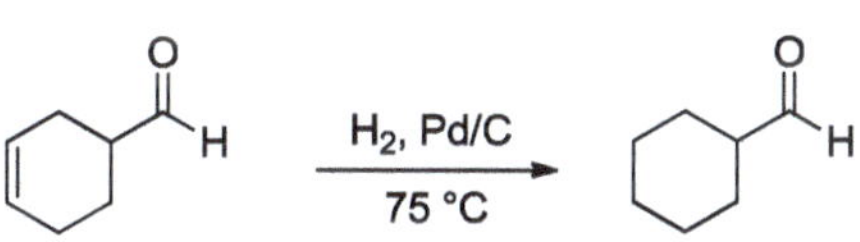

Die *syn*-Addition des Wasserstoffs erfolgt zudem von der sterisch leichter zugänglichen Seite des Alkens. Dies liegt daran, dass das Alken ebenfalls an die Metalloberfläche adsorbiert werden muss, was von der sterisch weniger anspruchsvollen Seite her einfacher ist. Die H-Atome werden dann von der Metalloberfläche auf eben diese Seite des Alkens übertragen.

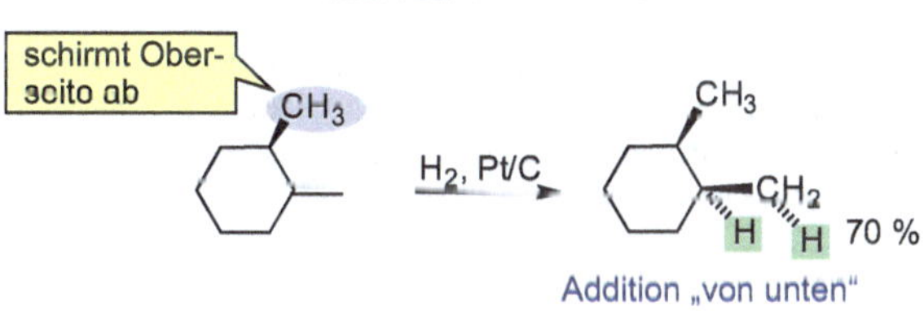

Exkurs 7.3: Katalyse

Wir haben gerade gesehen, dass die Hydrierung eines Alkens mit H_2 nur stattfindet, wenn ein fein verteiltes Edelmetall als Katalysator vorhanden ist. Dieser beschleunigt die H_2-Addition, die zwar thermodynamisch günstig, aber unmessbare langsam ist, soweit, dass sie mit nennenswerter Geschwindigkeit abläuft und als Synthesemethode genutzt werden kann. Dies erreicht der Katalysator durch eine **Erniedrigung der Aktivierungsenergie** E_a. Der Katalysator verändert den Mechanismus der Reaktion und eröffnet einen neuen Reaktionsweg mit einer niedrigeren Aktivierungsenergie, wird aber selber bei der Reaktion nicht verbraucht. Er liegt daher nach der Reaktion unverändert vor. Ein Katalysator kann z. B. einer langsam ablaufenden einstufigen Reaktion mit einer hohen Aktivierungsenergie einen neuen mehrstufigen Reaktionspfad mit mehreren kleineren Aktivierungsbarrieren eröffnen (▸ Abbildung 7.8). Wie wir gesehen haben, zerlegt der Edelmetallkatalysator die H_2-Addition an ein Alken in mehrere Einzelschritte: Zuerst erfolgt die Spaltung der H–H-Bindung und dann die Bildung der beiden neuen C–H-Bindungen. Dieser schrittweise Prozess *unter Beteiligung der Metalloberfläche* ist in Summe energetisch einfacher und damit schneller als die direkte H_2-Addition.

Wichtig ist, dass ein Katalysator den Anfangs- und den Endzustand einer Reaktion *nicht* beeinflusst. Von daher hat er auch keinen Einfluss auf die Thermodynamik der Reaktion und auf die Gleichgewichtslage. Er verändert nur die Aktivierungsenergie und somit die Geschwindigkeit der Reaktion, und zwar für die Hin- *und* die Rückreaktion gleichermaßen.

Je nachdem, ob der Katalysator in der gleichen oder in einer anderen Phase wie das Reaktionsgemisch vorliegt, bezeichnet man den Vorgang als homogene oder heterogene Katalyse.

- **Homogene Katalyse**: Katalysator und Reaktanden liegen in der gleichen Phase vor. Beispielsweise sind Enzyme homogene Katalysatoren.
- **Heterogene Katalyse**: Katalysator und Reaktanden liegen in verschiedenen Phasen vor. Die meisten Katalysatoren bei technischen Prozessen oder in der chemischen Industrie sind heterogene Katalysatoren (z. B. der Abgaskatalysator im Auto).

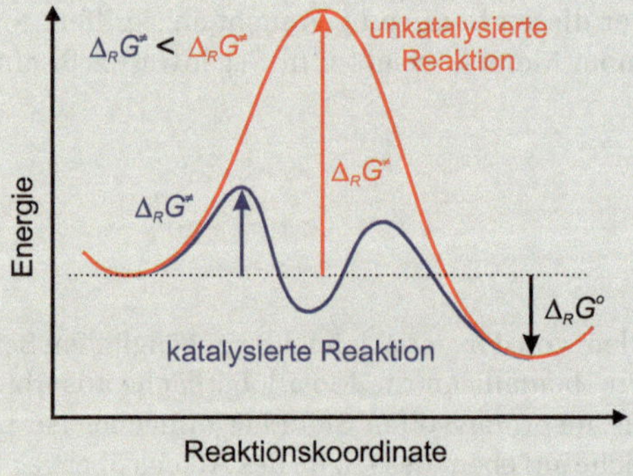

Abbildung 7.8: **Energieprofil für eine unkatalysierte und eine katalysierte Reaktion.** Die katalysierte Reaktion beinhaltet zwei aufeinanderfolgende Schritte, von denen jeder eine niedrigere Aktivierungsenergie als die unkatalysierte Reaktion besitzt. Die Energien (ΔG) der Edukte und der Produkte (und damit auch die Gleichgewichtslage K) werden hingegen vom Katalysator nicht verändert.

Addition freier Radikale an Alkene 7.9

Die Hydrierung kann man als ein Beispiel für die Addition von Radikalen an eine Doppelbindung ansehen, auch wenn keine freien Radikale vorliegen, sondern die H-Atome auf der Oberfläche des Metalls gebunden sind. Ähnlich reagieren auch andere Radikale mit Doppelbindungen. Dabei sind vor allem zwei Reaktionen von Interesse:

- die **radikalische Addition von HBr**, die zur Bildung des *anti*-Markovnikov-Adduktes führt,
- die **radikalische Polymerisation**, die zur großtechnischen Herstellung von Kunststoffen genutzt wird.

Beide Reaktionen folgen den allgemeinen Grundlagen und dem Ablauf von Radikalreaktionen, die wir schon in ▶ Kapitel 4 besprochen haben. Nach der Erzeugung von Startradikalen findet eine Radikalkettenreaktion statt, die durch einen Terminationsschritt beendet wird.

7.9.1 Radikalische Addition von HBr

Zwar ergibt die besprochene elektrophile Addition von HBr an Alkene das höher substituierte Markovnikov-Produkt als Hauptprodukt, doch man hatte schon Anfang des 19. Jahrhunderts beobachtet, dass in Gegenwart von Peroxiden bzw. Luftsauerstoff oder Licht bevorzugt das weniger substituierte *anti*-Markovnikov-Produkt gebildet wird (sogenannter **Peroxideffekt**). Anfangs führten diese Beobachtungen zu großer Verwirrung, da der Grund für die unterschiedliche Regioselektivität in Abhängigkeit von der Reaktionsführung und z. B. der Sauberkeit und Reinheit der verwendeten Substanzen nicht klar war. Heutzutage wissen wir, dass die Reaktion einmal als elektrophile Addition über ionische Zwischenstufen erfolgt und einmal radikalisch.

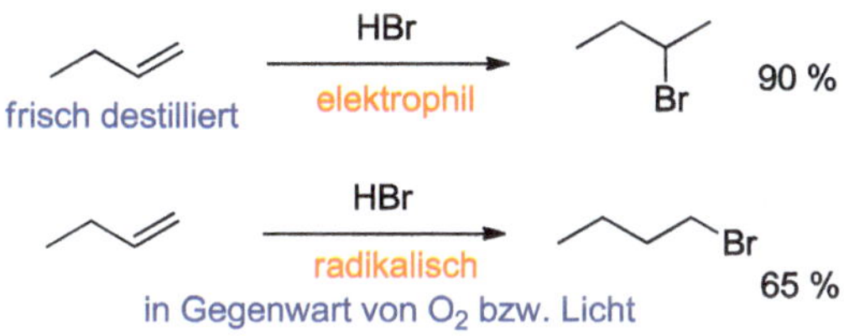

In Gegenwart von Peroxiden, die thermisch leicht in Radikale zerfallen (▶ Kapitel 4.9.3) oder durch die Einwirkung von Licht, entsteht aus HBr ein Bromradikal Br·. Dieses addiert sich an die π-Bindung, und zwar so, dass bei unsymmetrischen Alkenen das stabilere und damit höher substituierte der möglichen Alkylradikale gebildet wird. Im nächsten Schritt abstrahiert dieses ein H-Atom aus HBr, wobei wieder ein neues Bromradikal entsteht, das die Kette fortführt. Auch die radikalische Addition folgt also der Markovnikov-Regel, aber da sich zuerst das Bromradikal addiert und danach das H-Atom, erhält man im Produkt die genau umgedrehte Regioselektivität wie bei der elektrophilen Addition, bei der zuerst H^+ und danach Br^- addiert wird.

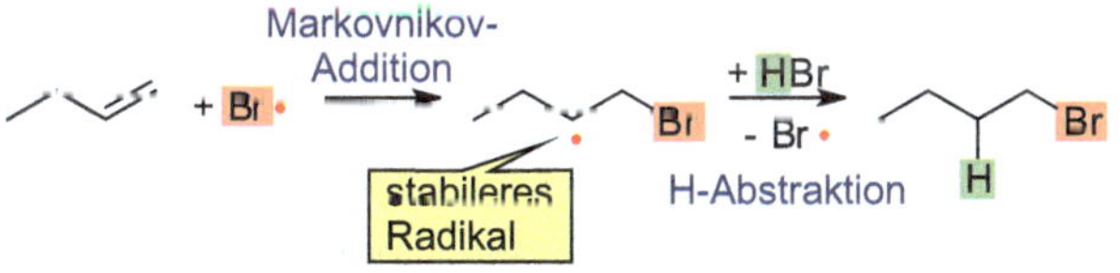

HCl und HI addieren sich zumindest unter Laborbedingungen nicht radikalisch an Alkene. Beim HBr sind beide Reaktionsschritte, die Addition von Br· an das Alken und die Abstraktion eines H-Atoms aus HBr leicht exotherm (ΔH = –16 bzw. –40 kJ/mol im Falle von Ethen). Bei HCl und HI ist jeweils ein Schritt stark endotherm, sodass sich keine selbst erhaltende Kettenreaktion aufbauen kann.

7.9.2 Radikalische Polymerisation

AIBN:

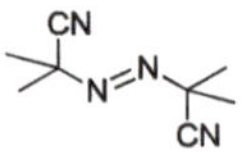

Peroxid:
R–O–O–R

Alkene lassen sich radikalisch polymerisieren. Ein Start- bzw. Initiatorradikal In·, das meistens aus dem thermischen Zerfall von Radikalstartern wie Dibenzoylperoxid oder AIBN stammt (▸ Kapitel 4.9.3), addiert sich an die π-Bindung. Dabei entsteht ein Alkylradikal, das sich wiederum erneut an ein Alken addieren kann. Das so gebildete verlängerte Alkylradikal kann sich erneut an ein Alken addieren und so weiter. So entstehen letztendlich Kohlenwasstoffketten mit vielen Hundert bis Tausend C-Atomen, es bildet sich ein **Polymer** (▸ Abbildung 7.9). Das zugrundeliegende Alken, aus dem das Polymer aufgebaut ist, nennt man **Monomer**. Durch **radikalische Polymerisation** von Ethen C_2H_4 entsteht so Polyethylen (PE), das zusammen mit anderen **Kunststoffen** wie z. B. Polypropylen (PP), Teflon, Styropor oder Polyvinylchlorid (PVC) (▸ Tabelle 7.3) aus unserem heutigen Alltag nicht mehr wegzudenken ist. Achtung: Auch wenn die Namen der Polymere häufig auf „*-en*“ enden, handelt es sich nicht mehr um ungesättigte Verbindungen, sondern um gesättigte Alkane.

Der Kettenabbruch kann bei einer radikalischen Polymerisation wie bei anderen Radikalreaktionen auch durch Radikalrekombination erfolgen. Eine zweite Möglichkeit ist eine **Disproportionierung** zweier Radikale. Dabei greift ein Radikal ein H-Atom in Nachbarstellung zu einem zweiten Radikalzentrum an. Es findet eine H-Abstraktion statt und es bilden sich ein Alken und ein Alkan.

Disproportionierung zweier Radikale

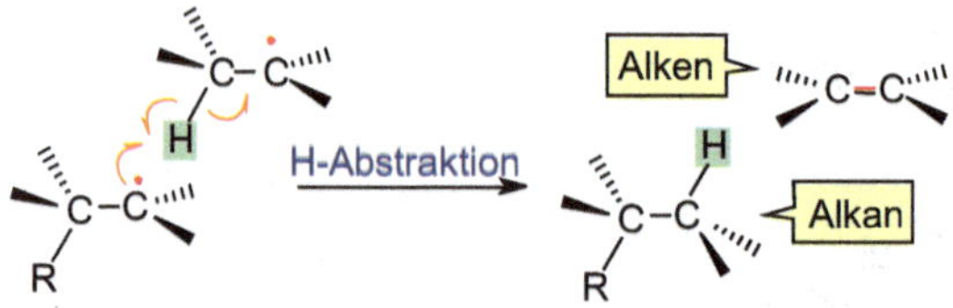

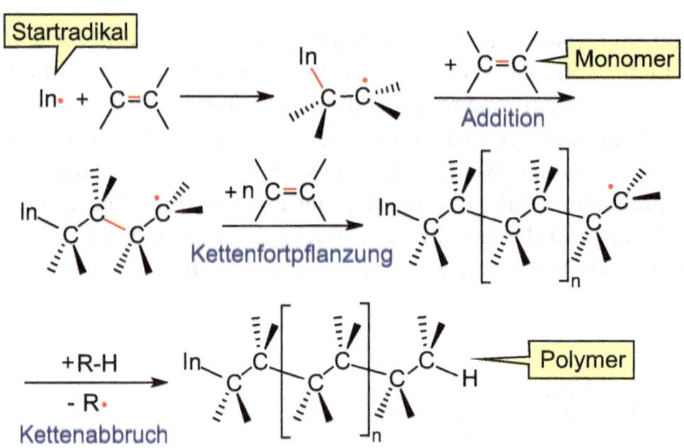

Abbildung 7.9: Bildung von Polyethylen. Die radikalische Polymerisation von Ethen (Monomer) liefert Polyethylen, einen Kohlenwasserstoff, bei dem viele Tausend C-Atome in einer Kette miteinander verknüpft sind.

Monomer	Polymer	Verwendung
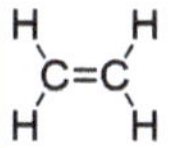 Ethen (Ethylen)	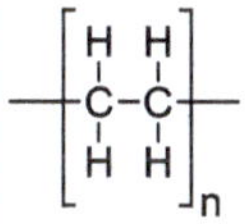 Polyethylen, PE	Müllsäcke, Folien, Oberfläche von Endoprothesen, Blutplasmabehältnisse
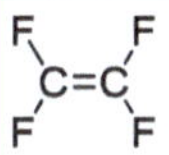 Tetrafluorethen	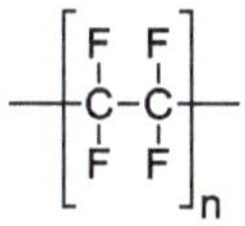 Polytetrafluorethylen, PTFE, Teflon®	medizinische Prothesen, Bratpfannenbeschichtungen, atmungsaktive Kleidung, Raumanzüge, Piercing-Schmuck
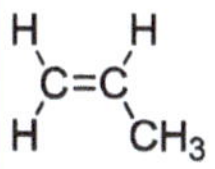 Propen (Propylen)	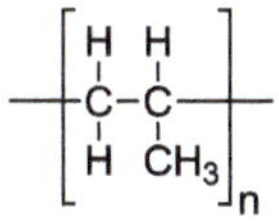 Polypropylen, PP	im Fahrzeugbau, Fahrradhelme, Textilien, Orthopädietechnik, Behältnismaterial
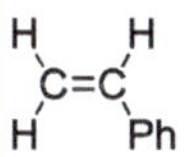 Styrol	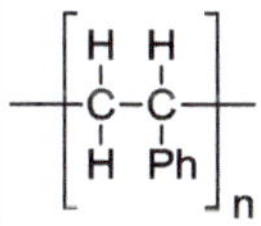 Polystyrol	Schaumstoff (Styropor®), Lebensmittelverpackungen, Dämmstoff
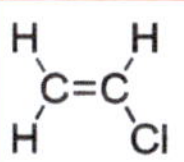 Vinylchlorid	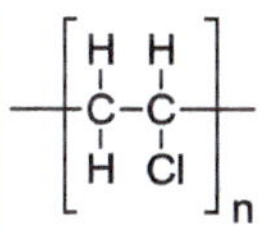 Polyvinylchlorid, PVC	Kabel, Kunstleder, Verpackungsmaterial, Apparatebau

Tabelle 7.3: **Kunststoffe, die durch radikalische Poymerisation hergestellt werden.**

Dihydroxylierung von Doppelbindungen: 1,2-Diole 7.10

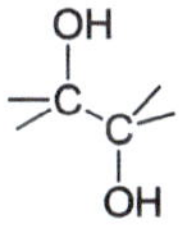

1,2-Diol

Als letzte präparativ wichtige Umsetzung von Alkenen wollen wir die Darstellung von 1,2-Diolen betrachten. Dazu müssen formal zwei OH-Gruppen an die π-Bindung addiert werden, wofür zwei Methoden zur Verfügung stehen, die in ihrem stereochemischen Verlauf komplementär zueinander sind.

- Die **Ringöffnung von Epoxiden** mit Wasser bzw. OH^- ist eine *anti*-Addition und ergibt *trans*-Diole.
- Die direkte **Dihydroxylierung** mit Osmiumtetroxid oder Kaliumpermanganat ist eine *syn*-Addition und ergibt *cis*-Diole.

In beiden Fällen handelt es sich ähnlich wie die Bromaddition oder die Halogenhydrinbildung um eine Oxidation der Doppelbindung (▶ Exkurs 7.4).

Exkurs 7.4: Oxidation und Reduktion

Die Addition von H_2 an eine π-Bindung ist eine Reduktion, die Addition von Brom hingegen eine Oxidation. Es handelt sich um **Redoxprozesse**. Die sehr ähnlich aussehende säurekatalysierte Addition von Wasser an ein Alken ist hingegen kein Redoxvorgang. Denn es wird ein C-Atom reduziert und gleichzeitig das andere C-Atom oxidiert. Die Gesamtreaktion ist also weder eine Oxidation noch eine Reduktion. Um zu erkennen, ob eine organische Reaktion eine Redoxreaktion ist, kann man wie in der Anorganischen Chemie üblich die **formalen Oxidationszahlen** ermitteln. Ändern sich diese bei der Reaktion, findet eine Redoxreaktion statt. Wenn man sich auf Reaktionen beschränkt, bei denen Oxidationen und Reduktionen an einem Kohlenstoffatom erfolgen, kann man auch ohne formale Oxidationszahlen auskommen. Man betrachtet, ob sich **die Anzahl der C–H-Bindungen und C–X-Bindungen (mit X = Heteroatom)** verändern.

- Wird bei der Reaktion die Anzahl der C–H-Bindung erhöht oder verringert sich die Anzahl der C–X-Bindung, hat eine **Reduktion** stattgefunden.
- Wird bei der Reaktion die Anzahl der C–H-Bindung verringert oder erhöht sich die Anzahl der C–X-Bindung, hat eine **Oxidation** stattgefunden.

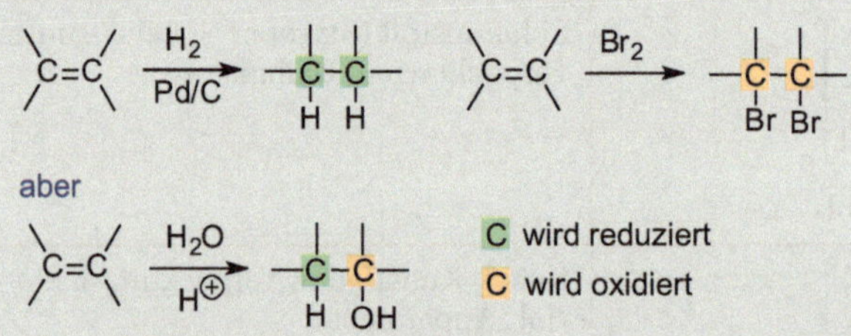

Die Betrachtungsweise anhand der Anzahl der C–H- bzw. C–X-Bindungen erleichtert das Verständnis organischer Redoxreaktionen, da sie es erlaubt, schnell und einfach Verbindungen entsprechend ihres **Oxidationsgrads** zu klassifizieren. Darauf haben wir bereits in ▸ Exkurs 2.3 hingewiesen, als wir die Ähnlichkeiten von funktionellen Gruppen betrachtet haben.

7.10.1 Epoxidierung und Darstellung von *trans*-1,2-Diolen

Epoxid

Epoxide (auch Oxirane genannt) sind synthetisch vielseitig einsetzbare cyclische Ether (also Verbindungen, in denen ein O-Atom an zwei C-Atome gebunden ist). Der Sauerstoff ist dabei Teil eines Dreirings. Man bezeichnet Epoxide daher auch als *Oxacyclopropane*. Aufgrund der hohen Spannungsenergie des Dreirings (ca. 115 kJ/mol, ▸ Kapitel 3.5.1) handelt es sich um gespannte und damit reaktive Verbindungen, die leicht mit Nucleophilen unter Öffnung des Dreirings reagieren. Sie verhalten sich in vielen Aspekten sehr ähnlich zu Bromoniumionen, was auch nicht verwunderlich ist, wenn man bedenkt, dass es sich um isoelektronische Verbindungen handelt (ein Br^+ hat sechs Valenzelektronen genau wie O). Vieles, was wir bei den Bromoniumionen bereits gelernt haben, insbesondere zur Regioselektivität und Stereochemie der Ringöffnung, wird uns daher bei den Epoxiden wieder begegnen.

Die **Darstellung von Epoxiden** kann im Wesentlichen auf zwei Wegen erfolgen:

- Aus Halogenhydrinen durch Behandlung mit einer Base

Bei der Umsetzung von Halogenhydrinen (▶ Kapitel 7.6.4) mit z. B. Natron- oder Kalilauge kommt es zur Deprotonierung der OH-Gruppe. Dies ist eine reversible Säure-Base-Reaktion, deren Gleichgewichtskonstante etwa bei 1 liegt, da Alkohole und Wasser ähnlich sauer sind (pK_s-Wert ca. 16). Durch eine anschließende intramolekulare S_N2-Reaktion unter Abspaltung des Halogenids erhält man die Epoxide.

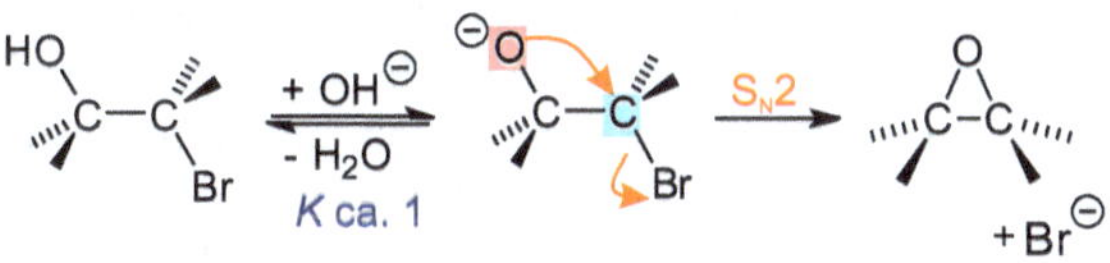

- Durch Umsetzung von Alkenen mit Persäuren

Die Reaktion von **Persäuren** (Peroxocarbonsäuren) RC(=O)OOH mit Alkenen führt in einer stereospezifischen *syn*-Addition direkt zu Epoxiden. Es handelt sich um eine konzertierte Reaktion, bei der unter gleichzeitiger Abspaltung der Carbonsäure der endständige Sauerstoff der Persäure als Elektrophil auf die π-Bindung übertragen wird. Gebräuchliche Persäuren sind *meta*-Chlorperbenzoesäure (mCPBA), die, mit einem Stabilisator versetzt, kommerziell erhältlich ist, oder Perameisensäure HC(=O)OOH bzw. Peressigsäure $H_3CC(=O)OOH$, die *in situ* durch Umsetzung der entsprechenden Carbonsäuren mit 30 % Wasserstoffperoxid hergestellt werden. Reine Persäuren sind explosiv.

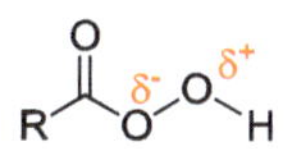

Persäure

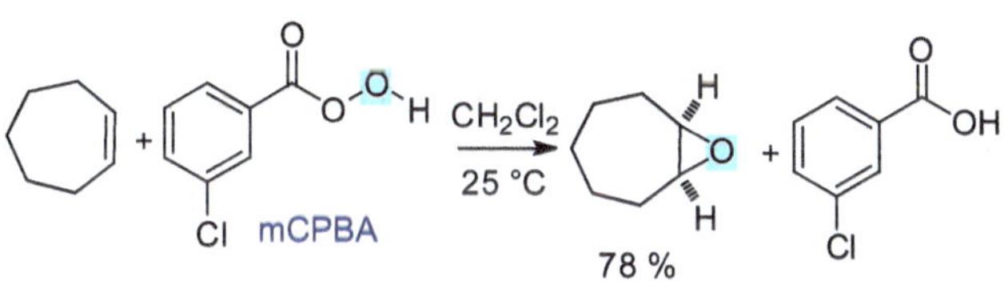

Die Reaktionsbedingungen sind mild, bedenken muss man lediglich, dass bei der Reaktion ein Äquivalent Säure entsteht. Die Persäuren sind, auch wenn der Name es vielleicht anders vermuten lässt, nur schwache Säuren (pK_s-Wert ca. 7-8), während die entstehenden Carbonsäuren deutlich stärker sauer sind (pK_s-Wert ca. 4-5). Die Acidität der Reaktionsmischung nimmt bei der Umsetzung daher zu, was bei säureempfindlichen Substanzen zu Problemen führen kann.

Die **Reaktivität der Alkene** steigt mit zunehmender Elektronendichte der π-Bindung. Höher substituierte Alkene reagieren rascher, sie haben ein energetisch höher liegendes HOMO, was nach der Grenzorbitaltheorie zu einer schnelleren Reaktion führt. So ist Propen bei der Umsetzung mit Persäuren etwa um den Faktor 20 reaktiver als Ethen, Buten um den Faktor 500 und Tetramethylethen fast um den Faktor 10^4. Man kann daher bei elektronisch stark unterschiedlichen Doppelbindungen in einem Molekül mit einem Äquivalent Persäure selektiv die elektronenreichere π-Bindung epoxidieren.

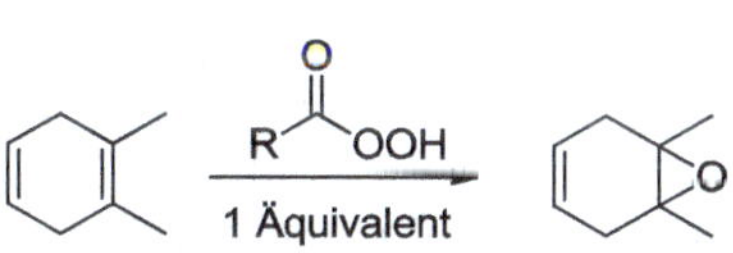

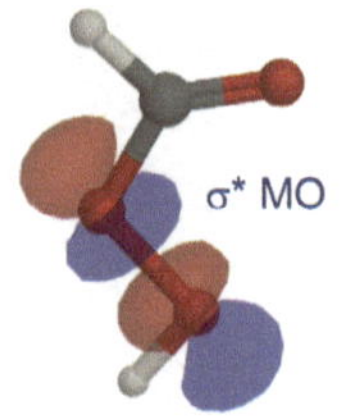

LUMO von Perameisensäure HC(=O)OOH

Betrachten wir die Epoxidierung noch mal etwas genauer. Das Alken greift mit seiner π-Bindung (HOMO) das LUMO der Persäure an. Dieses ist im Wesentlichen das σ∗-MO der O–O-Bindung. Als Daumenregel kann man sich allgemein merken: **Das LUMO in einem Molekül ist immer das antibindende Orbital der schwächsten Bindung.** In Kapitel 1 haben wir bereits gelernt, dass Bindungen zwischen zwei Heteroatomen wegen der Abstoßung der freien Elektronenpaare sehr schwach sind (▶ Kapitel 1.2). Beim Angriff des Alkens kommt es daher leicht zum heterolytischen Bruch der labilen O–O-Bindung, der angegriffene, elektrophile Sauerstoff wird unter Bildung des Epoxids auf die π-Bindung übertragen. Rein formal wird durch die heterolytische Spaltung der O–O-Bindung ein OH^+ auf die π-Bindung übertragen. Dabei entsteht aber kein offenes Carbeniumion, sondern wie bei der Bildung des Bromoniumions durch die gleichzeitige Wechselwirkung mit einem freien Elektronenpaar am Sauerstoff ein verbrücktes Teilchen, das Epoxid. Eigentlich wird dabei ein protoniertes Epoxid gebildet, das aber während seiner Bildung bereits im Übergangszustand durch das ebenfalls entstehende Carboxylat, eine gute Base, deprotoniert wird. So bilden sich in einem konzertierten Verlauf direkt das Epoxid und die Carbonsäure.

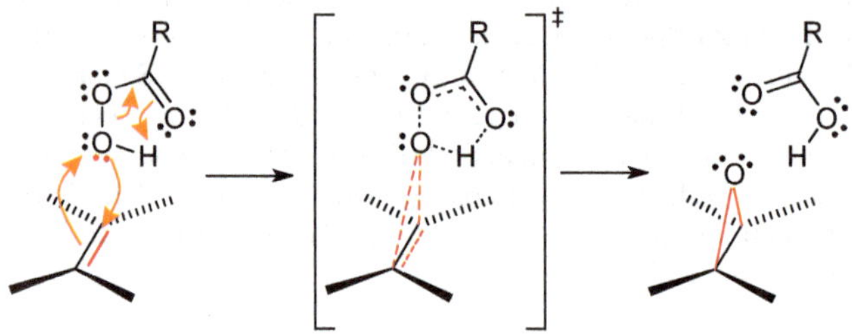

Epoxide lassen sich genau wie Bromoniumionen mit unterschiedlichen Nucleophilen zu **1,2-difunktionalisierten Verbindungen** öffnen.

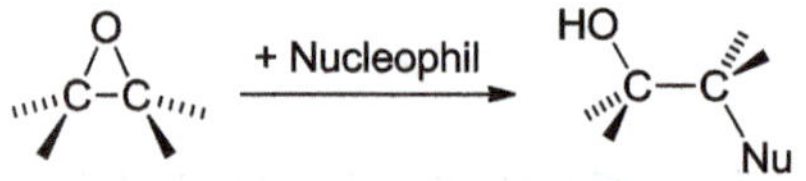

Verwendet man Wasser als Nucleophil, erhält man z. B. **1,2-Diole.** Mit reinem Wasser bei neutralem pH-Wert reagieren Epoxide allerdings nicht. Wasser ist ein schlechtes Nucleophil und die Ringöffnung trotz der Spannungsenergie des Dreirings nicht so einfach wie bei Bromoniumionen. Dies liegt an der unterschiedlichen Qualität der Abgangsgruppen. Im Epoxid ist dies ein energiereiches O^-, im Bromoniumion ein stabiles Br. Bei den S_N2-Reaktionen haben wir schon davon gesprochen, dass OH^- und RO^- sehr schlechte Abgangsgruppen sind (▶ Kapitel 5.5.1). Die Ringöffnung muss daher entweder in saurer oder basischer Lösung durchgeführt werden. In saurer Lösung wird das Epoxid zuvor protoniert, sodass jetzt ein Alkohol als gute Abgangsgruppe vorliegt. In basischer Lösung liegt das sehr viel reaktivere OH^- vor, das ein so gutes Nucleophil ist, dass trotz der schlechten Abgangsgruppe eine Ringöffnung des Epoxids stattfindet. Dies ist allerdings nur möglich, weil dabei zusätzlich als Triebkraft die Spannungsenergie des Dreirings von etwa 115 kJ/mol frei wird. Um es noch einmal klar zu machen: Ohne die Aktivierung durch die Ringspannung sind OH^- bzw. RO^- *keine* Abgangsgruppen bei S_N2-Reaktionen.

Bei Epoxiden mit unterschiedlich substituierten C-Atomen hängt die Regioselektivität des nucleophilen Angriffs von den Reaktionsbedingungen ab (▶ Abbildung 7.10).

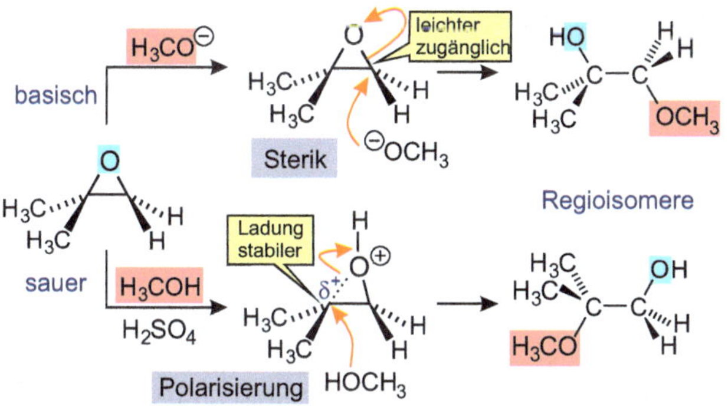

Abbildung 7.10: Regioselektivität der Ringöffnung von Epoxiden. Unter basischen Bedingungen werden Epoxide am sterisch leichter zugänglichen, weniger substituierten C-Atom geöffnet (S_N2). In saurer Lösung wird das Epoxid zuerst protoniert. Der Angriff des Nucleophils erfolgt dann wie bei Bromoniumionen selektiv am stärker positiv geladenen und damit reaktiveren, höher substituierten C-Atom (S_N1-artige Reaktion).

- In neutraler oder basischer Lösung werden Epoxide von Nucleophilen bevorzugt am sterisch leichter zugänglichen, weniger substituierten C-Atom geöffnet. Dies entspricht der normalen Reaktivität von Substraten bei einer S_N2-Reaktion.
- In saurer Lösung wird das Epoxid zuerst protoniert. Das protonierte Epoxid ähnelt einem Bromoniumion und wird daher wie dieses bevorzugt am höher substituierten C-Atom angegriffen. Der Grund ist wieder wie bei den verzerrten Bromoniumionen die höhere positive Ladungsdichte und damit höhere Reaktivität an diesem C-Atom (▶ Exkurs 7.1).

7.10.2 Darstellung von *syn*-1,2-Diolen

Um *syn*-1,2-Diole zu erhalten, müssen beide O-Atome von derselben Seite auf die π-Bindung des Alkens übertragen werden (sogenannte *syn*-Dihydroxylierung). Dies geschieht am einfachsten durch Umsetzung eines Alkens mit Kaliumpermanganat $KMnO_4$ in basischer Lösung in der Kälte oder mit Osmiumtetroxid OsO_4 (Vorsicht: sehr giftig). Bei beiden Reaktionen entstehen intermediär **cyclische Ester**, deren Hydrolyse dann die *syn*-Diole liefert. Die Umsetzung mit Permanganat, die zur Bildung von Braunstein führt, kann ähnlich wie die Entfärbung von Bromwasser (▶ Kapitel 7.6) zum qualitativen Nachweis von Doppelbindungen verwendet werden.

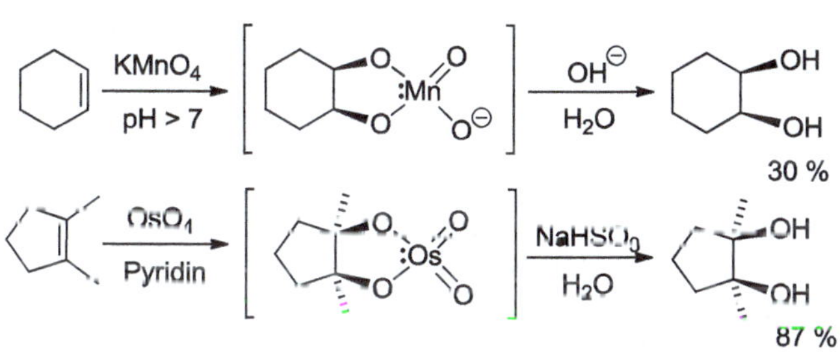

Die Bildung der cyclischen Ester erfolgt über eine konzertierte Cycloaddition, bei der beide C–O-Bindungen gleichzeitig geknüpft werden und die aus geometrischen Gründen zwingend als *syn* Addition verlaufen muss. Bei der anschließenden Hydrolyse werden die C–O-Bindungen nicht mehr verändert, sodass sich auch an der Konfiguration der C-Atome nichts mehr ändert. Die Dihydroxylierung ist eine Redoxreaktion: Die beiden C-Atome des Alkens werden oxidiert, die Metalle reduziert (Veränderung der Oxidationszahlen: Mn von +7 auf +5; Os von +8 auf +6).

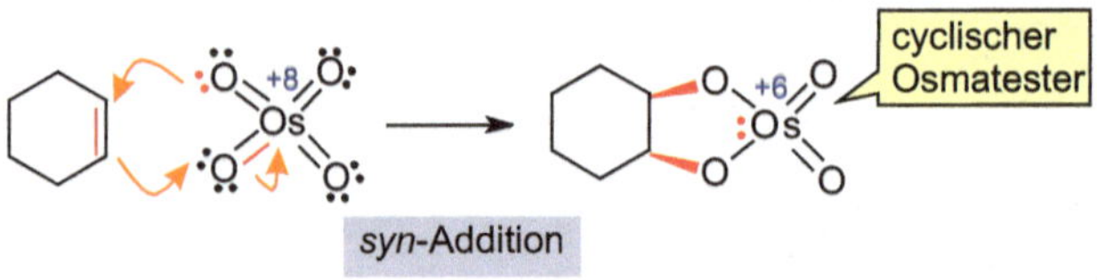

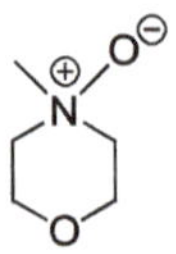

N-Methylmorpholin-*N*-oxid (NMO)

Analog verläuft die Bildung des cyclischen Mangansäureesters. Die Hydrolyse des Osmatesters wird meistens in Gegenwart eines Reduktionsmittels wie $NaHSO_3$ durchgeführt. Da Kaliumpermanganat ein sehr starkes Oxidationsmittel ist, kann es bei einem Überschuss an $KMnO_4$ insbesondere in saurer Lösung zu einer anschließenden weiteren Oxidation des 1,2-Diols zur Dicarbonylverbindung oder sogar zur Spaltung der C–C-Bindung kommen (▸ Kapitel 7.11). Daher wird die Umsetzung mit $KMnO_4$ im leicht basischen Milieu in der Kälte durchgeführt. Osmiumtetroxid ergibt meistens bessere Ausbeuten, ist aber leicht flüchtig, sehr giftig und sehr teuer. Daher wurden in den letzten Jahren vermehrt Varianten entwickelt, bei denen Os(VIII) nur noch katalytisch eingesetzt wird und nach der Reaktion durch das eigentliche stöchiometrische Oxidationsmittel (z. B. $K_3[Fe(CN)_6]$, tBuOOH oder *N*-Methylmorpholin-*N*-oxid, NMO) regeneriert wird.

Oxidative Spaltung von C=C-Bindungen: Ozonolyse 7.11

In saurer Lösung oder bei erhöhter Temperatur kann es bei der Dihydroxylierung mit einem Überschuss an Kaliumpermanganat auch zu einer Spaltung der C=C-Doppelbindung kommen. Man erhält Carbonsäuren bzw. Carbonylverbindungen. Mit dem Gemisch $KMnO_4$/$NaIO_4$ lässt sich die Spaltung bereits unter milden Bedingungen bei Raumtemperatur erreichen, da das zuerst gebildete 1,2-Diol durch Natriumperiodat $NaIO_4$ anschließend leicht oxidativ gespalten wird (**Glycolspaltung**, nach ihrem Entdecker auch Malaprade-Reaktion genannt). Das Iod wird dabei von +7 zu +5 reduziert. Früher wurde auch häufig das giftige Bleitetraacetat $Pb(OAc)_4$ zur Spaltung von 1,2-Diolen genutzt. Die Reaktionen verlaufen über cyclische Diester der Iod(VII)- bzw. Blei(IV)säure, die einstufig unter Spaltung der C–C-Bindung zerfallen. Dabei entstehen zuerst Carbonylverbindungen (Aldehyde, Ketone), die zumindest im Falle der Aldehyde je nach Oxidationsmittel und Bedingungen weiter zur Carbonsäure oxidiert werden können.

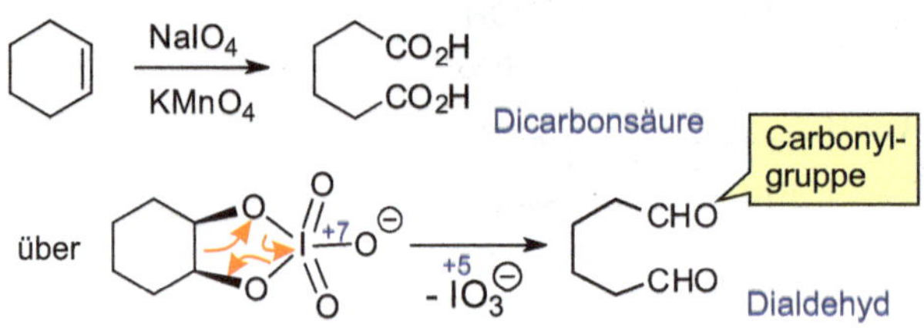

Eine weitere Methode zur direkten Spaltung einer C=C-Doppelbindung ist die **Ozonolyse**, bei der ein Alken mit Ozon O_3 umgesetzt wird. Dabei entstehen je nach Struktur des Alkens und der Art der Aufarbeitung zwei Carbonylverbindungen, Carbonsäuren oder Alkohole. Die

Ozonolyse war früher vor allem eine wichtige Methode, um die Lage einer Doppelbindung in einem Molekül zu bestimmen. Heutzutage ist sie präparativ nicht mehr so bedeutend, da C=C-Bindungen meistens mit $RuO_3/NaIO_4$ oder ähnlichen Oxidationsmitteln gespalten werden.

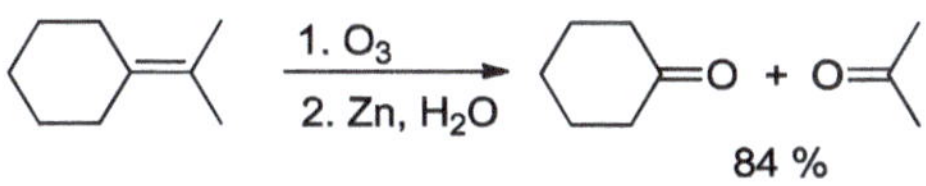

Ozon, eine allotrope Modifikation des normalen Sauerstoffs O_2, ist ein sehr reaktives, elektrophiles Teilchen, das mit der π-Bindung eines Alkens in einer *syn*-Addition zu einem Molozonid (auch Primärozonid) reagiert. Dieses zerfällt und lagert sich zu einem etwas stabileren, Sekundärozonid genannten Intermediat um. Man spricht vom **Criegee-Mechanismus** nach seinem Entdecker Rudolf Criegee.

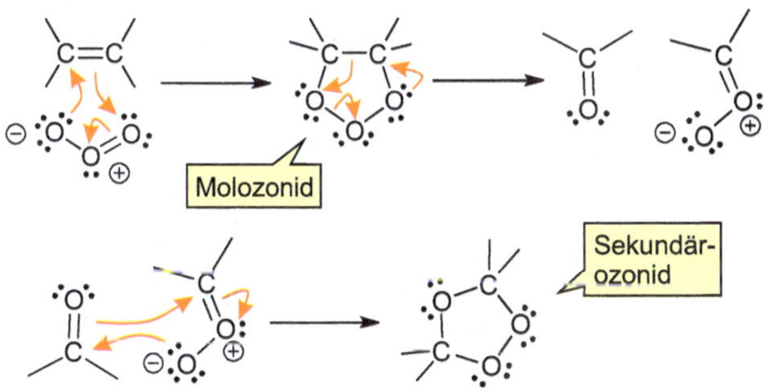

Ozonide sind instabile, explosive Verbindungen, die daher nicht isoliert, sondern direkt *in situ* aufgearbeitet werden. Diese Aufarbeitung kann entweder mit einem Reduktionsmittel wie Zink, Dimethylsulfid $(H_3C)_2S$, Triphenylphosphan PPh_3 bzw. Lithiumaluminiumhydrid $LiAlH_4$ oder oxidativ mit Wasserstoffperoxid erfolgen. Je nach Substitutionsgrad der C-Atome der Doppelbindungen und Aufarbeitung erhält man Aldehyde oder Ketone (reduktive Aufarbeitung mit Zn, $(H_3C)_2S$ oder PPh_3) bzw. Alkohole ($LiAlH_4$) oder Carbonsäuren und Ketone (oxidative Aufarbeitung mit H_2O_2). Aus den erhaltenen Spaltprodukten kann man daher umgekehrt Rückschlüsse auf die Struktur des Alkens und insbesondere auf die Lage der Doppelbindung im Molekül ziehen. So erhält man z. B. bei der Ozonlyse von 2-Buten zwei Äquivalente Ethanal, während die Ozonolyse von 1-Buten Propanal und Methanal ergibt.

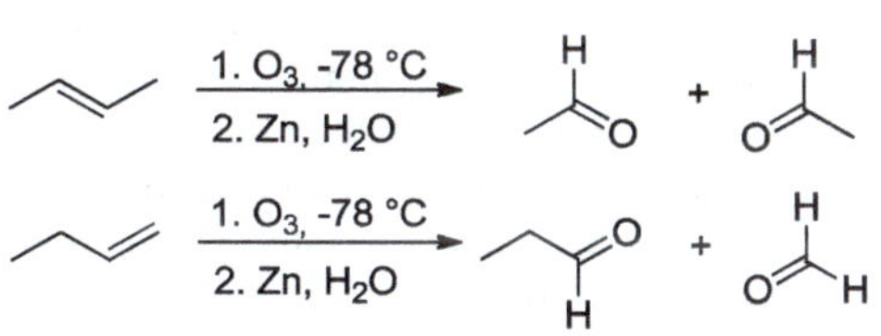

Additionen an Alkine 7.12

Auch die Dreifachbindungen von Alkinen gehen Additionsreaktionen ein. Das Reaktionsverhalten der Alkine ist dabei sehr ähnlich zu den Alkenen, mit dem Unterschied, dass beide π-Bindungen der Dreifachbindung reagieren und daher nacheinander zwei Additionsschritte stattfinden. In jedem Additionsschritt beobachtet man die gleiche Stereo- und Regioselektivität wie bei den Alkenen. Wir geben daher hier nur eine knappe Übersicht. So entsteht aus

Propin durch Addition von einem Äquivalent HBr entsprechend der Markovnikov-Regel zuerst 2-Brompropen, das dann mit einem zweiten Äquivalent HBr zu 2,2-Dibrompropan reagiert. Bei der Bromaddition erhält man entsprechend zuerst *trans*-1,2-Dibrompropen und danach 1,1,2,2-Tetrabrompropan.

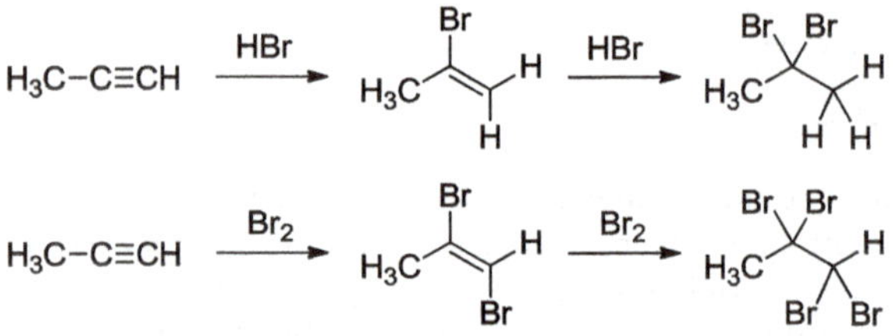

Alkine reagieren sehr viel langsamer mit Elektrophilen als Alkene.

Trotz ihrer höheren π-Elektronendichte sind Alkine allerdings **weniger reaktiv als Alkene** (in der Regel um den Faktor 10–1000), obwohl die Reaktionen sogar noch stärker exotherm sind. Dies liegt daran, dass die bei der elektrophilen Addition an Alkine gebildeten kationischen Intermediate deutlich instabiler sind als bei den Alkenen. Bei der HX-Addition entstehen sogenannte **Vinylkationen**, in denen das positiv geladene C-Atom sp-hybridisiert ist, was energetisch etwa 40 kJ/mol weniger günstig ist als ein sp^2-hybridisiertes Carbeniumion, das bei der HX-Addition an ein Alken gebildet wird. Auch die cyclischen Bromoniumionen, die bei der Br_2-Addition gebildet werden, sind instabiler, da die beiden C-Atome des Dreirings wegen der zusätzlichen Doppelbindung sp^2-hybridisiert sind. Die Winkelspannung ist daher deutlich größer als bei einem normalen Bromoniumion.

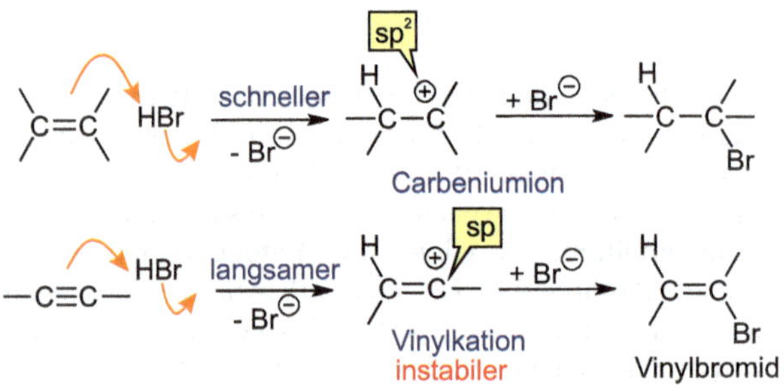

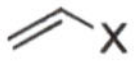

Vinylhalogenid

Da die im ersten Additionsschritt gebildeten **Vinylhalogenide** aufgrund des elektronenziehenden Effekts der Halogenatome weniger nucleophil als ein normales Alken sind (▸ Kapitel 8.3.3), kann man die Vinylhalogenide bei der Verwendung von nur einem Äquivalent HX oder X_2 häufig isolieren. Bei einem Vinylhalogenid ist das Halogen direkt an das sp^2-hybridisierte C-Atom einer C=C-Doppelbindung gebunden (Achtung: nicht mit einem Allylhalogenid verwechseln). Erst bei der Verwendung eines Überschusses an HX oder X_2 reagieren die Vinylhalogenide weiter zum Produkt der zweifachen Addition.

Keto-Enol-Tautomerie

Die **Wasseraddition** an Alkine führt zu Carbonylverbindungen, da der im ersten Schritt entstandene Vinylakohol (auch **Enol** genannt) sofort zur stabileren Carbonylverbindung tautomerisiert (▸ Kapitel 10.2). Aufgrund der geringeren Reaktivität eines Alkins ist allerdings die direkte säurekatalysierte Wasseraddition anders als bei Alkenen keine präparativ sinnvolle Reaktion. Ähnlich wie bei der Oxymercurierung (▸ Kapitel 7.7.2) kann die Reaktion aber durch Zusatz von Hg(II)-Salzen beschleunigt werden. So bildet sich ausgehend von Propin durch Hg(II)-katalysierte H_2O-Addition Propanon (Aceton), das Produkt einer Markovnikov-Addition. Die Hydroborierung mit nachfolgender Oxidation führt hingegen zum Propanal (Propionaldehyd), dem *anti*-Markovnikov-Addukt.

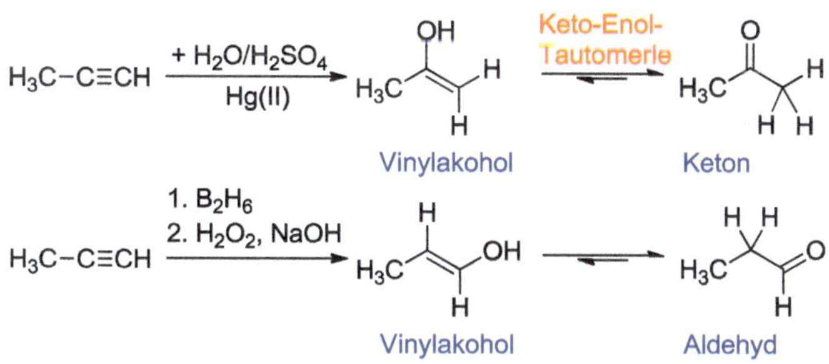

Die **Reduktion von Alkinen** kann wie bei Alkenen durch katalysierte Hydrierung erfolgen (H_2/Katalysator). Im ersten Schritt entstehen dabei *Z*-Alkene, da die beiden H-Atome in einer *syn*-Addition auf der Oberfläche des Katalysators auf das Alkin übertragen werden (▶ Kapitel 7.8). Die Addition eines zweiten Äquivalents H_2 führt dann zum Alkan. Verwendet man zur Hydrierung den sogenannten **Lindlar-Katalysator**, bei dem die Reaktivität eines Pd-Katalysators (meistens auf $CaCO_3$ als Trägermaterial) durch den Zusatz von Bleiacetat oder anderen Schwermetallen soweit vermindert wurde, dass die weitere Reduktion des Alkens nicht mehr stattfindet, so kann man Alkine stereoselektiv zu *Z*-Alkenen hydrieren. Wieso bleibt die Reaktion auf der Stufe des Alkens stehen, obwohl wir vorhin gesagt haben, dass Alkene reaktiver sind als Alkine? In der Tat ist die Hydrierung eines Alkens zum Alkan schneller als die Hydrierung eines Alkins zum Alken. Allerdings bindet das Alkin besser an die Katalysatoroberfläche als das Alken. Solange also noch nicht umgesetztes Alkin in der Reaktionsmischung vorhanden ist, ist die aktive Katalysatoroberfläche durch das Alkin blockiert, das dann langsam zum Alken hydriert wird. Erst wenn fast alles Alkin umgesetzt ist, kann auch das Alken an den Katalysator binden und hydriert werden. Wichtig ist also, dass die Hydrierung unmittelbar nach der Aufnahme von einem Äquivalent H_2 abgebrochen wird.

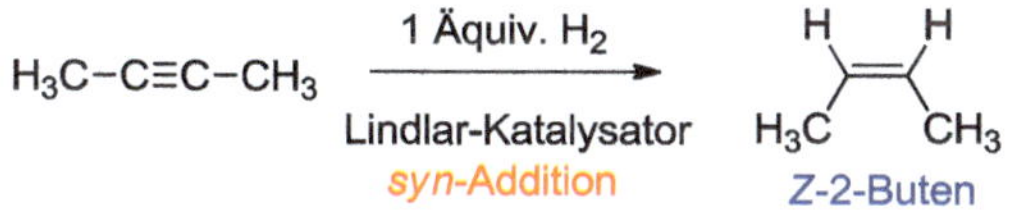

Eine Dreifachbindung lässt sich auch stereospezifisch zu einem *E*-Alken reduzieren. Dazu verwendet man Alkalimetalle wie Lithium oder **Natrium in flüssigem Ammoniak** (Siedetemperatur −33 °C). Man spricht von einer **Birch-Reduktion**. In einer solchen Lösung liegen freie, solvatisierte Elektronen vor, die der Lösung eine tiefdunkelblauviolette Farbe verleihen. Die Reduktion der Dreifachbindung erfolgt über die schrittweise Übertragung von zwei Elektronen und zwei Protonen. Zuerst wird durch Aufnahme eines Elektrons ein Radikalanion gebildet, das vom Ammoniak zu einem Vinylradikal protoniert wird. Die erneute Aufnahme eines Elektrons führt zu einem **Vinylanion**, das sowohl in einer *cis*- als auch *trans*-Form vorliegen kann. Die *trans*-Form ist aufgrund der geringeren sterischen Wechselwirkung der beiden Alkylreste thermodynamisch stabiler und überwiegt daher in der Lösung. Die Protonierung durch Ammoniak ergibt dann stereoselektiv das *E*-Alken.

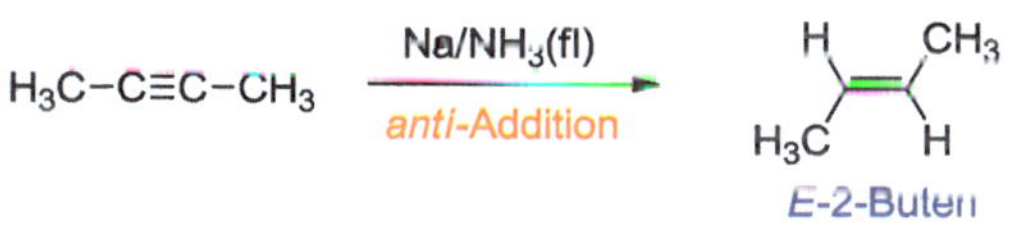

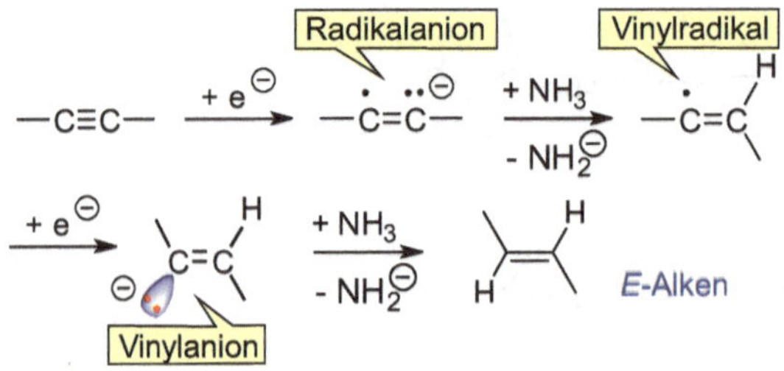

ZUSAMMENFASSUNG

In diesem Kapitel haben wir Folgendes über Alkene und ihr Reaktionsverhalten gelernt:

- Die Elektronen einer π-Bindung sind leicht polarisierbar, sodass Alkene sehr viel reaktiver sind als Alkane und bereitwillig mit Elektrophilen reagieren. Die Reaktion erfolgt in der Regel in zwei Schritten, wobei zuerst durch Addition des Elektrophils an die π-Bindung eine kationische Zwischenstufe entsteht, die dann schnell mit einem Nucleophil reagiert.
- Je nach angreifendem Elektrophil bilden sich unterschiedliche kationische Zwischenstufen. Durch die Addition eines Protons an eine Doppelbindung entsteht ein Carbeniumion, durch die Umsetzung mit Halogenen X_2 erhält man cyclische Haloniumionen. Während die Carbeniumionen in der Regel nicht stereospezifisch mit einem Nucleophil reagieren, werden die Haloniumionen ausschließlich von der Rückseite geöffnet, was zu einer stereospezifischen *anti*-Addition von X_2 führt.
- Bei unsymmetrischen Alkenen erfolgt die Addition des Elektrophils so, dass das stabilere der möglichen Carbeniumionen gebildet wird (Markovnikov-Regel). Man erhält daher bei der HX-Addition das höher substituierte Halogenalkan als Hauptprodukt.
- Für die Addition von Wasser stehen im Wesentlichen drei Methoden zur Verfügung, wobei die direkte säurekatalysierte Wasseraddition zwar technisch wichtig, aber im Labor nur bedingt präparativ brauchbar ist. Besser geeignet ist die Oxymercurierung mit anschließender Reduktion, die in einer *anti*-Addition ohne Umlagerungen zum Markovnikov-Alkohol führt, oder die Hydroborierung mit anschließender Oxidation, die in einer *syn*-Addition den *anti*-Markovnikov-Alkohol ergibt.
- Die π-Bindung in einem Alken lässt sich relativ leicht oxidieren. Je nach Oxidationsmittel und Reaktionsbedingungen entstehen dabei Epoxide, *cis*- oder *trans*-Diole oder unter C–C-Bindungsspaltung zwei Carbonylverbindungen.

ZUSAMMENFASSUNG

Elektrophile Substitution an aromatischen Verbindungen

8

ÜBERBLICK

Lernziele

Nachdem Sie dieses Kapitel zur elektrophilen Substitution an aromatischen Verbindungen durchgearbeitet haben, sollten Sie verstanden haben,

- was das Besondere am Benzen ist und wie sich seine Elektronenstruktur von der eines konjugierten Polyens unterscheidet,
- warum aromatische Verbindungen trotz ihres π-Systems so reaktionsträge sind, dass sie nur mit sehr reaktiven Elektrophilen reagieren,
- warum an Aromaten bevorzugt Substitutionen und keine Additionen stattfinden,
- wie eine elektrophile aromatische Substitution abläuft,
- wie ein vorhandener Substituent im Benzen sowohl die Reaktivität als auch die Regioselektivität der aromatischen Zweitsubstitution steuert,
- welche präparativ wichtigen aromatischen Substitutionsreaktionen es gibt und wie man diese zur Synthese mehrfach funktionalisierter Aromaten nutzt.

8.1 Benzen

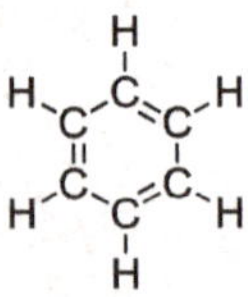

Benzen

August Kekulé (1829–1896)

In ▶ Kapitel 7 haben wir gelernt, dass ungesättigte Verbindungen wie Alkene oder Alkine sehr leicht mit Reagenzien wie Brom oder HCl reagieren, wobei eine elektrophile Addition an die π-Bindung stattfindet. Es gibt allerdings eine weitere Klasse von ungesättigten Kohlenwasserstoffen, die zwar π-Bindungen enthalten, sich in ihrem Reaktionsverhalten aber sehr deutlich von Alkenen und Alkinen unterscheiden, die sogenannten **aromatischen Kohlenwasserstoffe**. Der bekannteste Vertreter ist **Benzen**, C_6H_6, das 1825 erstmals von M. Faraday aus dem Londoner Stadtgas isoliert wurde. Benzen ist eine farblose Flüssigkeit (Dichte ρ = 0,55 g/cm^3, Siedetemperatur 80 °C), die wie alle Kohlenwasserstoffe nur schlecht in Wasser löslich ist (1,7 g/L). Viele Benzenderivate haben einen charakteristischen aromatischen Geruch, der namengebend für die ganze Verbindungsklasse wurde. Früher verwendete man statt Benzen den Namen **Benzol**, der aber systematisch nicht korrekt ist. Denn die Namensendung „-ol“ steht in der IUPAC-Nomenklatur (▶ Kapitel 2.6) für einen Alkohol, während Verbindung mit C=C-Doppelbindungen allgemein auf „-en“ enden. Allerdings hat sich im deutschsprachigen Raum die Bezeichnung „Benzen“ bisher noch nicht überall durchgesetzt (im Englischen wurde Benzen hingegen schon immer als *benzene* bezeichnet). Die Struktur des Benzens wurde 1865 durch August Kekulé, einem der bedeutendsten Organiker der damaligen Zeit, aufgeklärt. Er schlug eine cyclische Struktur mit drei alternierenden C=C-Doppel- und C–C-Einfachbindungen vor. Angeblich kam ihm dieser Einfall während eines Traums, in dem er eine Schlange sah, die sich selbst in den Schwanz biss. („*Und siehe, was war das? Eine der Schlangen erfasste den eigenen Schwanz und höhnisch wirbelte das Gebilde vor meinen Augen.*“)

Diese Struktur legt ebenso wie die Summenformel C_6H_6, die an ein Alkin erinnert (Ethin, das einfachste Alkin hat die Summenformel C_2H_2), nahe, dass es sich bei Benzen um eine ungesättigte und damit sehr reaktive Verbindung handelt. Zeigt Benzen daher ebenfalls die typischen Additionsreaktionen der Alkene oder Alkine (▶ Kapitel 7)? Nein, denn während Alkene und Alkine z.B. mit Brom sehr schnell unter *anti*-Addition zu Halogenalkanen reagieren, ist eine Mischung aus Brom und Benzen völlig stabil. Es erfolgt keine Reaktion. Benzen kann zwar mit Brom reagieren, dafür ist aber die Anwesenheit einer Lewis-Säure, z.B. $FeBr_3$, als Katalysator notwendig (▶ Kapitel 8.2). Dann findet jedoch keine Addition an die π-Bindung statt, sondern eine **Substitution**, bei der ein Wasserstoffatom im Benzen gegen ein Bromatom ausgetauscht wird. Es entstehen Brombenzen und HBr.

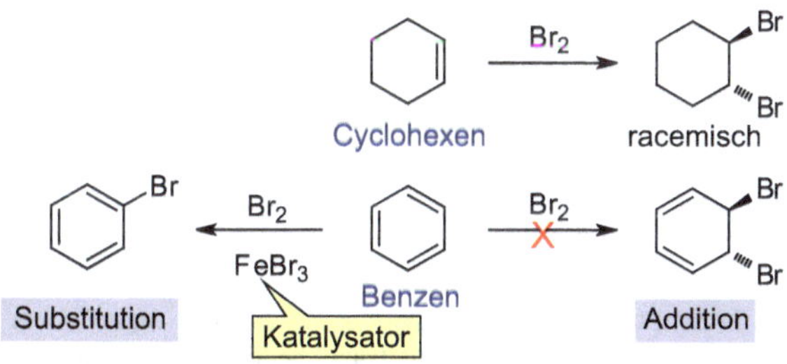

Benzen reagiert zumindest bei Raumtemperatur auch nicht mit wässrigen Säuren (H^+/H_2O), $KMnO_4$ oder Persäuren; alles Reagenzien, mit denen Alkene sehr schnell reagieren, wie wir im letzten Kapitel gelernt haben. **Benzen ist eine sehr reaktionsträge Verbindung.** Die π-Bindungen im Benzen sind wesentlich stabiler und damit weniger reaktiv als die in einem Alken oder Alkin. Dieser Umstand war für die Chemiker der damaligen Zeit sehr schwierig zu verstehen und erst mit dem Aufkommen der modernen Bindungstheorie Anfang des 20. Jahrhunderts wurden die besonderen Eigenschaften des Benzens verständlich.

8.1.1 Bindungsverhältnisse im Benzen

Die von Kekulé aufgestellte Strukturformel von Benzen zeigt ein Molekül mit drei einander abwechselnden C=C-Doppel- und C–C-Einfachbindungen. Wir haben am Beispiel des 1,3-Butadiens gelernt, dass sich solche konjugierten Doppelbindungen gegenseitig beeinflussen, was zu einer **Delokalisierung der π-Elektronen** führt (▸ Kapitel 1.7). Diese Resonanzwechselwirkung verändert sowohl die Struktur als auch die chemische Reaktivität des Moleküls. Ist Benzen also nichts anderes als ein konjugiertes Trien, ähnlich wie 1,3,5-Hexatrien? Nein, denn auch ein konjugiertes Trien zeigt nach wie vor die typischen Additionsreaktionen der Alkene und reagiert z. B. bereitwillig mit Brom, Benzen dagegen nicht. Auch die Struktur des Benzens unterscheidet sich von der eines konjugierten Triens. Wir wissen aus Experimenten, dass die sechs C-Atome im Benzen alle in einer Ebene liegen und ein gleichmäßiges Sechseck bilden. **Alle C–C-Bindungen sind mit 139 pm exakt gleich lang**, die C–H-Bindungen sind 109 pm lang und alle Bindungswinkel betragen 120°. Die C–C-Bindungen im 1,3,5-Hexatrien weisen hingegen alternierende Bindungslängen auf, auch wenn durch die Resonanz – wie bei allen konjugierten Polyenen – die Doppelbindungen etwas länger (135 pm) und die Einfachbindungen etwas kürzer (146 pm) sind als isolierte Doppel- (134 pm) und Einfachbindungen (154 pm) (▸ Kapitel 1.7.1).

Die besonderen Eigenschaften einer aromatischen Verbindung resultieren aus dem *cyclisch delokalisierten π-Elektronensystem.*

Was unterscheidet Benzen dann von einem konjugierten Trien? Betrachten wir dazu die Bindungsverhältnisse im Benzen noch mal etwas genauer. Jedes C-Atom ist sp^2-hybridisiert und bildet drei σ-Bindungen zu den beiden benachbarten C-Atomen und einem H-Atom aus (▸ Abbildung 8.1). Diese Bindungen bilden das sogenannte **σ-Gerüst**. Es verbleibt an jedem C-Atom noch ein p_z-AO. Diese sechs p-Orbitale stehen senkrecht zum σ-Gerüst. Ähnlich wie beim 1,3-Butadien überlappt jedes p-Orbital *gleichzeitig* mit den *beiden* direkt benachbarten p-Orbitalen. Dadurch entsteht aber im Gegensatz zum Hexatrien nicht nur ein lineares, sondern auch ein **cyclisch delokalisiertes π-System**, in dem die sechs Elektronen in einer cyclischen Elektronenwolke oberhalb und unterhalb der σ-Ebene gleichmäßig über alle sechs C-Atome verteilt sind. **Dieses cyclisch delokalisierte π-Elektronensystem ist das besondere Merkmal von Benzen und allen anderen aromatischen Verbindungen** (▸ Exkurs 8.1).

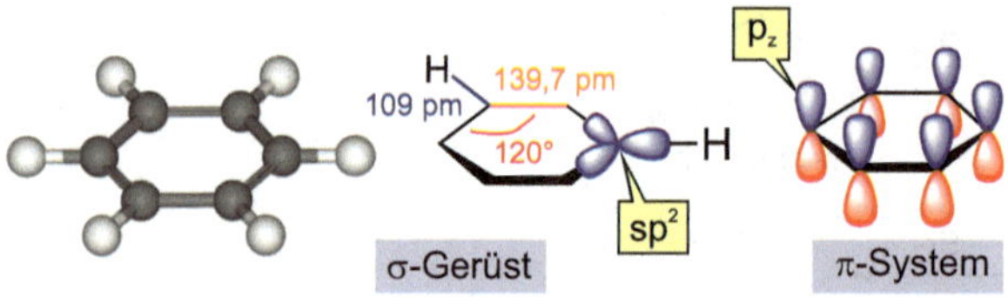

Abbildung 8.1: Struktur des Benzens. Die sechs C-Atome bilden ein gleichmäßiges, ebenes Sechseck. Jedes C-Atom ist sp^2-hybridisiert und die sp^2-Hybridorbitale bilden die drei σ-Bindungen zu den benachbarten C-Atomen und den H-Atomen aus. Die sechs verbleibenden p-Orbitale stehen senkrecht zum σ-Gerüst und bilden das cyclisch delokalisierte π-System.

Wie wir schon besprochen haben (▸ Kapitel 1.7), können wir solche delokalisierten Elektronensysteme mit einer einzigen Lewis-Formel nicht korrekt beschreiben, da bei Lewis-Formeln jeder Bindungsstrich für ein bindendes Elektronenpaar steht, das genau zwei Atome miteinander verknüpft (lokalisierte Bindungen). Die delokalisierte Elektronenstruktur des Benzens kann man wiederum nur durch die *gleichzeitige Angabe mehrerer Resonanzformeln* näherungsweise beschreiben. Aufgrund der cyclischen Struktur lassen sich beim Benzen **zwei äquivalente Resonanzformeln** angeben, die sich nur in der Lage der formalen Doppelbindungen im Sechsring unterscheiden. Das aromatische System aus den sechs cyclisch delokalisierten π-Elektronen wird beim Benzen manchmal auch durch einen Kreis im Inneren des Sechsecks dargestellt.

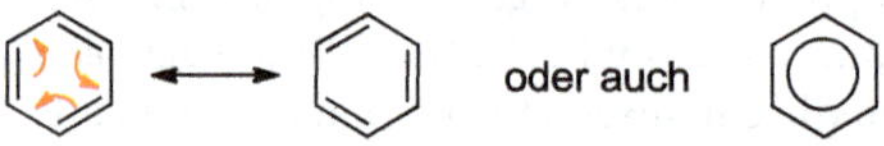

Ein Teilchen ist in der Regel umso stabiler, je mehr energetisch günstige Resonanzformeln formuliert werden können.

Die Tatsache, dass es beim Benzen zwei äquivalente Resonanzformeln mit jeweils alternierenden Doppel- und Einfachbindungen gibt, deutet bereits an, dass mit der cyclischen Delokalisierung eine besondere Stabilisierung verbunden ist, die sich von normalen Polyenen unterscheidet. Beim Hexatrien gibt es wie bei allen linearen Polyenen nur eine solche Resonanzformel. Alle weiteren sind entweder Zwitterionen oder Diradikale (▸ Kapitel 1.7.2) und damit energetisch wesentlich ungünstiger. Zur Erinnerung: Die tatsächliche Elektronenverteilung und damit auch Struktur eines Teilchens entspricht einer Überlagerung aller möglichen Resonanzformeln, wobei jede Resonanzformel entsprechend ihrer relativen Energie ihren Teil beiträgt (▸ Exkurs 1.4).

Es sei noch einmal ausdrücklich darauf hingewiesen, dass die Resonanz, also die Delokalisierung von Elektronen, nichts mit einem thermodynamischen Gleichgewicht zu tun hat. Bei diesem stehen zwei real existierende, unterschiedliche Moleküle mit verschiedenen Strukturen und unterschiedlichen Eigenschaften (z. B. verschiedenen Atomverknüpfungen, Bindungslängen, Bindungswinkel etc.) durch eine chemische Reaktion miteinander im Gleichgewicht. **Resonanzformeln symbolisieren** im Unterschied dazu **nicht existierende, hypothetische Zustände**, mit denen man die delokalisierte Elektronenstruktur eines real existierenden Moleküls näherungsweise beschreibt. Resonanzformeln resultieren nur aus unserem Unvermögen, delokalisierte Elektronenstrukturen mit Lewis-Formeln adäquat beschreiben zu können. Erfahrungsgemäß haben viele Studienanfänger große Schwierigkeiten damit, die Beschreibung delokalisierter Elektronenstrukturen mithilfe von Resonanzformeln richtig zu verstehen. Man sollte sich den Unterschied zwischen Resonanz und Gleichgewicht sehr gut klar machen und auch auf die Verwendung der richtigen Pfeile achten.

8.1.2 MO-Beschreibung des Benzens

Wie lässt sich die cyclisch delokalisierte π-Elektronenstruktur des Benzens im MO-Bild beschreiben? Durch die gleichzeitige Wechselwirkung der sechs p-AO miteinander ergeben sich sechs neue π-MO (zur Erinnerung: Anzahl der miteinander wechselwirkenden AO = Anzahl der neuen MO, ▸ Kapitel 1.7.3). Drei der neuen π-MO sind energetisch stabiler als die ursprünglichen p_z-AO der C-Atome (= relativer Nullpunkt der Energieskala), drei sind energetisch weniger stabil (▸ Abbildung 8.2). Im Gegensatz zu den linearen Polyenen wie dem 1,3,5-Hexatrien, bei denen die Energie der einzelnen π-MO sukzessive zunimmt (▸ Abbildung 1.18), sind beim Benzen jeweils zwei bindende sowie zwei antibindende Orbitale energiegleich, also entartet. Die beiden entarteten Orbitale haben jeweils die gleiche Anzahl an Knotenebenen, nämlich eine bei den beiden bindenden und zwei bei den beiden antibindenden MO. Da insgesamt sechs Elektronen zur Verfügung stehen, sind gerade genau alle drei bindenden π-MO doppelt besetzt. Zwei der drei besetzten π-MO erstrecken sich zudem über alle sechs C-Atome, im Einklang mit der cyclisch delokalisierten Elektronenstruktur („π-Elektronenwolke").

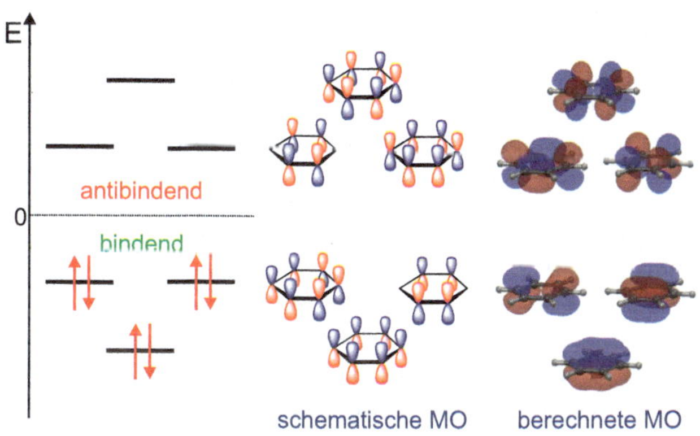

Abbildung 8.2: MO-Diagramm des π-Systems in Benzen. Aus der Wechselwirkung der sechs p-AO ergeben sich sechs neue π-MO, drei bindende und drei antibindende. Mit den zur Verfügung stehenden sechs π-Elektronen sind die drei bindenden MO alle doppelt besetzt. Die sechs π-MO sind einmal schematisch, um ihre Herkunft aus den ursprünglichen p-AO hervorzuheben, und einmal in ihrer quantenchemisch berechneten Struktur dargestellt.

8.1.3 Die besondere aromatische Stabilität von Benzen

Aromaten sind durch das cyclisch delokalisierte π-System im Vergleich zu linearen Polyenen besonders stabilisiert.

Die meisten Lehrbücher geben an, Benzen sei aufgrund seines aromatischen Charakters etwa **150 kJ/mol stabiler** als ein Alken. Wo kommt dieser Wert her? Es handelt sich um einen aus Hydrierwärmen (▸ Exkurs 6.3) abgeleiteten Zahlenwert (▸ Abbildung 8.3). Bei der Hydrierung von Cyclohexen zu Cyclohexan wird eine Wärmemenge von $\Delta H° = -118{,}7$ kJ/mol frei. Für ein hypothetisches „Cyclohexatrien" mit drei lokalisierten Doppelbindungen, also ein *Benzen ohne delokalisierte Elektronen*, würde man in erster Näherung den dreifachen Wert erwarten, also eine Hydrierwärme von $\Delta H° = 3 \cdot (-118{,}7) = -356{,}1$ kJ/mol. Wenn man Benzen zu Cyclohexan hydriert, wozu aufgrund der höheren Stabilität des Benzens deutlich drastischere Reaktionsbedingungen notwendig sind als für die Hydrierung eines Alkens, wird aber tatsächlich nur ein Energiebetrag von $\Delta H° = -206{,}0$ kJ/mol frei, also 150 kJ/mol weniger als erwartet. Um diesen Energiebetrag ist Benzen aufgrund seiner cyclisch delokalisierten Elektronenstruktur stabiler als das hypothetische „Cyclohexatrien". Man spricht von **aromatischer Stabilisierungsenergie** oder Resonanzenergie.

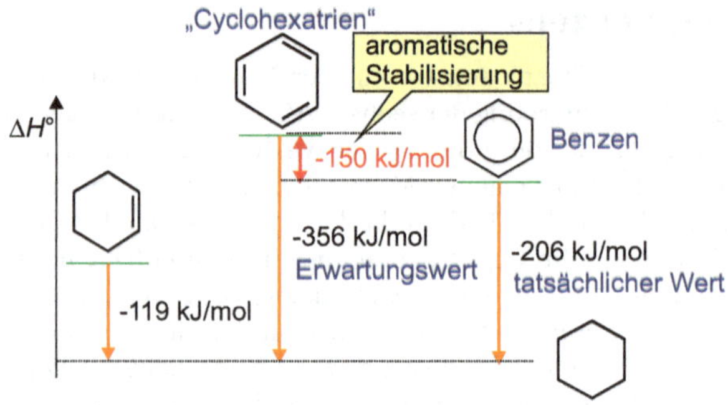

Abbildung 8.3: Ableitung der aromatischen Stabilisierungsenergie von Benzen. Bei der Hydrierung von Benzen zu Cyclohexan werden 150 kJ/mol weniger Energie frei, als man für ein hypothetisches Cyclohexatrien erwartet, wenn man davon ausgeht, dass dessen Hydrierwärme dreimal so groß sein sollte wie die des Cyclohexens.

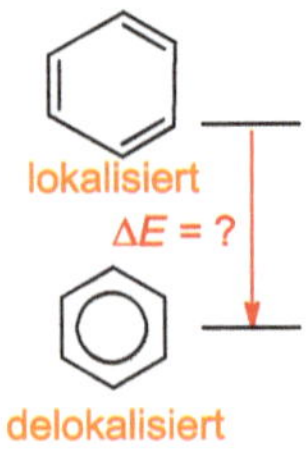

Resonanzenergie des Benzens

Allerdings sollte man sich bewusst sein, dass dieser Zahlenwert die aromatische Stabilisierung letztendlich nur *relativ zu Cyclohexen*, also einem einfachen Alken, angibt. Wie wir aber wissen, ist selbst ein konjugiertes lineares Dien wie 1,3-Butadien bereits um ca. 14 kJ/mol stabiler als zwei isolierte Alkene (▶ Kapitel 1.7.1). Auch 1,3,5-Hexatrien ist aufgrund seiner delokalisierten Elektronenstruktur um ca. 20–30 kJ/mol stabiler als drei isolierte Doppelbindungen. Der Zahlenwert von 150 kJ/mol umfasst also nicht nur die „besondere" aromatische, auf die *cyclische* Delokalisierung von Elektronen zurückgehende Stabilisierung des Benzens, sondern auch die in jedem *linearen* Polyen vorhandene „normale" Resonanzstabilisierung konjugierter Doppelbindungen. Bezogen auf ein lineares Trien ist die aromatische Stabilisierung daher deutlich kleiner als 150 kJ/mol. Verwendet man also andere Vergleichsmoleküle als Cyclohexen, erhält man andere Zahlenwerte für die aromatische Stabilisierung des Benzens. Die meisten Angaben in der Literatur reichen von ca. 80–150 kJ/mol. **Das Problem ist, dass eine Resonanzenergie zwar genau definiert, aber grundsätzlich nicht direkt messbar ist.** Denn man möchte wissen, um wie viel Benzen mit seiner delokalisierten Elektronenstruktur stabiler ist als ein hypothetisches *Benzen ohne Elektronendelokalisierung*. Nur gibt es ein solches Benzen mit lokalisierten Bindungen nun einmal nicht, sodass seine Stabilität auch nicht experimentell bestimmbar ist. Man muss daher zwangsläufig auf ein anderes Molekül als Modell für diesen hypothetischen Zustand ausweichen. Modelle sind aber nie perfekt, sondern bestenfalls mal mehr oder mal weniger gut für den gedachten Zweck geeignet. Der tatsächliche Zahlenwert ist aber sowieso unerheblich. Das Entscheidende ist, *dass* Benzen durch seine cyclisch delokalisierte Elektronenstruktur eine zusätzliche aromatische Stabilisierung erfährt. **Reaktionen werden an Aromaten daher bevorzugt so verlaufen, dass das aromatische π-System mit seiner besonderen Stabilisierung erhalten bleibt** (▶ Kapitel 8.2). Deswegen reagieren Aromaten unter Substitution und nicht unter Addition wie Alkene. Denn bei der Addition würde letztendlich der Aromat zerstört, was bei der Substitution nicht der Fall ist.

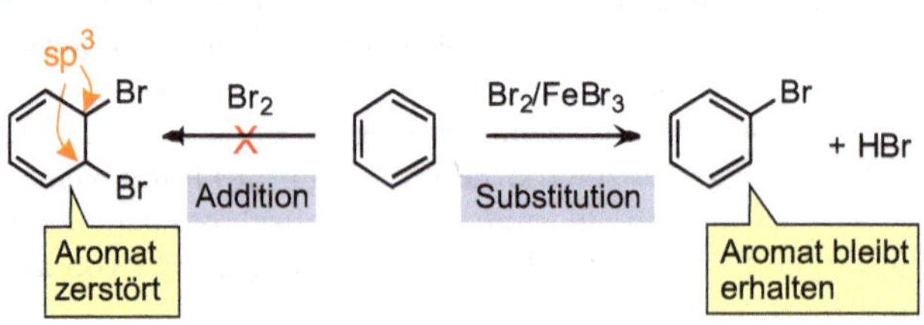

Exkurs 8.1: Wann sind Verbindungen aromatisch? Die Hückel-Regel

Abgesehen vom Benzen gibt es noch viele andere aromatische Verbindungen, die alle ein cyclisch delokalisiertes π-Elektronensystem aufweisen. Beispiele sind die zu den **polycyclischen Aromaten** gehörenden Verbindungen Naphthalen (▸ Exkurs 8.4) oder Anthracen. Aber auch sogenannte **Heteroaromaten** wie Pyridin oder Pyrrol sind aromatische Verbindungen (Heteroaromat = Aromat, in dem ein oder mehrere C-Atome durch Heteroatome, meistens N, O oder S, ersetzt sind). Umgekehrt ist aber nicht jede Verbindung mit einem cyclisch delokalisierten π-System aromatisch. So sieht **Cyclobutadien** C_4H_4 dem Benzen auf dem ersten Blick sehr ähnlich. Es lassen sich genau wie beim Benzen zwei äquivalente Resonanzformeln formulieren. Trotzdem ist Cyclobutadien eine hoch reaktive Verbindung, die so instabil ist, dass sie sich in Substanz gar nicht isolieren lässt.

aromatische Verbindungen:

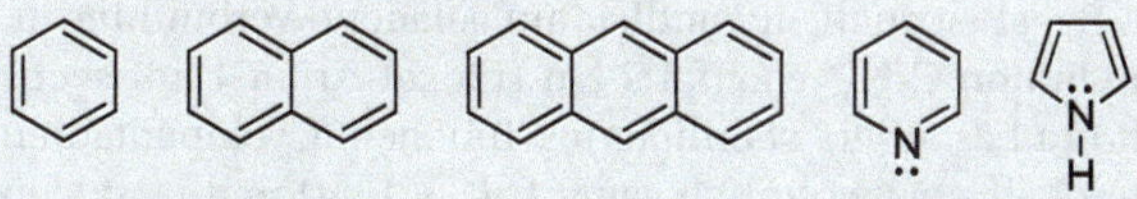

Benzen Naphthalen Anthracen Pyridin Pyrrol

kein Aromat:

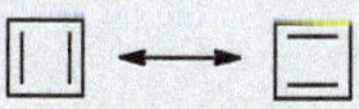

Cyclobutadien (sehr instabil)

auch ein Aromat:

Cyclopentadienylanion

Wie kann man diesen Unterschied zwischen Benzen und Cyclobutadien verstehen? Wir haben bei der Betrachtung des MO-Diagramms von Benzen gesehen, dass gerade alle bindenden π-MO doppelt besetzt sind (▸ Abbildung 8.2). Für das quadratisch-planare Cyclobutadien ist hingegen die energetische Abfolge der π-MO anders. Es sind zwei entartete nichtbindende π-MO vorhanden (▸ Abbildung 8.4), die entsprechend der Hund'schen Regel (▸ Exkurs 1.1) jeweils einfach besetzt sind. Ein quadratisch-planares Cyclobutadien sollte also ein Diradikal sein, was schon darauf hindeutet, dass Cyclobutadien anders als Benzen eine hochreaktive Verbindung ist. Ausgehend von solchen MO-Betrachtungen hat Erich Hückel in den 1930er Jahren die sogenannte **Hückel-Regel** formuliert, mit der sich allgemein für monocyclische Verbindungen vorhersagen lässt, ob sie aromatisch sind oder nicht.

Eine Verbindung ist dann aromatisch, wenn sie

- **cyclisch,**
- **planar und**
- **vollständig durchkonjugiert ist (*alle* Ringatome sind sp^2- oder sp-hybridisiert) sowie**
- **$(4 \cdot n + 2)$ π-Elektronen vorhanden sind (mit n = 0, 1, 2, 3...).**

Die ersten drei Punkte sind uns bereits von der Diskussion des Benzens vertraut. Sie müssen erfüllt sein, damit überhaupt eine cyclisch delokalisierte π-Elektronenwolke entstehen kann. Dies alleine ist aber noch nicht hinreichend. Entscheidend ist weiterhin die **Anzahl an π-Elektronen**. Nur bei $(4n + 2)$ π-Elektronen (mit n = 0, 1, 2, 3...) führt eine solche cyclisch delokalisierte π-Elektronenwolke zu einer besonderen Stabilisierung und das Molekül ist aromatisch. Bei 4n π-Elektronen wird das Molekül durch das π-System hingegen sogar destabilisiert, sofern alle anderen Kriterien erfüllt sind (sogenannte **antiaromatische Verbindung**). Der Unterschied zwischen Benzen und Cyclobutadien liegt also in der Anzahl der π-Elektronen im cyclisch-delokalisierten System. Benzen hat sechs π-Elektronen und erfüllt damit die Kriterien der Hückel-Regel (n = 1), Cyclobutadien mit nur vier π-Elektronen erfüllt sie hingegen nicht. Experimentell findet man allerdings, dass Cyclobutadien gar keine quadratische Struktur hat, sondern eine rechteckige. Diese Geometrieveränderung erhöht die Stabilität etwas und auch die Abfolge der π-MO ist dann etwas anders. Cyclobutadien ist damit genau genommen auch kein echter Antiaromat mehr, darauf wollen wir aber nicht weiter eingehen.

Betrachten wir noch einmal die anderen oben erwähnten aromatischen Verbindungen. Zwar gilt die Hückel-Regel streng genommen nur für monocyclische Verbindungen, sie kann aber auch auf einfache polycyclische Aromaten angewendet werden. Naphthalen (zehn π-Elektronen, n = 2) und Anthracen (14 π-Elektronen, n = 3) erfüllen ebenso die Hückel-Regel wie Pyridin (sechs π-Elektronen, n = 1) und Pyrrol (sechs π-Elektronen, n = 1). Im Pyrrol liegt zwar nur ein Fünfring vor, aber da das N-Atom mit seinem freien Elektronenpaar gleich zwei π-Elektronen zur Verfügung stellt, sind trotzdem insgesamt sechs π-Elektronen vorhanden (eins von jedem der vier C-Atome und zwei vom N-Atom). Die Hückel-Regel ist auch anwendbar auf geladene Verbindungen. So ist z.B. das **Cyclopentadienylanion** $C_5H_5^-$ ebenfalls ein Hückel-Aromat mit sechs π-Elektronen (n = 1) und damit ein besonders stabilisiertes Teilchen. Cyclopentadien ist daher für einen Kohlenwasserstoff ungewöhnlich sauer (pK_s = 15,4) und lässt sich bereits durch Natronlauge deprotonieren (▸ Kapitel 10.3).

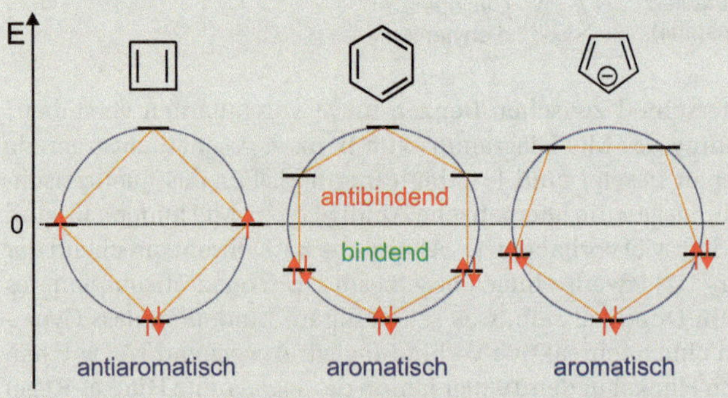

Abbildung 8.4: **MO-Schemata monocyclischer Polyene.** Im Benzen und im Cyclopentadienylanion sind gerade alle bindenden π-MO doppelt besetzt und alle antibindenden π-MO leer. Diese Verbindungen sind aromatisch. Im Cyclobutadien sind hingegen zwei entartete nichtbindende π-MO vorhanden, die jeweils einfach besetzt sind. Cyclobutadien ist daher kein Aromat.

Die relative Abfolge der π-MO cyclischer Verbindungen kann man sich übrigens leicht merken. Man zeichnet wie in ▸ Abbildung 8.4 in einen Kreis (blau) jeweils das entsprechende gleichseitige Vieleck (orange) mit einer Spitze nach unten zeigend ein. Die Schnittpunkte des Vielecks mit dem Kreis geben die energetische Lage der π-MO an. Diese Merkregel nennt man **Frost-Musulin-Diagramm** oder Frost'scher Kreis.

Die Bromierung von Benzen: Eine elektrophile aromatische Substitution 8.2

Benzen reagiert auch mit Brom, aber im Gegensatz zu einem Alken erst in Gegenwart einer Lewis-Säure (z. B. $FeBr_3$, $AlBr_3$ oder BBr_3) als Katalysator. So gibt die Umsetzung von Benzen mit Brom in Gegenwart von Eisenpulver (aus dem *in situ* durch die Reaktion mit Br_2 der Katalysator $FeBr_3$ entsteht) bei leicht erhöhter Temperatur Brombenzen in ca. 65 % Ausbeute. Ein H-Atom am Benzen wurde durch ein Br-Atom ersetzt. Es hat also eine sogenannte **elektrophile aromatische Substitution** (S_EAr-Reaktion) stattgefunden.

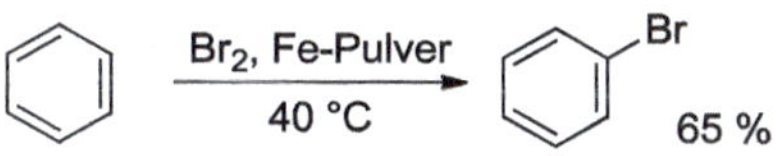

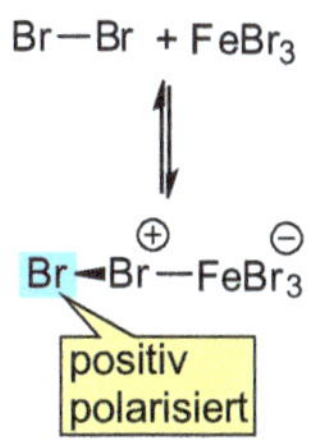

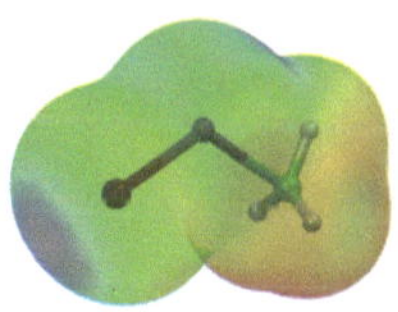

Nach welchem Mechanismus verläuft diese Reaktion? Benzen ist aufgrund seines π-Elektronensystems ein elektronenreiches, also nucleophiles Teilchen, das somit von einem Elektrophil angegriffen werden kann (▸ Kapitel 5.2). Wir erwarten daher, dass die Reaktion von Benzen mit Brom *zumindest anfangs* ähnlich verlaufen sollte wie die elektrophile Addition von Brom an ein Alken (▸ Kapitel 7.6). Dies ist tatsächlich der Fall, der einzige Unterschied liegt in der Reaktivität der beteiligten Teilchen. Aufgrund der aromatischen Stabilisierung (▸ Kapitel 8.1.3) ist Benzen ein deutlich schwächeres Nucleophil als ein Alken, weshalb man sehr viel stärkere Elektrophile für eine Reaktion benötigt. (Zur Erinnerung: Polare Reaktionen verlaufen umso schneller, je besser Nucleophil und/oder Elektrophil sind, ▸ Kapitel 5.5.) Deswegen reagiert Benzen, ein schwaches Nucleophil, erst dann mit Brom, einem ebenfalls schwachen Elektrophil, wenn man eine Lewis-Säure wie $FeBr_3$ als Katalysator zugibt, wodurch die Polarisierung und damit die Elektrophilie des Brommoleküls deutlich erhöht wird (z. B. gut erkennbar an der deutlichen Blaufärbung des endständigen Bromatoms im ESP des Komplexes aus Br_2 und $FeBr_3$). Die Lewis-Säure macht aus einem schwachen Elektrophil (Br_2) ein starkes Elektrophil (den Komplex $Br_2\cdots FeBr_3$), das dann reaktiv genug ist, um mit Benzen zu reagieren.

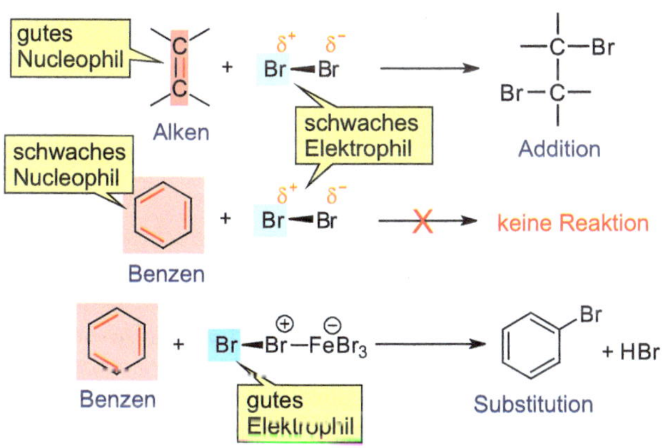

Analog zur elektrophilen Addition von Brom an ein Alken wird bei der Annäherung des so aktivierten Brommoleküls an das Benzen zuerst ein **π-Komplex** durchlaufen (so nennt man die nichtkovalente Wechselwirkung eines Elektrophils mit einem nucleophilen π-System), aus dem heraus dann unter Abspaltung von $FeBr_4^-$ ein Br^+-Teilchen auf den Aromaten übertragen wird. Es bildet sich eine kationische Zwischenstufe, **σ-Komplex** oder Wheland-Intermediat genannt. Der σ-Komplex ist ein resonanzstabilisiertes **Cyclohexadienylkation**, in dem die positive Ladung über die verbleibenden fünf sp^2-hybridisierten C-Atome des Rings delokalisiert ist. Diese fünf C-Atome sind nach wie vor planar in einer Ebene angeordnet. Nur das C-Atom, an das sich das Elektrophil addiert hat, ist im σ-Komplex sp^3-hybridisiert und hat damit eine tetraedrische Bindungsumgebung. Die Bildung des σ-Komplexes ist stark endotherm und daher der langsame, geschwindigkeitsbestimmende Schritt der Gesamtreaktion (▶ Abbildung 8.5).

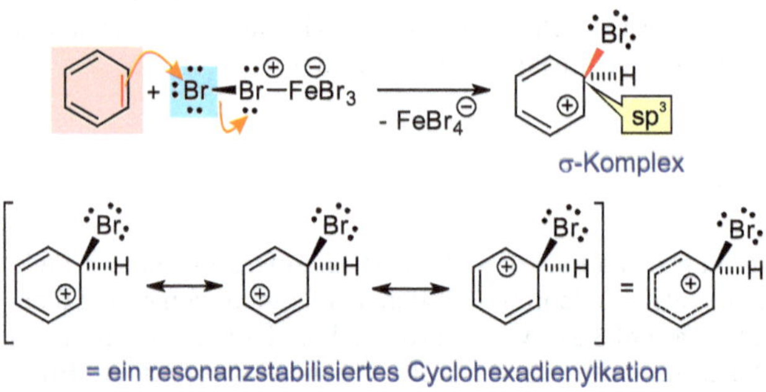

Wieso bildet sich in diesem Fall bei der Übertragung von Br^+ aus $Br_2\cdots FeBr_3$ auf das π-System kein cyclisches Bromoniumion wie bei einem Alken (▶ Kapitel 7.6.1)? Wir haben dort bereits gelernt, dass es letztendlich nur eine Frage der thermodynamischen Stabilität ist, ob sich ein verbrücktes Bromoniumion oder ein nicht verbrücktes, offenes Carbeniumion bildet (▶ Kapitel 7.6.2). Bei einfachen Alkenen ist das Bromoniumion stabiler, beim Benzen das Cyclohexadienylkation, in dem die positive Ladung durch die beiden konjugierten Doppelbindungen zusätzlich stabilisiert wird. Anders formuliert, das Cyclohexadienylkation ist durch diese zusätzliche Resonanzwechselwirkung nicht mehr auf eine weitere Stabilisierung durch die freien Elektronenpaare des Br-Atoms angewiesen.

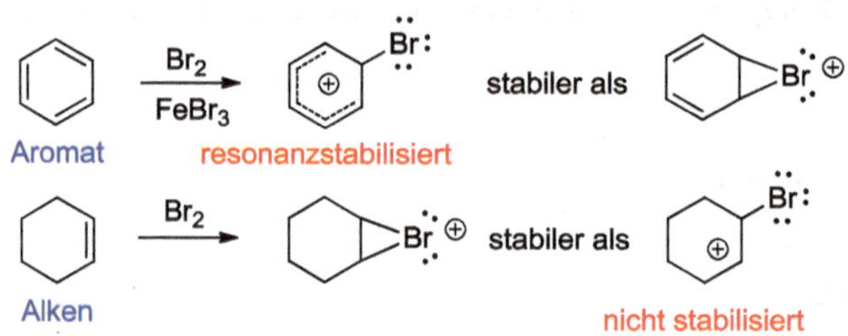

$FeBr_4^{\ominus} \rightleftharpoons FeBr_3 + Br^{\ominus}$

Der σ-Komplex kann nun wie jedes Carbeniumion im nächsten Reaktionsschritt entweder wie bei der S_N1- oder A_E-Reaktion durch ein Br^- nucleophil abgefangen werden. Das Br^- stammt aus dem $FeBr_4^-$, das in Lösung im Gleichgewicht mit $FeBr_3$ und Br^- vorliegt. Man erhält Dibromcyclohexadien, das Produkt einer Addition von Brom an Benzen. Das aromatische System wird allerdings dabei zerstört. Oder aber das Carbeniumion wird wie im zweiten Schritt der E1-Reaktion von Br^- als Base am sp^3-hybridisierten C-Atom deprotoniert. Wie man gut an der starken Blaufärbung im Oberflächenpotenzial des σ-Komplexes erkennt (▶ Exkurs 8.2), weist das H-Atom dort die größte positive Ladungsdichte auf, ist also acide, was den Angriff einer Base erleichtert. Durch die Deprotonierung wird das aromatische π-System wiederhergestellt. Es entstehen Brombenzen und HBr, das gasförmig aus der Reaktionsmischung entweicht. Wegen der besonderen Stabilisierung des Aromaten ist dieser zweite Reaktionsweg gegenüber der Addition eines Nucleophils bevorzugt (▶ Abbildung 8.5). Nach dem Hammond-Postulat (▶ Kapitel 4.7.5) ist der Übergangszustand der Deprotonierung, der zum stabileren Produkt, dem Aromaten, führt, energieärmer als der Übergangszustand der Addition. Die Deprotonierung findet schneller statt, sodass als Hauptprodukt der substituierte Aromat entsteht (*product devlopment control*, ▶ Kapitel 4.7.4).

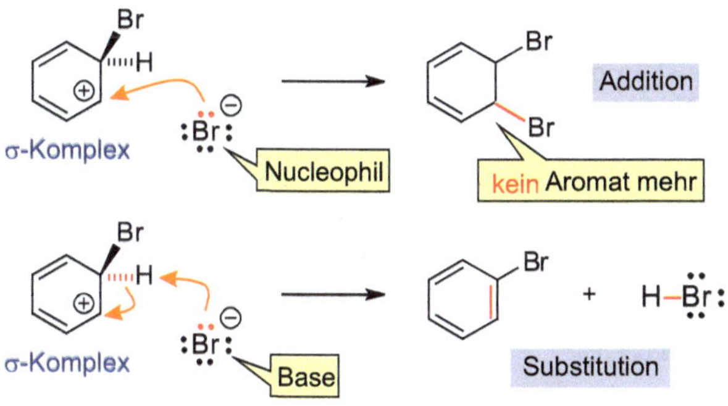

Die Lewis-Säure $FeBr_3$ wurde beim Zerfall von $FeBr_4^-$ zurück gebildet und steht damit erneut für die Polarisierung des nächsten Brommoleküls zur Verfügung. Es handelt sich somit um einen Katalysator (▶ Exkurs 7.3).

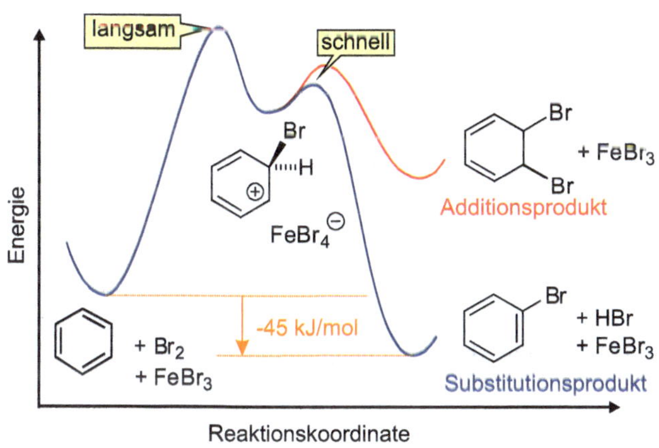

Abbildung 8.5: Energiediagramm der Bromierung von Benzen. Aromatische Verbindungen reagieren unter Substitution und nicht unter Addition, da dabei das stabile aromatische π-System erhalten bleibt. Geschwindigkeitsbestimmend ist die Bildung des σ-Komplexes. Die anschließende Deprotonierung des Carbeniumions erfolgt hingegen schnell.

Exkurs 8.2: Eine genauere Betrachtung des Reaktionsverhaltens des σ-Komplexes

Wie passt das oben diskutierte Reaktionsverhalten des σ-Komplexes zu den bisher gelernten Grundzügen polarer Reaktionen? Wir haben bereits besprochen, dass polare Reaktionen orbital- oder ladungskontrolliert sein können, je nachdem ob das angreifende Teilchen eher weich oder hart im Sinne des HSAB-Konzepts ist (▶ Exkurs 6.1). Betrachten wir einerseits, wo das LUMO seine größten Orbitallappen aufweist und andererseits wo der σ-Komplex die größte positive Ladungsdichte hat (Blaufärbung im

ESP). An diesen Positionen würden wir jeweils den Angriff eines Nucleophils bzw. einer Base erwarten. Die verschiedenen Positionen ausgehend vom sp^3-hybridisierten C-Atom werden im σ-Komplex übrigens als *ipso*, *ortho*, *meta* oder *para* bezeichnet. Diese Nomenklatur leitet sich allgemein von den Positionsangaben substituierter Benzenderivate ab (▸ Kapitel 8.3). Das LUMO weist an den *ortho*- und *para*-Positionen jeweils einen signifikanten Orbitallappen auf. Der Angriff eines Nucleophils dort führt zur Addition. An den beiden *meta*-Positionen hat das LUMO hingegen eine Knotenebene, dort kann das Nucleophil nicht angreifen. Auch am *ipso*-H-Atom ist ein kleiner Orbitallappen im LUMO vorhanden. Der Angriff einer Base an diesem H-Atom führt zur Deprotonierung und zur Bildung des Substitutionsprodukts. Das ESP zeigt, dass dieses *ipso*-H-Atom auch die am stärksten positiv polarisierte Stelle im σ-Komplex ist.

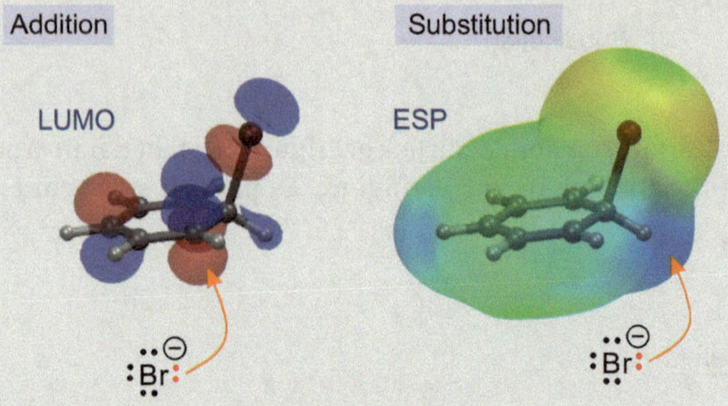

Aber Vorsicht, diese Überlegungen zeigen uns nur, *wo* in einem Molekül der Angriff eines anderen Teilchens zu erwarten ist. *Ob* beim Angriff an dieser Stelle tatsächlich eine sinnvolle Reaktion stattfinden kann (sinnvoll = energetisch günstig), ist eine davon unabhängige, andere Frage. Denn wir betrachten bei der Grenzorbitaltheorie den Beginn einer Reaktion und der sagt nichts über deren weiteren energetischen Verlauf aus (▸ Exkurs 5.2). So weist der Angriff eines Nucleophils in *ortho*- oder *para*-Position zwar eine günstige HOMO/LUMO-Wechselwirkungen auf, findet aber trotzdem nicht statt, weil die Deprotonierung energetisch sehr viel günstiger (und damit schneller) ist.

Zweitsubstitution am Aromaten 8.3

Meistens ist das Substrat einer elektrophilen aromatischen Substitution aber nicht Benzen selbst, sondern ein bereits substituiertes Benzen. Einige wichtige substituierte Aromaten mit ihren Trivialnamen sind nachfolgend gezeigt. Diese Trivialnamen lernt man am besten auswendig. Ein aromatischer Rest wird übrigens in Analogie zu einem Alkylrest allgemein als **Arylrest** (abgekürzt Ar) bezeichnet.

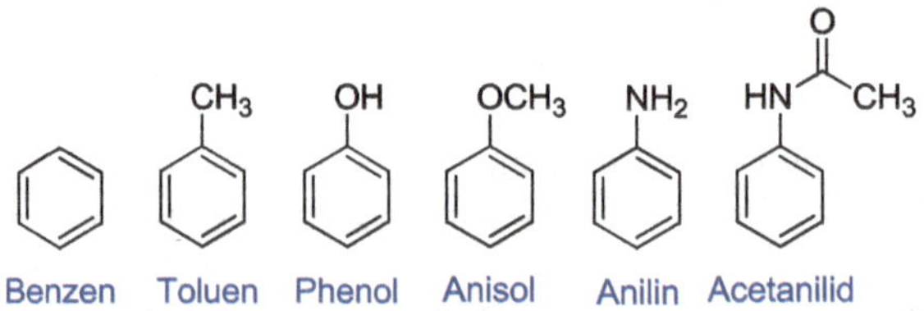

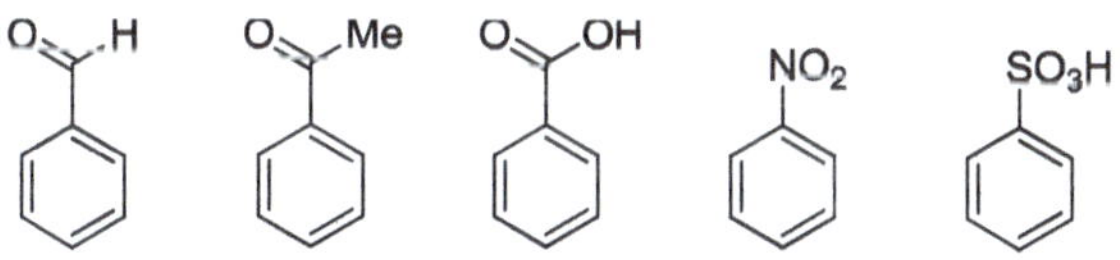

Benz-aldehyd | Aceto-phenon | Benzoe-säure | Nitrobenzen | Benzen-sulfonsäure

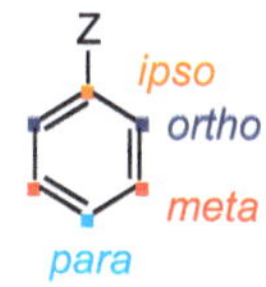

Der vorhandene Substituent Z am Benzen beeinflusst:

- sowohl die **Reaktivität des Aromaten**, also die Geschwindigkeit, mit der die Zweitsubstitution *im Vergleich zu Benzen* erfolgt,
- als auch die **Regioselektivität**. Das heißt, er steuert, ob die Zweitsubstitution in *ortho*-, *meta*- oder *para*-Stellung erfolgt.

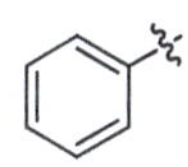

Ph = Phenylrest

So entsteht z. B. bei der Bromierung von Anisol (Methoxybenzen, $PhOCH_3$) in quantitativer Ausbeute überwiegend *para*-Bromanisol neben etwas *ortho*-Produkt, während *meta*-Bromanisol überhaupt nicht gebildet wird. Außerdem ist Anisol deutlich reaktiver als Benzen. Es reagiert etwa um den Faktor 10^9 schneller, sodass für die Reaktion auch keine Lewis-Säure wie $FeBr_3$ benötigt wird. Die Umsetzung gelingt direkt mit Brom in Eisessig bei 25 °C. Nitrobenzen ($PhNO_2$) hingegen ist deutlich weniger reaktiv. Die Reaktion verläuft um etwa den Faktor 10^8 langsamer als beim Benzen und erfordert zusätzlich Silbersulfat zur Aktivierung des Broms. In 76 % Ausbeute entsteht dann ausschließlich das *meta*-Produkt. Ähnlich wie bei der Substitution in Neopentylposition (▸ Kapitel 5.8) dient das Silbersalz nicht nur wie $FeBr_3$ als Lewis-Säure zur Aktivierung des Broms, sondern es entfernt gleichzeitig das frei werdende Br^- als schwerlösliches AgBr aus der Reaktion. Dadurch wird die heterolytische Spaltung von Br_2 bei der Reaktion zusätzlich erleichtert.

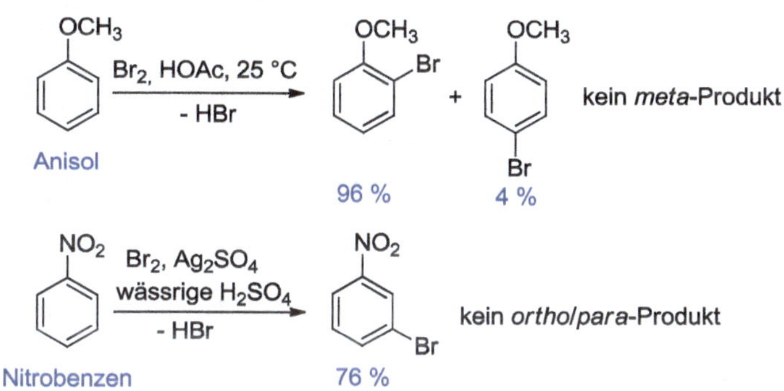

elektronenschiebend:
(+)-I-Effekt
(+)-M-Effekt
elektronenziehend:
(–)-I-Effekt
(–)-M-Effekt

Wo kommt dieses unterschiedliche Reaktionsverhalten der beiden substituierten Aromaten her? Entscheidend ist, wie der vorhandene Substituent die Elektronendichte im Ring verändert (dies beeinflusst die Reaktivität) und wie er die unterschiedlichen σ-Komplexe stabilisiert oder destabilisiert, die bei einem Angriff in *ortho*-, *meta*- oder *para*-Stellung gebildet werden (dies bestimmt die Regioselektivität). Beides hängt letztendlich davon ab, ob es sich um einen **elektronenschiebenden** oder einen **elektronenziehenden Substituenten** handelt. Zur Erinnerung, Substituenten können entweder durch einen induktiven Effekt, durch Hyperkonjugation oder durch einen mesomeren Effekt die elektronischen Eigenschaften eines Teilchens verändern (▸ Kapitel 4.8). So nimmt in der Reihenfolge Anisol > Benzen > Nitrobenzen die Elektronendichte im Ring sehr deutlich ab, wie man leicht bei einem Blick auf das Oberflächenpotenzial erkennt („weniger Orangerot im Ring", ▸ Abbildung 8.6). In der gleichen Reihenfolge sinkt die Reaktivität bei der S_EAr-Reaktion.

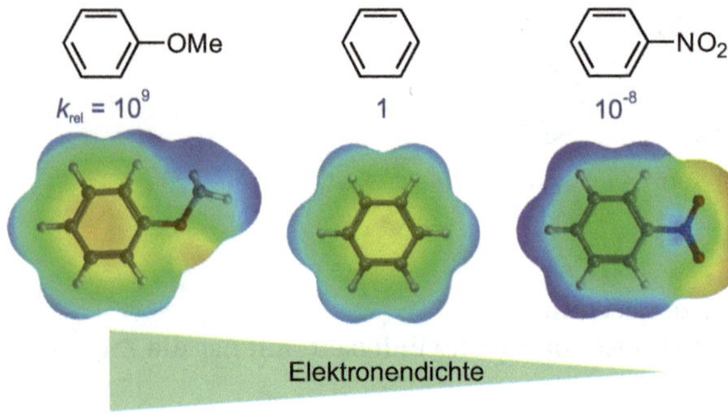

Abbildung 8.6: **Reaktivität von Anisol, Benzen und Nitrobenzen.** In Benzenderivaten kann die Elektronendichte im aromatischen π-System durch den Substituenten entweder erhöht oder erniedrigt werden. Anisol ist aufgrund der elektronenschiebenden OCH_3-Gruppe elektronenreicher als Benzen. Im Nitrobenzen wird durch die elektronenziehende NO_2-Gruppe die Elektronendichte hingegen deutlich verringert. In der gleichen Reihenfolge Anisol > Benzen > Nitrobenzen sinkt daher die Reaktivität bei der S_EAr-Reaktion.

8.3.1 Anisol: Ein elektronenreicher, aktivierter Aromat

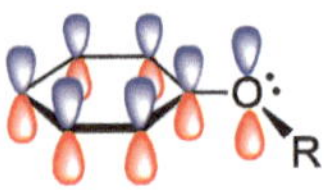

(+)-M-Effekt von –OR

Die **Methoxygruppe** $-OCH_3$ im Anisol ist ein **stark elektronenschiebender Substituent**. Das O-Atom kann als sp^2-hybridisiert angesehen werden, sodass eines seiner beiden freien Elektronenpaare in einem p_z-Orbital parallel zum aromatischen π-System angeordnet ist und seitlich mit diesem überlappt. Es kommt zu einer Resonanzwechselwirkung mit dem aromatischen π-System (sogenannter (+)-**M-Effekt**, ▶ Kapitel 4.8.2), wodurch das freie Elektronenpaar des O-Atoms zumindest anteilig auch in den aromatischen Ring verschoben wird. Es befinden sich insgesamt also mehr als sechs Elektronen im π-System, weshalb sich die Elektronendichte im Ring im Vergleich zum Benzen erhöht hat. Die Methoxygruppe hat zwar auch einen elektronenziehenden (–)-I-Effekt (O ist deutlich elektronegativer als C), dieser ist aber kleiner als der elektronenschiebende (+)-M-Effekt und wirkt sich vor allem auf das σ-Gerüst aus, während der M-Effekt das π-System betrifft. In Summe ist –OR daher ein Elektronendonor (gleiches gilt für $-NR_2$). Allerdings wirkt sich diese Erhöhung der Elektronendichte nicht an allen sechs C-Atomen gleichmäßig aus, sondern, wie man anhand der nachfolgend gezeigten Resonanzformeln erkennen kann, vor allem in *ortho*- und *para*-Position. Anisol ist also ein **elektronenreicher Aromat**, der von einem Elektrophil bevorzugt in *ortho*- und *para*-Position angegriffen werden sollte. Wie experimentelle Messungen zeigen, ist z. B. bei der Bromierung jede *ortho*-Position um einen Faktor 10^8 und die *para*-Position sogar um den Faktor 10^{10} reaktiver als im Benzen selbst. Aber auch die *meta*-Positon ist noch um etwa den Faktor 2 reaktiver, auch wenn dort letztendlich keine Reaktion stattfindet. Man spricht daher von einem **aktivierten Aromaten**.

Mesomere Effekte von Substituenten (egal ob elektronenschiebend oder -ziehend) wirken im Wesentlichen nur auf die *ortho*- und die *para*-Position, aber kaum auf die *meta*-Position.

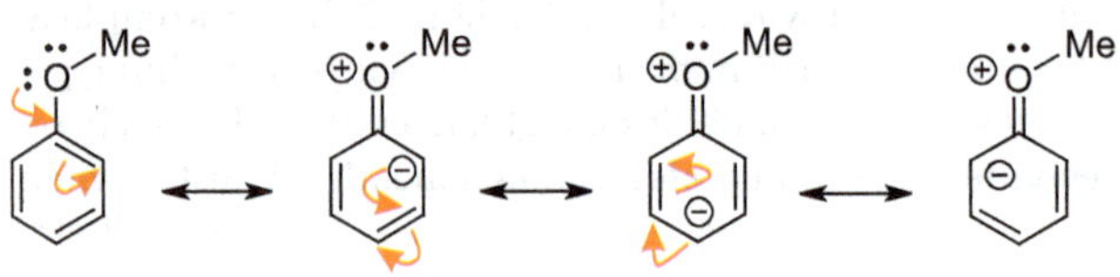

Für die Geschwindigkeit ist aber nicht alleine die anfängliche Elektronendichte im Ring verantwortlich, denn wir wissen bereits, dass nur die Aktivierungsenergie, also der Energie*unterschied* zwischen Edukt und Übergangszustand, ausschlaggebend für die Kinetik einer Reaktion ist (▶ Kapitel 4.3.3). Neben der Elektronendichte im Edukt ist daher auch die **relative Energie der drei Übergangszustände**, die bei einem Angriff in *ortho-*, *meta-* oder *para*-Stellung jeweils durchlaufen werden, entscheidend für die Reaktivität. Der Energieunterschied zwischen diesen Übergangszuständen bestimmt letztendlich auch die Regioselektivität der Reaktion. Wie lassen sich die relativen Stabilitäten dieser Übergangszustände abschätzen? Da der erste Reaktionsschritt endotherm ist und damit über einen „späten" Übergangszustand verläuft, können wir nach dem Hammond-Postulat den jeweiligen σ-Komplex als Modell für den entsprechenden Übergangszustand betrachten (▶ Kapitel 4.7.5). Alle drei σ-Komplexe sind resonanzstabilisierte Cyclohexadienylkationen. Aber für den σ-Komplex, der bei einem Angriff in *ortho-* oder *para*-Position entsteht, kann man jeweils eine zusätzliche energetisch günstige Resonanzformel formulieren, bei der das O-Atom durch seinen (+)-M-Effekt zur Stabilisierung des Kations beiträgt. Dies ist bei einem Angriff in *meta*-Stellung nicht möglich. Bei der Betrachtung dieser zusätzlichen Resonanzformel sollte man sich nicht von der positiven Formalladung am O-Atom irritieren lassen. Entscheidend für die Stabilität dieser Lewis-Formel ist, dass in dieser Resonanzformel *alle Atome acht Außenelektronen zur Verfügung haben* und damit die Oktettregel erfüllen. Dies ist bei allen anderen Resonanzformeln nicht der Fall, die jeweils ein C-Atom mit nur sechs Valenzelektronen aufweisen.

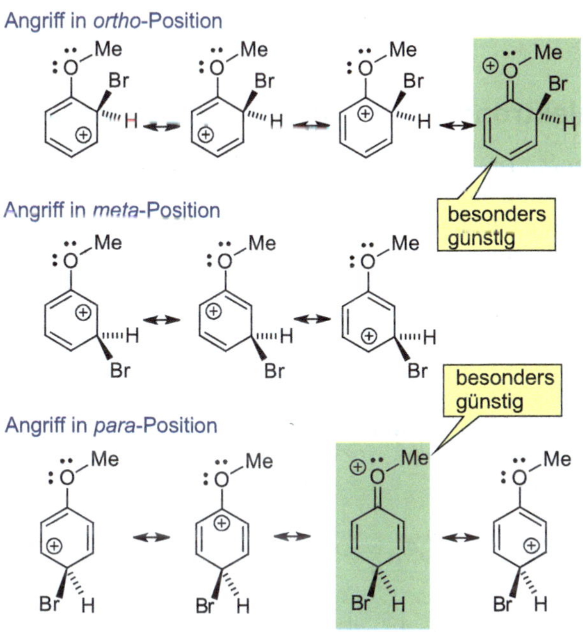

Wir erwarten daher aufgrund der Betrachtung der möglichen Resonanzformeln, dass die σ-Komplexe, die beim Angriff in *ortho/para*-Stellung gebildet werden, stabiler sind als beim Angriff in *meta*-Stellung. Folglich sollten sie sich auch schneller bilden, da die entsprechenden Übergangszustände nach dem Hammond-Postulat ebenfalls stabiler sind (▶ Abbildung 8.7). Als Hauptprodukte entstehen daher kinetisch kontrolliert die *ortho/para*-Substitutionsprodukte (*product development control*).

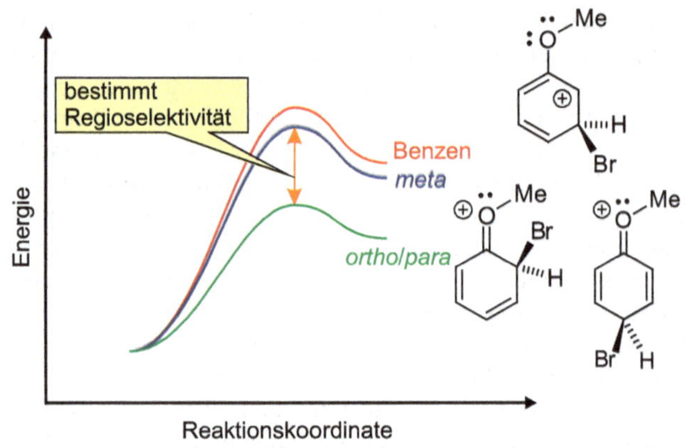

Abbildung 8.7: **Regioselektivität der Bromierung von Anisol.** Der Angriff in *ortho/para*-Position ist günstiger, da die entsprechenden σ-Komplexe stabiler sind als bei einem Angriff in *meta*-Stellung. Alle drei Positionen im Anisol sind aber aufgrund der erhöhten Elektronendichte im Ring reaktiver als im Benzen.

8.3.2 Nitrobenzen: Ein elektronenarmer, deaktivierter Aromat

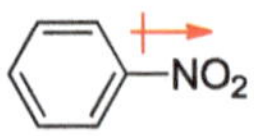

(–)-I-Effekt im Nitrobenzen

Die **Nitrogruppe** $-NO_2$ im Nitrobenzen ist ein **stark elektronenziehender Substituent**. Sie hat sowohl einen starken (–)-M-Effekt als auch einen starken (–)-I-Effekt. Den (–)-M-Effekt erkennt man wieder bei der Betrachtung möglicher Resonanzformeln. Ein Elektronenpaar des aromatischen Rings lässt sich zum ursprünglich doppelt gebundenen O-Atom der Nitrogruppe verschieben. Dadurch wird Elektronendichte aus dem π-System abgezogen, erkennbar an der positiven Formalladung im Ring. Nitrobenzen ist also ein **elektronenarmer Aromat**, der insgesamt deutlich weniger reaktiv ist als Benzen. Aber wenn, dann erfolgt der Angriff eines Elektrophils noch am ehesten in *meta*-Position, da dort die Elektronendichte etwas weniger stark reduziert wird als in *ortho*/*para*-Position. Experimentelle Messungen zeigen, dass die *meta*-Position um den Faktor 10^7 weniger reaktiv ist als Benzen, während die *ortho*- und die *para*-Position sogar um den Faktor 10^8 weniger reaktiv sind. Man spricht daher von einem **deaktivierten Aromaten**.

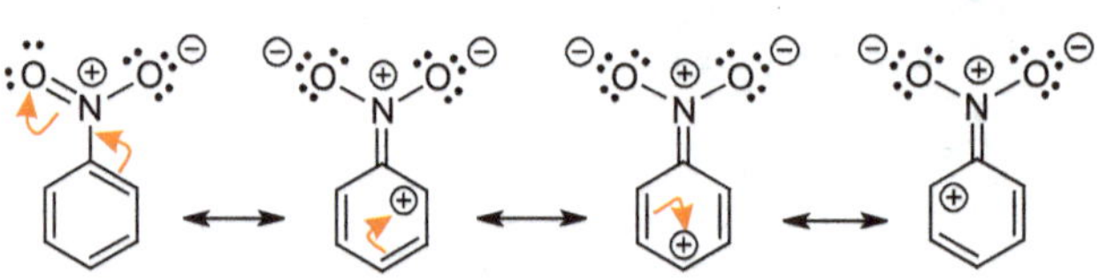

Der Vergleich der drei möglichen σ-Komplexe zeigt, dass sich zwar diesmal keine zusätzlichen Resonanzformeln formulieren lassen, aber beim Angriff in *ortho*- oder *para*-Stellung jeweils eine besonders instabile Resonanzformel für den σ-Komplex auftritt. Es handelt sich um die Resonanzformel, in der die positive Formalladung im Ring am *ipso*-C-Atom und damit direkt benachbart zur positiven Formalladung am N-Atom positioniert ist. Diese Angriffe sind daher weniger günstig als der Angriff in *meta*-Stellung im Einklang mit der beobachteten Regioselektivität (▸ Abbildung 8.8). Alternativ zu der Betrachtung von Resonanzformeln kann die Regioselektivität der S_EAr-Reaktion auch im MO-Modell erklärt werden (▸ Exkurs 8.3).

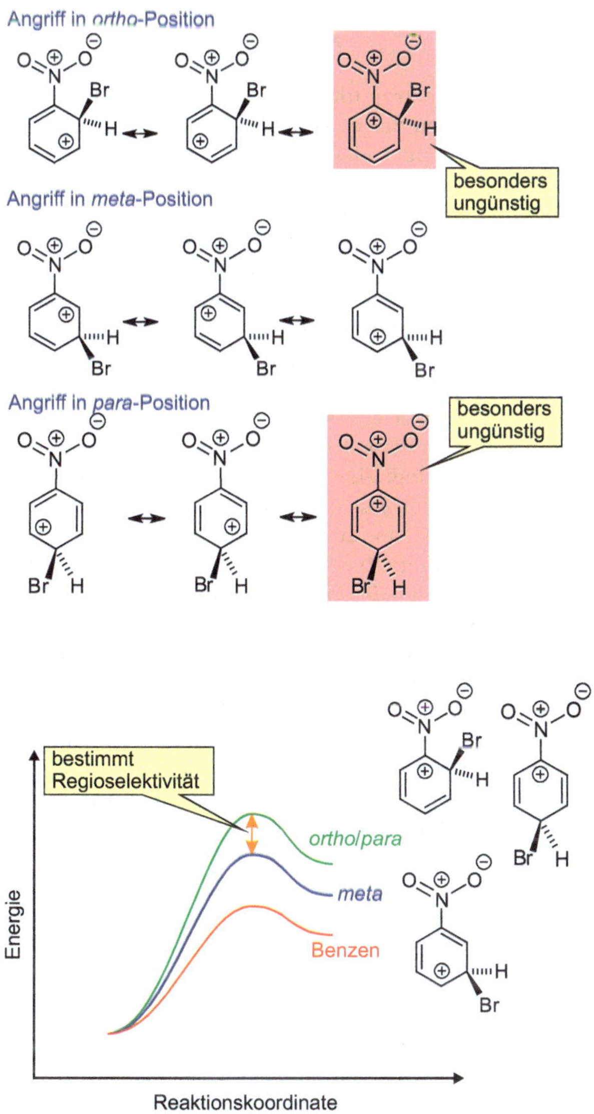

Abbildung 8.8: **Regioselektivität der Bromierung von Nitrobenzen.** Der Angriff in *meta*-Position ist günstiger, da der entsprechende σ-Komplex weniger instabil ist, als bei einem Angriff in *ortho*/*para*-Stellung. Alle drei Positionen im Nitrobenzen sind aber aufgrund der verringerten Elektronendichte im Ring weniger reaktiv als im Benzen.

Exkurs 8.3: Eine alternative Erklärung der Regioselektivität

Bisher haben wir die Regioselektivität der elektrophilen aromatischen Substitution durch die Betrachtung der relativen Stabilitäten der verschiedenen Resonanzformeln der σ-Komplexe erklärt, die sich beim Angriff eines Elektrophils an ein bereits substituiertes Benzenderivat in *ortho-*, *meta-* oder *para*-Position ergeben. Alternativ können wir einen nicht substituierten σ-Komplex betrachten und uns überlegen, wie dieser durch einen Substituenten beeinflusst wird. Der σ-Komplex ist ein Kation, das folglich durch elektronenschiebende Substituenten (Donor) stabilisiert und durch elektronen ziehende Substituenten (Akzeptor) destabilisiert wird. Aber an welcher Position hat z. B. ein Donorsubstituent den größtmöglichen stabilisierenden Effekt auf den σ-Komplex? Betrachten wir dazu die Resonanzformeln des σ-Komplexes noch einmal etwas genauer. Die Resonanzformeln weisen die positive Ladung entweder in *ortho-* oder *para*-Position auf, aber nicht in *meta*-Position. Eine etwas exakter berechnete Ladungsverteilung bestätigt, dass die positive Ladung im Wesentlichen über die drei *ortho-* und *para*-C-Atome verteilt ist, wobei das *para*-C-Atom eine geringfügig stärkere positive Ladung trägt. In den *meta*-Positionen findet sich nur eine sehr geringe positive Ladungsdichte. Das heißt, grundsätzlich ist ein Donor an jeder Position immer an ein C-Atom gebunden, das eine positive Partialladung trägt. Der σ-Komplex wird daher durch einen Donor im Vergleich zum Benzen an jeder Position stabilisiert. Deswegen sind alle drei Positionen eines donorsubstituierten Aromaten reaktiver als im Benzen (▸ Abbildung 8.7). Den größten stabilisierenden Effekt hat der Donor aber, wenn er in *ortho-* oder noch besser in *para*-Position gebunden ist, da dort die positive Partialladung am größten ist. In *meta*-Position hat er hingegen einen sehr viel geringeren Effekt. Umgekehrt führt ein elektronenziehender Substituent in jeder Position zu einer Destabilisierung, die aber in *meta*-Position deutlich geringer ist als in *ortho-* oder *para*-Position. Deswegen sind alle Positionen in einem akzeptorsubstituiertem Aromaten unreaktiver als im Benzen, aber die *meta*-Position ist noch die am wenigsten unreaktive Position.

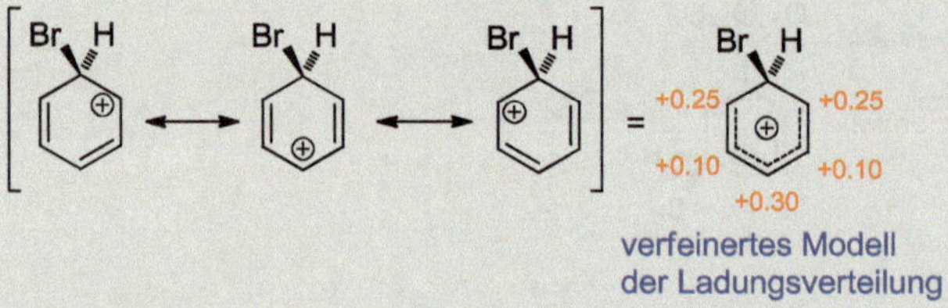

Das gleiche Bild ergibt sich auch bei einer MO-Betrachtung. Ein Substituent hat nur dann einen Einfluss auf die Stabilität des σ-Komplexes, wenn er die Energie des LUMO (das leere Orbital, in dem die positive Ladung sitzt) verändert. Dazu muss er an ein C-Atom gebunden sein, an dem das LUMO einen Orbitallappen hat. Ist der Substituent hingegen an einem C-Atom gebunden, durch das eine Knotenebene des LUMO verläuft, bleibt in erster Näherung die Energie des Orbitals und damit des Kations durch einen Substituenten dort unverändert. Bei einem Blick auf das LUMO des σ-Komplexes sieht man sofort, dass dieses nur an den *ortho*/*para*-Positionen einen Orbitallappen aufweist, aber nicht an den *meta*-Positionen. Ein Donor kann also den σ-Komplex nur dann stabilisieren, wenn er in *ortho-* oder *para*-Stellung gebunden ist. In *meta*-Stellung hat er keinen Effekt. Umgekehrt hat ein Akzeptor in *meta*-Stellung den geringsten destabilisierenden Einfluss.

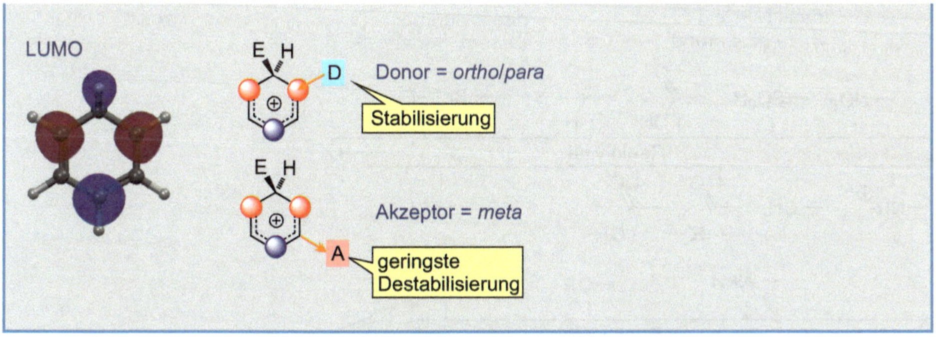

8.3.3 Substituenteneffekte bei der S_EAr-Reaktion

Das unterschiedliche Reaktionsverhalten von Anisol (aktiviert und *ortho*/*para*-dirigierend) und Nitrobenzen (deaktiviert und *meta*-dirigierend) bei der S_EAr-Reaktion lässt sich also letztendlich mit den elektronischen Effekten der vorhandenen Substituenten erklären. Wir erwarten daher, dass sich auch andere elektronenschiebende und elektronenziehende Substituenten analog verhalten (▶ Abbildung 8.9; ▶ Tabelle 8.1):

- **Elektronenschiebende Substituenten** wie –OR, -OH, -NR_2, -NH_2, –NHC(=O)R, Alkyl-, Phenyl- sind aktivierend und *ortho*/*para*-dirigierend.
- Die **Halogene** (F, Cl, Br, I) sind deaktivierend und *ortho*/*para*-dirigierend.
- **Elektronenziehende Substituenten** wie –NO_2, -CN, -COR, -CO_2R, -$CONH_2$, -SO_3H sind deaktivierend und *meta* dirgierend.

Eine Besonderheit sind die **Halogene**, die zwar *ortho*/*para*-dirigierend, aber trotzdem deaktivierend sind. Das liegt daran, dass der (+)-M-Effekt bei den Halogenen nicht sehr ausgeprägt ist. Wir haben bereits mehrfach die sogenannte Doppelbindungsregel erwähnt (▶ Kapitel 1.2), nach der Elemente ab der 3. Periode aufgrund ihrer Größe und diffusen Orbitale keine stabilen Mehrfachbindungen mehr ausbilden. Analog sind Resonanzformeln mit mehrfach gebundenen Atomen wie Cl oder Br weniger stabil als bei O oder N. Der (+)-M-Effekt der Halogene ist daher im Gegensatz zu O oder N nicht stark genug, um den ebenfalls vorhandenen elektronenziehenden (–)-I-Effekt zu kompensieren. Insgesamt wird damit Elektronendichte aus dem Ring abgezogen, der Aromat ist deaktiviert (gut erkennbar beim Vergleich der Oberflächenpotenziale von Benzen und Chlorbenzen). Im σ-Komplex und damit auch im davor liegenden Übergangszustand kann der schwache (+)-M-Effekt der Halogene aber in *ortho*/*para*-Position wiederum eine zusätzliche Stabilisierung des Kations bewirken, was in *meta*-Position nicht möglich ist. Daher sind Halogene zwar deaktivierend, aber trotzdem *ortho*/*para*-dirigierend. So ergibt die Nitrierung von Chlorbenzen in etwa 70 % Gesamtausbeute überwiegend das *ortho*/*para*-Produkt im Verhältnis 1 : 2. Die Reaktion ist aber etwa 30-mal langsamer als bei Benzen selbst (k_{rel} = 0,033).

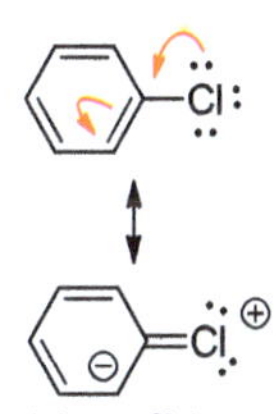

(+)-M-Effekt

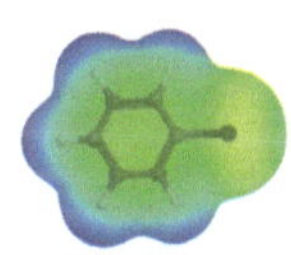
Chlorbenzen

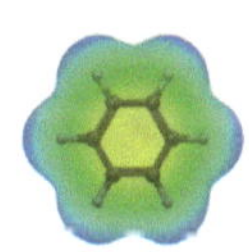
Benzen

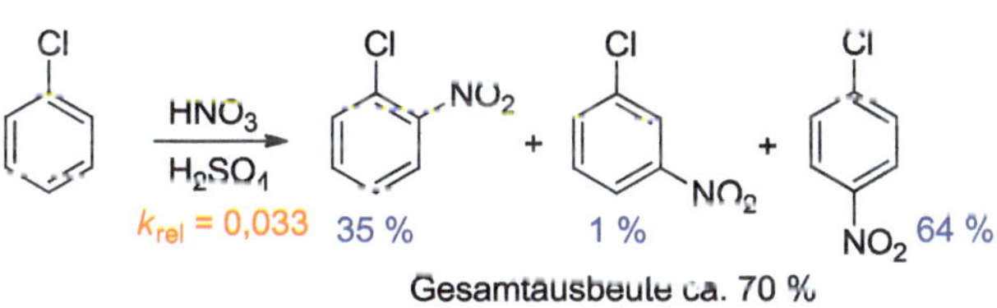

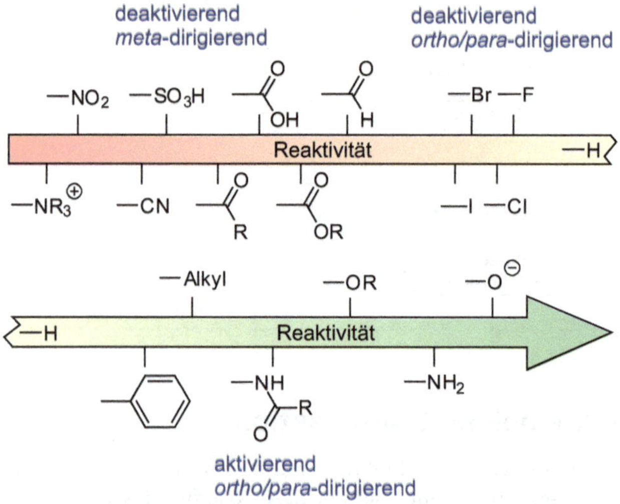

Abbildung 8.9: **Reaktivität unterschiedlicher Benzenderivate bei der S_EAr-Reaktion.** Elektronenziehende Substituenten sind deaktivierend und *meta*-dirigierend, während elektronenschiebende Substituenten aktivierend und *ortho/para*-dirigierend wirken. Eine Besonderheit sind die Halogene, die schwach deaktivierend aber trotzdem *ortho/para*-dirigierend sind.

Substituent	elektronischer Effekt	Reaktivität	dirigierender Einfluss
–OH, –OR, $–NH_2$, $–NR_2$	(+)-M-Effekt >> (–)-I-Effekt	stark aktivierend	*ortho/para*
–NHCOR, –OCOR, –SR, Phenyl	(+)-M-Effekt > (–)-I-Effekt	schwach aktivierend	*ortho/para*
-Alkyl, $–CO_2^-$	(+)-I-Effekt	schwach aktivierend	*ortho/para*
Halogene	(+)-M-Effekt < (–)-I-Effekt	schwach deaktivierend	*ortho/para*
$–CF_3$, $–NR_3^+$	(–)-I-Effekt	stark deaktvierend	*meta*
$–NO_2$, –CN, –COR, –CO_2R, $–CONR_2$, $–SO_3H$	(–)-M-Effekt und (–)-I-Effekt	stark deaktiverend	*meta*

Tabelle 8.1: **Substituenteneffekte bei der S_EAr-Reaktion.**

Präparativ wichtige elektrophile Substitutionsreaktionen 8.4

Die Bromierung von Benzen ist nur ein Beispiel für eine elektrophile aromatische Substitution. Auch weitere, ausreichend starke Elektrophile E^+ reagieren in völlig analoger Weise mit Benzen und anderen Aromaten (▶ Tabelle 8.2). Da aromatische Verbindungen eine Stoffklasse sind, die z. B. in vielen Natur- und Arzneistoffen vorkommen (z. B. Aspirin), ist die S_EAr-Reaktion präparativ sehr wichtig. Man sollte sich daher mit den Besonderheiten der einzelnen Reaktionen gut vertraut machen. Insbesondere erfordern die Umsetzungen teilweise sehr spezielle Bedingungen zur Erzeugung der Elektrophile vor der eigentlichen Reaktion. Alle S_EAr-Reaktionen verlaufen grundsätzlich nach dem gleichen Mechanismus wie die Bromierung:

- Erzeugung eines ausreichend starken Elektrophils E^+
- Wechselwirkung des Elektrophils mit dem π-System des Aromaten (π-Komplex)
- Addition des Elektrophils an das π-System und Bildung eines σ-Komplexes (resonanzstabilisiertes Cyclohexadienylkation). Dieser Schritt ist in den meisten Fällen langsam und geschwindigkeitsbestimmend.
- Deprotonierung des σ-Komplexes am *ipso*-C-Atom und Rückbildung des stabilen, aromatischen π-Systems

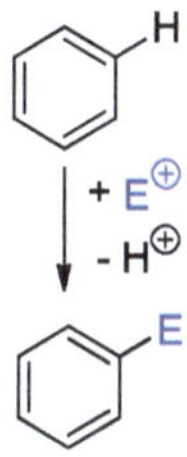

elektrophile aromatische Substitution (S_EAr)

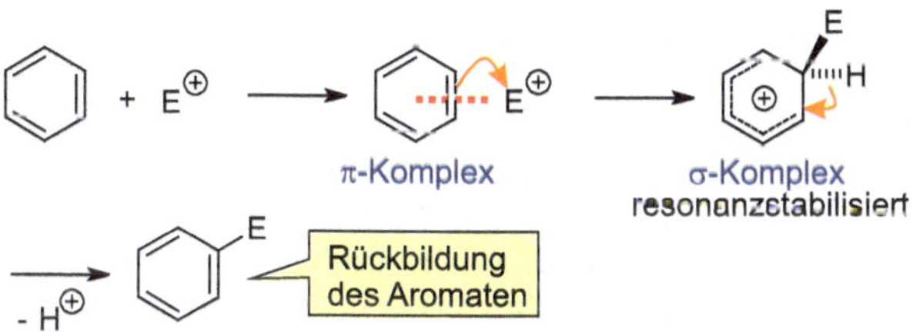

Reaktion	Bedingungen	Elektrophil E^+	Produkt
Halogenierung ($X = Cl, Br$)	$X_2 + FeX_3$	$X-\overset{\oplus}{X}-\overset{\ominus}{Fe}X_3$	Ph–X Halogenaromat
Nitrierung	HNO_3 (+ H_2SO_4)	NO_2^+ Nitroniumion	Ph–NO_2 Nitroaromat
Sulfonierung	H_2SO_4 (+ SO_3)	HSO_3^+ bzw. SO_3	Ph–SO_3H Sulfonsäure
Friedel-Crafts-Alkylierung	$RX + AlCl_3$ oder ROH/H^+, Alken + HF etc.	R^+ bzw. $R-\overset{\oplus}{X}-\overset{\ominus}{Al}Cl_3$	Ph–R Alkylbenzen
Friedel-Crafts-Acylierung	$RCOCl + AlCl_3$ oder Säureanhydride bzw. Carbonsäuren	$R-C{\equiv}O^+$ Acyliumion bzw. $R(O{=})C-\overset{\oplus}{Cl}-\overset{\ominus}{Al}Cl_3$	Ph–COR Arylketon

Tabelle 8.2: In der Synthese wichtige elektrophile aromatische Substitutionen.

8.4.1 Halogenierung

Die **Fluorierung** ist keine präparativ sinnvolle Reaktion, da Fluor explosionsartig und völlig unselektiv mit Aromaten reagiert. Die Reaktion lässt sich nicht vernünftig kontrollieren. Die **Bromierung** und **Chlorierung** verlaufen hingegen in der Regel unter milden Bedingungen und mit guten bis sehr guten Ausbeuten. Wie wir bereits am Beispiel des Anisols gesehen haben (▸ Kapitel 8.3.1), reagieren Cl_2 und Br_2 mit sehr reaktiven Aromaten bereits ohne Zusatz einer Lewis-Säure. Die Aktivierung durch –OR oder $-NR_2$ ist sogar so stark, dass mit einem Überschuss an Brom alle *ortho-* und *para*-Positionen bromiert werden, obwohl durch jedes eingeführte Halogenatom die Reaktivität des Aromaten etwas reduziert wird (▸ Tabelle 8.1). Das Tribromphenol kann sogar durch Brom weiter zum 2,4,4,6-Tetrabromcyclohexa-2,5-dien-1-on oxidiert werden, aus dem es durch Reduktionsmittel wie $NaHSO_3$ wieder zurückgewonnen werden kann.

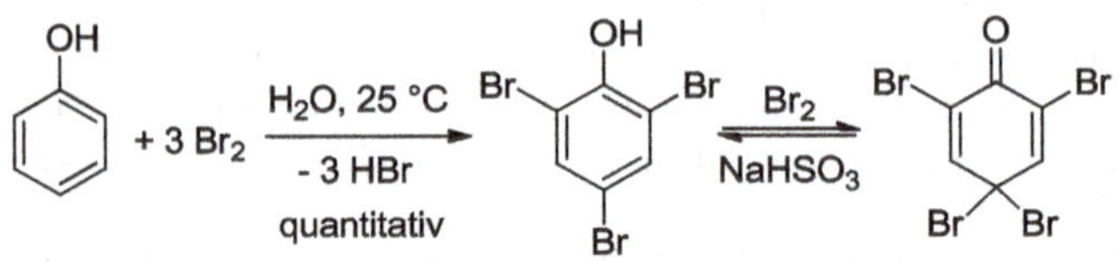

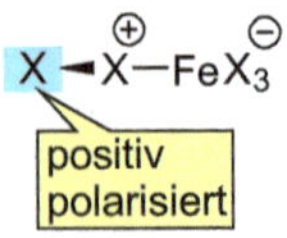

Bei weniger stark aktivierten Aromaten muss, wie bereits erläutert, eine Lewis-Säure wie FeX_3 oder AlX_3 als Katalysator zugesetzt werden. Das angreifende Elektrophil ist dann das positiv polarisierte Halogen im **Lewis-Säure-Base-Komplex aus X_2 und FeX_3**. Anstelle von elementarem Brom verwendet man heutzutage meist eine Mischung aus Kaliumbromat $KBrO_3$ und HBr, aus der *in situ* Br_2 entsteht. Ebenso kann man andere Quellen für ein positiv polarisiertes Halogenatom „X^{+}" verwenden, z. B. NBS, das wir schon bei der Wohl-Ziegler-Reaktion kennengelernt haben (▸ Kapitel 4.9.3), tBuO–Cl oder auch *N*-Chloracetamid $CH_3C(=O)NHCl$. Die Bromierung von Acetanilid ergibt übrigens in etwa 70–80 % Ausbeute ausschließlich das *para*-Produkt, da ein Angriff in *ortho*-Stellung durch die ebenfalls in der Ringebene liegende planare Amidgruppe sterisch zu stark gehindert ist.

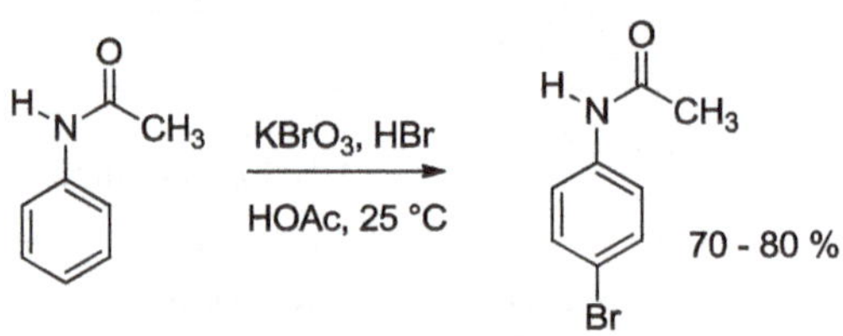

Bei alkylsubstituierten Aromaten wie Toluol kann auch eine Bromierung in der Seitenkette stattfinden, nämlich dann, wenn Reaktionsbedingungen vorliegen, die eine Radikalreaktion begünstigen. Denn bei der radikalischen Bromierung in Allylstellung hatten wir schon gelernt, dass analog auch in einer Benzylstellung bromiert werden kann (▸ Kapitel 4.9.3). So ergibt Toluol mit Brom in Gegenwart des Radikalstarters AIBN beim Bestrahlen oder in der Siedehitze Benzylbromid, während in der Kälte mit Eisentribromid als Katalysator *p*-Bromtoluol entsteht.

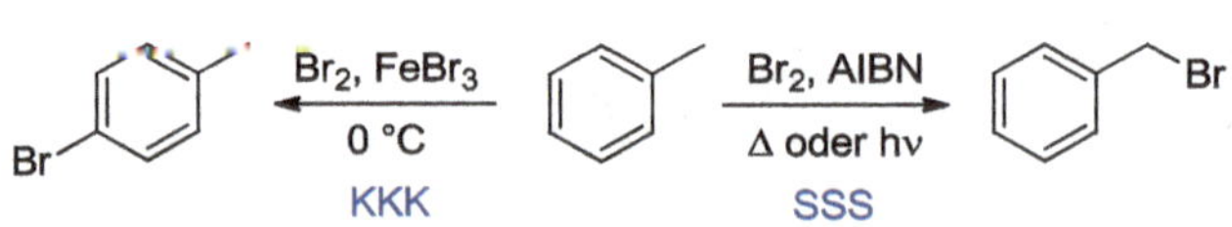

Als Daumenregel für diese unterschiedlichen Reaktionsverläufe kann man sich Folgendes merken:

- **Kälte-Katalysator-Kern** (KKK): elektrophile Substitution am Aromaten
- **Sonne-Siedehitze-Seitenkette** (SSS): radikalische Bromierung in Benzylstellung

Die direkte **Iodierung** von Aromaten gelingt nur bei Anilin. Bei weniger elektronenreichen Aromaten müssen Silber(I)salze oder Oxidationsmittel wie HNO_3, Iodsäure HIO_3 oder Periodsäure HIO_4 verwendet werden, um das Iod zusätzlich elektrophil zu aktivieren.

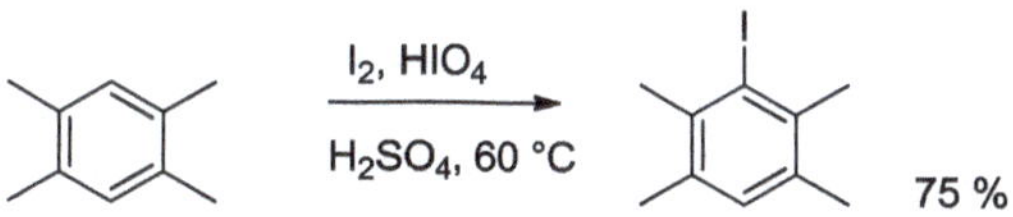

8.4.2 Nitrierung

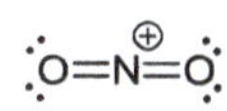

Nitroniumkation NO_2^+

Die Nitrierung (Einführung einer Nitrogruppe $-NO_2$) ist eine sehr wichtige Reaktion, da sich die **Nitrogruppe** durch Reduktion (z. B. mit $SnCl_2$/HCl oder H_2/Pd) leicht in eine Aminogruppe $-NH_2$ umwandeln lässt, die leider nicht direkt über eine S_EAr-Reaktion in einen Aromaten eingeführt werden kann. Aus der Aminogrupe kann man zudem durch Diazotierung (▶ Kapitel 8.6) eine Vielzahl anderer funktioneller Gruppen herstellen. Anilinderivate sind daher wichtige Zwischenverbindungen bei Synthesen. Das angreifende Elektrophil bei der Nitrierung ist in der Regel das **Nitroniumkation** NO_2^+, das aus Salpetersäure durch Protonierung und Wasserabspaltung gebildet wird. Bei sehr reaktiven Aromaten reicht die geringe Menge an NO_2^+, die durch Autoprotolyse der Salpetersäure HNO_3 im Gleichgewicht vorliegt. Bei allen anderen Aromaten verwendet man häufig **Nitriersäure**, ein Gemisch aus konzentrierter Salpetersäure und konzentrierter Schwefelsäure H_2SO_4 (meistens im Verhältnis 1 : 2). Die wesentlich stärkere Schwefelsäure protoniert die Salpetersäure nahezu quantitativ und bindet zugleich aufgrund ihres starken hygroskopischen Charakters das frei werdende Wasser. Es liegt daher in Nitriersäure eine sehr viel größere Konzentration an NO_2^+ vor als in reiner Salpetersäure.

Bildung des Elektrophils:

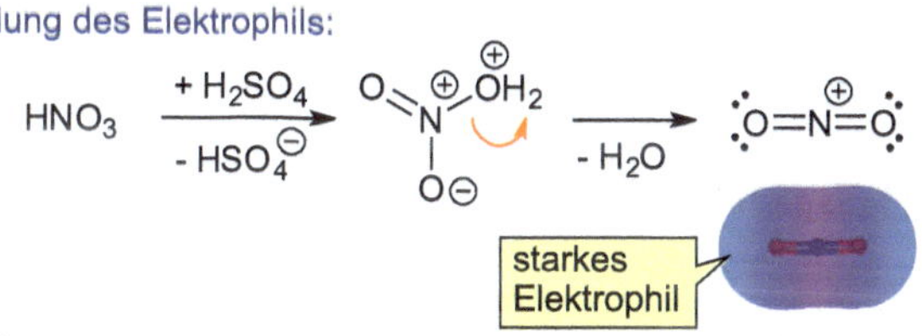

Nitrierung:

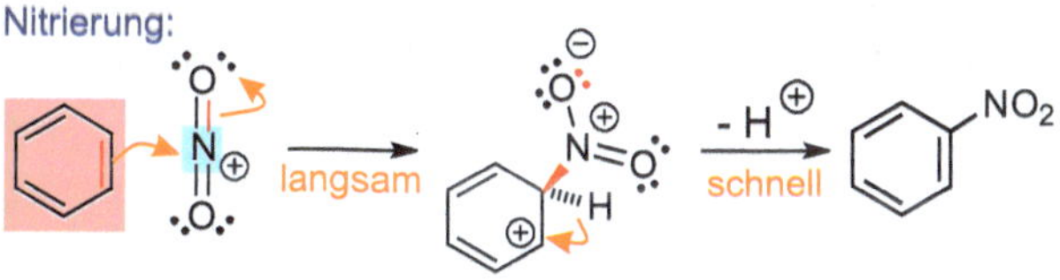

Mit Nitriersäure lassen sich auch deaktivierte Aromaten wie Benzaldehyd in guten Ausbeuten und unter milden Bedingungen in *meta*-Stellung nitrieren. Eine ungewollte Mehrfachsubstitution ist selbst bei einem Überschuss Nitriersäure normalerweise nicht zu befürchten, da das Produkt durch die neu eingeführte Nitrogruppe deutlich elektronenärmer und damit weniger reaktiv ist als das Edukt.

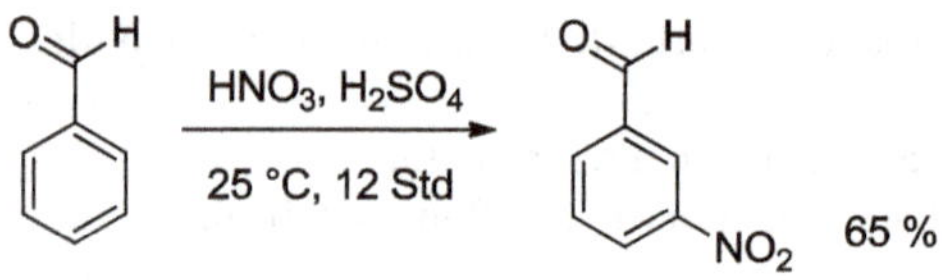

Säure-Base-Reaktionen sind immer schneller als andere organische Reaktionen.

Interessanterweise liefert die **Nitrierung von Anilin** $PhNH_2$ mit Nitriersäure ein 2:1-Gemisch von *meta*- und *para*-Nitroanilin. Diese auf den ersten Blick ungewöhnliche Regioselektivität erklärt sich unmittelbar, wenn man bedenkt, welche Teilchen in der Lösung tatsächlich vorliegen und nitriert werden (▶Abbildung 8.10). Anilin ist wie Ammoniak basisch (pK_b = 9,42, ▶Exkurs 9.5) und wird daher in Nitriersäure nahezu vollständig protoniert. Die Ammoniumgruppe $–NH_3^+$ hat aber keinen (+)-M-Effekt mehr, der für den *ortho*/*para*-dirigierenden Effekt von $–NH_2$ verantwortlich ist (▶Kapitel 8.3.1), da das freie Elektronenpaar am Stickstoff für die Bindung des Protons benötigt wurde. Eine Ammoniumgruppe $–NH_3^+$ hat einen sehr starken (–)-I-Effekt und ist daher stark deaktivierend und *meta*-dirigierend (▶Tabelle 8.1). Die Bildung des *para*-Produkts erfolgt wahrscheinlich über den minimalen Anteil an freiem Anilin, der im Säure-Base-Gleichgewicht in Lösung vorliegt. Da das nicht protonierte Anilin um mehrere Größenordnungen reaktiver ist, reagiert es aber sehr viel schneller. Und in dem Maße wie der geringe Anteil nicht-protonierten Anilins nitriert wird, verschiebt sich das Säure-Base-Gleichgewicht und $PhNH_2$ wird nachgebildet. Daher entsteht letztendlich ein erheblicher Anteil an *para*-Produkt (38 %), auch wenn in Lösung so gut wie gar kein nicht protoniertes Anilin vorliegt.

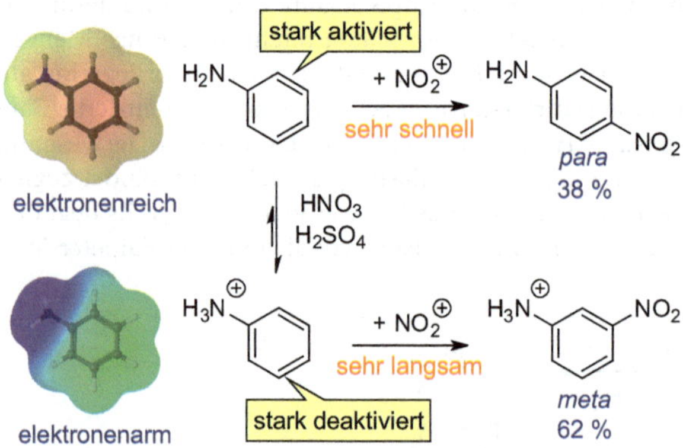

Abbildung 8.10: Nitrierung von Anilin. Bei der Nitrierung von Anilin entsteht überwiegend das *meta*-Produkt, da aus der aktivierenden, *ortho*/*para*-dirigierenden NH_2-Gruppe durch Protonierung eine stark deaktivierende und *meta*-dirigierende NH_3^+-Gruppe wird. Der geringe Anteil an nicht protoniertem Anilin ist allerdings sehr viel reaktiver und führt zu einem signifikanten Anteil *para*-Produkt.

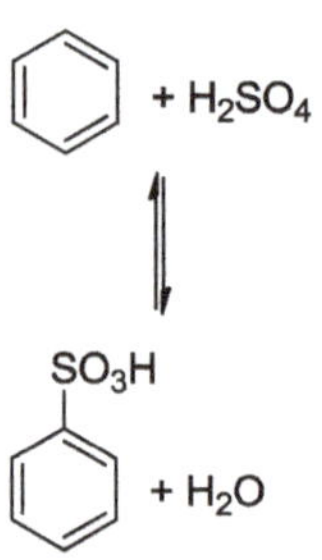

Die Sulfonierung ist reversibel.

8.4.3 Sulfonierung

Mit konzentrierter oder rauchender Schwefelsäure (Oleum) kann man **Sulfonsäuregruppen** $–SO_3H$ in Aromaten einführen (**Sulfonierung**). So reagiert Toluol (Methylbenzen) mit konzentrierter Schwefelsäure zu *para*-Toluolsulfonsäure (häufig abgekürzt als *p*-TsOH). Das bei der Reaktion frei werdende Wasser kann man in diesem Fall einfach durch azeotrope Destillation am Wasserabscheider entfernen.

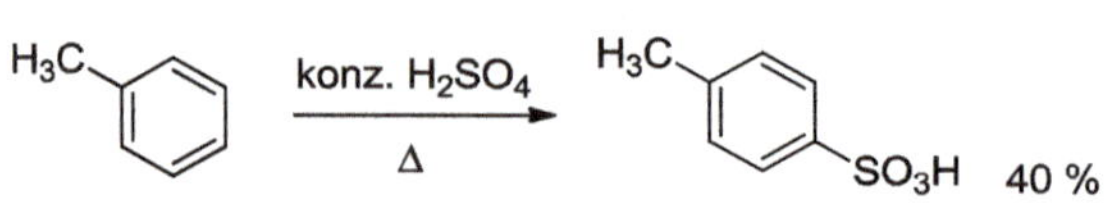

Je nach Reaktivität des Aromaten und Konzentration der Schwefelsäure greift als Elektrophil entweder SO_3 (ein schwaches Elektrophil) oder SO_3H^+ (protoniertes Schwefeltrioxid, ein sehr starkes Elektrophil) den Aromaten an. Im Gegensatz zur Halogenierung oder Nitrierung ist diesmal der erste Schritt, der Angriff von SO_3H^+, schnell und die anschließende Deprotonierung des σ-Komplexes langsam und damit geschwindigkeitsbestimmend. Die entstehenden Sulfonsäuren sind sehr starke Säuren (Zur Erinnerung: Deswegen sind Sulfonate sehr gute Abgangsgruppen bei S_N2-Reaktionen, ▸ Kapitel 5.5.1) und ihre Salze sind in der Regel sehr gut wasserlöslich, was manchmal zu Problemen bei der Isolierung der Reaktionsprodukte führen kann.

Sulfonierung:

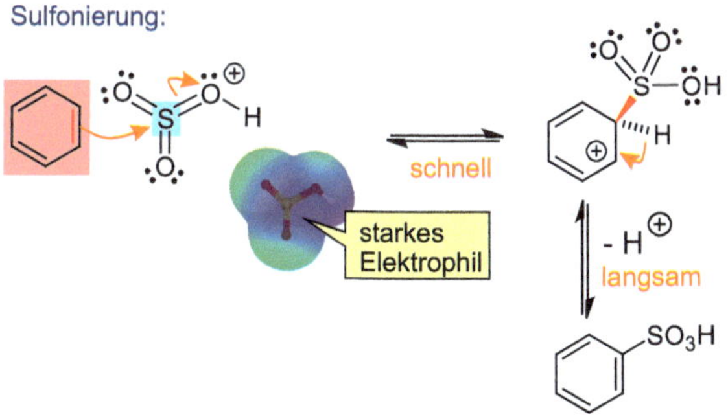

Die **Sulfonierung ist** – anders als die bisher besprochenen S_EAr-Reaktionen – **reversibel**. Das heißt, vor allem bei höherer Temperatur und in wässriger Lösung lässt sich die Reaktion umkehren und eine aromatische Sulfonsäure auch wieder desulfonieren (▸ Exkurs 8.4). Die Sulfonsäuregruppe kann daher als **Schutzgruppe** zur temporären Blockierung einzelner Positionen in einem Aromaten genutzt werden. Wie kann man z. B. *ortho*-Bromphenol herstellen? Die direkte Bromierung von Phenol bei tiefer Temperatur führt im Wesentlichen zu *para*-Bromphenol, bei höherer Temperatur erhält man hingegen Tribromphenol (▸ Kapitel 8.4.1). Die Darstellung von *ortho*-Bromphenol gelingt, wenn man Phenol zuerst zweifach sulfoniert. Die erste Sulofnierung findet in *para*-Position, die zweite dann *ortho* zur OH-Gruppe statt. Aufgrund der beiden elektronenziehenden Sulfonsäurereste ist die Reaktivität der so entstandenen 4-Hydroxybenzen-1,3-disulfonsäure soweit reduziert, dass unter diesen Bedingungen die zweite *ortho*-Position nicht mehr sulfoniert wird. Diese Position kann aber in basischer Lösung mit Brom bromiert werden. In NaOH wird die OH-Gruppe zum Phenolatanion deprotoniert, das noch einmal deutlich reaktiver als Phenol selbst ist (▸ Abbildung 8.9). Die anschließende Abspaltung der Sulfonsäuregruppen in wässriger Lösung bei erhöhter Temperatur ergibt das gewünschte *ortho*-Bromphenol.

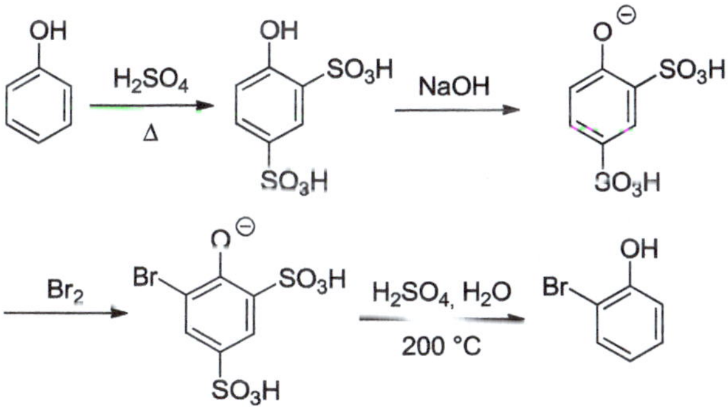

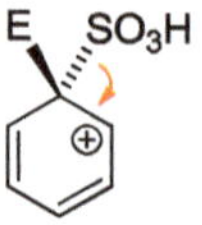

ipso-Substitution

Bei der Desulfonierung lässt sich $-SO_3H$ nicht nur gegen H, sondern auch gegen andere Gruppen austauschen (sogenannte ***ipso*-Substitution**). Der Mechanismus verläuft analog zur normalen S_EAr-Reaktion, nur dass nach dem Angriff eines Elektrophils am *ipso*-C-Atom nicht H^+ sondern SO_3H^+ vom σ-Komplex abgespalten wird. Die Umsetzung von Sulfonsäuren mit Salpetersäure führt z. B. zu Nitroaromaten. Diese Methode ist eine gute Alternative zur direkten Nitrierung, vor allem wenn die Edukte oxidationsempfindlich sind (konzentrierte HNO_3 ist auch ein starkes Oxidationsmittel, das viele organische Substanzen bei zu hoher Temperatur oder zu langen Reaktionszeiten zersetzt). 2,4,6-Trinitrophenol (Pikrinsäure) stellt man z. B. her, indem man Phenol zuerst mit konzentrierter Schwefelsäure zweifach sulfoniert und anschließend mit konzentrierter Salpetersäure reagieren lässt. Dabei wird zuerst eine Nitrogruppe in 6-Positition eingeführt und anschließend werden die beiden Sulfonsäuregruppen gegen $-NO_2$ ausgetauscht (*ipso*-Substitution).

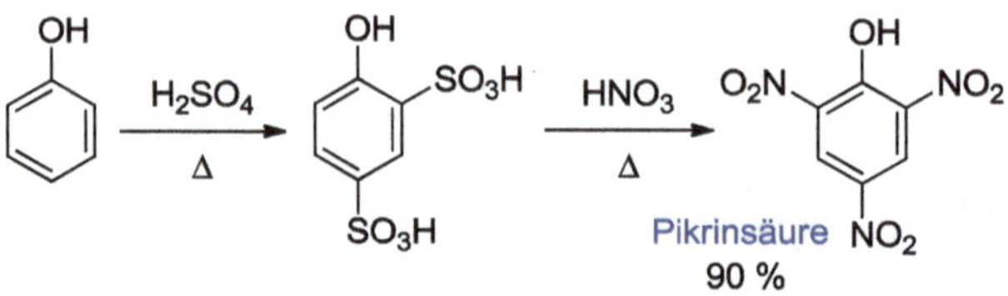

Exkurs 8.4: Sulfonierung von Naphthalen

Von Benzen leitet sich eine Vielzahl weiterer aromatischer Verbindungen ab, z. B. die sogenannten **polycyclischen Aromaten**, bei denen zwei oder mehr Benzenringe miteinander zu einem planaren Ringsystem verknüpft sind. Der einfachste Vertreter ist **Naphthalen** $C_{10}H_{10}$ (früher als Naphthalin bezeichnet), ein leicht flüchtiger weißer Feststoff mit einem teerähnlichen Geruch. Es kommt in großen Mengen im Steinkohlenteer vor, aus dem es bei der Erdölaufbereitung gewonnen wird (▸ Exkurs 4.1). Es ist gesundheits- und umweltschädlich. Im Naphthalen sind insgesamt zehn π-Elektronen in einer cyclischen Elektronenwolke über das Molekül verteilt (Hückel-Regel mit n = 2, ▸ Exkurs 8.1). Es lassen sich drei äquivalente Resonanzformeln aufstellen. Die aromatische Stabilisierung im Naphthalen ist mit etwa 255 kJ/mol noch größer als im Benzen (150 kJ/mol, ▸ Kapitel 8.1.3), allerdings ist sie nicht doppelt so hoch. Auch die C–C-Bindungslängen sind im Gegensatz zum Benzen nicht alle gleich lang, was allerdings im Einklang mit den Resonanzformeln steht. So weisen z. B. zwei der drei Resonanzformeln eine C=C-Doppelbindung zwischen C1 und C2 auf (I und II), während zwischen C2 und C3 nur einmal eine Doppelbindung vorliegt (III). Entsprechend ist die Bindung zwischen C2 und C3 mit 140 pm etwas länger als die zwischen C1 und C2 mit 136 pm.

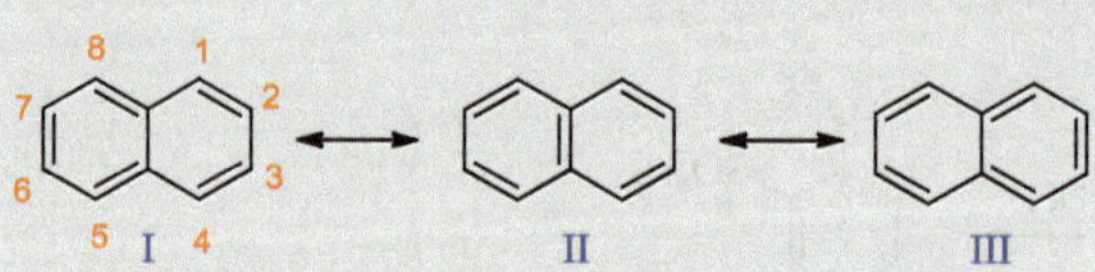

Naphthalen ist bei S_EAr-Reaktionen **reaktiver als Benzen**, wobei der Angriff eines Elektrophils bevorzugt an C1 erfolgt. Naphthalen reagiert mit Brom bereits ohne Zusatz eines Katalysators zu 1-Bromnaphthalen. Wie kann man die Regioselektivität verstehen? Der σ-Komplex beim Angriff des Elektrophils an C1 ist stabiler als bei einem Angriff an C2, was man am einfachsten wieder bei der Betrachtung der unterschiedlichen Stabilitäten der jeweiligen Resonanzformeln erkennt. Besonders günstig sind diesmal Resonanzformeln, bei denen der zweite Benzenring, der nicht angegriffen wurde, weiterhin ein intaktes aromatisches π-System aufweist. Dies liegt daran, dass das aromatische π-System des Naphthalens eben nicht doppelt so stabil ist wie das des Benzens. Beim Angriff eines Elektrophils an C1 weisen zwei von fünf Resonanzstrukturen noch einen intakten aromatischen Benzenring auf, beim Angriff an C2 nur eine von fünf. Der Verlust an aromatischer Stabilisierung ist also beim Angriff an C1 insgesamt geringer als beim Angriff an C2. Damit ist auch der entsprechende Übergangszustand stabiler, sodass der Angriff an C1 schneller und damit kinetisch bevorzugt erfolgt.

Angriff in 1-Position

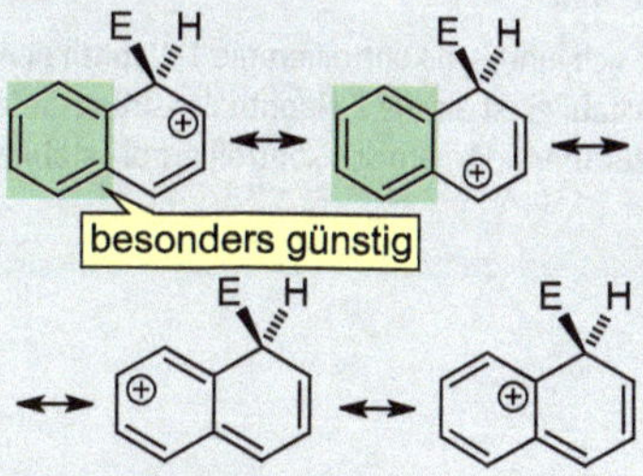

Angriff in 2-Position

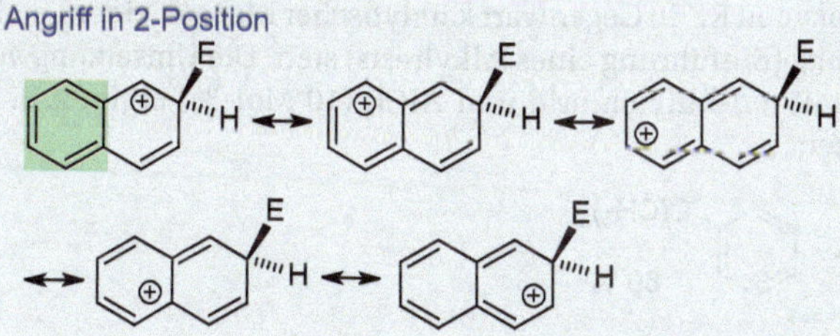

Die Sulfonierung von Naphthalen mit konzentrierter Schwefelsäure führt bei 80 °C zu 1-Napthalensulfonsäure (91 %), während sich bei 160 °C bevorzugt die 2-Naphthalensulfonsäure bildet (85 %). Dies liegt daran, dass die Sulfonierung reversibel ist und die 1-Naphthalensulfonsäure thermodynamisch instabiler ist als die 2-Naphthalensulfonsäure. In 1-Position kommt es zu sterischen Wechselwirkung der Sulfonsäuregruppe mit dem H-Atom an C8. Daher lagert sich die 1-Naphthalensulfonsäure bei höherer Temperatur reversibel in die stabilere 2-Naphthalensulfonsäure um. Wir haben es wiederum mit einem klassischen Beispiel von kinetischer versus thermodynamischer Reaktionskontrolle (▸ Definition S. 190) zu tun: Das thermodynamisch stabilere Produkt bildet sich sehr viel langsamer als das instabilere Produkt. Ist die Reaktion irreversibel oder sind, wie in diesem Fall, bei einer reversiblen Reaktion Temperatur und Reaktionszeit gering, bildet sich kinetisch kontrolliert das instabilere Produkt als Hauptprodukt. Erst bei höherer Temperatur und längeren Reaktionszeiten entsteht bei einer reversiblen Reaktion dann das stabilere Produkt als Hauptprodukt. Bei einer irreversiblen Reaktion erhält man, egal unter welchen Bedingungen, immer nur das sich schneller bildende Produkt. **Eine thermodynamische Reaktionskontrolle kann grundsätzlich nur bei einer *reversiblen Reaktion* auftreten, bei der unter den gegebenen Reaktionsbedingungen Hin- und Rückreaktion *gleichzeitig nebeneinander* ablaufen können.**

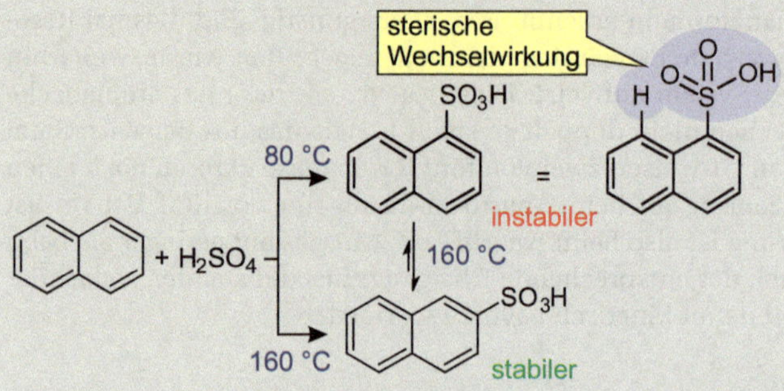

Abbildung 8.11: **Sulfonierung von Naphthalen.** Bei 80 °C bildet sich kinetisch kontrolliert die 1-Naphthalensulfonsäure, die aber aufgrund von sterischen Wechselwirkungen instabiler ist als die 2-Naphthalensulfonsäure. Da die Sulfonierung reversibel ist, erhält man bei erhöhter Temperatur thermodynamisch kontrolliert die stabilere 2-Naphthalensulfonsäure als Hauptprodukt.

8.4.4 Friedel-Crafts-Alkylierung

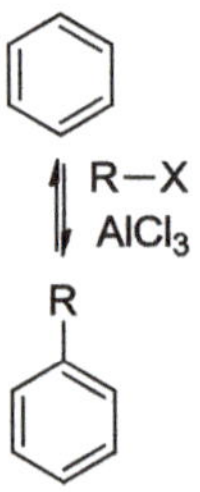

Friedel-Crafts-Alkylierung

Setzt man Aromaten mit Halogenakanen RX in Gegenwart katalytischer Mengen einer Lewis-Säure um, so findet eine Alkylierung (Einführung eines Alkylrests) statt. Die Umsetzung von Benzen (im großen Überschuss) mit *tert*-Butylchlorid und $AlCl_3$ (10 Mol-%) ergibt z. B. in ca. 60 % Ausbeute *tert*-Butylbenzen.

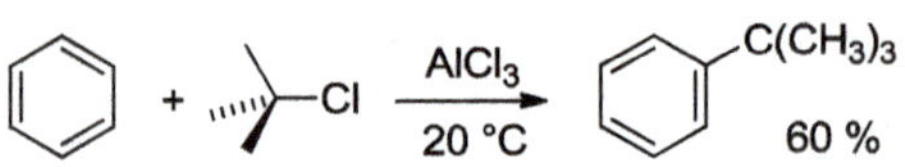

5-facher Überschuss

Bei dieser sogenannten **Friedel-Crafts-Alkylierung** bildet die Lewis-Säure mit dem Halogenalkan ähnlich wie bei der Bromierung (▶ Kapitel 8.2) einen polarisierten Lewis-Säure-Base-Komplex, der bei sekundären und insbesondere tertiären Halogenalkanen auch in die freien Carbeniumionen dissoziieren kann. Bei primären Halogenalkanen passiert dies nicht, da ein primäres Carbeniumion zu instabil ist. Bei primären Substraten ist daher der polarisierte Komplex $RX{\cdots}AlX_3$ das angreifende Elektrophil; bei sekundären und tertiären Substraten je nach Reaktivität des Aromaten entweder ebenfalls der polarisierte Komplex oder das zwar sehr viel elektrophilere, aber in deutlich geringerer Konzentration vorliegende Carbeniumion R^+. Der weitere Verlauf folgt dem allgemeinen Mechanismus einer S_EAr-Reaktion.

Bildung des Elektrophils:

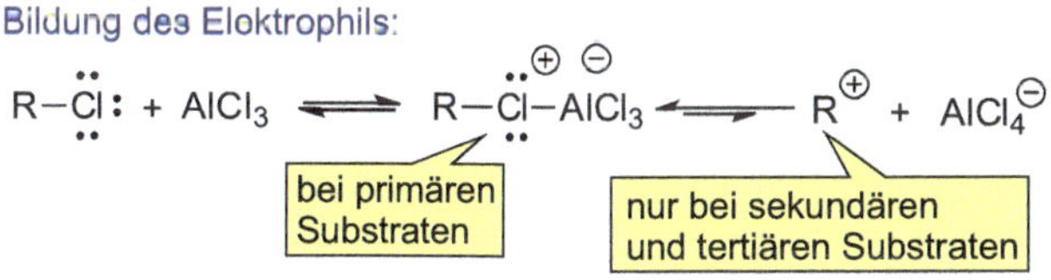

Friedel-Crafts-Alkylierung:

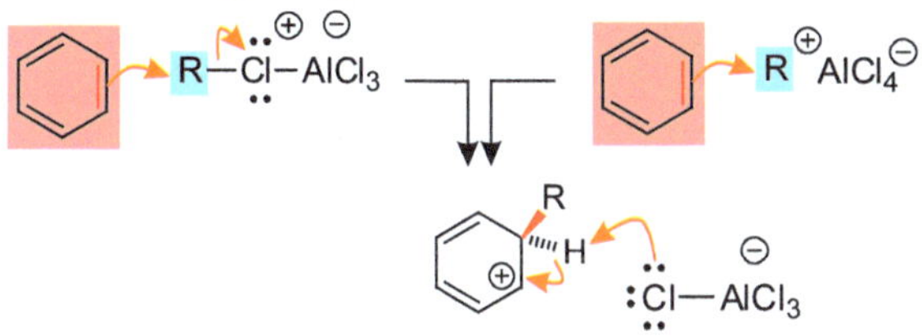

Die Reaktivität der Halogenalkane sinkt in der Reihenfolge RF > RCl > RBr > RI, da wegen der zunehmenden Größe der Halogenatome die Komplexbildung mit der Lewis-Säure und damit auch die Polarisierung des Halogenalkans schlechter werden. Tertiäre und sekundäre Substrate reagieren schneller als primäre. Vinyl- und Phenylhalogenide reagieren wie bei S_N-Reaktionen überhaupt nicht. Die Lewis-Säuren weisen folgende unterschiedliche Reaktivität auf:

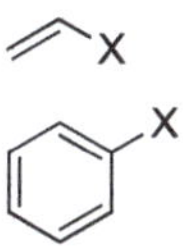

Vinyl- und Phenylhalogenide reagieren **nicht**.

$$AlCl_3 > FeCl_3 > SbCl_5 > SnCl_4 > BF_3 > TiCl_4 > ZnCl_2$$

Außer Halogenalkanen kann man bei der Friedel-Crafts-Alkylierung auch andere Edukte wie Alkohole, Alkyltosylate oder Alkene verwenden, die in Gegenwart von Lewis- bzw. Brönsted-Säuren Carbeniumionen bzw. entsprechend positiv polarisierte und damit elektrophile Teilchen wie $R{-}OH_2^+$ bilden. Als Brönsted-Säuren verwendet man häufig HF, Schwefelsäure oder Phosphorsäure H_3PO_4, deren Anionen nur sehr wenig nucleophil sind (▶ Kapitel 5.5.1). So wird eine elektrophile Addition an das Alken vermieden (▶ Kapitel 7.5). Bei der Verwendung von Schwefelsäure kann allerdings eine Sulfonierung des Aromaten als Nebenreaktion erfolgen (▶ Kapitel 8.4.3). Die Umsetzung von Benzen mit Propen in Gegenwart von HF bei 0 °C ergibt z. B. Isopropylbenzen (Cumen, früher als Cumol bezeichnet) in 84 % Ausbeute. Das Alken wird gemäß der Markovnikov-Regel (▶ Kapitel 7.5.3) zum stabileren sekundären Carbeniumion protoniert, das den Aromaten elektrophil angreift. Cumen ist ein wichtiges Zwischenprodukt für die großtechnische Darstellung von Phenol (PhOH).

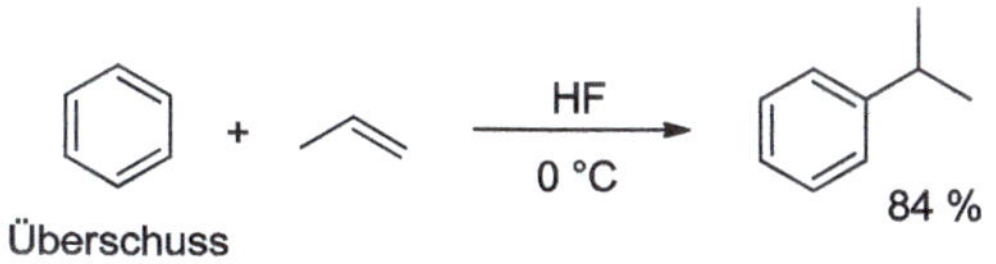

Die Friedel-Crafts-Alkylierung ist aber im Labor nur von begrenzter Bedeutung, da sie mehrere Einschränkungen aufweist:

- Elektronenarme, stark **deaktivierte Aromaten** ($-NO_2$, $-CN$, $-CO_2R$ etc.) sind zu unreaktiv und gehen keine Friedel-Crafts-Alkylierung ein, da die angreifenden Elektrophile zu schwach sind. Nitrobenzen wird z. B. als inertes Lösemittel für Friedel-Crafts-Reaktionen an anderen, aktivierten Aromaten verwendet.
- **Anilinderivate** ($PhNR_2$) sind als Edukte ebenfalls ungeeignet, da die Lewis-Säure dann bevorzugt an das N-Atom des Anilins koordiniert und somit nicht mehr für die Aktivierung des Halogenalkans zur Verfügung steht. Gleichzeitig wird das Anilin dadurch genau wie bei der Protonierung stark deaktiviert.

- Wie immer, wenn Carbeniumionen bei einer Reaktion beteiligt sind, können **Umlagerungen** auftreten (1,2-H-Verschiebungen oder Wagner-Meerwein-Umlagerungen, ▶ Kapitel 5.8), sodass man auch Produkte mit umgelagerten Alkylresten erhält (häufig sogar als Hauptprodukte). Zur Einführung von linearen Alkylresten ist die Friedel-Crafts-Acylierung mit nachfolgender Reduktion daher sehr viel besser geeignet (▶ Kapitel 8.4.5).

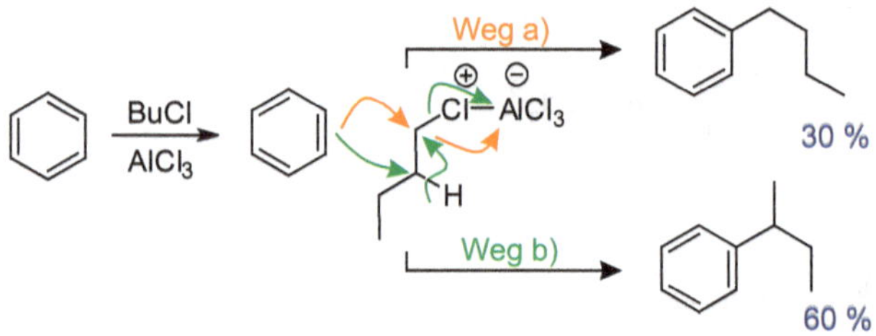

- Das Produkt, ein alkylierter Aromat, ist durch die zusätzliche elektronenschiebende Alkylgruppe elektronenreicher und damit reaktiver als das Edukt. Wenn man nicht einen hohen Überschuss Edukt einsetzt, findet eine **Mehrfachalkylierung** statt und man erhält Gemische verschiedener einfach und mehrfach alkylierter Produkte.

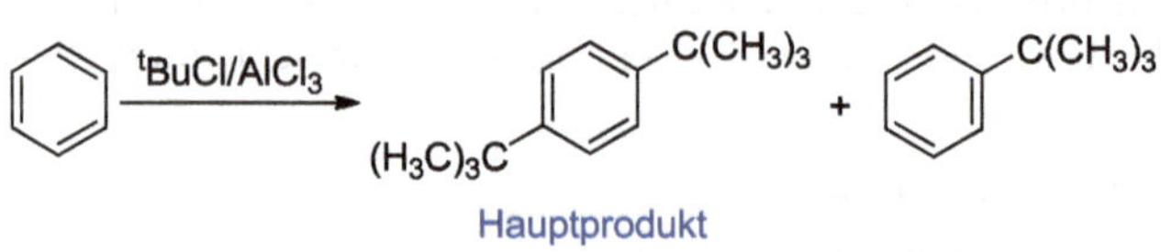

Dieses Problem tritt bei **intramolekularen Alkylierungen** aber nicht auf, weshalb sich die Friedel-Crafts-Alkylierung gut zum Aufbau kondensierter Ringsysteme eignet.

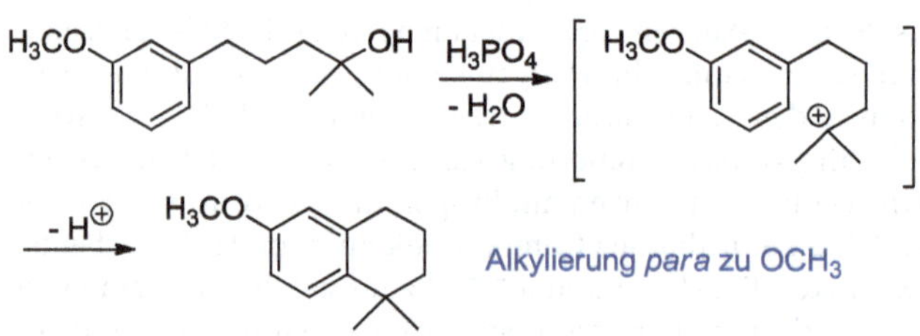

Die Regeln für die dirigierenden Einflüsse von Substituenten gelten nur für die kinetische und nicht für die thermodynamische Kontrolle.

Die Friedel-Crafts-Alkylierung ist wie die Sulfonierung **reversibel**. Man beobachtet bei längeren Reaktionszeiten die Bildung des thermodynamisch stabileren Produkts. So bildet sich bei der erschöpfenden Alkylierung von Benzen mit *tert*-Butylchlorid und $AlCl_3$ letztendlich 1,3,5-Tri-*tert*-butylbenzen, in dem die drei Alkylgruppen alle *meta*-ständig zueinander sind. Dieses Produkt ist wegen sterischer Wechselwirkungen der großen *tert*-Butylgruppen untereinander stabiler als das vielleicht aufgrund der *ortho*/*para*-dirigierenden Wirkung von Alkylgruppen erwartete 1,2,4-Tri-*tert*-butylbenzen. Da aber die Reaktion reversibel ist, die Alkylgruppen also auch wieder vom zuerst gebildeten Produkt abgespalten werden, liegt im Gleichgewicht das stabilere Produkt als Hauptprodukt vor (thermodynamische Kontrolle, ▶ Definition S. 190).

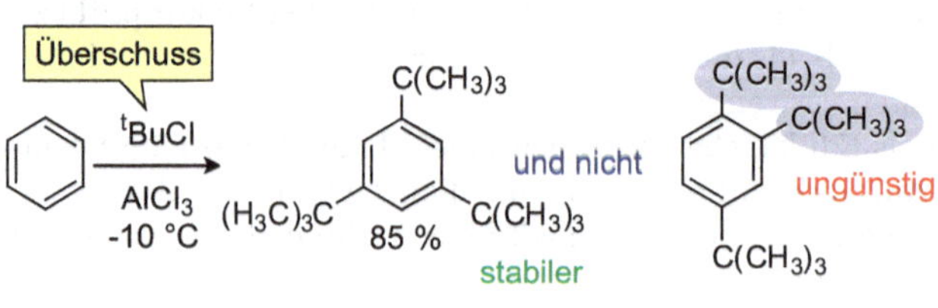

8.4.5 Friedel-Crafts-Acylierung

In einer sehr ähnlichen Reaktion, **Friedel-Crafts-Acylierung** genannt, kann man Aromaten mit Carbonsäurechloriden, Anhydriden oder Carbonsäuren in Gegenwart von Lewis-Säuren oder Brönsted-Säuren zu einem **Arylketon** umsetzen (Acylierung = Einführung eines Acylrests –C(=O)R). Bei der Reaktion von Benzen mit Acetylchlorid $CH_3C(=O)Cl$ und $AlCl_3$ bei erhöhter Temperatur entsteht in 95 % Ausbeute Acetophenon (Methylphenylketon).

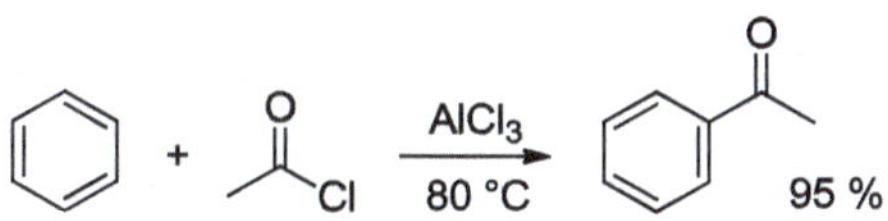

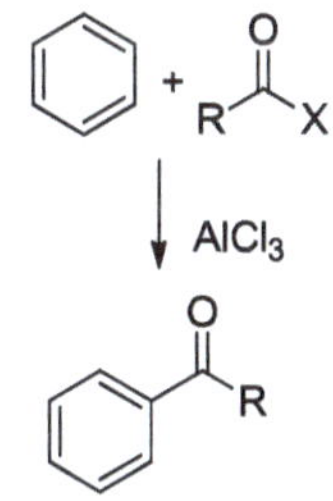

Friedel-Crafts-Acylierung

Das angreifende Elektrophil ist entweder wieder ein polarisierter Lewis-Säure-Base-Komplex aus dem Carbonsäurechlorid und der Lewis-Säure $AlCl_3$ oder das aus dessen Zerfall gebildete **Acyliumion** CH_3CO^+. Dieses ist ein resonanzstabilisiertes Carbokation, in dem das positiv geladene C-Atom sp-hybridisiert ist und damit eine lineare Bindungsgeometrie aufweist. Im Lewis-Säure-Base-Komplex kann die Lewis-Säure entweder an das O- oder an das Cl-Atom des Säurechlorids koordinieren. Die O-Koordination ist bevorzugt. Welches dieser drei im Gleichgewicht miteinander vorliegenden Teilchen das angreifende Elektrophil ist, hängt von der Reaktivität des Aromaten, dem Säurederivat und den Reaktionsbedingungen ab. Weniger reaktive Aromaten reagieren erst mit dem Acyliumion, dem stärksten Elektrophil, das aber nur in sehr geringen Mengen im Gleichgewicht mit dem Komplex vorliegt. Reaktivere, elektronenreiche Aromaten reagieren wahrscheinlich bereits mit einem der beiden Komplexe, die zwar weniger reaktiv sind, aber dafür in deutlich höherer Konzentration vorliegen. (Zur Erinnerung: Die Geschwindigkeit einer Reaktion hängt von der Konzentration der beteiligten Reaktionspartner ab, ▶ Kapitel 4.3.3.)

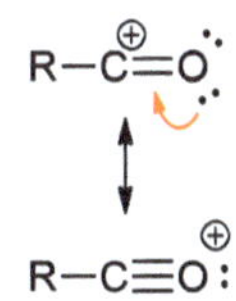
Acyliumion

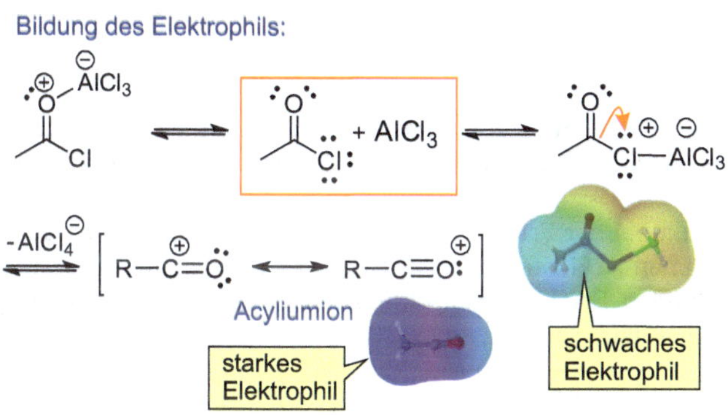

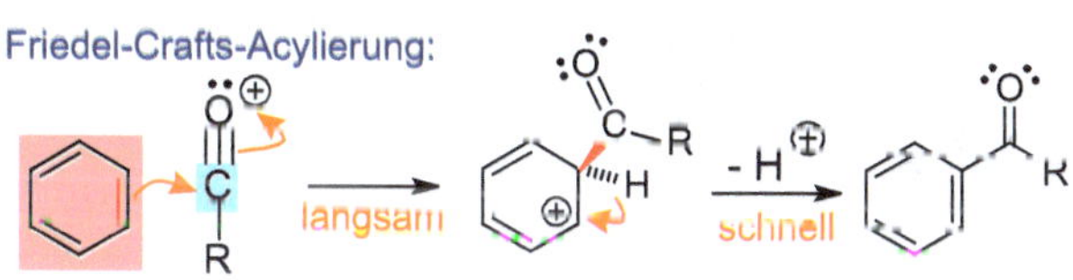

Positiv polarisierte Acylderivate, die als Elektrophile bei Friedel-Crafts-Acylierungen einsetzbar sind, entstehen nicht nur wie oben gezeigt aus Säurechloriden und $AlCl_3$, sondern auch durch die Protonierung von Carbonsäuren oder Säureanhydriden mit Brönsted-Säuren wie HF, H_3PO_4 oder H_2SO_4 oder aus Säureanhydriden und Lewis-Säuren. Die entsprechen den in Lösung vorhandenen Elektrophile sind nachfolgend gezeigt. In allen Fällen kann auch eine Dissoziation in freie Acyliumionen erfolgen.

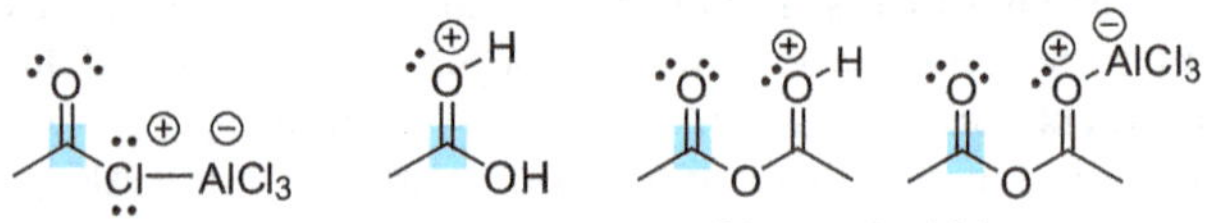

Ähnlich wie bei der Friedel-Crafts-Alkylierung reagieren stark deaktivierte Aromaten nicht. Auch Aniline sind wiederum ungeeignete Edukte. Allerdings weist die Friedel-Crafts-Acylierung auch einige Unterschiede zur Friedel-Crafts-Alkylierung auf. Insgesamt handelt es sich um eine präparativ sehr wichtige Reaktion.

- Das Produkt ist aufgrund der elektronenziehenden Carbonylgruppe –C(=O)R elektronenärmer und damit weniger reaktiv als das Edukt. Unbeabsichtigte Mehrfachacylierungen finden daher nicht statt.
- Man beobachtet eine sehr ausgeprägte *para*-Selektivität, *ortho*-Produkte werden in der Regel nicht gebildet. Zum einen sind die angreifenden Elektrophile stabiler und damit weniger reaktiv als bei der Alkylierung. Sie reagieren somit selektiver (▶ Kapitel 4.7.5) und bevorzugen die etwas reaktivere *para*-Position. Zusätzlich sind die Elektrophile sterisch sehr groß, was den Angriff in *ortho*-Position, also in unmittelbarer Nachbarschaft zu dem schon vorhandenen Substituenten, erschwert.

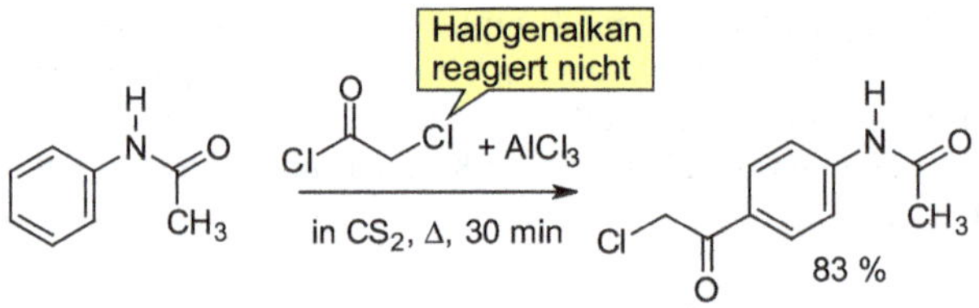

Acylhalogenide sind reaktiver als Alkylhalogenide.

- Da die Lewis-Säure auch im Produkt an die Carbonylgruppe koordiniert, werden stöchiometrische Mengen der Lewis-Säure benötigt, während bei der Alkylierung katalytische Mengen ausreichen.

Das unmittelbare Reaktionsprodukt bei der Friedel-Crafts-Acylierung ist der Lewis-Säure-Base-Komplex aus dem entstandenen Arylketon und $AlCl_3$. Dadurch wird ein Äquivalent Lewis-Säure bei der Reaktion gebunden. Erst bei der anschließenden wässrigen Aufarbeitung wird das eigentliche Produkt freigesetzt.

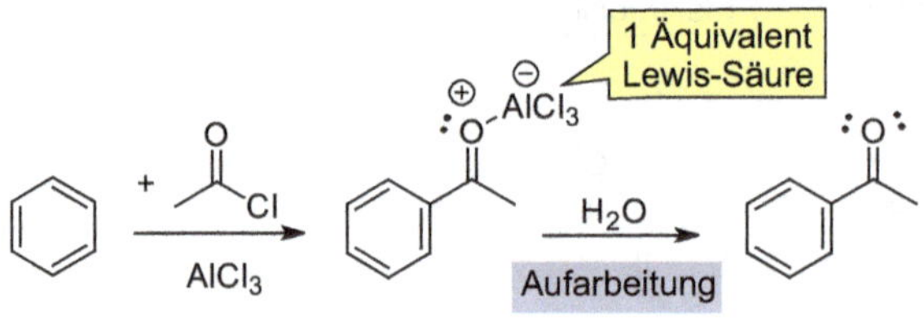

- Es treten **keine Gerüstumlagerungen** auf, da Acyliumionen nicht umlagern. Die Friedel-Crafts-Acylierung eignet sich somit auch zur Einführung unverzweigter Acylreste. Da Arylketone anschließend leicht zu Alkylbenzenen reduziert werden können (▶ Exkurs 8.5), kann man so lineare Alkylreste in einen Aromaten einführen, was mit der Friedel-Crafts-Alkylierung wegen der auftretenden Gerüstumlagerungen nicht möglich ist.

Exkurs 8.5: Reduktion von acylierten Aromaten zu alkylierten Aromaten

Mit primären Halogenalkanen gelingt die Friedel-Crafts-Alkylierung nicht, da es während der Reaktion zur Umlagerung und damit letztendlich zur Einführung von verzweigten Alkylresten kommt (▸ Kapitel 8.4.4). Bei der Friedel-Crafts-Acylierung treten hingegen keine Umlagerungen auf, so dass eine Acylierung mit anschließender Reduktion die Methode der Wahl ist zur Darstellung von alkylierten Aromaten mit linearen Alkyresten. Zur Reduktion der acylierten Aromaten kann z. B. die sogenannte **Clemmensen-Reduktion** genutzt werden, bei der man das Arylketon mit amalgamiertem Zink in Salzsäure umsetzt. Die vorherige Aktivierung mit Quecksilber (Amalgamierung) dient dazu, die passivierende Oxidschicht des Zinks abzulösen. Die Clemmensen-Reduktion erfordert meistens hohe Temperaturen und lange Reaktionszeiten. Der Mechanismus ist nicht genau geklärt.

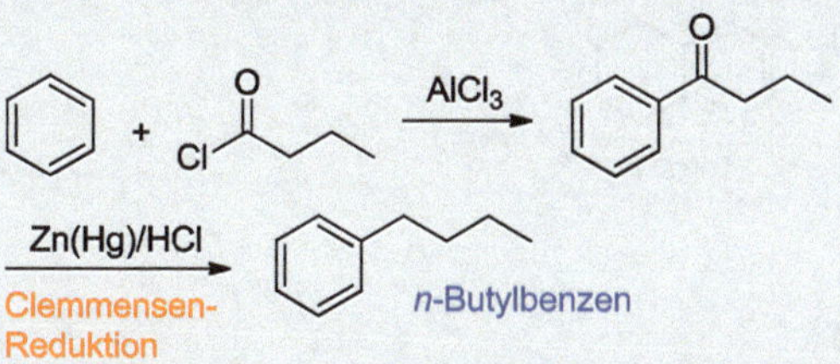

Alternativ kann man bei säurelabilen Verbindungen die **Wolff-Kishner-Reduktion** verwenden, bei der man das Keton mit Hydrazin zuerst zu einem Hydrazon umsetzt (▸ Kapitel 9.5.3), das anschließend mit KOH in einem hochsiedenden Lösemittel (z. B. Diethylenglykol, Siedetemperatur 244 °C) erhitzt wird. Dabei kommt es zu einer basenkatalysierten Umlagerung analog einer Keto-Enol-Tautomerie (▸ Kapitel 9.6). Anschließend findet eine Deprotonierung und Abspaltung von N_2 statt. Dabei bildet sich ein **Carbanion**, das aufgrund seiner hohen Basizität sofort zum gewünschten Produkt protoniert wird. Trotz der energetisch günstigen Freisetzung von Stickstoff ist die Bildung des Carbanions stark endotherm und damit ungünstig, weshalb die Reaktion sehr hohe Temperaturen von > 200 °C erfordert. Mit der sehr viel stärkeren Base Kalium-*tert*-butanolat KO^{t}Bu anstelle von KOH lässt sich die Reaktion in Dimethylsulfoxid als Lösemittel aber bereits bei Raumtemperatur durchführen.

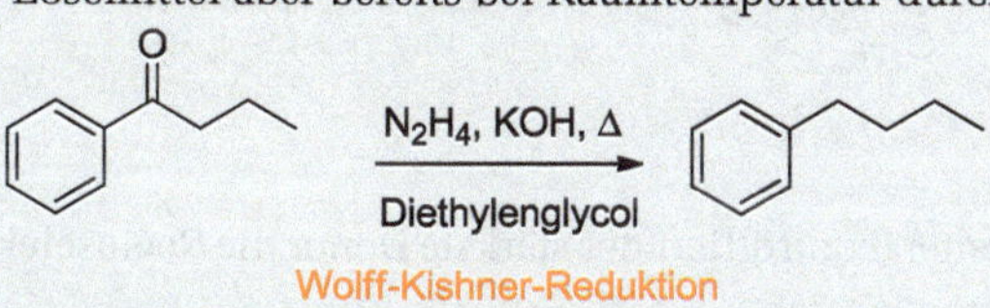

Mechanismus:

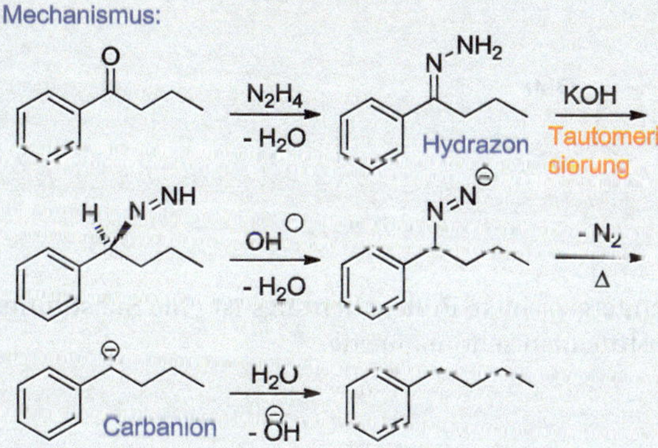

Die Friedel-Crafts-Acylierung ist ähnlich wie die Alkylierung sehr gut für den Aufbau von kondensierten Ringsystemen geeignet. So lässt sich z. B. Tetralin ausgehend von Benzen mit der nachfolgend gezeigten **Haworth-Synthese** darstellen, in deren Verlauf zwei Friedel-Crafts-Acylierungen auftreten. Bei der ersten wird Benzen mit Bernsteinsäureanhydrid und $AlCl_3$ acyliert. Nach Reduktion der Ketogruppe wird dann die verbliebene Carbonsäure mit HF elektrophil aktiviert. In einer zweiten, jetzt intramolekularen Friedel-Crafts-Acylierung erfolgt der Ringschluss zum Tetralon, das nach Reduktion das Tetralin ergibt.

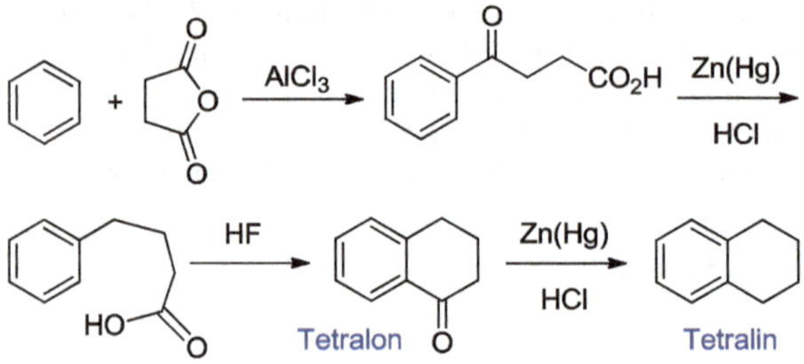

S_EAr-Reaktion an mehrfach substituierten Aromaten 8.5

Kann man die Regioselektivität der Substitution an Benzenderivaten mit mehr als einem bereits vorhandenen Substituenten ebenfalls vorhersagen? In erster Näherung sind die **Einflüsse der vorhandenen Substituenten additiv** und man kann sich an den folgenden Regeln orientieren:

- Aktivierende Substituenten (grün unterlegt) haben einen stärkeren Einfluss als deaktivierende Substituenten (rot unterlegt).

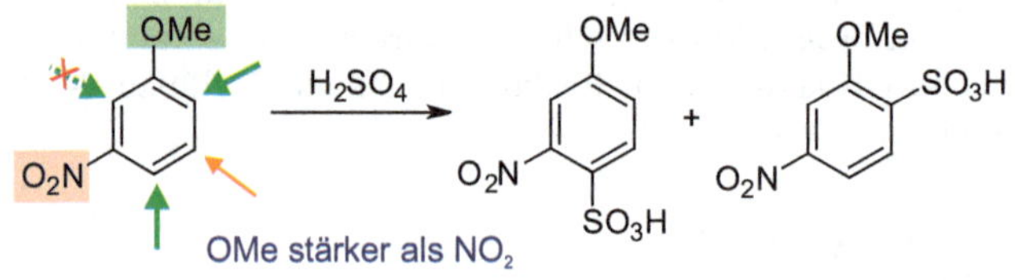

- Bei mehreren aktivierenden Substituenten kontrolliert der stärkste Donor die Regioselektivität.

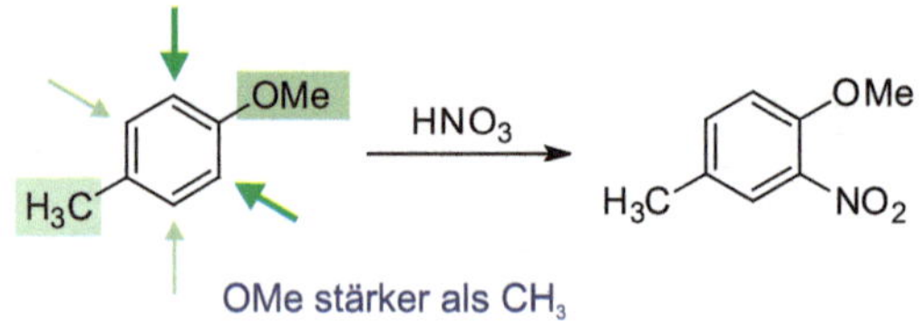

- Sterische Effekte spielen nur eine untergeordnete Rolle, allerdings ist eine Substitution zwischen zwei *meta*-ständigen Substituenten sehr ungünstig.

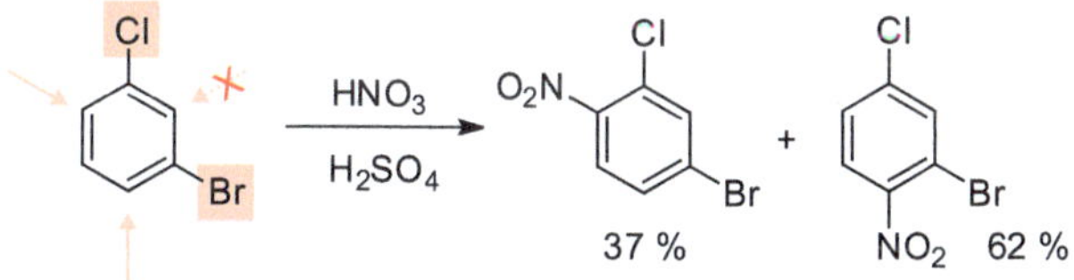

- Sind ähnlich stark wirkende Substituenten vorhanden, die in unterschiedliche Positionen dirigieren, erhält man Gemische.

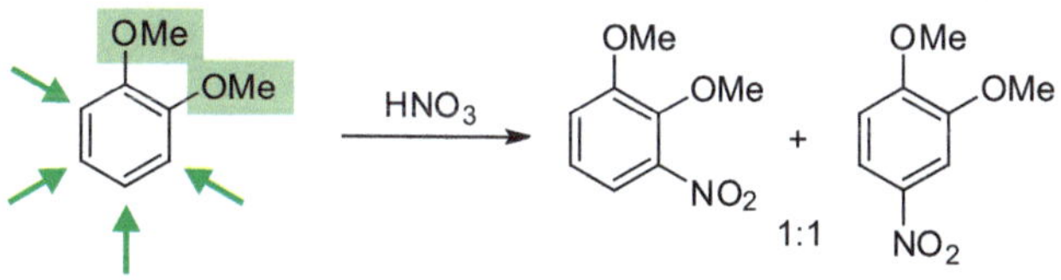

Diazotierung 8.6

Wir haben mit den soeben besprochenen Reaktionen eine Reihe von präparativ sehr gut nutzbaren elektrophilen aromatischen Substitutionsreaktionen zur Verfügung, mit denen sich eine Vielzahl von funktionellen Gruppen in aromatische Verbindungen einführen lassen. Allerdings haben wir bisher keine Reaktion kennengelernt, mit der man in einem Aromaten ein H-Atom durch $-NH_2$ oder $-OH$ ersetzen kann, obwohl es sich bei Anilinen und Phenolen um sehr wichtige aromatische Verbindungen handelt. Leider gibt es auch keine S_EAr-Reaktionen, mit denen die Einführung von $-NH_2$ oder $-OH$ direkt gelingt. Man muss in beiden Fällen Umwege gehen.

$-NR_2$ und $-OR$ lassen sich nicht direkt durch eine S_EAr-Reaktion einführen.

- Die Einführung einer Aminogruppe $-NH_2$ gelingt durch eine Nitrierung mit anschließender Reduktion der Nitrogruppe (▸ Kapitel 8.4.2).
- Eine Phenolgruppe $-OH$ kann man z.B. aus $-NH_2$ durch Diazotierung (Umsetzung mit $NaNO_2/HCl$) und anschließendem Erwärmen des so gebildeten Diazoniumkations $Ar{-}N_2^+$ in Wasser herstellen („Phenolverkochung“).

8.6.1 Darstellung von Diazoniumsalzen

Bei der **Diazotierung** setzt man ein Anilinderivat $Ar{-}NH_2$ mit Natriumnitrit $NaNO_2$ in saurer Lösung (z.B. HCl, H_2SO_4) in der Kälte um. Aus dem Nitritanion NO_2^- entsteht durch Protonierung salpetrige Säure HNO_2, die durch erneute Protonierung und Wasserabspaltung das **Nitrosoniumkation NO^+** bildet (analog zur Bildung von NO_2^+ aus Salpetersäure bei der Nitrierung, ▸ Kapitel 8.4.2). Das Nitrosoniumkation ist ein starkes Elektrophil, das sofort mit der Aminogruppe $-NH_2$ des Anilins zu einem *N*-Nitrosamin reagiert. Nach mehreren säurekatalysierten Protonenübertragungen wird aus dem *N*-Nitrosamin letztendlich Wasser abgespalten. Es bildet sich ein **Diazoniumkation** PhN_2^+ (z.B. mit dem in Salzsäure vorliegendem Cl^- als Gegenion). In einem Diazoniumkation $R{-}N_2^+$ sind beide Stickstoffatome sp-hybridisiert. Es liegt eine lineare Bindungsgeometrie vor.

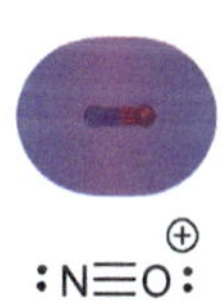

Nitrosoniumkation NO^+

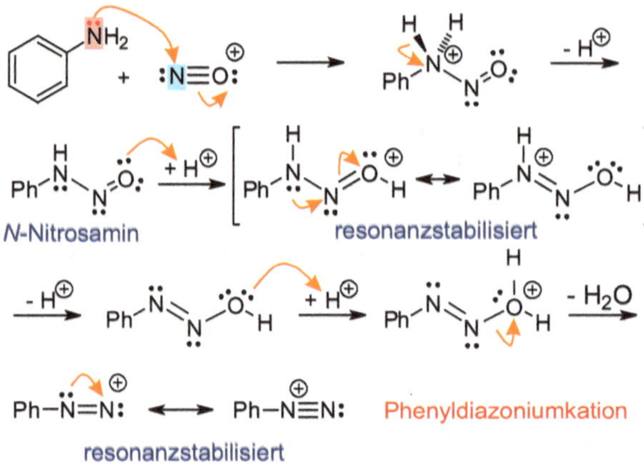

8.6.2 Darstellung von Phenolen aus Diazoniumsalzen

Aliphatische Diazoniumsalze (R = Alkyl) sind sehr instabil. Sie spalten sofort Stickstoff ab und bilden Carbeniumionen R^+. Die Freisetzung des sehr stabilen Stickstoffs N_2 liefert die Triebkraft für den Zerfall. Aromatische Diazoniumsalze wie $Ph–N_2^+$ werden durch den Phenylring mit seinem elektronenschiebenden (+)-M-Effekt resonanzstabilisiert und sind im Gegensatz zu den aliphatischen Diazoniumsalzen $R–N_2^+$ in eiskalter Lösung einigermaßen stabil. Ihr Zerfall erfolgt erst beim Erwärmen. Früher ging man davon aus, dass sich bei der Abspaltung von Stickstoff ein Phenylkation Ph^+ bildet, das dann mit dem Lösemittel Wasser zu Phenol Ph-OH reagiert (**Phenolverkochung**). Dies entspräche einer S_N1-Reaktion (▶ Exkurs 8.6).

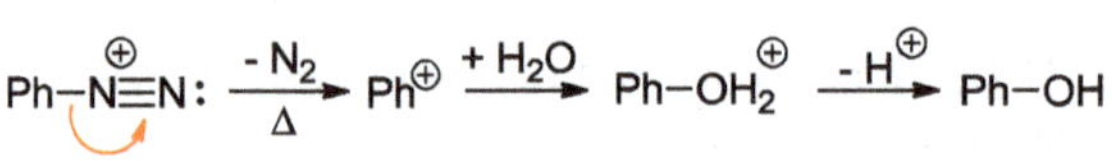

Phenylkation Ph^+

Ein **Phenylkation** ist aber **sehr instabil**. Das positiv geladene C-Atom ist zwar wie in anderen Carbeniumionen auch sp^2-hybridisiert (▶ Kapitel 5.6.2), aber diesmal ist das p_z-Orbital nicht wie sonst bei einem Carbeniumion leer, da dieses in das aromatische π-System eingebunden ist. Beim Phenylkation ist daher eines der drei energetisch sehr tiefliegenden sp^2-Hybridorbital unbesetzt. Da dieses leere sp^2-Hybridorbitale zudem genau in der Knotenebene des π-Systems liegt, kann die Elektronenlücke auch nicht durch den aromatischen Ring ausgeglichen werden. (Achtung: nicht das sehr instabile Phenylkation Ph^+ mit dem resonanzstabilisierten Benzylkation $PhCH_2^+$ verwechseln.) Das Phenylkation ist daher ein extrem starkes Elektrophil mit einem sehr tiefliegendem LUMO. Nach neueren Erkenntnissen entsteht bei der Phenolverkochung daher auch kein freies Phenylkation. Das Wasser greift bereits das sich bildende Phenylkation an, *bevor der Stickstoff vollständig abgespalten wurde*. Es findet also eher eine konzertierte S_N2-artige Substitution statt, die aber aus geometrischen Gründen unter Vorderseitenangriff erfolgen muss.

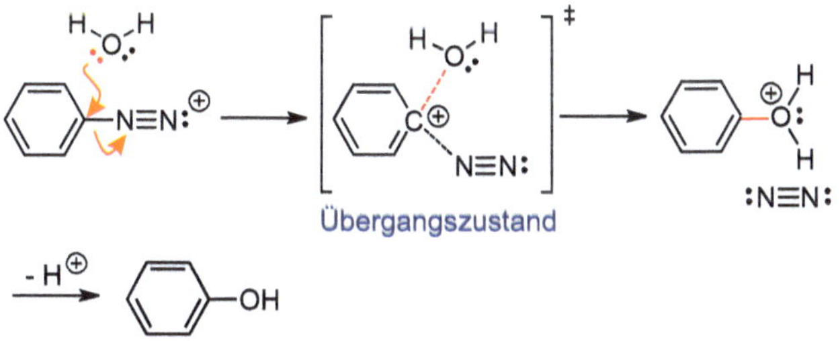

Über die Synthesesequenz Diazotierung → Phenolverkochung lassen sich somit aus Anilinderivaten sehr gut Phenole herstellen. Die Diazotierung wird unter Eiskühlung durchgeführt, die anschließende Zersetzung des Diazoniumsalzes in der Siedehitze.

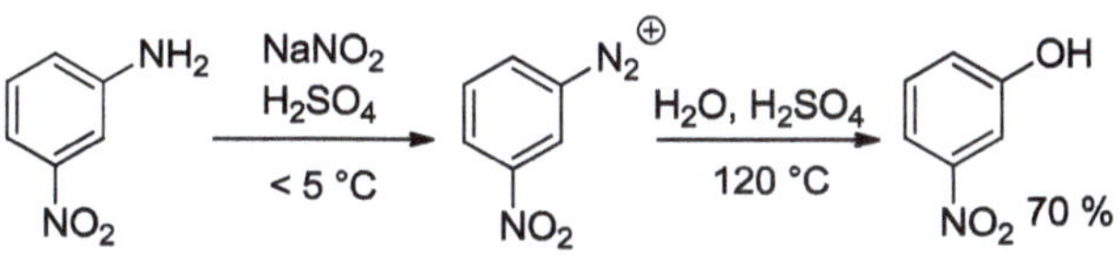

Exkurs 8.6: Nucleophile Substitution am Aromaten

Bei der Phenolverkochung greift das Wasser das Phenyldiazoniumkation nucleophil an und verdrängt die gute Abgangsgruppe N_2, sodass der Rest $–N_2^+$ am Aromaten durch –OH substituiert wird. Eine solche **nucleophile Substitution am Aromaten** (als S_N(Ar)-Reaktion bezeichnet) findet aber nur in besonderen Fällen statt und dabei wird in der Regel auch kein H-Atom, sondern eine sehr gute Abgangsgruppe wie eben N_2 oder z. B. auch ein Halogen substituiert. Die „normale" Reaktion am Aromaten ist immer die elektrophile Substitution. Eine S_N(Ar)-Reaktion findet man nur bei:

- der Phenolverkochung von **Phenyldiazoniumionen** $Ar–N_2^+$ (und verwandten Reaktionen wie der Balz-Schiemann-Reaktion, ▸ Kapitel 8.6.3),
- der Umsetzung von **sehr elektronenarmen Aromaten** (z. B. Aromaten mit zwei oder drei elektronenziehenden Resten) mit einem guten Nucleophil,
- der Umsetzung von Aromaten mit guter Abgangsgruppe (z. B. Halogen) **mit starken Basen** in der Regel bei hoher Temperatur.

Bei der Umsetzung elektronenarmer Aromaten mit guten Nucleophilen findet eine sogenannte **Additions-Eliminierungs-Reaktion** statt. Das Nucleophil addiert sich an die *ipso*-Position des elektronenarmen Aromaten; es entsteht eine meistens intensiv gefärbte anionische Zwischenstufe, ein sogenanntes **Meisenheimer-Intermediat**. Die Abspaltung der Abgangsgruppe führt dann zum Substitutionsprodukt. Ein Beispiel ist die Umsetzung von 2,4-Dinitrochlorbenzen mit Natriumhydroxid in wässriger Lösung, die in guten Ausbeuten zu 2,4-Dinitrochlorphenol führt.

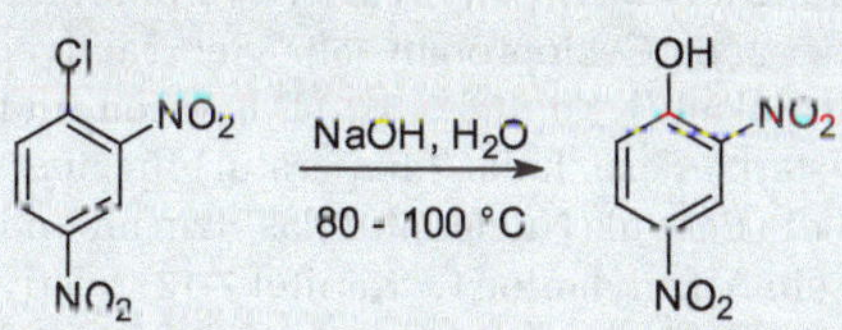

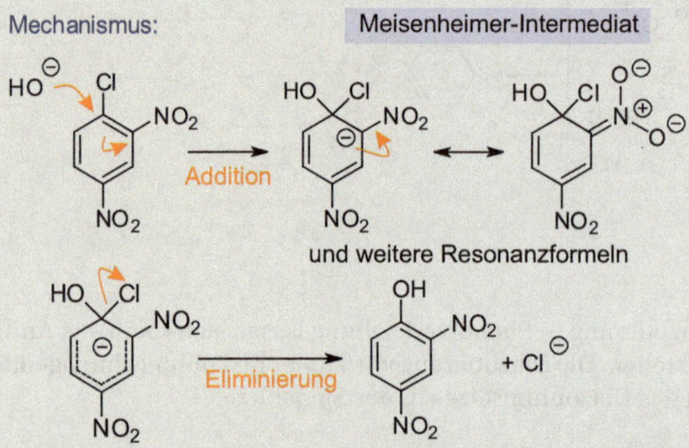

Dieser Reaktionstyp ist auf Aromaten beschränkt, deren π-System so elektronenarm ist, dass es überhaupt von einem Nucleophil angegriffen werden kann (oder anders formuliert: Aromaten, bei denen das LUMO im Vergleich zu einem normalen Aromaten durch elektronenziehende Reste energetisch soweit abgesenkt wurde, dass der Angriff eines Nucleophils möglich wird). Weiterhin müssen elektronenziehende Reste vorzugsweise in *ortho*/*para*-Position vorhanden sein, die die negative Ladung im Meisenheimer-Intermediat stabilisieren können. Und es muss natürlich eine gute Abgangsgruppe vorhanden sein (▸ Kapitel 5.5.1), die abgespalten werden kann.

Auch Aromaten ohne elektronenziehende Reste, aber mit einer guten Abgangsgruppe können nucleophil angegriffen werden. Die Umsetzung von Brombenzen mit KO^{t}Bu in DMSO bei höherer Temperatur führt in mäßigen Ausbeuten zu *tert*-Butylphenylether.

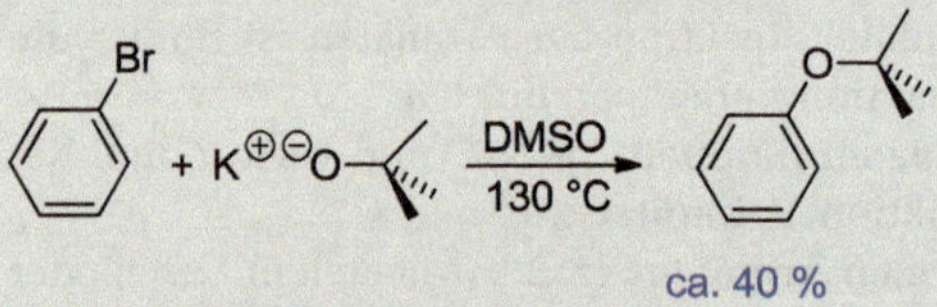

Da keine starken elektronenziehenden Reste vorhanden sind, die ein Meisenheimer-Intermediat stabilisieren könnten, findet diesmal eine sogenannte **Eliminierungs-Additions-Reaktion** statt. Die starke Base *tert*-Butanolat führt zur Eliminierung von HBr. Es bildet sich ein sehr instabiles Intermediat, das man als Benzin (allgemein **Arin**) bezeichnet. Diese Reaktion erfolgt analog zur Bildung eines Alkins durch Eliminierung von HBr aus einem Vinylhalogenid (▸ Kapitel 6.10). Aber auch wenn die Lewis-Formel des Arins eine Dreifachbindung enthält, ist ein Arin *kein normales Alkin*, da aufgrund des Sechsrings aus geometrischen Gründen eine sp-Hybridisierung und damit die normale 180°-Bindungsgeometrie einer C≡C-Dreifachbindung nicht möglich sind. Vielmehr handelt es sich bei einem Arin um eine hochgespannte und damit sehr reaktive Verbindung. (Zur Erinnerung: Aus den gleichen Gründen ist auch Cyclopropan sehr viel reaktiver und verhält sich eher wie ein Alken als wie ein Alkan, ▸ Kapitel 3.5.2.) Deswegen sind auch sehr drastische Reaktionsbedingungen (starke Base, hohe Temperatur) für diese Reaktion nötig. Im zweiten Schritt greift dann die Base als Nucleophil das Arin an und bildet ein Phenylanion. Dieses ist ähnlich wie ein Alkenylanion (▸ Kapitel 7.12) relativ stabil, da sich die negative Ladung in einem energetisch günstigen sp^2-Hybridorbital befindet. Abschließende Protonierung durch das Lösemittel ergibt das Produkt.

Mechanismus:

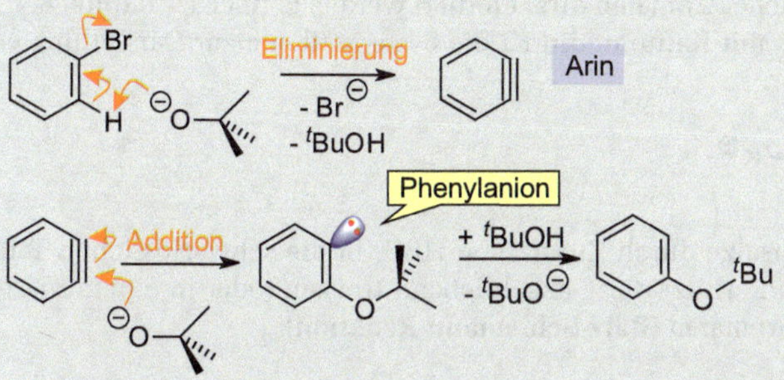

Auf die weiteren Details der nucleophilen aromatischen Substitution wollen wir an dieser Stelle nicht eingehen.

8.6.3 Ersatz der Diazoniumgruppe durch andere funktionelle Gruppen: Sandmeyer-Reaktion

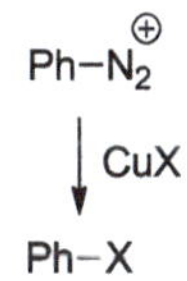

Sandmeyer-Reaktion (X = Cl, Br, CN)

Die Diazoniumgruppe $Ar{-}N_2^+$ kann auch in eine Vielzahl anderer funktioneller Gruppen umgewandelt werden. So führt die Umsetzung mit CuCl, CuBr oder CuCN zum Ersatz von $-N_2^+$ durch Cl, Br oder CN (**Sandmeyer-Reaktion**). Die Sandmeyer-Reaktion ist häufig der beste Weg, um halogenierte Aromaten isomerenrein darzustellen, da man bei der direkten Halogenierung oft Gemische erhält (▶ Kapitel 8.4.1). Bei der Diazotierung sollte man entweder Schwefelsäure oder die dem Cu(I)salz entsprechende Halogenwasserstoffsäure verwenden (bei der Umsetzung mit CuBr also HBr; wenn man dabei HCl verwendet, führt man sowohl Cl als auch Br ein).

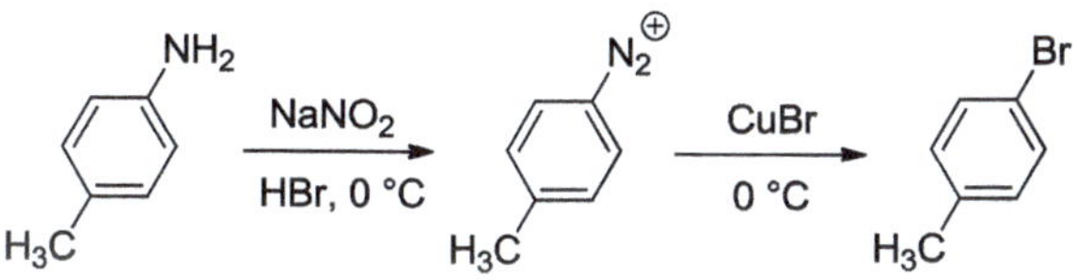

Bei der Sandmeyer-Reaktion wird das Diazoniumkation zuerst durch CuX zu einem Diazenylradikal $Ph{-}N_2\cdot$ reduziert, das unter Abspaltung von N_2 in ein Phenylradikal Ph· zerfällt. Dieses ist zwar ebenfalls sehr viel instabiler als ein Alkylradikal, aber bei Weitem nicht so instabil wie das Phenylkation. Deswegen erfolgt die Zersetzung von $Ph{-}N_2\cdot$ auch bereits in der Kälte. Das Phenylradikal Ph· reagiert dann mit dem bei der Reduktion des Diazoniumkations aus dem CuX entstandenen CuX_2 zum Produkt, wobei wieder CuX zurückgebildet wird. Man nutzt also das redoxaktive Paar Cu(I)/Cu(II), um einen reduktiven Zerfall des Diazoniumkations zum Phenylradikal zu induzieren, das anschließend wieder zum Produkt oxidiert wird. Durch diesen Redoxprozess wird das instabile Phenylkation während des Zerfalls umgangen.

$$Ph{-}N_2^{\oplus}X^{\ominus} \xrightarrow[-\,CuX_2]{+\,CuX} Ph{-}N_2\cdot \xrightarrow{-\,N_2} Ph\cdot \xrightarrow[-\,CuX]{+\,CuX_2} Ph{-}X$$

Die **Darstellung von Iodaromaten** aus Diazoniumkationen gelingt direkt durch Umsetzung mit Kaliumiodid KI ohne Zusatz von Cu(I), da Iodid I^- selbst redoxaktiv ist und das Diazoniumkation zum Diazenylradikal reduzieren kann. Die anschließende Freisetzung von N_2

und Rekombination von Ph· mit I· (oder dem daraus entstandenen I_2) ergibt das Produkt. Da nur wenige, sehr elektronenreiche Aromaten direkt iodiert werden können (▶ Kapitel 8.4.1), ist die Umsetzung von $Ar–N_2^+$ mit Kaliumiodid KI die beste Methode zur Darstellung von Iodaromaten Ar–I.

$$Ar{-}N_2^{\oplus} + KI \xrightarrow[-\,N_2]{} Ar{-}I + K^{\oplus}$$

Überführt man die Diazoniumsalze durch Zusatz von HBF_4 in die schwerlöslichen Tetrafluorborat-Salze $ArN_2^+BF_4^-$ und erhitzt diese anschließend trocken (oder in einem inerten Lösemittel), erhält man Fluoraromaten (**Balz-Schiemann-Reaktion**).

$$Ar{-}N_2^{\oplus}\,BF_4^{\ominus} \xrightarrow[-\,N_2]{\Delta} Ar{-}F + BF_3$$

Mit Hypophosphoriger Säure H_3PO_2 kann man die Diazoniumkationen $Ar–N_2^+$ zu Ar–H reduzieren (**Ersatz durch Wasserstoff**). Dabei wird ein Hydridion H^- aus H_3PO_2 unter Abspaltung von N_2 auf das Diazoniumkation übertragen. Diese Reaktion ist nützlich, wenn man die Aminogruppe nur temporär in einen Aromaten einführen möchte, um ein bestimmtes Substitutionsmuster durch die stark aktivierende NH_2-Gruppe zu erreichen. Wie kann man z. B. ausgehend von Toluol 3,5-Dibromtoluol herstellen? Eine direkte Bromierung von Toluol führt wegen des *ortho*/*para*-dirigierenden Effekts der Methylgruppe nicht zum gewünschten Produkt. Toluol kann aber leicht in *para*-Position nitriert werden (dabei entsteht auch das *ortho*-Isomer, das aber abgetrennt werden kann). Durch Reduktion erhält man *para*-Toluidin, das bei der Umsetzung mit Brom *ortho* zur NH_2-Gruppe bromiert wird (NH_2 aktiviert stärker als CH_3, ▶ Kapitel 8.5). Nach Diazotierung und Reduktion mit Hypophosphoriger Säure erhält man das gewünschte 3,5-Dibromtoluol.

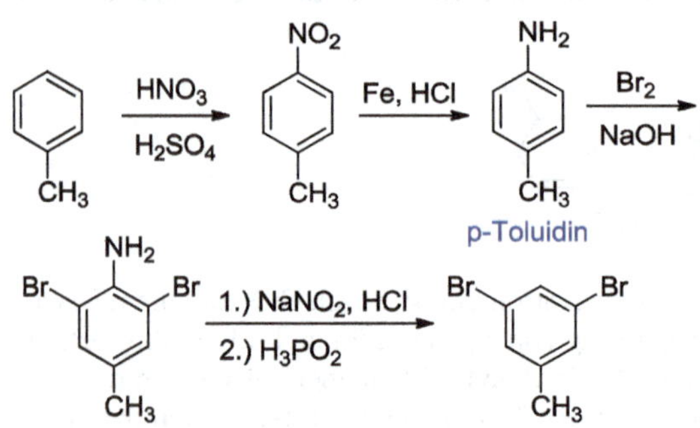

Nachfolgend sind noch einmal die wichtigsten Umsetzungen von Diazoniumsalzen zusammengefasst:

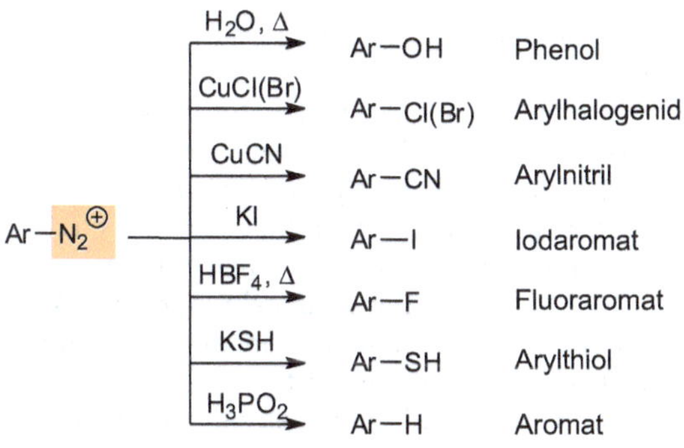

8.6.4 Azokupplung

Aromatische Diazoniumkationen sind schwache Elektrophile, die daher auch als Elektrophile mit elektronenreichen Aromaten wie Anilinen oder Phenolen in einer S_EAr-Reaktion reagieren (**Azokupplung**). Die dabei entstehenden Azoverbindungen Ar–N=N–Ar′ sind in der Regel intensiv gefärbte Verbindungen. Solche **Azofarbstoffe** wie das Anilingelb gehörten zu den ersten technisch hergestellten Färbemitteln für Textilien überhaupt und waren jahrzehntelang die größte Gruppe synthetischer Farbstoffe. Ihre Entdeckung Mitte des 19. Jahrhunderts war entscheidend für die Entwicklung der gesamten chemischen Industrie. So haben die meisten großen Chemiefirmen wie Bayer, BASF oder Hoechst ursprünglich als Farbenfabriken begonnen. Heutzutage ist der Einsatz von Azofarbstoffen zumindest als Lebensmittelfarbstoffe stark eingeschränkt, da einige Verbindungen im Verdacht stehen, Krebs und Allergien auszulösen.

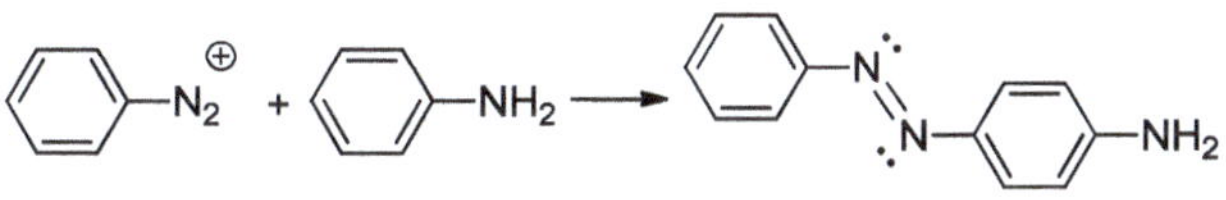

Anilingelb (1860)

ZUSAMMENFASSUNG

In diesem Kapitel haben wir Folgendes über aromatische Verbindungen und die elektrophile aromatische Substitution gelernt:

- Benzen und andere aromatische Verbindungen sind sehr viel stabiler als Alkene. Ursache ist der Energiegewinn, der aus der Bildung eines cyclisch delokalisierten Elektronensystems mit insgesamt (4n+2) π-Elektronen resultiert (Hückel-Regel).
- Aromatische Verbindungen reagieren aufgrund der hohen Stabilität des cyclisch delokalisierten π-Elektronensystems mit Elektrophilen anders als Alkene nicht unter Addition, sondern unter Substitution (S_EAr-Reaktion). Dabei entsteht durch den Angriff des Elektrophils ein positiv geladener σ-Komplex als Intermediat, der durch Deprotonierung wieder zu einem aromatischen Produkt reagiert.
- Ein schon vorhandener Substituent beeinflusst sowohl die Reaktivität als auch die Regioselektivität bei einer S_EAr-Reaktion. Elektronenschiebende Reste (wie –OR, $-NR_2$, Alkyl-, Phenyl-) erhöhen die Reaktivität, sind also aktivierend und *ortho*/*para*-dirigierend. Elektronenziehende Reste (wie $-NO_2$, –CN, –C(=O)R etc.) verringern die Reaktivität, sind also deaktivierend und *meta*-dirigierend. Halogene sind zwar auch deaktivierend, aber trotzdem *ortho*/*para*-dirigierend.
- Bei der Synthese mehrfach funktionalisierter Aromaten muss zum einen überlegt werden, ob es eine sinnvolle S_EAr-Reaktion gibt, mit der sich der gewünschte Rest direkt einführen lässt. Manche funktionelle Gruppen, insbesondere –OH und $-NH_2$ oder auch lineare Alkylreste, können nur über Umwege erhalten werden. Zum anderen muss die beste Reihenfolge, in der die Reste eingeführt werden, ermittelt werden. Dabei müssen vor allem die unterschiedlichen aktivierenden und dirigierenden Effekte der einzelnen Substituenten berücksichtigt werden. In manchen Fällen kann es nötig sein, zwischenzeitlich einzelne Positionen durch Schutzgruppen reversibel zu blockieren oder einen stark dirigierenden Hilfssubstituenten einzuführen, der anschließend wieder abgespalten wird, nachdem das gewünschte Substitutionsmuster erhalten wurde.

ZUSAMMENFASSUNG

Reaktionen von Carbonylverbindungen

9

ÜBERBLICK

Lernziele

Nachdem Sie dieses Kapitel zu den Reaktionen der Carbonylverbindungen durchgearbeitet haben, sollten Sie verstanden haben,

- warum man Carbonylverbindungen entsprechend ihrer Reaktivität in Aldehyde und Ketone einerseits sowie Carbonsäuren und Carbonsäurederivate andererseits unterteilt,
- warum Aldehyde und Ketone mit Nucleophilen unter Addition reagieren, Carbonsäurederivate hingegen unter Substitution und warum durch vorherige Protonierung der Carbonylgruppe beide Reaktionen katalysiert werden können,
- wie Alkohole, Aldehyde und Ketone sowie Carbonsäuren durch Oxidationen und Reduktionen ineinander überführt werden können,
- wie durch Addition von Wasser, Alkoholen und Aminen an Aldehyde und Ketone Hydrate, Acetale, Imine und Enamine entstehen,
- warum sich Carbonsäurederivate in ihrer Reaktivität unterscheiden und wie man Säurechloride, Ester oder Amide herstellt.

9.1 Vorkommen und Bedeutung von Carbonylverbindungen

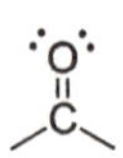

Carbonylgruppe

Nachdem wir in den vorherigen beiden Kapiteln am Beispiel der Alkene (▶ Kapitel 7) und Aromaten (▶ Kapitel 8) das Reaktionsverhalten von Verbindungen mit C=C-Doppelbindungen besprochen haben, wollen wir uns abschließend mit der C=O-Doppelbindung befassen. Die **Carbonylgruppe** ist eine der wichtigsten funktionellen Gruppen, die in vielen Stoffklassen vorkommt (▶ Tabelle 2.2). Sie bestimmt die Eigenschaften so unterschiedlicher Verbindungen wie Formaldehyd (in der Medizin für die Konservierung von Gewebepräparaten genutzt und wichtiger Ausgangsstoff für die Herstellung von Kunststoffen), Aceton (wichtiges Lösemittel im Labor und in der Industrie und z. B. Bestandteil von Nagellackentferner), Essigsäure, *N,N*-Dimethylformamid (DMF, ein wichtiges polar-aprotisches Lösemittel, ▶ Kapitel 5.5.3), *D*-Glucose (Traubenzucker), Menthon (Duftstoff der Pfefferminze), Acetylsalicylsäure (der Wirkstoff von Aspirin), ε-Caprolactam (Ausgangsstoff für die Herstellung von Polyamid-Kunstfasern) oder Harnstoff (Abbauprodukt des Proteinstoffwechsels im Menschen und historisch eine der ersten künstlich hergestellten organischen Verbindungen, ▶ Kapitel 1.1). Auch die meisten biologisch wichtigen Stoffklassen wie Aminosäuren und Proteine, Kohlenhydrate, Nucleinsäuren und Fette sind Carbonylverbindungen.

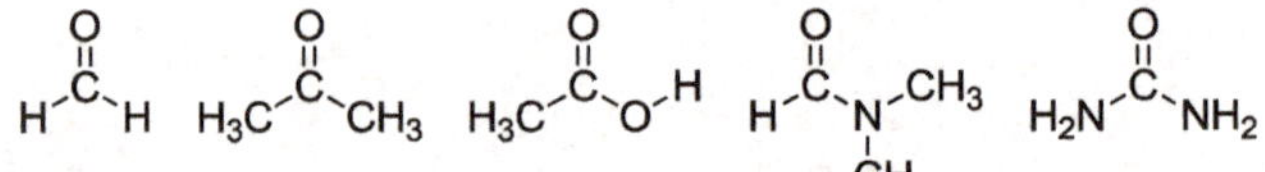

Formaldehyd   Aceton   Essigsäure   DMF   Harnstoff

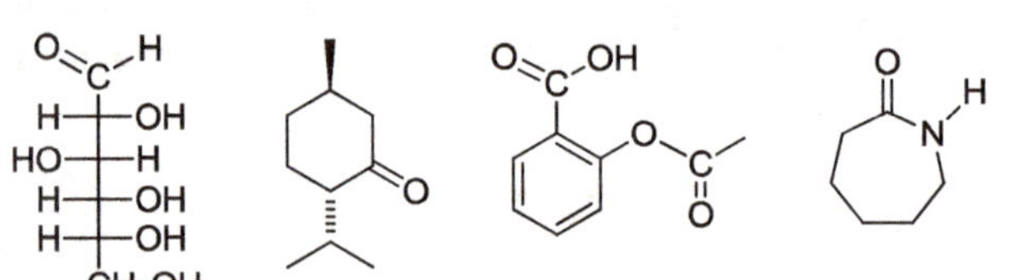

D-Glucose   Menthon   Acetylsalicylsäure   ε-Caprolactam

Wegen der großen Vielzahl von Stoffklassen, die eine Carbonylgruppe enthalten, ist das Verständnis des Reaktionsverhaltens der C=O-Doppelbindung für die Chemie, die Biochemie und auch das Verständnis medizinisch-physiologischer Vorgänge sehr wichtig. Gerade Anfänger haben damit aber häufig große Probleme, denn leider gehen Carbonylverbindungen auf den ersten Blick eine verwirrende Vielfalt von (Namens-)Reaktionen ein. Da es sich aber ausnahmslos um typische polare Reaktionen (▶ Kapitel 5.2) handelt, folgen alle diese Reaktionen erfreulicherweise den gleichen grundlegenden Prinzipien, die wir schon gelernt haben. Wir müssen also wiederum nur überlegen, wo ist das Nucleophil (energiereiches HOMO) und wo ist das Elektrophil (energiearmes LUMO) in den Reaktionspartnern und wie werden diese daher miteinander reagieren?

Einteilung von Carbonylverbindungen 9.2

An eine Carbonylgruppe C=O sind immer zwei weitere Reste gebunden. Je nachdem, ob es sich hierbei um H-Atome, Alkyl- bzw. Arylreste oder Heteroatome X handelt, unterscheidet man drei Gruppen von Carbonylverbindungen:

- **Aldehyde und Ketone**: Beide Reste sind H-Atome oder Alkyl- bzw. Arylreste.
- **Carbonsäuren und ihre Derivate**: Ein Rest ist ein H-Atom oder ein Alkyl- bzw. Arylrest und der andere ein Heteroatom X bzw. eine Heteroatomgruppe.
- **Kohlensäurederivate**: Beide Reste sind Heteroatome bzw. Heteroatomgruppen.

Dieser Einteilung liegt der unterschiedliche Oxidationsgrad der Stoffklassen zugrunde (leicht erkennbar an der unterschiedlichen Anzahl an Bindungen zu Heteroatomen, die vom Carbonyl-C-Atom ausgehen, ▶ Exkurs 2.3). Aldehyde und Carbonsäuren lassen sich daher durch Oxidation bzw. Reduktion ineinander überführen (▶ Kapitel 9.2.4). Innerhalb einer Gruppe verhalten sich die Verbindungen chemisch sehr ähnlich und unterscheiden sich lediglich in ihrer relativen Reaktivität. So gehen Aldehyde und Ketone prinzipiell die gleichen Reaktionen ein, wobei Aldehyde reaktiver sind als Ketone (▶ Kapitel 9.5). Zwischen den Gruppen gibt es hingegen Unterschiede auch im Reaktionsverhalten, so findet beim Angriff eines Nucleophils an die C=O-Gruppe bei Aldehyden und Ketonen in der Regel eine Addition statt, bei den Säurederivaten hingegen eine Substitution (▶ Kapitel 9.4.3).

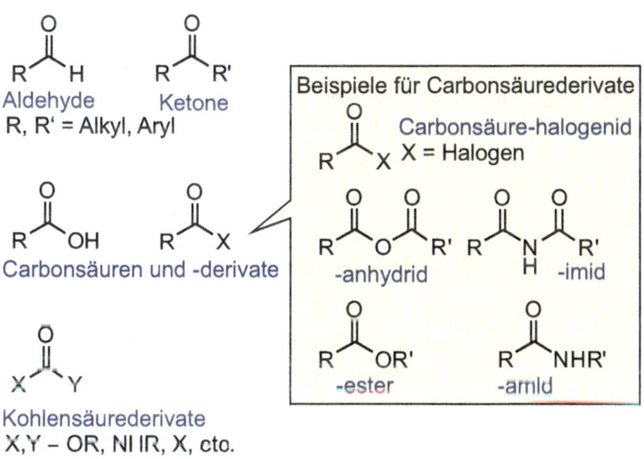

9.2.1 Aldehyde und Ketone

In einem **Aldehyd** R–C(=O)H (häufig auch als RCHO angegeben) ist an die Carbonylgruppe *immer* ein H-Atom gebunden und der zweite Rest ist ein Alkyl- oder Arylrest. Eine Ausnahme ist der einfachste Aldehyd, Methanal HC(=O)H, bei dem auch der zweite Rest ein H-Atom ist. Für die **systematische Benennung** der Aldehyde fügt man an den Stammnamen des zugrundeliegenden Kohlenwasserstoffs (▶ Kapitel 2.2) die Endsilbe *-al* an (z. B. Alkan*al*). Für die Ermittlung der Kettenlänge zählt man das C-Atom der Carbonylgruppe mit. Sind zwei Alkyl- bzw. Arylreste an die Carbonylgruppe gebunden, handelt es sich um ein **Keton** R–C(=O)–R′. Ketone werden systematisch als Alkan*on* bezeichnet, wobei die Position der Carbonylgruppe entlang der Kohlenstoffkette durch die entsprechende Positionsnummer des Carbonyl-C-Atoms angegeben wird. Alternativ kann man den Namen eines Ketons aus den Namen der beiden organischen Reste R und R′, die an die Carbonylgruppe gebunden sind, und der Endsilbe *-keton* bilden. Für viele niedermolekulare Aldehyde und Ketone verwendet man aber meistens die **Trivialnamen** (die man wieder auswendiglernen muss). So wird Methanal auch als Formaldehyd bezeichnet, das nächst höhere Homologe Ethanal als Acetaldehyd. Der Trivialname von 2-Propanon (Dimethylketon) ist Aceton. Da es sich um ein Keton handelt, muss das Carbonyl-C-Atom das mittlere C-Atom sein, sodass die Positionsnummer 2 auch weggelassen werden kann, denn der Name Propanon ist eindeutig. Als Substituent wird –C(=O)H als -carbaldehyd bezeichnet. Benzaldehyd z. B. heißt daher systematisch Benzencarbaldehyd.

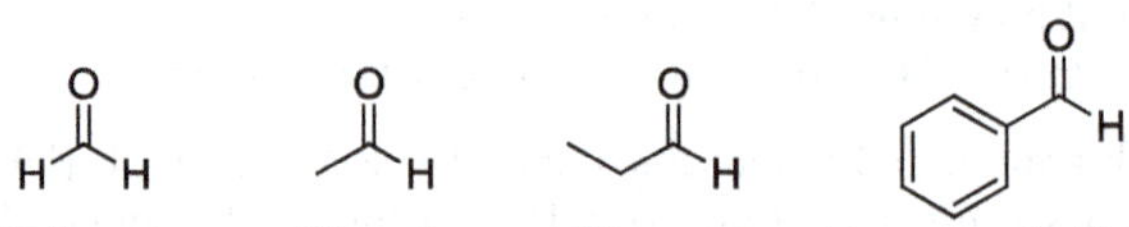

Methanal Formaldehyd | Ethanal Acetaldehyd | Propanal Propionaldehyd | Benzencarbaldehyd Benzaldehyd

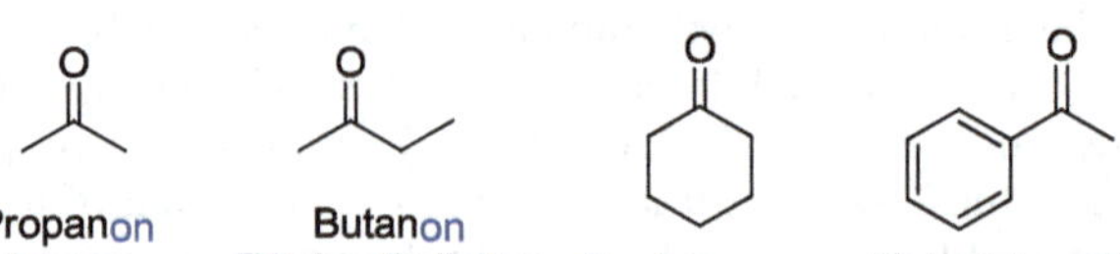

Propanon Aceton | Butanon Ethylmethylketon | Cyclohexanon | Methylphenylketon Acetophenon

Leicht flüchtige (niedermolekulare) nichtaromatische Aldehyde wie Formaldehyd besitzen häufig einen stechenden Geruch. Viele Ketone und vor allem auch die aromatischen Aldehyde riechen dagegen eher fruchtig-süßlich und kommen als natürliche Duftstoffe in Pflanzen vor. Beispiele sind das schon eingangs erwähnte Keton Menthon, der Duftstoff der Pfefferminze oder der angenehm süßlich nach Bittermandel riechende Benzaldehyd (Bestandteil des Bittermandelöls).

9.2.2 Carbonsäuren und Carbonsäurederivate

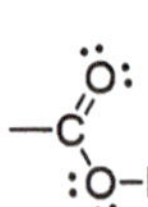

Carboxylgruppe

Bei den **Carbonsäuren und ihren Derivaten** ist neben einem H-Atom oder einem Alkyl- bzw. Arylrest *immer* ein Heteroatom X (meistens O, N, S oder Halogen) direkt an die Carbonylgruppe gebunden. Dieses Heteroatom verändert sowohl die Reaktivität als auch das Reaktionsverhalten der Carbonylgruppe im Vergleich zu den Aldehyden und Ketonen deutlich (▶ Kapitel 9.4.3). Die funktionelle Gruppe der Carbonsäuren ist die **Carboxylgruppe** –C(=O)OH (= $–CO_2H$). Die systematische Bezeichnung einer Carbonsäure erfolgt durch Anhängen der Endsilbe *-säure* an den Namen des zugrundeliegenden Alkans (▶ Kapitel 2.6). Vor allem für die kurzkettigen Säuren sind aber wiederum die Trivialnamen sehr viel gebräuchlicher. Methansäure HCO_2H ist die Ameisensäure und Ethansäure CH_3CO_2H die Essigsäure. Die Position von Substituenten entlang der Kohlenstoffkette, wird entweder durch die systematische Positionsnummer angegeben, wobei das Carboxyl-C-Atom wie bei den Aldehyden und Ketonen wieder mitzählt. Alternativ kann man griechische Buchstaben verwenden. Dann beginnt man allerdings an dem zum Carboxylkohlenstoff *benachbarten* C-Atom mit dem Buchstaben α zu zählen. Bei der Besprechung der Enantiomerie haben wir z. B. schon die Milchsäure kennengelernt (▸ Kapitel 3.3), die als 2-Hydroxypropansäure oder als α-Hydroxypropionsäure bezeichnet werden kann.

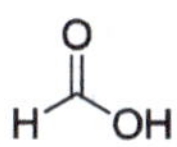
Methansäure
Ameisensäure

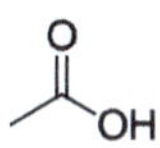
Ethansäure
Essigsäure

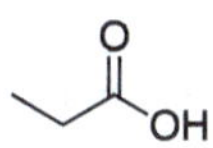
Propansäure
Propionäure

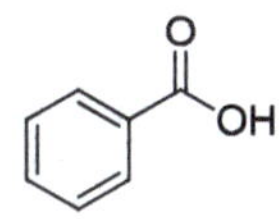
Benzoesäure

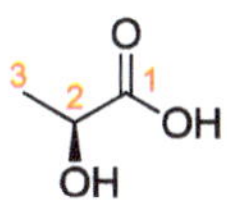
oder
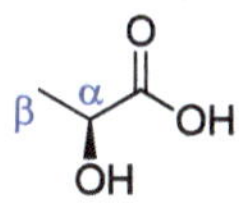
Milchsäure (Trivialname)
2-Hydroxypropansäure
α-Hydroxypropionsäure

Die niederen (kurzkettigen) Carbonsäuren sind bei Raumtemperatur flüssig und bis zu einer Kettenlänge von vier C-Atomen in jedem Verhältnis mit Wasser mischbar. Mit zunehmender Kettenlänge des Alkylrests werden die Carbonsäuren immer lipophiler (unpolarer), sodass ihre Löslichkeit in Wasser rapide abnimmt (▸ Kapitel 2.5). Ab einer Kettenlänge von vier C-Atomen spricht man daher von **Fettsäuren**, da natürlich vorkommende Fette und Öle die Ester langkettiger Carbonsäuren mit dem Alkohol Glycerol (Propan-1,2,3-triol, alter Name Glycerin) sind (▸ Kapitel 9.6.3). Ameisensäure und Essigsäure haben einen stechenden Geruch. Buttersäure (Butansäure), Valeriansäure (Pentansäure) und Capronsäure (Hexansäure) riechen äußerst widerwärtig und sind z. B. für den charakteristischen Gestank von ranziger Butter oder Ziegenschweiß verantwortlich, was sich auch in ihren Namen widerspiegelt (z. B. lateinisch *capra* = Ziege). Einfache Carbonsäuren sind schwache bis mittelstarke Säuren mit einem pK_s-Wert im Bereich von ca. 4–5 (Essigsäure hat z. B. einen pK_s-Wert von 4,8 und Ameisensäure von 3,8, ▸ Exkurs 9.1).

Ersetzt man in einer Carbonsäure R–C(=O)OH die OH-Gruppe durch eine andere Heteroatomgruppe X, so kommt man zu den **Carbonsäurederivaten** R–C(=O)X. Die im Labor wichtigsten Carbonsäurederivate sind die Carbonsäurehalogenide (X = Halogen), die Carbonsäureanhydride (X = Carboxylrest O_2CR'), die Carbonsäureester (X = OR′) und die Carbonsäureamide (X = NR_2'). Die systematische Nomenklatur der einzelnen Carbonsäurederivate wurde bereits in ▸ Kapitel 2.6 erläutert. Für viele Verbindungen sind die Trivialnamen aber wieder sehr viel gebräuchlicher. Den allen Carbonsäurederivaten gemeinsamen Rest R–C(=O), an den das Heteroatom X gebunden ist, nennt man allgemeinen einen **Acylrest**, wobei die von der Ameisensäure und der Essigsäure abgeleiteten Acylreste eigene Trivialnamen haben und als **Formylrest** (R = H) bzw. **Acetylrest** ($R = CH_3$) bezeichnet werden.

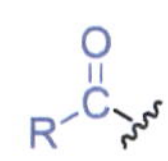
Acyl-

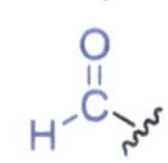
Formyl-

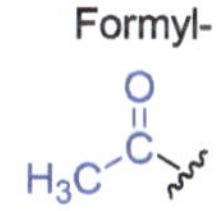
Acetyl-

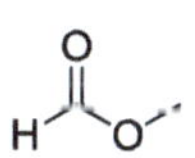
Ameisensäure-
methylester

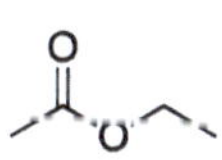
Essigsäureethylester
Ethylacetat

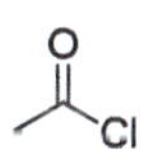
Essigsäurechlorid
Acetylchlorid

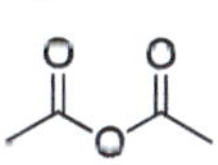
Essigsäureanhydrid
Acetanhydrid

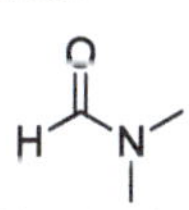
N,N-Dimethylformamid
(DMF)

Exkurs 9.1: Die Säurestärke von Carbonsäuren

Carbonsäuren dissoziieren in wässriger Lösung unter Abgabe eines Protons. Ihre wässrigen Lösungen reagieren daher sauer. Mit pK_s-Werten im Bereich von ca. 4–5 sind Alkylcarbonsäuren zwar nur schwache Säuren, aber sie sind trotzdem um etwa zwölf Zehnerpotenzen saurer als Alkohole R–OH (pK_s-Werte ca. 16–18), obwohl in beiden Fällen ein Proton von einer OH-Gruppe abgespalten wird. Der Grund für die deutlich höhere Säurestärke der Carbonsäuren liegt in der größeren Stabilität der entstehenden Anionen. Im Carboxylat RCO_2^- ist die negative Ladung durch Mesomerie über beide Sauerstoffe delokalisiert. Die Ladungsdichte ist daher im resonanzstabilisierten Carboxylatanion deutlich geringer als im nicht weiter stabilisierten Alkoholat RO^-, was man gut am Oberflächenpotenzial erkennen kann. Da sich Elektronen abstoßen, ist es energetisch umso günstiger, je gleichmäßiger die negative Ladung über das Molekül verteilt ist.

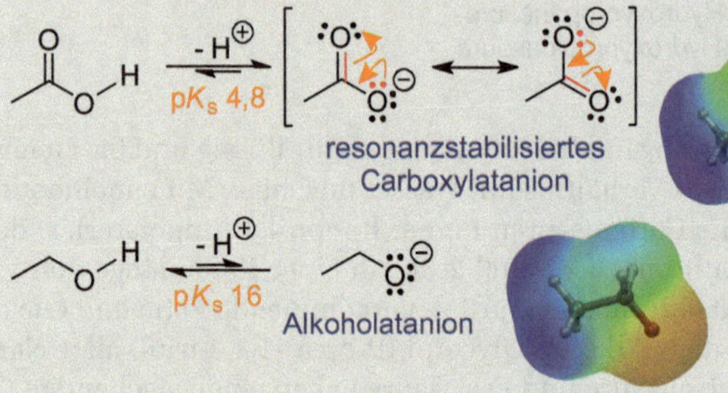

Die Säurestärke einer Carbonsäure erhöht sich deutlich, wenn elektronenziehende Substituenten an die Carboxylgruppe gebunden sind. Diese verstärken zum einen die Polarisierung der O–H-Bindung in der Carbonsäure und erleichtern dadurch die heterolytische Spaltung dieser Bindung. Zum anderen stabilisieren sie zusätzlich das gebildete Carboxylatanion, da Elektronendichte von dort abgezogen und über das Molekül verteilt wird. Trifluoressigsäure (pK_s-Wert 0,2) oder Trichloressigsäure (pK_s-Wert 0,7) sind aufgrund des starken (–)-I-Effekts der Halogenatome deutlich stärker sauer als Essigsäure (pK_s-Wert 4,8). Je weiter der elektronenziehende Substituent von der Carboxylgruppe entfernt ist, desto weniger macht sich allerdings sein Einfluss bemerkbar (► Kapitel 4.8.1). 2-Chlorpropionsäure ist mit einem pK_s-Wert von 2,8 deutlich saurer als Propionsäure (pK_s-Wert 4,9), wohingegen 3-Chlorpropionsäure fast den gleichen pK_s-Wert besitzt (4,1). Umgekehrt erniedrigen elektronenschiebende Gruppen die Säurestärke. Deswegen ist z. B. Ameisensäure (pK_s-Wert 3,8) stärker sauer als Essigsäure (pK_s-Wert 4,8), die eine zusätzliche elektronenschiebende Methylgruppe an der Carboxylgruppe trägt.

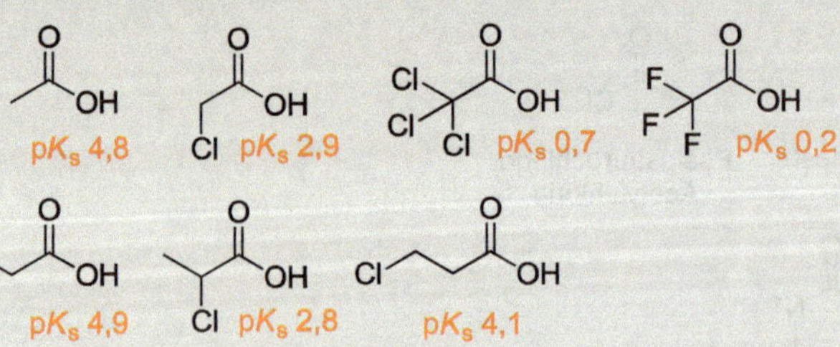

9.2.3 Kohlensäurederivate

Bei Kohlensäurederivaten handelt sich um Verbindungen, bei denen zwei Heteroatome bzw. Heteroatomgruppen an die Carbonylgruppe gebunden sind. Die beiden Reste können gleich oder unterschiedlich sein. Diese Verbindungen leiten sich alle formal von der instabilen **Kohlensäure** HOC(=O)OH (H_2CO_3) ab, die nur in Form ihrer Salze (Carbonate) beständig ist und in freier Form in CO_2 und H_2O zerfällt. Auch einige Kohlensäurederivate, z. B. die Carbaminsäure $H_2NC(=O)OH$ (das Monoamid der Kohlensäure), sind instabil und lassen sich daher nicht in Substanz isolieren (Zerfall in NH_3 und CO_2). Andere Verbindungen wie Harnstoff (Kohlensäurediamid), Phosgen (Kohlensäuredichlorid) oder Ethylcarbamat (Ester der Carbaminsäure = Amidokohlensäure) sind hingegen stabil. Ihr Reaktionsverhalten entspricht den jeweiligen Carbonsäurederivaten, allerdings unterscheiden sie sich von diesen in ihrer relativen Reaktivität.

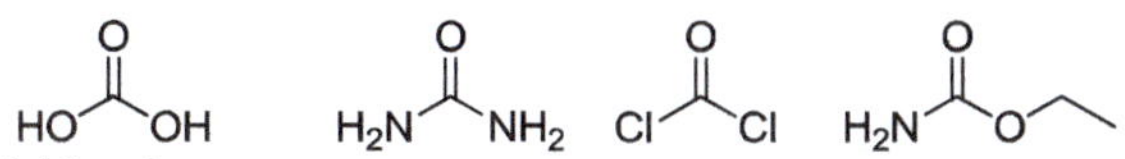

Kohlensäure (instabil) Harnstoff Phosgen (stabil) Ethylcarbamat

9.2.4 Redoxreaktionen an Carbonylverbindungen

Die verschiedenen Typen von Carbonylverbindungen unterscheiden sich in ihrem Oxidationsgrad. Es überrascht daher nicht, dass sich Alkohole, Aldehyde und Ketone sowie Carbonsäuren durch Redoxreaktionen ineinander überführen lassen. Diese Reaktionen sind wichtige Methoden zur Darstellung der jeweiligen Stoffklasse. Oxidationen werden in der Organischen Chemie häufig mit Oxidationsmitteln wie Chromsäure $H_2Cr_2O_7$, Kaliumpermanganat $KMnO_4$ oder Peroxiden wie *tert*-BuOOH durchgeführt. Es gibt eine Vielzahl unterschiedlicher Reagenzien, mit denen sich die verschiedenen funktionellen Gruppen mehr oder weniger selektiv auch in Gegenwart anderer oxidierbarer Gruppen (z. B. Doppelbindungen in Alkenen, ▶ Kapitel 7.10) oxidieren lassen. Die genauen Mechanismen solcher Oxidationsreaktionen sind häufig nicht bekannt. Primäre Alkohole lassen sich so zu Aldehyden und weiter zu Carbonsäuren oxidieren. Da Aldehyde in wässriger Lösung leichter zu oxidieren sind als Alkohole, ist es nicht einfach, die Oxidation auf der Stufe des Aldehyds anzuhalten. Meistens erhält man direkt die Carbonsäure. Die Isolierung des Aldehyds gelingt z. B. unter absolut wasserfreien Bedingungen, da die Oxidation über das in Gegenwart von Wasser im Gleichgewicht vorhandene Hydrat des Aldehyds erfolgt (▶ Kapitel 9.5.1). Alternativ kann man Aldehyde zuerst zur Carbonsäure oxidieren und diese dann selektiv wieder zum Aldehyd reduzieren (▶ Kapitel 9.6.5). Aus sekundären Alkoholen entstehen bei der Oxidation Ketone, die unter normalen Bedingungen nicht weiter oxidiert werden können, zumindest nicht, ohne dass C–C-Bindungen gebrochen werden, was aber sehr drastische Bedingungen erfordert. Tertiäre Alkohole lassen sich unter den üblichen Reaktionsbedingungen ebenfalls nicht weiteroxidieren. Für Reduktionen verwendet man allgemein Wasserstoff, Metallhydride wie $LiAlH_4$ oder metallorganische Verbindungen (▶ Exkurs 9.6). Aus Carbonsäuren kann man z. B. durch Reduktion mit $LiAlH_4$ Aldehyde herstellen, die aber direkt weiter zu primären Alkoholen reduziert werden (▶ Kapitel 9.6.5). Mit metallorganischen Verbindungen wie CH_3Li erhält man aus Carbonsäuren Ketone, die weiter zu tertiären Alkoholen reagieren. Aus Aldehyden entstehen mit metallorganischen Verbindungen sekundäre Alkohole. Einige dieser Reaktionen und ihre Besonderheiten werden wir in den nachfolgenden Unterkapiteln genauer besprechen.

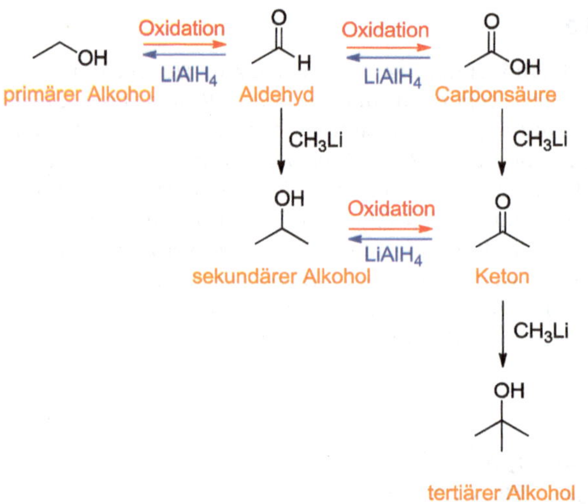

Die Carbonylgruppe 9.3

9.3.1 Struktur und Bindungsverhältnisse

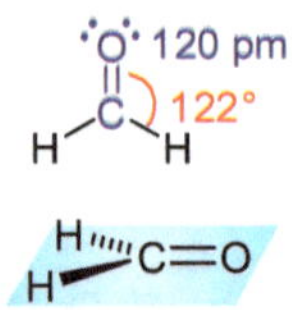

Bevor wir uns das unterschiedliche Reaktionsverhalten der einzelnen Klassen von Carbonylverbindungen genauer anschauen, wollen wir zuerst allgemein die Struktur und Bindungsverhältnisse der Carbonylgruppe am Beispiel des **Methanals** $H_2C{=}O$ diskutieren.Das Molekül ist planar mit einem HCO-Bindungswinkel von 122°, einer C–H-Bindungslänge von 111 pm und einer C=O-Bindungslänge von 120 pm. Am einfachsten kann man die C=O-Doppelbindung analog zur C=C-Doppelbindung eines Alkens mit einer sp^2-Hybridisierung beider Atome beschreiben (▸ Kapitel 1.5.2). Durch Überlappung je eines sp^2-Hybridorbitals am O- und am C-Atom bildet sich eine C–O-σ-Bindung und durch seitliche Überlappung der senkrecht auf der Ebene der sp^2-Hybridorbitale stehenden noch vorhandenen p-Orbitale an beiden Atomen entsteht eine C–O-π-Bindung (▸ Abbildung 9.1). Beide Bindungen sind etwa gleich stark, sodass die C=O-Doppelbindung mit einer Bindungsenergie von insgesamt 710 kJ/mol sehr viel stabiler ist als die C=C-Doppelbindung (620 kJ/mol). Die beiden verbleibenden sp^2-Hybridorbitale am C-Atom bilden die σ-Bindungen zu den beiden H-Atomen aus, während sich am Sauerstoff in den zwei verbliebenen sp^2-Hybridorbitalen die beiden freien Elektronenpaare befinden (▸ Kapitel 1.5.6).

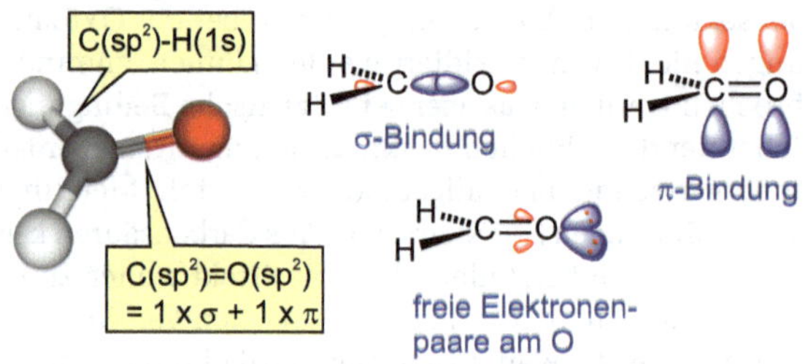

Abbildung 9.1: **Bindungsverhältnisse einer C=O-Doppelbindung am Beispiel des Formaldehyds.** Die σ-Bindung entsteht durch die Überlappung zweier sp^2-Hybridorbitale. Die π-Bindung bildet sich durch seitliche Überlappung eines p-Orbitals des Kohlenstoff- mit einem p-Orbital des Sauerstoffatoms. Am O-Atom sind zusätzlich noch zwei freie Elektronenpaare vorhanden.

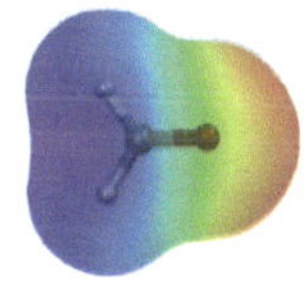
Methanal

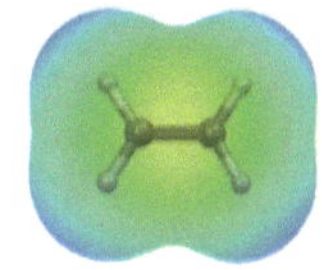
Ethen

In einem ganz wesentlichen Punkt unterscheidet sich die C=O-Doppelbindung aber von einer C=C-Doppelbindung. Bei einem Alken ist die Elektronendichte der π-Bindung gleichmäßig zwischen den beiden C-Atomen verteilt. Daher ist eine C=C-Doppelbindung unpolar (▸ Kapitel 7.3). Dies ist bei einer Carbonylgruppe anders. **Die C=O-Doppelbindung ist polar.** Da Sauerstoff deutlich elektronegativer ist als Kohlenstoff (EN von C = 2,5 und von O = 3,5), sind insbesondere die leicht polarisierbaren π-Elektronen im zeitlichen Mittel zum O-Atom hin verschoben. Der Sauerstoff ist daher negativ (δ^-) und der Kohlenstoff positiv (δ^+) polarisiert. Besonders gut ist diese Polarisierung wieder bei der Betrachtung des elektrostatischen Oberflächenpotentials ESP erkennbar. Das O-Atom weist eine deutliche negative Ladungsdichte auf (Rotfärbung), das Carbonyl-C-Atom weist eine deutliche positive Ladungsdichte auf (Blaufärbung). Die Polarisierung der Carbonylgruppe lässt sich auch durch eine zweite Resonanzformel veranschaulichen, bei der das Elektronenpaar der π-Bindung zum elektronegativeren O-Atom hin verschoben wird. Diese zwitterionische Resonanzformel entspricht zwar der tatsächlichen Ladungsverteilung weniger als die neutrale Grenzform, verdeutlicht aber anschaulich die Polarisierung. Natürlich kann man auch noch eine dritte Resonanzformel aufstellen, bei der das Elektronenpaar zum C-Atom hin verschoben wurde und dieses damit negativ geladen ist, während der Sauerstoff positiv geladen ist. Eine solche Resonanzformel widerspricht aber den relativen Elektronegativitäten der beteiligten Atome und ist daher weitgehend bedeutungslos.

polarisierte Bindung

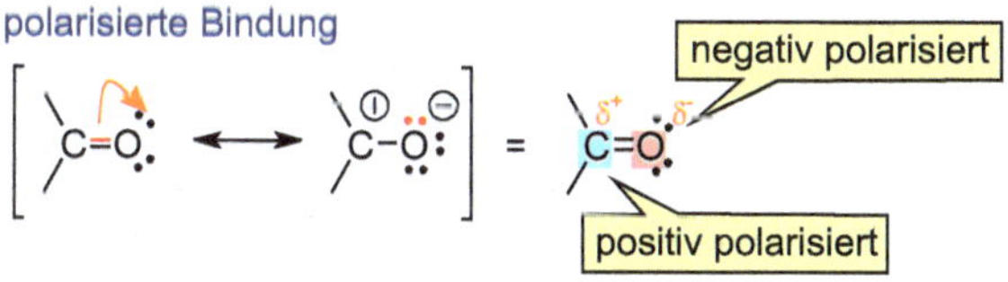

Wie wir bereits gelernt haben (▸ Kapitel 2.4), verändert eine solche Polarisierung sowohl die physikalischen als auch die chemischen Eigenschaften eines Moleküls. Aufgrund der polaren C=O-Bindung hat Methanal z. B. ein sehr großes Dipolmoment von 2,29 Debye. (Zum Vergleich: Wasser oder Methanol $H_3C–OH$ haben jeweils nur ein Dipolmoment von etwa 1,8 Debye.) Wegen der stärkeren zwischenmolekularen Kräfte hat Methanal daher auch einen deutlich höheren Siedepunkt (–19 °C) als das unpolare Ethen (–103 °C). Da Methanal aber keine H-Brücken mit sich selbst ausbilden kann, ist trotz des größeren Dipolmomentes sein Siedepunkt niedriger als der von Methanol (65 °C). Auch das chemische Reaktionsverhalten wird durch die Polarisierung der Carbonylgruppe bestimmt. **Das Carbonyl-C-Atom ist elektrophil und das O-Atom ist nucleophil.** Dies ist die sicherlich wichtigste Erkenntnis, die man für das Reaktionsverhalten der Carbonylverbindungen verstanden haben muss (▸ Kapitel 9.4). Bevor wir uns den Reaktionen zuwenden, wollen wir uns aber noch ein vereinfachtes MO-Modell der Carbonylgruppe ansehen.

9.3.2 Ein vereinfachtes MO-Modell von Methanal

Wir haben am Beispiel der Alkene gelernt (▸ Kapitel 7.3), dass bei ungesättigten Verbindungen das Reaktionsverhalten im Wesentlichen durch das π-System bestimmt wird, während die σ-Bindungen an den meisten Reaktionen nicht beteiligt sind. Ebenso wissen wir, dass auch freie Elektronenpaare an Heteroatomen reaktive Stellen in Molekülen sind (▸ Kapitel 2.4.4). Es ist daher sinnvoll und auch ausreichend, sich für das Verständnis der Reaktivität der Carbonylgruppe ebenfalls auf das π-System und die freien Elektronenpaare am O-Atom zu beschränken. Bei der Betrachtung eines so vereinfachten MO-Diagramms der Carbonylgruppe (▸ Abbildung 9.2) fallen mehrere wichtige Punkte auf:

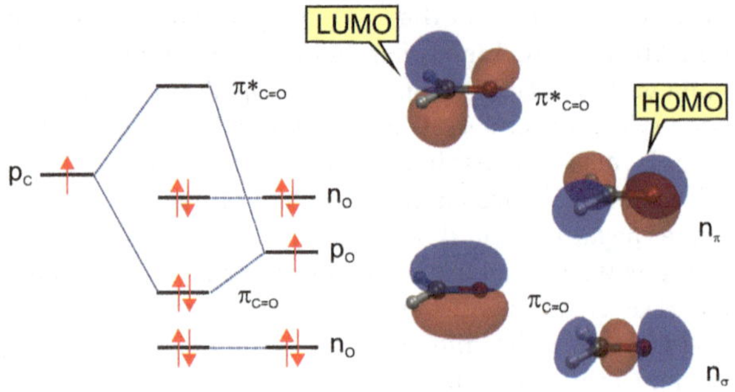

Abbildung 9.2: **Vereinfachtes MO-Diagramm einer Carbonylgruppe.** Das LUMO der Carbonylgruppe ist das antibindende $\pi*$-Orbital der C=O-Doppelbindung. Das HOMO ist allerdings nicht das besetzte π-Orbital wie bei einer C=C-Doppelbindung, sondern ein freies Elektronenpaar, das im Wesentlichen am O-Atom lokalisiert ist.

- Im Gegensatz zur Bildung einer C=C-Doppelbindung sind die beiden p-Orbitale, aus denen die π-Bindung gebildet wird, aufgrund der unterschiedlichen Elektronegativitäten der beiden Bindungspartner C und O *nicht energiegleich*. Daher ist die Aufspaltung zwischen bindendem und antibindendem π-MO kleiner als bei einem Alken. (Zur Erinnerung: Die Orbitalwechselwirkung und damit die Aufspaltung ist umso kleiner, je weiter die Orbitale energetisch voneinander entfernt sind, ▸ Exkurs 5.2.)
- Aufgrund dieser kleineren Orbitalaufspaltung liegt das **antibindende $\pi*$-Orbital** der C=O-Doppelbindung, das **LUMO**, energetisch sehr viel tiefer als bei einer C=C-Doppelbindung. Dieses Orbital kann daher nucleophil angegriffen werden.
- Aufgrund der unterschiedlichen Elektronegativitäten der beiden Bindungspartner ist im LUMO zudem der Orbitallappen am C-Atom etwas größer als am O-Atom. Außerdem sind die Orbitallappen nach außen geneigt.
- Die beiden freien Elektronenpaare des O-Atoms sind im MO-Bild über das gesamte Molekül delokalisiert und nicht energiegleich. Ein Elektronenpaar befindet sich in einem σ-artigen nichtbindenden Orbital, das andere in einem energetisch etwas höher liegenden π-artigen nichtbindenden Orbital.
- Das π-artige nichtbindende Orbital liegt energetisch höher als das besetzte π-MO der Doppelbindung. Anders als bei einem Alken ist bei Carbonylverbindungen das **HOMO** also *nicht* die π-Bindung der C=O-Doppelbindung, sondern **ein freies Elektronenpaar am O-Atom.**

Auf den ersten Blick widerspricht dieses MO-Bild dem oben beschriebenen Bindungsmodell mit zwei äquivalenten freien Elektronenpaaren in den zwei nicht zur Bindung genutzten sp^2-Hybridorbitalen am O-Atom (▸ Abbildung 9.1). Die MO-Beschreibung entspricht eher einer sp-Hybridisierung am O-Atom, bei der die zwei Elektronenpaare in einem sp-Hybridorbital und einem p-Orbital untergebracht sind. Eine analoge Situation haben wir schon beim Methan kennengelernt, als wir den Unterschied zwischen einer MO-Beschreibung mit über das gesamte Molekül delokalisierten Orbitalen und einer Beschreibung mit Hybridorbitalen und lokalisierten Bindungen diskutierten (▸ Kapitel 1.4.3). *In Summe* ist die Elektronendichte in den beiden über die gesamte Carbonylgruppe delokalisierten nichtbindenden MO identisch mit zwei freien Elektronenpaaren am O-Atom. Die Hybridisierung ist wiederum nur eine zusätzliche Aufteilung der delokalisierten Elektronendichte auf zwei am O-Atom lokalisierte sp^2-Hybridorbitale.

Reaktivität von Carbonylverbindungen 9.4

Was lässt sich aus dieser Betrachtung der Bindungsverhältnisse für die Reaktivität der Carbonylgruppe im Vergleich zu einem Alken ableiten? Zur Erinnerung: Die typische Reaktion der unpolaren C=C-Doppelbindung eines Alkens ist der Angriff eines Elektrophils auf die π-Bindung (also das HOMO), während mit Nucleophilen keine Reaktion erfolgt. (Das LUMO ist zu energiereich und damit für das Reaktionsverhalten unerheblich, ▸ Kapitel 7.3.) Im Vergleich zu einem Alken haben Carbonylgruppen aber, wie wir gerade gesehen haben, sowohl ein energetisch höher liegendes HOMO (diesmal allerdings ein freies Elektronenpaar am O-Atom) als auch ein sehr viel tiefer liegendes LUMO. Dieses liegt nun energetisch so tief, dass es für den Angriff eines Nucleophils zur Verfügung steht. Carbonylgruppen sind also bessere Nucleophile als Alkene und anders als diese auch schwache Elektrophile. **Im Gegensatz zu Alkenen reagieren Carbonylgruppen auch mit Nucleophilen.** Fast alle Reaktionen, die an der Carbonylgruppe ablaufen, sind zudem reversibel. Wir haben es daher in den meisten Fällen mit chemischen Gleichgewichten und einer **thermodynamischen Reaktionskontrolle** zu tun (▸ Kapitel 6.4.3). Als Hauptprodukt entsteht somit in der Regel das thermodynamisch stabilste Produkt.

C=O-Gruppen reagieren mit Nucleophilen am C-Atom und mit Elektrophilen am O-Atom.

Nucleophil

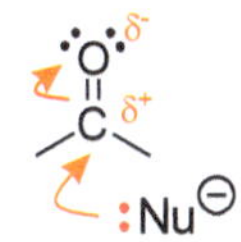

Elektrophil

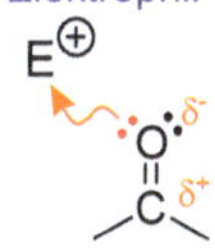

9.4.1 Angriff eines Nucleophils

Bei nahezu allen Umsetzungen der Carbonylgruppe findet irgendwann im Verlauf der Reaktion ein Angriff eines Nucleophils auf die C=O-Gruppe statt. Gute Nucleophile wie OH^- reagieren direkt, bei schlechten Nucleophilen wie H_2O ist die vorherige Aktivierung von C=O durch ein Elektrophil (H^+, Lewis-Säure) notwendig (▸ Kapitel 9.4.2). Der **Angriff eines Nucleophils erfolgt auf das Carbonyl-C-Atom**, da dort das LUMO, das antibindende π*-Orbital der C=O-Doppelbindung, seinen größten Orbitallappen hat. Ebenso ist das Carbonyl-C-Atom entsprechend der Polarisierung der Carbonylgruppe die Stelle mit der größten positiven Ladungsdichte. Aufgrund der Form des LUMO, dessen Orbitallappen von der C=O-Gruppe etwas nach außen weg weisen, erfolgt der Angriff auf die Carbonylgruppe zudem ***„schräg von hinten“*** in einem Winkel von etwa 109° (sogenannte Bürgi-Dunitz-Trajektorie).

Das Carbonyl-C-Atom ist positiv polarisiert (d. h. elektrophil) und wird daher durch Nucleophile angegriffen.

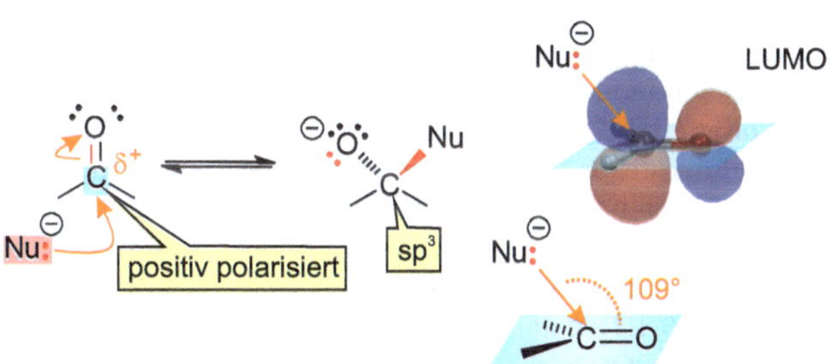

Beim Angriff des Nucleophils Nu^- auf die Carbonylgruppe bildet sich eine neue σ-Bindung zwischen dem Nucleophil und dem Carbonyl-C-Atom aus. Dabei wird Elektronendichte vom Nucleophil in das antibindende π*-Orbital der C=O-Gruppe übertragen, sodass gleichzeitig die π-Bindung der C=O-Doppelbindung gebrochen und das π-Elektronenpaar zum elektronegativen Sauerstoff hin verschoben wird. Die (Formal)ladung des Nucleophils erhöht sich um eins, während der Sauerstoff eine negative Ladung erhält, die dort gut stabilisiert ist. Dieser Ablauf entspricht genau der S_N2 Reaktion (▸ Kapitel 5.4.2), nur dass diesmal der Angriff des Nucleophils nicht auf ein σ*-Orbital, sondern auf ein π*-Orbital erfolgt und daher keine σ-Bindung, sondern eine π-Bindung gebrochen wird. Es findet somit keine Substitution statt, sondern eine **Addition des Nucleophils an die C=O-Bindung**. Dies ist die typische Reaktion aller Carbonylverbindungen. Die Addition ist begleitet von einer Umhybridisierung des Carbonyl-C-Atoms von sp^2 nach sp^3, die Bindungsgeometrie ändert sich von trigonal-planar zu tetraedrisch. Die gebildete Zwischenstufe bezeichnet man daher auch als **tetraedrisches Intermediat**. Der weitere Reaktionsverlauf hängt dann von den Substituenten der Carbonylgruppe ab (▸ Kapitel 9.4.3).

Noch einmal zur Klarstellung: Eine analoge Addition eines Nucleophils an eine unpolare C=C-Doppelbindung ist *nicht* möglich. Das LUMO eines Alkens ist zu energiereich und steht damit für den Angriff eines Nucleophils nicht zur Verfügung. Zudem würde bei der Addition ein instabiles Carbanion (Teilchen mit einem negativ geladenen C-Atom) entstehen, weshalb die Reaktion auch thermodynamisch ungünstig wäre. Bei der Addition an die polare C=O-Gruppe entsteht dagegen ein sehr viel stabileres Alkoholatanion. Vergleicht man die Acidität eines Alkohols ROH (pK_s-Wert ca. 16) mit einem Alkan RH (pK_s-Wert ca. 40), kann man abschätzen, dass die Bildung eines Alkoholatanions energetisch etwa um den Faktor 10^{24} einfacher ist als die eines Carbanions. Daher ist leicht verständlich, wieso sich ein Nucleophil zwar an eine C=O-Bindung, aber nicht an eine unpolare C=C-Bindung addieren kann.

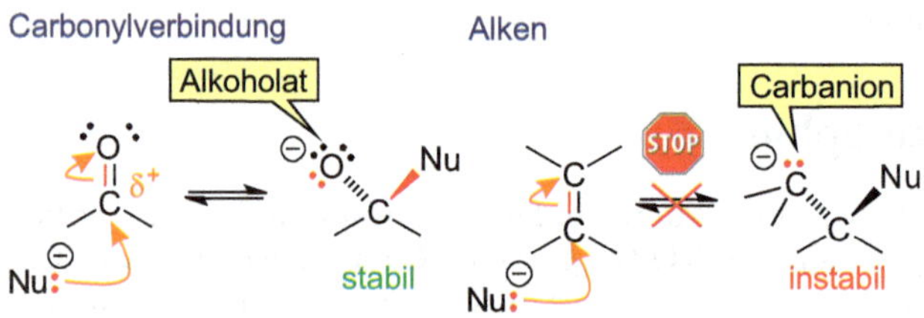

9.4.2 Angriff eines Elektrophils

Elektrophile reagieren mit dem negativ polarisierten O-Atom. Dies erhöht die Elektrophilie und damit die Reaktivität der Carbonylgruppe.

Beim Angriff eines Elektrophils wie H^+ oder einer Lewis-Säure erwarten wir eine Reaktion mit einem der beiden freien Elektronenpaare am O-Atom, sowohl bei einer orbitalkontrollierten (Wechselwirkung eines weichen Elektrophils mit dem HOMO) als auch bei einer ladungskontrollierten Reaktion (Angriff eines harten Elektrophils, dort, wo die negative Ladungsdichte am größten ist). Bei der Protonierung entsteht ein **Oxocarbeniumion**, also ein Carbeniumion, bei dem die positive Ladung am C-Atom durch den benachbarten Sauerstoff, der einen starken elektronenschiebenden (+)-M-Effekt hat, resonanzstabilisiert wird. Den stabilisierenden Effekt von OR oder auch NR_2 auf eine benachbarte positive Ladung haben wir bereits im letzten Kapitel bei der Besprechung der elektrophilen Substitution an Phenolen und Anilinen kennengelernt (▸ Kapitel 8.3.1). Das Oxocarbeniumion ist zwar sehr viel stabiler als ein tertiäres Carbeniumion R_3C^+, aber Carbonylverbindungen sind trotzdem lediglich schwache Basen und werden nur durch sehr starke Säuren wie H_2SO_4, HCl oder *para*-Toluolsulfonsäure *p*-TsOH (▸ Kapitel 8.4.3) in nennenswertem Ausmaß protoniert. Die protonierte Form $R_2C{=}OH^+$ hat einen pK_s-Wert von ca. –8 und ist damit ähnlich stark sauer wie HCl.

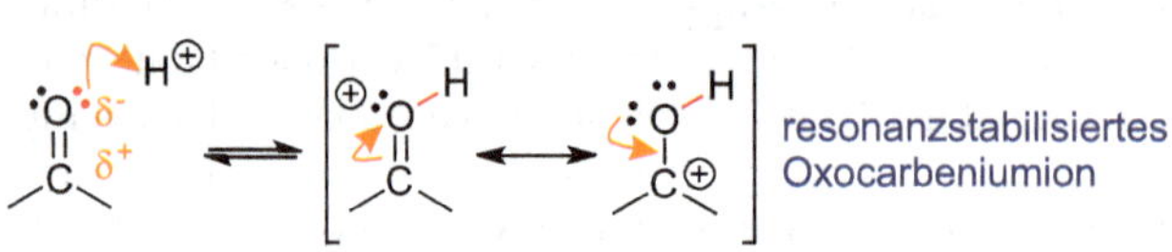

Wie verändert die Protonierung die chemischen Eigenschaften der Carbonylgruppe? Durch die Protonierung wird die Polarisierung der C=O-Gruppe verstärkt und das C-Atom wird elektropositiver (▸ Exkurs 9.2). Eine **protonierte Carbonylverbindung ist ein deutlich stärkeres**

Elektrophil als die unprotonierte Carbonylverbindung und kann leichter (d. h. schneller) von einem Nucleophil angegriffen werden. Protonierte Carbonylgruppen reagieren daher auch mit schwachen Nucleophilen wie H_2O, die mit einer unprotonierten Carbonylverbindung nur sehr langsam bzw. gar nicht reagieren (▶ Abbildung 9.3). Da im weiteren Reaktionsverlauf in der Regel vom zuvor addierten Nucleophil NuH wieder ein Proton abgespalten wird, wird das anfangs zur Aktivierung der C=O-Gruppe benötigte Proton bei der Reaktion insgesamt nicht verbraucht. Es handelt sich also um eine **Säurekatalyse**. Hinweis: Neutrale und damit meistens eher schwache Nucleophile wie H_2O werden häufig als NuH abgekürzt (= $Nu^- + H^+$).

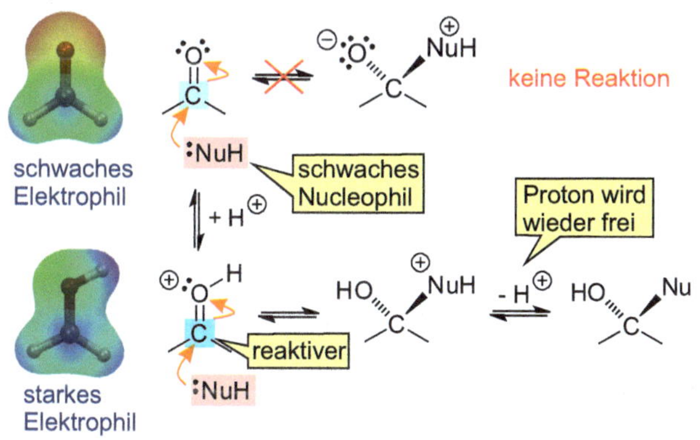

Abbildung 9.3: Säurekatalysierte Addition eines schwachen Nucleophils an eine Carbonylgruppe. Carbonylgruppen sind schwache Elektrophile, die daher mit schwachen Nucleophilen wie H_2O nicht bzw. nur sehr langsam reagieren. Erst nach der Protonierung findet eine Reaktion statt, da die protonierte Carbonylverbindung ein sehr viel stärkeres Elektrophil ist.

Exkurs 9.2: Wieso wird eine Carbonylgruppe durch Protonierung aktiviert?

Die Addition eines Elektrophils führt zu einer Aktivierung der Carbonylgruppe für den nachfolgenden Angriff eines Nucleophils. Betrachten wir diese Aktivierung etwas genauer. Zum einen wird bei der Protonierung aus einer neutralen Carbonylverbindung ein Kation, dessen positive Ladung weitgehend am Carbonyl-C-Atom lokalisiert ist. (Achtung: Man sollte sich wiederum nicht von der positiven Formalladung am O-Atom in der Lewis-Formel des Oxocarbeniumions irritieren lassen. Der positiv geladene Teil der protonierten Carbonylgruppe ist das C-Atom.) Dieses Kation wechselwirkt deutlich stärker mit einem Nucleophil, einem negativ geladenen oder zumindest negativ polarisierten Teilchen, als die ungeladene Carbonylverbindung. Zum anderen wird durch die Protonierung Elektronendichte vom O-Atom abgezogen und auf das Proton übertragen. Dadurch werden alle Orbitale am O-Atom energetisch etwas abgesenkt, da sich die effektive Kernladungszahl des protonierten O-Atoms erhöht (je geringer die Elektronendichte um das O-Atom herum ist, desto weniger stark wird die positive Kernladung durch die Elektronenhülle abgeschirmt). Der energetische Abstand zwischen den beiden p-Orbitalen am C- und am O-Atom, die die π-Bindung bilden, ist daher größer als bei der nicht protonierten Carbonylgruppe und die Orbitalaufspaltung bei der Bindungsbildung entsprechend kleiner (▶ Kapitel 9.3.2). Im Ergebnis wird das **LUMO durch die**

Protonierung gegenüber der ungeladenen Carbonylverbindung energetisch abgesenkt (▶ Abbildung 9.4). Da, wie wir wissen, ein Teilchen aber ein umso besseres Elektrophil ist, je energetisch tiefer sein LUMO liegt, kann die protonierte Carbonylverbindung sehr viel leichter (schneller), von einem Nucleophil angegriffen werden als die nicht protonierte Carbonylverbindung.

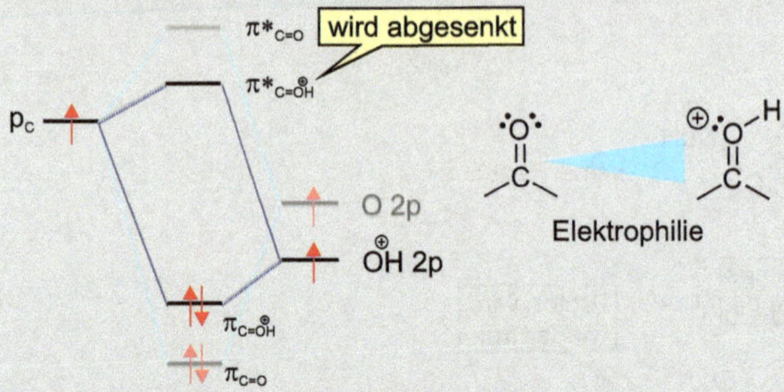

Abbildung 9.4: **Aktivierung einer Carbonylgruppe durch Protonierung.** Die Elektrophilie des Carbonyl-C-Atoms im Methanal wird durch die Protonierung stark erhöht. Das LUMO wird energetisch abgesenkt, der Angriff eines Nucleophils wird erleichtert.

9.4.3 Stabilität der tetraedrischen Zwischenstufen: Addition oder Substitution?

Mit oder ohne vorherige Aktivierung durch ein Elektrophil entsteht beim Angriff eines Nucleophils an der Carbonylgruppe immer zuerst ein **tetraedrisches Intermediat**. Der weitere Verlauf der Reaktion hängt dann von der Art der Carbonylverbindung ab (▶ Kapitel 9.2).

- Bei **Aldehyden** und **Ketonen** kann sich das tetraedrische Intermediat (ein Alkoholat und damit eine starke Base) nur dadurch stabilisieren, dass es ein Proton aufnimmt (sofern die Carbonylgruppe nicht bereits vorher protoniert war). Die Gesamtreaktion ist eine **nucleophile Addition an die C=O-Gruppe**. Allerdings können sich noch weitere Folgereaktionen ausgehend von diesem Additionsprodukt anschließen (▶ Kapitel 9.5).
- Bei **Carbonsäurederivaten** kann hingegen unter Abspaltung des Heteroatoms bzw. der Heteroatomgruppe X die stabile C=O-Doppelbindung zurückgebildet werden. Die Gesamtreaktion ist also eine **Substitution am Carbonyl-C-Atom** nach einem Additions-Eliminierungs-Mechanismus (auch Acylsubstitution genannt, ▶ Kapitel 9.6).

Entscheidend für den unterschiedlichen Reaktionsverlauf ist letztendlich nur die **Abgangsgruppenqualität** des an das ursprüngliche Carbonyl-C-Atom gebundenen Restes. Carbonsäurederivate besitzen am Carbonyl-C-Atom ein Heteroatom bzw. eine Heteroatomgruppe X, die relativ leicht abgespalten werden kann. Triebkraft ist die Rückbildung der sehr stabilen C=O-Doppelbindung (▶ Kapitel 9.3.1). Bei Aldehyden oder Ketonen ist dies nicht möglich, da bei ihnen ein sehr instabiles Hydridion H^- bzw. Carbanionen R^- abgespalten werden müsste. Wir hatten bereits bei der S_N2-Reaktion gelernt, dass Carbanionen in der Regel zu instabil sind und nicht als Abgangsgruppen auftreten (▶ Kapitel 5.4.2).

Fall A: keine Abgangsgruppe vorhanden (Aldehyde und Ketone)

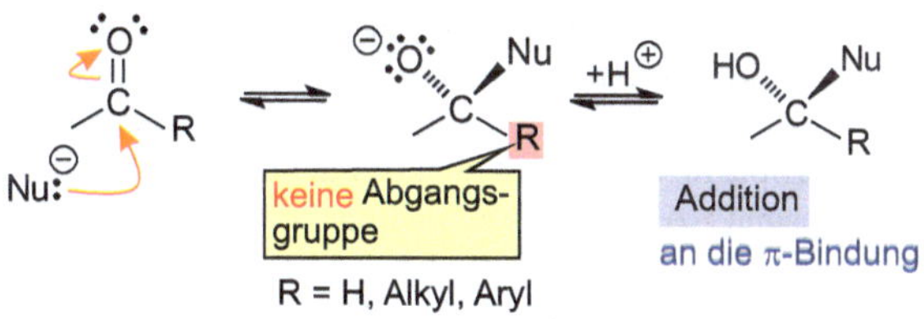

Fall B: Abgangsgruppe vorhanden (Carbonsäurederivate)

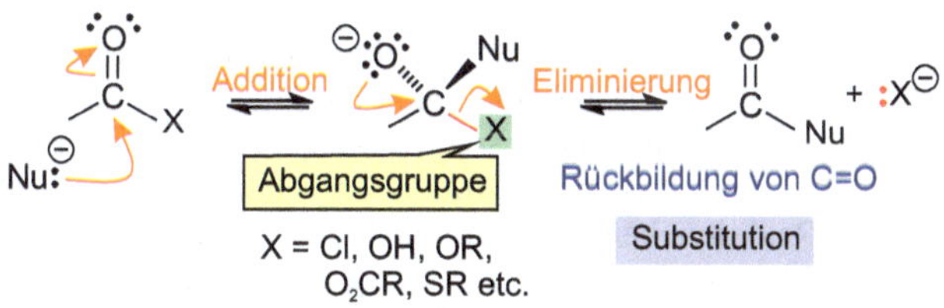

Addition von Nucleophilen an die Carbonylgruppe von Aldehyden und Ketonen **9.5**

Die typische Reaktion sowohl der Aldehyde als auch der Ketone ist die Addition eines Nucleophils an die C=O-Bindung. Je nachdem, welches Nucleophil angreift, erhält man sehr unterschiedliche Produkte, was den großen synthetischen Wert dieser Reaktion ausmacht. Die Addition von Wasser führt z. B. zu einem Hydrat, mit Cyanid bildet sich ein Cyanhydrin und mit Natriumborhydrid $NaBH_4$ (Addition von H^-) erhält man Alkohole.

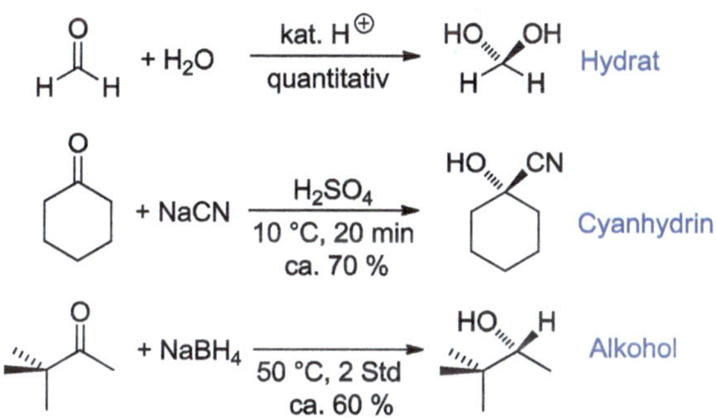

Aldehyde und Ketone gehen prinzipiell die gleichen Reaktionen ein, allerdings sind die Aldehyde dabei deutlich reaktiver. So wird z. B. Benzaldehyd PhC(=O)H um den Faktor 10^4 schneller von $NaBH_4$ zum Alkohol reduziert als Acetophenon PhC(=O)CH_3. Woher kommt dieser Reaktivitätsunterschied? Die Geschwindigkeit der Addition des Nucleophils an eine Carbonylgruppe wird im Wesentlichen von zwei Faktoren bestimmt:

- von der **Elektrophilie** der Carbonylgruppe, also von der Größe der positiven Ladungsdichte des Carbonyl-C-Atoms und
- vom **sterischen Anspruch** der an die Carbonylgruppe gebundenen beiden Reste.

Wir haben schon gelernt, dass eine Carbonylgruppen umso elektrophiler und damit reaktiver ist, je stärker positiv das Carbonyl-C-Atom polarisiert ist (▶ Kapitel 9.4.2). Das bedeutet aber umgekehrt, dass die Reaktivität durch elektronenschiebende Reste am Carbonyl-C-Atom gesenkt wird, da so die positive Ladungsdichte am Carbonyl-C-Atom verringert wird. Da eine Alkylgruppe im Vergleich zu einem H-Atom durch Hyperkonjugation und (+)-I-Effekt elektronenschiebend wirkt (▶ Kapitel 4.8), sinkt folglich die Reaktivität mit der Anzahl der am Carbonyl-C-Atom gebundenen Alkylreste in der Reihenfolge Formaldehyd > andere Aldehyde > Ketone. Die unterschiedliche Elektrophilie und damit Reaktivität dieser Verbindungen kann man wiederum leicht am ESP ablesen (▶ Abbildung 9.5). Umgekehrt nimmt in der Reihenfolge Formaldehyd < andere Aldehyde < Ketone die Basizität des Carbonyl-O-Atoms zu (ebenfalls gut erkennbar an der zunehmenden Rotfärbung im Oberflächenpotenzial). Die Carbonylgruppe eines Ketons lässt sich daher leichter protonieren als die eines Aldehyds.

Der zweite wichtige Punkt ist die räumliche Größe der beiden am Carbonyl-C-Atom gebundenen Reste. Wie wir schon wissen, erfolgt der Angriff des Nucleophils „schräg von hinten" auf die Carbonylgruppe (▶ Kapitel 9.4.1). Dabei muss sich das Nucleophil an den beiden schon vorhandenen Resten vorbei bewegen, was umso schwieriger ist, je größer diese sind. Bei Ketonen ist der Angriff daher aus sterischen Gründen langsamer als bei einem Aldehyd. Dies ist völlig analog zur S_N2-Reaktion, bei der ebenfalls die Geschwindigkeit des Angriffs eines Nucleophils mit der Anzahl der am Reaktionszentrum gebundenen Alkylreste deutlich abnimmt (▶ Kapitel 5.5.4). Aber nicht nur der Angriff wird verlangsamt, sondern auch das Additionsprodukt selbst wird umso instabiler (▶ Kapitel 9.5.1), je größer die beiden Reste sind. Im Edukt, der sp^2-hybridisierten Carbonylverbindung, sind die Reste 120° voneinander entfernt, im sp^3-hybridisierten Produkt aber nur noch ca. 109° (Tetraederwinkel). Die sterische Wechselwirkung der beiden an der Carbonylgruppe gebundenen Reste nimmt also beim Übergang vom Edukt zum Produkt zu. Nach dem Hammond-Postulat (▶ Kapitel 4.7.5) hat von zwei ähnlichen Reaktionen, diejenige die höhere Aktivierungsenergie, die zum instabileren Produkt führt, also die Addition des Nucleophils an das Keton.

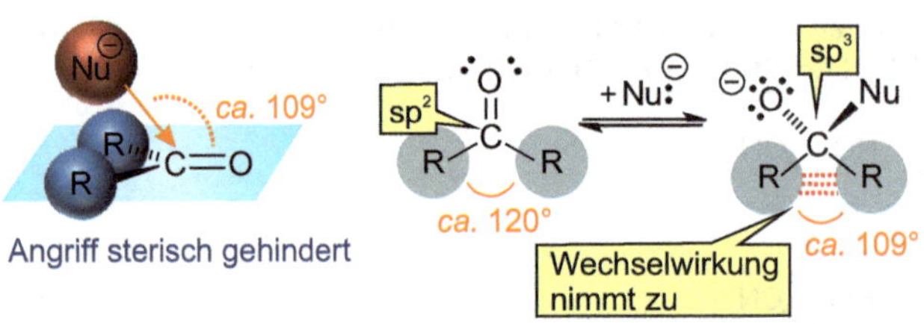

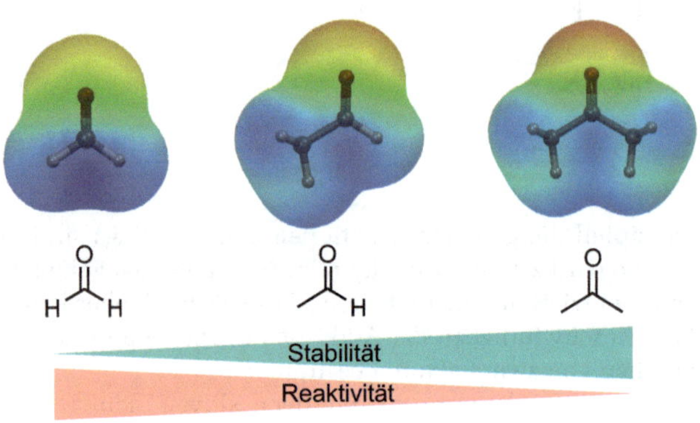

Abbildung 9.5: Elektrostatisches Oberflächenpotenzial (ESP) von Formaldehyd, Acetaldehyd und Aceton. Die abnehmende Blaufärbung des Carbonyl-C-Atoms (geringere positive Ladungsdichte) spiegelt die abnehmende Reaktivität gegenüber Nucleophilen in dieser Reihe wieder. Die positive Ladungsdichte am Carbonyl-C-Atom wird durch die zunehmende Anzahl elektronenschiebender Alkylgruppen verringert und die Carbonylgruppe so stabilisiert. Die Reaktivität sinkt.

Damit haben wir die wichtigsten Punkte zum allgemeinen Verständnis der Addition von Nucleophilen an Aldehyde und Ketone diskutiert. Nachfolgend wollen wir uns noch kurz einige ausgewählte Reaktion etwas genauer ansehen.

9.5.1 Reaktion mit Wasser: Bildung von Hydraten

In wässriger Lösung reagieren Aldehyde und Ketone mit Wasser unter Bildung von **Hydraten**. Hydrate werden auch als geminale Diole (von lateinisch *gemini* = Zwillinge) bezeichnet, aber ihr Reaktionsverhalten entspricht nicht dem einfacher Alkohole oder von Diolen wie Ethylenglycol $HOCH_2CH_2OH$ (Ethan-1,2-diol) mit zwei OH-Gruppen, die an unterschiedliche C-Atome gebunden sind. Hydrate sind keine klassischen Alkohole, sondern Carbonylderivate. Die Bildung der Hydrate folgt dem bereits diskutierten allgemeinen Reaktionsverlauf (▶ Kapitel 9.4.1). Da Carbonylgruppen aber schwache Elektrophile sind, reagieren sie nur sehr langsam direkt mit Wasser, einem ebenfalls schwachen Nucleophil. Die Reaktion lässt sich entweder durch die Zugabe von H^+ oder OH^- beschleunigen. In saurer Lösung liegt zumindest anteilig auch die protonierte Carbonylverbindung im Gleichgewicht vor (▶ Kapitel 9.4.2), die ein wesentlich reaktiveres Elektrophil ist und auch mit dem schwachen Nucleophil H_2O schnell reagiert. In basischer Lösung ist das angreifende Teilchen nicht Wasser, sondern das wesentlich nucleophilere Hydroxidion OH^- (▶ Kapitel 5.5.2). Dieses ist reaktiv genug, um auch die unprotonierte Carbonylverbindung direkt angreifen zu können. Die Geschwindigkeit der Hydratbildung ist also vom p*H*-Wert abhängig. Bei neutralem p*H*-Wert ist die Reaktion nur sehr langsam, sowohl im Sauren (besseres Elektrophil vorhanden) als auch im Basischen (besseres Nucleophil vorhanden) ist die Reaktion deutlich schneller.

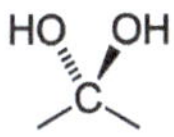

Hydrat bzw. geminales Diol

Säurekatalyse: besseres Elektrophil ($C{=}OH^+$ statt $C{=}O$)
Basenkatalyse: besseres Nucleophil (OH^- statt H_2O)

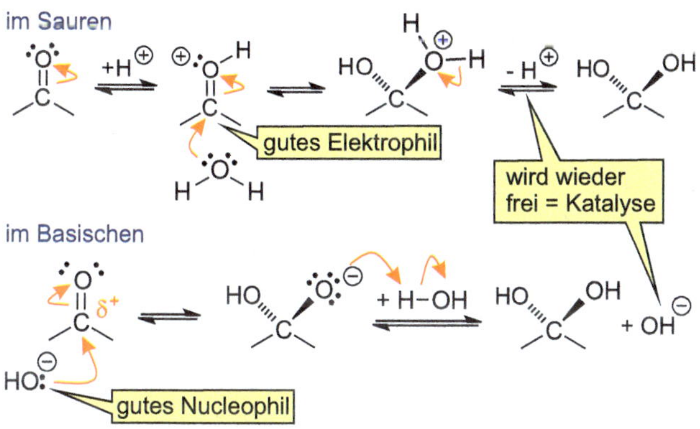

Achtung: Reaktionsmechanismen sollte man immer möglichst realistisch formulieren und nur Teilchen verwenden, die unter den gegebenen Reaktionsbedingungen auch tatsächlich vorliegen. Dies betrifft vor allem Reaktionen, bei denen Protonen beteiligt sind. In basischen Lösungen liegen nur vernachlässigbar geringe Konzentrationen an H^+-Ionen (bzw. H_3O^+) vor. Die abschließende Protonierung des tetraedrischen Intermediats bei der Hydratbildung im Basischen erfolgt also durch Wasser (Protonenquelle in basischer Lösung), wobei gleichzeitig OH^--Ionen zurückbleiben.

vorliegende Teilchen in saurer Lösung: H^+/H_2O
in basischer Lösung: H_2O/OH^-

Hydrate sind in den meisten Fällen nur in Lösung stabil und zerfallen beim Versuch, sie in reiner Form zu isolieren, wieder in die Carbonylverbindungen und Wasser, denn die **Hydratbildung ist reversibel**. Wenn man versucht, das Hydrat in Reinform zu isolieren, d.h., das überschüssige Wasser abzutrennen, verschiebt sich das Gleichgewicht unter Zerfall des Hydrats und Freisetzung von Wasser auf die Seite des Edukts (Prinzip von Le Chatelier). Diese Tatsache spiegelt sich in der **Erlenmeyer-Regel** wieder, die besagt, dass eine Verbindung mit zwei OH-Gruppen an einem C-Atom nicht stabil ist, sondern beim Versuch, sie zu isolieren, unter Abspaltung von Wasser zerfällt. Die Gleichgewichtslage für die Hydratbildung in Lösung hängt von der Carbonylverbindung ab. Formaldehyd $H_2C{=}O$ ist in Wasser vollständig hydratisiert. Beim Acetaldehyd liegen Carbonylverbindung und Hydrat in ähnlichen Mengen nebeneinander vor (59 % Hydrat), während Aceton $(H_3C)_2C{=}O$ nahezu überhaupt nicht hydratisiert ist (0,2 % Hydrat). Wie immer bei einer Katalyse (▶ Exkurs 7.3) ist die Gleichgewichtslage unabhängig davon, ob die Bildung der Hydrate säurekatalysiert oder basenkatalysiert erfolgte.

Anteil Hydrat im Gleichgewicht (in Prozent)

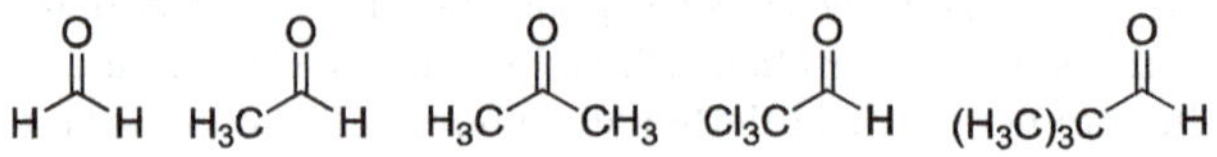

99,95 59 0,2 99,99 20

Für die **unterschiedliche Gleichgewichtslage** sind die gleichen Gründe verantwortlich, die wir schon als Erklärung für die unterschiedliche Reaktivität der Carbonylverbindungen diskutiert haben:

- Je besser die Carbonylgruppe im Edukt durch **elektronenschiebende Reste** stabilisiert wird, desto mehr liegt das Gleichgewicht auf der Seite des Edukts. Bei Ketonen ist daher in der Regel der Anteil an Hydrat sehr viel geringer als bei Aldehyden. Umgekehrt verschieben elektronenziehende Reste das Gleichgewicht auf die Seite des Produkts.

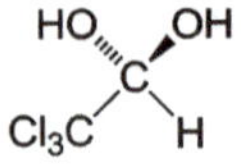

Chloralhydrat

Während Acetaldehyd zu 59 % hydratisiert ist, liegt Trichloracetaldehyd vollständig hydratisiert vor, da die Chloratome durch ihren elektronenziehenden (–)-I-Effekt, die Carbonylgruppe destabilisieren und somit die Bildung des Hydrats thermodynamisch günstiger wird. In diesem Fall ist das Hydrat sogar als Substanz isolierbar. Es war das erste in der Medizin verwendete synthetische Schlafmittel (Chloralhydrat), wird aber aufgrund von Nebenwirkungen heute kaum noch verwendet.

- Je **sterisch anspruchsvoller** die Reste an der Carbonylgruppe sind, desto thermodynamisch instabiler ist das Hydrat im Vergleich zur Carbonylverbindung, da bei der Addition die sterische Wechselwirkungen der Reste zunimmt. Das Gleichgewicht verschiebt sich also mit zunehmender Größe der Reste auf die Seite des Edukts.

Ketone mit zwei Alkylresten am Carbonyl-C-Atom sind also auch aus sterischen Gründen weniger hydratisiert als Aldehyde mit nur einem Alkylrest. Ebenso nimmt der Anteil an Hydrat im Gleichgewicht mit zunehmender Größe der Alkylreste ab. So liegt z. B. Acetaldehyd ($R = CH_3$) zu 59 % im Gleichgewicht als Hydrat vor, Neopentylaldehyd ($R = C(CH_3)_3$) hingegen nur zu 20 %, da die *tert*-Butylgruppe sehr viel größer ist als eine Methylgruppe und die Zunahme der sterischen Spannung bei der Hydratbildung daher ebenfalls sehr viel größer ist. Die Substituenten an der Carbonylgruppe beeinflussen also durch ihren sterischen und ihren elektronischen Effekt sowohl die Reaktivität der Carbonylverbindung als auch ihre Stabilität und die der daraus entstehenden Produkte. Sie bestimmen daher nicht nur die Geschwindigkeit, mit der eine Carbonylverbindung von einem Nucleophil angegriffen wird (Kinetik), sondern auch die Gleichgewichtslage bei reversiblen Reaktionen (Thermodynamik).

9.5.2 Reaktion mit Alkoholen: Bildung von Halbacetalen und Acetalen

Aldehyde und Ketone reagieren in basischer oder saurer Lösung analog wie mit Wasser auch mit Alkoholen (ROH). Es bilden sich **Halbacetale** bzw. Halbketale. Allerdings verwendet man heutzutage den Begriff „Halbacetal“ (genauso wie „Acetal“) sowohl für Aldehyde als auch für Ketone. Der Mechanismus der Halbacetalbildung entspricht der Hydratbildung (▶ Kapitel 9.5.1). Es erfolgt eine säure- oder basenkatalysierte Addition des Alkohols ROH an die C=O-Gruppe. Die Reaktion ist wie die Hydratbildung reversibel und die Gleichgewichtslage wird genau wie bei den Hydraten von den sterischen und elektronischen Eigenschaften der vorhandenen Reste bestimmt. Neben den Resten an der Carbonylgruppe beeinflusst daher auch die Größe des Restes R im Alkohol ROH die Gleichgewichtslage. Je größer dieser Rest ist, desto weniger Halbacetal liegt im Gleichgewicht vor. Die meisten Halbacetale sind wie die Hydrate nicht in Substanz stabil und können daher nicht als solche isoliert werden. Eine wichtige Ausnahme hiervon sind **cyclische Halbacetale**, die in einer intramolekularen Reaktion aus einem Molekül entstehen, das sowohl eine Carbonyl- als auch eine Alkoholgruppe enthält. Wenn sich dabei ein **Fünf- oder Sechsring** bilden kann, sind solche cyclischen Halbacetale oft so stabil, dass diese Moleküle auch als Reinstoff praktisch nur in der Form des Halbacetals vorliegen. Dies ist z.B. bei Kohlenhydraten wie Glucose der Fall. Der Grund, warum bei cyclischen Halbacetalen die Gleichgewichtslage häufig vollständig auf der Seite der Produkte liegt, ist in der günstigeren Entropie dieser Reaktion begründet. Enthalpisch betrachtet unterscheidet sich die intramolekulare Halbacetalbildung bei spannungsfreien Fünf- und Sechsringen (▶ Kapitel 3.5.1) nicht wesentlich von der intermolekularen Reaktion. Es werden die gleichen Arten von Bindungen gebildet und gebrochen. Allerdings verringert sich bei der normalen, intermolekularen Halbacetalbildung die Teilchenzahl, da aus zwei Edukten (Carbonylverbindung und Alkohol) bei der Addition ein Produkt (Halbacetal) wird. Bei der intramolekularen Reaktion bleibt hingegen die Teilchenzahl unverändert (vorher und nachher jeweils ein Teilchen). Da vereinfacht gesprochen die Unordnung des Systems und damit die Entropie von der Teilchenzahl abhängt (je mehr Teilchen, desto entropisch günstiger), ist eine Reaktion, bei der sich die Teilchenzahl verringert, gegenüber einer enthalpisch analogen Reaktion, bei der die Teilchenzahl konstant bleibt, immer entropisch ungünstiger und damit insgesamt thermodynamisch benachteiligt. **Intramolekulare Reaktionen, die zur Bildung von Fünf- und Sechsringen führen, sind daher aus entropischen Gründen nicht nur schneller als analoge intermolekulare Reaktionen (Kinetik) sondern auch thermodynamisch günstiger (Gleichgewichtslage).**

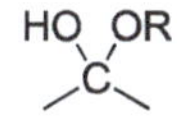

Halbacetal

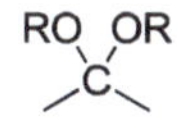

Vollacetal

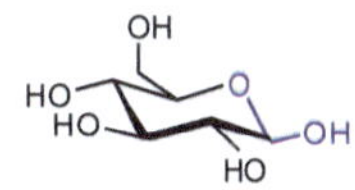

β-*D*-Glucose

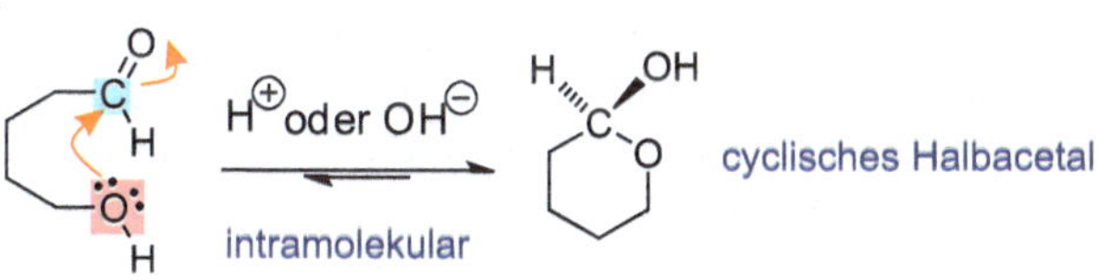

In saurer (aber nicht in basischer) Lösung kann sich an die Halbacetalbildung ein Folgeschritt anschließen, bei dem aus dem Halbacetal ein **Vollacetal** gebildet wird (meist spricht man auch nur von einem Acetal). Dessen Bildung ist eine normale S_N1-Reaktion (▶ Kapitel 5.6), bei der –OH säurekatalysiert durch –OR ersetzt wird: Zuerst wird die OH-Gruppe des Halbacetals in saurer Lösung protoniert und damit in eine gute Abgangsgruppe (H_2O) überführt. Unter Abspaltung von Wasser entsteht dann im langsamen, geschwindigkeitsbestimmenden Schritt ein resonanzstabilisiertes **Oxocarbeniumion**. Dieses Kation entspricht einer protonierten Carbonylverbindung (▶ Kapitel 9.4.2), nur dass diesmal an das O-Atom kein H-Atom, sondern ein Alkylrest gebunden ist. Wie alle Carbokationen ist das Oxocarbeniumion ein

Bildung und Spaltung von Vollacetalen sind nur in saurer Lösung möglich. In basischer Lösung sind Vollacetale stabil.

starkes Elektrophil, das daher sofort mit einem Molekül Alkohol als Nucleophil reagiert. Nach Abspaltung eines Protons erhält man das Vollacetal.

1. Schritt: Bildung des Oxocarbeniumions

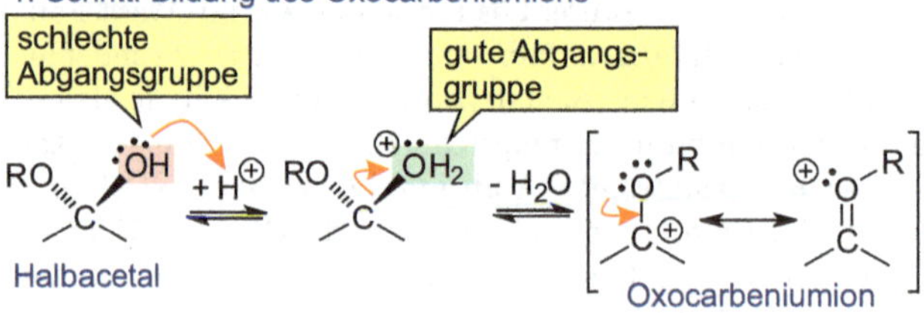

2. Schritt: Abfang durch den Alkohol als Nucleophil

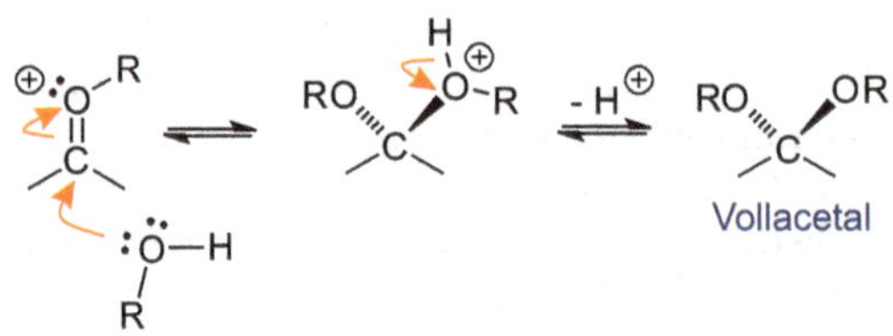

Da alle Reaktionsschritte reversibel sind, zerfällt ein Vollacetal in saurer Lösung umgekehrt auch wieder in die Carbonylverbindung und den Alkohol. Weil die Vollacetalbildung entropisch ungünstig ist (aus drei Teilchen werden zwei), liegt das Gleichgewicht meistens auf der Seite der Edukte. Für eine möglichst quantitative Bildung des Acetals muss man daher entweder das entstehende Wasser aus dem Gleichgewicht entfernen oder mit einem hohen Überschuss an Alkohol arbeiten. Die Hydrolyse eines Acetals in wässriger Lösung erfolgt hingegen ohne Probleme, da das Wasser in großem Überschuss vorliegt und der Zerfall entropisch günstig ist.

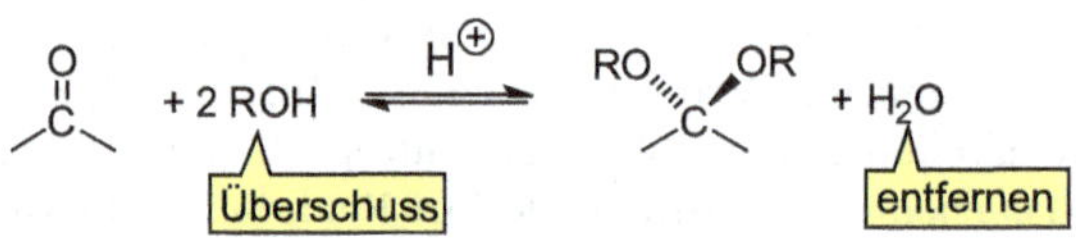

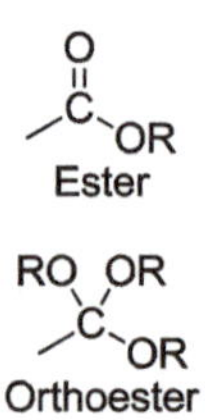

Man kann die Gleichgewichtslage auch dadurch auf die Produktseite verschieben, indem man die Carbonylverbindung mit einem **Orthoester** wie Orthoameisensäureester $HC(OR)_3$ umsetzt. Ein Orthoester kann formal als das Acetal eines Esters betrachtet werden. Es findet daher eine säurekatalysierte „Umacetalisierung" statt, bei der die Teilchenzahl konstant bleibt. Da zudem die Carbonylgruppe eines Esters durch den (+)-M-Effekt des Alkoxyrests –OR thermodynamisch stabiler ist als die eines Ketons oder Aldehyds (▸ Kapitel 9.6.1), liegt dieses Austauschgleichgewicht auf der Seite des gewünschten Produkts.

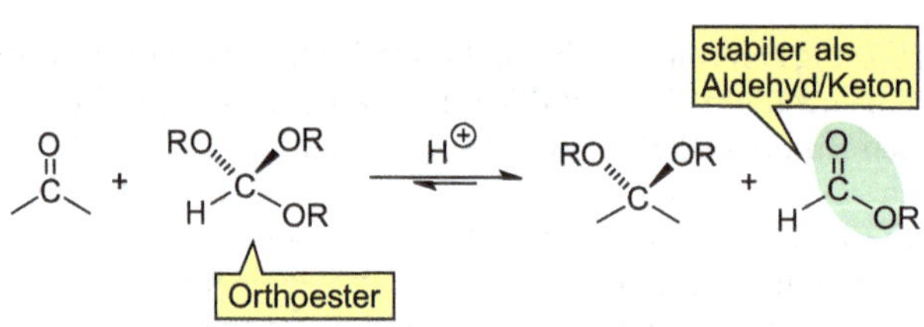

In basischer Lösung kann hingegen aus einem Halbacetal kein Vollacetal entstehen. In diesem Fall müsste der Alkohol in einer S_N2-Reaktion OH^- als Abgangsgruppe verdrängen, was energetisch aber nicht möglich ist. Daher sind umgekehrt Vollacetale in basischer Lösung stabil, da es keinen vernünftigen Mechanismus gibt, auf dem das Acetal unter diesen Bedingungen zerfallen könnte. Da viele Carbonylverbindungen mit Basen Kondensationsreaktionen wie die Aldoladdition eingehen können (▶ Kapitel 10.6), kann man Acetale gut als **Schutzgruppe** für Carbonylverbindungen in basischer Lösung verwenden. Dazu überführt man die C=O-Gruppe zuerst im Sauren in ein Acetal. Meistens verwendet man dafür Ethylenglycol (1,2-Ethandiol) als Alkohol, da man so ein cyclisches Acetal erhält, bei dessen Bildung die Teilchenzahl unverändert bleibt. Das ist entropisch günstiger als die Acetalbildung mit einem einfachen Alkohol wie Methanol CH_3OH, sodass das Gleichgewicht für die Acetalbildung auf der Produktseite liegt. Nach der Überführung der C=O-Gruppe in das Acetal kann man dann an einer anderen funktionellen Gruppe im Molekül unter basischen Bedingungen eine Reaktion durchführen, ohne dass die als Acetal maskierte Carbonylgruppe angegriffen wird. Anschließend kann man durch Hydrolyse im Sauren die Carbonylgruppe wieder freisetzen. Umgekehrt kann man genauso 1,2-Diole z. B. in Zuckern mit Aceton in Acetale überführen und auf diese Weise das Diol vor unerwünschten Reaktionen schützen.

Definition: Schutzgruppe

Eine Schutzgruppe dient dazu, eine funktionelle Gruppe temporär selektiv zu maskieren, damit sie unter den Bedingungen einer nachfolgenden Reaktion (z. B. in Gegenwart von Säuren oder Basen, Nucleophilen oder Elektrophilen) stabil ist. Dies erlaubt eine chemische Reaktion an einer anderen funktionellen Gruppe im Molekül, ohne dass die zuvor geschützte Gruppe unerwünschte Nebenreaktionen eingeht. Anschließend wird die Schutzgruppe wieder entfernt und die ursprüngliche funktionelle Gruppe freigesetzt.

Für nahezu alle funktionellen Gruppen gibt es mittlerweile spezielle Schutzgruppen, die sich möglichst einfach und quantitativ einführen lassen, gegenüber einer Vielzahl von Reaktionsbedingungen stabil sind und sich anschließend sehr selektiv wieder abspalten lassen.

Wie kann man z. B. in der nachfolgend gezeigten Dicarbonylverbindung selektiv die Ketogruppe mit Natriumborhydrid $NaBH_4$ zum Alkohol reduzieren (▶ Kapitel 9.5.4), ohne dass gleichzeitig auch die wesentlich reaktivere Aldehydgruppe reduziert wird? Dies kann man durch den Einsatz einer Acetal-Schutzgruppe erreichen. Setzt man die Dicarbonylverbindung mit nur einem Äquivalent Ethylenglycol in Gegenwart katalytischer Mengen *para*-Toluolsulfonsäure (*p*-TsOH) um, so kann man selektiv die Aldehydgruppe in ein Acetal überführen, da die reaktivere Gruppe zuerst reagiert. Bei der anschließenden Umsetzung mit $NaBH_4$ ist dann nur noch eine Carbonylgruppe vorhanden, und zwar die Ketogruppe, welche reduziert werden kann. Das Acetal ist unter diesen Bedingungen stabil. Nach der Reduktion der Ketogruppe zum Alkohol setzt eine saure Hydrolyse (z. B. mit H_2SO_4/H_2O) die Aldehydgruppe wieder frei.

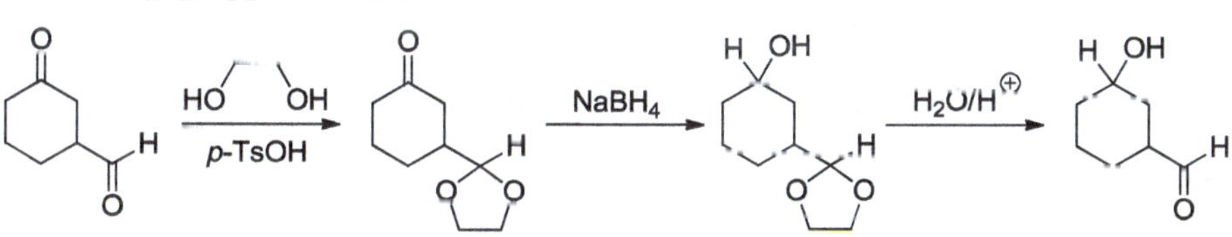

Eine analoge Reaktion wie mit Alkoholen oder Wasser findet auch mit Thiolen RSH statt. Es entstehen **Thioacetale**. Diese sind sehr viel stabiler als *O*-Acetale. Ihre Spaltung wird in der Regel mit Hg(II)-Salzen durchgeführt, da Hg(II) eine sehr hohe Affinität zu Schwefel hat. Auch gemischte Acetale sind möglich, wenn als Nucleophile Alkohole und Thiole im Gemisch eingesetzt werden. Viele dieser Verbindungen sind aber instabil und zerfallen wieder in die Edukte oder reagieren in Folgereaktionen weiter. Aldehyde können auch mit sich selbst Acetale bilden, man erhält cyclische oder lineare Oligomere (▶ Exkurs 9.3).

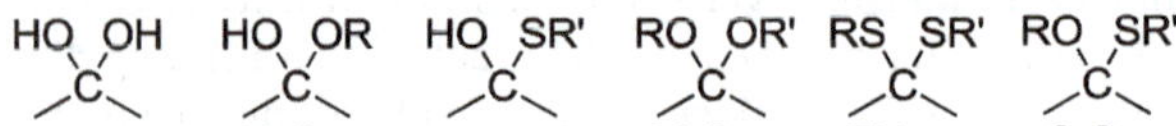

Hydrat | Halbacetal | Hemithioacetal | Vollacetal | Thioacetal | *O,S*-Acetal

R, R' = Alkyl, Aryl

Exkurs 9.3: Oligomerisierung von Aldehyden

Aldehyde können säurekatalysiert auch mit sich selbst lineare oder cyclische oligomere Acetale bilden. Aus Formaldehyd bildet sich z. B. ein cyclisches Trimer, das Trioxan; ein leicht entzündlicher farbloser Feststoff, der sich gut in Wasser löst und beim Erwärmen wieder in Formaldehyd zerfällt. Aus Acetaldehyd erhält man analog Paraldehyd (cyclisches Trimer) oder Metaldehyd (cyclisches Tetramer, das als Trockenspiritus oder Schneckenkorn Verwendung findet). Vom Formaldehyd gibt es auch lineare Polymere wie Paraformaldehyd (kurzkettig) bzw. Polyoxymethylen (POM, langkettig). Letzteres ist ein thermoplastischer Kunststoff mit einer hohen Festigkeit und Steifigkeit, der zudem eine hohe Lösungsmittelbeständigkeit aufweist und z. B. für Isolatoren, Gardinenrollen, Fahrzeugtanks, Reißverschlüsse und vieles mehr verwendet wird.

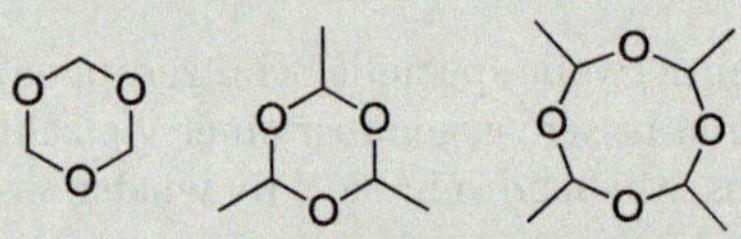

Trioxan | Paraldehyd | Metaldehyd

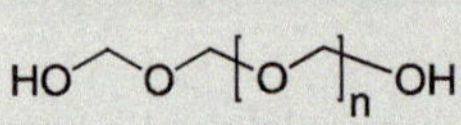

Paraformaldehyd (n = ca. 8)
Polyoxymethylen (n > 100)

9.5.3 Reaktion mit Aminen: Bildung von Iminen und Enaminen

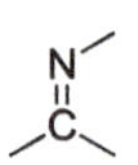

Imin

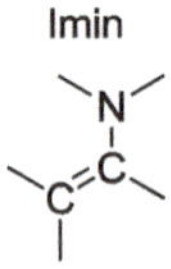

Enamin

Amine sind gute Nucleophile, die sich genauso an die C=O-Gruppe von Aldehyden oder Ketonen addieren können wie Wasser oder ein Alkohol. Welches Produkt sich dabei letztendlich bildet, hängt davon ab, ob es sich um ein primäres Amin RNH_2, ein sekundäres R_2NH oder ein tertiäres Amin NR_3 handelt, also davon, wie viele Wasserstoffe an den Aminstickstoff gebunden sind.

- Mit primären Aminen RNH_2 reagieren Aldehyde bzw. Ketone in der Regel zu **Iminen** (auch Schiff'sche Basen oder Azomethine genannt). Ein Imin ist eine Verbindung mit einer C=N-Doppelbindung, also das Stickstoffanalogon der ursprünglichen Carbonylverbindung.
- Mit sekundären Aminen RR'NH entstehen **Enamine**: die Stickstoffanaloga der Enole (▶ Kapitel 10).
- Mit tertiären Aminen R_3N erhält man keine isolierbaren Produkte.

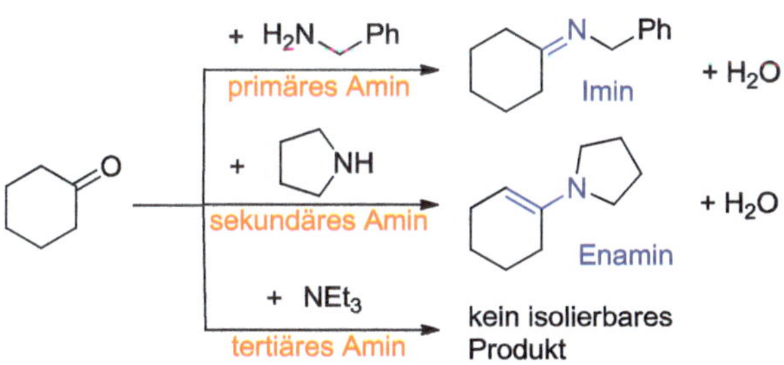

Primäre Amine bilden Imine

Mit primären Aminen entstehen aus Aldehyden und Ketonen Imine. Die Iminbildung folgt dem gleichen Reaktionsverlauf wie die Bildung eines Acetals (▶ Kapitel 9.5.2). Im ersten Schritt greift der Stickstoff des Amins mit seinem freien Elektronenpaar nucleophil das elektrophile Carbonyl-C-Atom an. Da Amine sehr viel bessere Nucleophile als Wasser oder Alkohole sind, findet die Reaktion anders als bei der Hydratbildung auch ohne vorherige Protonierung der Carbonylgruppe statt. Nach Protonierung und Deprotonierung (▶ Exkurs 9.4) erhält man ein **Halbaminal**. Im zweiten Schritt findet eine säurekatalysierte Wasserabspaltung statt. Das entstehende Kation ist ein resonanzstabilisiertes **Iminiumion**, das dem Oxocarbeniumion bei der Acetalbildung entspricht. Beim Angriff von NH_3 bzw. einem primären Amin RNH_2 ist am positiv geladenen Stickstoff des Iminiumions mindestens noch ein H-Atom vorhanden, das als Proton abgespalten werden kann. Man erhält ein **Imin**. Die Iminbildung ist wie die Acetalbildung eine reversible Gleichgewichtsreaktion. Insbesondere bei Ketonen liegt das Gleichgewicht in der Regel auf der Seite der Carbonylverbindung. Für eine möglichst quantitative Umsetzung muss daher das frei werdende Wasser aus dem Reaktionsgemisch entfernt werden. Durch Addition eines zweiten Amins an das Iminiumion kann analog zur Bildung eines Acetals ein sogenanntes Aminal gebildet werden. Dies ist aber nur in Ausnahmefällen (z. B. bei der Bildung cyclischer Aminale) stabil und zerfällt ansonsten leicht wieder in die Edukte bzw. ein Imin.

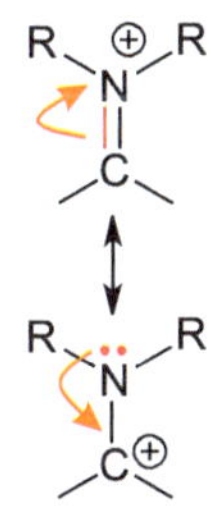

Iminiumion

1. Schritt: Bildung des Halbaminals

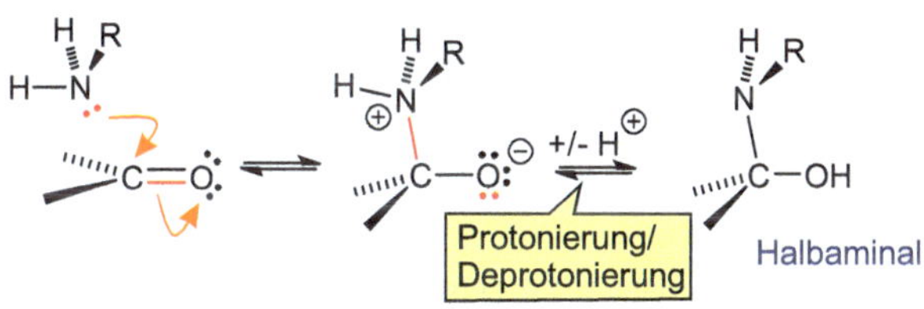

2. Schritt: Bildung des Imins

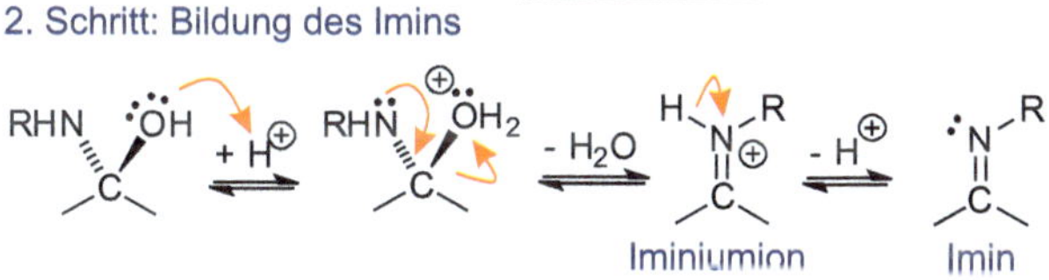

Eine analoge Reaktion ist mit Ammoniak NH_3 möglich, allerdings sind die gebildeten Imine $R_2C{=}NH$ in der Regel instabil und nicht in Substanz isolierbar.

Die Iminbildung ist bei einem p*H*-Wert von etwa 4–6 am schnellsten, also in leicht saurer Lösung. Bei diesem p*H*-Wert sind beide Reaktionsschritte, die Addition und die Wasserabspaltung, ausreichend schnell. In neutraler oder basischer Lösung findet zwar die Addition statt, aber es kann sich keine Wasserabspaltung anschließen, da die OH-Gruppe nicht pro-

Exkurs 9.4: Wann findet ein Protonentransfer statt?

Wir haben die Addition des Amins an die Carbonylgruppe so formuliert, dass zuerst ein Zwitterion gebildet wird und erst *danach* ein Proton vom N-Atom abgespalten und auf das Alkoholat übertragen wird und das eigentliche Halbaminal entsteht. Grundsätzlich können solche Protonentransfers je nach Acidität und Basizität der beteiligten Teilchen und des p*H*-Werts der Lösung aber auch bereits vorher oder *während der Reaktion* stattfinden. Die Übergänge sind fließend, zumal sich die Acidität bzw. Basizität der beteiligten Teilchen während der Reaktion sehr stark ändert. Wie wir bereits gelernt haben (▶ Kapitel 9.4.2), ist eine Carbonylverbindung nur eine sehr schwache Base (pK_b-Wert ca. 21), die daher nur in stark saurer Lösung protoniert werden kann. Das bei der Addition eines Nucleophils entstehende tetraedrische Intermediat ist hingegen ein Alkoholat, das als starke Base (pK_b-Wert ca. –2) auch bereits in neutraler Lösung protoniert wird. Während der Addition des Nucleophils an die Carbonylgruppe erhöht sich somit kontinuierlich die Basizität des O-Atoms, und zwar in dem Maße, wie sich parallel zur Ausbildung der C–Nu-Bindung die negative Ladungsdichte am O-Atom erhöht. **Je nach p*H*-Wert der Lösung wird die Protonierung bereits erfolgen, bevor sich das Alkoholat vollständig gebildet hat**, also noch während der Addition des Nucleophils. Genauso kann die Deprotonierung des Amins bereits während der Bildung des Additionsprodukts erfolgen, da sich in dem Maße, wie sich die C–N-Bindung ausbildet, die Acidität des Protons durch die entstehende positive Partialladung am N-Atom stetig erhöht.

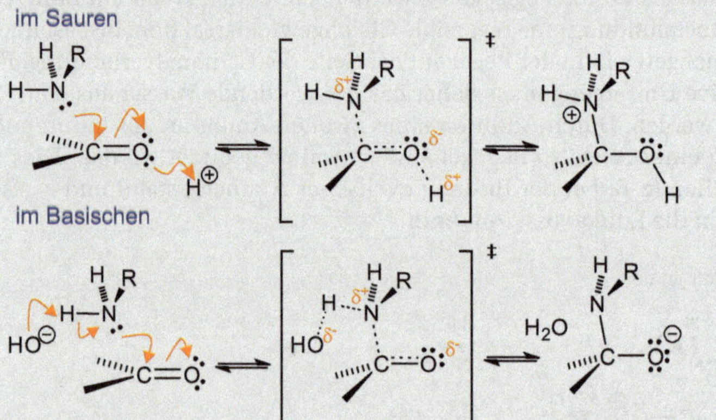

Wann genau ein Protonentransfer stattfindet, kann man daher meistens nicht angeben. Deswegen formuliert man meistens vereinfachte Mechanismen, bei denen die Protonierung vor oder nach der eigentlichen Reaktion stattfindet. Man sollte sich aber immer bewusst sein, dass in der Realität der Protonentransfer häufig bereits während der Reaktion erfolgt.

toniert werden kann. Zu saurer darf die Lösung aber auch nicht sein. Wie wir bereits beim Anilin gesehen haben (▶ Kapitel 8.4.2, ▶ Exkurs 9.5), sind Amine Basen, die in saurer Lösung protoniert vorliegen. Im Gegensatz zum freien Amin RNH_2 ist aber die protonierte Form RNH_3^+ *kein Nucleophil* mehr, da bei ihr kein freies Elektronenpaar vorhanden ist, das für den Angriff auf die Carbonylgruppe benötigt wird. (Zur Erinnerung: Ein Nucleophil muss über ein Elektronenpaar verfügen, mit dem während der Reaktion die heterolytische Bindungsbildung zum Elektrophil erfolgt, ▸ Kapitel 5.3.) Unterhalb eines p*H*-Werts von etwa 3 beobachtet man daher keine Iminbildung mehr.

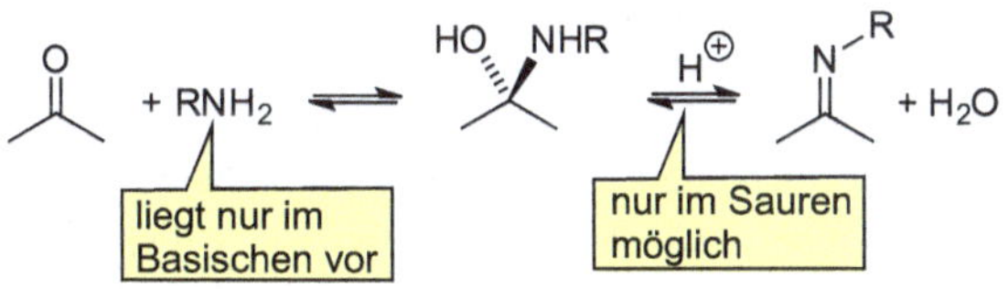

Insgesamt wurde bei der Iminbildung die C=O-Gruppe der Carbonylverbindung durch eine C=NR-Gruppe ersetzt. **Imine sind also die Stickstoffanaloga der Aldehyde und Ketone** und weisen damit prinzipiell ein ähnliches Reaktionsverhalten auf. Sie gehen die gleichen Reaktionen ein (z. B. Addition von Nucleophilen an die C=N-Bindung), sind aber etwas weniger reaktiv als die analogen Carbonylverbindungen. Die C=N-Bindung ist weniger stark polarisiert als die C=O-Bindung, da Stickstoff weniger elektronegativ ist als Sauerstoff. Genauso wie Ammoniak NH_3 eine sehr viel stärkere Base als H_2O ist, lassen sich Imine (pK_b-Wert ca. 7–9) im Gegensatz zu Carbonylverbindungen (pK_b-Wert ca. 21) aber bereits durch schwache Säuren wie Essigsäure protonieren und so in die sehr viel elektrophileren Iminiumionen überführen. Diese sind zwar wiederum weniger reaktiv als protonierte Carbonylverbindungen, Letztere entstehen aber erst in Gegenwart sehr starker Säuren wie Salzsäure oder Schwefelsäure. Iminiumionen sind daher leicht zugängliche, stark elektrophile Carbonylderivate, die für eine Vielzahl von Reaktionen genutzt werden können.

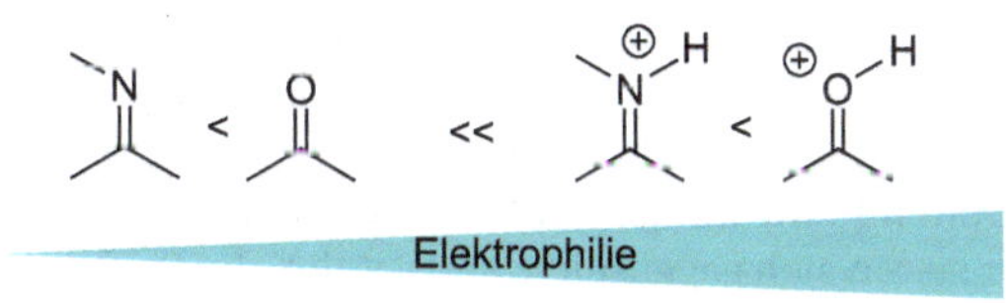

Auch andere Verbindungen mit einer $-NH_2$-Gruppe gehen wie primäre Amine mit Aldehyden und Ketonen eine Kondensationsreaktion ein und bilden unter gleichzeitiger Abspaltung von Wasser C=N-Doppelbindungen. Aus Hydrazin $H_2N–NH_2$ entstehen so z. B. **Hydrazone** $R_2C=N–NH_2$ und aus Hydroxylamin $H_2N–OH$ **Oxime** $R_2C=N–OH$. Ein Beispiel für eine Hydrazonbildung haben wir im letzten Kapitel bei der Wolff-Kishner-Reduktion kennengelernt (▸ Exkurs 8.5). Die Gleichgewichtslage liegt anders als bei der Iminbildung auch bei Ketonen häufig quantitativ auf der Produktseite. Daher verwendet man z. B. die Bildung der gut kristallisierenden, häufig farbigen Phenylhydrazone oder Semicarbazone zum qualitativen Nachweis von Carbonylverbindungen und zu deren Identifizierung anhand des Schmelzpunkts.

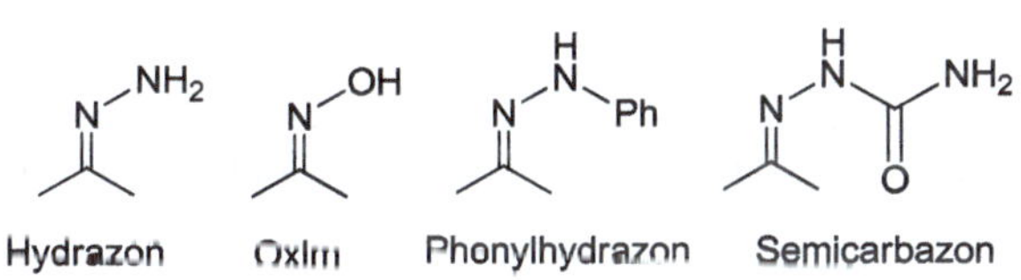

Sekundäre Amine bilden Enamine

Wie bei einem primären Amin entsteht bei der Addition eines **sekundären Amins** R_2NH, z. B. Pyrrolidin, an die C=O-Gruppe eines Aldehyds oder Ketons zuerst ein Halbaminal und daraus durch Wasserabspaltung ein Iminiumion. In diesem sind aber nun zwei Alkylreste R an das N-Atom gebunden, die im Gegensatz zu einem Proton nicht als Kation abgespalten werden können. Eine Stabilisierung des Imminiumions kann anders als bei primären Aminen

Exkurs 9.5: Amine – organische Basen

Amine sind nicht nur gute Nucleophile, sondern haben auch als einzige neutrale organische funktionelle Gruppen in wässriger Lösung basische Eigenschaften. Ihre wässrigen Lösungen reagieren daher alkalisch, auch wenn nur ein geringer Anteil des Amins tatsächlich protoniert als Ammoniumsalz vorliegt, da es sich um **schwache Basen** mit pK_b-Werten im Bereich von ca. 3–4 handelt (z. B. CH_3NH_2: 3,36; NEt_3: 3,24; $i Pr_2NH$: 3,00). Das Hydroxidion OH^- mit einem pK_b-Wert von –1,7 ist eine wesentlich stärkere Base als ein Amin. (Zur Erinnerung: Säure-Base-Gleichgewichte liegen immer auf der Seite der schwächeren Säure bzw. Base.)

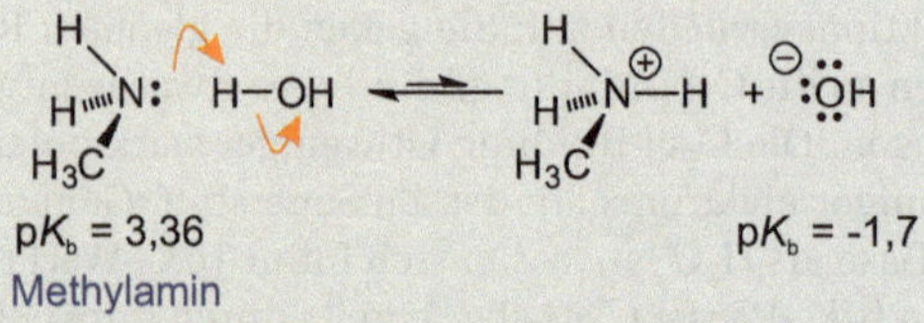

Die Basizität der Amine ist allerdings größer als die von Ammoniak NH_3 (pK_b-Wert 4,74), da die elektronenschiebenden Alkylgruppen die Elektronendichte am N-Atom im Amin im Vergleich zum Ammoniak deutlich erhöhen. Obwohl in der Reihenfolge $NH_3 < RNH_2 < R_2NH < R_3N$ die Elektronendichte am N-Atom stetig zunimmt, unterscheiden sich primäre, sekundäre und tertiäre Amine allerdings kaum in ihrer Basizität. Denn in der gleichen Reihenfolge nimmt aufgrund zunehmender sterischer Hinderung die Solvatisierung und damit die Stabilisierung der gebildeten Ammoniumionen ab. Je instabiler das Ammoniumion ist, desto schwieriger wird die Protonierung, die Basizität nimmt ab. Beide Effekte (höhere Elektronendichte versus schlechtere Solvatisierung bzw. Stabilisierung des Kations) kompensieren sich gegenseitig, sodass sich die Basizität insgesamt beim Übergang von primären zu sekundären und tertiären Aminen kaum ändert. Allerdings nimmt die **Nucleophilie** in der Reihenfolge $NH_3 < RNH_2 < R_2NH < R_3N$ aufgrund der zunehmenden Elektronendichte am N-Atom deutlich zu (sofern der sterische Anspruch des Amins nicht zu groß wird).

Aromatische Amine $ArNH_2$ sind sehr viel schwächere Basen als aliphatische Amine. Anilin $PhNH_2$ hat nur einen pK_b-Wert von 9,40 und ist damit um den Faktor 10^6 weniger basisch als Methylamin, da im Anilin das freie Elektronenpaar des N-Atoms teilweise über den benachbarten aromatischen Ring delokalisiert ist (▸ Kapitel 8.4.2). Diese stabilisierende Resonanzwechselwirkung fällt bei der Protonierung weg, was energetisch ungünstig ist. Die Basizität ist entsprechend kleiner.

nur dadurch erfolgen, dass ein Proton vom *benachbarten C-Atom* abgespalten wird. Es bildet sich eine C=C-Doppelbindung mit einer daran gebundenen Aminogruppe, ein **Enamin** (von Alk*en* + *Amin*).

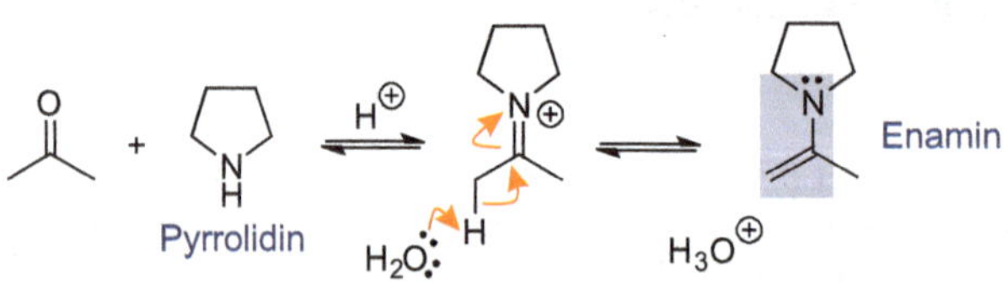

Die Deprotonierung des Iminiumions entspricht dem zweiten Schritt einer E1-Eliminierung (▸ Kapitel 6.4). Die positive Ladung im Iminiumion erhöht die Acidität der H-Atome am benachbarten C-Atom so stark, dass diese leicht als Protonen abgespalten werden können. Wie bei einem Carbeniumion wird das stark elektrophile Iminiumion durch die benachbarten C–H-Bindungen durch Hyperkonjugation stabilisiert. Wie wir bereits wissen, wird dadurch Elektronendichte aus der C–H-Bindung abgezogen, die Bindung wird geschwächt und die Abspaltung des Protons erleichtert (▸ Exkurs 6.5). Mit einem pK_s-Wert von etwa 2–3 sind Iminiumionen ähnlich sauer wie Phosphorsäure.

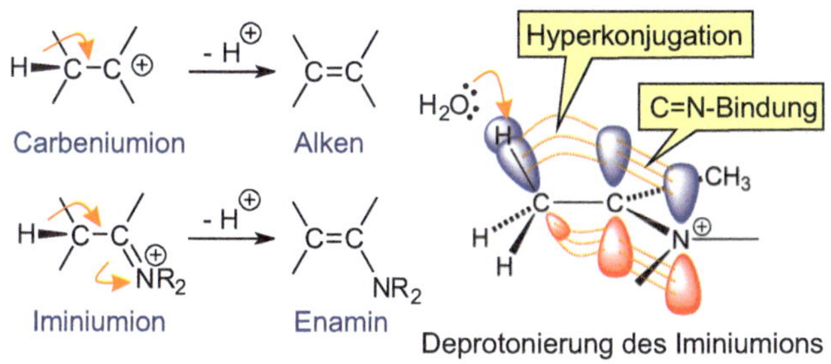

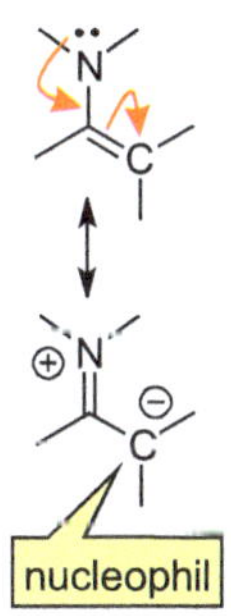

Wir haben im letzten Kapitel gelernt, dass Heteroatome mit freien Elektronenpaaren, die direkt an einen Aromaten gebunden sind, die Elektronendichte im π-System durch ihren (+)-M-Effekt erhöhen (▸ Kapitel 8.3.1). Daher sind Anisol oder Anilin besonders elektronenreiche Verbindungen, die besonders schnell mit Elektrophilen reagieren. Den gleichen elektronenschiebenden (+)-M-Effekt hat ein N-Atom auf jedes direkt benachbarte π-System, also auch auf die C=C-Doppelbindung eines Alkens. **Enamine sind elektronenreiche, polare Alkene** (▸ Kapitel 7.1, ▸ Tabelle 7.1). Die erhöhte Elektronendichte der Doppelbindung erkennt man leicht anhand einer zweiten mesomeren Grenzformel, bei der das Elektronenpaar über die Doppelbindung zum endständigen C-Atom hin verschoben ist, das dadurch eine negative Formalladung erhält. Dieses C-Atom hat also eine hohe negative Ladungsdichte (es hat „Carbanionen-Charakter") und ist daher nucleophil. Bei den meisten organischen Verbindungen, die wir bisher kennengelernt haben, war der Kohlenstoff entweder unpolar (z. B. in C–H-Bindungen) oder elektrophil (z. B. in Alkylhalogeniden, Alkoholen oder Carbonylverbindungen). Enamine besitzen hingegen ein nucleophiles C-Atom; es sind sogenannte **C-Nucleophile**. Bei der Umsetzung mit Halogenalkanen RX oder Carbonylgruppen, die elektrophile C-Atome enthalten, entstehen C–C-Bindungen (▸ Abbildung 9.6), was den großen präparativen Wert der Enamine ausmacht (▸ Kapitel 10). Natürlich handelt es sich bei Enaminen nicht um echte Carbanionen und man sollte sich hüten, solche Resonanzformeln als reale Teilchen anzusehen. Wir haben schon mehrmals darauf hingewiesen, dass Resonanzformeln lediglich näherungsweise Beschreibungen der tatsächlichen Struktur und Elektronenverteilung eines Teilchens sind. Aber die Betrachtung solcher Resonanzformeln kann uns helfen, die Ladungsverteilung und damit die Reaktivität eines Teilchens zu veranschaulichen und damit besser zu verstehen.

Tertiäre Amine bilden keine stabilen Produkte

Ein tertiäres Amin reagiert zwar auch mit einer Carbonylgruppe, aber das primäre Additionsprodukt ist instabil und zerfällt sofort wieder in die Edukte. Tertiäre Amine können allerdings nicht nur als Nucleophil, sondern auch als Basen mit einer Carbonylverbindung reagieren. Der Angriff erfolgt dann am α-ständigen C-Atom und führt zur Bildung eines Enolatanions (▸ Kapitel 10.1).

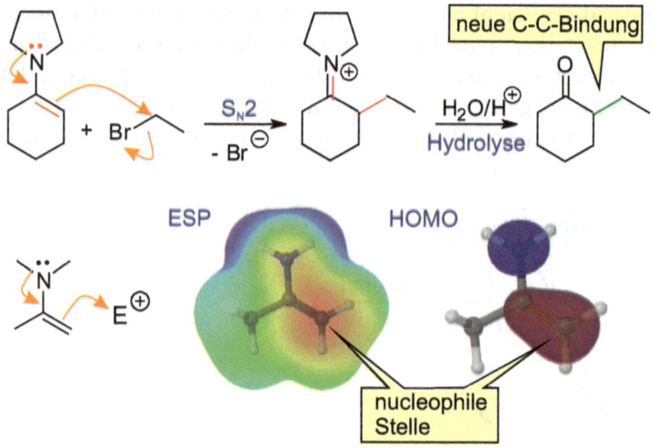

Abbildung 9.6: **Elektrophiler Angriff auf ein Enamin.** Durch die Resonanzwechselwirkung mit dem freien Elektronenpaar des N-Atoms weist das endständige C-Atom der C=C-Doppelbindung eine hohe Elektronendichte auf und ist entsprechend nucleophil. Der Angriff eines Elektrophils, z. B. eines Halogenalkans, erfolgt daher bevorzugt dort.

9.5.4 Reaktion mit Hydriden und metallorganischen Verbindungen: Reduktion der Carbonylgruppe

Carbonylgruppen können mit **Metallhydriden** wie Natriumboranat $NaBH_4$ oder Lithiumaluminiumhydrid $LiAlH_4$ oder mit **metallorganischen Verbindungen** wie Grignard-Reagenzien RMgX zu Alkoholen reduziert werden (▶ Kapitel 9.2.4; ▶ Exkurs 9.6). Bei der Umsetzung mit einem Metallhydrid wird im Verlauf der Reaktion formal ein Hydridion H^- als Nucleophil an die C=O-Gruppe addiert, bei Grignard-Reagenzien ein Carbanion, also ein negativ geladener Alkylrest R^-. Beide Reaktionen sind im Gegensatz zu den bisher betrachteten Additionen von Nucleophilen wie Wasser, Alkoholen oder Aminen an die C=O-Gruppe allerdings irreversibel, da bei der Rückreaktion umgekehrt wieder ein Hydridion H^- oder ein Carbanion R^- abgespalten werden müsste, was aus energetischen Gründen nicht möglich ist (H^- und R^- sind keine Abgangsgruppen, ▶ Kapitel 9.4.3). Dass eine Reduktion stattgefunden hat, erkennt man leicht daran, dass sich die Anzahl der C–O-Bindungen von zwei auf eins verringert hat (▶ Exkurs 7.4).

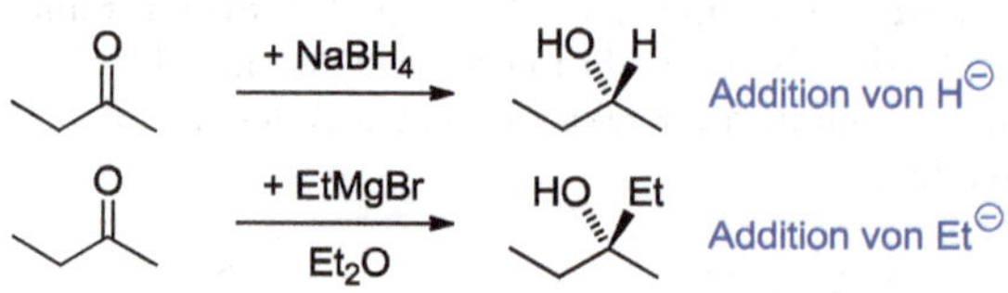

Reduktion mit Metallhydriden

BH_4^- bzw. AlH_4^- = Quelle für H^-

In den Metallhydriden ist Wasserstoff an ein elektropositiveres Metall wie Bor oder Aluminium gebunden, sodass die H-Atome negativ polarisiert sind und daher als Nucleophil auf eine Carbonylgruppe übertragen werden können. Wie üblich entsteht dabei eine negativ geladene tetraedrische Zwischenstufe, die anschließend bei der wässrigen Aufarbeitung zum Produkt protoniert wird. Aus einem Aldehyd RC(=O)H entsteht so ein primärer Alkohol RCH_2OH, aus einem Keton $R_2C{=}O$ ein sekundärer Alkohol R_2CHOH.

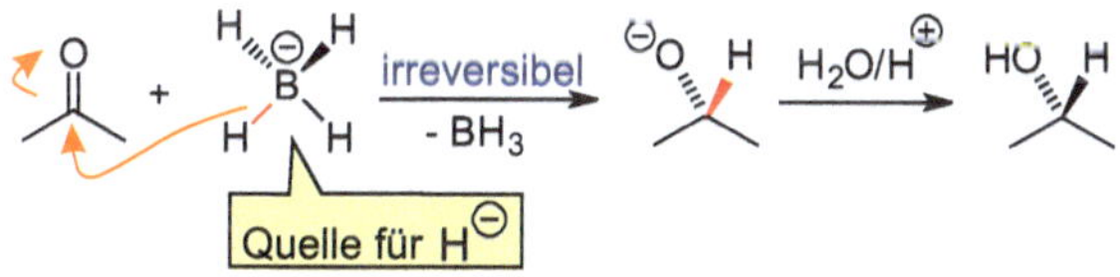

Dieser Mechanismus ist in zweierlei Hinsicht etwas vereinfacht formuliert. Zum einen wissen wir bereits von der Besprechung der Hydroborierung, dass Boran BH_3 eine sehr starke Lewis-Säure ist (▸ Kapitel 7.7.3). BH_3 wird daher sofort mit dem gebildeten Alkoholat RO^-, einer starken Lewis-Base, einen Komplex $ROBH_3^-$ bilden, in dem die H-Atome genau wie im BH_4^- negativ polarisiert sind und damit Hydrid-Charakter haben. Auch dieses Teilchen kann daher als Hydridquelle dienen und eine zweite C=O-Gruppe reduzieren. Auch das dabei frei werdende $ROBH_2$ kann erneut als Lewis-Säure mit einem Alkoholat reagieren etc., sodass BH_4^- insgesamt alle vier H-Atome als Hydridionen zur Verfügung stellt. Man benötigt zur Reduktion eines Äquivalents einer Carbonylverbindung daher lediglich ein Viertel Äquivalent $NaBH_4$.

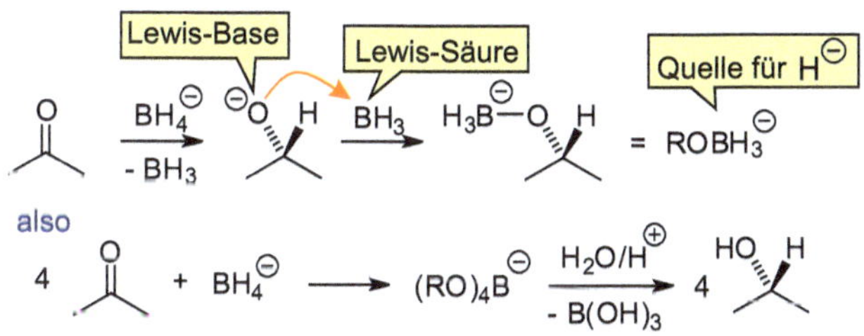

Zum anderen haben wir die **Rolle des Metallkations** bisher nicht betrachtet. Die Reaktionen finden in nur wenig polaren organischen Lösemitteln statt, in denen das Kation nur schlecht bis gar nicht solvatisiert wird, sodass Na^+ als Lewis-Säure an das O-Atom der Carbonylgruppe koordiniert. Dadurch wird nicht nur die Annäherung des negativ geladenen BH_4^- an die Carbonylverbindung erleichtert, sondern die C=O-Gruppe wird gleichzeitig auch für den nachfolgenden Angriff von BH_4^- aktiviert (▸ Kapitel 9.4.2). **Ohne die vorherige Koordinierung des Kations findet keine Reduktion der Carbonylgruppe statt.** Dies ist einer der Gründe, warum $LiAlH_4$ noch reaktiver ist als $NaBH_4$. Da das kleinere Li^+ eine höhere Ladungsdichte aufweist als Na^+, ist es eine stärkere Lewis-Säure und führt zu einer stärkeren Aktivierung der C=O-Gruppe. Zudem ist Aluminium elektropositiver als Bor, weshalb die H-Atome im AlH_4^- noch stärker negativ polarisiert sind als im BH_4^-. Sie können daher aus AlH_4^- noch leichter als Hydridionen übertragen werden als aus BH_4^-. Die höhere Reaktivität von Lithiumaluminiumhydrid im Vergleich zum Natriumboranat erkennt man auch daran, dass $LiAlH_4$ sich in Wasser und Alkoholen sofort zersetzt. Reduktionen mit $LiAlH_4$ müssen daher in wasserfreien, aprotischen Lösemitteln wie Diethylether Et_2O oder Tetrahydrofuran (THF) durchgeführt werden. $NaBH_4$ ist sehr viel stabiler und zersetzt sich in Wasser zumindest in neutraler oder basischer Lösung nur sehr langsam.

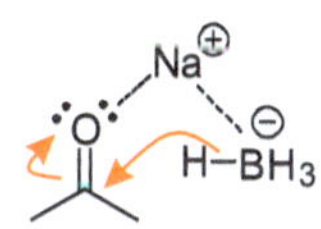

C=O-Doppelbindungen in Aldehyden und Ketonen können nicht nur mit Metallhydriden, sondern ähnlich wie die C=C-Bindung in einem Alken (▸ Kapitel 7.8) auch durch eine **katalytische Hydrierung zu Alkoholen** reduziert werden. Allerdings braucht man für die Hydrierung deutlich reaktivere Katalysatoren als bei einem Alken, da eine C=O-Doppelbindung stabiler ist als eine C=C-Doppelbindung. Meistens verwendet man Raney-Nickel, einen sehr reaktiven Nickelkatalysator, den man durch Behandlung einer Ni-Al-Legierung mit Natronlauge herstellen kann. Carbonsäuren und ihre Derivate lassen sich auf diese Weise übrigens nicht reduzieren. Ihre Carbonylgruppen sind nicht reaktiv genug (▸ Kapitel 9.6.1).

Exkurs 9.6: Wie kann man eine organische Verbindung reduzieren?

Formal wird eine organische Verbindung reduziert, wenn an eine funktionelle Gruppe Wasserstoff H_2 addiert wird. Wie wir an verschiedenen Beispielen bereits gesehen haben, kann dies auf drei prinzipiell unterschiedlichen Wegen erfolgen. Bei der katalytischen Hydrierung, also der Umsetzung mit H_2 in Gegenwart eines meist heterogenen Metallkatalysators (▸ Kapitel 7.8), erfolgt die Reduktion durch zwei H-Atome. Bei der Birch-Reduktion, also der Umsetzung mit Alkalimetallen (▸ Kapitel 7.12), werden abwechselnd zwei Elektronen und zwei Protonen übertragen. Die dritte Möglichkeit ist die Reduktion mit Metallhydriden, bei der zuerst ein Hydridion H^- addiert wird und danach ein Proton H^+. In allen drei Fällen ist das Gesamtergebnis das gleiche. Auf welchem Weg eine Reduktion erfolgt, hängt letztendlich von der jeweiligen Verbindung und vom Reduktionsmittel ab.

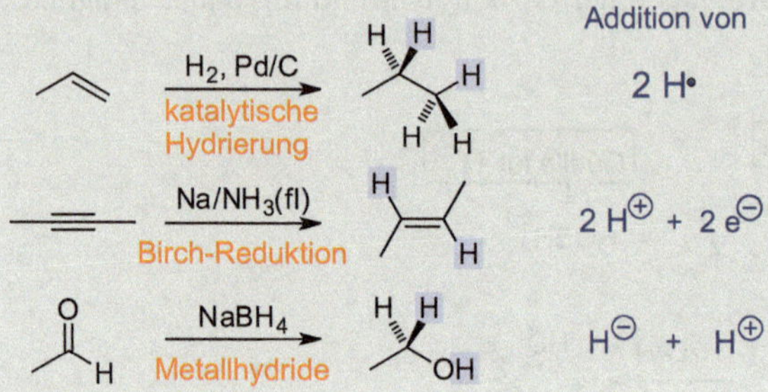

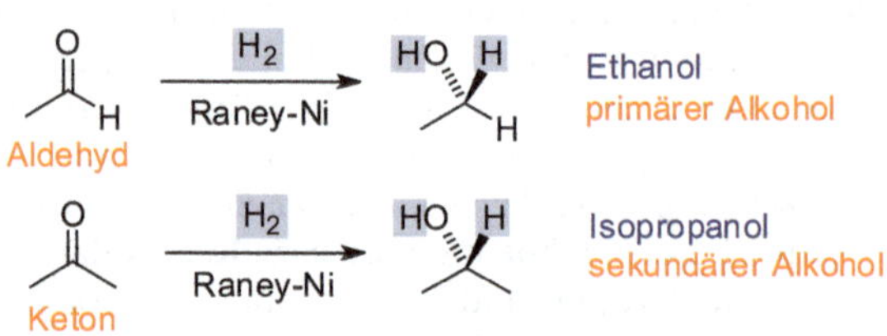

Auch die C=N-Bindung in einem Imin lässt sich mit einem Metallhydrid reduzieren. Man erhält ein Amin. Meistens isoliert man die Imine vorher nicht, sondern setzt die Carbonylverbindung direkt mit Ammoniak und Natriumcyanoborhydrid $NaBH_3CN$ als Reduktionsmittel in einem Eintopfverfahren um (sogenannte **reduktive Aminierung**). $NaBH_3CN$ ist aufgrund der elektronenziehenden Cyanogruppe weniger elektronenreich und damit auch weniger reaktiv als $NaBH_4$. Es kann zwar Iminiumionen reduzieren, aber nicht mehr die weniger reaktiven Carbonylgruppen. Auf diese Weise ist eine chemoselektive Reduktion des Imins zum Amin gewährleistet, ohne dass die im Gleichgewicht noch vorhandene, nicht umgesetzte Carbonylverbindung zum Alkohol reduziert wird. Außerdem ist $NaBH_3CN$ stabiler als $NaBH_4$ und zersetzt sich in der schwach sauren Lösung (meistens NH_4Cl/NH_3-Puffer), die für die Bildung der Iminiumionen benötigt wird, nicht so schnell wie $NaBH_4$.

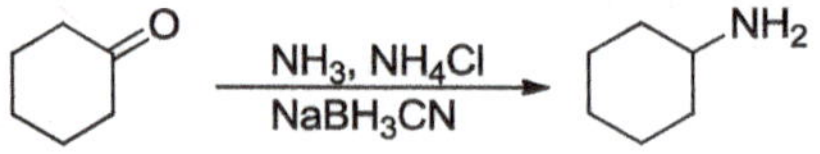

In einer völlig analogen Reaktion lassen sich Amine durch Umsetzung mit Formaldehyd in Gegenwart von Ameisensäure als Reduktionsmittel methylieren (**Eschweiler-Clarke-Reaktion**). Zuerst bildet sich aus dem Formaldehyd und dem Amin wiederum das Imin, das von Ameisensäure zum Iminiumion protoniert wird. Das Formiat dient zugleich als Hydridquelle und reduziert das Iminiumion zum methylierten Amin. Natürlich werden beim Zerfall von Ameisensäure bzw. Formiat keine freien Hydridionen gebildet, sondern der Zerfall findet nur statt, wenn gleichzeitig ein anderes Teilchen wie ein Iminiumion vorhanden ist, das das frei werdende Hydridion direkt aufnehmen kann.

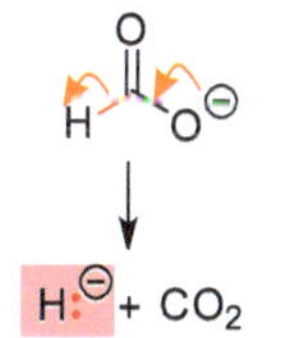

Ameisensäure als Hydridquelle

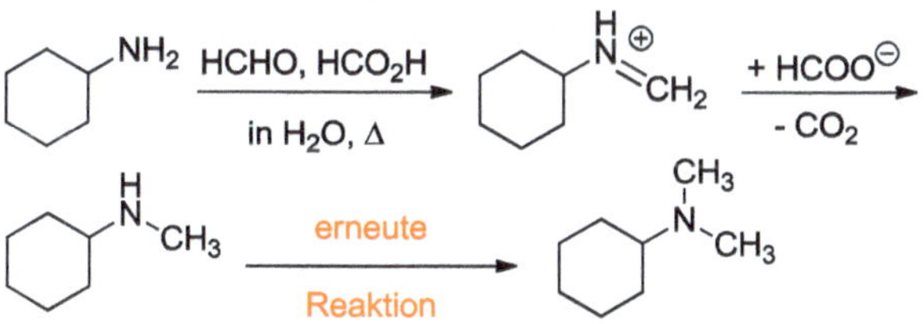

Die Darstellung von Aminen durch eine Umsetzung von z.B. Halogenalkanen mit NH_3 in einer S_N2-Reaktion ist meistens keine sinnvolle Reaktion. Da NH_3 auch eine gute Base ist, ist häufig das Eliminierungsprodukt das Hauptprodukt. Außerdem ist das gebildete primäre Amin RNH_2 ein besseres Nucleophil als NH_3 (▸ Exkurs 9.5), sodass man Gemische aus dem gewünschten primären Amin RNH_2 und den höher alkylierten Aminen (R_2NH, R_3N, R_4N^+) erhält.

Reduktion mit metallorganischen Verbindungen

Die Reaktion von Carbonylverbindungen mit **metallorganischen Verbindungen** (häufig allgemein abgekürzt als RM) wie Ethylmagnesiumbromid CH_3CH_2MgBr oder Methyllithium CH_3Li führt ebenfalls zur Bildung von Alkoholen. Mit Formaldehyd erhält man primäre Alkohole, aus anderen Aldehyden sekundäre Alkohole und die Addition von RM an Ketone führt zu tertiären Alkoholen.

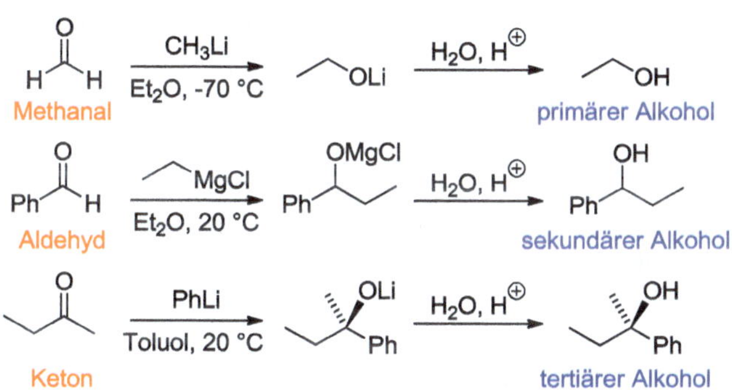

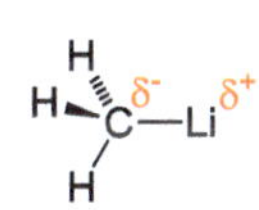

Methyllithium

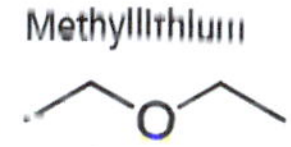

Diethylether

Tetrahydrofuran (THF)

In metallorganischen Verbindungen ist ein C-Atom an ein elektropositives Metall wie Lithium oder Magnesium gebunden. Die C–Metall Bindung ist stark polarisiert mit einer hohen negativen Ladungsdichte am C-Atom. **Metallorganische Verbindungen RM sind daher gute C-Nucleophile.** Ihr Reaktionsverhalten entspricht formal dem von **Carbanionen** R^-, auch wenn praktisch niemals tatsächlich freie Carbanionen vorliegen oder bei einer Reaktion intermediär auftreten, da diese viel zu instabil sind. Man spricht stattdessen besser von **Carbanionen Äquivalenten**. Einige metallorganische Verbindungen RM wie BuLi, PhLi, MeLi, PhMgCl oder PrMgCl sind kommerziell erhältlich. In der Regel erfolgt aber die Darstellung im Labor *in situ* ausgehend von Halogenalkanen durch Umsetzung mit den freien Metallen in inerten Lösemitteln wie Diethylether Et_2O oder THF. Dabei findet auf der Oberfläche des Metalls ein noch nicht in allen Details verstandener **Halogen-Metall-Austausch** statt, bei dem letztendlich aus dem elektrophilen C-Atom des Halogenalkans RX ein nucleophiles C-Atom in der metallorganischen Verbindung RM wird. Man spricht in solchen Fällen allgemein von einer **Umpolung der Reaktivität** (aus einem Elektrophil wird ein Nucleophil oder umgekehrt). Die Strukturen der entstehenden metallorganischen Verbindungen sind sehr komplex. Es handelt sich in der Regel um oligomere Aggregate $(RM)_n$, die zusätzlich noch durch das Lösemittel stabilisiert werden. Je nach Verbindung, Konzentration und Temperatur können unterschiedliche Aggregate wie Dimere (n = 2), Tetramere (n = 4) oder Hexamere (n = 6) vorliegen.

$$CH_3Br + 2\,Li \xrightarrow{Et_2O} CH_3Li + LiBr$$

$$CH_3CH_2Br + Mg \xrightarrow{Et_2O} CH_3CH_2MgBr$$

Metallorganische Verbindungen (RM) sind starke Basen und gute Nucleophile.

Viktor Grignard (1871–1935)

Zwei der wichtigsten Klassen metallorganischer Verbindungen sind Lithiumorganyle RLi und Magnesiumorganyle RMgX, die man auch **Grignard-Reagenzien** nennt (nach Viktor Grignard, der 1912 für seine Forschungen zu Magnesiumorganylen den Nobelpreis für Chemie erhielt). Beides sind hochreaktive Verbindungsklassen, die nicht nur sehr gute Nucleophile, sondern auch sehr starke Basen sind (mit pK_b-Werten von ca. –25). Mit Wasser, Alkoholen oder protischen Lösemitteln reagieren sie sofort in einer Säure-Base-Reaktion unter Zersetzung zum Alkan (z. B. $CH_3Li + H_2O \rightarrow CH_4 + LiOH$). Man muss daher bei ihrer Handhabung streng auf Feuchtigkeits- und Luftausschluss achten. Lithiumorganyle neigen selbst unter inerten Bedingungen zur Zersetzung und werden deshalb meistens bei sehr tiefer Temperatur (< –40 °C) erzeugt und direkt umgesetzt. Allgemein sind Li-Verbindungen sehr viel reaktiver als Mg-Verbindungen. Die C–Metall-Bindung ist bei RLi stärker polarisiert und der Kohlenstoff damit nucleophiler als bei RMgX. Zudem spielt auch bei der Addition von RM an eine Carbonylgruppe die Aktivierung der C=O-Gruppe durch das Kation eine wichtige Rolle, die bei Li^+ stärker ist als bei MgX^+. Dafür sind Grignard-Reagenzien RMgX im Labor einfacher herzustellen als Lithiumorganyle RLi sowie stabiler und damit besser handhabbar, was ihren großen synthetischen Nutzen ausmacht.

Die Addition von RM an Carbonylverbindungen ähnelt mechanistisch der schon besprochenen Umsetzung mit einem Metallhydrid. Es findet eine Übertragung des nucleophilen Alkylrests aus der metallorganischen Verbindung auf die Carbonylgruppe statt. Die Addition ist irreversibel, da bei der Rückreaktion ein sehr instabiles Carbanion R^- abgespalten werden müsste. Wahrscheinlich erfolgt die Reaktion über einen cyclischen Übergangszustand, an dem zwei Moleküle RMgX beteiligt sind, sodass gleichzeitig die C=O-Gruppe durch die Wechselwirkung mit dem Kation aktiviert wird.

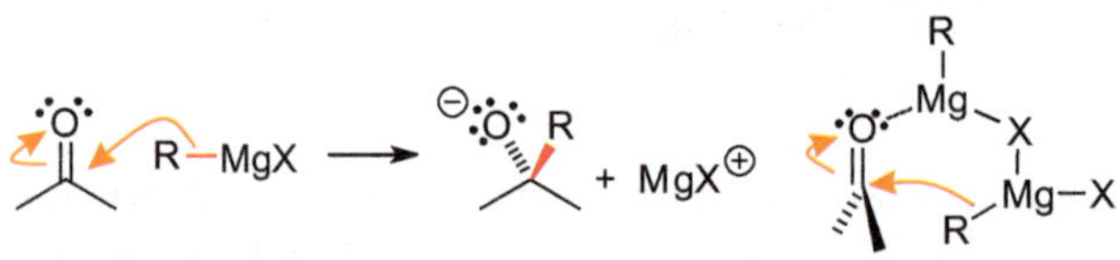

Modell des ÜZ

Reaktionen von Nucleophilen mit Carbonsäurederivaten: Die Acylsubstitution 9.6

Carbonsäurederivate RC(=O)X besitzen im Gegensatz zu den Aldehyden und Ketonen am Carbonyl-C-Atom eine Abgangsgruppe X, die nach dem Angriff eines Nucleophils aus der tetraedrischen Zwischenstufe abgespalten werden kann. Der Angriff eines Nucleophils auf ein Carbonsäurederivat führt somit zur **Substitution** und nicht zur Addition (▶ Kapitel 9.4.3). Die Acylsubstitution ist also eine in zwei Schritten ablaufende nucleophile Substitution, bei der zuerst die Addition des Nucleophils an die π-Bindung stattfindet und danach die Eliminierung der Abgangsgruppe unter Rückbildung der stabilen C=O-Doppelbindung. Man spricht daher auch von einer **Additions-Eliminierungs-Reaktion**.

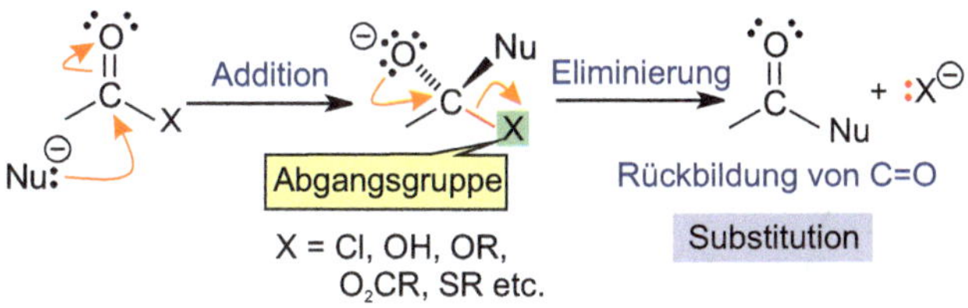

Zur Erinnerung: Bei einer S_N-Reaktion an einem gesättigten sp^3-C-Atom ist dieser Reaktionstyp nicht möglich (▶ Exkurs 5.1), da das angegriffene elektrophile C-Atom dann zwischenzeitlich zehn Valenzelektronen in seiner Elektronenhülle unterbringen müsste, was gemäß der Oktettregel für Elemente der 2. Periode unmöglich ist (▶ Kapitel 1.3). Bei der Acylsubstitution wird das Problem dadurch umgangen, dass *gleichzeitig mit dem Angriff* des Nucleophils das Elektronenpaar der π-Bindung zum O-Atom hin verschoben wird.

Alle Carbonsäurederivate reagieren mit Nucleophilen nach diesem Schema, ihre Reaktivitäten unterscheiden sich aber deutlich (▶ Kapitel 9.6.1). So kann die Acylsubstitution direkt durch einen Angriff des Nucleophils an das Carbonsäurederivat erfolgen oder die Reaktion muss, ähnlich wie wir das bei den Aldehyden und Ketonen schon kennengelernt haben, durch Zugabe einer Säure oder Base katalysiert werden. Setzt man z. B. Ethanol mit Acetylchlorid um, entsteht in einer sehr heftigen, irreversiblen Reaktion quantitativ Essigsäureethylester. Mit Essigsäure findet erst bei Zugabe von Schwefelsäure und Erhitzen eine langsame Reaktion statt (▶ Kapitel 9.6.3). Zudem handelt es sich um eine Gleichgewichtsreaktion, sodass für eine quantitative Produktbildung ähnlich wie bei der Acetalbildung (▶ Kapitel 9.5.2) ein Überschuss Alkohol eingesetzt oder das frei werdende Wasser entfernt werden muss.

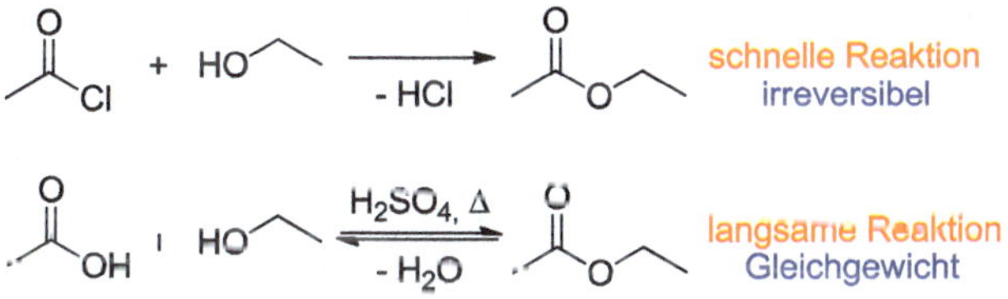

Wo kommt diese unterschiedliche Reaktivität her? Da bei beiden Reaktionen das gleiche Nucleophil (Ethanol) angreift und das gleiche Produkt (Essigsäureethylester) entsteht, müssen sich die beiden Carbonsäurederivate in ihrer Reaktivität voneinander unterscheiden. Offensichtlich ist das Säurechlorid reaktiver als die Carbonsäure.

9.6.1 Relative Reaktivität der Carbonsäurederivate

Experimentell beobachtet man für die verschiedenen Carbonsäurederivate die folgende **Abstufung der Reaktivität**: Säurechlorid > Anhydrid > Thioester > Ester > Säure > Amid > Carboxylat. Wovon hängt die unterschiedliche Reaktivität der Carbonsäurederivate ab? Die Reaktivität eines Carbonsäurederivats ist umso größer, je schneller die Acylsubstitution mit einem gegebenen Nucleophil abläuft. Dazu müssen **beide Reaktionsschritte, also sowohl die Addition des Nucleophils an das Säurederivat als auch die Eliminierung der Abgangsgruppe X aus der tetraedrischen Zwischenstufe, möglichst schnell sein** (▶ Abbildung 9.7). Damit sind im Wesentlichen zwei Faktoren für die Reaktivität der Carbonsäurederivate verantwortlich:

- die Elektrophilie des Carbonyl-C-Atoms
- die Qualität und damit die Stabilität der Abgangsgruppe X

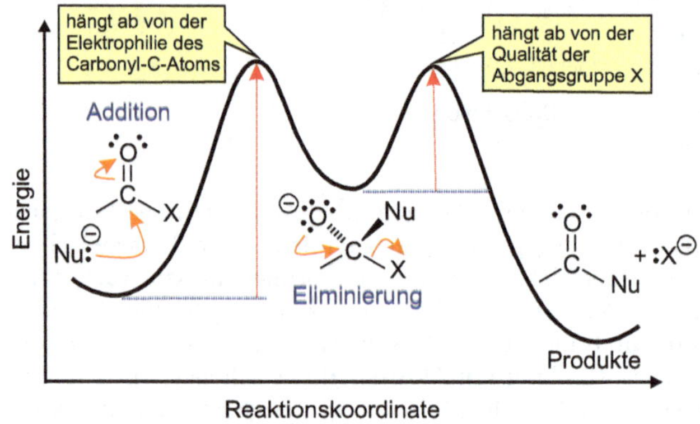

Abbildung 9.7: **Reaktionsenergiediagramm der Acylsubstitution.** Die Reaktion findet in zwei Schritten statt. Zuerst erfolgt die Addition des Nucleophils an die C=O-Gruppe und anschließend die Eliminierung der Abgangsgruppe aus der entstandenen tetraedrischen Zwischenstufe. Die Reaktivität eines Carbonsäurederivats ist dann groß, wenn beide Schritte schnell ablaufen.

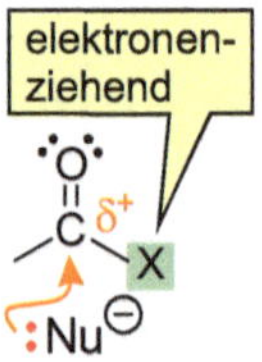

Elektronenziehende Reste X erhöhen die Reaktivität.

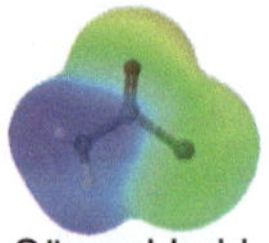

Säurechlorid

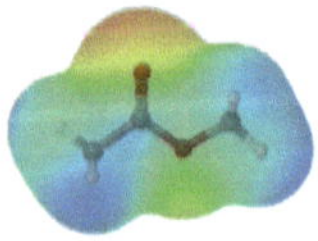

Ester

Der Additionsschritt ist umso schneller, je elektrophiler das Carbonyl-C-Atom ist (▶ Kapitel 9.4.1), also je stärker positiv das C-Atom polarisiert ist. Die Polarisierung hängt aber unmittelbar vom elektronischen Einfluss des an die Carbonylgruppe gebundenen Heteroatoms X ab. **Je stärker elektronenziehend der Rest X ist, desto elektrophiler ist das Carbonyl-C-Atom.** Die meisten Heteroatome wie Cl, O oder N haben sowohl einen elektronenziehenden (–)-I-Effekt als auch einen elektronenschiebenden (+)-M-Effekt, die aber unterschiedlich stark ausgeprägt sind. Wir finden die gleiche Abstufung, die wir schon bei der Reaktivität substituierter Aromaten im letzten Kapitel besprochen haben (▶ Kapitel 8.3.3). Nur ist diesmal der elektronische Einfluss des Substituenten auf die Reaktivität genau umgekehrt, da ein Nucleophil angreift und nicht wie bei den Aromaten ein Elektrophil. Chlor hat einen starken (–)-I-Effekt, aber nur einen sehr schwachen (+)-M-Effekt (▶ Exkurs 9.7). Chlor ist insgesamt also ein elektronenziehender Rest. In den Carbonsäurechloriden ist daher das Carbonyl-C-Atom sehr stark positiv polarisiert (gut erkennbar an der ausgeprägten Blaufärbung des Carbonyl-C-Atoms im Oberflächenpotenzial). Sauerstoff und Stickstoff haben zwar einen stärkeren (–)-I-Effekt als Chlor, aber auch einen sehr starken (+)-M-Effekt, sodass Alkoxygruppen –OR und Aminogruppen –NR_2 insgesamt stark elektronenschiebende Reste sind, die folglich die Reaktivität der benachbarten Carbonylgruppe verringern. Carbonsäuren,

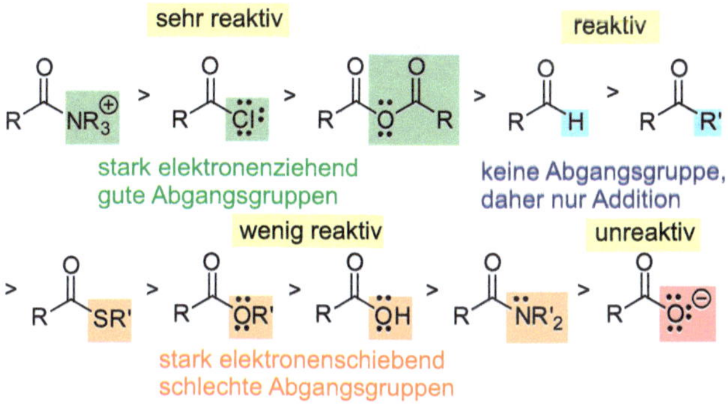

Abbildung 9.8: Reaktivität von Carbonylverbindungen. Elektronenziehende Reste X an der Carbonylgruppe erleichtern die Addition des Nucelophils und erhöhen so die Reaktivität der Carbonylverbindung. Elektronenschiebende Reste verringern umgekehrt die Reaktivität. Der anschließende Zerfall der tetraedrischen Zwischenstufe zum Produkt erfolgt umso leichter, je besser die Abgangsgruppenqualität des Restes X ist.

Ester und Amide sind sogar weniger reaktiv als Aldehyde und Ketone (▸ Abbildung 9.8). Die elektronenreichen Carboxylate sind so wenig reaktiv, dass sie außer mit den sehr reaktiven Metallhydriden und metallorganischen Verbindungen (▸ Kapitel 9.6.5) überhaupt nicht mit Nucleophilen reagieren.

Exkurs 9.7: Ein alternativer Blick auf die Reaktivität von Carbonsäurederivaten

Bei den Aldehyden und Ketonen haben wir schon gesehen, dass die Reaktivität sich umgekehrt zur Stabilität der Verbindung verhält. **Je stabiler (energieärmer) die Carbonylverbindung ist, desto langsamer reagiert sie.** Der gleiche Zusammenhang gilt natürlich auch für die Säurederivate. Ein Säurechlorid ist offensichtlich weniger stabil als ein Ester und dieser weniger stabil als ein Amid oder ein Carboxylat. Carbonsäurederivate RC(=O)X sind wie Carboxylatanionen resonanzstabilisierte Teilchen (▸ Exkurs 9.1), da die Carbonylgruppe durch das daran gebundene Heteroatom mit seinen freien Elektronenpaaren durch einen (+)-M-Effekt stabilisiert wird. Das Ausmaß dieser Resonanzstabilisierung ist aber sehr unterschiedlich und lässt sich anhand der Bedeutung einer zweiten Resonanzformel abschätzen, bei der das freie Elektronenpaar des Heteroatoms auf den Carbonylsauerstoff verschoben wurde. (Zur Erinnerung: **Eine Verbindung ist umso stabiler, je mehr energetisch günstige Resonanzformeln sich formulieren lassen,** ▸ Exkurs 1.4, ▸ Kapitel 8.1.1.) Beim Säurechlorid ist diese zweite Resonanzstruktur zwitterionisch, was energetisch sehr viel ungünstiger ist als die erste, neutrale Resonanzformel, zumal Chlor als Element der 3. Periode nur ungern Doppelbindungen ausbildet. Das bedeutet, dass die Resonanzstabilisierung in einem Säurechlorid vernachlässigbar klein ist. Säurechloride sind energiereiche und damit reaktive Verbindungen. Beim Ester ist die zweite Resonanzformel zwar ebenfalls ein Zwitterion. Aber sie ist weniger ungünstig als beim Säurechlorid, da Sauerstoff als Element der 2. Periode Doppelbindungen ausbilden kann. Ein Ester weist im Gegensatz zu einem Säurechlorid eine deutliche Resonanzstabilisierung (von ca. 60 kJ/mol relativ zu einem Aldehyd) auf und ist daher weniger reaktiv. Beim Carboxylat sind beide Resonanzformeln vollkommen äquivalent. Die resultierende Resonanzstabilisierung ist entsprechend sehr groß (ca. 125 kJ/mol). Carboxylate sind daher sehr stabil und reagieren nur noch mit den reaktivsten Nucleophilen, nämlich Hydridionen und Carbanionen bzw. metallorganischen Verbindungen RM, an der Carbonylgruppe.

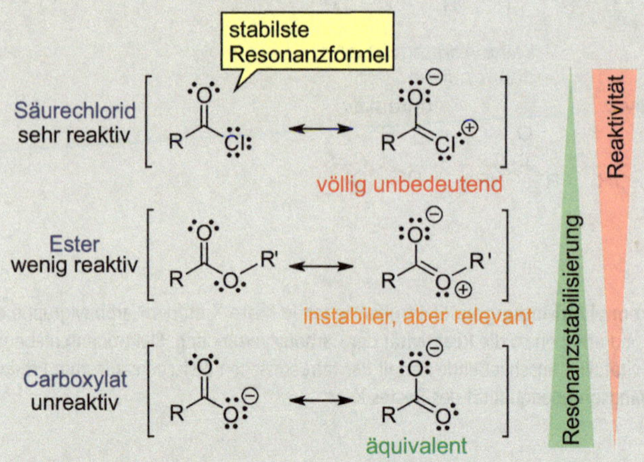

In dem Maße, wie durch die zunehmende Resonanzstabilisierung Elektronendichte vom Heteroatom X auf die Carbonylgruppe übertragen wird, wird übrigens auch die Energie des LUMO, also des π*-MO, erhöht. **Generell erhöhen elektronenschiebende Substituenten die Energien aller Orbitale, während elektronenziehende Substituenten alle Orbitale energetisch absenken.** Bei einem Ester liegt also das LUMO aufgrund des elektronenschiebenden Effekts der Alkoxygruppe –OR energetisch sehr viel höher als bei einem Säurechlorid. Der Angriff eines Nucleophils auf das LUMO ist daher schwieriger, die Reaktion entsprechend langsamer.

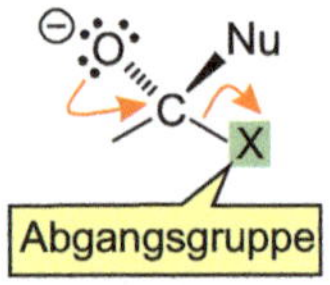

Je besser die Abgangsgruppe X ist, desto schneller bildet sich das Produkt.

Die tetraedrische Zwischenstufe, die sich durch den Angriff des Nucleophils auf die Carbonylgruppe eines Carbonsäurederivats R-C(=O)X gebildet hat, kann auf zwei Wegen zerfallen. Das Nucleophil kann wieder abgespalten werden, wobei sich die Edukte zurückbilden, oder der am Carbonyl-C-Atom gebundene Rest X wird als X^- abgespalten. Es bildet sich das Produkt. Dieser Schritt läuft umso leichter ab, je besser die Qualität der Abgangsgruppe X ist. Wie wir von der Besprechung der S_N-Reaktion wissen (▶ Kapitel 5.5.1), korreliert die Qualität einer Abgangsgruppe mit der Basizität des Teilchens. **Ein Carbonsäurederivat R–C(=O)X ist also umso reaktiver, je schwächer X^- als Base ist bzw. je stärker die korrespondierende Säure HX ist.** Chlorid ist eine sehr gute Abgangsgruppe, RO^- oder R_2N^- sind nur sehr schlechte bzw. gar keine Abgangsgruppen. Säurechloride werden daher nicht nur sehr viel leichter von einem Nucleophil angegriffen als Ester oder Amide, die entstandene tetraedrische Zwischenstufe zerfällt auch sehr viel leichter zum Produkt. Bei Estern, Säuren oder Amiden kann die Abgangsgruppenqualität aber durch Protonierung deutlich verbessert werden. Acylsubstitutionen an diesen Verbindungen verlaufen daher häufig säurekatalysiert (▶ Kapitel 9.6.3).

9.6.2 Carbonsäurechloride

Aus einem reaktiveren Carbonsäurederivat lässt sich immer relativ einfach ein weniger reaktives Derivat durch direkte Umsetzung mit dem entsprechenden Nucleophil herstellen. Daher kann man aus den sehr reaktiven Säurechloriden alle anderen Carbonsäurederivate erhalten. Die Reaktion mit einem Carboxylat ergibt ein Anhydrid, mit einem Alkohol entsteht ein Ester, mit Wasser eine Säure oder mit einem Amin ein Amid. Säurechloride sind somit sehr wertvolle Ausgangsstoffe für chemische Synthesen.

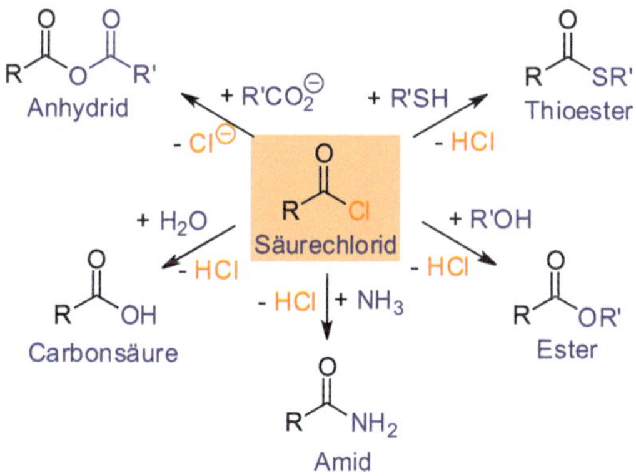

Die umgekehrte Reaktion, also die Darstellung eines reaktiveren Derivats aus einem weniger reaktiven, erfordert hingegen drastische Reaktionsbedingungen oder gelingt nur über Umwege, z. B. den Einsatz eines noch reaktiveren Reagenzes. Ein Säurechlorid bildet sich nicht, wenn man eine Carbonsäure mit Chloridionen oder HCl umsetzt. Das tetraedrische Intermediat, das z. B. beim Angriff von Cl^- auf eine Carbonsäure entsteht, wird bevorzugt unter Abspaltung von Chlorid zurück zu den Edukten reagieren, da Chlorid eine sehr viel bessere Abgangsgruppe ist als OH^-. Für die Darstellung von Säurechloriden aus Carbonsäuren muss man Chlorierungsmittel wie Thionylchlorid $SOCl_2$ oder Oxalylchlorid $(COCl)_2$ einsetzen, die noch reaktiver sind als das Säurechlorid. Die entstehenden Nebenprodukte, HCl und SO_2 bzw. HCl, CO und CO_2, entweichen zudem gasförmig aus der Reaktionsmischung, sodass eine vollständige Umsetzung gewährleistet ist.

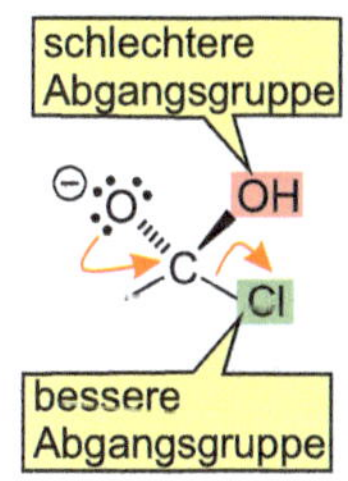

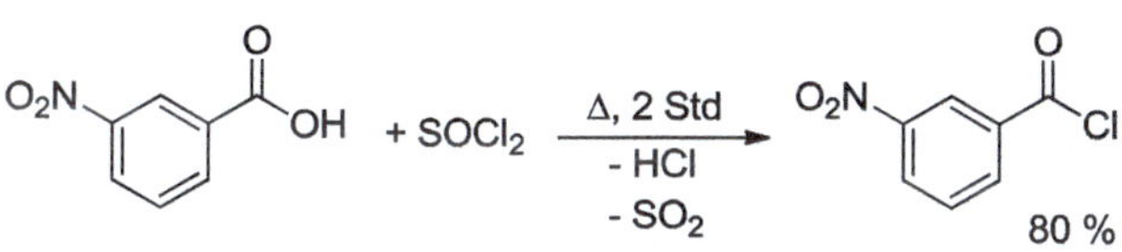

Auch Phosphortrichlorid PCl_3, Phosphorpentachlorid PCl_5 oder Phosphorylchlorid $POCl_3$ sind für die Darstellung von Säurechloriden geeignete Chlorierungsmittel. Triebkraft ist in diesem Fall die Bildung sehr stabiler P–O-Bindungen. Die Bildung der Carbonsäurechloride erfolgt in allen Fällen über gemischte Anhydride aus der Carbonsäure und der entsprechenden anorganischen Säure wie der schwefligen Säure H_2SO_3 (beim Einsatz von $SOCl_2$) oder Phosphorsäure H_3PO_4 (beim Einsatz von PCl_5).

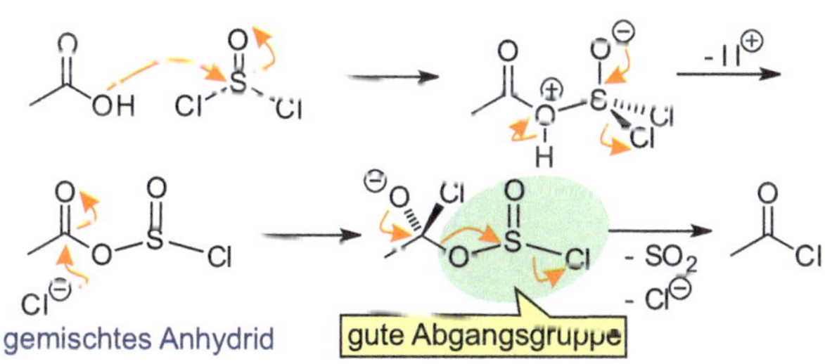

9.6.3 Carbonsäureester

Carbonsäureester lassen sich am besten durch Umsetzung von Säurechloriden oder Anhydriden mit Alkoholen darstellen (**Alkoholyse**). Die Reaktion ist irreversibel und verläuft in der Regel mit sehr guten Ausbeuten durch direkte Umsetzung der Reaktionspartner bei Raumtemperatur. Dabei greift der Alkohol die sehr elektrophile Carbonylgruppe des Säurechlorids nucleophil an. Die gebildete tetraedrische Zwischenstufe kann entweder wieder den Alkohol abspalten und zum Edukt zurückreagieren, oder aber Chlorid abspalten und den Ester bilden. Die Abspaltung des wesentlich schwächer basischen Chloridanions ist deutlich einfacher als die des stärker basischen Alkohols. **Generell wird aus dem tetraedrischen Intermediat immer bevorzugt die beste Abgangsgruppe, also die schwächste Base, abgespalten.** Die an der Bildung der tetraedrischen Zwischenstufe beteiligten Protonentransferprozesse erfolgen wahrscheinlich bereits wieder direkt während des Angriffs des Alkohols (▸ Exkurs 9.4).

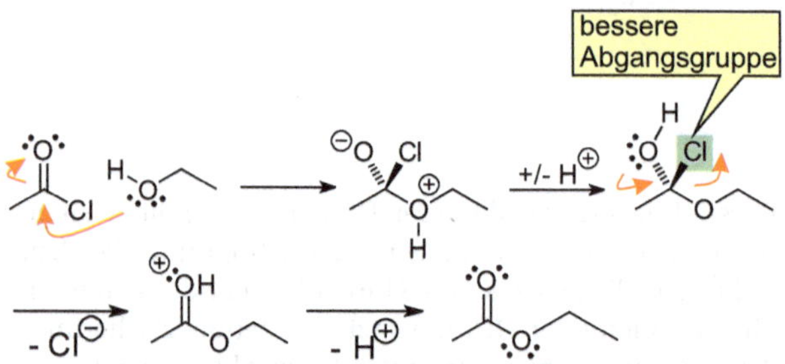

Aktivierung einer Säure durch...

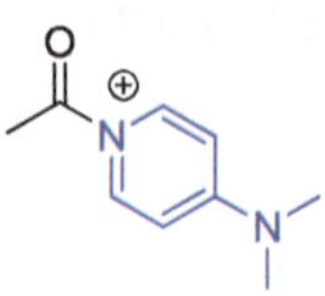

...DMAP

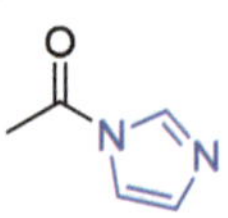

...Imidazol

Analog verläuft die Umsetzung mit Säureanhydriden, die allerdings aufgrund der geringen Reaktivität der Anhydride sehr viel langsamer ist. **Die Reaktionen lassen sich aber durch Zugabe von z.B. Pyridin (oder auch Dimethylaminopyridin, DMAP, oder Imidazol) beschleunigen.** Es findet eine sogenannte **nucleophile Katalyse** statt. Pyridin ist ein wesentlich besseres Nucleophil als der Alkohol und greift daher das Anhydrid sehr viel schneller an. Es entsteht ein **Acylpyridiniumion**, das wiederum sehr viel reaktiver ist als das Anhydrid oder auch als ein Säurechlorid, da der positiv geladene Pyridiniumrest einen noch stärkeren elektronenziehenden (–)-I-Effekt hat als das Chlor im Säurechlorid oder der Acetylrest –OAc im Anhydrid. Das Carbonyl-C-Atom ist daher noch elektrophiler, weshalb das Acylpyridiniumion sehr viel schneller vom schwach nucleophilen Alkohol angegriffen wird als das ursprüngliche Säurederivat. Pyridin ist aber auch eine gute Abgangsgruppe, sodass der Zerfall der tetraedrischen Zwischenstufe nach dem Angriff des Alkohols zum Produkt ebenfalls schnell verläuft. Somit werden beide Schritte der Esterbildung, die Addition des Alkohols und der Zerfall des tetraedrischen Intermediats, durch das Pyridin beschleunigt.

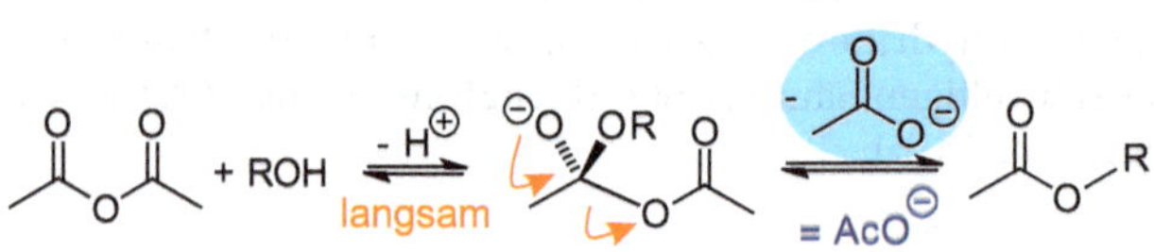

nucleophile Katalyse durch Pyridin

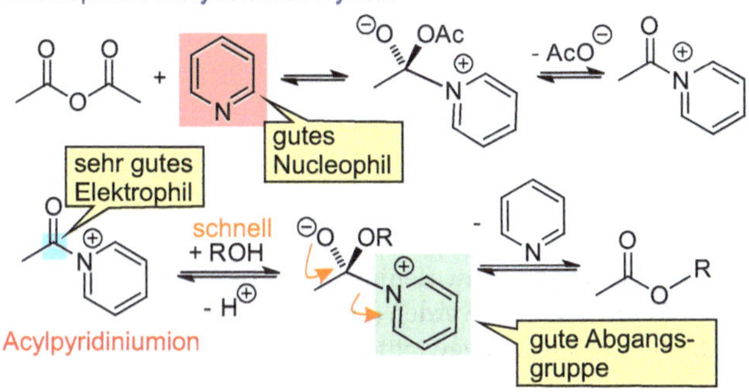

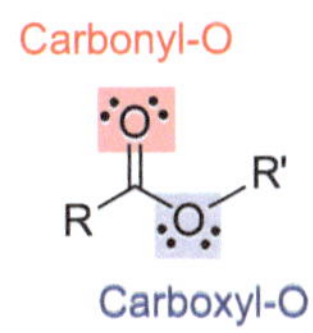

Ester lassen sich auch aus Carbonsäuren und Alkoholen darstellen. Da Carbonsäuren aber nur schwache Elektrophile und Alkohole schwache Nucleophile sind, ist die Reaktion sehr langsam. Sie läuft erst dann mit nennenswerter Geschwindigkeit ab, wenn sie durch die Zugabe einer starken Säure (z. B. Schwefelsäure oder *p*-TsOH) beschleunigt wird (**säurekatalysierte Veresterung**, auch Fischer-Veresterung genannt). Die zugesetzte Säure protoniert bevorzugt die Carbonsäure am Carbonyl-O-Atom. (Achtung: *Die Protonierung am Carboxyl-O-Atom ist sehr viel ungünstiger*, da das dann entstehende Kation nicht resonanzstabilisiert und damit deutlich instabiler ist als bei einer Protonierung am Carbonyl-O-Atom. Dies ist ein von Anfängern häufig gemachter Fehler!). Wie immer wird durch die Protonierung die Elektrophilie des Carbonyl-C-Atoms deutlich erhöht (▸ Kapitel 9.4.2). Die protonierte Carbonsäure ist also sehr viel reaktiver als die nicht protonierte Form und reagiert auch mit dem nur schwach nucleophilen Alkohol schnell (▸ Abbildung 9.3). Aus der gebildeten tetraedrischen Zwischenstufe wird nach Protonierung der OH-Gruppe (d. h. Überführung in eine gute Abgangsgruppe) Wasser abgespalten. Man erhält den Ester. Allerdings ist die Rückreaktion des tetraedrischen Intermediats zum Edukt (Abspaltung des Alkohols) genauso wahrscheinlich wie die Reaktion zum Produkt (Abspaltung von Wasser). Denn Wasser oder Alkohol sind ähnlich basisch und damit gleich gute Abgangsgruppen. Die säurekatalysierte Veresterung ist also eine **reversible Reaktion**.

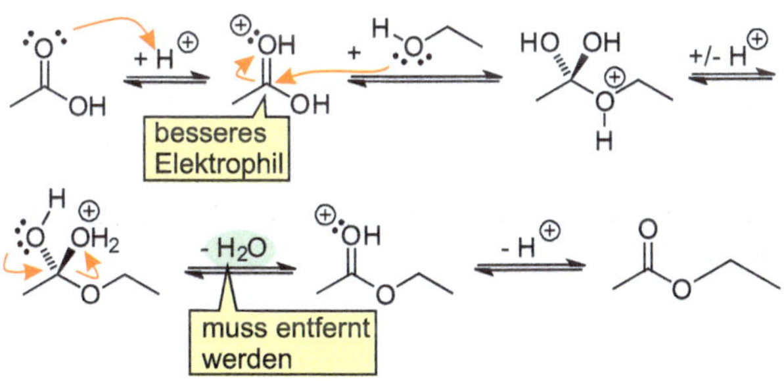

Da die Resonanzstabilisierung einer Carbonylgruppe durch –OH bzw. –OR nahezu identisch ist (ca. 60 kJ/mol), sind Carbonsäure und Ester ähnlich stabil (▸ Exkurs 9.7). Daher liegt das Gleichgewicht für die Veresterung in der Mitte (die Gleichgewichtskonstante *K* ist etwa 1). Für eine quantitative Umsetzung muss das frei werdende Wasser aus der Reaktionsmischung entfernt werden (z. B. durch **azeotrope Destillation**) oder der Alkohol im Überschuss eingesetzt werden. So ergibt das Erhitzen von Propionsäure mit Butanol in Gegenwart katalytischer Mengen *p*-TsOH innerhalb von ca. drei Stunden in 90 % Ausbeute Propionsäure-1-butylester, wenn das entstehende Wasser unter Verwendung eines Wasserabscheiders azeotrop mit Cyclohexan aus dem Reaktionsgemisch entfernt wird.

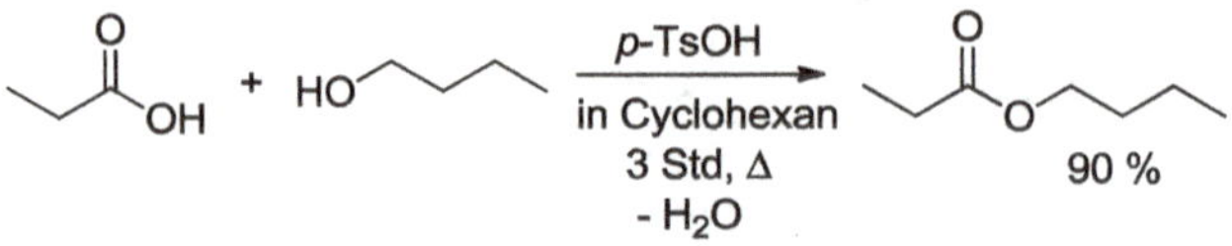

Umgekehrt kann ein Ester in wässriger Lösung bei Anwesenheit katalytischer Mengen Säure auch wieder in die Säure und den Alkohol gespalten werden (**Esterhydrolyse**). Da das Wasser im Überschuss vorliegt, verschiebt sich das Gleichgewicht in Richtung der gewünschten Produkte (Säure und Alkohol).

Die **Esterspaltung** lässt sich auch in basischer Lösung durchführen (**Verseifung**). Sie ist dann irreversibel und daher quantitativ. Nach dem Angriff von OH^- auf die Carbonylgruppe des Esters wird aus der gebildeten tetraedrischen Zwischenstufe ein Alkoholat abgespalten. Da das Alkoholat eine starke Base (pK_s-Wert ca. 16) und damit eine schlechte Abgangsgruppe ist, verläuft dieser Schritt langsam, die Verseifung erfordert in der Regel erhöhte Temperaturen. Es bildet sich die Carbonsäure, die aber sofort durch das Alkoholat RO^- bzw. OH^- zum Carboxylat deprotoniert wird. Dieses ist so stabil, dass es unter den Reaktionsbedingungen nicht wieder zurückreagieren kann (▶ Kapitel 9.6.1). Der letzte Reaktionsschritt ist also irreversibel und stellt die thermodynamische Triebkraft der Gesamtreaktion dar. Das heißt, **durch diese Säure-Base-Reaktion verschieben sich alle vorherigen Gleichgewichte komplett auf die Seite des Produkts**. Die Base ist bei dieser Reaktion kein Katalysator, sondern wird zur Deprotonierung der Carbonsäure verbraucht. Sie muss also in stöchiometrischen Mengen eingesetzt werden.

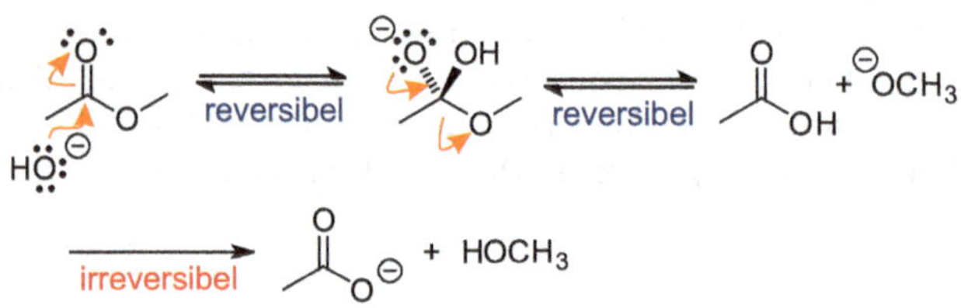

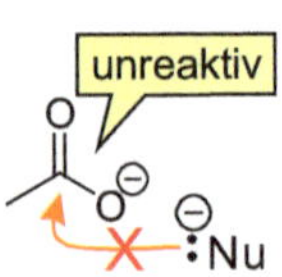

Die umgekehrte Reaktion, die Darstellung von Estern in basischer Lösung durch die Umsetzung einer Carbonsäure mit einem Alkohol, ist nicht möglich, da die Carbonsäure sofort durch die Base zum unreaktiven Carboxylat deprotoniert wird, das nicht weiterreagieren kann. **Ester können also säurekatalysiert gebildet oder hydrolysiert werden. In basischer Lösung ist nur die Hydrolyse möglich.**

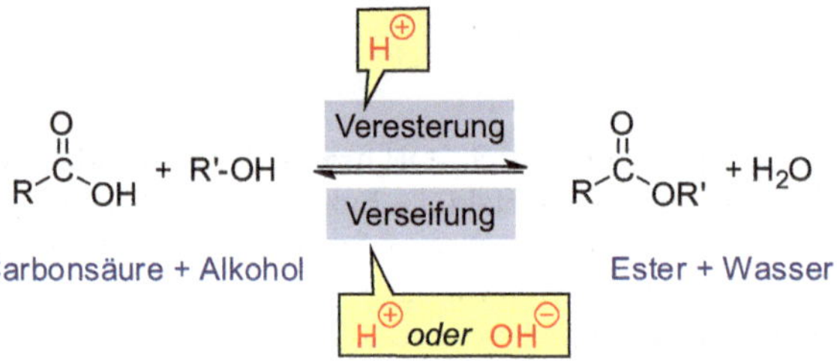

Der Name Verseifung kommt übrigens daher, dass die bei der alkalischen Hydrolyse von Estern langkettiger Carbonsäuren entstehenden Alkalimetallsalze dieser Fettsäuren Seifen sind. Seifen sind waschaktive Substanzen (▶ Kapitel 4.10.2), die aus einem langen hydrophoben Molekülteil mit einer polaren Kopfgruppe bestehen und damit Tensideigenschaften haben. Früher hat man solche Seifen durch Kochen von Pflanzen- und Tierfetten hergestellt. Fette sind **Triacylglycerole** (früher auch als Triglyceride bezeichnet), also Ester langkettiger Carbonsäuren (in der Regel mit einer geraden Anzahl an C-Atomen) mit dem dreiwertigem Alkohol Glycerol (Propan-1,2,3-triol).

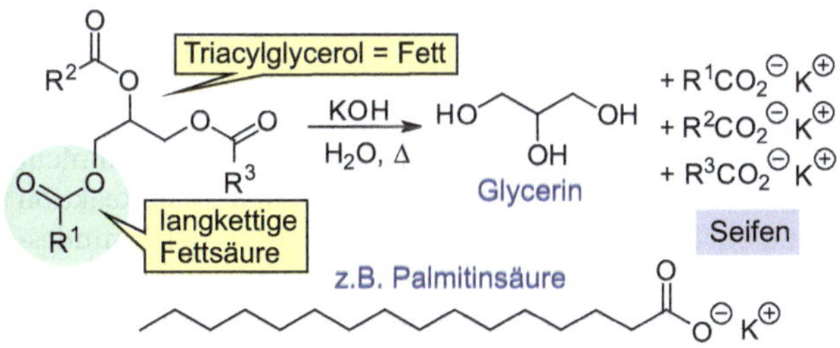

Ester sind leichter flüchtig (haben also niedrigere Siedetemperaturen) als die entsprechenden Carbonsäuren, da Ester im Gegensatz zu Carbonsäuren untereinander keine H-Brücken ausbilden können (▶ Kapitel 2.4.2). Ihnen fehlt das positiv polarisierte H-Atom der Carboxylgruppe –C(=O)OH, das für die Ausbildung von H-Brücken notwendig ist. Insbesondere Ester kurzkettiger Carbonsäuren und Alkohole riechen angenehm fruchtig und werden daher vielfach in der Industrie und Lebensmittelbranche als **Duftstoffe** eingesetzt. So riecht z. B. Essigsäurepentylester nach Banane oder Buttersäureethylester nach Ananas (im Gegensatz zum sehr widerwärtigen Geruch der Buttersäure selbst, ▶ Kapitel 9.2.2).

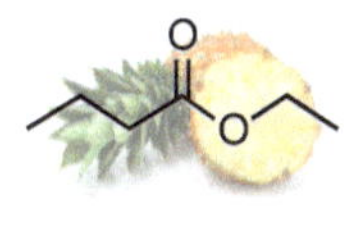

Buttersäureethylester riecht nach Ananas.

Ähnlich wie bei den cyclischen Halbacetalen (▶ Kapitel 9.5.2) kann sich ein Ester auch intramolekular bilden, wenn ein Molekül sowohl eine Carbonsäuregruppe als auch eine Alkoholgruppe enthält. Ein solcher cyclischer Ester, **Lacton** genannt, bildet sich wieder besonders leicht, wenn spannungsfreie Fünf- oder Sechsringe gebildet werden. Die Ringgröße des Lactons kennzeichnet man häufig durch die Angabe des griechischen Buchstabens, der die Position der Alkoholgruppe relativ zur Carboxylgruppe angibt.

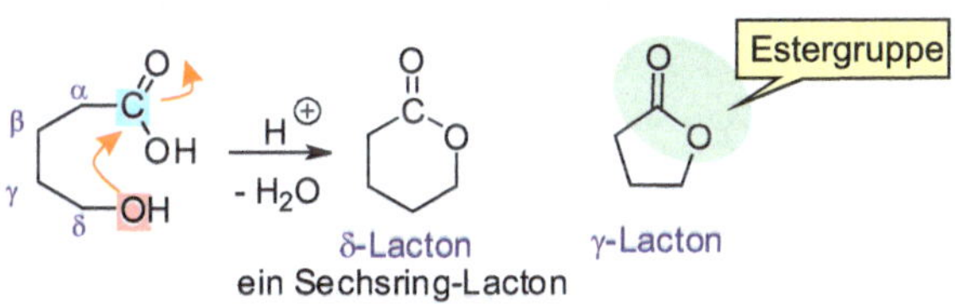

9.6.4 Carbonsäureamide

Die Herstellung von Carbonsäureamiden gelingt am einfachsten durch die Umsetzung von Säurechloriden, Anhydriden oder Estern mit Ammoniak oder primären bzw. sekundären Aminen (**Ammonolyse**). Mit tertiären Aminen entstehen keine stabilen Produkte, sondern wie bei der Reaktion mit Pyridin aktivierte Säurederivate (▶ Kapitel 9.6.3). Diese zerfallen entweder wieder in die Edukte oder übertragen den so aktivierten Acylrest auf ein anderes anwesendes Nucleophil.

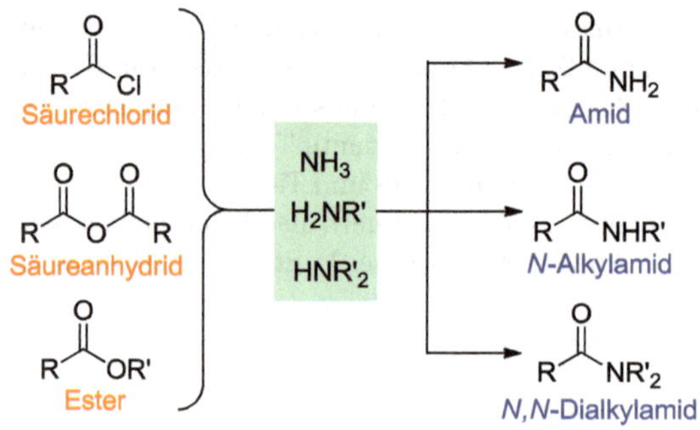

Bei der Reaktion mit einem Säurechlorid wird ein Äquivalent HCl frei, das das noch nicht umgesetzte Amin zum nicht mehr nucleophilen Ammoniumsalz protoniert. Die Reaktion wäre somit bei einem Umsatz von maximal 50 % beendet. Daher müssen entweder mindestens zwei Äquivalente des Amins eingesetzt werden oder alternativ wird ein Äquivalent einer anderen Base (z. B. wässrige NaOH) zugesetzt (**Schotten-Baumann-Reaktion**), um die frei werdende Säure abzufangen. Um eine Hydrolyse des Säurechlorids durch OH^- zu verhindern, wird in der Regel die Natronlauge oder das Säurechlorid nur nach und nach zur Reaktionsmischung zugegeben. Noch besser können Pyridin oder NEt_3 zum Abfangen von HCl genutzt werden. Dann findet gleichzeitig eine nucleophile Katalyse statt (▶ Kapitel 9.6.3), was zu wesentlich schnelleren Umsetzungen führt.

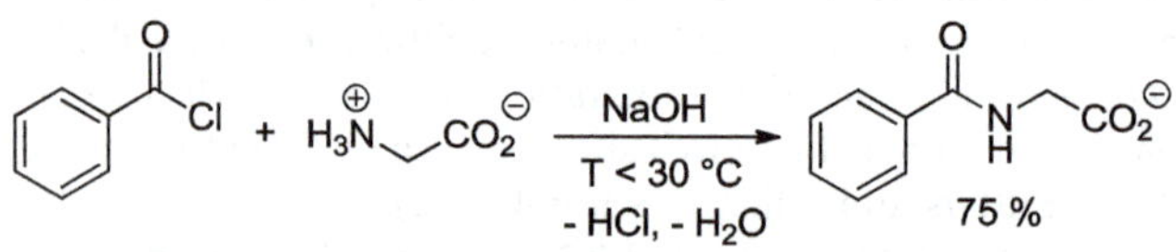

Die direkte Darstellung von Amiden durch Umsetzung von Carbonsäuren mit Aminen gelingt nicht bzw. nur unter sehr drastischen Bedingungen. Amine sind Basen und deprotonieren die Carbonsäuren sofort zu den unreaktiven Carboxylaten. Man erhält also lediglich die Ammoniumsalze der Carbonsäure. Beim trockenen Erhitzen auf mehrere Hundert Grad Celsius können daraus durch Wasserabspaltung zwar auch Carbonsäureamide entstehen. Diese drastischen Reaktionsbedingungen sind aber nur für wenige Substrate geeignet. Im Labor spielt die Reaktion keine Rolle.

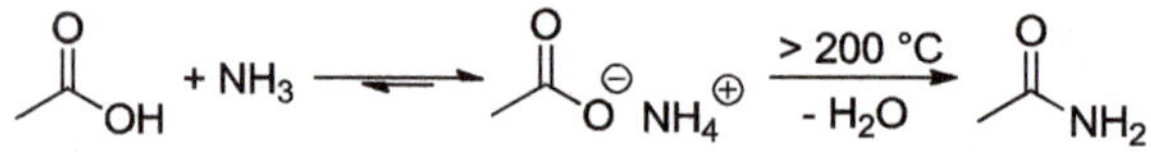

Um aus Carbonsäuren Amide herzustellen, muss die Carbonsäure zuvor z. B. durch Überführung in ein Säurechlorid aktiviert werden. Die Aktivierung kann aber auch *in situ* durch sogenannte **Kupplungsreagentien** wie Dicyclohexylcarbodiimid (DCC) durchgeführt werden. Bei diesen Verbindungen handelt es sich um sogenannte Kondensationsmittel, die das bei der Bildung der Amidbindung freiwerdende Wasser chemisch binden. Aus DCC wird dabei Dicylohexylharnstoff.

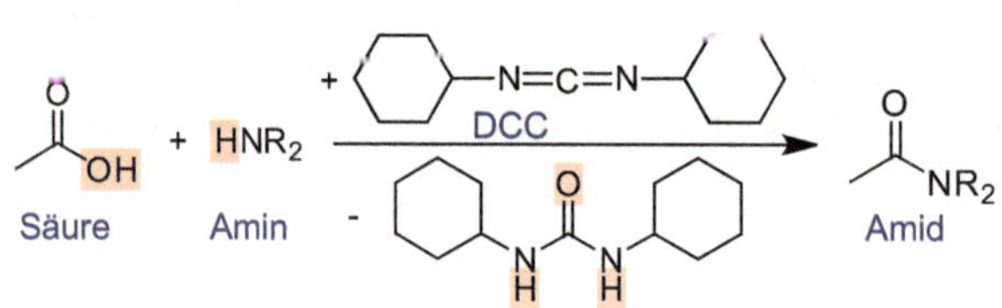

Ein Carbodiimid ist ein sogenanntes **Heterokumulen** (▶ Kapitel 1.5.4). Formal handelt es sich dabei um Anhydride von Kohlensäurederivaten (in diesem Fall des Harnstoffs). Wie bei allen Säurederivaten ist das zentrale C-Atom des Diimids elektrophil und kann daher insbesondere nach vorheriger Protonierung durch die Carbonsäure leicht nucleophil vom Carboxylat angegriffen werden. Dabei entsteht ein **aktiviertes Säurederivat**, ein sogenanntes *O*-Acylharnstoffderivat, das dann in einer normalen Acylsubstitution mit dem Amin (oder auch einem anderen Nucleophil) unter Abspaltung des Harnstoffs zum Amid reagiert.

X=C=Y

X, Y = O, S, NR,

Heterokumulene

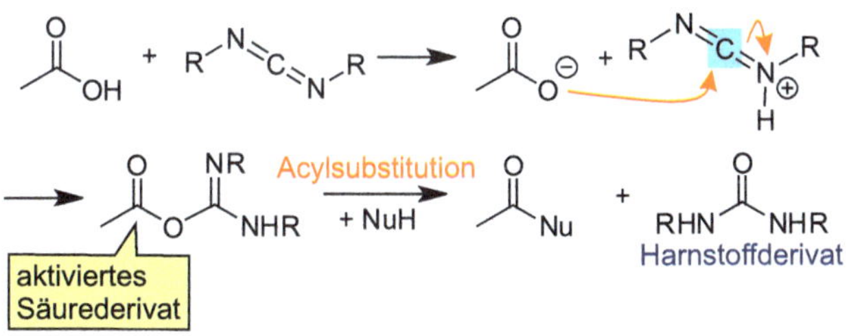

Exkurs 9.8: Die Amidbindung

Die **Amidbindung ist sehr stabil** und damit chemisch sehr inert. Carbonsäureamide sind nach den Carboxylaten die am wenigsten reaktiven Carbonsäurederivate. Allerdings können Carboxylate durch Protonierung leicht in Carbonsäuren überführt werden, welche deutlich reaktiver sind und eine Vielzahl chemischer Reaktionen eingehen. Carbonsäureamide reagieren hingegen nur unter sehr drastischen Bedingungen mit Nucleophilen (bei hohen Temperaturen oder mit sehr reaktiven Nucleophilen wie Metallhydriden oder Carbanionen, ▶ Kapitel 9.6.5). Ursache für die Reaktionsträgheit ist die **hohe Resonanzstabilisierung der Amidbindung von ca. 90 kJ/mol**, aus der sich einige besondere Eigenschaften der Amidbindung ergeben:

- Die **Amidgruppe ist planar.** (Zur Erinnerung: Mesomerie kann nur auftreten, wenn alle beteiligten Atome in einer Ebene liegen und damit alle miteinander wechselwirkenden p-Orbitale parallel angeordnet sind, ▶ Kapitel 1.7.)
- Durch die ausgeprägte Resonanzwechselwirkung erhält die C–N-Bindung des Amids etwa 40 % **Doppelbindungscharakter**. Die Rotationsbarriere ist bei einfachen Amiden mit ca. 80 kJ/mol daher deutlich höher als bei einer normalen Einfachbindung. Um diese Bindung herrscht daher bei Raumtemperatur **keine freie Drehbarkeit** (▶ Kapitel 1.6). Von *N*-alkylierten Amiden existieren daher wie bei Alkenen *cis*/*trans*-Diastereomere (▶ Kapitel 3.2). Die *trans*-Form ist in der Regel thermodynamisch etwas günstiger als die *cis*-Form (ca. 10 kJ/mol). Achtung: Nach der CIP-Nomenklatur (▶ Kapitel 3.2) entspricht ein *trans*-Amid dem *Z*-Diastereomer und ein *cis*-Amid dem *E*-Diastereomer; *trans*/*cis* bezieht sich auf die relative Anordnung der beiden Alkylreste, die vom Carbonyl-C-Atom bzw. dem Amid-N-Atom ausgehen. *E*/*Z* bezieht sich hingegen auf die relative Stellung der Substituenten mit der jeweils höchsten Priorität, also dem Carbonyl-O-Atom und dem Alkylrest am N-Atom.
- **Amidgruppen sind sehr gute H-Brücken-Donoren und -Akzeptoren.** Amide weisen daher in der Regel sehr hohe Schmelz- und Siedetemperaturen auf. So ist z. B. Acetamid $CH_3C(=O)NH_2$ bei Raumtemperatur ein weißer, kristalliner Feststoff mit einem Schmelzpunkt von 82 °C im Vergleich zur flüssigen Essigsäure (Schmelzpunkt 17 °C).
- Der **Amidstickstoff ist nicht mehr basisch und auch nicht nucleophil**, anders als in einem Amin (▶ Exkurs 9.5), da das freie Elektronenpaar durch die Resonanz über

die Carbonylgruppe delokalisiert und damit im Wesentlichen zum O-Atom hin verschoben ist. Eine Protonierung findet daher nur am Carbonyl-O-Atom und nicht am N-Atom statt. Das Amid-NH ist im Gegenteil sogar leicht acide (pK_s-Wert ca. 20) und kann durch starke Basen deprotoniert werden.

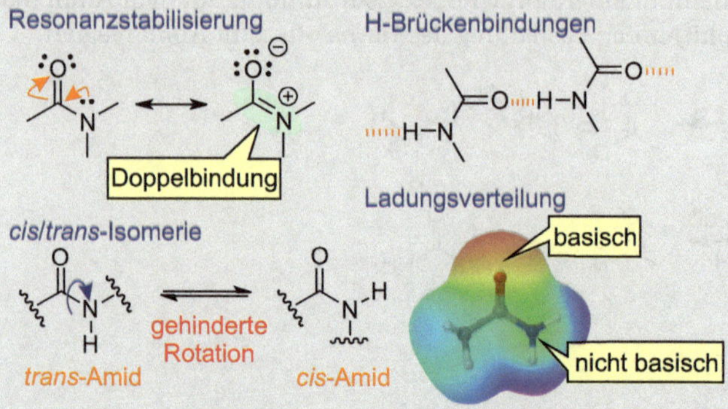

Diese besonderen Eigenschaften der Amidbindung sind z. B. für die Struktur und die chemischen Eigenschaften von Peptiden und Proteinen sehr wichtig, bei denen α-Aminosäuren durch Amidbindungen miteinander zu langen Ketten vernetzt sind. Durch die Planarität der einzelnen Amidbindung, ihrer bevorzugten *trans*-Konfiguration und der Fähigkeit zur Ausbildung von H-Brücken sind innerhalb solcher Peptidketten nur bestimmte Anordnungen der Amidgruppen relativ zueinander möglich, die zu den beiden bekannten Sekundärstrukturmotiven, α-Helix und β-Faltblatt, führen.

Die umgekehrte Reaktion, also die **Hydrolyse von Amiden** zu Carbonsäuren und Aminen, ist sowohl säure- als auch basenkatalysiert möglich. Aber **Amide sind sehr stabile Verbindungen** (▶ Exkurs 9.8), sodass für ihre Hydrolyse hohe Temperaturen und lange Reaktionszeiten erforderlich sind (z. B. mehrstündiges Kochen in halbkonzentrierter Salzsäure oder Natronlauge). Die Reaktionen verlaufen in der Regel quantitativ, da jeweils eine irreversible Säure-Base-Reaktion am Ende der Hydrolyse das Gleichgewicht vollständig auf die Produktseite verschiebt. Die Hydrolyse im Sauren entspricht der Esterhydrolyse (▶ Kapitel 9.6.3). Im Basischen müsste nach dem Angriff von OH^- auf die Amidgruppe als Abgangsgruppe NH_2^- aus dem tetraedrischen Intermediat abgespalten werden. Das Amidanion NH_2^- ist aber eine sehr starke Base (der pK_s-Wert von NH_3 beträgt etwa 35, ▶ Kapitel 6.3.5) und ist damit eine derart schlechte Abgangsgruppe, dass diese Reaktion praktisch nicht stattfindet. Wahrscheinlich wird zuerst durch eine weitere Deprotonierung des tetraedrischen Intermediats ein energiereiches Dianion gebildet. Dieses Säure-Base-Gleichgewicht liegt zwar auf der Seite der Edukte, sodass nur ein geringer Anteil Dianion im Gleichgewicht vorliegt. Dieses hat aber eine höhere Elektronendichte, was die Abspaltung der Abgangsgruppe erleichtert. Anders formuliert, das Dianion ist energiereicher und damit instabiler als das normale tetraedrische Intermediat. Dadurch wird das Edukt energetisch angehoben, sodass die Barriere für die nachfolgende Abspaltung von NH_2^- kleiner wird. Gleichzeitig mit der Abspaltung von NH_2^- erfolgt dann die Protonierung durch Wasser zu Ammoniak (▶ Exkurs 9.4).

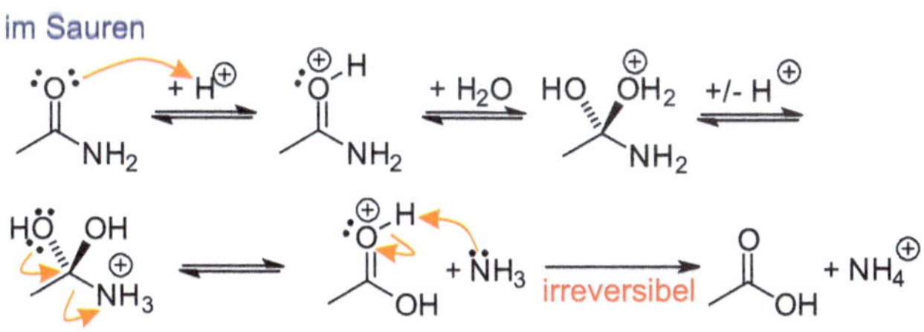

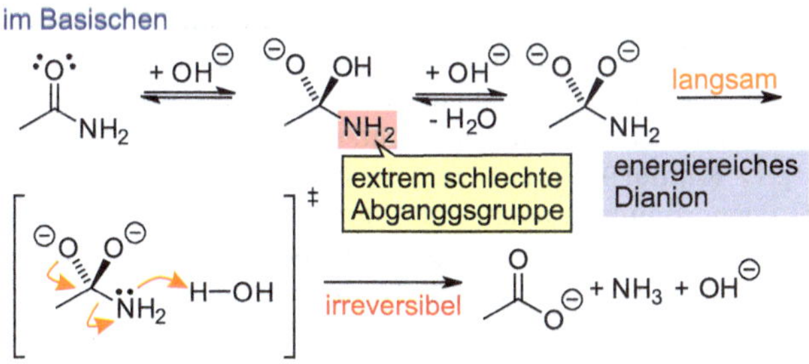

9.6.5 Reduktion von Carbonsäurederivaten mit Metallhydriden und metallorganischen Verbindungen

Carbonsäuren, Säurechloride und Ester werden von Metallhydriden wie $LiAlH_4$ zu primären Alkoholen und mit Grignard-Reagenzien oder anderen metallorganischen Verbindungen RM zu tertiären Alkoholen reduziert (▸ Kapitel 9.2.4). Dabei entsteht in einer Acylsubstitution zuerst ein Aldehyd (bei der Reaktion mit Hydriden) bzw. ein Keton (bei der Reaktion mit RM), die dann weiter zu Alkoholen reduziert werden (▸ Kapitel 9.5.4). Die Reaktionen sind irreversibel und in der Regel quantitativ. Da die Isolierung der polaren Alkohole aber schwierig sein kann, liegen die isolierten Ausbeuten häufig eher im Bereich von 70–80 %.

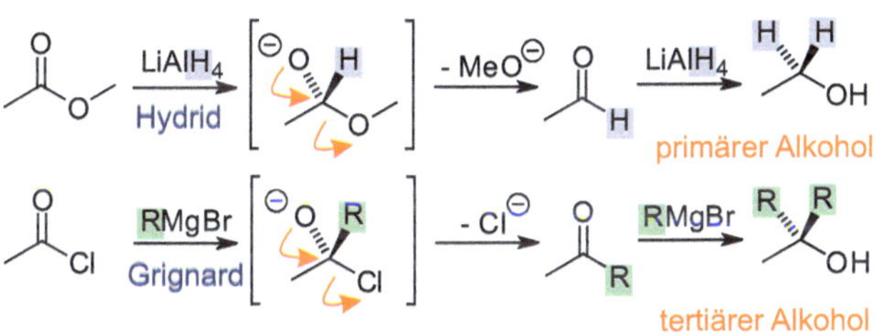

Natriumboranat $NaBH_4$ ist übrigens im Gegensatz zu $LiAlH_4$ nicht reaktiv genug, um Ester oder Carbonsäuren zu reduzieren. Somit hat man die Möglichkeit, in einem Molekül selektiv einen Aldehyd und ein Keton in Gegenwart eines Esters mit $NaBH_4$ zum Alkohol zu reduzieren, ohne dass der Ester reduziert wird.

Mit speziellen Hydridreagentien wie **DIBAL-H** (Diisobutylaluminiumhydrid) kann die Reduktion eines Säurederivats bei tiefer Temperatur auf der Stufe der Aldehyde gestoppt werden. DIBAL-H bzw. das daraus nach dem Hydridtransfer verbleibende i-Bu_2Al^+-Teilchen ist eine starke Lewis-Säure, die an das zuerst gebildete tetraedrische Intermediat, ein Halbacetal, koordiniert und dieses so stabilisiert, dass es zumindest bei tiefer Temperatur und in nicht zu polaren Lösemitteln (häufig Toluen oder Hexan) stabil ist. Erst bei der nachträg-

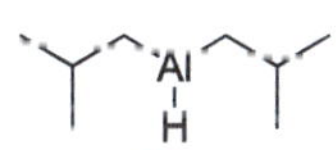
DIBAL-H

lichen wässrigen Aufarbeitung zerfällt das Halbacetal dann zum Aldehyd. Der Nachteil von DIBAL-H ist, dass es relativ teuer ist und anders als $LiAlH_4$ nur ein Hydridion überträgt.

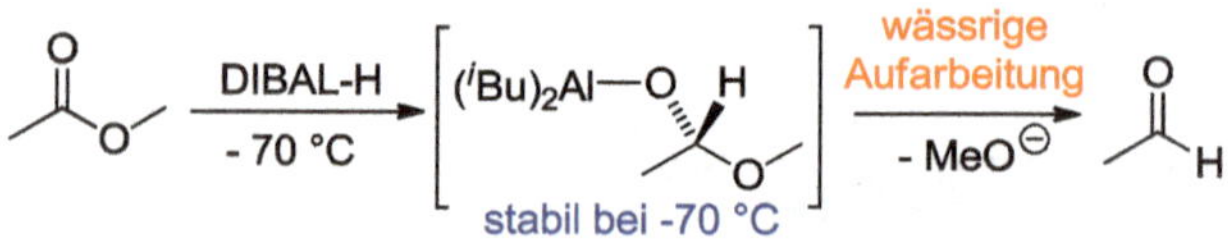

Bei der **Reduktion von Carbonsäureamiden mit $LiAlH_4$ erhält man die entsprechenden Amine** und nicht die Alkohole. Dieses vielleicht auf den ersten Blick etwas überraschende Ergebnis ist leicht verständlich, wenn man die Qualitäten der verschiedenen Abgangsgruppen im tetraedrischen Intermediat, einem Halbaminal, vergleicht. OH^- bzw. der an das Aluminium koordinierte Rest $-OAlR_3^-$ (▶ Kapitel 9.5.4) ist zwar eine schlechte Abgangsgruppe, aber NH_2^- ist eine um mehrere Größenordnungen noch schlechtere Abgangsgruppe. Daher wird aus dem Halbaminal wie gewohnt die beste Abgangsgruppe, also OH^- bzw. $-OAlR_3^-$, abgespalten. Es entsteht ein Imin, das dann von $LiAlH_4$ zum Amin reduziert wird.

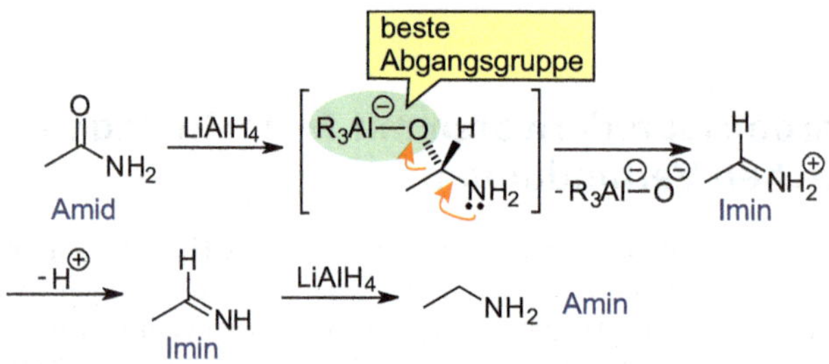

ZUSAMMENFASSUNG

Im vorliegenden Kapitel haben wir Folgendes über Carbonylverbindungen und ihre Reaktionen gelernt:

- Carbonylverbindung reagieren aufgrund der polarisierten $C^{\delta+}$=$O^{\delta-}$-Doppelbindung sowohl mit Nucleophilen (Angriff am Carbonylkohlenstoff → tetraedrische Zwischenstufe) als auch mit Elektrophilen (Angriff am Carbonylsauerstoff → Aktivierung). Eine in saurer Lösung vorgelagerte Protonierung des Carbonylsauerstoffs beschleunigt den nachfolgenden Angriff eines Nucleophils (Säurekatalyse). Die Reaktionen an der Carbonylgruppe sind in den meisten Fällen reversibel.
- Durch den Angriff des Nucleophils am Carbonyl-C-Atom werden die π-Elektronen der C=O-Bindung zum Sauerstoff hin verschoben, es entsteht eine tetraedrische Zwischenstufe, in der das ehemalige Carbonyl-C-Atom nun sp^3-hybridisiert ist.
- Bei Carbonsäurederivaten ist eine gute Abgangsgruppe X vorhanden, die aus der tetraedrischen Zwischenstufe abgespalten wird, sodass sich die Carbonylgruppe zurückbildet. Es entsteht ein neues Carbonsäurederivat. Die Gesamtreaktion ist eine Substitution.
- Da bei Ketonen und Aldehyden keine Abgangsgruppe vorhanden ist, stabilisiert sich die tetraedrische Zwischenstufe durch Protonenübertragung. Insgesamt erfolgt eine Addition des Nucleophils an die Carbonylverbindung. Mit Wasser bilden sich Hydrate, mit Alkoholen Halbacetale, mit Aminen Halbaminale und mit Thiolen Hemithioacetale. Diese Derivate sind nur in seltenen Fällen stabil (z. B. cyclische Halbacetale). In saurer Lösung kann sich eine Folgereaktion anschließen, es bilden sich Acetale, Thioacetale oder (selten) Aminale.
- Mit Aminen reagieren Aldehyde und Ketone unter Kondensation zu Iminen (primäre Amine) oder Enaminen (sekundäre Amine).
- Carbonsäuren sind acide, da bei der Deprotonierung ein resonanzstabilisiertes Carboxylatanion entsteht.
- Die Reaktivität von Carbonsäurederivaten nimmt in folgender Reihenfolge ab: Säurechlorid > Anhydrid > Thioester > Carbonsäureester > Carbonsäureamid > Carboxylat (ist völlig unreaktiv). Aus reaktiveren Carbonsäurederivaten können durch eine direkte Umsetzung mit dem entsprechenden Nucleophil die weniger reaktiven Derivate hergestellt werden. Die umgekehrte Reaktion ist nicht möglich bzw. erfordert eine spezielle Reaktionsführung.
- Aus Carbonsäuren und Alkoholen entstehen säurekatalysiert Carbonsäureester. Da die Reaktion reversibel ist, erfolgt auch die Esterhydrolyse unter diesen Bedingungen. Man muss daher das Gleichgewicht durch geeignete Reaktionsführung (z. B. Entfernung von Wasser durch azeotrope Destillation oder Wasser im Überschuss) zur einen oder anderen Seite hin verschieben. Unter basischen Bedingungen findet nur die Esterhydrolyse (Verseifung) statt, eine Veresterung ist im Basischen nicht möglich.

ZUSAMMENFASSUNG

Reaktionen der Enolate und Enole

10

ÜBERBLICK

Lernziele

Nachdem Sie dieses Kapitel zu den Reaktionen der Enolate und Enole durchgearbeitet haben, sollten Sie verstanden haben,

- warum Carbonylverbindungen in α-Stellung durch Basen deprotoniert werden können, wodurch resonanzstabilisierte Enolatanionen gebildet werden,
- was man unter Keto-Enol-Tautomerie versteht,
- warum Enolate und Enole ambidente Nucleophile sind, die vor allem mit weichen Elektrophilen bevorzugt am C-Atom reagieren,
- wie man Carbonylverbindungen in α-Position halogenieren oder alkylieren kann,
- wie Enolate und Enole mit Carbonylverbindungen reagieren, wobei es in einer Kondensationsreaktion zur Knüpfung neuer C–C-Bindungen kommt.

Erhöhung der α-CH-Acidität: Angriff einer Base 10.1

Enolate und Enole sind genau wie Enamine (▶ Kapitel 9.5.3) sehr wichtige Intermediate bei einer Vielzahl chemischer Reaktionen. Sie lassen sich leicht aus Carbonylverbindungen erzeugen und werden bei einer Vielzahl an Reaktionen als **C-Nucleophile** z. B. zur **Knüpfung neuer C–C-Bindungen** genutzt.

Basen-Angriff

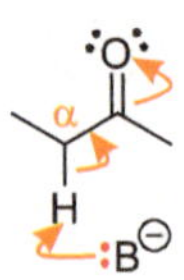

Im letzten Kapitel haben wir gesehen, dass Nucleophile mit Carbonylverbindungen an der C=O-Doppelbindung reagieren und dass je nach Art der Carbonylverbindung dabei eine Addition oder Acylsubstitution stattfindet (▶ Kapitel 9). Viele Nucleophile wie OH^-, tertiäre Amine NR_3 und metallorganische Verbindungen RM wie H_3CLi oder EtMgBr können auch als **Base** mit Carbonylverbindungen reagieren. Dabei kommt es zu einer **Deprotonierung am α-C-Atom** (sofern an dieser Position ein H-Atom vorhanden ist). Es entsteht ein resonanzstabilisiertes **Enolatanion**. Nach der Abspaltung des Protons ist das α-C-Atom ebenfalls sp^2-hybridisiert, sodass die negative Ladung über das π-System der benachbarten Carbonylgruppe delokalisiert ist. Wie man gut am Oberflächenpotenzial erkennt, ist die negative Ladung dabei größtenteils vom α-C-Atom zum O-Atom hin verschoben, da dieses elektronegativer ist und damit die negative Ladung besser stabilisieren kann als das C-Atom. Die Resonanzformel mit C=C-Doppelbindung und negativ geladenem Sauerstoffatom gibt daher die reale Elektronenstruktur des Anions besser wieder als die Resonanzformel mit der negativen Ladung am C-Atom. Davon leitet sich auch der Name Enolat (aus Alk-*en* und Alkoh-*olat*) ab.

Enolatanion des Acetaldehyds

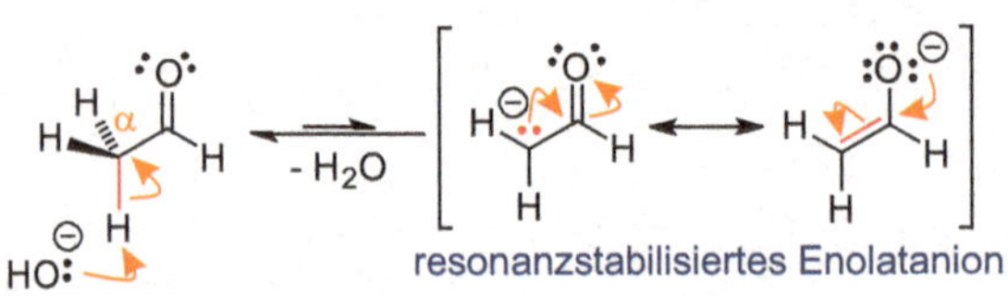

Im Acetaldehyd beträgt der pK_s-Wert der α-Protonen etwa 18. Eine C–H-Bindung im Ethan hat hingegen einen pK_s-Wert > 40. Die Resonanzstabilisierung erhöht also die Acidität der C–H-Bindungen in α-Position zu einer Carbonylgruppe um den Faktor > 10^{22}! Die Deprotonierung von Carbonylverbindungen erfolgt daher bereits durch Basen wie OH^- (der pK_s-Wert der korrespondierenden Säure H_2O ist 15,7) zumindest in so ausreichenden Mengen, dass chemische Reaktionen über Enolate als Zwischenstufen ablaufen können (▶ Kapitel 10.6). Um es noch einmal deutlich zu machen: **Nur die α-Protonen einer Carbonylverbindung sind**

acide und können durch eine Base abgespalten werden. Weder das direkt an die Carbonylgruppe gebundene Proton eines Aldehyds noch Protonen an weiter entfernten C-Atomen lassen sich durch Basen abspalten, da die entstehenden Anionen (ein Acylanion bzw. ein Alkylcarbanion) nicht resonanzstabilisiert und damit viel zu instabil sind. Nicht stabilisierte Alkylcarbanionen erhält man niemals ausgehend von Alkanen durch Deprotonierung, sondern nur ausgehend von Halogenalkanen durch Halogen-Metall-Austausch (▶ Kapitel 9.5.4), wobei die entstehenden Carbanionen R^- auch nicht frei vorliegen, sondern an die Metallkationen gebunden bleiben.

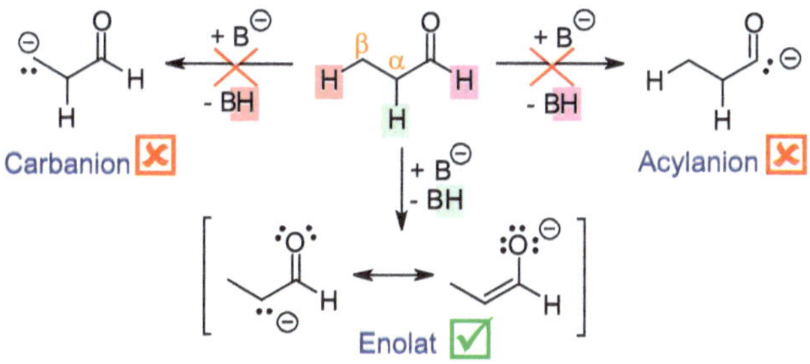

Die Deprotonierung einer Carbonylverbindung erfolgt analog zu der schon besprochenen Deprotonierung eines Iminiumions zu einem Enamin (▶ Kapitel 9.5.3) bzw. eines Carbeniumions zu einem Alken (▶ Kapitel 6.4). Die C–H-Bindungen in α-Position stabilisieren durch Hyperkonjugation das benachbarte elektrophile C-Atom der Carbonylgruppe. Dadurch wird die C–H-Bindung soweit geschwächt, dass die Abspaltung des Protons durch eine Base erleichtert wird (▶ Abbildung 10.1). Die Leichtigkeit, mit der diese Protonenabspaltung erfolgt, hängt vom Elektronendefizit am C-Atom ab und sinkt damit in der Reihenfolge Carbeniumion > Iminiumion > Carbonylgruppe. Während Carbeniumionen und Iminiumionen so stark sauer sind, dass sie bereits durch die sehr schwache Base Wasser deprotoniert werden können (also ihr Proton spontan abgeben, sobald sie entstanden sind), werden für die Deprotonierung einer Carbonylverbindung sehr viel stärkere Basen wie OH^- oder Alkoholate RO^- benötigt.

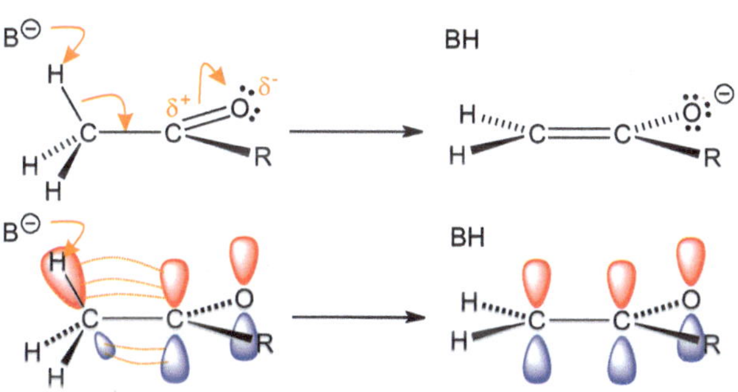

Abbildung 10.1: Orbitaldarstellung der Deprotonierung einer Carbonylverbindung. Durch die Wechselwirkung mit dem π-System der Carbonylgruppe wird die C–H-Bindung in α-Position soweit geschwächt, dass eine Deprotonierung durch Basen stattfinden kann. Dabei entsteht ein resonanzstabilisiertes Enolatanion, in dem die negative Ladung weitgehend zum elektronegativen O-Atom hin verschoben ist, wo sie gut stabilisiert wird.

Das Keto-Enol-Gleichgewicht 10.2

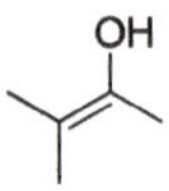

Enol

Was passiert nun, wenn das Enolatanion wieder protoniert wird? Die Protonierung kann sowohl am O-Atom als auch am C-Atom erfolgen, da an beiden Atomen eine negative Partialladung vorhanden ist (beide Atome sind also basisch). Findet die Protonierung am α-C-Atom statt, wird die ursprüngliche Carbonylverbindung zurückgebildet. Wird hingegen das Carbonyl-O-Atom protoniert, erhält man ein sogenanntes **Enol**. Der Name weist auf die Doppelbindung (*-en*) und die OH-Gruppe (*-ol*) hin. **Carbonylverbindung und Enol sind Konstitutionsisomere**, die durch Protonierung und Deprotonierung miteinander in einem chemischen Gleichgewicht stehen. Diesen speziellen Fall von Konstitutionsisomerie bezeichnet man als **Keto-Enol-Tautomerie** (unabhängig davon, ob es sich bei der Carbonylverbindung um einen Aldehyd oder ein Keton handelt). Ein anderes Beispiel für eine Tautomerie haben wir bereits bei der Wolff-Kishner-Reduktion kennengelernt (▶ Kapitel 8.5).

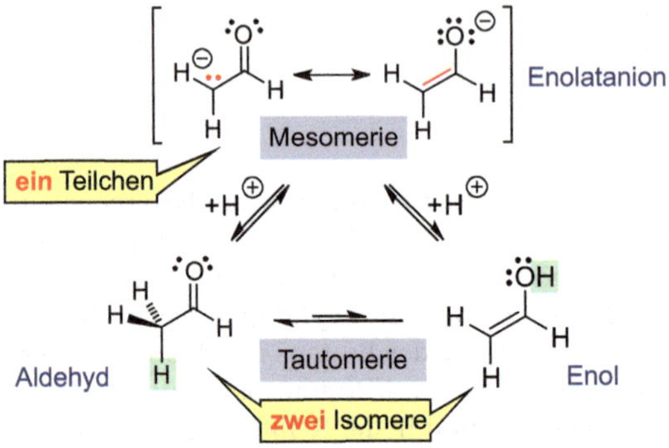

Achtung: **Die Tautomerie darf nicht mit der Mesomerie verwechselt werden.** Bei der Tautomerie stehen zwei verschiedene Moleküle (Isomere) in einem echten chemischen Gleichgewicht miteinander. Beide Isomere sind reale Teilchen. Sie haben unterschiedliche Strukturen und Elektronenverteilungen und besitzen damit auch unterschiedliche physikalische und chemische Eigenschaften. In manchen Fällen können die Tautomere auch einzeln isoliert werden. Bei Resonanzformeln handelt es sich um eine einzige Verbindung, deren delokalisierte Elektronenstruktur durch zwei oder mehrere hypothetische Resonanzformeln angenähert wird, wobei den einzelnen Resonanzformeln keinerlei reale physikalische Existenz zukommt.

Definition: Tautomerie

Wenn zwei Konstitutionsisomere durch eine chemische Gleichgewichtsreaktion schnell ineinander überführt werden, spricht man von **Tautomerie**. In den meisten Fällen handelt es sich um Reaktionen, bei denen Protonen verschoben werden. Die beiden Isomere bezeichnet man als **Tautomere**.

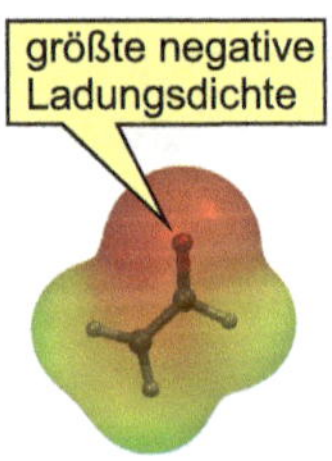

Die Protonierung erfolgt am schnellsten am O-Atom, da dieses eine sehr viel größere negative Ladungsdichte aufweist als das C-Atom (am Oberflächenpotenzial gut erkennbar). **Das Gleichgewicht zwischen Keto- und Enolform liegt aber bei den meisten Carbonylverbindungen nahezu vollständig auf der Seite der Ketoform.** Acetaldehyd und Aceton liegen im Gleichgewicht nur zu weniger als 0,1 % in der Enolform vor, Cyclohexanon zu etwa 1,2 %. Nur wenn die Enolform durch Substituenten zusätzlich stabilisiert wird, erhöht sich ihr Anteil im Gleichgewicht. Die Enolform von **β-Dicarbonylverbindungen**, die auch als 1,3-Dicarbonylverbindungen bezeichnet werden (die Angaben beziehen sich auf die *relative Position* der beiden Carbonylgruppen zueinander), ist z. B. durch eine intramolekulare Wasserstoffbrücke zwischen der OH-Gruppe des Enols und der zweiten Carbonylgruppe stabilisiert. Außerdem ist die Enoldoppelbindung zur C=O-Doppelbindung konjugiert und dadurch zusätzlich resonanzstabilisiert. Da die intramolekulare H-Brücke umso stabiler ist, je unpolarer das Lösemittel ist (▸ Kapitel 2.4.2), ist der Enolgehalt vom Lösemittel abhängig. Acetylaceton (2,4-Pentadion) liegt z. B. im Gleichgewicht im unpolaren CCl_4 fast komplett (95 %) in der Enolform vor, während im polaren Wasser die Ketoform (85 %) überwiegt. Als eine besonders stabilisierte Enolform kann man Phenol auffassen. Nur im Enol liegt ein stabilisiertes aromatisches System vor (▸ Kapitel 8), in der Ketoform nicht. Phenol existiert daher praktisch nur in der Enolform. Auch zwischen einem Imin und einem Enamin liegt eine Tautomerie vor. Das Gleichgewicht liegt in der Regel auf der Seite des Imins.

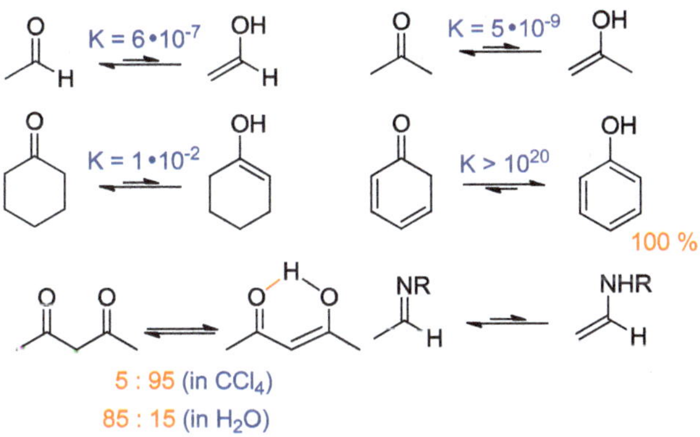

Die Einstellung des Keto-Enol-Gleichgewichts (auch als **Enolisierung** bezeichnet) ist in neutraler Lösung sehr langsam. Sie wird aber sowohl durch Säuren als auch durch Basen katalysiert. Die in saurer Lösung zumindest anteilig vorliegende protonierte Carbonylverbindung ist genau wie ein Iminiumion (▸ Kapitel 9.5.3) sehr viel acider als die nicht protonierte Carbonylverbindung und kann auch durch die schwache Base Wasser schnell zum Enol deprotoniert werden. In basischer Lösung liegt mit OH^- eine Base vor, die ausreichend stark ist, um direkt die Carbonylverbindung in α-Position zu deprotonieren. Das Enolatanion, selbst eine starke Base, kann dann am O-Atom durch die schwache Säure Wasser zum Enol protoniert werden. Je nach p*H*-Wert der Lösung sind also zwei verschiedene konjugierte Säure-Base-Paare an der Katalyse beteiligt: H_3O^+/H_2O in saurer Lösung und H_2O/OH^- in basischer Lösung.

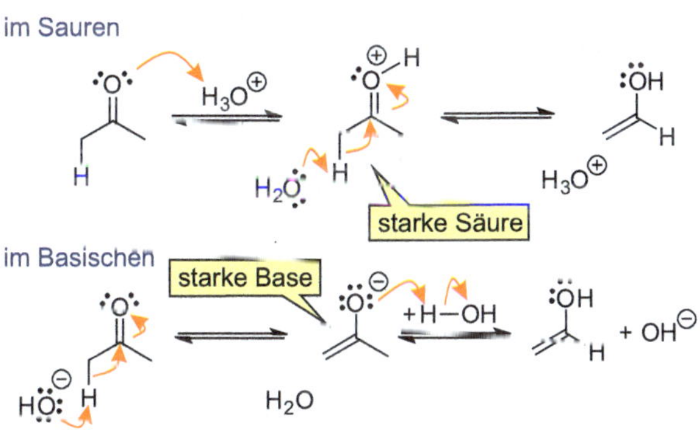

Acidität von Carbonylverbindungen 10.3

Nicht nur Aldehyde und Ketone können durch eine Base wie OH^- in α-Position relativ leicht zu einem resonanzstabilisierten Enolat deprotoniert werden (▶ Kapitel 10.1). Auch andere Carbonylverbindungen, z. B. Carbonsäurederivate, lassen sich zu Enolaten deprotonieren. Man spricht allgemein von **CH-aciden Verbindungen**. Allerdings ist die Acidität der α-H-Atome z. B. eines Esters mit einem pK_s-Wert von ca. 25 deutlich geringer als bei Aldehyden (pK_s-Wert ca. 16) oder Ketonen (pK_s-Wert ca. 20). Der Grund hierfür ist leicht verständlich. Generell werden Anionen durch elektronenziehende Reste stabilisiert (und umgekehrt Kationen durch elektronenschiebende). Das heißt, je stärker elektronenziehend und damit je elektrophiler eine Carbonylgruppe ist, desto besser wird das entsprechende Enolatanion stabilisiert. **Die α-CH-Acidität von Carbonylverbindungen folgt daher der gleichen Reihenfolge wie die Reaktivität für den Angriff eines Nucleophils**, die ebenfalls von der Elektrophilie der Carbonylgruppe abhängt (▶ Kapitel 9.6.1). Die Carbonylgruppe des Esters ist durch die elektronenschiebende Alkoxygruppe –OR weniger elektrophil und damit weniger elektronenziehend als die eines Aldehyds. Die negative Ladung des Enolats wird daher schlechter verteilt, das Anion ist instabiler (▶ Abbildung 10.2). β-Dicarbonylverbindungen, bei denen die negative Ladung durch zwei benachbarte Carbonylgruppen resonanzstabilisiert wird, sind hingegen deutlich saurer als Aldehyde. Die pK_s-Werte liegen zwischen ca. 9 und 13, je nachdem, ob es sich bei den beiden Carbonylgruppen um Aldehyd- bzw. Ketogruppen (besser elektronenziehend) oder Estergruppen (schlechter elektronenziehend) handelt.

typische pK_s-Werte:
Wasser H_2O 15,7
Alkohole ROH ca. 16–18
Aldehyde ca. 16
Ketone ca. 20
Ester ca. 25
LDA 35

pK_s-Werte von Carbonylverbindungen

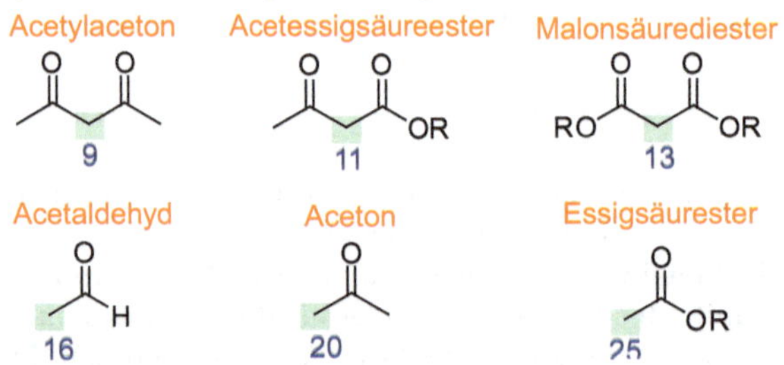

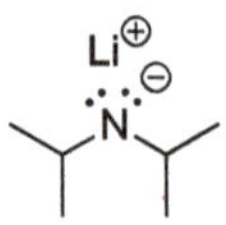

Lithiumdiisopropylamid (LDA)
pK_s-Wert der korrespondierenden Säure ca. 35

Wie anhand der pK_s-Werte ersichtlich ist, werden nur β-Dicarbonylverbindungen von Basen wie Hydroxid OH^- oder Alkoholaten RO^- (pK_s-Werte der korrespondierenden Säuren ca. 16–18) quantitativ zu Enolaten deprotoniert. (Achtung: Wir verwenden für die Charakterisierung der Stärke einer Base den pK_s-Wert der korrespondierenden Säure und nicht den pK_b-Wert der Base selbst. Das macht die Abschätzung der Gleichgewichtslage einer Säure-Base-Reaktion einfacher.) Bei allen anderen Carbonylverbindungen liegt im Säure-Base-Gleichgewicht nur ein **sehr geringer Anteil Enolat** vor. Für die Deprotonierung eines Esters durch Natriumethanolat NaOEt beträgt z. B. die Gleichgewichtskonstante K entsprechend der Differenz der pK_s-Werte der jeweiligen Säuren nur ca. 10^{-9}. Trotzdem reicht dieser geringe Anteil an Enolat auch für quantitative chemische Umsetzungen aus. In dem Maße, wie das Enolat reagiert, verschiebt sich das Deprotonierungsgleichgewicht und es wird so lange Enolat nachgebildet, bis die gesamte Carbonylverbindung vollständig umgesetzt ist. Will man hingegen vorab die Carbonylverbindung quantitativ in das Enolat überführen, muss man Basen einsetzen, deren pK_s-Werte deutlich größer als 25 sind (▶ Exkurs 10.1). Hierfür werden meistens Amidbasen wie **LDA** oder LiTMP (Lithiumtetramethylpiperidid) eingesetzt, die wir schon bei den E2-Reaktionen als starke, nicht nucleophile Basen kennengelernt haben (▶ Kapitel 6.3.5).

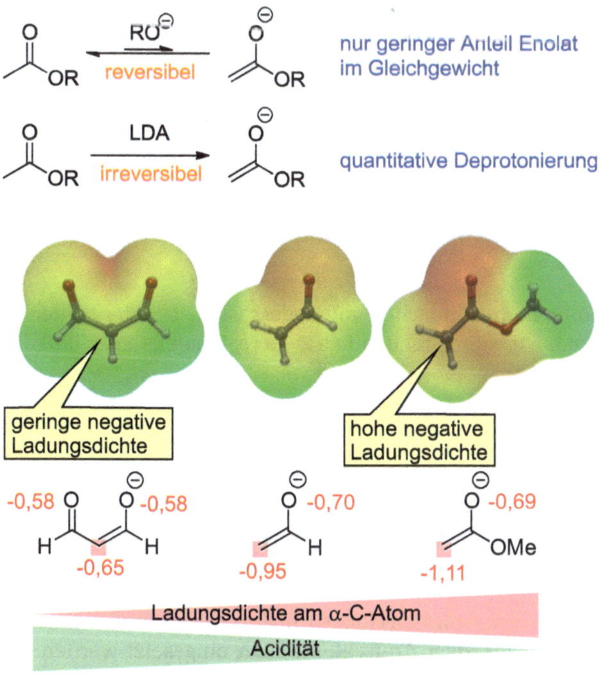

Abbildung 10.2: Ladungsverteilung in Enolatanionen. Wie die berechnete Ladungsverteilung zeigt, nimmt die negative Ladungsdichte am α-C-Atom in der Reihenfolge β-Dicarbonylverbindung < Aldehyd < Ester deutlich zu (gut erkennbar an der stärkeren Orangefärbung des α-C-Atoms im Oberflächenpotenzial). In der gleichen Reihenfolge sinkt die Acidität der α-CH-Atome der Carbonylverbindung.

Exkurs 10.1: Regioselektive Deprotonierung von Ketonen

Bei unsymmetrischen Ketonen können zwei verschiedene Enolate gebildet werden, je nachdem auf welcher Seite der Carbonylgruppe deprotoniert wird. In vielen Fällen lässt sich durch die Wahl der Base und der Reaktionsbedingungen zumindest in gewissem Umfang steuern, welches Enolat bevorzugt gebildet wird. Diese Steuerung der Regioselektivität bei der Enolatbildung ist für moderne Synthesen sehr wichtig.

- Mit einer **schwachen Base** bei **Raumtemperatur** (häufig in einem protischen Lösemittel) entsteht das **höher substituierte Enolat**. Unter diesen Bedingungen ist die Deprotonierung reversibel. Das heißt, es entsteht das thermodynamisch stabilere Enolat als Hauptprodukt (thermodynamische Reaktionskontrolle, ▸ Kapitel 6.4.3). Da die Doppelbindung des Enolats wie bei einem Alken durch Alkylgruppen stabilisiert wird (▸ Exkurs 6.3), ist das höher substituierte Enolat thermodynamisch stabiler und liegt daher im Gleichgewicht bevorzugt vor.
- Mit einer **starken Base** in einem aprotischen Lösemittel und bei **tiefer Temperatur** entsteht das **weniger substituierte Enolat**. Unter diesen Bedingungen ist die Deprotonierung irreversibel. Da der Angriff der Base am sterisch leichter zugänglichen, weniger substituierten C-Atom einfacher und damit schneller ist, erhält man bevorzugt das weniger substituierte Enolat (kinetische Reaktionskontrolle). Diese Selektivität entspricht der Bildung des Hofmann-Produkts bei der E2-Eliminierung mit sterisch anspruchsvollen Basen (▸ Exkurs 6.4).

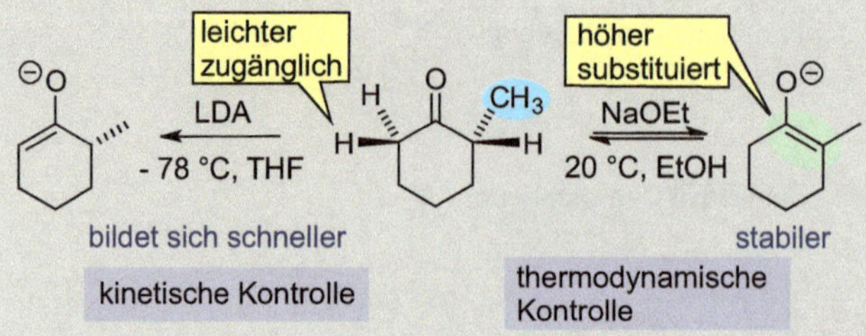

Die Regioselektivität ist aber häufig nicht sonderlich gut, sodass Gemische der beiden unterschiedlichen Enolate entstehen, die entsprechend zu zwei regioisomeren Produkten weiterreagieren werden.

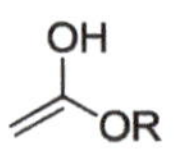

Enol eines Esters (nicht stabil)

Zwar findet auch bei Esterenolaten die Protonierung am schnellsten am O-Atom statt (▶ Kapitel 10.2). Aber die gebildeten Enole sind noch instabiler als bei Aldehyden und Ketonen, da in der Enolform die zusätzliche Resonanzstabilisierung der C=O-Gruppe durch die Alkoxygruppe nicht mehr möglich ist. Das Tautomeren-Gleichgewicht liegt daher vollständig auf der Seite des Esters.

Um **Carbonsäuren** oder **Amide** mit einem Amid-NH (also primäre oder sekundäre Amide) in Enolate zu überführen, müssen übrigens **zwei Äquivalente LDA** eingesetzt werden, da bei ihnen die OH- (pK_s-Wert ca. 4–5) bzw. NH-Protonen (pK_s-Wert ca. 20) sehr viel saurer sind, als die α-CH-Protonen (pK_s-Wert > 30). Bei der Umsetzung mit einer Base entstehen daher zuerst Carboxylat- bzw. Amidatanionen, die erst danach mit dem zweiten Äquivalent Base in der α-Position zum Enolat deprotoniert werden. Diese Enolate sind also Dianionen.

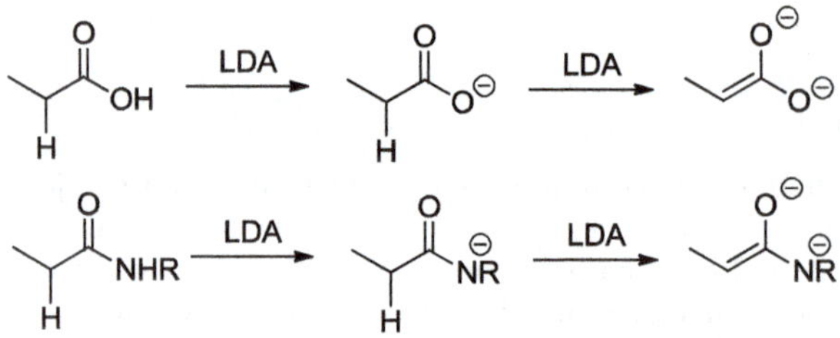

Reaktionen von Enolaten und Enolen mit Halogenen 10.4

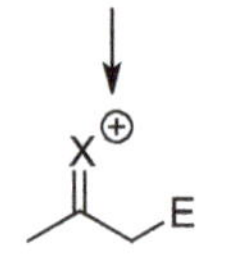

Reaktion von Enolaten (X = O⁻) und Enolen (X = OH) mit Elektrophilen

Genau wie Enamine haben Enolate und Enole eine polare, elektronenreiche π-Bindung. Sie sind deutlich bessere Nucleophile als ein normales Alken und reagieren daher sehr schnell mit einer Vielzahl von Elektrophilen. So findet bei der Umsetzung mit Halogenen (Cl_2, Br_2 und I_2) eine **Halogenierung in α-Position** statt. Ähnlich wie bei der Halogenaddition an die C=C-Doppelbindung eines normalen Alkens (▶ Kapitel 7.6), greift das Halogen die elektronenreiche π-Bindung des Enolats bzw. des Enols an. Bei der Annäherung kommt es zu einer zunehmenden Polarisierung des Halogenmoleküls, die letztendlich zur heterolytischen Spaltung der X–X-Bindung führt. Dabei wird ein positiv polarisiertes Halogenatom (also formal ein „X^{+}") auf das nucleophile α-C-Atom übertragen. Gleichzeitig wird ein freies Elektronenpaar vom O-Atom auf das Carbonyl-C-Atom verschoben, wobei sich die stabile C=O-Doppelbindung zurückbildet. Die Reaktion kann sowohl im Sauren als auch im Basischen durchgeführt werden, allerdings ist der Reaktionsverlauf je nach Reaktionsbedingungen unterschiedlich.

- **Im Sauren** erfolgt eine **Monohalogenierung** (bei unsymmetrischen Ketonen bevorzugt auf der höher substituierten Seite der Carbonylgruppe). Als Säure wird meistens Essigsäure verwendet.

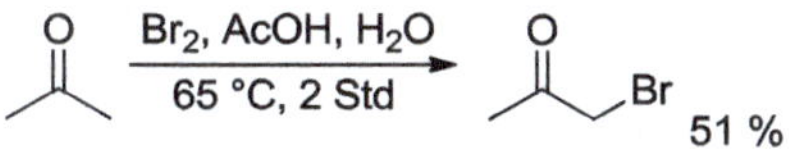

- **Im Basischen** erfolgt eine **Mehrfachhalogenierung** (bei unsymmetrischen Ketonen bevorzugt auf der weniger hoch substituierten Seite der Carbonylgrupe). Bei Methylketonen $RC(=O)CH_3$ schließt sich eine C–C-Bindungsspaltung an, sodass man als Produkte letztendlich eine Carbonsäure RCO_2H und Trihalogenmethan CHX_3 (Trivialname Haloform) erhält.

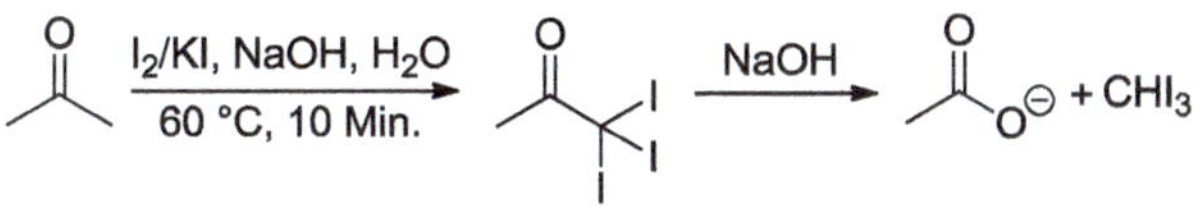

In **saurer Lösung** reagiert das Halogen in einer sehr schnellen Reaktion mit dem in sehr geringer Konzentration im Gleichgewicht vorliegenden Enol. Die Reaktion kann allerdings nicht schneller ablaufen, als sich das Enol aus der Carbonylverbindung nachbildet. **Die Enolisierung ist der geschwindigkeitsbestimmende Schritt** (▸ Kapitel 4.3.2). Die Reaktionsgeschwindigkeit ist daher unabhängig von der Konzentration des Halogens und für alle Halogene gleich. Die Säure wird nur in katalytischen Mengen benötigt, da das Proton bei der Enolisierung nicht verbraucht wird. In der Regel bleibt die Reaktion auf der Stufe der Monohalogenierung stehen. Denn das eingeführte Halogenatom verringert durch seinen elektronenziehenden (–)-I-Effekt die Basizität der freien Elektronenpaare des Carbonyl-O-Atoms im Produkt. Für die Enolisierung muss aber die Carbonylgruppe zuerst protoniert werden (▸ Kapitel 10.2), was somit im Produkt noch schwieriger ist als im Edukt. Das halogenierte Produkt enolisiert daher noch langsamer als die ursprüngliche Carbonylverbindung.

im Sauren:

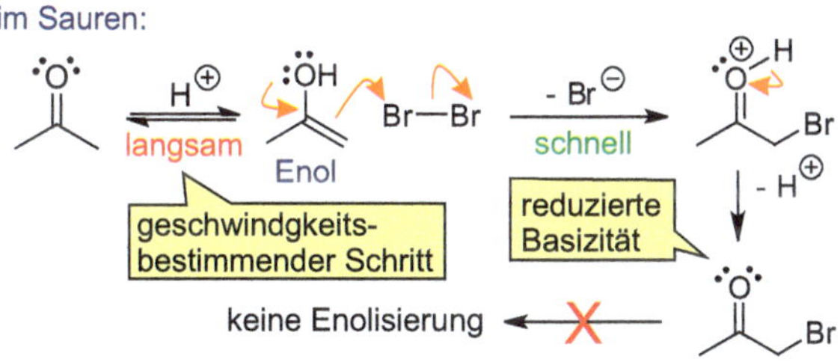

Da bei der Reaktion ein Äquivalent HX entsteht, ist die Reaktion **autokatalytisch**. Das heißt, die Reaktionsgeschwindigkeit nimmt mit fortschreitendem Verlauf der Reaktion kontinuierlich zu, da immer mehr Säure vorliegt, was die Geschwindigkeit der Enolisierung erhöht. Bei Ketonen mit zwei verschiedenen Alkylresten überwiegt zudem im Gleichgewicht das höher substituierte und damit thermodynamisch stabilere Enol, sodass die Halogenierung bevorzugt auf der höher substituierten Seite der Carbonylgruppe erfolgt.

In **basischer Lösung** ist das angreifende Nucleophil das Enolat. Da die Enolatbildung ein Äquivalent Base verbraucht, wird die Base in stöchiometrischen Mengen und nicht nur katalytisch benötigt. Das Enolat ist sehr viel nucleophiler als das Enol und reagiert daher noch schneller mit dem Halogen. Die Geschwindigkeit der Halogenierung wird also wiederum dadurch bestimmt, wie schnell das Enolat durch Deprotonierung aus der Carbonylverbindung gebildet wird. Da sich bei unsymmetrischen Ketonen das weniger substituierte Enolat schneller bildet, weil hier das Proton leichter zugänglich ist (▸ Exkurs 10.1), findet die Halogenierung bevorzugt auf der weniger hoch substituierten Seite eines unterschiedlich substituierten Ketons statt. Allerdings bleibt die Reaktion nicht bei der Monohalogenierung stehen. Durch den elektronenziehenden (–)-I-Effekt des Halogenatoms erhöht sich die Acidität der verbliebenen α-H-Atome, sodass die halogenierte Carbonylverbindung leichter deprotoniert wird als das Edukt. Das Produkt wird also schneller erneut halogeniert als das Edukt. Es kommt zur **Mehrfachhalogenierung**. Bei einem Methylketon $RC(=O)CH_3$ werden daher rasch alle drei H-Atome der Methylgruppe (weniger hoch substituierte Seite) durch Halogenatome ersetzt. Man spricht auch von einer *erschöpfenden* Halogenierung. An diese schließt sich dann eine Acylsubstitution durch OH^- an. Die nach der Halogenierung vorliegende Trihalogenmethylgruppe $-CX_3$ ist eine gute Abgangsgruppe, da CX_3^- aufgrund der drei elektronenziehenden Halogenatome ein sehr stabiles Anion und damit eine schwache Base ist. (CHI_3 hat z. B. einen pK_s-Wert von ca. 14, $CHBr_3$ von etwa 9; beide Verbindungen sind damit saurer als H_2O!) Obwohl $RC(=O)CX_3$ also ein Keton ist, reagiert es wie ein Säurederivat. Wie bei einem Säureanhydrid findet ein Angriff von OH^- auf die Carbonylgruppe und eine Abspaltung von CX_3^- als guter Abgangsgruppe aus dem tetraedrischen Intermediat statt. Die abschließende Säure-Base-Reaktion zwischen der Carbonsäure RCO_2H und CX_3^- ist irreversibel und liefert letztendlich die thermodynamische Triebkraft der Gesamtreaktion. Insgesamt werden bei der Haloform-Reaktion vier Äquivalente NaOH verbraucht. Das bei der Umsetzung mit Iod entstehende Iodoform CHI_3 fällt als gelber, schwerlöslicher Feststoff aus der Reaktionsmischung aus. Diese Reaktion wird zum qualitativen Nachweis von Methylketonen genutzt (**Iodoformprobe**). CHI_3 wurde übrigens früher in der Medizin als mildes Desinfektionsmitel eingesetzt. Bei der Iodierung wird in der Regel Kaliumiodid KI zugesetzt, um die Löslichkeit des Iods in der wässrigen Lösung zu erhöhen (durch Komplexbildung zum I_3^--Anion).

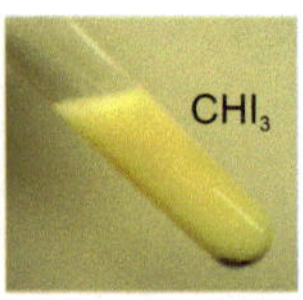

Iodoform-Niederschlag

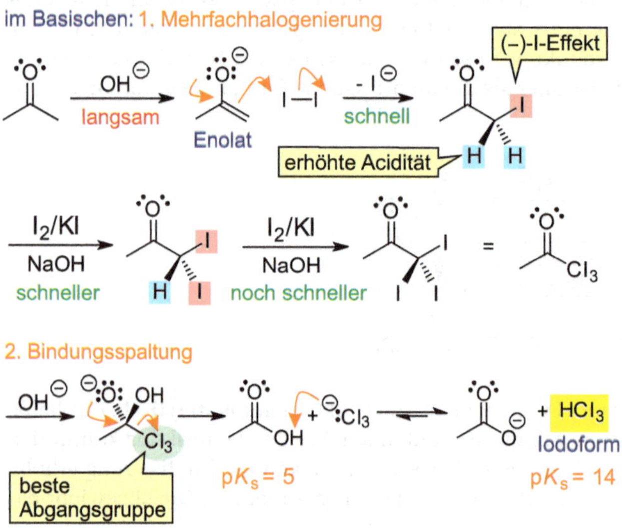

Zur selektiven Herstellung von α-Halogencarbonylverbindungen ist also die Halogenierung in saurer Lösung besser geeignet, da in basischer Lösung Mehrfachhalognierung und C–C-Bindungsspaltung stattfinden.

Alkylierung von Enolaten und Enolethern 10.5

Enolate sind gute Nucleophile, die wie jedes andere Nucleophil auch mit Halogenalkanen alkyliert werden können. Dazu überführt man in der Regel die Carbonylverbindung mit einer starken Base (z. B. LDA, NaH, $NaNH_2$) quantitativ in das Enolat und setzt dieses dann mit dem Elektrophil um. Dabei greift das gebildete Enolat das Halogenalkan nucleophil in einer normalen S_N2-Reaktion unter Rückseitenangriff an (▸ Kapitel 5.4). Es bildet sich eine neue C–C-Bindung. Man erhält eine **α-alkylierte Carbonylverbindung**. Allerdings ist eine solche direkte Alkylierung nur für Ketone und Ester einigermaßen gut geeignet. Mit Aldehyden findet unter den basischen Bedingungen bevorzugt eine Selbstkondensation statt (Aldolreaktion, ▸ Kapitel 10.6.1). So lässt sich z. B. Cyclohexanon mit Natriumamid als Base quantitativ zum Enolat deprotonieren. Die Umsetzung mit Allylbromid ergibt in guten Ausbeuten das entsprechende alkylierte Produkt. In der Regel führt man sowohl die Erzeugung des Enolats als auch dessen Umsetzung mit dem Alkylierungsreagenz bei tiefer Temperatur durch (z. B. –78 °C), um die Selbstkondensation des Ketons in einer Aldolreaktion zu unterdrücken.

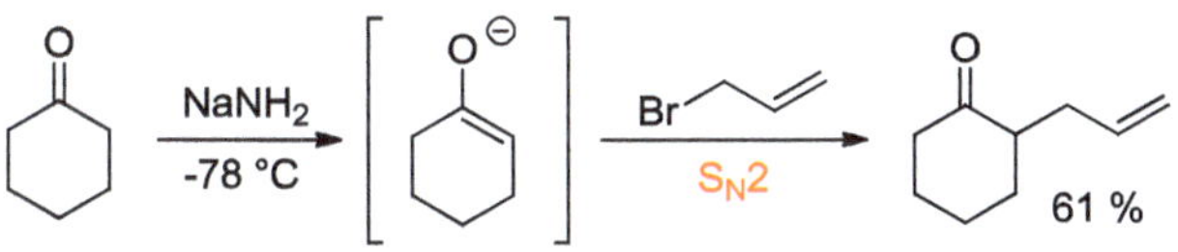

Allerdings erhält man häufig **Mischungen aus unterschiedlichen mono- und mehrfach alkylierten Produkten**. Denn das gebildete Produkt kann durch noch nicht umgesetztes Enolat (eine starke Base) deprotoniert und ebenfalls in ein Enolat überführt werden. Dieses bereits alkylierte Enolat kann dann erneut alkyliert werden, was zu dialkylierten Produkten führt. Bei Ketonen mit unterschiedlichen Resten besteht zudem die Gefahr, dass die Alkylierung nicht regioselektiv ist, sondern auf beiden Seiten der Carbonylgruppe erfolgt (▸ Exkurs 10.1). So ergibt die Umsetzung von 2-Methylcyclohexanon mit Natriumhydrid in Dimethoxyethan (DME, $CH_3OCH_2CH_2OCH_3$) und Methyliodid als Alkylierungsmittel ein Gemisch der beiden möglichen Regioisomeren.

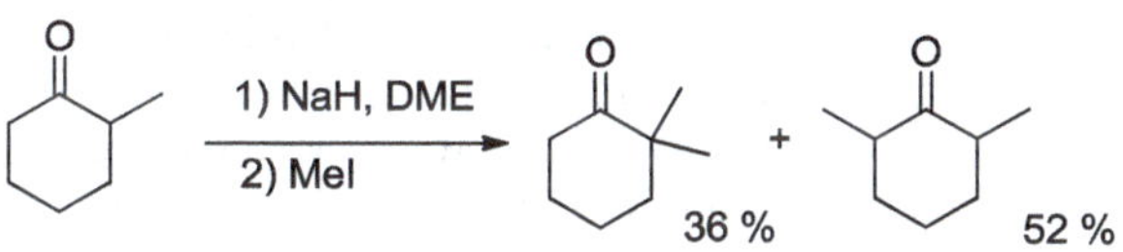

Der Einsatz von stabilen **Enolat-Äquivalenten** ist daher häufig sehr viel besser geeignet. **Enamine** (▸ Kapitel 9.5.3) **oder Enolether können im Gegensatz zu Enolaten selektiv monoalkyliert werden.** Der Vorteil dieser Varianten liegt darin, dass in einem ersten Schritt die Carbonylverbindung in das entsprechende Enolat-Äquivalent überführt wird. Dieses wird isoliert und dann in einem zweiten Reaktionsschritt mit dem Alkylierungsreagenz umgesetzt. Da die Bedingungen für die Alkylierung in der Regel anders sind, als die, die für die Herstellung des Enamins oder Enolethers benötigt werden, kann das gebildete Produkt nicht erneut alkyliert werden. Es kann nur eine Monoalkylierung stattfinden. **Silylenolether** lassen sich z. B. herstellen, indem man eine Carbonylverbindung in Gegenwart einer Aminbase wie NEt_3 oder Diisopropylethylamin (DIPEA, ein **Hünig-Base** genanntes sterisch gehindertes Amin, das nicht nucleophil ist und daher selber nicht alkyliert werden kann) mit Trimethylsilylchlorid umsetzt. Es kommt zu einer Silylierung des Enolats am O-Atom. Der gebildete Enolether kann isoliert und dann in Gegenwart einer Lewis-Säure (sehr häufig Titantetrachlorid $TiCl_4$) mit einem Halogenalkan alkyliert werden.

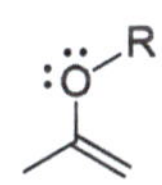

Enolether, stabile und damit isolierbare Form der nicht stabilen Enole

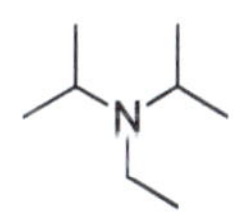

Hünig-Base (Diisopropylethylamin, DIPEA)

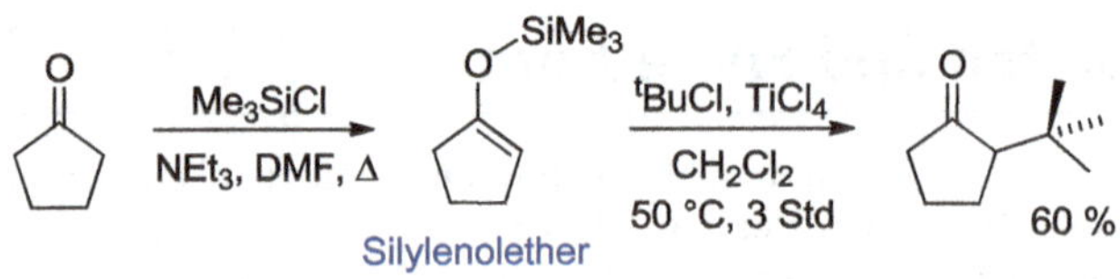

Wie wir bei der Friedel-Crafts-Alkylierung bereits gelernt haben (▶ Kapitel 8.4.4), bildet die Lewis-Säure mit dem Halogenalkan einen stark elektrophilen Komplex $RX\cdots TiCl_4$, der bei tertiären Halogenalkanen auch in ein freies Carbeniumion dissoziieren kann. Ein Angriff des Elektrophils auf die elektronenreiche Doppelbindung des Enolethers führt zu einem *O*-silylierten Oxocarbeniumion. Dieses wird durch das bei der Alkylierung frei gewordene Halogenidanion sofort desilyliert. Man erhält die alkylierte Carbonylverbindung, die unter diesen Bedingungen selbst nicht erneut alkyliert werden kann.

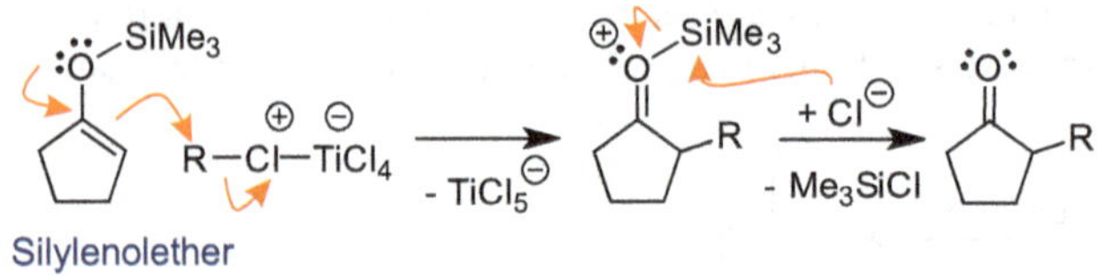

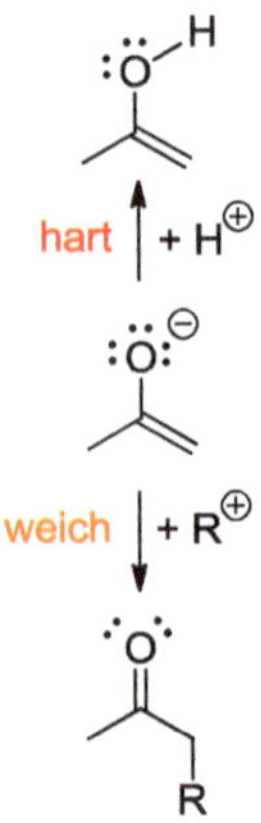

Wieso reagiert Trimethylsilylchlorid oder auch ein Proton mit dem Enolat am O-Atom, ein Halogenalkan wie Methyliodid aber am C-Atom? Das Enolat ist ein **ambidentes Nucleophil**, d.h., es besitzt zwei unterschiedliche nucleophile Positionen, das α-C-Atom und das Carbonyl-O-Atom. Über beide Atome ist die negative Ladung delokalisiert. Beide Atome können daher mit einem Elektrophil reagieren. Wo die Reaktion stattfindet, kann man sich in einfachen Fällen dadurch überlegen, ob es sich bei dem angreifenden Elektrophil um ein hartes oder weiches Elektrophil im Sinne des **HSAB-Konzepts** handelt (▶ Exkurs 6.1). Wie wir anhand der Ladungsverteilung und der Form des HOMO leicht sehen können (▶ Abbildung 10.3), ist am O-Atom die negative Ladungsdichte größer, aber dafür hat das HOMO seinen größten Orbitallappen am C-Atom. Das O-Atom ist also das härtere Nucleophil und das α-C-Atom das weichere. Reaktionen mit harten Elektrophilen wie R_3SiCl oder H^+ werden daher bevorzugt ladungskontrolliert am O-Atom erfolgen (deswegen findet auch die Protonierung eines Enolats bevorzugt am O-Atom statt, sodass sich das Enol schneller bildet, auch wenn im Gleichgewicht letztendlich die Ketoform überwiegt, ▶ Kapitel 10.2). Eher weiche Elektrophile wie Halogenalkane R–X oder Carbonylgruppen C=O greifen hingegen bevorzugt orbitalkontrolliert am C-Atom an.

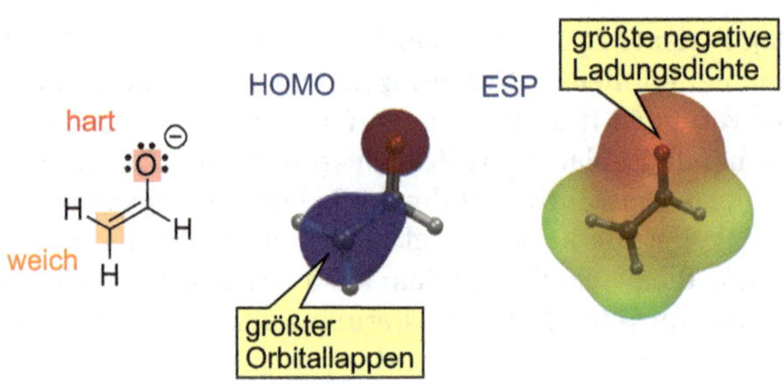

Abbildung 10.3: Enolatanionen sind ambidente Nucleophile. Enolatanionen können sowohl am O-Atom als auch am α-C-Atom mit Elektrophilen reagieren. Wie die Ladungsverteilung zeigt, ist die negative Ladung im Wesentlichen am O-Atom lokalisiert ist. Harte Elektrophile greifen daher bevorzugt ladungskontrolliert dort an. Das α-C-Atom hat dafür den größten Orbitallappen im HOMO und ist damit das weichere Nucleophil, das bevorzugt mit weichen Elektrophilen reagiert.

Die präparativ größte Bedeutung hat die Alkylierung von Enolaten, wenn nur eine reaktive α-Position vorhanden ist oder wenn wie bei β-**Dicarbonylverbindungen** eine α-Position sehr viel reaktiver ist als alle anderen. Bei β-Dicarbonylverbindungen ist die zwischen den beiden Carbonylgruppen liegende α-Position sehr viel acider als eine normale α-CH-Position (▸ Kapitel 10.3). So kann z. B. **Acetylaceton** (pK_s-Wert ca. 9) bereits durch Kaliumcarbonat zum Enolat deprotoniert werden. Die anschließende Umsetzung mit Methyliodid ergibt dann in guten Ausbeuten das monoalkylierte Produkt (in diesem Fall 3-Methylpenta-2,4-dion). Je nach Reaktionsbedingungen und Alkylierungsreagenz kann als Nebenreaktion allerdings eine ***O*-Alkylierung** stattfinden. Man sollte daher auf die Verwendung möglichst weicher Elektrophile achten, um gute Ausbeuten an ***C*-Alkylierung** zu erhalten.

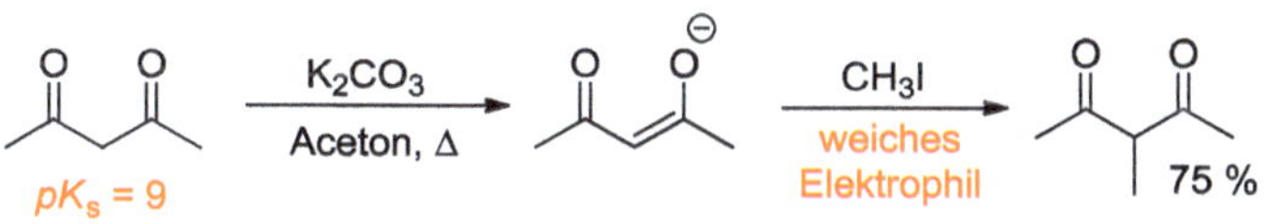

Vor allem die **Alkylierung von Acetessigsäureestern und Malonsäurediestern** hat große Bedeutung, da diese Verbindung nach erfolgter Alkylierung durch Decarboxylierung leicht in α-alkylierte Ketone bzw. Essigsäurederivate überführt werden können. Dazu wird der Ester zuerst zum Enolat deprotoniert, wofür man am besten das dem Alkohol des Esters entsprechende Alkoholat verwendet, da es ansonsten zu einer unerwünschten Umesterung kommt. Dann wird das Enolat mit einem Halogenalkan alkyliert und anschließend der alkylierte Ester sauer zur Carbonsäure verseift. Beim Erhitzen unter Rückfluss findet dann eine **Decarboxylierung**, also eine Abspaltung von CO_2 aus der Carbonsäure statt. Man erhält ein substituiertes Keton. Eine solche saure Hydrolyse eines β-Ketoesters mit anschließender Decarboxylierung beim Erhitzen wird daher auch **Ketonspaltung** genannt.

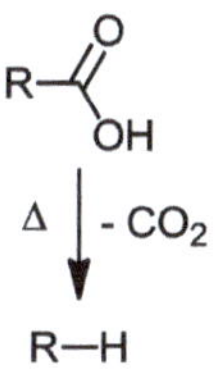

Decarboxylierung

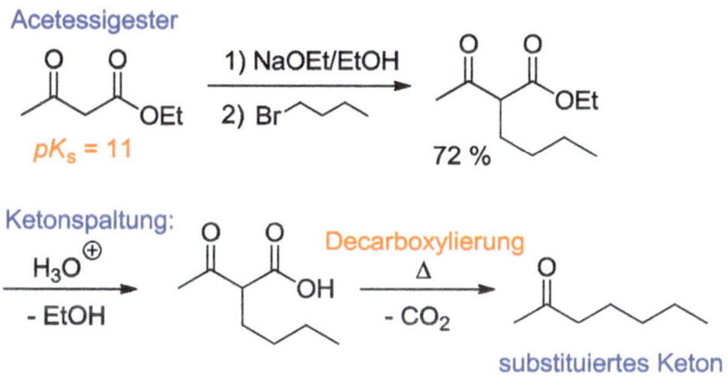

Etwas anders verläuft die Reaktion, wenn man nach der Alkylierung mit halbkonzentrierter NaOH aufarbeitet. Dann findet zuerst ein Angriff von OH^- auf die reaktivere Ketogruppe statt. In einer Retro-Claisen-Kondensation (▸ Kapitel 10.6.2) zerfällt der β-Ketoester in einen alkylierten Ester, der anschließend basisch verseift wird. Man erhält als Produkt eine alkylierte Essigsäure und nennt daher diese Art der Hydrolyse eines β-Ketoester eine **Säurespaltung**.

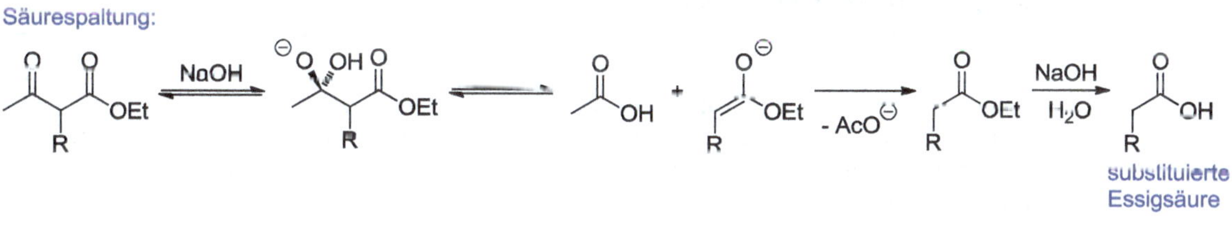

Eine Decarboxylierung erfordert bei einfachen Carbonsäuren wie Essigsäure sehr hohe Temperaturen von einigen Hundert Grad Celsius. **β-Carbonylcarbonsäuren zerfallen hingegen schon bei sehr viel geringeren Temperaturen**, da bei ihnen die zweite Carbonylgruppe die Abspaltung von CO_2 erleichtert. Im Sauren überträgt die Carbonsäure während der CO_2-Abspaltung ein Proton auf die benachbarte Carbonylgruppe, sodass ein Enol gebildet wird. Im Basischen führt die Abspaltung von CO_2 aus dem Carboxylat zu einem stabilisierten Enolatanion. Bei einer einfachen Carbonsäure würde hingegen ein extrem instabiles Carbanion entstehen, weswegen die Decarboxylierung erst bei sehr viel drastischeren Reaktionsbedingungen erfolgt und dann wahrscheinlich radikalisch abläuft.

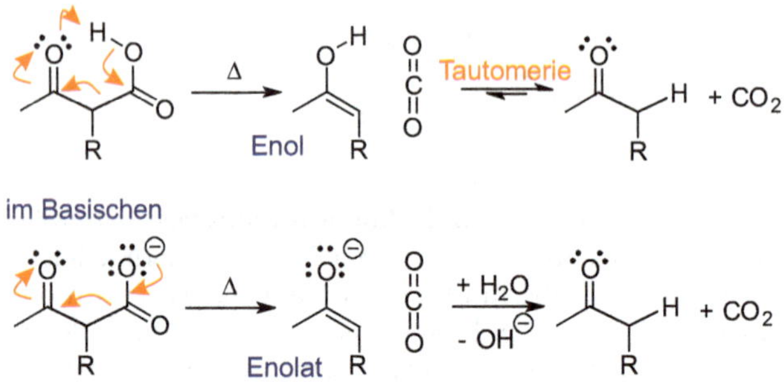

Setzt man nach der ersten Alkylierung ein zweites Äquivalent Base zu oder führt die Alkylierung in Gegenwart eines Überschusses Base durch, kann man das monoalkylierte Produkt erneut deprotonieren und mit einem zweiten Äquivalent des Alkylierungsreagenzes umsetzen. So kann man letztendlich nach Decarboxylierung α,α-dialkylierte Ketone oder Essigsäuren herstellen. Diese Methode eignet sich z. B. auch sehr gut zur Darstellung von kleinen gespannten Drei- und Vierringen (▸ Kapitel 3.5), wenn man Alkylierungsmittel wie 1-Brom-3-chlorpropan einsetzt.

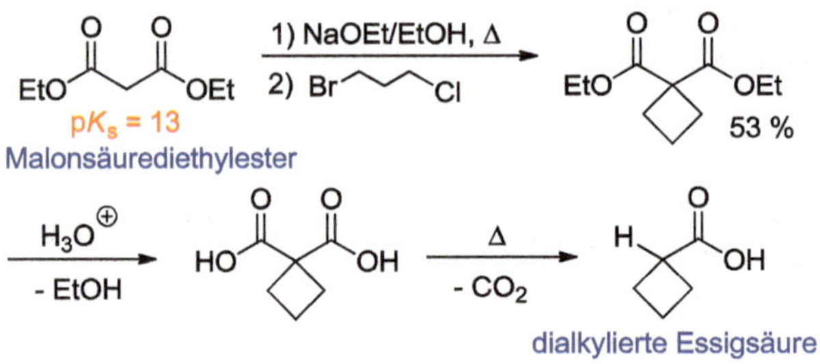

Reaktion von Enolaten und Enolen mit Carbonylverbindungen: Kondensationsreaktionen 10.6

Eine der sicherlich wichtigsten Reaktionen von Enolaten ist ihre **Reaktion mit einer Carbonylverbindung als Elektrophil**, da man auf diese Weise sowohl zwei identische als auch zwei unterschiedliche Carbonylverbindungen unter Bildung einer neuen C–C-Bindung miteinander verknüpfen kann. Solche Reaktionen erlauben den Aufbau komplexer Moleküle aus zwei kleineren Vorläufern und sind daher synthetisch von großer Bedeutung. Je nachdem, welche nucleophilen (z. B. Enolat, Enol, Enamin etc.) und elektrophilen Carbonylderivate (z. B. Aldehyd, Ester, Säurechlorid, Imin etc.) miteinander reagieren, ergibt sich eine auf den ersten Blick verwirrende Vielzahl unterschiedlicher Reaktionen. Gerade dem Anfänger fällt es häufig schwer, dabei den Überblick zu behalten. Zur Verwirrung trägt sicherlich auch bei, dass die meisten dieser Umsetzungen aus historischen Gründen eigene Namen haben. Drei typische Reaktionen sind nachfolgend gezeigt: die Dimerisierung von Acetaldehyd (**Aldolreaktion**), die intramolekulare Selbstkondensation eines Diesters (**Dieckmann-Kondensation**) und die Reaktion eines Imins (*in situ* gebildet aus einem Aldehyd und einem Amin) mit einem Keton (**Mannich-Reaktion**).

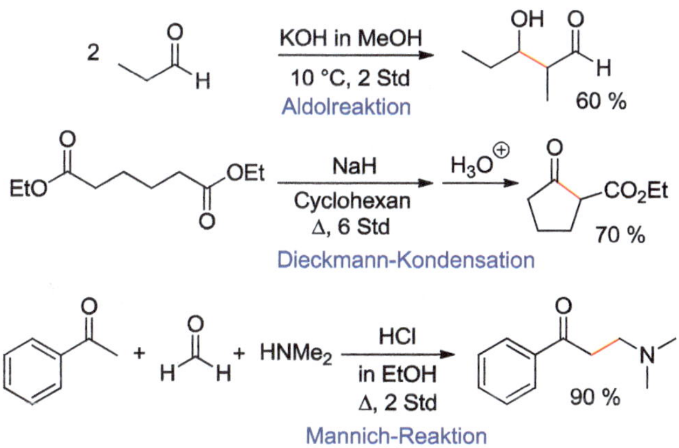

Erfreulicherweise verlaufen diese Reaktionen alle nach dem gleichen Schema. Zu ihrem Verständnis müssen wir nur konsequent das anwenden, was wir bisher gelernt haben. Betrachten wir die drei oben gezeigten Umsetzungen stellvertretend für alle anderen, völlig analog verlaufenden Reaktionen etwas genauer.

10.6.1 Die Aldolreaktion

Aldehyde und Ketone reagieren in saurer oder basischer Lösung mit sich selbst. Je nach Reaktionsbedingungen und Carbonylverbindung entstehen dabei entweder **β-Hydroxycarbonylverbindungen** oder **α,β-ungesättigte Carbonylverbindungen**. Die Reaktion verläuft mit Aldehyden sehr viel schneller und ergibt deutlich bessere Ausbeuten als bei Ketonen. So reagiert z. B. Acetaldehyd in Gegenwart katalytischer Mengen KOH in Methanol bei Raumtemperatur in guten Ausbeuten zum β-Hydroxybutyraldehyd (3-Hydroxybutanal). Mit Aceton gelingt die gleiche Reaktion auf diese Weise nicht. Denn wie wir nachher noch genauer diskutieren werden, ist die Aldoladdition reversibel und die Gleichgewichtslage liegt bei Ketonen auf der Seite der Edukte.

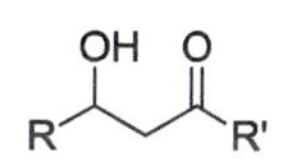

β-Hydroxycarbonylverbindung (Aldol)

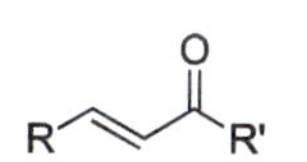

α,β-ungesättige Carbonylverbindung

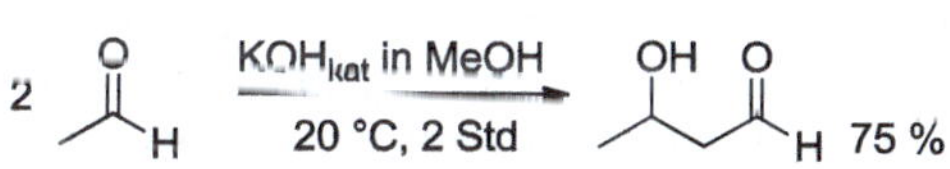

Bei der **basisch katalysierten Reaktion** wird die Carbonylverbindung üblicherweise durch katalytische Mengen Alkalimetallhydroxide (NaOH, KOH) oder Carbonate zum Enolat deprotoniert. Das nucleophile α-C-Atom dieses Enolatanions addiert sich als sehr gutes Nucleophil dann an das elektrophile Carbonyl-C-Atom eines zweiten Acetaldehydmoleküls. Das bei der Addition entstehende tetraedrische Intermediat wird durch Wasser protoniert, wobei die zur Erzeugung des Enolats benötigte Base zurückgebildet wird. Das Produkt enthält sowohl eine

Aldehydgruppe als auch eine Alkoholgruppe. Davon leitet sich der Name **Aldol** ab (*Ald*ehyd + Alkoh*ol*). Bis hierher nennt man die Reaktion eine **Aldoladdition**. 3-Hydroxybutanal ist übrigens eine chirale Verbindung (Stereozentrum an C3). Bei der Reaktion entsteht das racemische Gemisch (also die 1:1-Mischung der beiden Enantiomere, ▸ Kapitel 3.3).

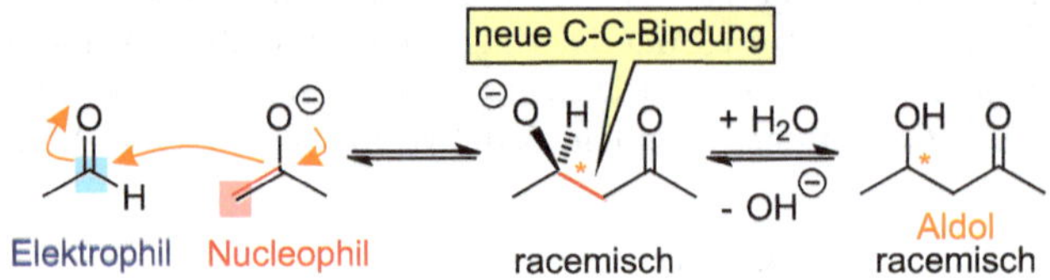

Kondensation = Verknüpfung von zwei Molekülen unter Abspaltung eines kleinen Moleküls, z. B. Wasser

Bei erhöhter Temperatur kann das Aldol in einem Folgeschritt ein Molekül Wasser abspalten, wobei Crotonaldehyd (2-Butenal) entsteht, ein α,β-**ungesättigter Aldehyd** (allgemein als **Enal** bezeichnet, abgeleitet von Alk*en* und Alkan*al*). Den Mechanismus der Wasserabspaltung aus dem Aldol haben wir bereits kennengelernt. Es handelt sich um eine **E1cb-Eliminierung** (▸ Kapitel 6.5). Die Base deprotoniert eines der aciden α-Protonen. Es bildet sich ein stabilisiertes Enolatanion, das in einem langsamen Folgeschritt (deswegen sind hohe Temperaturen notwendig) die schlechte Abgangsgruppe OH^- verliert. Die Gesamtreaktion, die Bildung des Crotonaldehyds ausgehend von zwei Molekülen Acetaldehyd unter Abspaltung von Wasser, bezeichnet man als **Aldolkondensation**. Der Crotonaldehyd kommt in Form von zwei *E*/*Z*-Diastereomeren vor. Bei der Reaktion entsteht ein Gemisch, in dem das thermodynamisch stabilere E-Isomer als Hauptprodukt vorliegt.

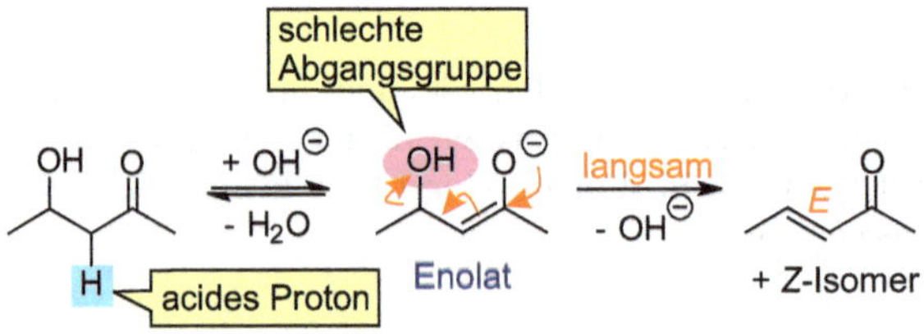

Die **Aldolreaktion** kann auch **säurekatalysiert** ablaufen. In der Regel erhält man dabei aber nicht das Aldol, sondern auch bei Raumtemperatur **direkt die ungesättigte Carbonylverbindung als Produkt**. So ergibt die Behandlung von Aceton mit HCl in etwa 80 % Ausbeute 4-Methyl-3-penten-2-on (Trivialname Mesityloxid).

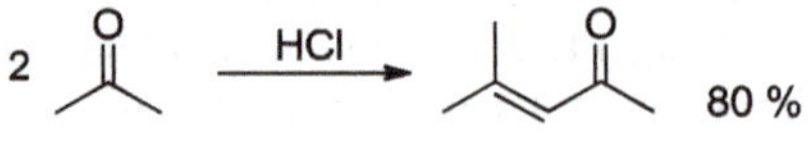

In saurer Lösung liegt Aceton in geringem Umfang als protonierte Carbonylgruppe vor (▸ Kapitel 9.4.3). Als sehr gutes Elektrophil addiert sich dieses an die elektronenreiche π-Bindung des in geringen Mengen im Gleichgewicht vorliegenden Enols. Es entsteht ein β-Hydroxyketon, das man ebenfalls als Aldol bezeichnet, auch wenn es in diesem Fall eigentlich ein Ketol ist. Die Wassereliminierung aus dem gebildeten Aldol ist im Sauren wesentlich leichter als in basischer Lösung, da die OH-Gruppe durch Protonierung in die gute Abgangsgruppe Wasser umgewandelt wird. Deswegen findet in der Regel bereits bei Raumtemperatur unter Abspaltung von Wasser eine E1- bzw. E1-artige Eliminierung zum **Enon** (abgeleitet von Alk*en* + Ket*on*) statt, die sowohl ausgehend vom Aldol selbst als auch vom Enol erfolgen kann. Welches Teilchen reagiert, hängt im Einzelfall von der Carbonylverbindung und den konkreten Reaktionsbedingungen (pH-Wert der Lösung, Temperatur) ab. Entscheidend ist, dass die Wasserabspaltung im Sauren sehr schnell erfolgt, sodass man das Aldol meistens nicht isolieren kann, sondern direkt die α,β-ungesättigte Carbonylverbindung erhält.

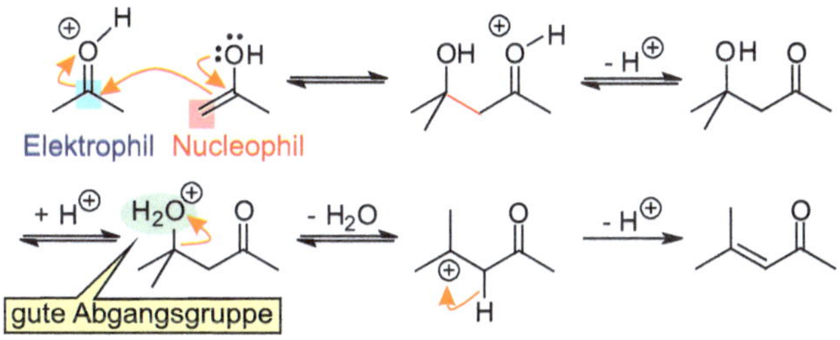

Die Aldoladdition ist sowohl in saurer als auch in basischer Lösung reversibel. Ein Aldol kann daher in wässriger Lösung in Gegenwart von Säure- oder Basenspuren auch wieder in die beiden ursprünglichen Carbonylverbindungen zerfallen (**Retro-Aldol-Reaktion**). Letztendlich stellt sich damit ein Gleichgewicht zwischen Carbonylverbindung und Aldol ein, wobei die Lage des Gleichgewichts für Aldehyde und Ketone unterschiedlich ist. **Bei Aldehyden liegt das Gleichgewicht auf der Aldolseite. Bei Ketonen sind hingegen die Aldole meistens instabil, das Gleichgewicht liegt aufseiten der Carbonylverbindung.** Die Aldolreaktion mit Ketonen verläuft daher in basischer Reaktion nicht sonderlich gut bzw. erfordert spezielle Reaktionsführungen, um eine Zersetzung des Aldols nach seiner Bildung zu verhindern (z. B. Einsatz von unlöslichem, festem Bariumhydroxid $Ba(OH)_2$ als Base in einem Soxhlet-Extraktor). Das Gleichgewicht kann auch durch die anschließende Wasserabspaltung auf die Produktseite verschoben werden. Die Ausbildung der zur Carbonylgruppe konjugierten Doppelbindung im Enon ist thermodynamisch günstig und verschiebt auch bei Ketonen das Gleichgewicht für die Aldolreaktion auf die Produktseite. Da die Aldolreaktion reversibel ist, bildet sich von mehreren möglichen Produkten das thermodynamisch stabilste. Das nachfolgend gezeigte Diketon besitzt vier α-CH-Positionen und zwei Carbonylgruppen, sodass vier unterschiedliche Aldolprodukte gebildet werden könnten, von denen tatsächlich aber nur eins entsteht.

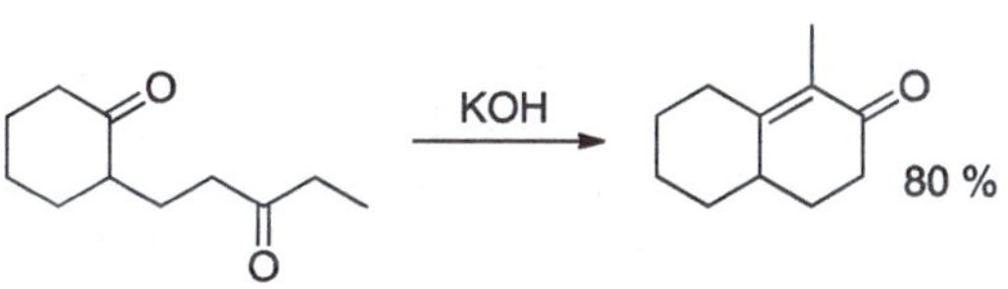

Wieso ist diese Reaktion so selektiv? Betrachten wir dazu einfach alle vier möglichen Aldolreaktionen. Bei drei Cyclisierungsmöglichkeiten entstehen entweder gespannte Vierringe, oder aber das gebildete Produkt ist ein Bicyclus, der nicht dehydratisieren kann, denn die entstehende Doppelbindung würde von einem Brückenkopfatom ausgehen und könnte zudem nicht in Konjugation zur Carbonylgruppe stehen. Eine sp^2-Hybridisierung ist an einem Brückenkopf aus geometrischen Gründen generell nicht möglich (sogenannte **Bredt'sche Regel**), da das Molekül viel zu gespannt wäre. Ohne den abschließenden Kondensationsschritt liegt das Gleichgewicht für die Aldoldaddition aber auf der Eduktseite. Nur die verbliebene vierte Reaktionsmöglichkeit führt zu einem spannungsfreien Aldol, das nachfolgend auch Wasser abspalten kann, sodass das Gleichgewicht vollständig auf die Seite dieses einen Produkts hin verschoben wird.

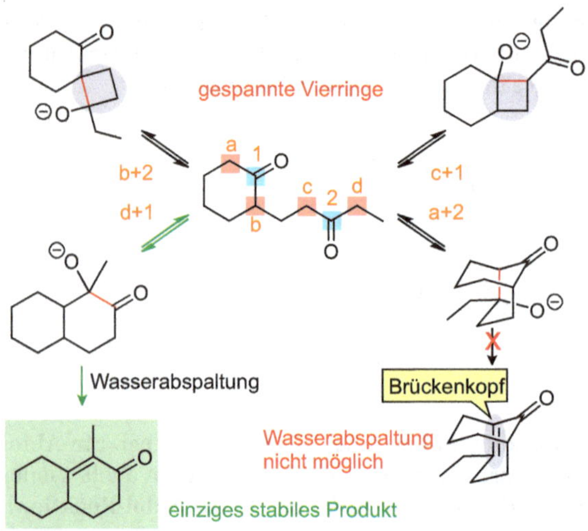

Man kann auch **zwei unterschiedliche Carbonylverbindungen** in einer **gekreuzten Aldoladdition** miteinander reagieren lassen. In den meisten Fällen erhält man dann aber Produktgemische, da jede Carbonylverbindung sowohl als Nucleophil als auch als Elektrophil reagieren kann. Es entstehen insgesamt vier verschiedene Aldole. Die Reaktion ist präparativ daher nur dann sinnvoll, wenn sie nur ein einziges Produkt liefert. Dazu müssen sich die beiden Carbonylverbindungen in ihrer Reaktivität deutlich voneinander unterscheiden. So reagiert z. B. Aceton mit Benzaldehyd in einer gekreuzten Aldolkondensation in sehr guten Ausbeuten zu Dibenzalaceton.

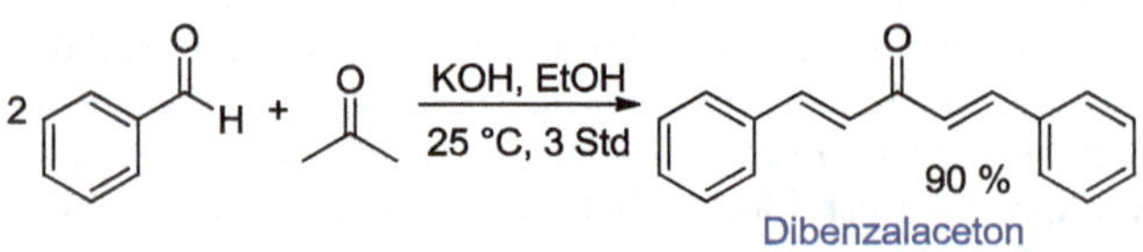

Wieso gelingt diese gekreuzte Aldolkondensation so gut? Benzaldehyd besitzt kein α-H-Atom und kann daher kein Enol oder Enolat bilden. Eine Selbstkondensation von Benzaldehyd ist nicht möglich. Das einzige Nucleophil in der Reaktionsmischung ist damit das vom Aceton abgeleitete Enol (Säurekatalyse) oder Enolat (Basenkatalyse). Dieses kann entweder mit der Ketogruppe eines zweiten Acetons reagieren (Selbstkondensation) oder mit der Aldehydgruppe des Benzaldehyds (gekreuzte Aldolkondensation). Wie wir bereits wissen, sind Aldehyde reaktiver und damit sehr viel bessere Elektrophile als Ketone (▶ Kapitel 9.5). Daher erfolgt die Reaktion bevorzugt mit dem Benzaldehyd. Eine Selbstkondensation des Acetons findet in Gegenwart des Benzaldehyds also nicht statt. Es bildet sich in sehr guten Ausbeuten das Produkt der gekreuzten Aldoladdition.

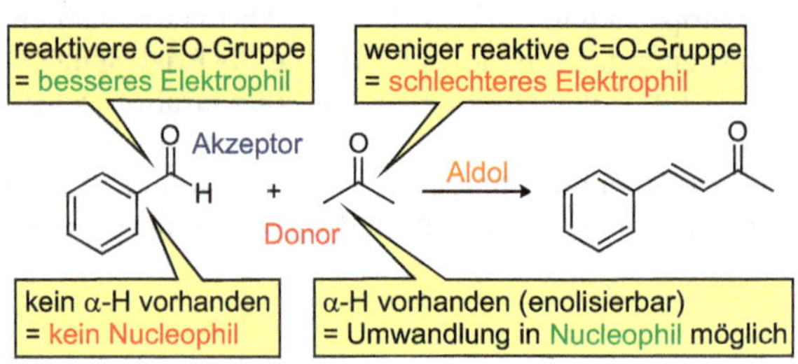

Damit eine gekreuzte Aldolreaktion präparativ sinnvoll abläuft, sollten also zwei Bedingungen erfüllt sein:

- Eine Carbonylverbindung muss α-H-Atome haben und damit enolisierbar sein. Diese Carbonverbindung, **Donor** genannt, reagiert als Nucleophil.
- Die andere Carbonylverbindung, der **Akzeptor**, muss über die reaktivere Carbonylgruppe verfügen (sonst erfolgt eine Selbstkondensation des Donors) und sollte selbst möglichst nicht enolisierbar sein (also keine α-H-Atome haben).

Setzt man anstelle von Aceton ein unsymmetrisches Keton wie 2-Butanon ein, so kann man über die Wahl der Reaktionsbedingungen (sauer oder basisch) steuern, welches Produkt gebildet wird. In basischer Lösung bildet sich kinetisch kontrolliert das Enolat auf der weniger hoch substituierten Seite der Carbonlygruppe im Butanon. Das Aldolprodukt leitet sich daher von diesem Enolat ab. In saurer Lösung erhält man hingegen das Produkt, das sich vom thermodynamisch stabileren, also höher substituierten Enol ableitet (▶ Exkurs 10.1).

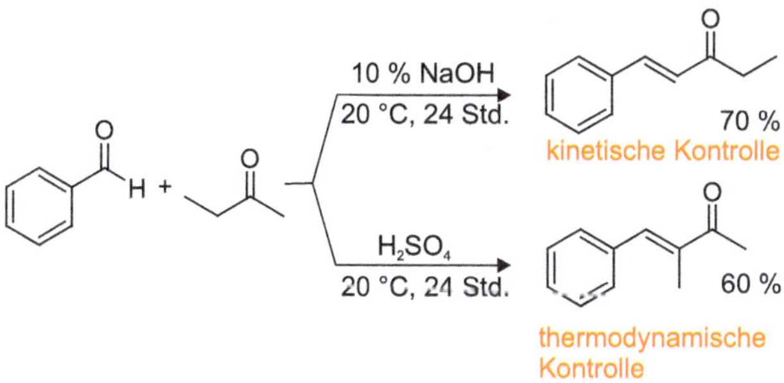

Man kann für eine gekreuzte Aldolreaktion auch eine Carbonylverbindung zuerst durch Deprotonierung mit LDA bei tiefer Temperatur quantitativ in das Enolat überführen und dann die andere Carbonylverbindung dazu geben. So kann man z. B. auch Esterenolate mit Ketonen umsetzen. Eine Selbstkondensation des Esters erfolgt unter diesen Bedingungen nur sehr langsam und spielt daher als Nebenreaktion keine Rolle (▶ Kapitel 10.6.2). Auch wenn das Produkt kein Aldol ist, spricht man in der Regel trotzdem von einer Aldolreaktion. **Heutzutage verwendet man die Bezeichnung „Aldolreaktion" allgemein für jede Addition eines Enolats bzw. Enols an einen Aldehyd oder ein Keton.**

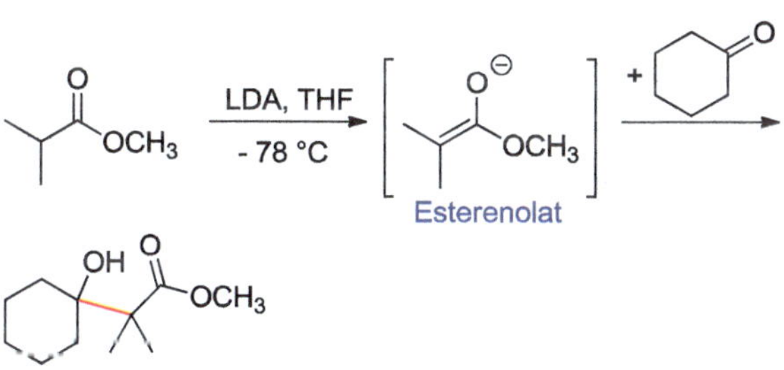

10.6.2 Die Claisen-Kondensation

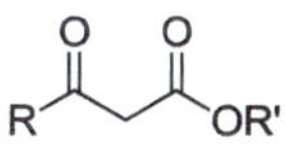

β-Ketoester

Ein Esterenolat kann sich nicht nur wie im obigen Beispiel an die Carbonylgruppe eines Aldehyds addieren, sondern auch an die Carbonylgruppe eines zweiten Estermoleküls. Es findet eine normale Acylsubstitution statt, bei der ein **β-Ketoester** als Produkt entsteht (sogenannte **Esterkondensation** bzw. **Claisen-Kondensation**). So erhält man beim Erhitzen von

Essigsäuremethylester mit Natriummethanolat in trockenem Methanol in ca. 65 % Ausbeute den Acetessigsäuremethylester (3-Oxobutansäuremethylester), der uns bereits als Edukt bei der Alkylierung von Dicarbonylverbindungen begegnet ist (▶ Kapitel 10.5).

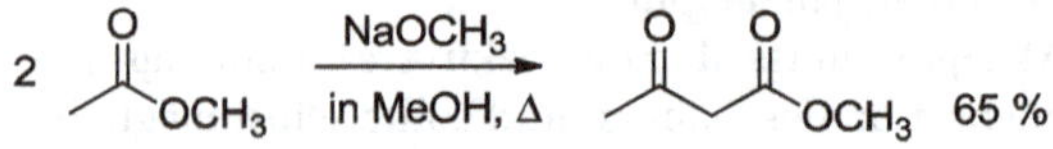

Die Claisen-Kondensation ist zwar auch in der Durchführung sehr ähnlich zur Aldolreaktion, weist aber in zwei Punkten wichtige Unterschiede auf:

- Die Reaktion läuft nur in **nicht wässriger Lösung** in Gegenwart starker Basen (z. B. Alkoholate in wasserfreiem Alkohol) ab. In wässriger Lösung ist die Hydrolyse des Esters zur Säure deutlich schneller. Das dabei entstehende Carboxylat kann aber aufgrund seiner geringen Reaktivität nicht mehr von einem Enolat nucleophil angegriffen werden (▶ Kapitel 9.6.1).
- Anders als bei der Aldolreaktion müssen nicht nur katalytische, sondern auch **stöchiometrische Mengen Base** eingesetzt werden.

Ester sind mit pK_s-Werten von ca. 25 deutlich weniger acide als Aldehyde und Ketone. Das Deprotonierungsgleichgewicht für die Esterenolatbildung liegt daher weit auf der Seite des Esters. Auch die nachfolgende Acylsubstitution ist reversibel. Da Ester noch stabiler sind als Ketone, liegt das Gleichgewicht für diesen Schritt ebenfalls weit auf der Seite der Edukte. Erst die Deprotonierung des gebildeten β-Ketoesters zum Enolat (pK_s-Wert ca. 11, ▶ Kapitel 10.3) ist irreversibel und verschiebt die gesamte Reaktion auf die Produktseite.

1. Schritt: Enolatbildung

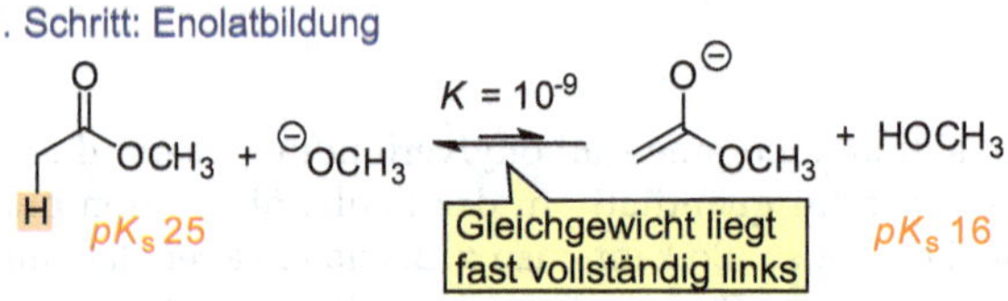

2. Schritt: Kondensationsreaktion

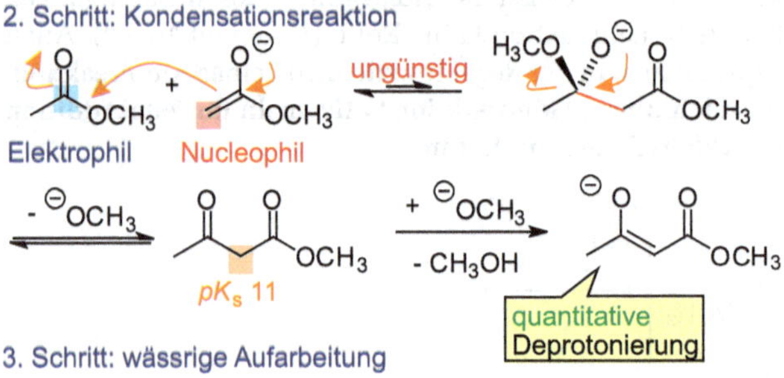

3. Schritt: wässrige Aufarbeitung

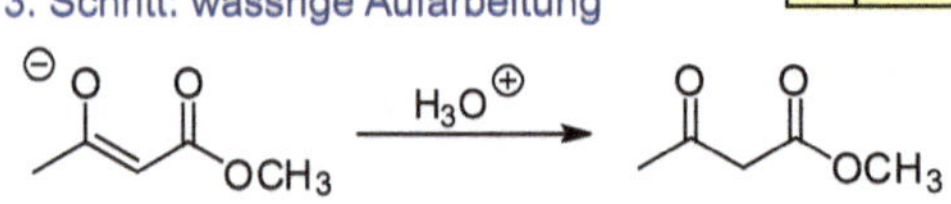

Ohne diese abschließende Deprotonierung findet die Claisen-Kondensation nicht statt. Der β-Ketoester wird dann bei der wässrigen Aufarbeitung wieder freigesetzt. Daher reagiert ein α,α-substituierter Ester nicht in einer Claisen-Kondensation.

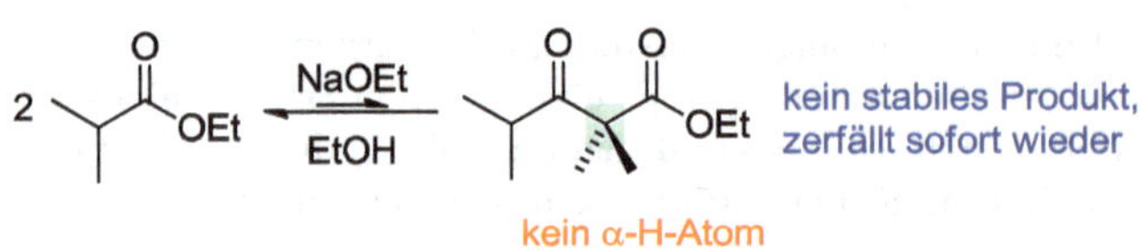

Die Claisen-Kondensation verläuft auch dann besonders gut ab, wenn ein Diester **intramolekular** zu einem spannungsfreien Fünf- oder Sechsring cyclisieren kann. Diese intramolekulare Variante der Claisen-Esterkondensation hat einen eigenen Namen und wird als **Dieckmann-Kondensation** bezeichnet. Bei der intermolekularen Reaktion reagieren zwei Teilchen miteinander (Ester + Enolat) und es entstehen zwei neue Teilchen (β-Ketoester + Alkoholat). Die Teilchenzahl ändert sich also nicht. Bei der intramolekularen Reaktion werden hingegen aus einem Teilchen (Diester) zwei Teilchen gebildet (β-Ketoester + Alkoholat). Diese Erhöhung der Teilchenzahl ist entropisch günstig (▶ Kapitel 9.5.2). Die Gleichgewichtslage für die Cyclisierung einer Verbindung (Dieckmann-Kondensation) ist daher immer günstiger als die vergleichbare Kondensation zweier Teilchen (Claisen-Kondensation). Da die Reaktion aber reversibel ist, können sich nur **spannungsfreie Ringe** bilden (also bevorzugt Fünf- und Sechsringe). Setzt man z. B. Adipinsäuredimethylester mit Natriumhydrid in Cyclohexan in der Siedehitze um, so erhält man in guten Ausbeuten von ca. 70 % den entsprechenden cyclischen β-Ketoester. Der Reaktionsverlauf ist völlig analog zur normalen Claisen-Kondensation.

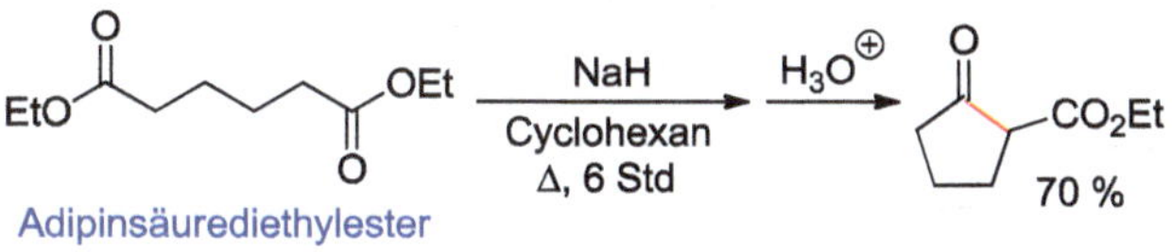

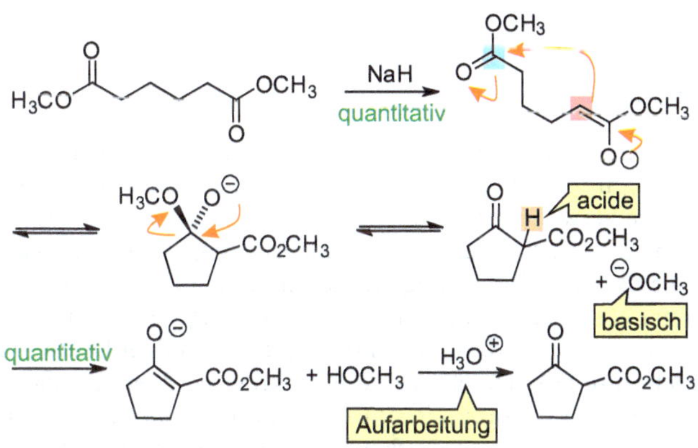

Ähnlich wie bei der Aldolreaktion lässt sich auch eine Claisen-Kondensation mit zwei verschiedenen Estern durchführen oder auch zwischen einem Ketonenolat und einem Ester. In allen Fällen findet eine **Acylierung eines Enolats** statt. Auch die nachfolgend gezeigte Cyclisierung von Adipodinitril zum 2-Cyanocyclopentanon ist letztendlich eine Dieckmann-Kondensation, auch wenn man dies vielleicht nicht sofort auf den ersten Blick erkennt. Diese Cyclisierung hat wiederum einen eigenen Namen und wird als **Thorpe-Ziegler-Kondensation** bezeichnet.

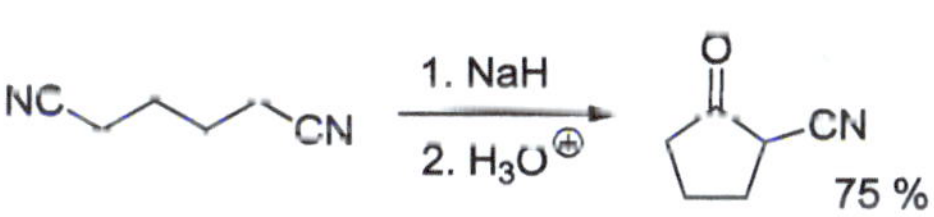

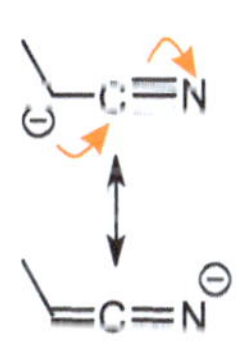

Resonanzstabilisierung eines deprotonierten Nitrils

Ein **Nitril ist ebenfalls ein Säurederivat**, wie man anhand der Anzahl an formalen C–X-Bindungen leicht erkennt (▶ Kapitel 9.2.1). Es verwundert daher nicht, dass sich auch ein Nitril durch Behandlung mit einer Base in ein Enolat-analoges Carbanion überführen lässt. Die α-CH-Atome sind ähnlich acide wie bei einem Ester (pK_s-Wert ca. 26). Die Addition des so gebildeten resonanzstabilisierten Anions an die zweite Nitrilgruppe führt zu einem deprotonierten Imin, das unter diesen Bedingungen stabil ist und nicht weiterreagieren kann. Bei der anschließenden wässrigen Aufarbeitung mit verdünnter Säure (H_2SO_4, H_2O) bildet sich zuerst das Imin, das dann in der Regel sofort zu einem Keton hydrolysiert (▶ Kapitel 9.5.3).

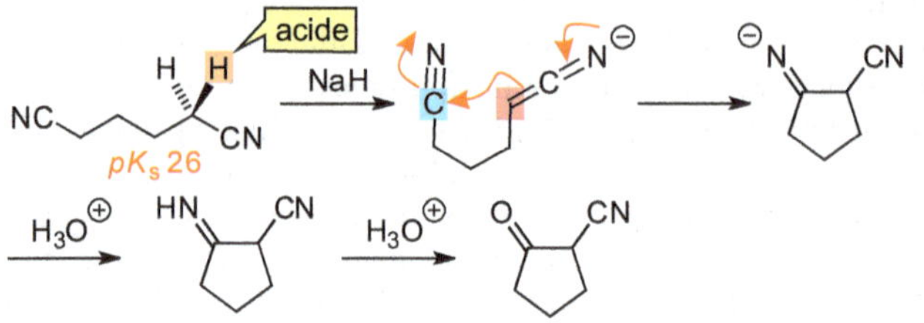

Bei erhöhter Temperatur und längeren Reaktionszeiten kann auch die verbliebene Nitrilgruppe im Produkt zur Carbonsäure hydrolysiert werden. Analog wie bei der Acetessigestersynthese (▶ Kapitel 10.5) spaltet die β-Ketosäure schnell CO_2 ab, sodass man das cyclische Keton als Produkt erhält (in diesem Fall Cyclopentanon).

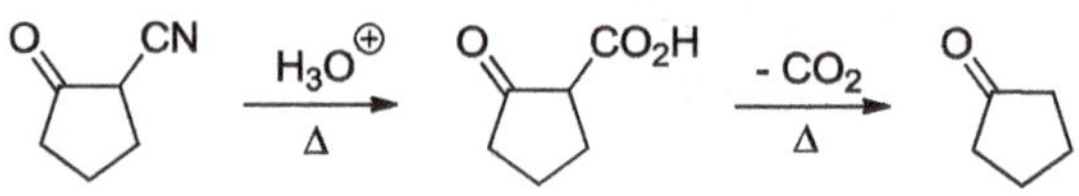

10.6.3 Die Mannich-Reaktion

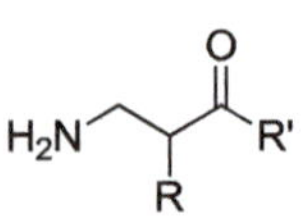

β-Aminocarbonylverbindung

Bei den bisher betrachteten Additions- und Kondensationsreaktionen addiert sich ein Enolat bzw. ein Enol an eine Carbonylgruppe. Wir haben bereits gesehen, dass insbesondere **Iminiumionen** sogar noch reaktivere Verwandte der Carbonylgruppen sind, die sich zudem sehr leicht durch Umsetzung von Aldehyden oder Ketonen mit Aminen herstellen lassen (▶ Kapitel 9.5.3). Eine zur Aldolreaktion völlig analoge Reaktion ist daher auch mit Iminen möglich. Die Umsetzung einer enolisierbaren Carbonylverbindung mit einem Imin in schwach saurer Lösung ergibt eine β-Aminocarbonylverbindung, die nach dem Entdecker dieser Reaktion auch als **Mannich-Base** bezeichnet wird (die Reaktion wird entsprechend **Mannich-Reaktion** genannt). Meistens wird das Imin *in situ* durch die Reaktion eines Amins mit einem Aldehyd hergestellt. Die besten Ausbeuten erhält man mit Formaldehyd, da dieses selbst nicht enolisierbar ist und daher kein Nucleophil bilden kann. Außerdem ist die Carbonylgruppe des Formaldehyds reaktiver als die aller anderen Aldehyde oder Ketone, weshalb die Iminbildung auch in Gegenwart einer anderen Carbonylgruppe bevorzugt mit dem Formaldehyd stattfindet. So ist (ähnlich wie bei der oben besprochenen gekreuzten Aldolreaktion zwischen Aceton und Benzaldehyd) eindeutig gewährleistet, welche der beiden Carbonylverbindung das Elektrophil (Imin) und welche das Nucleophil (Enol) bildet. Die Reaktion von Acetophenon mit Formaldehyd und Dimethylamin in saurer Lösung ergibt z. B. in 90 % Ausbeute die entsprechende Mannich-Base.

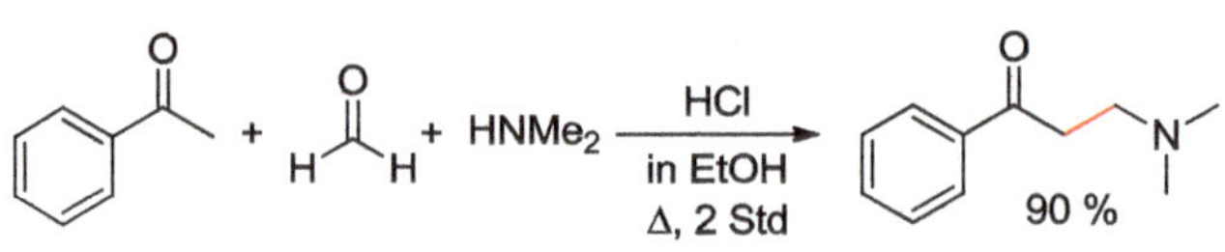

Die Reaktion verläuft vollkommen analog zur säurekatalysierten Aldolreaktion. Aus dem Formaldehyd und dem Dimethylamin bildet sich in einer reversiblen Gleichgewichtsreaktion das Imin (▶ Kapitel 9.5.3), das in saurer Lösung als protoniertes Iminiumion vorliegt.

Dieses ist ein sehr gutes Elektrophil, das mit dem Enol des Acetophenons zum **β-Aminoketon** reagiert. Allerdings schließt sich unter den üblichen Reaktionsbedingungen anders als bei der Aldolreaktion im Sauren kein Kondensationsschritt an, da ein Amin (auch in der protonierten Form) eine sehr viel schlechtere Abgangsgruppe als eine OH-Gruppe ist.

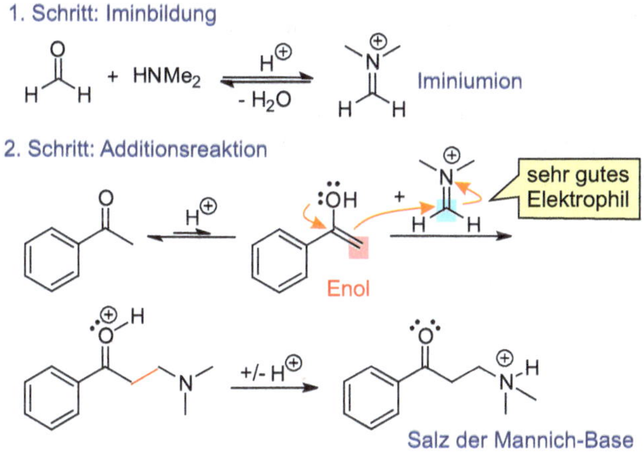

α,β-ungesättigte Carbonylverbindungen: Die Michael-Addition

10.7

Aufgrund der stark elektronenziehenden Carbonylgruppe sind α,β-**ungesättigte Carbonylverbindungen** wie Acrolein (Propenal) oder der bei der Aldolkondensation von Acetaldehyd (▸ Kapitel 10.6.1) entstehende Crotonaldehyd (But-3-enal) polare, **elektronenarme Alkene** (▸ Kapitel 7.1). Anders als normale Alkene reagieren sie daher nicht mit Elektrophilen, sondern mit Nucleophilen. Der Angriff des Nucleophils kann dabei entweder am Carbonyl-C-Atom erfolgen oder auch am ebenfalls elektrophilen β-C-Atom. **Eine α,β-ungesättigte Carbonylverbindung ist ein ambidentes Elektrophil.** Ähnlich wie bei den Enolaten (ambidente Nucleophile, ▸ Kapitel 10.5) erkennt man den ambidenten Charakter leicht bei der Betrachtung einer weiteren Resonanzformel, die man erhält, wenn man das Elektronenpaar der π-Bindung über die konjugierte Carbonylgruppe zum O-Atom hin verschiebt. Dadurch erhält das O-Atom eine negative Ladung und das β-C-Atom eine positive Ladung. Auch wenn solche zwitterionischen Resonanzformeln für die tatsächliche Ladungsverteilung des Teilchens weniger wichtig sind als die neutrale Resonanzformel, können wir mit ihrer Hilfe sehr einfach die Polarisierung des Moleküls ableiten und damit dessen Reaktivität (wo sind elektrophile, wo nucleophile Stellen im Molekül?) vorhersagen.

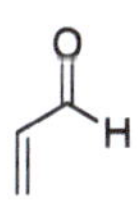

Acrolein

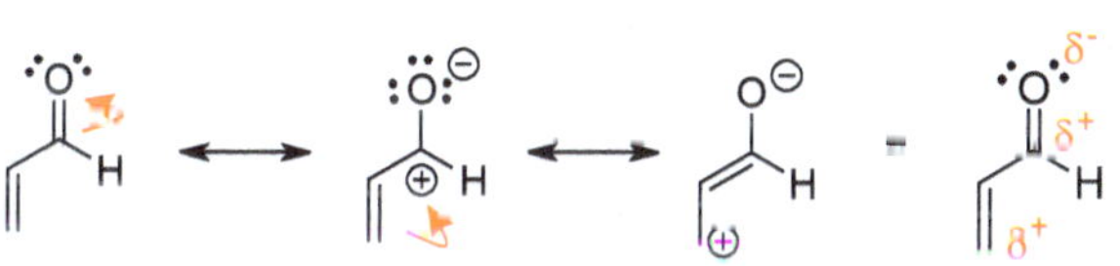

Wie jedes ambidente Teilchen kann eine α,β-ungesättigte Carbonylverbindung prinzipiell an beiden elektrophilen Stellen von einem Nucleophil angegriffen werden. Bei der **1,2-Addition** (Angriff des Nucleophils auf das Carbonyl-C-Atom) entsteht wie bei jeder normalen Carbonylverbindung eine tetraedrische Zwischenstufe, die anschließend die üblichen Folgereaktionen eingeht (Aufnahme eines Protons, Abspaltung einer guten Abgangsgruppe etc.).

Beim Angriff des Nucleophils auf das β-C-Atom (sogenannte **1,4-Addition** oder **Michael-Addition**, benannt nach dem US-amerikanischen Chemiker Arthur Michael) entsteht zuerst ein Enolatanion, das bei der Aufarbeitung dann zu einer gesättigten Carbonylverbindung protoniert wird. **Thermodynamisch bevorzugt ist in der Regel die 1,4-Addition.** Welches Produkt gebildet wird, hängt daher von den Reaktionsbedingungen und vor allem vom angreifenden Nucleophil ab. So ergibt z. B. die Reaktion von Cyclohexenon mit Methyllithium CH_3Li in einer 1,2-Addition den entsprechenden tertiären Alkohol (analog zur Reaktion eines normalen Ketons, ▶ Kapitel 9.5.4). Setzt man das Methyllithium zuvor mit Kupferiodid CuI in einer **Transmetallierung** zu einem sogenannten **Cuprat** Me_2CuLi um (2 MeLi + CuI → Me_2CuLi + LiI), so findet eine 1,4-Addition an die Doppelbindung statt. Man erhält 3-Methylcyclohexanon. Beide Reaktionen verlaufen nahezu quantitativ.

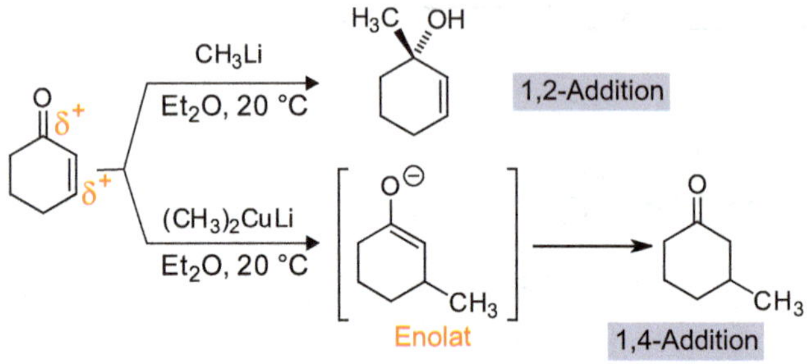

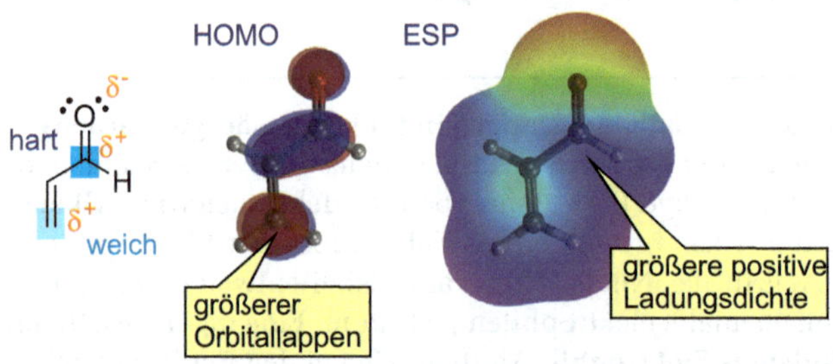

Abbildung 10.4: α,β-ungesättigte Carbonylverbindungen sind ambidente Elektrophile. Das Carbonyl-C-Atom ist die härtere und das β-C-Atom die weichere elektrophile Stelle. Harte Nucleophile reagieren daher in einer 1,2-Addition bevorzugt an der Carbonylgruppe, weiche Nucleophile eher an der Doppelbindung (1,4-Addition).

α,β-ungesättigte Carbonylverbindungen reagieren mit
- harten Nucleophilen am Carbonyl-C-Atom
- weichen Nucleophilen am β-C-Atom.

Diese unterschiedliche **Chemoselektivität** lässt sich zumindest vereinfacht wiederum analog zur Situation bei den Enolaten mit dem **HSAB-Konzept** erklären. Wie die Betrachtung der Ladungsverteilung bzw. des HOMO zeigt (▶ Abbildung 10.4), ist das Carbonyl-C-Atom die härtere (größere positive Ladungsdichte) und das β-C-Atom die weichere (größerer Orbitallappen im HOMO) elektrophile Stelle. Harte Nucleophile wie die lithiumorganische Verbindung $H_3C–Li$ oder auch $LiAlH_4$ reagieren daher bevorzugt an der Carbonylgruppe (1,2-Addition). Weiche Nucleophile wie die Cuprate und insbesondere Enolate reagieren bevorzugt am β-C-Atom (1,4-Addition).

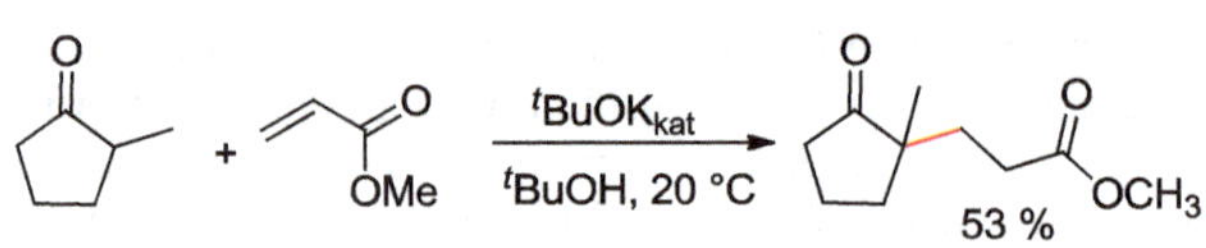

Im obigen Beispiel muss die Base zur Erzeugung des Enolats übrigens nur in katalytischen Mengen eingesetzt werden. Das bei der 1,4-Addition entstehende Esterenolat ist basischer als ein Ketonenolat. Jedes gebildete Esterenolat deprotoniert daher sofort ein Eduktmolekül quantitativ zum Enolat, sodass die Reaktion weiterlaufen kann.

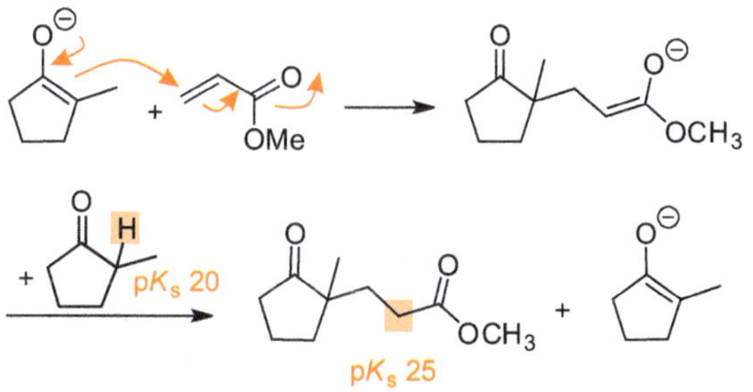

Ob eine 1,2- oder 1,4-Addition stattfindet, hängt auch von der Elektrophilie der Carbonylgruppe ab. Bei α,β-ungesättigten Aldehyden ist aufgrund der reaktiveren C=O-Gruppe der Anteil der 1,2-Addition in der Regel größer als bei Ketonen oder gar bei Estern, deren Carbonylgruppen deutlich weniger elektrophil sind. α,β-ungesättigte Ester gehen mit den meisten Nucleophilen nur 1,4-Additionen ein. Auch α,β-ungesättigte Nitrile reagieren völlig analog mit Enolaten in einer 1,4-Addition. (Zur Erinnerung: Nitrile sind verkappte Säurederivate, ▶ Kapitel 10.6.2.) Ein großer Vorteil von ungesättigten Nitrilen ist zudem, dass diese anders als z. B. ungesättigte Aldehyde nur mit sehr wenigen, sehr reaktiven Nucleophilen wie Grignard-Reagenzien RMgX oder Lithiumorganylen RLi (▶ Kapitel 9.5.4) überhaupt eine 1,2-Addition eingehen können. Verbindungen wie **Acrylnitril** sind daher ganz hervorragende Substrate für Michael-Additionen.

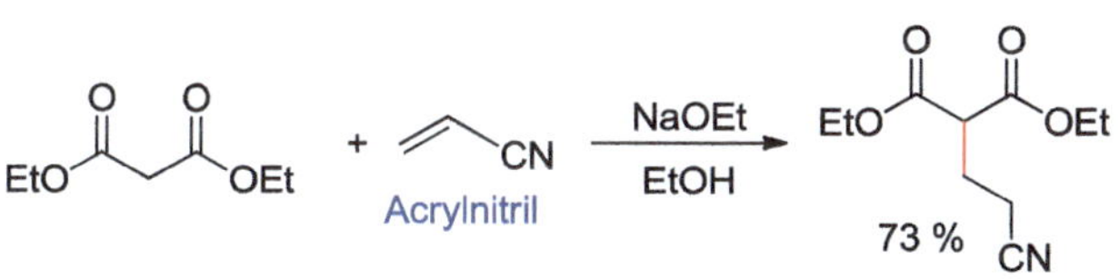

Michael-Additionen können wie alle bisher besprochenen Reaktionen auch **säurekatalysiert** ablaufen. In diesem Fall addiert sich das Enol als Nucleophil an die protonierte α,β-ungesättigte Carbonylverbindung. Die säurekatalysierte Reaktion verläuft dann besonders gut, wenn wie bei 1,3-Dicarbonylverbindung der Enolgehalt der Carbonylverbindung möglichst hoch ist (▶ Kapitel 10.2).

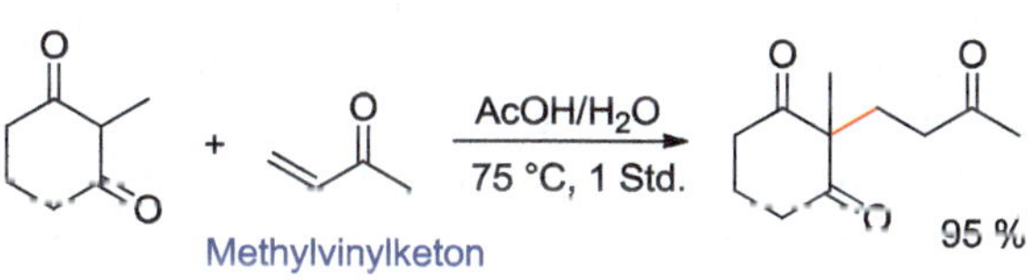

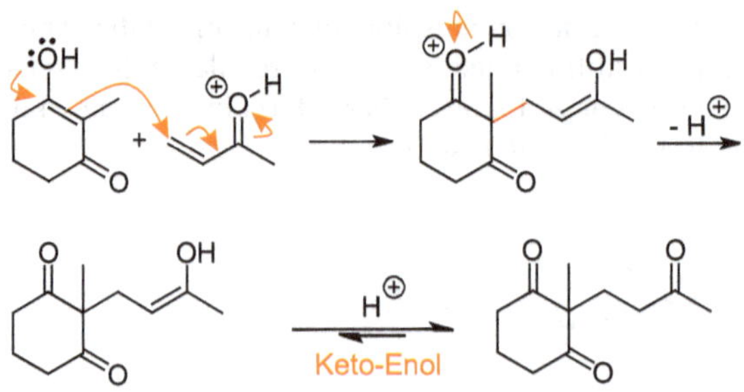

Robinson-Anellierung = Michael-Addition + Aldolkondensation

Michael-Additionen mit Methylvinylketon als Elektrophil sind synthetisch sehr wertvoll, da das Produkt der 1,4-Addition anschließend in einer intramolekularen Aldolkondensation zu einem Sechsring cyclisieren kann. Diese **Robinson-Anellierung** genannte **Tandemreaktion** (andere Bezeichnung Dominoreaktion) eignet sich hervorragend, um an ein cyclisches Keton einen zweiten Sechsring „anzukleben" (zu „annellieren", aus dem Lateinischen *anellus* = kleiner Ring; bedeutet das Anfügung eines weiteren Rings an ein cyclisches Molekül). Man kommt so zu Dekalinen, die selbst wiederum wichtige Edukte für die Synthese von Steroiden sind (▶ Kapitel 3.6).

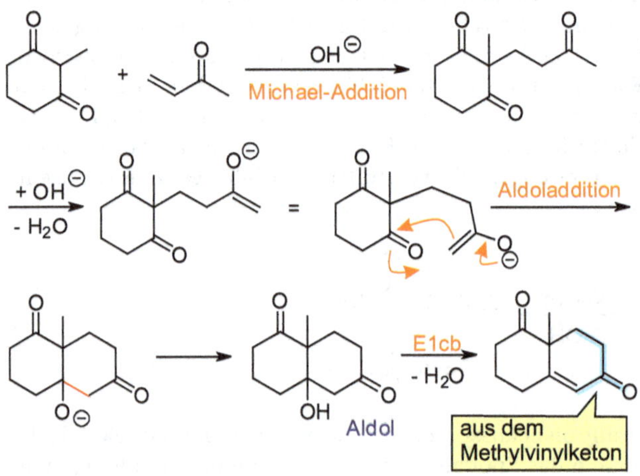

Die intramolekulare Aldolreaktion ist wiederum thermodynamisch kontrolliert. Das heißt, von den mehreren möglichen intramolekularen Aldolreaktionen findet nur diejenige Cyclisierung statt, die zu einem spannungsfreien Fünf- oder Sechsring führt, der anschließend Wasser abspalten kann (▶ Kapitel 10.6.1). Auch andere Reaktionen, die Enolate eingehen, z. B. eine Alkylierung oder eine Esterkondensation, lassen sich an eine Michael-Addition anschließen. Bei der nachfolgend gezeigten Synthese von Dimedon aus Malonsäurediethylester und Mesityloxid (dem Produkt der Aldolkondensation von Aceton, ▶ Kapitel 10.6.1) folgt auf die 1,4-Addition eine intramolekulare Dieckmann-Kondensation.

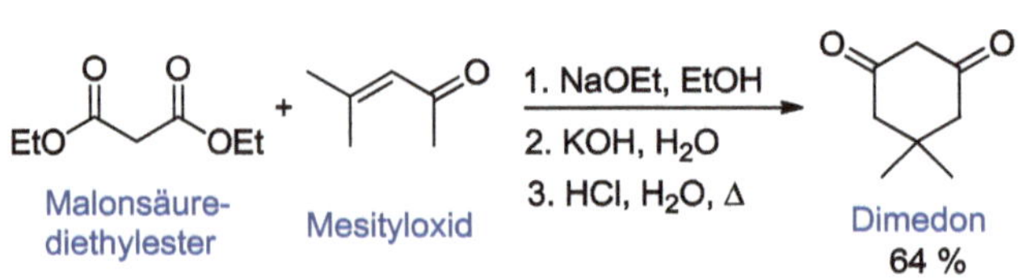

Allerdings findet diese nicht vom ursprünglichen gebildeten Enolat aus statt, da dann ein instabiler Vierring gebildet werden würde. Tatsächlich leitet sich das Produkt von dem Enolat ab, das im Gleichgewicht in geringsten Mengen vorliegt, da es das am wenigsten substituierte und damit thermodynamisch instabilste Enolat ist. Dies ist aber unerheblich, weil nur dieses Enolat in einer Dieckmann-Kondensation zu einem stabilen Produkt weiterreagiert und damit alle vorherigen Gleichgewichte auf diese Seite verschoben werden. Anschließend wird der so gebildete β-Ketoester basisch verseift (KOH/H_2O) und danach die β-Ketocarbonsäure mit wässriger Salzsäure in der Hitze zum Dimedon decarboxyliert (▶ Kapitel 10.5).

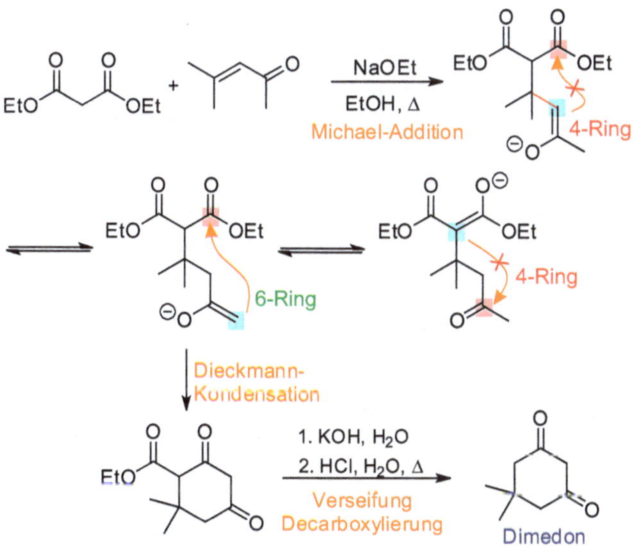

Selbst auf den ersten Blick verwirrend erscheinende Umsetzungen mit einer Vielzahl nacheinander stattfindender Reaktionsschritte sind also letztendlich gut verständlich. Man muss sich nur Schritt für Schritt durch die Reaktionen arbeiten und sich auf jeder Stufe überlegen, was passieren kann und welche der Reaktionsmöglichkeiten sinnvoll sind. Wo ist das Nucleophil? Wo ist das Elektrophil? Wo sind die aciden Stellen? Wo kann ein Enolat/Enol gebildet werden? Welche Carbonylfunktionen sind reaktiver als andere? Wo liegen die Gleichgewichte? Welche Reaktionen führen letztendlich zu einem thermodynamisch stabilen Produkt?

ZUSAMMENFASSUNG

Im vorliegenden Kapitel haben wir Folgendes über Enolate und Enole sowie ihre Reaktionen gelernt:

- Starke Basen können Carbonylverbindungen an der α-Position deprotonieren. Dabei entstehen resonanzstabilisierte Enolatanionen, ambidente Nucleophile, die mit H^+ bevorzugt am O-Atom und mit weichen Elektorphilen bevorzugt am C-Atom reagieren. Die Acidität der α-H-Atome hängt von der Art und der Anzahl der unmittelbar benachbarten elektronenziehenden Carbonylgruppen ab.
- Aldehyde und Ketone liegen in Lösung im Gleichgewicht mit ihren Enolformen vor (Keto-Enol-Tautomerie). Das Gleichgewicht liegt meist auf der Seite der Carbonylverbindung. Die Einstellung des Gleichgewichts wird durch Säuren oder Basen katalysiert.
- Carbonylverbindungen können mit Halogenen in der α-Position halogeniert werden. Im Sauren findet bevorzugt eine Monohalogenierung am höher substituierten Alkylrest statt. Im Basischen kommt es hingegen zur Mehrfachhalogenierung auf der weniger hoch substituierten Seite. An diese erschöpfende Halogenierung kann sich eine C–C-Bindungsspaltung anschließen (Haloform-Reaktion).
- β-Dicarbonylverbindungen können aufgrund der hohen Acidität der zu beiden Carbonylgruppen benachbarten α-H-Atome regioselektiv an dieser Stelle alkyliert werden. Die anschließende Aufarbeitung kann so durchgeführt werden, dass man entweder alkylierte Ketone oder Essigsäuren erhält.
- Eine direkte Alkylierung von einfachen Carbonylverbindungen wie Aldehyden oder Ketonen ist häufig nicht sinnvoll, da es zu Mehrfachalkylierungen kommt. Eine Alternative ist die Überführung der Carbonylverbindung zuerst in ein stabiles Enolatäquivalent, z.B. einen Silylenolether oder ein Enamin, das isoliert und anschließend selektiv monoalkyliert werden kann.
- Enolate und Enole können sich nucleophil an eine weitere Carbonylverbindung addieren, wobei der genaue Reaktionsverlauf und damit das gebildete Produkt von der Art der Carbonylverbindung (z.B. Aldehyd oder Keton bzw. Ester) und den Reaktionsbedingungen abhängt. Solche Kondensationsreaktionen zweier Carbonylderivate (z.B. Aldol, Claisen oder Mannich) sind synthetisch sehr wichtige Reaktionen, da sie sich zum Aufbau komplexerer Moleküle durch C–C-Bindungsknüpfung eignen.

ZUSAMMENFASSUNG

Index

B

F

G

K

L

M

N

O

S

T

U

V

W

X

Z

med
medizin

MEDIZIN

Carsten Schmuck
Bernd Engels
Tanja Schirmeister
Reinhold Fink

Chemie für Mediziner

ISBN 978-3-8273-7286-4
49.95 EUR [D], 51.40 EUR [A], 66.00 sFr*
752 Seiten

Chemie für Mediziner

BESONDERHEITEN

Dieses Buch bietet einen praxisbezogenen Einstieg in die Chemie, der aufzeigt, welche Bedeutung die Chemie für den Mediziner im Arbeitsalltag hat. Alle notwendigen Grundlagen werden vermittelt, ohne sich in überflüssige Details zu verlieren. Das Buch trägt dem neuen Gegenstandskatalog und der geänderten Nebenfachausbildung im Rahmen der neuen Approbationsordnung Rechnung. Jedes Kapitel beginnt mit einem Fallbeispiel aus der medizinischen Praxis. Dieses steckt den Rahmen für die Untersuchung der chemischen Grundlagen ab und zieht sich als roter Faden durch das gesamte Kapitel. Neben Beispielaufgaben mit vorgerechneter Lösung finden sich am Kapitelende zahlreiche Übungsaufgaben, deren Lösungen im Anhang gegeben werden.

EXTRAS ONLINE

Für Dozenten:

- Alle Abbildungen aus dem Buch zum Download

Für Studenten:

- Alle Lösungen zu den Übungsaufgaben
- Zusatzaufgaben mit Lösungshinweisen
- Liste chemischer Formeln von Arzneistoffen
- Mathematische Grundlagen

*unverbindliche Preisempfehlung

http://www.pearson-studium.de/7286

Isomeriearten

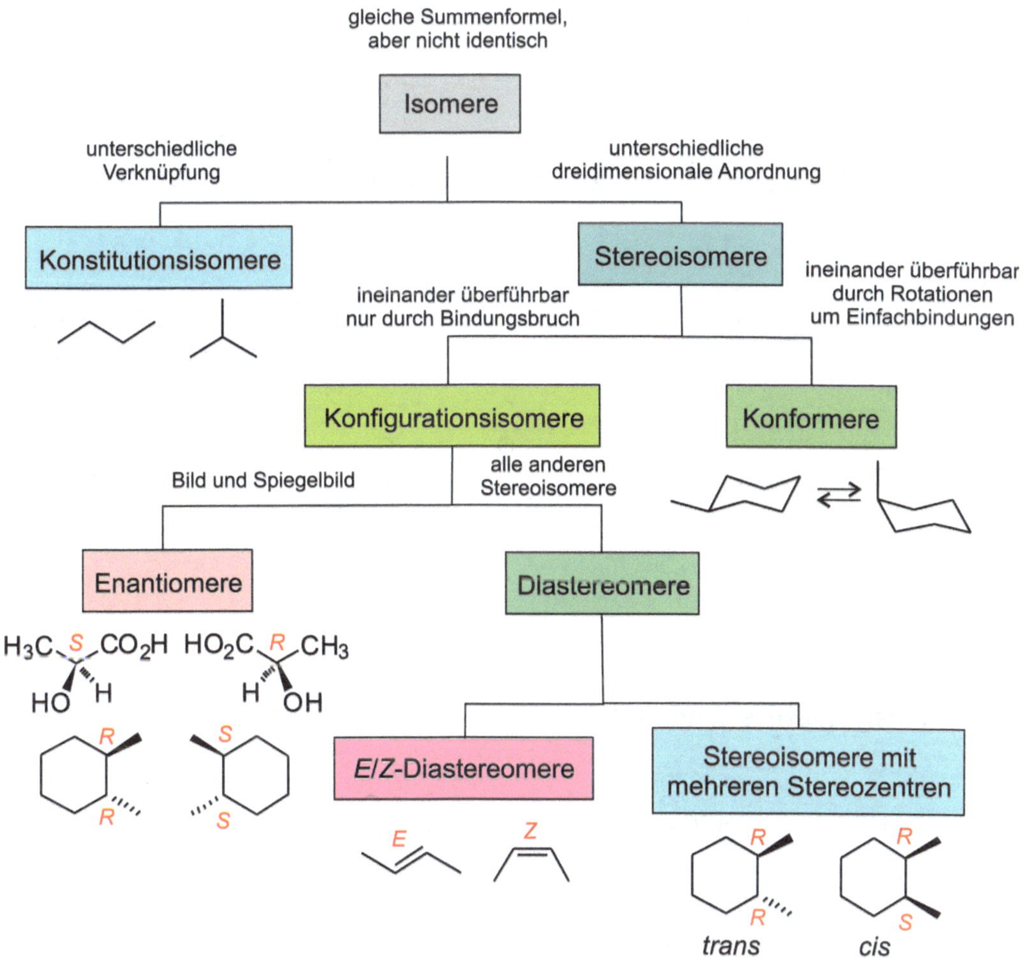

Je kleiner der -Wert, desto acider

pK_s-Werte ausgewählter Verbindungen

Für korrespondierende Säure-Base-Paare gilt:

$$\text{Säure} \underset{pK_b}{\overset{pK_s}{\rightleftharpoons}} \text{Base} + H^{\oplus} \qquad pK_s + pK_b = 14{,}0$$

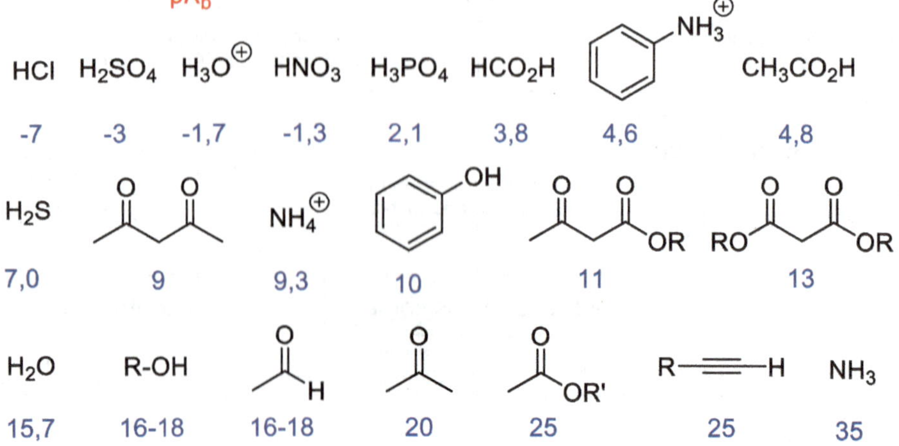

Ausgewählte Trivialnamen

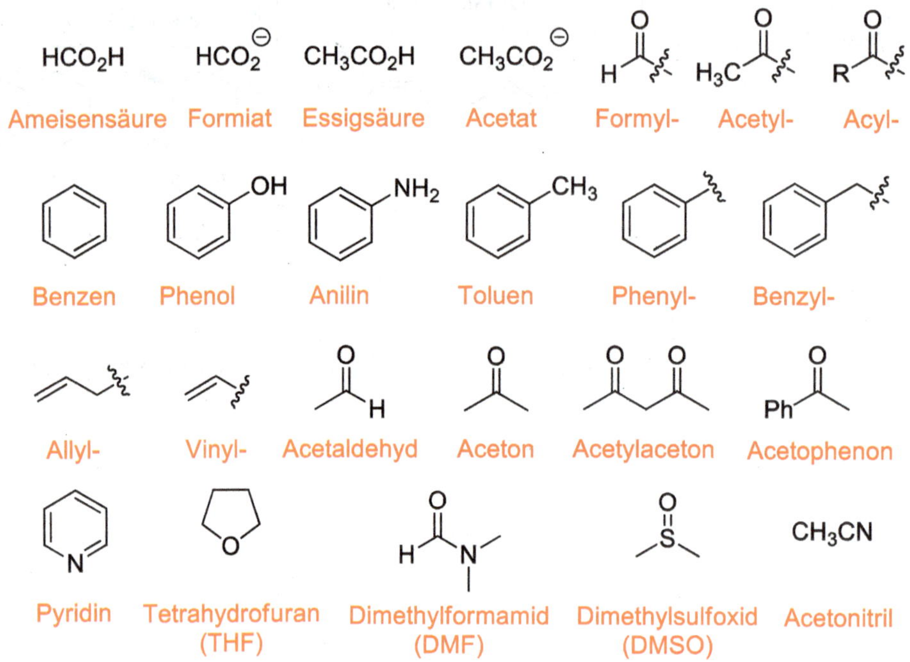